环境污染与健康研究丛书·第二辑

名誉主编○魏复盛　丛书主编○周宜开

POLLUTION

蓝藻毒素污染
与健康

主审○谢平　主编○舒为群

长江出版传媒　湖北科学技术出版社

图书在版编目(CIP)数据

蓝藻毒素污染与健康 / 舒为群主编.—武汉：湖北科学技术出版社，2020.6

（环境污染与健康研究丛书 / 周宜开主编. 第二辑）

ISBN 978-7-5706-0738-9

Ⅰ. ①蓝… Ⅱ. ①舒… Ⅲ. ①蓝藻纲－植物毒素－影响－健康 Ⅳ. ①X503.1

中国版本图书馆 CIP 数据核字(2019)第 155650 号

策划编辑：冯友仁

责任编辑：李 青 徐 丹 程玉珊 　　　　　　　　　 封面设计：胡 博

出版发行：湖北科学技术出版社 　　　　　　　　　　电话：027－87679485

地　　址：武汉市雄楚大街 268 号 　　　　　　　　　邮编：430070

　　　　　（湖北出版文化城 B 座 13－14 层）

网　　址：http：//www.hbstp.com.cn

印　　刷：湖北恒泰印务有限公司 　　　　　　　　　　邮编：430223

889 ×1194 　　　　　　 1/16 　　　　　　 19.75 印张 　　　　　　 490 千字

2020 年 6 月第 1 版 　　　　　　　　　　　　　　 2020 年 6 月第 1 次印刷

　　　　　　　　　　　　　　　　　　　　　　　　　 定价：98.00 元

《蓝藻毒素污染与健康》

编 委 会

序

　　像保护眼睛一样保护生态环境，像对待生命一样对待生态环境。人因自然而生，人不能脱离自然而存在，人与自然的辩证关系，构成了人类发展的永恒主题。

　　生态文明建设功在当代、利在千秋，是关系中华民族永续发展的根本大计。党的十八大以来，我国污染治理力度之大、制度出台频度之密、监管执法尺度之严、环境质量改善速度之快前所未有，无疑是我国生态文明建设力度最大、举措最实、推进最快、成效最好的时期。

　　在这样的时代背景下，我国的环境医学科学研究工作也得到了极大的支持与发展，科学家们满怀责任与使命，兢兢业业，投入到我国的环境医学科学研究事业中来，并做出了许多卓有成效的工作，这些工作是历史性的。良好的生态环境是最公平的公共产品，是最普惠的民生福祉，天蓝、地绿、水净的绿色财富将造福所有人。

　　本套丛书将关注重点落实到具体的、重点的污染物上，选取了与人民生活息息相关的重点环境问题进行论述，如空气颗粒物、蓝藻、饮用水消毒副产物等，理论性强，兼具实践指导作用，既充分展示了我国环境医学科学近些年来的研究成果，也可为现在正在进行的研究、决策工作提供参考与指导，更为将来的工作提供许多好的思路。

　　加强生态环境保护、打好污染防治攻坚战，建设生态文明、建设美丽中国是我们前进的方向，不断满足人民群众日益增长的对优美生态环境需要，是每一位环境人的宗旨所在、使命所在、责任所在。本套丛书的出版符合国家、人民的需要，乐为推荐！

中国工程院院士　魏复盛

前 言

　　蓝藻是富营养化淡水水体中大量繁殖滋生的主要生物种类，它们不仅可导致水华发生，使饮用水水源水质下降，同时还可以释放多种具有毒性的蓝藻毒素，对人类和动物健康构成威胁。随着环境污染的加剧，全球暖化趋势的加重，水体富营养化将更加容易发生，蓝藻水华也将更加频发。国家环境保护部在《2013中国环境状况公报》中指出，我国富营养化和中营养化的湖泊（水库）比例分别达到27.8％和57.4％。蓝藻和蓝藻毒素污染已成为我国目前和今后长时期内面临的重大环境问题。

　　早在三国时期，就有从发绿的河流中取水饮用致使人群中毒的记载。从18世纪到19世纪，澳大利亚、美国等国家先后有人畜饮用水华水中毒的记载。1996年巴西Caruar透析中心使用了受微囊藻毒素污染的水做肾透析液，导致上百名患者出现急性肝衰竭，76名患者死亡，是第一起被确认的微囊藻毒素对人类的致命事件，震惊全世界。

　　迄今发现的蓝藻毒素种类很多，其中某些种类具有特定的靶器官毒性，如肝肾毒性、生殖毒性、神经系统毒性等，有的种类兼具靶器官和非靶器官（遗传毒性、致癌性、促癌性等）等多重毒性效应。常见的蓝藻毒素有微囊藻毒素、节球藻毒素、柱胞藻毒素、鱼腥藻毒素、膝沟藻毒素、石房蛤毒素、新石房蛤毒素和β-N-甲氨基-L-丙氨酸等。

　　目前有关蓝藻毒素的研究已经受到全球各地学者的广泛关注，我国学者在此领域开展了大量的工作。然而，迄今为止，虽然有大量研究论文、综述见之于各国学术刊物，但系统性总结蓝藻毒素污染与人类健康关系的著作尚不多见。2005年南澳大利亚学者Ian Robert Falconer主编了 *Cyanobacterial toxins of drinking water supplies: cylindrospermopsins and microcystins* （CRC Press，2005），2006年中国科学院水生生物研究所谢平教授撰写了《水生动物体内的微囊藻毒素暴露及其对人类健康的潜在威胁》（科学出版社，2006），前者重点总结了柱胞藻毒素和微囊藻毒素通过供水系统对人类健康的危害，后者重点总结了微囊藻毒素在水生动物体内累积、代谢行为以及人类摄食被污染的水生动物后的健康风险。两本专著对学界同行的研究具有十分重要的参考价值。近年来，蓝藻毒素研究日益受到重视，研究的广度和深度不断拓展，特别是人群流行病学研究报道也不断涌现，为全面客观认识蓝藻毒素对人类健康的影响提供了丰富的素材。为了对近10余年来的相关研究进行阶段性总结，我们特组织国内相关领域的专家进行本书的编写。

　　本书由国内对蓝藻毒素具有丰富研究经验的专家学者联合完成。全书分为13章，分别围绕蓝藻毒素健康危害概论、国内外环境污染现状、现有的流行病学和临床研究工作、各个靶器官和非靶器官毒理学研究进展进行了专题阐述。由于微囊藻毒素是目前用于毒理学研究和环境监测的代表性蓝藻毒素，因此关于微囊藻毒素的内容所占篇幅相对较多。

　　感谢各位专家在百忙工作之余的辛勤付出！感谢中国科学院水生生物研究所谢平教授对本书审阅后提出诸多修改建议！感谢湖北科学技术出版社对本书出版工作的支持。

舒为群

2019年10月

目 录

第一章　蓝藻毒素及其健康危害概论

藻类，是最简单的光合营养有机体。种类繁多的藻类在水域生态系统扮演着重要角色。浮游藻类是大多数水生动物的食料，是水生食物链的重要基础。但当水体中氮磷营养素过高，浮游藻类在适宜的温度、光照、气候及合适的水文条件下会大量繁殖，过度增长，短时间内可在水体表面大量聚集，形成肉眼可见的藻类聚积体，则可使水体呈现蓝色、红色、棕色、乳白色等颜色，这种现象发生在淡水中被称为水华（water blooms），发生在海水中被称为赤潮（red tide），见图 1-1。水华多发生在 6—9 月，有明显的季节性。温度、光照、营养物质、气候条件等都可能成为其制约因素。

水华　　　　　　　　　　　　　　　赤潮

图 1-1　水华和赤潮实图

蓝藻（blue-green algae）是水华中的常见藻类。近年来，随着环境污染的加剧，大量氮磷废物进入水环境，引起蓝藻大量繁殖，已成为我国目前和今后长时期内面临的重大环境问题。我国滇池、太湖和巢湖蓝藻水华的暴发和持续已成常态。大量繁殖的蓝藻藻类可能与其他生物竞争，同时在生长代谢过程中的代谢产物蓝藻毒素（cyanotoxins）可使其他生物中毒或窒息死亡，致使湖泊老化，生物多样性减少，还通过污染饮水及食物，引发了多起动物、人的中毒事件。

第一节　蓝藻及蓝藻毒素概述

一、蓝藻及其分类

蓝藻也称为蓝细菌（cyanobacteria），又称为放氧细菌（oxyphotobacteria），是能通过光合作用产生能量的单细胞藻类，丝状或非丝状的群体，广泛分布于淡水、海水、咸淡水和陆生环境。蓝藻细胞壁的内层是纤维素，外层是果胶质，细胞壁外常具胶被或胶鞘，呈无色、黄色、褐色、红色、蓝色等颜色；蓝藻没有真正的细胞核和细胞器，环形丝状 DNA 聚集在细胞中央形成核区，无核膜及核仁；细胞内含有叶绿素 α、β-胡萝卜素、叶黄素和胆藻素（藻蓝素、别藻蓝素、藻红素及藻红蓝素），均匀地分散在原生质内，但不含色素体，所有蓝藻都含有藻蓝素和别藻蓝素，其细胞结构见图 1-2。蓝藻淀粉是光合作用的同化产物转变的储藏物质。

有些蓝藻细胞内含有伪空胞（gas vacuole），此结构含有大量中空的亚显微圆柱体气囊，其蛋白质壁可让气体全部通过，但疏水内面能阻止液体进入。伪空胞充满气体，可使植物体漂浮，并保持在光线最多的地方，以利于光合作用。颤藻目和丝状蓝藻还可产生一种特殊类型的细胞——异型胞。异型胞呈球形或椭圆形，由营养细胞分化而来，细胞壁增厚，其含有的固氮酶可减少氮分子转化为氨进而减少其转换为谷氨酰胺，从而达到固氮作用。一些蓝藻没有明显的异型胞也能固定大气中的氮，可能与生物体可在厌氧环境下生存有关。磷是蓝藻生长的限制性营养因子，伪空胞可以使蓝藻垂直迁移到相应深度的水域去获得较丰富的磷酸盐，如靠近底泥的深水厌氧环境，当获得足够的磷以后，再上升到光线充足的水域以便进行光合作用和细胞分化。

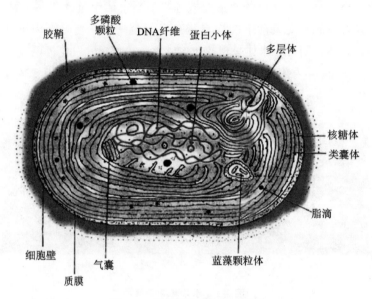

图1-2　蓝藻细胞结构示意图

迄今为止，蓝藻在地球上已经生活了45亿年，由于其特殊的细胞结构，对环境的适应性较强，能耐受不同的环境温度、湿度、盐度和营养状态，沙漠、土壤、石壁、江河、溪流、湖泊、海洋，或短暂积水或潮湿的地方均有蓝藻的生长。蓝藻可耐受的温度范围从−32.2℃到60℃，但蓝藻繁殖时对温度敏感，水温在17℃以下时，不会大量繁殖。当水温上升到28℃时，由于其他藻类的生长受到抑制，同时又大量被鱼类吞食（温度高鱼类摄食代谢增强），蓝藻很容易形成优势种群而大量暴发。蓝藻对盐度的耐受范围也较宽，可以在3~4 mol/L浓度的盐水溶液中生存。水生蓝藻种类多喜有机质丰富的碱性水体，在水流缓慢和更新期长的水体中是优势藻类；但在贫营养环境中，蓝藻异型胞可以发挥固氮作用，可在营养贫瘠的公海中占据50%以上的生物量，甚至形成赤潮。因此，水体中蓝藻的细胞数量因水温、光照的变化，以及气象条件和营养供应的变化而出现季节性的变化。湖泊和河流中的蓝藻浓度高峰通常发生在夏季中后期表层水温达到最大值时。在较深的湖泊和水库中，可观察到优势藻类的贯序变化，如春天开始以硅藻为主，随后如果营养浓度足够高则以绿藻为主，随着营养浓度的下降和表面温度的升高，蓝藻就会占主导地位。

蓝藻繁殖方式主要为营养繁殖和孢子繁殖，无有性生殖。其中营养繁殖单细胞表现为细胞分裂，群体表现为破裂为多个小群体，丝状蓝藻表现为藻殖段。藻殖段是藻丝的小片段，从藻丝滑动离开后发育成新的藻丝。

目前，国内将藻类分为13个门，即蓝藻门、原绿藻门、灰色藻门、红藻门、金藻门、定边藻门、黄藻门、硅藻门、褐藻门、甲藻门、隐藻门、裸藻门和绿藻门，主要根据藻类营养细胞中色素的成分和含量及其同化产物、运动细胞的鞭毛及生殖方法进行分类。这些不同门的藻类又分别属于 3 个不同的界，即原核生物界、原生生物界和植物界。

蓝藻门（Cyanophyta）属于原核生物界，下设有 1 纲，即蓝藻纲（Cyanophyceae）。蓝藻的分类方法很多，我国藻类生物学家按照 K. Anagnostidis 和 J. Komarek 对蓝藻门系统全面修订后拟定的系统，将蓝藻门改称为"蓝原核藻门"（Cyanoprokaryota），分为 4 目：色球藻目（Chroococcales）、颤藻目（Osillatoriales）、念珠藻目（Nostocales）及真枝藻目（Stigonematales）。目下设"科、亚科、属、亚属"。

二、产毒素的蓝藻

蓝藻种类多样，但并不是每一种蓝藻都有毒性，如念珠藻属的发状念珠藻即人们餐盘中的发菜。迄今为止，最常见的产毒蓝藻种类主要是铜绿微囊藻（*M. aeruginosa*）、拉氏拟柱胞藻（*C. raciborskii*）、水华鱼腥藻（*A. flos-aquae*）、水华束丝藻（*Aph. flosaquae*）、颤藻（*Oscillatoria*）和泡沫节球藻（*N. spumigena*）等，见表 1-1。

表 1-1 常见的产毒蓝藻种类

属	种类	毒素	报道地区
鱼腥藻属	*A. bergii*	柱胞藻毒素	澳大利亚
鱼腥藻属	*A. circinalis*	微囊藻毒素 石房蛤毒素	法国 澳大利亚
鱼腥藻属	*A. flos-aquae*	鱼腥藻毒素-a 鱼腥藻毒素-a(s) 微囊藻毒素	加拿大、德国 加拿大 加拿大、挪威
鱼腥藻属	*A. lemmermannii*	鱼腥藻毒素-a(s) 微囊藻毒素	丹麦 挪威
鱼腥藻属	*A. planktonica*	鱼腥藻毒素-a	意大利
拟鱼腥藻属	*A. millerii*	微囊藻毒素	希腊
束丝藻属	*Aph. flos-aquae*	石房蛤毒素	美国
束丝藻属	*Aph. ovalisporum*	柱胞藻毒素	以色列、澳大利亚
束丝藻属	*Aphanizomenon* sp.	鱼腥藻毒素-a	芬兰、德国
柱胞藻属	*Cylindrospermum* sp.	鱼腥藻毒素-a	芬兰
柱胞藻属	*C. raciborskii*	柱胞藻毒素 石房蛤毒素 与石房蛤毒素、柱胞藻毒素无关毒素	澳大利亚、泰国、美国 巴西 法国、德国、葡萄牙
鞘丝藻属	*Lyngby awollei*	石房蛤毒素	美国
微囊藻属	*M. aeruginosa*	微囊藻毒素	世界各地
	M. botrys	微囊藻毒素	丹麦
	M. ichthyoblabe	微囊藻毒素	捷克
	M. viridis	微囊藻毒素	日本

属	种类	毒素	报道地区
节球藻属	*N. spumigena*	节球藻毒素	波罗的海、澳大利亚
念珠藻属	*Nostoc sp.*	微囊藻毒素	芬兰、英国
浮丝藻属	*P. agardhii*	微囊藻毒素	芬兰、中国
	P. formosa	鱼腥藻毒素同系物-a	挪威
	P. mougeotii	微囊藻毒素	丹麦
	P. rubescens	微囊藻毒素	挪威 德国
尖头藻属	*R. curvata*	柱胞藻毒素	中国
聚球藻属	*Snowella lacustris*	微囊藻毒素	挪威
真枝藻属	*Umezakia natans*	柱胞藻毒素	挪威、日本
腔球藻属	*Woronichinia naegeliana*	微囊藻毒素	丹麦
	Haphalosiphon hibernicus	微囊藻毒素	美国
颤藻属	*O. limnosa*	微囊藻毒素	瑞士
	Oscillatoria sp.	鱼腥藻毒素-a	苏格兰

注:整理自,Falconer IR. Cyanobacterial toxins of drinking water supplies:cylindrospermopsins and microcystins [M]. CRC Press, 2005:16-17.

1. 铜绿微囊藻 (*Microcystis aeruginosa*)

铜绿微囊藻属于单细胞藻,光能自养型生物,分类上属于色球藻目、色球藻科、微囊藻属,是富营养化淡水中最常见的有毒蓝藻。其特征是细胞小,直径只有几微米,缺乏单独的鞘,常可形成肉眼可见的菌落;藻细胞内含有伪空胞结构;藻细胞体为浅蓝绿色,由于细胞内含有的气泡的光效应而呈现出黑色或褐色,见图1-3。

图1-3 铜绿微囊藻

左图引自中国科学院淡水藻种库 http://algae.ihb.ac.cn/english/。

铜绿微囊藻与其他藻类相比,对温度的适应性更强,经15℃驯化后,还具有获得性寒冷光照耐受性;在35℃条件下其净光合放氧速率没有明显变化,而其他藻类表现出下降趋势。藻细胞内含有类菌胞素氨基酸等物质,能抗紫外线的干扰。尽管夏季自然水体温度高、温差大、太阳辐射强的环境,铜绿微囊藻也能快速生长繁殖。在3 000~5 000 lx条件下,有较高的比增殖速率。此外,当光合作用增强时,合成的糖内物质渗透压增加,使伪空胞气囊破裂,从而使藻细胞密度增加,藻细胞下沉;当光限制条件下，藻细胞可以以发酵的形式，分解利用光合作用时积累在细胞内的糖类物质，糖类物质被消耗，渗透压降低的同时形成气囊，使浮力提升。气囊的这种动态的破裂与形成的浮力调节机制，使藻细胞能够自行改变其在水体中的垂直位置，以适应水体中的光照与营养不均等问题。铜绿微囊藻细胞壁含有较厚的多糖胶鞘，可形成胶群体，可避免浮游动物的吞食。因此，铜绿微囊藻可以在环境恶劣的冬季，沉降到表层沉积物中进入休眠状态，在春季温度回升，光照极强后较快地恢复浮力，复苏生长，成为优势藻种，发展成为水华。磷是一种限制性营养因子，但较低浓度就可满足藻类生长及产毒需要，且铜绿微囊藻可以储存磷。适合铜绿微囊藻生长和产毒的氮磷比是 100∶1（原子数比）。

铜绿微囊藻存在有毒株与无毒株之分，其毒性由遗传决定，与微囊藻毒素合成有关的基因主要是 *mcy*。微囊藻毒素的产生与铜绿微囊藻细胞的生长速率密切相关，即微囊藻毒素的产率在藻细胞指数生长初期达到最大，在指数生长后期开始下降。但铜绿微囊藻的最佳生长条件并不等同于其最佳产毒条件。微囊藻毒素的产生又受多种环境因素的影响，如光照、温度、营养盐等，其中光照是毒素产生的一个重要制约因子。在一定的光照范围内，微囊藻毒素的含量随着光强的增加而增加；而营养盐如铁、钠、镁、氮、磷在一定条件下都是微囊藻毒素含量显著的调控因子。

2. 拉氏拟柱胞藻（*Cylindrospermopsis raciborskii*）

拉氏拟柱胞藻是近年来发现能够引起水华的一种优势淡水蓝藻，分类上属于念珠藻目、念珠藻科、柱胞藻属。其特征是丝状藻，整条藻丝粗细均匀，不同地区形态大小有差异，多数为直线形，某些地区的藻丝呈卷曲形。单个细胞长度 3～10 μm，野生拟柱胞藻细胞内含伪空胞和异型胞。通常不在水体表面形成明显的浮膜，当水体表面变为较为明显的黄绿色时，密度至少在 2×10^8 个细胞/L 以上。当环境胁迫时，藻丝中部和尾部之间可形成 1～4 个厚壁孢子，见图 1-4。

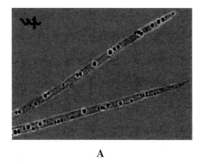
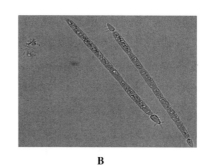

A　　　　　　　　　　　　　　B

图 1-4　拉氏拟柱胞藻

拉氏拟柱胞藻对温度和光照的适应性强，在高温、富营养化、低盐、pH 值较高（7.0～9.6）的湖泊和水库中可快速生长。拉氏拟柱胞藻适合在温度 20～35℃ 条件下生长，最适生长温度约 35℃。伪空胞供细胞自主浮沉，使其对光照要求不高；异型胞具有固氮功能，使其能适应不同的氮源。拉氏拟柱胞藻对磷有很强的吸收和储存能力，比微囊藻、束丝藻具有更高的胞外磷酸酶活性，在缺乏无机磷源的环境下可以充分利用有机磷源，因此在磷营养不足的环境下容易成为优势藻种。但是不同氮磷比对拟柱胞藻生长的影响情况尚不十分清楚。随着全球气候变暖和水体富营养化程度的加剧，拉氏拟柱胞藻分布由热带、亚热带向温带地区扩张，全球诸多地区包括我国广东、福建、云南省的淡水饮用水源地相继检测到拟柱胞藻的存在，且广东省鹤地、高州水库发生过拟柱胞藻水华暴发。产毒拟柱胞藻主要分布于澳大利亚、新西兰、亚洲东部和东南部地区及沙特阿拉伯地区。

拉氏拟柱胞藻可产生柱胞藻毒素、麻痹性贝毒、鱼腥藻毒素-a。不同地区的拟柱胞藻产毒情况有所不同，不同光照、不同温度、不同营养素含量对藻毒素的生成均有一定的影响。拉氏拟柱胞藻最适生长温度和最大产毒量不呈正相关，在 20～35℃时有最大生长率，但该温度下藻毒素浓度较低。拉氏拟柱胞藻细胞产石房蛤毒素浓度与光照强度呈正相关，黑暗条件下产生的毒素浓度较低，较强光条件下细胞内石房蛤毒素浓度明显增高，但是柱胞藻毒素的产生不受光照条件影响。

3. 水华鱼腥藻（*Anabaena flos-aquae*）

水华鱼腥藻是一类具有伪空胞、异型胞，可自主浮沉，能够固氮，可产生休眠体孢子的一类丝状蓝藻，见图1-5。其分类属于念珠藻目、念珠藻科、鱼腥藻属。水华鱼腥藻是淡水蓝藻水华中除微囊藻之外的常见优势种群，其种类约有40多种，占蓝藻类群的5%。绝大多数是淡水产，生长在水中或湿地上。浮游性鱼腥藻一般都生活在较高纬度的温带水体中。低光照和较高的温度（30℃）有利于水华鱼腥藻的生长。随着光照强度的增加，水华鱼腥藻可以通过提高类胡萝卜素的含量以抵抗强光的伤害。低温时，细胞降低光合色素含量，保持低水平的光合作用。由于水华鱼腥藻具有固氮作用，是其能够适应低氮环境的主要原因之一。低磷时，水华鱼腥藻能够通过提高光合色素叶绿素a含量和碱性磷酸酶活性来适应低磷环境。水华鱼腥藻可以产生鱼腥藻毒素。

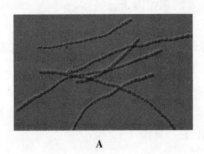 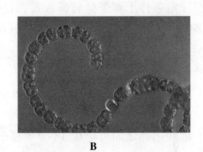

A   B

图1-5　水华鱼腥藻

4. 水华束丝藻（*Aphanizomenon flos-aquae*）

水华束丝藻分类上属于念珠藻目、念珠藻科、束丝藻属。细胞内具有伪空胞、异型胞，可自主浮沉、能够固定空气中游离氮以供藻细胞利用，具有很强的环境适应性，多生长在静止水体中，是春秋季水体水华的优势菌种。其藻丝直或稍弯曲，单一或藻丝侧面相连成束状群体。藻丝中部细胞短柱形，呈方形，末端细胞尖细，延长成无色细胞，见图1-6。细胞增殖主要靠藻丝的断裂和段殖体的形成。段殖体是藻丝上两个营养细胞间生出的胶质隔片或由间生异型胞断开后形成的若干短的藻丝分段。同时，细胞内可产生孢子，不经休眠直接萌发形成新个体，也可形成休眠孢子（厚壁孢子），能在不利环境条件下长期休眠。水华束丝藻对光照强度和温度比较敏感。光照强度高于 $40\mu E/(m^2 \cdot s)$ 时即可引起叶绿素和藻胆素含量下降，导致光合活性降低；藻细胞发生膜脂过氧化损伤。水华束丝藻可以在较宽的氮、磷营养水平范围内生长；在氮磷限制培养条件下，细胞内硝酸还原酶和酸性磷酸酶的活性会有所升高，以提高其对营养物质的吸收和同化效率，在自然环境中可使其有更好的适应能力。

水华束丝藻主要产生生物碱类神经毒素，专一性的阻断细胞膜上的 Na^+ 通道，从而阻断神经信号的传导，造成肌肉麻痹，呼吸困难而导致动物死亡。提高温度对毒素合成具有促进作用，在一个生长周期内稳定生长期毒素含量最高，对数生长中期毒素含量最低；且毒素种类随培养时间变化而变化；毒素产量与藻细胞生长速率呈负相关；氮充足和缺乏时细胞中毒素的合成均比较高，毒性也强，这可能与水华束丝藻的固氮特性有关。因此，自然水体中水华发生后期氮的消耗可能会导致水华毒性的增强。

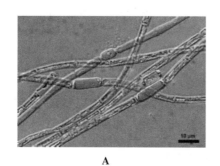

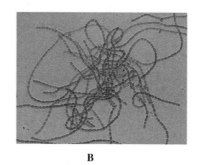

A　　　　　　　　　　　　　　B

图 1-6　水华束丝藻

5. 颤藻（*Oscillatoria*）

颤藻分类属于颤藻目颤藻科颤藻属。藻体为单个细胞构成的单条藻丝，或由多条藻丝组成的皮壳状或块状漂浮群体，具有黏液鞘。藻丝不分枝，直，能颤动，见图 1-7。细胞短柱形，含气囊，无色素体，但含叶绿素 a、胡萝卜素、叶黄素和藻胆素，藻体为蓝色；形成藻殖段进行繁殖，营光合自养生活。颤藻广泛分布在海水、淡水、潮湿土壤表面，集群体生活，在有机物丰富的水体中迅速繁殖，散发腥臭味，是对虾养殖池中的常见蓝藻。温度可以影响颤藻的酶活性，进而影响叶绿素 a 的合成和干重的增加，是影响颤藻生长的重要因子。颤藻生长限制温度条件是温度＜10℃和温度＞30℃。颤藻在较弱的光中就达到光饱和，更高的光强下光合作用降低。在光照度＞1 100 lx 条件下，叶绿素 a 含量迅速下降。颤藻是一种广盐性的种类，盐度阈值为 15.0，在盐度＜15.0 和盐度＞30.0 条件下，叶绿素 a 含量和植物体干重增加慢，生长明显受到抑制。颤藻在 pH 值 7.3～8.6 的偏碱性条件下生长良好，在偏酸性环境中生长受抑制。颤藻可产生多种藻毒素。

A　　　　　　　　　　　　　　B

图 1-7　颤藻

三、蓝藻毒素种类

蓝藻毒素（cyanotoxins）是蓝藻在生长代谢过程中的代谢产物，主要成分为生物碱（双环生物碱和四氢嘌呤生物碱）和肽类毒素。通常，生物碱类毒素由蓝藻细胞直接释放入水，而肽类毒素只有在蓝藻细胞受损或死亡破裂时才大量进入水体。但是，如果饮用含藻毒素的藻细胞，毒素会在胃肠道释出，引起相应的健康损害。迄今为止，被发现的蓝藻毒素种类超过了 200 多种，与世界各地的各种藻类中毒事件有密切联系。按照藻毒素对生物作用的靶器官主要可分为肝毒素、神经毒素、皮肤毒素和细胞毒素。常见的肝毒素主要包括微囊藻毒素（microcystins）、节球藻毒素（nodularin）和柱胞藻毒素（cylindrospermospin）；神经毒素主要有鱼腥藻毒素-a（anatoxin-a）及其同系物、膝沟藻毒素（gonyautoxin)、石房蛤毒素（saxitoxin）、新石房蛤毒素和 β-N-甲氨基-L-丙氨酸（β-N-methylamino-L-alanine，BMAA），其中膝沟藻毒素、石房蛤毒素和新石房蛤毒素统称为麻痹性贝毒。常见蓝藻毒素及其毒性见表1-2。

表1-2　常见蓝藻毒素的来源、结构、毒性

毒素种类	化学结构	水体	产毒藻类	致毒分子基础	毒性效应
微囊藻毒素（MCs）	单环七肽化合物	淡水海水	微囊藻属鱼腥藻念珠藻属束丝藻属颤藻属	Adda 基团，抑制磷酸酶活性	肝脏毒性肾脏毒性生殖毒性神经毒性遗传毒性免疫毒性促肝癌
节球藻毒素（NOD）	环状五肽化合物	淡水海水	泡沫节球藻	Adda 基团，抑制磷酸酶活性	皮肤癌肝炎肝癌
柱胞藻毒素（CYNs）	三环生物碱	淡水微咸水	拟柱胞藻束丝藻属尖头藻属鱼腥藻属颤藻	嘧啶侧链及胍基和硫酸基团，引起 DNA 双链的断裂，脂质过氧化	肝脏毒性神经毒性致癌性胚胎毒性基因毒性皮肤毒性细胞毒性免疫毒性
鱼腥藻毒素（AnTX-a）	双环二级胺结构的生物碱	淡水海水	鱼腥藻囊丝藻颤藻柱胞藻微囊藻	乙酰胆碱的类似物，但不被乙酰胆碱酯酶降解	神经毒性
麻痹性贝类毒素（PSPs）	多叠六元环结构的四氰嘌呤衍生物	淡水海水	鱼腥藻	阻断神经细胞钠离子通道	神经毒性
β-N-甲氨基-L-丙氨酸（BMAA）	L 型非蛋白氨基酸	淡水	浮游蓝藻	与碳酸氢盐结合后与谷氨酸结构相似，作用于 NMDA 和 mGluR5 受体；使神经元内钙离子浓度升高；使脑内多巴胺产生增加	神经毒性

1. 微囊藻毒素（microcystins，MCs）

微囊藻毒素是蓝藻的次生代谢产物，为细胞内毒素，在细胞破裂释放后表现出毒性，是淡水水体

中出现频率最高、分布最广、造成危害最严重的一类藻毒素。微囊藻毒素是通过蓝藻细胞内的多功能蛋白质复合体（由基因簇 *mcyABC* 编码的非核糖体多肽合成酶和由 *mcyDE* 编码的杂合的多酮-多肽合成酶）合成的具生物活性的非核糖体多肽，这种多功能蛋白质复合体只存在于原核生物和低真核生物中，具有 DNA 多态性，致使微囊藻毒素约有 200 多种亚型。微囊藻毒素结构为 cycle-（-D-Ala1-L-X2-D-isoMeAsp3-L-Z4-Adda5-D-isoGlu6-Mdha7）的单环七肽，组成七肽的 7 种氨基酸中有 5 种在各毒素亚型分子中都一样。这 5 种氨基酸分别为 β-甲基天冬氨酸（β-Me-Asp）、D 型丙氨酸（D-Ala）、N 甲基脱氢丙氨酸（Mdha）、D 型异谷氨酸（D-isoGlu）和 5 号位的 Adda 基团（3-氨基-9-氧基-10-苯基-2，6，8-三甲基-癸碳-4，6-二烯酸），另外 2 种氨基酸在不同毒素分子中是变化的，见图 1-8 和表 1-3。Adda 基团是微囊藻毒素的特征结构，是微囊藻毒素生物活性所必需的基团。各亚型之间的区别主要是 X 和 Z 位置上的氨基酸残基的差异，X 位置上主要是疏水氨基酸，Z 位置上主要是亲水氨基酸，见表 1-3。以 MC-LR、MC-YR、MC-RR 和 MC-LA 四种亚型含量较多，毒性较大，且最常见。

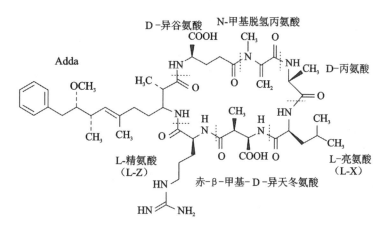

图 1-8 微囊藻毒素的一般结构图

表 1-3 常见的微囊藻毒素类型

微囊藻毒素	X 位点氨基酸基团	Z 位点氨基酸基团
MC-LR	亮氨酸（leucine）	精氨酸（arginine）
MC-YR	酪氨酸（tyrosine）	精氨酸（arginine）
MC-RR	精氨酸（arginine）	精氨酸（arginine）
MC-LA	亮氨酸（leucine）	丙氨酸（alanine）
MC-LW	亮氨酸（leucine）	色氨酸（tryptophan）
MC-LF	亮氨酸（leucine）	苯基丙氨酸（phenylalanine）

微囊藻毒素因环状结构和间隔双键，性质稳定，耐热性较强，加热到 300℃ 仍不被破坏。当温度为 5℃ 或 20℃，pH 值为 1、5、7 和 9 时，MC-LR 很少分解；但当温度为 40℃ 时，在 pH 值为 1 和 9 的环境下，MC-LR 半衰期分别为 3 w 和 10 w。紫外照射可使微囊藻毒素发生降解，但半衰期与紫外线波长及光密度密切相关。微囊藻毒素由亲水基团和疏水部分构成的两性分子，具有水溶性，溶解度在 1 g/L

以上，在水中呈中性和带负电荷，不易沉淀或被吸附。微囊藻毒素在水中可降解，但降解过程十分缓慢，在无菌条件下直到 40 d 时依然稳定，而在有菌和有机物存在的天然环境下，需 3～9 d 降解。

人体对微囊藻毒素的暴露方式主要为吸入暴露、口腔暴露和皮肤接触暴露三种。吸入暴露主要吸收部位在肺部，口腔暴露主要吸收部位在肠道，少部分在胃部。由于微囊藻毒素在大多数情况下是水溶性的，不能通过脂质膜被动扩散，主要通过有机阴离子转运体膜转运体（OATP）/OATP 转运系统进入机体。因此，器官中微囊藻毒素的分布并不依赖于血液灌注的程度，而取决于 OATP/OATP 载体的类型和表达水平。其中，肝脏 OATP 表达最为丰富，肾脏、心脏、肺、脾脏、胰腺、脑均有分布，因此肝脏是微囊藻毒素主要摄取器官。体内 pH 值碱性条件下，在谷胱甘肽转硫酶（glutathione trans-sulfurase，GST）作用下，微囊藻毒素可与谷胱甘肽（glutathione，GSH）自发结合后主要通过尿液和粪便排出。微囊藻毒素毒性是一个多途径的过程，其分子机制仍部分未知。目前认为微囊藻毒素与磷酸酶 PP1 和 PP2A 的相互作用是毒性效应的重要机制之一。微囊藻毒素的 Adda-glu 与蛋白半胱氨酸残基结合在一起，阻断了催化位点上底物进入，从而抑制 PP1 和 PP2A 的酶活性。但 Adda 本身并不能够抑制 PP1 和 PP2A 酶活性。

微囊藻毒素经口、腹腔注射均可引起肝脏病变，表现为细胞骨架损伤，肝细胞坏死和肝内出血。1996 年 2 月，巴西血液透析中心因肾透析用水被微囊藻毒素污染，116 例患者出现急性或亚急性肝中毒症状，76 例患者因肝衰竭死亡。微囊藻毒素也具有肾毒性，表现为肾小球内红细胞减少，周围红细胞增多，管径增大。更重要的是，微囊藻毒素是强促肿瘤物质。流行病学的研究表明在中国某些地区饮用沟渠水（蓝藻污染）的人群中，微囊藻毒素是原发性肝癌高发生的危险因素之一。微囊藻毒素还具有基因毒性，体外实验发现微囊藻毒素导致人类的淋巴细胞染色体异常。此外，微囊藻毒素的生殖毒性和神经毒性也已经在动物实验中得到证实。虽然微囊藻毒素可能通过影响甲状腺功能，从而影响机体的糖脂代谢，但其是否具有内分泌干扰活性尚需进一步研究证实。

尽管 80% 以上的微囊藻水华含微囊藻毒素，但除铜绿微囊藻外，颤藻、鱼腥藻、念珠藻的部分种属也产微囊藻毒素。光照、营养盐、微量元素、盐度、温度、pH 值等环境因素均能影响微囊藻毒素的产生，其中光照强度和营养盐的影响作用最大。在光照度 $<40\ \mu E/(m^2 \cdot s)$ 时，蓝藻的毒性随着光密度的增加而增强，随着水深的增加而减弱。沟塘水和小河水的微囊藻毒素含量远远大于浅井水，而深井水中几乎测不到微囊藻毒素。较丰富的总氮和总磷加上适当的氮磷比例（接近 7.2）是藻细胞和藻毒素产生的关键原因。冬天毒素浓度很低或未检出，夏季毒素浓度达到高峰，其产毒素最适温度为 25～30℃。每一种藻可产生几种微囊藻毒素的异构体，不同藻种产毒能力也不同，如铜绿微囊藻每毫克干重细胞可产生 3～4 μg 微囊藻毒素，而绿色微囊藻适宜条件下仅产 1～2 μg 微囊藻毒素。因此，同一水体水华的毒性大小是不恒定的，依采集地点、时间的不同而不同，常因构成水华的有毒株、无毒株的比例和环境因子改变而改变。

微囊藻毒素-LR 的限值标准：世界卫生组织（World Health Organization，WHO）规定饮水中 1.0 $\mu g/L$，可耐受的每日摄取量（TDI）为 0.04 $\mu g/(kg \cdot d)$，加拿大健康组织规定饮水中可接受微囊藻毒素-LR 含量为 0.5 $\mu g/L$，澳大利亚建议安全饮用水的上限为 1.0 $\mu g/L$。我国《生活饮用水标准》（GB5749—2006）中规定微囊藻毒素-LR 的标准限值为 1.0 $\mu g/L$。

2. 节球藻毒素（nodularins，NOD）

节球藻毒素是一种环状五肽结构，结构为 D-MeAsp/-D-Asp-L-Arg-Adda-D-Glu-Mdhb，与微囊藻毒素类似，也含有 Adda 结构，比微囊藻毒素少两个氨基酸，相对分子量为 824 D，目前有 7 种同系物，见图 1-9。自然条件下，节球藻毒素可发生光降解，沉积物吸附也有利于移除，底泥中的微生物群在 5～7 d 内可有效将其降解。许多水生生物对节球藻毒素也具有一定的解毒作用。

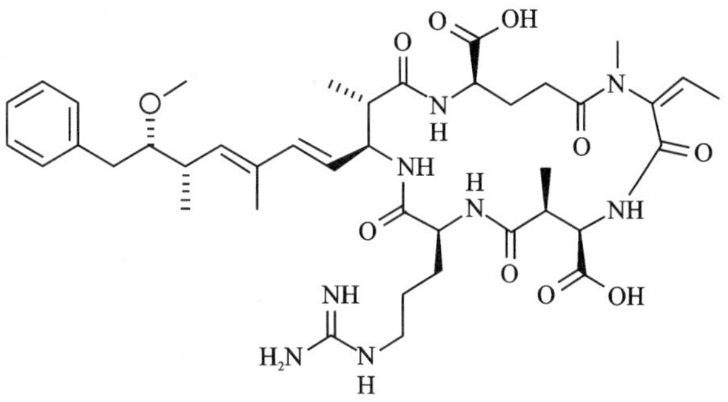

图 1-9 节球藻毒素的一般结构图

节球藻毒素同微囊藻毒素的毒性效应机制相似，主要抑制蛋白磷酸酶 PP1 和 PP2A 的活性。节球藻毒素主要靶器官为肝脏和肾脏，是一种肝脏致癌剂，其对肝的致癌效应与二乙基亚硝胺单独作用时相似。节球藻毒素致癌的原因可能是：抑制 NADH 脱氢酶和激活琥珀酸脱氢酶活性，改变线粒体 Na-K-ATP 酶活性，使线粒体膜电位消失，影响正常的呼吸作用；通过嘌呤氧化和非整倍性活动导致着丝粒微核形成增加，诱导 DNA 氧化损伤。节球藻毒素较微囊藻毒素更容易进入细胞内，可诱导组成小鼠肝细胞的角蛋白的初始物质 8 肽和 18 肽的高度磷酸化，因此其效率比微囊藻毒素-LR 高 20%。腹腔注射节球藻毒素可使大鼠和小鼠在 2～3 h 内因肝脏充血坏死而死亡，其 LD_{50} 为 30～50 $\mu g/kg$。在最小致死剂量范围内，节球藻毒素比微囊藻毒素代谢慢，致小鼠死亡的时间长，但引起的肝出血面积更大。

节球藻毒素主要由泡沫节球藻产生。与微囊藻毒素类似，节球藻毒素也非核糖体合成，由含有不同分子量酶构成的多酶复合物合成。当环境条件有利于泡沫节球藻生长时，细胞内藻毒素含量就会增加，并随温度、光照和磷含量的增加而增大，随氮浓度的增加而减少。细胞外藻毒素含量在藻细胞裂解时开始增加。

节球藻毒素限量标准：目前暂无。

3. 柱胞藻毒素（cylindrospermopsins，CYNs）

柱胞藻毒素是一种三环类生物碱，由一个 3 环胍基团与羟甲基尿嘧啶联合组成，分子式为 $C_{15}H_{21}N_5O_7S$，分子量 415.4 道尔顿，见图 1-10。柱胞藻毒素同系物目前仅发现 5 种，即 CYN、7-deoxy- CYN、7-epi- CYN、7-deoxy- desulfo- CYN 和 7-deoxy- desulfo-acetyl-CYN。其中，CYN，deoxy-CYN 占总柱胞藻毒素的 95% 以上，二者间的比例随藻体所处生长周期的不同发生变化。7-deoxy-CYN 的毒性大约是 CYN 的十分之一，而 7-epi-CYN 的毒性和 CYN 相似。

柱胞藻毒素易溶于水，也易溶于甲醇、二甲亚砜等有机溶剂。耐高温，100℃保持 15 min 不分解。难降解，在 pH 值分别为 4.0、7.0 和 10.0 下 8 w 降解率仅为 25%，在可见光和紫外光条件下光降解过程极为缓慢，也很难被水中的微生物降解；在 pH 值为 10.5 的 0.1 mol/L 的碳酸盐缓冲液中可稳定保存数月；可被吸附到土壤上。因此容易发生生物富集。值得注意的是，柱胞藻毒素浓度非常低时也会发生生物富集，可能的生物富集能力排序为腹足类＞贝类＞甲壳类＞两栖类＞鱼。

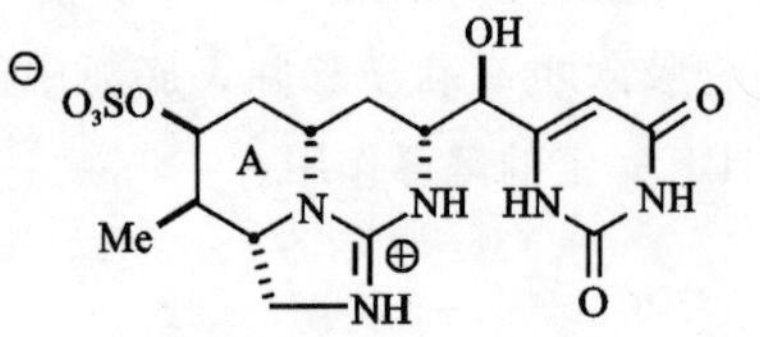

柱胞藻毒素 （Cylindrospermopsin）

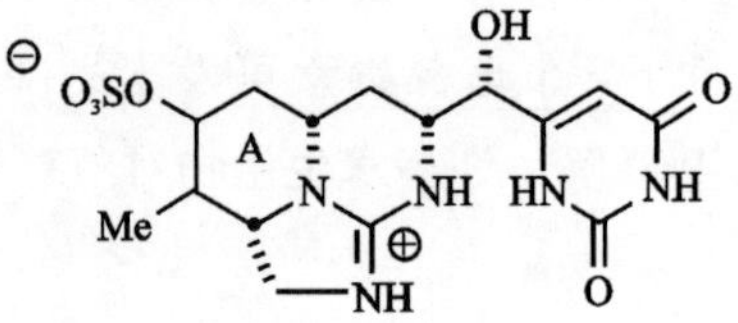

7-epi-柱胞藻毒素(7-epi-cylindrospermopsin)

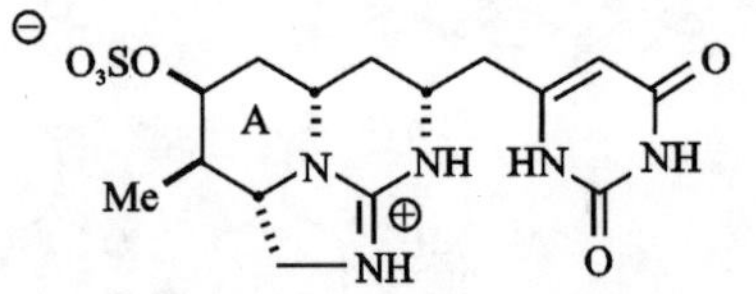

7-deoxy-柱胞藻毒素(7-deoxy-cylindrospermopsin)

图 1-10　柱胞藻毒素的一般结构

柱胞藻毒素首次中毒发生在 1979 年澳大利亚昆士兰州棕榈岛上，又称棕榈岛神秘疾病。在此事件中，共有 138 名原住民儿童和 10 名成年人因厌食症、肝脏肿大、呕吐和虚弱而住院。这种神秘疾病持续 21 d，分为 3 个阶段：第一阶段持续 2 d，为肝炎期；接下来的 1～2 d 是昏睡阶段；最后阶段（5 d）表现为严重腹泻。后期证实与该地区唯一的饮用水来源——所罗门大坝（Solomon Dam）中的有毒蓝藻水华产生的柱胞藻毒素有关。

柱胞藻毒素具有明确的肝脏毒性，抑制肝细胞中谷胱甘肽的合成，增加谷胱甘肽消耗。其诱导的肝细胞病理形态变化过程有 4 个阶段：①细胞核体积减小，核糖体从细胞壁上脱落导致其在细胞质中的积累；②细胞色素 P_{450} 数量减少诱导的脂质过氧化，引起无颗粒细胞膜的增殖；③抑制肝细胞中谷胱甘肽的合成，自由基增多引起肝小叶中心部位脂肪粒增加；④导致严重的肝坏死。柱胞藻毒素的嘧啶部分是其毒性的主要原因。柱胞藻毒素尿嘧啶侧链及胍基和硫酸基团的潜在活性，会引起 DNA 双链的断裂，DNA 损伤修复和转录过程中蛋白质的过度表达，包括核小体组蛋白 DNA 的修饰，导致柱胞藻毒素具有致癌性。柱胞藻毒素还有胚胎毒性，造成胚胎在母体内的死亡、胎儿的畸形发育；即使正常生产，也会造成胎儿生长发育迟缓或功能性不全。此外，柱胞藻毒素还具有神经毒性、皮肤毒性及免疫毒性。大鼠腹腔注射 LD_{50} 为 0.2 mg/kg，口服 LD_{50} 为 6.0 mg/kg。小鼠腹腔注射 LD_{50} 为 0.2 mg/kg，口服 LD_{50} 为 4.4～6.9 mg/kg。

柱胞藻毒素主要由拉氏拟柱胞藻产生。拉氏拟柱胞藻可适应多种环境条件，能够耐受较高的氮磷比，在热带和亚热带地区的有毒蓝藻水华中较常见。淡水或微咸水中的湖泊束丝藻、水华束丝藻、柔细束丝藻、克氏束丝藻、弯形小尖头藻、地中海尖形藻、浮游鱼腥藻、伯氏鱼腥藻及颤藻均可产生该毒素。迄今为止，柱胞藻毒素的分布几乎遍及世界各地。

饮用水中柱胞藻毒素浓度限值，德国 0.1 μg/L，法国 0.3 μg/L，澳大利亚和新西兰 1 μg/L，巴西 15 μg/L。我国至今还没有相关规定。

4. 鱼腥藻毒素-a（anatoxin-a，AnTX-a）

鱼腥藻毒素-a 属于细胞外毒素，分子式为 $C_{10}H_{15}NO$，相对分子质量为 165 道尔顿，是具有半刚性双环二级胺结构的生物碱，S-trans-（1R，6R）-（＋）2-乙酰基-9-氮二环（4，2，1）-壬-2-烯，主要以阳离子形式存在。右旋鱼腥藻毒素-a，左旋鱼腥藻毒素-a，外消旋鱼腥藻毒素-a，有 3 种同分异构体，其中右旋鱼腥藻毒素-a 最常见，见图 1-11。其分子结构不具有易被酶催化水解的酯基，与受体作用是形成强的库仑力键，双环和平面共轭体系保证了分子的刚性，因而具有高活性。

鱼腥藻毒素-a易溶于水，挥发度小，对热、光和碱都不稳定，但其盐酸化合物是稳定的。鱼腥藻毒素-a有4种天然的降解途径，分别为稀释、吸附、光解作用和非光化学降解。光解半衰期1～2 h，非光解则需要几天时间。光强度越高，pH值越高，降解越快。无光时，降解为非光化学作用，且只在pH值＞9时降解。若水面没有风或水流不强时，光解作用是重要的天然解毒途径。

鱼腥藻毒素-a是神经递质乙酰胆碱的类似物，由于缺少酯结构，不被乙酰胆碱酯酶及其他真核生物中的酶降解，被称为"极速致死因子"。鱼腥藻毒素-a能够使小鼠在1～4 min内中毒死亡。中毒动物出现抽搐、角弓反张、呼吸肌痉挛、流涎等症状，最后因呼吸肌瘫痪而死。1981年开始至21世纪初，美国、德国、法国、芬兰、苏格兰、爱尔兰等多个国家的家畜包括牛、狗等饮用了被鱼腥藻毒素-a污染的水源而死亡。进一步研究发现，鱼腥藻毒素-a是烟碱样胆碱受体激动剂，与烟碱受体结合，具有比乙酰胆碱更强的亲和力；具有极强的突触后烟碱样神经肌肉去极化阻断作用，与乙酰胆碱受体结合后可使肌肉因过度兴奋而痉挛。鱼腥藻毒素-a对前突触也有影响，它能减低小后脑板电位频率和后脑电位容量，这种前、后突触相连的影响可能是鱼腥藻毒素-a长时间作用的结果。对小鼠的LD_{50}为0.2 mg/kg。目前无有效解毒剂。

此外，鱼腥藻毒素-a对哺乳类、啮齿类动物及水生生物的免疫细胞具有细胞毒效应，包括免疫细胞活力下降、细胞凋亡、DNA受损、细胞因子之间平衡紊乱等。其细胞毒作用特点为细胞活力丧失、乳酸脱氢酶渗漏、线粒体功能丧失及DNA断裂。

水华鱼腥藻，水华束丝藻、螺旋颤藻、拟柱胞藻和微囊藻均可产生鱼腥藻毒素-a。

英国学者建议饮水中鱼腥藻毒素-a的指导值定为1 μg/L。

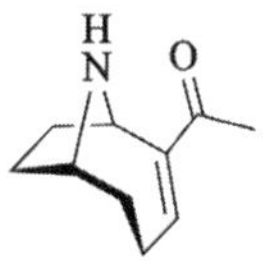

图1-11 鱼腥藻毒素-a的一般结构图

5. 鱼腥藻毒素-a（s）［anatoxin-a（s），AnTX-a（s）］

鱼腥藻毒素a（s）是N-羟基鸟嘌呤的单磷酸酯，见图1-12。鱼腥藻毒素-a（s）是极性物质，可溶于水、乙醇、甲醇，不易通过血脑屏障。鱼腥藻毒素-a（s）具有与鱼腥藻毒素-a类似的拟胆碱作用，但并不具有鱼腥藻毒素a直接的激动剂和神经肌肉阻断剂活性，而是一种不可逆的、非竞争性胆碱酯酶抑制剂，可以阻止乙酰胆碱酯酶对乙酰胆碱的降解，既能引起烟碱样作用，也能引起毒蕈碱样作用，使肌肉因过度兴奋而痉挛。鱼腥藻毒素-a（s）可引起大鼠角弓反张，呼吸困难，小便失禁，最终因呼吸抑制而死亡。由于鱼腥藻毒素-a（s）不能穿过血脑屏障，专一性地作用于外周神经系统，而不抑制中枢神经系统，因而死亡过程缓慢，常使饮水牲畜死在水边。小鼠腹腔注射LD_{50}为20 μg/kg。但是用高浓度的解磷定、双解磷能使被毒素抑制的酶有效恢复，可逆抑制剂毒扁豆碱、阿托品能有效地保护酶和对抗毒素的抑制。

鱼腥藻毒素-a（s）是水华鱼腥藻细胞里含量最高的一种毒素。目前尚无相关的标准。

6. 麻痹性贝毒毒素（paralytic shellfish poisoning toxins，PSPs）

麻痹性贝毒毒素是一类多叠六元环结构的四氢嘌呤衍生物，属于生物碱，其基本结构是有两个胍盐基的四水化嘌呤，活性基团分别为7、8、9位胍基及其附近C_{12}位羟基，见图1-13。目前已发现该类毒素有28种以上，根据基因的相似性可将毒素分为氨甲基酸酯类毒素、N-磺酰胺甲酰基类毒素、脱氨

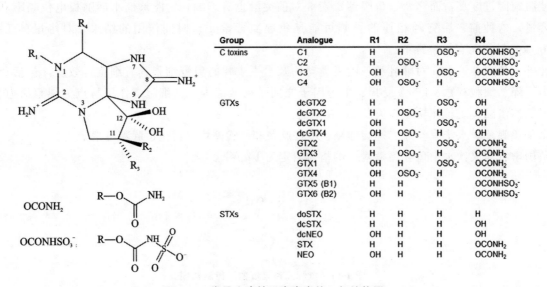

图 1-12　鱼腥藻毒素-a（s）的一般结构图

甲酰基类毒素和 N-羟基类毒素。氨甲基酸酯类毒素包括石房蛤毒素（saxitoxin，STX）、新石房蛤毒素（neoSTX）、膝沟藻毒素 1-4（gonyautoxin，GTX1-4）；N-磺酰胺甲酰基类毒素包括 GTX5（B1），GTX6（B2）；脱氨甲酰基类毒素包括 dcSTX，dcneoSTX 等；脱氨甲酰基类毒素 doSTX 等。其中，STX、neoSTX、GTX1-4 最常见，而 STX 占麻痹性贝毒毒素的 85％以上，研究也最广泛。

Group	Analogue	R1	R2	R3	R4
C toxins	C1	H	H	OSO₃⁻	OCONHSO₃⁻
	C2	H	OSO₃⁻	H	OCONHSO₃⁻
	C3	OH	H	OSO₃⁻	OCONHSO₃⁻
	C4	OH	OSO₃⁻	H	OCONHSO₃⁻
GTXs	dcGTX2	H	H	OSO₃⁻	OH
	dcGTX2	H	OSO₃⁻	H	OH
	dcGTX1	OH	H	OSO₃⁻	OH
	dcGTX4	OH	OSO₃⁻	H	OH
	GTX2	H	H	OSO₃⁻	OCONH₂
	GTX3	H	OSO₃⁻	H	OCONH₂
	GTX1	OH	H	OSO₃⁻	OCONH₂
	GTX4	OH	OSO₃⁻	H	OCONH₂
	GTX5 (B1)	H	H	H	OCONHSO₃⁻
	GTX6 (B2)	OH	H	H	OCONHSO₃⁻
STXs	doSTX	H	H	H	H
	dcSTX	H	H	H	OH
	dcNEO	OH	H	H	OH
	STX	H	H	H	OCONH₂
	NEO	OH	H	H	OCONH₂

图 1-13　常见麻痹性贝毒毒素的一般结构图

麻痹性贝毒毒素呈弱碱性，极易溶于水，部分溶于甲醇和酒精，不溶于大多数非极性溶剂，对酸、热稳定，在 pH 值 3 和－18℃的条件下可较长时间保存。但强酸、加热、碱性水溶液可使毒素基团转化、氧化分解等，从而使毒性改变。

麻痹性贝毒毒素可以阻断神经细胞钠离子通道，阻断钠离子内流，妨碍动作电位的形成，对人体神经系统产生麻痹作用，从而引起以神经症状为主的中毒反应，表现为四肢面部肌肉麻痹、头痛、恶心，甚至因呼吸肌麻痹而窒息死亡。其中，STX 毒性最强，是眼镜蛇毒性的 80 倍。人体中毒量为 300～2 500 mg STXdiHCl-eq/kg，口服致死量约为 1 mg 或 1 500～15 000 mg STXdiHCl-eq/kg。目前无任何特效解毒剂，此类中毒对患者也不产生任何保护性抗体。在全球范围内麻痹性贝毒中毒每年 2000 多例，死亡率为 15％。1987 年 Guatemala 的麻痹性贝毒毒素中毒事件中，6 岁以上的儿童死亡率是 50％，是成人的 7 倍多。

麻痹性贝毒毒素主要由海洋中的有毒甲藻和蓝藻产生，有毒蓝藻主要有水华束丝藻，卷曲鱼腥藻，鞘丝藻和拉氏拟柱胞藻。目前已知麻痹性贝毒毒素在全球近岸海域分布广泛，许多贝类对其有很强的蓄积能力。值得注意的是，产毒藻的暂时性孢囊和休眠孢囊中也含有麻痹性贝毒毒素，且毒素含量比营养或游动性细胞的高 10 倍以上，可进入食物链及借水生动物的活动而广泛传播。

WHO、欧盟、美国对可食贝类中麻痹性贝毒毒素进行限量规定，分别为 170 mg STXdiHCl-eq/kg 和 800 mg STXdiHCl-eq/kg，我国规定上市贝类中麻痹性贝毒毒素的含量限制为 800 mg STXdiHCl-eq/kg。

7. 脂多糖内毒素（lipopolysaccharide，LPS）

脂多糖内毒素是蓝藻细胞壁的组成成分，由类脂 A、核心寡糖和 O 特异多糖组成。蓝藻脂多糖内毒素的类脂 A 与革兰阴性细菌的脂多糖不完全相同，种类更多，而且往往含有少量的磷酸。脂多糖内毒素可激活单核/巨噬细胞、肝库普弗细胞、血管内皮细胞等。并诱生一些炎性细胞因子及氧自由基等化学介质的释放，诱发全身炎症反应综合征，包括感染性休克和肝脏等组织器官的严重损伤。目前已从裂须藻、颤藻、鱼腥藻和微囊藻中分离到脂多糖内毒素。

总之，蓝藻毒素种类多样，同一种蓝藻毒素可能来自不同蓝藻种类，而同一种蓝藻可能产生不同的蓝藻毒素。因而，同一水体水华的毒性大小是不恒定的，依采集地点、时间的不同而不同，常因引起水华的有毒株、无毒株的比例和环境因子改变而改变。水生生物、动物及人类可能同时暴露于多种蓝藻毒素。

第二节 蓝藻毒素的毒理学概述

一、蓝藻毒素的急性毒性

藻毒素大剂量短时间进入机体后可引起急性中毒的发生，严重的可以致死。动物实验表明，饮用含蓝藻毒素的水后，会出现厌食、呕吐、乏力、嗜睡、分泌物增多等症状，甚至导致呼吸急促、死亡；直接接触含有蓝藻毒素的水，会引起敏感部位和皮肤过敏。由于蓝藻毒素类型众多，每种蓝藻毒素靶器官及致毒机制不同，因此每一类藻毒素均有其特异性的表现。

微囊藻毒素和节球藻毒素对肝脏的毒性效应基本相同。微囊藻毒素和节球藻毒素都可能通过抑制磷酸酶 PP1 和 PP2A，从而使肝脏细胞内的中间丝和微丝因过量磷酸化而解聚，导致肝细胞收缩，窦状隙结构丧失，大量血液进入肝组织，肝充血肿大，动物失血休克死亡。腹腔注射节球藻毒素可使小鼠和大鼠在 2～3 h 内死亡。1996 年 2 月，巴西血液透析中心因肾透析用水被微囊藻毒素污染，100 名患者出现急性或亚急性肝中毒症状，至 1996 年 12 月，52 例患者死亡。

神经毒性毒素如鱼腥藻毒素-a 及其衍生物、麻痹性贝毒毒素急性中毒严重时常常可以致死。鱼腥藻毒素-a 可与乙酰胆碱受体结合，使肌肉因过度兴奋而痉挛，动物因呼吸系统痉挛，窒息死亡。麻痹性贝毒毒素的活性成分石房蛤毒素及其衍生物进入人体后，通过选择性阻断电压门控 Na^+ 通道，导致动作电位无法形成，呈现毒性作用，潜伏期仅数分钟或数小时，症状包括四肢肌肉麻痹、头痛恶心、流涎发烧、皮疹等，严重的会导致呼吸停止。

二、蓝藻毒素的慢性毒性

环境中藻毒素往往含量较低，长时间作用于机体后，可引起全身各器官系统出现慢性损伤，部分藻毒素甚至有致癌或促癌作用。

微囊藻毒素、节球藻毒素、柱胞藻毒素小剂量长时间作用均可以诱发慢性肝脏毒性、肾脏毒性。动物实验和流行病学研究均证明，微量微囊藻毒素暴露可引起肝功能损伤；长期慢性暴露于微囊藻毒素的巢湖渔民及三峡库区儿童和成人均表现出肝功能酶学水平的改变。

蓝藻毒素引起的慢性皮肤损伤、免疫损伤、生殖危害乃至致癌或促癌效应，均只在动物实验上观察到，绝大部分并未在人群流行病学研究中得到验证。但是已有研究报道肝癌患者的血清中微囊藻毒素的含量高于对照组。

三、蓝藻毒素的靶器官毒性

蓝藻毒素进入机体后，可随血液循环至全身各器官系统，甚至可以透过血脑屏障，引起实验动物神经系统相关功能的改变。其生物作用的常见靶器官为肝脏、肾脏、神经系统和免疫系统。

常见以肝脏作为靶器官的毒素分别是微囊藻毒素、节球藻毒素、柱胞藻毒素。微囊藻毒素具有亲肝脏性，因为肝脏是 OATP 效能最高的器官，OATP 是微囊藻毒素进入细胞内的主要载体。同时肝脏是微囊藻毒素与谷胱甘肽结合进行 I、II 相代谢解毒的中心。小鼠实验表明，节球藻毒素经静脉注射、腹腔注射和口服三种不同途径进入体内后，主要分布在肾脏，其次为肝脏，定位于肝细胞核内，对肝细胞产生毒性作用，可抑制磷酸酶 1 和 2A，并表现出致肝肿瘤活性。柱胞藻毒素可引起肝小叶中心部位脂肪粒增加，导致严重的肝坏死。

肾脏也是微囊藻毒素、节球藻毒素的靶器官。微囊藻毒素在肝脏代谢解毒后，主要经肾脏进行排泄，因此主要损伤肾小球滤过功能。林辉等证实长期低剂量微囊藻毒素暴露可降低成人肾小球滤过功能。小鼠实验表明，节球藻毒素经静脉注射、腹腔注射和口服三种不同途径进入体内后，主要分布在肾脏，定位于肾皮质的肾细胞核内，对肾细胞产生毒性，导致肾功能的改变。

鱼腥藻毒素-a 及其衍生物、麻痹性贝毒毒素、β-N-甲氨基-L-丙氨酸等均是常见的神经毒素。鱼腥藻毒素-a 具有突触后烟碱样神经肌肉去极化阻断作用，较弱的毒蕈碱样作用；麻痹性贝毒毒素主要是阻断神经细胞钠离子通道，对人体神经系统产生麻痹作用。

蓝藻毒素中毒亦可作用于免疫器官系统，导致免疫系统不可逆的毒性效应。微囊藻毒素可引起鱼类白细胞总数和巨噬细胞活力下降、大鼠脾脏淋巴细胞凋亡，人类单核细胞凋亡增加，淋巴细胞增殖下降。柱胞藻毒素对人外周血淋巴细胞的增殖均有一定的抑制作用，并可改变淋巴细胞的功能，造成淋巴细胞周期紊乱，降低机体免疫能力。节球藻毒素亦可导致鱼体内巨噬细胞的凋亡。

四、蓝藻毒素的非靶器官毒性

蓝藻毒素随血液循环到达全身各器官系统后，除了直接在靶器官中发挥生物学毒性作用外，亦可引起其他非靶器官的毒性效应，尤其是遗传毒性、致癌性和发育毒性等远期效应。

目前的研究已经证实微囊藻毒素、节球藻毒素、柱胞藻毒素等具有遗传毒性。微核是细胞染色体损伤的标志之一，微囊藻毒素-LR 可以诱发 TK6 细胞、小鼠骨髓细胞微核率上升；1 mg/L 微囊藻毒素-LR 可以诱导 20％的人外周血淋巴细胞 DNA 发生明显损伤。节球藻毒素通过嘌呤氧化和由于非整倍性活动导致着丝粒微核形成的增加，从而诱导 DNA 的氧化损伤。

微囊藻毒素-LR 是一种类似大田软海绵酸的强促癌剂，长期饮用含藻类毒素水源的人群，肝癌、直肠癌的发病率明显高于其他人群；节球藻毒素可引起皮肤癌和肝癌。

具有生殖和发育毒性的藻毒素研究最多的主要有微囊藻毒素和柱胞藻毒素。微囊藻毒素能引起性腺的氧化应激反应和性腺组织的病理形态学变化，如 SD 雄性大鼠睾丸的曲精小管直径显著降低，曲精小管堵塞，生精细胞稀疏、紊乱、溶解；也可以引起生殖功能障碍；还可以通过损伤下丘脑-垂体-性腺轴和肝脏间接影响性激素的表达，从而导致体内激素水平紊乱进而影响人类、鱼类、哺乳动物的正常繁殖和生长发育。柱胞藻毒素可能干扰机体内分泌，致使黄体酮激素和雌激素比例失调，从而使女性受孕困难，并造成胚胎在母体内的死亡、胎儿的畸形发育；即使正常生产，也会造成胎儿生长发育迟缓或功能性不全。

余顺章等对饮用水受微囊藻毒素污染地区的 15 998 位孕妇进行流行病学调查表明，微囊藻毒素有明显的致畸作用，且随着摄入剂量的增加，畸胎的发生有增加的趋势。

五、蓝藻毒素中毒的治疗措施

蓝藻毒素种类多样，其毒性靶器官及致毒机制也各不相同。但目前无论是神经毒性或肝脏毒性的蓝藻毒素中毒后，多数根据其症状进行对症支持治疗，绝大多数蓝藻毒素目前没有特异性药物可使用。因此，减少暴露、预防为主是目前防止蓝藻毒素中毒的最有效手段。

第三节　人类对蓝藻毒素危害的认识历程

自然界中水华暴发时，若无外来影响，水体中溶解的蓝藻毒素含量至多只有 $0.1 \sim 10~\mu g/L$。虽然细胞内的蓝藻毒素会高出几个数量级，但是大型湖泊、河流中蓝藻释放的蓝藻毒素可被大量水体稀释。因此，蓝藻毒素的毒性作用通常表现出来的是慢性毒性，致使人们往往忽视其毒性效应。但早在1878年，澳大利亚、美国和加拿大等地依然有动物饮用含蓝藻的水中毒而死亡的报道，见表1-4，人们开始关注蓝藻水华及其毒素对健康的影响。

过去几十年，世界各地水库、河流、湖泊等水体藻类的异常繁殖引起的水华或赤潮，造成了水体的水文、化学特性的破坏，水底光照减少，水中溶解氧减少，产生异臭异味物质，使水质恶化，同时水体生物的多样性降低，严重破坏水生生态系统平衡，使湖泊老化加剧。因暴发蓝藻水华，不断有鸟类、鱼类、动物甚至人类因饮用了含蓝藻的水或食用了含蓝藻的食物中毒事件发生（见表1-4和表1-5）。研究人员发现起毒性作用的主要是蓝藻细胞内或蓝藻细胞破裂后释放的大量蓝藻毒素。自此以后，蓝藻毒素的种类、产生原因、毒性效应得到了广泛研究。在1990年，研究者报道微囊藻毒素毒作用的分子基础是特异性抑制PP1和PP2A活性。

表1-4　蓝藻毒素引起畜禽中毒事件

年代	地点	受影响畜禽	毒素种类	产毒素藻类
1878	南澳大利亚 Alexandrina 湖	1～6 h 绵羊死亡；3～4 h 猪死亡；4～5 h 狗死亡 8～13 h 马死亡	未鉴定	*Nodularia spumigena*
1880	美国 明尼苏达 Waterville	动物死亡	未鉴定	*Microcystis aeruginosa*
1900	美国 明尼苏达 Fergus fall	动物死亡	未鉴定	*Microcystis aeruginosa*
1914	美国 密歇根 Winnipeg 湖	动物死亡	未鉴定	未鉴定
1918—1934	美国 明尼苏达	动物死亡	未鉴定	*Microcystis aeruginosa*
1939	美国 科罗拉多	动物死亡	未鉴定	未鉴定
1943	美国 蒙大拿	动物死亡	未鉴定	未鉴定
1949	美国 北达科他	动物死亡	未鉴定	未鉴定
1952	加拿大 曼尼托巴	马、猪、狗、猫死亡	未鉴定	*Aphanizomenon flos-aquae*
1966—1991	澳大利亚 Darling 河	近 2 000 只绵羊死亡	石房蛤毒素	*Microcystis aeruginosa Anabaenacircinails*

注：整理自 Falconer IR. Cyanobacterial toxins of drinking water supplies：cylindrospermopsins and microcystins[M]. CRC Press，2005.

表 1-5　近 30 年来发生的蓝藻毒素引起人类中毒事件

接触方式	年代	地点	受影响人群	毒素种类	产毒素藻类
饮水	1975	美国 Sewickley 水库	约 5 000 人患急性胃肠炎	未鉴定	裂须藻 织线藻 席藻 鞘丝藻
	1979	澳大利亚 Solomon 水库	149 人出现类似肝炎的症状	柱胞藻毒素	拟柱胞藻
	1972—1995	中国江苏和广西部分地区	原发肝癌发病率高	微囊藻毒素	微囊藻
	1988	巴西 Itaparica 水库	2000 人患胃肠炎,其中 88 人死亡	未鉴定	鱼腥藻 微囊藻
	1992	澳大利亚	许多人患"Barcoo fever",看到食物就恶心、呕吐	—	—
直接接触	1989	英国	2 人患肺炎,16 人患咽喉溃疡、头痛、腹痛、呕吐、腹泻	微囊藻毒素	微囊藻
	1995	澳大利亚南部维多利亚若干地区	777 人患胃肠炎,发烧,眼、耳受刺激,嘴唇起疱	肝毒素	微囊藻 鱼腥藻 束丝藻 节球藻 颤藻
	1996	英国 Hollingworth 湖	11 人发烧,发皮疹	微囊藻毒素	颤藻
血透析	1974	美国华盛顿(透析诊所)	23 人肌痛、呕吐、寒战、发皮疹	脂多糖内毒素	—
	1996	巴西 Tabocas 水库和 Caruar透析中心	116 名患者视物模糊、恶心、呕吐、肝损伤,其中 63 人死亡	微囊藻毒素	—

注:本表根据韩志国,武宝玕,郑解生,等.淡水水体中的蓝藻毒素研究进展[J].暨南大学学报,2001,22(3):129—134.整理而成。

藻毒素污染与人群健康危害相关的报道最早可能在三国时期,当时诸葛亮记载从南部一条发绿的河流中取水饮用致使人群中毒,但只能推测是蓝藻水华暴发引起的河水发绿,从而导致蓝藻毒素中毒。1931 年,由于降雨量减少,Ohio 河的一个支流发生蓝藻水华,致使沿河的人群发生胃肠炎,但并未对毒素的种类进行确认并定量。至 1996 年,由于天气干旱,巴西 Caruar 透析中心用水临时改用发生蓝藻水华的 Tabocas 水库,该水源水并未受到妥善治理,其微囊藻毒素最高浓度达 19.5 μg/L。1996 年 2 月,由于肾透析用水受到微囊藻毒素污染,接受常规透析的 131 名患者中有 116 名患者出现视物模糊、恶心、呕吐、肝损伤。至 1996 年 12 月,100 名患者出现急性肝衰竭,52 名患者死亡归因于透析用水受微囊藻毒素污染。酶联免疫吸附测定(enzyme linked immunosorbent assay,ELISA)和高效液相色谱-二极管阵列检测器(High performance liquid chromatography-photo diode array,HPLC-PDA)定量分析显示,39 名死者中获得的 52 份肝脏样品中微囊藻毒素平均值为 232 ng/g,12 名死者中获得的 17 份血清样品中微囊藻毒素平均值为 2.2 ng/mL。这是第一起被确认的微囊藻毒素污染引起的人类致命事件,震惊全世界。1998 年,WHO 因此制定了饮水中 MC-LR 的指导值为 1 μg/L。自此,蓝藻毒素尤其是微囊藻毒素引起的皮肤刺激、过敏反应、肌肉关节痛、肠胃炎、肺实变、肝肾损伤、神经毒性等毒性效应得到了进一步验证和深入研究。

在我国，微囊藻毒素中毒的流行病学证据愈加充实，尤其是与肝损伤、癌症发生的关系得到广泛研究。自 1996 年，俞顺章课题组及其他研究者相继报道我国东南沿海地区如江苏海门和泰兴，福建同安，广西扶绥等地区长期饮用含微量微囊藻毒素的浅塘水和河流水居民较饮用深井水的居民肝癌发病率更高。2009 年，谢平课题组通过对在湖面生活过 5～10 年的专业渔民的流行病学调查，发现血液中微囊藻毒素含量和肝功能生化指标间存在正相关性。舒为群课题组在 2011 年报道儿童长期暴露于低剂量（1.3±0.2）μg/L 的微囊藻毒素，可使肝功酶异常率升高；在 2016 年和 2017 年分别报道成人长期低剂量暴露微囊藻毒素，肝肾功能均出现损伤效应；在 2017 年报道肝癌患者的血清中微囊藻毒素含量也显著高于正常对照组，该研究将为微囊藻毒素的致癌性分级提供新的依据。此外，微囊藻毒素的其他作用也有流行病学资料支持：余顺章课题组在 1995 年也报道了微囊藻毒素污染地区孕妇畸胎的发生有增加的趋势。近年来，尽管动物实验研究也证实微囊藻毒素还具有免疫毒性、胃肠道毒性、生殖毒性等，遗憾的是尚缺乏流行病学研究的证据。

微囊藻毒素的毒作用分子机制也得到广泛研究。现有研究已经证实，微囊藻毒素通过阴离子转运体 OATP 转运进入细胞后，特异性抑制 PP1 和 PP2A 活性，引起一系列的分子、细胞、器官水平的改变；微囊藻毒素引发的细胞内氧化应激也是其毒性作用之一，抗氧化剂对其有一定的拮抗效应。此外，基因多态性及表观遗传也在微囊藻毒素的致毒作用中发挥了重要作用。2017 年，舒为群课题组报道 *OATP1B1*、*CYP3A4*、*GSTA1* 及 *GSTP1* 基因多态性与 MC-LR 暴露在肝损伤中存在一定的交互作用。

同时，随着全球气候变暖，全世界范围内水华暴发，各种蓝藻毒素如节球藻毒素、柱胞藻毒素等的毒性作用及其毒性机制也得到了广泛而深入的研究。但这些机制研究仅仅只是蓝藻毒素致毒机制的冰山一角，尚需更系统、更完善的研究揭示。

第四节　蓝藻毒素的人类暴露途径

一、饮用水污染

饮水途径是蓝藻毒素暴露的主要途径之一。太湖地区人群通过饮水途径摄入的微囊藻毒素量占总摄入量的 65.67%。水源被藻毒素污染后未被处理或者处理不彻底是主要原因。水环境中的蓝藻毒素可分溶解性蓝藻毒素和细胞内蓝藻毒素两部分，当蓝藻细胞破裂或老化死亡时，细胞内毒素从蓝藻细胞内释放出来。一般情况下，蓝藻细胞内的蓝藻毒素浓度要高于溶解性藻毒素浓度。

自来水常规水处理工艺过程包括混凝沉淀、过滤、消毒等过程。混凝沉淀过程可有效去除藻类及其细胞内藻毒素，但对溶解性蓝藻毒素无作用。在混凝过程中尤其是机械搅拌絮凝的处理工艺，可能使藻细胞裂解释放出蓝藻毒素如微囊藻毒素和节球藻毒素。过滤不能有效去除藻细胞内藻毒素及溶解性蓝藻毒素。因此，常规水处理工艺对总微囊藻毒素的去除率为 30%，胞外微囊藻毒素的去除率为 7.9%。加氯消毒能破坏部分蓝藻毒素如柱胞藻毒素的毒性作用；对于结构稳定的蓝藻毒素如鱼腥藻毒素-a，加氯氧化消毒的效果很低。

二、摄食被污染的食物

饮食途径是蓝藻毒素暴露的重要途径。食用被蓝藻毒素污染过的蔬菜、植物果实，以及鱼类、虾类等水产品后，毒素会通过食物链传递最终危害更高营养级的生物。麻痹性贝毒毒素、柱胞藻毒素主要通过水生食物链在鱼类或贝类体内蓄积，最后进入人体。

从健康风险看，污染食物的风险甚至大过饮水。杨晓红等对三峡库区饮用某水库水的农村人群研究显示，微囊藻毒素暴露的总健康年风险度的平均值为 0.367/百万，其中主要风险来源是食用水产品，占总风险的 92%；食用水产品的风险是饮水途径风险的 12 倍，但均未超过国际上推荐的最大可接受风险水平（1.0/百万）。水产品中以白鲢年风险度最高（0.747/百万），其他依次是花鲢、鲤鱼、草鱼、鸭、鲫鱼。

三、皮肤接触污染水

皮肤直接接触含毒素的水体也会间接影响到人类的身体健康。蓝藻暴发时期水体内的各类毒素浓度都高出安全限值很多倍，此时的水上娱乐活动如游泳、涉水、划船、滑水等，可使各类毒素通过皮肤接触进入机体。在含有大量节球藻毒素的湖泊、河流、水库中进行游泳等娱乐活动，会引起皮肤、眼睛过敏，发烧，疲劳及急性胃肠炎。

四、其他途径

藻毒素污染饮用水后，如果没得到彻底去除，可能随水的用途进入机体。如巴西肾脏透析患者透析用水被微囊藻毒素污染后引发的急性中毒事件。

第五节　蓝藻毒素的安全接触水平和环境卫生标准限值

在制订环境化学物质卫生标准值（限值）时，一般将化学物质分为具有零阈（亦称无阈）或非零阈（亦称有阈）的两大类，采用不同的计算方法确定。

一、相关术语

对于非致癌物而言，其毒作用存在明显的剂量-反应关系，当低于某剂量水平时就不会引起有害作用，该剂量称为最大无作用剂量（maximal no-effect dose，MNED），或阈下剂量，也叫阈值。

某种物质终生摄入没有健康风险时，其每日最大可摄入量的估计值称为每日耐受摄入量（tolerable daily intake，TDI），以 mg/kg 计，也可称为每日容许摄入量（acceptable daily intake，ADI）。但 TDI 多用于表述有害的环境污染物质，ADI 多用于表述危害较小的环境中的正常组分（水、食物等）。

在动物实验研究中，未观察到有害作用的最高剂量（或浓度）称为 NOAEL（no-observed adverse effect level）。长期暴露后得到的 NOAEL 值较短期暴露得到的可信度高。如果得不到 NOAEL，可以采用 LOAEL（lowest observed adverse effect level），即能够观察到有害作用的最低剂量（或浓度）。NOAEL 为阈值下剂量，LOAEL 为阈值上剂量。因此，当用 LOAEL 时，通常要引入不确定系数（安全系数）。

以上毒物的剂量水平大多来源于动物实验，显而易见，从动物实验资料外推到人时存在许多不确定因素。为了确保制定的化学物质限值足以保护人体健康，在计算限值时需充分考虑不确定因素，因此往往使用不确定系数（uncertainty factor），也可理解为"安全系数（safety factor）"，从而使所制定的限值有足够的安全界限。

一般而言，对不确定系数的来源及数值考虑如下：

由种间差异（从动物资料外推到人）而产生的不确定系数一般为 1～10；

由种内差异（个体差异）而产生的不确定系数一般为 1～10；

由研究或数据的充足性而产生的不确定系数一般为1~10；

由对健康影响的性质和程度而产生的不确定系数一般为1~10；

因毒作用适宜性（可利用性）而产生的不确定系数根据具体情况决定，最大为10。

一般来说，不确定系数不应超过10 000，否则，如此巨大的不确定性，就会使计算所得的TDI值极不准确。一般来说不确定系数为100~1 000比较合适。对于不确定系数大于1000的物质，标准值最好是暂时的，一旦有可信较高的资料应尽快予以修订。

二、对有阈值毒物的限值确定——TDI法

有阈值的毒物，即一般器官/组织毒物，只有在达到一定的剂量下才会产生毒性，因此可以依据TDI来确定限值；非遗传毒性致癌物、发育毒物也属于此范畴。

每日耐受摄入量（TDI）的确定：根据动物实验结果获得"未观察到有害作用的最高剂量（或浓度）（NOAEL）"或者"观察到有害作用的最低剂量（浓度）（LOAEL）"，继而充分考虑不确定因素，以决定"不确定系数"的大小。在此基础上计算TDI：

$$TDI = \frac{NOAEL \text{ 或 } LOAEL}{\text{不确定系数}} \tag{1-1}$$

化学物质在某环境中限值水平的确定（以饮用水为例）：

$$\text{饮用水中限值水平（mg/L）} = \frac{TDI \times \text{体重} \times \text{从饮用水中摄入量所占比例}}{\text{每日饮用水摄入量}} \tag{1-2}$$

三、对无阈值毒物的限值确定——危险度分析法

无阈值的毒物，主要包括遗传毒性致癌物和致突变物，它们是通过作用于遗传物质DNA而起作用的，没有阈作用剂量，无论任何剂量均可启动致癌或致DNA损伤过程，因此使用TDI来计算限值是不恰当的，此时必须采用危险度分析方法来确定。

危险度分析法虽然已有数个数学模式可供使用，但是通常使用线性多阶模式来确定致癌物在某环境中的限值。一般而言，所接受的终生超额致癌危险度为1×10^{-5}。如以饮用水为例，这就意味着在饮用某化学物质含量为该限值水平的饮用水达70年之久的人群中，其超额致癌危险度为每100 000人中增加1例癌症。根据具体情况的不同，终生超额致癌危险度有时也采用1×10^{-4}或1×10^{-6}。

四、蓝藻毒素的每日容许摄入量和限量标准确定

文献报道，Fawell等用MC-LR进行为期13 w的小鼠经口染毒试验研究，以血清酶的水平和肝组织病理为基础确定的未观察到有害作用剂量水平（NOAEL）为40 μg/（kg·d），采用安全系数1 000，得到TDI为0.04 μg/（kg·d）。

以此TDI为基础，进行饮用水中MC-LR的限量水平确定，以60 kg为成人代表性体重，以80%（0.8）为MC-LR在饮用水中摄入分配比例，以每日饮水量2L为成人代表性饮水量，按照前述饮用水中限值水平计算公式，算出MC-LR在饮用水中的限值水平为0.96 μg/L≈1.0 μg/L，此值被WHO和多数国家采纳为MC-LR的饮用水限值标准水平。

针对柱胞藻毒素，OECD（国际经济与合作组织）在1998年分别进行了两批小鼠亚慢性试验（10~11 w），毒素经饮水摄入和经口灌胃，在多项观察指标（体重、肝肾功能等）中，变化最为敏感的尿蛋白/肌酐比，其NOAEL为30 μg/（kg·d），采用安全系数1 000，得到TDI为0.03 μg/（kg·d）。

以此 TDI 为基础，进行饮用水中柱胞藻毒素的限量水平确定，以 60 kg 为成人代表性体重，以 90% (0.9) 为其在饮用水中摄入分配比例，按照每日饮水量 2L，算出柱胞藻毒素在饮用水中的限值水平为 0.81 μg/L，实际应用时为方便起见，以 1.0 μg/L 作为限值水平。

五、各国饮用水中蓝藻毒素卫生标准现状

目前针对饮用水中蓝藻毒素的安全限值国际上仍未建立统一的限值标准。1998 年世界卫生组织（WHO）在其《饮用水质量指导标准》中第一次公布了微囊藻毒素-LR 的暂定饮用水指导值为 1 μg/L。自此以来，关注蓝藻毒素风险的国家越来越多，更多的国家不断地根据各自国家情况讨论最适当的控制方法。微囊藻毒素目前发现有超过 200 个不同的异构体，柱胞藻毒素、麻痹性毒素、鱼腥藻毒素等其他藻毒素也发现越来越多和出现新的分类，有关蓝藻毒素的规程和指导也正在不断完善和制定，但由于其毒理学数据有限，很难确定其浓度限制。大多数国家规定蓝藻毒素的限定值主要集中在饮用水，也有部分用于娱乐用水。国内外水质标准中一般规定为微囊藻毒素，特别是微囊藻毒素-LR 的标准限值用得更为广泛，其他蓝藻毒素很少有明确的规定。不同国家对蓝藻毒素的限值不同，能从限值名称上得到反映，如标准值、指导值、暂定指导值、标准最大可接受值、最大可接受值、健康警戒水平等。大多数国家饮用水蓝藻毒素的规程或指导值都基于 WHO 对于自来水的暂定指导值 1 μg/L 微囊藻毒素-LR 作为安全标准。各国饮用水蓝藻毒素的标准、指导或推荐值见表 1-6。WHO 针对成人暴露特征，推荐饮水中微囊藻毒素-LR 的暂定指导值为 1 μg/L，我国《生活饮用水卫生标准》（GB 5749－2006）和地表水环境质量标准（GB3838－2002）中将 MC-LR 的标准值定为 1 μg/L。

表 1-6　各国饮用水藻毒素的标准、指导或推荐值

国家或来源文件	藻毒素/藻细胞	限定值
阿根廷	微囊藻毒素-LR	暂定指导值：1 μg/L
澳大利亚	微囊藻毒素（MC-LR 等价毒性）	指导值：1.3 μg/L；等价 6 500 细胞/mL 或 0.6 mm³/L 铜绿微囊藻体积
	节球藻毒素	健康警戒水平：40 000 细胞/mL 或 9.1 mm³/L 体积高毒株泡沫节球藻
	柱胞藻毒素	健康警戒水平：1 μg/L；等价 15 000～20 000 细胞/mL 或 0.6～0.8 mm³/L 体积拟柱胞藻
	麻痹性贝毒毒素	健康警戒水平：3 μg/L（等价 STX）；等价 20 000 细胞/mL 或 5 mm³/L 高毒卷曲鱼腥藻
巴西	蓝藻	指导值：10 000～20 000 细胞/mL 或 1 mm³/L 体积
	微囊藻毒素	标准值：1 μg/L
	柱胞藻毒素	指导值：15 μg/L
	麻痹性贝毒毒素（STX 等价）	指导值：3 μg/L
加拿大	微囊藻毒素-LR	最大值：1.5 μg/L
	鱼腥藻毒素-a	暂定最大值：3.7 μg/L
捷克共和国	微囊藻毒素-LR	标准值：1 μg/L

国家或来源文件	藻毒素/藻细胞	限定值
古巴	蓝藻	<1 500 细胞/mL
丹麦	微囊藻毒素-LR	暂定指导值:1 μg/L
法国	微囊藻毒素(MC 变异体总量)	标准值:1 μg/L
芬兰	微囊藻毒素(MC 变异体总量)	指导值:>10 μg/L
德国	微囊藻毒素(MC 变异体总量)	指导值:>10 μg/L
	柱胞藻毒素	指导值:<0.1 μg/L
意大利	微囊藻毒素-LR	暂定指导值:1 μg/L
荷兰	微囊藻毒素-LR	暂定指导值:1 μg/L
新西兰	微囊藻毒素(MC-LR 等价)	暂定最大值:1 μg/L
	柱胞藻毒素	暂定最大值:1 μg/L
	麻痹性贝毒毒素(STX 等价)	暂定最大值:3 μg/L
	鱼腥藻毒素-a	暂定最大值:6 μg/L
	鱼腥藻毒素-a(s)	暂定最大值:1 μg/L
	鱼腥藻毒素同系物-a	暂定最大值:2 μg/L
	节球藻毒素	暂定最大值:1 μg/L
新加坡	微囊藻毒素-LR	标准值:1 μg/L
西班牙	微囊藻毒素	标准值:1 μg/L
土耳其	蓝藻	>5 000 细胞/mL 或 >1 μg/L 叶绿素-a
	微囊藻毒素总和(MC-LR 等价)	1 μg/L
乌拉圭	微囊藻毒素-LR	标准值:1 μg/L
南非	微囊藻毒素-LR	指导值:1 μg/L
美国佛罗里达州	微囊藻毒素	州指导值:1 μg/L(慢性)。90 d 健康警戒水平:10 μg/L
美国俄亥俄州	微囊藻毒素	法定最大浓度水平:1 μg/L
美国俄勒冈州	微囊藻毒素	州指导范围:1~12 μg/L
	柱胞藻毒素	州指导值:1 μg/L
	鱼腥藻毒素	州指导值:3 μg/L
	麻痹性贝毒毒素	州指导值:3 μg/L
中国	微囊藻毒素-LR	暂定指导值:1 μg/L

注:整理自文献(Chorus,2012)。

六、各国食物中蓝藻毒素卫生标准现状

有害藻华时,贝鱼类等动物大量摄食有毒藻,藻毒素在其体内累积,当毒素含量超过人类食用安全标准时,人类食用染毒的贝鱼类产品会发生中毒的风险,最严重者会直接导致食用者或其他哺乳动物等高等动物死亡。染毒贝鱼类不能通过外观与味道的新鲜程度进行分辨,冷冻和加热也不能使毒素

完全失活。因此，食物类蓝藻毒素限量标准是保障人免于蓝藻毒素食物中毒的关键。相比饮用水，有关食物中蓝藻毒素暴露的标准很少。部分水产品蓝藻毒素限量标准见表1-7。

表 1-7　部分蓝藻毒素的食品安全标准值

毒素名称	成分	标准（指导）阈值	制定机构
微囊藻毒素	MC-(LA,LR,RR,YR)	10 ng/g 湿重鱼肉	美国加利福尼亚
柱胞藻毒素	CYN	66 ng/g 湿重鱼肉	美国加利福尼亚
鱼腥藻毒素	ATX	1 100 ng/g 湿重鱼肉	美国加利福尼亚
柱胞藻毒素	CYN 和 deoxyCYN	18 ng/g 整个鱼组织 24 ng/g 整个虾组织 39 ng/g 整个贝组织	澳大利亚
微囊藻毒素	MC-LR 或等价毒素	24 ng/g 整个鱼组织 31 ng/g 整个虾组织 51 ng/g 整个贝组织	澳大利亚
节球藻毒素	—	24 ng/g 整个鱼组织 31 ng/g 整个虾组织 51 ng/g 整个贝组织	澳大利亚
微囊藻毒素	MC	5.6 ng/g 淡水鱼可食组织（成人） 1.4 ng/g 淡水鱼可食组织（儿童）	法国

第六节　蓝藻毒素的人类健康风险现状

目前对蓝藻毒素产生的健康风险评价主要是以其中的微囊藻毒素研究的最多，下面以微囊藻毒素为例，对蓝藻毒素污染的年平均健康风险评价进行简单的介绍。

一、微囊藻毒素的非致癌健康风险

通常评价非致癌健康风险时，风险水平用危害商（hazard quotient，HQ）进行描述。采用美国环境保护署（United States Environmental Protection Agency，USEPA）推荐的单一毒物非致癌健康风险评价模型进行评价，其计算公式如下：

$$HQ=CDI/RfD$$

式中，HQ 即日均暴露剂量与参考剂量的比值，通常认为当 HQ＜1 时，即暴露剂量小于参考剂量，则认为其非致癌健康风险水平是可以接受的，当 HQ＞1 时，则认为存在非致癌健康风险；CDI 为某毒物经某途径的日均暴露剂量，mg/（kg·d），RfD 为某毒物经某途径的参考暴露剂量，mg/（kg·d）。目前尚无国际公认的 MC-LR 的 RfD 数值，根据 USEPA 指导建议，在无 RfD 的情况下，可以采用每日可耐受摄入量（TDI）代替，根据 WHO 的推荐，微囊藻毒素-LR 的 TDI 为 0.04 μg/（kg·d）。

我国已经有许多对水源水和饮用水的微囊藻毒素进行了浓度测定的报道。舒为群课题组收集了1998—2016 年间国内外公开发表的我国水源水和饮用水中微囊藻毒素-LR 浓度数据，采用 USEPA 推荐的评价模型进行非致癌健康风险评价，结果汇总在表1-8。从表中可见，我国水源水和饮用水中微囊藻毒素-LR 浓度范围分别为 ND～54.898 μg/L 和 ND～1.27 μg/L，相应的危害商（HQ）分别为 0～54.634 和 0～1.264。其中湖泊（水库）水中微囊藻毒素-LR 浓度范围为 ND～54.898 μg/L，HQ 范围为 0～50.996；江河水中微囊藻毒素-LR 浓度范围为 ND～1.36 μg/L，HQ 范围为 0～1.263；井水中微囊藻毒素-LR 浓度范围为 ND～0.78 μg/L，HQ 范围为 0～0.725；水厂出厂水中微囊藻毒素-LR 浓度范围为 ND～1.27 μg/L，HQ 范围为 0～1.180；末梢水中微囊藻毒素-LR 浓度范围为 ND～0.86 μg/L，HQ 范围为 0～0.799；瓶（桶）装水中微囊藻毒素-LR 浓度范围为 ND～0.795 μg/L，HQ 范围为 0～0.738。这些结果提示，我国湖泊（水库）水、江河水和出厂水中微囊藻毒素-LR 的非致癌健康 HQ 最大值都有大于 1 的情况，风险不容小觑。相对而言，井水、末梢水和瓶（桶）装水非致癌健康 HQ 都小于 1，风险在可接受范围内。值得注意的是瓶（桶）装水中也有微囊藻毒素-LR 的检出，其非致癌健康风险水平甚至并不比末梢水小。

表 1-8　1998－2016 年我国水源水和饮用水中 MC-LR 污染水平和非致癌健康年风险

水体类型	采样地点	采样时间	检测方法	样本个数	检出率（%）	浓度（μg/L）	非致癌健康年风险（×10⁻⁶/a）	文献
湖泊（水库）水	江苏省某湖周围水厂水源水	1998.4—1999.1	ELISA	28	78.6	ND～1.865	0～0.0247	连民等,2001
	福建省同安区水库水	1998.8	ELISA	3	66.7	0.026～0.876	0.0003～0.0116	陈华等,2006
		2000.8	ELISA	3	66.0	ND～0.166	0～0.0022	
	淀山湖	1998.8	HPLC	88	—	0.865△	0.0115	连民等,2000
		2002.6—2006.10	HPLC	30	—	0.044～0.136	0.0006～0.0018	张志红等,2003
		2003.7—2004.3	HPLC	24	87.5	ND～1.74	0～0.0231	吴和岩等,2005
		2008.5—2008.9	HPLC	40	25	ND～0.065	0～0.0009	郁晞等,2010
		2008.6—2008.10；2009.6—2009.10	HPLC	100	32	ND～0.07	0～0.0009	郁晞等,2011
		2013.3—2013.10	HPLC	35	88.6	ND～0.072	0～0.001	郁晞等,2016
	太湖	1999.5—2000.1	ELISA	—	—	ND～54.898	0～0.7285	穆丽娜等,2000
		2001.1—2001.12	ELISA	72	—	0～15.6	0～0.207	Xu et al,2008
		2001.7；2001.11	ELISA	12	100	0.064～14.188	0.0009～0.1883	林玉娣等,2003
		2004.7—2004.12	HPLC	—	—	0.077△	0.001	纪荣平等,2007
		2007.3—2007.12	LC-MS	32	25	ND～0.522	0～0.0069	Xiao et al,2009
		2007.7	HPLC-ESI-MS/MS	9	100	4.33～12.27	0.0575～0.1628	Zhang et al,2009
		2008.5	HPLC	2	100	0.091～0.094	0.0012～0.0012	王伟琴等,2010
		—	ELISA	4	100	0.617～3.033	0.0082～0.0402	周宇,2010
		2009.7—2010.6	TRFIA	180	—	—～0.74△	0～0.0098	丁新良等,2012
		2010.1—2011.12	TRFIA	360	100	0.004～0.312	0.0001～0.0041	周伟杰等,2016
		2010.8	ELISA	34	73.5	ND～0.96	0～0.0127	Sakai et al,2013
		2011.8	HPLC	17	—	—～2.558	0～0.0339	毛敬英等,2014

续表

水体类型	采样地点	采样时间	检测方法	样本个数	检出率（%）	浓度（μg/L）	非致癌健康年风险（×10⁻⁶/a）	文献
湖泊（水库）水	昆山市水厂水源水	—	ELISA	24	54.2	ND～2.280	0～0.0303	沈建国等,2003
	滇池	2003.4－2003.12	HPLC	90	—	0.03～0.89	0.0004～0.0118	潘晓洁等,2006
		—	HPLC	—	—	26.2△	0.3477	刘桂明等,2009
	广东供水水库等16个水体	2003.6－2003.12	HPLC	48	—	0～0.396	0～0.0053	王朝晖等,2007
	陈行水库	2003.7－2004.3	HPLC	6	83.3	ND～0.56	0～0.0074	吴和岩等,2005
	重庆涪陵区乡镇水厂水源水	2004.7－2004.11	ELISA	60	—	ND～0.930	0～0.0123	蒲朝文等,2007
		2006.7－2006.11	ELISA	118	100	0.20～0.89	0.0027～0.0118	蒲朝文等,2007
		2013.5;2013.9	ELISA	8	100	0.06～0.29	0.0008～0.0038	田应桥等,2015
	三峡库区	2004.8	HPLC	7	86	0.07～0.44	0.0009～0.0058	许川等,2005
		2010.9	ELISA	4	100	0.086～0.197	0.0011～0.0026	蒲朝文等,2011
	花园口调蓄池	2005.3－2006.1	ELISA	15	60	ND～0.251	0～0.0033	班海群等,2007
	密云水库	2005.4－2005.11	LC-MS/MS	30	—	ND～0.041	0～0.0005	郑和辉等,2007
	汾河一库和二库	2005.5;2005.10	HPLC	12	91.7	ND～1.080	0～0.0143	张志红等,2008
	红枫湖	2005.12－2006.1	ELISA	3	100	0～0.002	0	王凤等,2007
	鄱阳湖	2006.4;2006.7	ELISA	13	100	0.04～0.09	0.0005～0.0012	金静等,2007
	姚江和梅湖	2007.7－2007.8	UPLC-MS/MS	98	—	ND～0.84	0～0.0111	傅晓钦等,2008
	秦皇岛市洋河水库	2007.7－2007.8	ELISA	49	100	0.13～0.93	0.0017～0.0123	杨希存等,2009
	广东省某市水源水	2008.3;2008.9;2009.3;2009.9;2010.3;2010.9	HPLC	115	4.3	ND～0.115	0～0.0015	张彩虹,2011
	浙江省101个水源地	2008.5	HPLC	101	12.9	ND～0.428	0～0.0057	王伟琴等,2010
	武汉市南湖等11个水体	2008.6－2009.5	ELISA	66	100	0.015～0.121	0.0002～0.0016	刘诚等,2011
	山仔水库	2008.7－2008.12	HPLC	—	86	ND～1.403	0～0.0186	王菲凤等,2011
	松华坝水库	—	HPLC	—	—	0.013～0.020	0.0002～0.0003	刘桂明等,2009
	厦门市水源水	2009.1－2010.12	LC	92	54.3	ND～0.301	0～0.004	骆和东等,2014
	无锡市水源水	2009.7－2010.6	TRFIA	24	75	ND～0.264	0～0.0035	周伟杰等,2012
	苏州市水源水	2009.7－2010.6	TRFIA	36	58.3	ND～0.240	0～0.0032	周伟杰等,2012
	湖州市水源水	2009.7－2010.6	TRFIA	60	55	ND～0.272	0～0.0036	周伟杰等,2012

续表

水体类型	采样地点	采样时间	检测方法	样本个数	检出率（%）	浓度（μg/L）	非致癌健康年风险（×10⁻⁶/a）	文献
湖泊（水库）水	茂名市水源水	2010.6—2011.5	UFLC-MS/MS	12	66.7	ND～0.033	0～0.0004	李秋霞等,2012
	官厅水库	2011.6	LC	—	—	0.029*	0.0004	张世禄等,2012
	巢湖	2011.8—2012.7	HPLC	12	—	0.02～2.8	0.0003～0.0372	Shang et al,2018
	青草沙水库	2012.1—2014.12	UPLC-MS/MS	432	—	0.001～0.319*	0～0.0042	姜蕾等,2017
	江南某市水源水	2012.8—2012.12	UPLC-MS/MS	15	100	0.001～0.019	0～0.0003	王超等,2014
	洱海	2015.8—2015.11	ELISA	42	33.3	ND～0.41	0～0.0054	万翔等,2017
江河水	江南某市水源水	1998.8—1999.6	HPLC	36	8.3	ND～0.45	0～0.006	吴静等,2001
	无锡市河水	2001.7;2001.11	ELISA	9	66.7	0.056～0.089	0.0007～0.0012	林玉娣等,2003
	黄浦江	2003.7—2004.3	HPLC	12	91.7	ND～0.65	0～0.0086	吴和岩,2005
	广西壮族自治区8个地市水源水	2004.9—2004.10	HPLC	34	70.6	ND～0.719	0～0.0095	吕榜军等,2005
	黄浦江	2005.8—2005.12	HPLC	—	—	0.020～0.189	0.0003～0.0025	刘成等,2006
	赣江	2006.4;2006.7	ELISA	23	100	0.04～1.36	0.0005～0.018	金静等,2007
	太原市引黄河水	2006.5	HPLC	1	100	0.945	0.0125	张志红等,2008
	太湖地区运河水	—	ELISA	4	100	0.311～0.557	0.0041～0.0074	周宇,2010
	长江涪陵段	2009.9	ELISA	5	—	0.204*	0.0027	张仁平等,2010
	淮河	2012.4—2013.3	HPLC	48	100	0.04～0.67	0.0005～0.0089	虞聪聪等,2013
	杭州贴沙河	2014.9	UPLC-MS/MS	6	100	0.002～0.010	0～0.0001	张明等,2016
	扶绥县水源水	2015.6—2015.8	ELISA	5	—	0.017△	0.0002～0.0002	李科志等,2016
	珠江	2016.1—2016.6	HPLC	90	47.8	ND～0.280	0～0.0037	王阳等,2017
井水	泰兴市浅井水	1998.7	ELISA	5	100	0.109*	0.0014	连民等,2000
		1998.11	ELISA	3	66.7	0.116*	0.0015	
	福建省同安区浅井水	1998.8	ELISA	49	77.5	ND～0.696	0～0.0092	陈华等,2006
		2000.8	ELISA	49	7.0	ND～0.077	0～0.001	
	无锡市深井水	2001.7;2001.11	ELISA	7	0	ND	0	林玉娣等,2003
	无锡市浅井水	2001.7;2001.11	ELISA	61	14	ND～0.323	0～0.0043	
	重庆市涪陵区乡镇浅井水	2004.7—2004.11	ELISA	65	—	ND～0.560	0～0.0074	蒲朝文等,2007
		2006.7—2006.11	ELISA	122	—	0.09～0.53	0.0012～0.007	蒲朝文等,2007
		2014.5;2014.9	ELISA	49	100	0.02～0.78	0.0003～0.0104	田应桥等,2015
	贵阳市深井水	2005.12	ELISA	3	0	ND	0	王凤等,2007
	扶绥县浅井水	2015.6—2015.8	ELISA	5	—	0.015△	0.0002～0.0002	李科志等,2016

水体类型	采样地点	采样时间	检测方法	样本个数	检出率（%）	浓度（μg/L）	非致癌健康年风险（×10⁻⁶/a）	文献
出厂水	江苏省某湖水厂	1998.4—1999.1	ELISA	28	78.6	ND～0.132	0～0.0018	连民等,2001
	太湖水厂	1999.5—2000.1	ELISA	—	—	ND～0.643	0～0.0085	穆丽娜等,2000
	无锡市	2001.7;2001.11	ELISA	16	31.3	ND～0.076	0～0.001	林玉娣等,2003
	昆山市	—	ELISA	24	45.8	ND～0.250	0～0.0033	沈建国等,2003
	上海市	2003.7—2004.3	HPLC	12	83.3	ND～1.27	0～0.0169	吴和岩等,2005
	广西壮族自治区8个地市	2004.9—2004.10	HPLC	34	44.1	ND～0.498	0～0.0066	吕榜军等,2005
	太原市	2006.5	HPLC	1	100	0.11	0.0015	张志红等,2008
	广东省某市	2008.3;2008.9;2009.3;2009.9;2010.3;2010.9	HPLC	66	6.1	ND～0.103	0～0.0014	张彩虹等,2011
	厦门市	2009.1—2010.12	LC	69	52.2	ND～0.288	0～0.0038	骆和东等,2014
	无锡市	2009.7—2010.6	TRFIA	36	13.9	ND～0.166	0～0.0022	周伟杰等,2012
	苏州市	2009.7—2010.6	TRFIA	72	30.6	0～0.180	0～0.0024	周伟杰等,2012
	湖州市	2009.7—2010.6	TRFIA	48	37.5	ND～0.169	0～0.0022	周伟杰等,2012
	巢湖市	2011.8—2012.7	HPLC	12	—	ND～0.4	0～0.0053	Shang et al,2018
	江南某市	2012.8—2012.12	UPLC-MS/MS	15	36	ND～0.007	0～0.0001	王超等,2014
	重庆市涪陵区	2013.5;2013.9;2014.5;2014.9	ELISA	8	100	0.06～0.22	0.0008～0.0029	田应桥等,2015
末梢水	福建省同安区末梢水	1998.8	ELISA	4	100	0.060～0.292	0.0008～0.0039	陈华等,2006
		2000.8	ELISA	4	20	ND～0.051	0～0.0007	
	无锡市	2001.7;2001.11	ELISA	90	18	ND～0.273	0～0.0036	林玉娣等,2003
	重庆市涪陵区	2004.7—2004.11	ELISA	60	—	ND～0.830	0～0.011	蒲朝文等,2007
		2006.7—2006.11	ELISA	110	100	0.16～0.86	0.0021～0.0114	蒲朝文等,2007
		2013.5;2013.9;2014.5;2014.9	ELISA	21	100	0.03～0.21	0.0004～0.0028	田应桥等,2015
	太原市	2006.5	HPLC	15	—	0.06*	0.0008	张志红等,2008
	广东省某市	2008.3;2008.9;2009.3;2009.9;2010.3;2010.9	HPLC	67	4.6	ND～0.103	0～0.0014	张彩虹,2011
	太湖地区	2009.7—2010.6	ELISA	5	100	0.052～0.071	0.0007～0.0009	周宇,2010
	江南某市	2010.6—2011.5	UPLC-MS/MS	156	67.3	ND～0.014	0～0.0002	刘敏等,2013
	扶绥县	2015.6—2015.8	ELISA	28	—	0.014△	0.0002～0.0002	李科志等,2016

水体类型	采样地点	采样时间	检测方法	样本个数	检出率（%）	浓度（μg/L）	非致癌健康年风险（×10⁻⁶/a）	文献
瓶（桶）装水	太湖地区	2009.7—2010.6	ELISA	80	73.8	ND～0.088	0～0.0012	周宇,2010
	重庆市涪陵区	2013.5;2013.9;2014.5;2014.9	ELISA	8	100	0.04～0.10	0.0005～0.0013	田应桥等,2015
	贵阳市	2015.11	ELISA	36	100	0.170～0.795	0.0023～0.0105	金庭旭等,2016

注：ELISA：酶联免疫法；HPLC：高效液相色谱法；HPLC-ESI-MS/MS：高效液相色谱－电喷雾飞行时间质谱联用分析方法；TRFIA：时间分辨荧光分析法；LC-MS/MS：液相色谱－串联四极杆质谱法；UPLC-MS/MS：超高效液相色谱－串联四极杆谱法；LC：液相色谱法；—：缺失；*：月平均值；△：采样期间平均值。

需要说明的是，微囊藻毒素-LR 只是水体蓝藻产物中的一种，实际上许多水体中都存在微囊藻毒素-RR 等其他亚型，甚至这些亚型是该水体中主要的微囊藻毒素亚型，所以单独以微囊藻毒素-LR 计算的非致癌健康风险应该小于水体中微囊藻毒素总体的非致癌健康风险。

二、微囊藻毒素的致癌健康风险

按照已有的毒理学资料，国际癌症研究署（International Agency for Research on Cancer，IARC）将微囊藻毒素-LR（MC-LR）定义为 2B 级致癌物，柱胞藻毒素定义为 3 级致癌物，因此，国际社会并未给出它们的致癌强度系数，目前也缺乏对微囊藻毒素污染进行致癌性健康风险评估的可靠报道。

第七节　蓝藻毒素对人类健康危害的预防

蓝藻毒素污染的严重后果是通过污染水产品甚至藻类保健食品，最终进入人体，从而对人群健康造成极大的威胁。有效预防藻毒素中毒对提升居民健康水平有重要的公共卫生学意义。这就需要各级政府和管理部门重视，寻找有效控制水华和赤潮的途径，减少藻毒素的生成，增加藻毒素处理，并加强对水体的监测，建立健全预防藻毒素发生的应急预警系统。

一、加强对饮水及涉水产品的常见藻毒素的监测及污染管控

由于不同藻类对营养素、光照等条件需求各异，致使不同水源藻毒素污染种类不同，而常规水处理工艺又不能很好地将其去除，因此应根据不同藻类的好发原因等确定该饮水及涉水产品中常见藻毒素种类的检测。我国生活饮用水卫生标准中已将微囊藻毒素列为非常规检测指标，但其他危害较大的藻毒素种类并没有列入。

二、加强对藻类保健产品的常见藻毒素的监测及污染管控

由于经济技术的发展和生活水平的提升，保健产品的使用日趋广泛，螺旋藻类保健产品的使用也应运而生。国内许多主要螺旋藻的藻浆是在开放环境下培养、收获的，所以在天然水体发生富营养化的情况下，在收获螺旋藻浆的同时容易收获微囊藻毒素，但对螺旋藻浆的洗脱不能完全去除微囊藻毒素，进而藻类保健品容易受到藻毒素的污染。2002 年，徐海斌等对 7~8 月份来自江苏、云南、福建和广东螺旋藻生产基地的 33 份水源水、160 份养殖用水、86 份螺旋藻浆、70 份螺旋藻原料粉及上述四省的 19 种 71 份市售螺旋藻产品，进行微囊藻毒素检测，发现 6/9 的地下水样、8/12 的地表水样有检出，

螺旋藻养殖场池水、螺旋藻浆、螺旋藻原料粉、市售螺旋藻产品中均有检出。螺旋藻产品中总微囊藻毒素平均污染水平为 317.2 ng/g，其中主要片剂污染水平是 142.7 ng/g，胶囊为 222.6 ng/g。美国 Gilroy 等测定来自美国俄勒冈州 Upper Kalamath Lake 的 87 份藻类食品中，有 85 份检测出微囊藻毒素，其中 75% 的被检样品中微囊藻毒素含量高于 1 μg/g，平均 16.4 μg/g。说明通过服用螺旋藻而摄入的微囊藻毒素对人类健康的影响不可忽视。而螺旋藻上市产品的藻毒素污染尚未开展常规检测，目前亦无国家标准限值。应逐步制定藻类保健品中微囊藻毒素的限值。

三、控制环境中蓝藻及蓝藻毒素生成

一是加强对氮、磷营养素的限制排放。蓝藻毒素来源于大量繁殖的有害藻类，控制住有害藻类的繁殖就能有效降低水体中藻毒素的含量。因此，常用的方式有：①超标准的工业氮、磷废水不得排放；②发展生态农业，改进施肥方式，减少农业废水进入水环境；③实施截污工程、引污排污，截断污染物的排放源；④洗涤剂限磷，减少生活污水中磷含量。

二是进行除藻、灭藻。对湖泊、水库等环境中大量滋生的藻类，可改变藻类自身生长繁殖所需的外环境条件，如改变水层、改变水位等，抑制其生长繁殖；也可选择硫酸铜、氯化铜、高锰酸钾等化学除藻剂直接杀灭藻类；或者引入藻类病毒、食藻生物除藻。

对于藻浓度较高的水源水，自来水厂水处理工艺流程可有效去除藻细胞。混凝沉淀过程中一般加入铁或铝盐，中和负电荷藻细胞，使藻细胞凝聚，形成更大的絮体颗粒，进而被沉降去除。该法可有效去除藻细胞，但对水体中胞外藻毒素的去除效果不明显。其中硫酸铝作为混凝剂能有效去除藻细胞，但促使胞内毒素部分释放，然而混凝剂自身对毒素具有吸附作用，总体有除藻毒素效果。慢速沙滤能够同时去除蓝藻及蓝藻毒素，但是藻毒素在沙质沉积物上的降解受环境条件的制约，如温度、氧气条件和溶解性有机碳含量。生物沙滤是特定降解菌与沙滤结合，可去除 99% 的藻细胞。在二氧化氯与混凝剂一起投加的条件下，除藻率可达 98.9%，但是会产生甲苯等有毒副产物，同时二氧化氯能够破坏拟柱胞藻细胞，导致胞内毒素释放。

膜过滤法对水源水中藻细胞及藻毒素的去除有较好的效果，纳滤对拟柱胞藻去除率达 98%～100%，但存在成本昂贵、滤膜堵塞、细胞破裂造成藻毒素二次污染等问题。

三是对饮用水和食物中蓝藻毒素进行有效处理。蓝藻毒素的处理方式多样，可分为生物降解、混凝/沉淀/过滤、活性炭吸附、强氧化剂氧化，每种方式各有优缺点。具体可参考本书第十三章。

第八节　蓝藻毒素与人类健康关系的展望

日趋严重的蓝藻水华及其藻毒素污染已经成为我国乃至全世界要面临的重大环境问题。但是，各种蓝藻毒素对健康的影响及其致毒机制正在被研究人员逐步搞清；环境中产毒蓝藻种类及其藻毒素的去除工艺也得到进一步的提升。由于科技教育的深入，人们对水体富营养化的原因、危害也有更深入的了解。相信在不久的将来，有害藻类及藻毒素的生成可以从源头上得到控制，科技工作者和国家相关职能部门的工作人员能有效地检出、去除水体和水生食物中的蓝藻毒素，以减少蓝藻毒素对人类健康的威胁。

然而，环境中的蓝藻毒素并非单一存在，生物体往往暴露于多种蓝藻毒素或者同种蓝藻毒素的不同亚型，这种复合毒性对于准确预测其环境健康风险具有重大挑战。急需更敏感的如代谢组学、蛋白质组学等研究手段，以便更深入地剖析其复合毒性机制，寻找到健康安全的分子水平上的阈值水平及其有效的解毒途径。

同时，由于不同种类的蓝藻毒素均具有特异的毒作用机制，研究人员利用其特异毒作用机制或毒性效应，为人类健康造福。例如，麻痹性贝毒对 Na$^+$ 通道的特异性结合，被用来测定 Na$^+$ 通道的数目和亲和力，已成为分子生物学研究的重要工具。目前科研人员正在探索麻痹性贝毒的镇痛、麻醉、解痉及止喘的治疗作用。微囊藻毒素在细胞的吸收上需要特殊的载体 OATP 的介导，肝癌、结肠癌、乳腺癌症组织中均有 OATP 表达甚至 OATP 过表达现象，提示把微囊藻毒素作为肿瘤治疗药物的可能。

（曾　惠　吕　晨　舒为群）

参 考 文 献

[1]　Reed RH,Chudek JA,Foster R,et al. Osmotic adjustment in cyanobacteria from hypersaline environments [J]. Arch Microbiol,1984,138(4):333-337.

[2]　Falconer IR. Cyanobacterial toxins of drinking water supplies:cylindrospermopsins and microcystins [M]. CRC Press,2005.

[3]　胡鸿钧,魏印心. 中国淡水藻类-系统、分类及生态[M]. 北京:科学出版社,2006.

[4]　高丽,许红梅,侯伟升,等. 水库颤藻水华监测及研究[J]. 沧州师范学院学报,2004,20(2):49-50.

[5]　江启明,侯伟,顾继光,等. 广州市典型中小型水库营养状态与蓝藻种群特征[J]. 生态环境学报,2010,19(10):2461-2467.

[6]　Yamamoto Y,Shiah FK. Factors related to the dominance of *Cylindrospermopsis raciborskii*(cyanobacteria) in a shallow pond in northern Taiwan[J]. J Phycol,2012,48(4):984-991.

[7]　刘永梅,刘永定,李敦海,等. 滇池束丝藻水华毒性生物检测[J]. 水生生物学报,2004,28(2):216-218.

[8]　Song L,Sano T,Li R. Microcystin production of *Microcystis viridis*(cyanobacteria)under different culture conditions [J]. Phycol Res,1998,46(2):19-23.

[9]　朱光灿,吕锡武,王超. 微囊藻毒素的产生及其影响因子[J]. 污染防治技术,2003,16(4):132-138.

[10]　Utkilen H,Gjolme N. Toxin production by *Microcystis aeruginosa* as a function of light in continuous cultures and its ecological significance [J]. Appl Environ Microbiol,1992,58(4):1321-1325.

[11]　Wicks RJ,Thiel PG. Environmental factors affecting the production of peptide toxins in floating scums of the cyanobacterium *Microcystis aeruginosa* in a hypertrophic African reservoir [J]. Environ Sci Technol,2002,24(9):1413-1418.

[12]　查广方. 虾池拟柱胞藻暴发的生态因子调查[J]. 生态科学,2009,28(4):293-298.

[13]　李红敏,裴海燕,孙炯明,等. 拟柱胞藻及其毒素的研究进展与展望[J]. 湖泊科学,2017,29(4):775-795.

[14]　Carmichael WW,Falconer IR. Diseases related to freshwater blue-green algal toxins,and control measures[M].//Falconer IR. Algal toxins in seafood and drinking water. London:Academic Press,1993.

[15]　Vichi S,Buratti FM,Testai E. Microcystins:toxicological profile[M]. Springer Netherlands,2016:1-16.

[16]　Lankoff A,Wojcik A,Fessard V,et al. Nodularin-induced genotoxicity following oxidative DNA damage and aneuploidy in HepG2 cells [J]. Toxicol Lett. 2006,164(3):239-248.

[17]　Ohta T,Sueoka E,Iida N,et al. Nodularin,a potent inhibitor of protein phosphatases 1 and 2A,is a new environmental carcinogen in male F344 rat liver [J]. Cancer Res,1994,54(24):6402-6406.

[18]　Chiswell RK,Shaw GR,Eaglesham G,et al. Stability of cylindrospermopsin,the toxin from the cyanobacterium,*Cylindrospermopsis raciborskii*:effect of pH,temperature,and sunlight on decomposition [J]. Environ Toxicol,2015,14(1):155-161.

[19]　Woermer L,Huertafontela M,Cires S,et al. Natural photo degradation of the cyanobacterial toxins microcystin and cylindrospermopsin [J]. Environ Sci Technol,2010,44(8):3002-3007.

[20]　Wormer L,Cirés S,Carrasco D,et al. Cylindrospermopsin is not degraded by co-occurring natural bacterial communi-

ties during a 40-day study[J]. Harmful Algae,2008,7(2):206-213.

[21] Adamski M,Chrapusta E,Bober B,et al. Cylindrospermopsin:cyanobacterial secondary metabolite. Biological aspects and potential risk for human health and life[J]. O ceanol Hydrobiol St,2014,43(4):442-449.

[22] 苏小妹,薛庆举,操庆,等.拟柱胞藻毒素生态毒性的研究进展和展望[J].生态毒理学,2017,12(1):64-72.

[23] Spivak CE,Witkop B,Albuquerque EX. Anatoxin-a:a novel,potent agonist at the nicotinic receptor[J]. Mol Pharmacol,1980,18(3):384-394.

[24] Hyde EG,Carmichael WW. Anatoxin-a(s),a naturally occurring organophosphate,is an irreversible active site-directed inhibitor of acetylcholinesterase(EC 3. 1. 1. 7)[J]. J Biochem Mol Toxicol,2010,6(3):195-201.

[25] 黄道孝,肖军华,裴承新,等.鱼腥藻毒素(Anatoxins)研究进展[J].中国海洋药物,2004,23(2):47-52.

[26] 燕堂,贾晓平,杨美兰,等.中国沿海染毒贝类的麻痹性毒素[J].热带海洋,1999,l(18):l-2.

[27] 刘仁沿,刘磊,梁玉波.我国近海有毒微藻及其毒素的分布危害和风险评估[J].海洋环境科学,2016,35(5):787-791.

[28] 金传荫,何家莞,朱家明,等.水华束丝藻 NH-5 株产生麻痹性贝毒毒素几个相关问题的研究[J].水生生物学报,2000,24(1):94-96.

[29] 包子云,王沛芳,钱进,等.藻毒素的生物降解研究进展[J].长江科学院院报,2015,32(5):28-36.

[30] Yuan M,Carmichael WW,Hilborn ED. Microcystin analysis in human sera and liver from human fatalities in Caruaru,Brazil 1996[J]. Toxicon,2006,48(6):627-640.

[31] Li Y,Chen JA,Zhao Q,et al. A cross-sectional investigation of chronic exposure to microcystin in relationship to childhood liver damage in the Three Gorges Reservoir Region,China[J]. Environ Health Perspect, 2011, 119:1483-1488.

[32] Liu W,Wang L,Yang X,et al. Environmental microcystin exposure increases liver injury risk induced by hepatitis B virus combined with aflatoxin:a cross-sectional study in southwest China[J]. Environ Sci Technol, 2017, (51):6367-6378.

[33] Zheng C,Zeng H,Lin H,et al. Serum microcystins level positively linked with risk of hepatocellular carcinoma:a case-control study in Southwest China[J]. Hepatology,2017,66(5):1519-1528.

[34] 张占英,俞顺章,陈传炜,等.节球藻毒素在小鼠体内分布的研究[J].中华预防医学杂志,2002,36(2):100-103.

[35] Lin H,Liu W,Zeng H,et al. Determination of environmental exposure to microcystin and aflatoxin as a risk for renal function based on 5493 rural people in Southwest China[J]. Environ Sci Technol,2016,(50):5346-5356.

[36] Yu SZ. Primary prevention of hepatocellular carcinoma[J]. J Gastroenterol Hepatol,1995,10(6):674-682.

[37] 谢平.水生动物体内的微囊藻毒素及其对人类健康的潜在威胁[M].北京:科学出版社,2006.

[38] Yang XH,Liu WY,Lin H,et al. Interaction effects of AFB1 and MC-LR Co-exposure with polymorphism of metabolic genes on liver damage:focusing on SLCO1B1 and GSTP1[J]. Sci Rep,2017,(7):16164.

[39] 徐滨,陈艳,李芳,等.螺旋藻类保健食品生产原料及产品中微囊藻毒素污染现状调查[J].卫生研究,2003,32(4):339-343.

[40] Gilroy DJ,Kauffman KW,Hall RA,et al. Assessment potential health risks from microcystin toxins in blue-green algae dietary supplements[J]. Environ Health Perspect,2000,18(50):435-439.

第二章　蓝藻及蓝藻毒素环境污染现状及其成因和转归

蓝藻广泛存在于陆生和水生生态系统，生存能力极强，能在淡水、半咸水、海水和陆地，以及冰冷和沸腾的泉水等极端环境中繁衍。海洋、湖泊、河流和水库中的有害蓝藻在高营养条件下会在短时间内大量生长和繁殖，并在水面积聚，打破水生态平衡，从而发生有害蓝藻水华。有害蓝藻水华会产生明显的有害环境效应，包括水含氧量降低、水质变差、鱼鳃被堵，特别是能产生天然藻毒素（cyanotoxins）。虽然有害蓝藻本身不寄生于人或动物体内，也不引起疾病，但所产生一系列毒性很强的藻毒素（如，微囊藻毒素）通过饮水、游泳、水产品进入人体，严重危害人类健康。另外，有害蓝藻水华也会通过增加生物量和改变水质颜色来降低水的生态和娱乐价值。有害蓝藻水华已成为全球水生态系统的严重环境污染问题，大约75％的蓝藻水华属有害水华，60％为有毒水华。有毒蓝藻水华能产生百余种藻毒素，其中污染最广和研究最多的属肝毒性微囊藻毒素。蓝藻水华是环境中生物、化学和物理因素综合作用的结果，目前尚无充足的理论来解释蓝藻水华现象，但普遍认为水体富营养化、人类活动和气候变化等因素会促使水华事件的发生。

第一节　海水蓝藻及蓝藻毒素污染现状

多数淡水蓝藻不适宜在盐水中长期生存，但一些耐盐蓝藻能在海水，特别是半咸水中生存繁殖。全球富营养化和气候变化会加重耐盐蓝藻在远洋和沿海水体中的大量繁殖，并频繁导致全球海洋发生有害藻华，有害蓝藻污染地域分布也日趋广泛。根据政府间海洋学委员会（Intergovernmental Oceanographic Commission，IOC）分析，海洋藻类大约为5 000多种，约有300多种能使水变色，属有害藻类，已知近80种能产生潜在的高浓度毒素。其中，蓝藻是目前发现产藻毒素最多、危害最广的藻类。能在海洋生长的有害蓝藻包括束毛藻、节球藻、鞘丝藻、颤藻、鱼腥藻、双歧藻、念珠藻、眉藻等，能在河口等半咸水生长的有害蓝藻有微囊藻、浮丝藻、束丝藻等。产生微囊藻毒素的鱼腥藻、项圈藻、微囊藻和颤藻在盐水中也能快速生长。虽然有害蓝藻水华主要发生在淡水和河口水域，但随着淡水日益富营养化和发生大量水华，一些淡水蓝藻也逐渐入侵并适应海水环境，引起沿海蓝藻水华，威胁海洋生态。例如，在波罗的海和芬兰湾常发生以节球藻为主的水华，在美国夏威夷和澳大利亚等国的海湾报道有蓝藻水华的发生。因此，海洋蓝藻水华也日益受到关注。

一、全球海洋蓝藻毒素污染概况

目前已发现有超过50种蓝藻可以在海水和淡水中产生毒素，其中束毛藻、鞘丝藻、节球藻、束丝藻、裂须藻、柱胞藻等为海洋主要产毒素藻类。海洋蓝藻产生的藻毒素主要包括微囊藻毒素、节球藻毒素、鱼腥藻毒素等，巨大鞘丝藻和束毛藻主要产生神经性毒素，而柱胞藻和节球藻主要产生肝毒素。蓝藻中的拟柱胞藻和莱奈藻等一些有毒种类也可以产生麻痹性贝毒毒素（paralytic shellfish poisoningtoxins，PSPs）。微囊藻毒素在海洋和沿海水体报道较多，节球藻毒素在污染的海产品贻贝、大虾和鱼中也常有报道，其他海洋蓝藻毒素仅有零星报道。

（一）微囊藻毒素

1. 污染分布

1993 年报道在产于太平洋东北部、欧洲和加拿大东部沿海的贝类中检测到微囊藻毒素，随后在贝类、大虾和鱼等海产品中也发现了节球藻毒素的污染，说明海洋早已广泛存在有害蓝藻和藻毒素的污染。一些热带和亚热带海湾、河口、暗礁和沿海水域是蓝藻水华和藻毒素污染较重和报道最多的地方。河口作为淡水和海水的过渡区，营养丰富，非常适宜浮游生物生长，也有利于有害蓝藻的繁殖。一旦蓝藻进入河口，在沉积物内的休眠细胞会存活很长时间，适应后在适宜的条件下会大量繁殖，从而引发河口和海洋蓝藻水华和藻毒素污染。目前五大洲沿海均有蓝藻水华和微囊藻毒素污染的报道。

（1）欧洲沿海。在欧洲沿海水体中广泛存在产毒蓝藻水华，包括波罗的海、荷兰至葡萄牙、西班牙沿海。其中，波罗的海的蓝藻水华和藻毒素污染研究时间最长，也最深入，欧洲大多数有关有害蓝藻水华和藻毒素的研究文献都以波罗的海为研究背景。泡沫节球藻、束丝藻、鱼腥藻等蓝藻水华几乎每年夏天都会在波罗的海发生，其污染面积超过 125 000 km^2。在波罗的海低盐区多以鱼腥藻和微囊藻为主，产微囊藻毒素主要为水华鱼腥藻，远海以节球藻为主。自从 2005 年在波罗的海西南费马恩岛的半咸水中首次检测到微囊藻毒素以来，产微囊藻毒素的水华在芬兰持续发生。在波罗的海东南库尔斯湾潟湖发生严重水华时均有微囊藻，曾检出由铜绿微囊藻产生的高浓度微囊藻毒素，并在不同海域检测到产毒基因。在葡萄牙和西班牙沿岸海湾也频繁发生蓝藻水华，并伴有微囊藻毒素污染，有的海湾的微囊藻是来自上游的水库。在土耳其海湾和地中海也存在不同程度的微囊藻毒素污染。

（2）美国沿海。美国大西洋和太平洋沿海河口蓝藻及藻毒素污染也较为严重。蓝藻在美国海湾仅为浮游植物的一小部分，而且微囊藻毒素在海湾水体和生物中普遍存在，淡水河流的水华经常延伸至切萨皮克湾等海湾。在美国南部，一些沿海池塘水华产生的微囊藻、鱼腥藻、项圈藻和颤藻等随着潮汐溢出流入到下游的海湾环境，并且研究发现海湾样品中的微囊藻、鱼腥藻、微囊藻毒素与池塘毒素一致。虽然政府不断努力采取措施控制海湾有毒微囊藻水华，但由于气候变化和富营养化增加，蓝藻仍然困扰着美国沿海。在美国东南太平洋沿海，如路易斯安那州沿海，以微囊藻和鱼腥藻占优势，在外海湾微囊藻毒素动态一般与有害蓝藻水华丰度一致，认为高盐度引起外海湾微囊藻毒素释放，微囊藻毒素还存在于表水和底栖蓝蟹组织中。

（3）南美沿海。产微囊藻毒素的蓝藻水华在阿根廷、巴西、哥伦比亚、乌拉圭等国的沿海潟湖和海湾也常有发生，其中巴西沿海水体微囊藻毒素污染研究最多。蓝藻是巴西最大潟湖帕图斯湖最丰富的种群，海湾的铜绿微囊藻常来自淡水藻华入侵，铜绿微囊藻水华常随潮汐从低盐区河口扩散到沿海，在沿海娱乐水体和近海养殖虾中检测微囊藻和微囊藻毒素。在巴西加卡尔帕瓜潟湖，蓝藻占浮游植物生物量的 90%，在严重富营养化时产毒铜绿微囊藻常为优势藻种，能从表水、浮游植物和鱼组织中检测到微囊藻毒素。

（4）澳大利亚沿海。在澳大利亚天鹅河口海域存在低密度的蓝藻细胞，大面积蓝藻水华多发生在暴雨之后。

（5）非洲沿海。非洲有 21 个国家有蓝藻污染报道，但有关有害蓝藻报道较少，多来自南非和埃及，且报道内陆河常发生微囊藻和鱼腥藻水华。在喀麦隆几内亚海湾也存在微囊藻、隐球藻和席藻的报道，在高盐的 Baradiwil 潟湖也发现有少量的颤藻等蓝藻。

2. 污染程度

相比淡水蓝藻研究，海水蓝藻水华及其藻毒素污染的研究比较少，即使在研究比较多的波罗的海，有关有害蓝藻水华所产生的毒素浓度报道也不多。从已报道的有关海水微囊藻毒素污染浓度来看，全世界海洋遭受藻毒素污染还是较为严重，见表 2-1。例如，在巴西的 Jacarepaguá 潟湖水体中微囊藻毒素的浓度高达 979.0 μg/L，美国切萨皮克湾海水中的微囊藻毒素浓度也高达 658.0 μg/L。在报道中，一般在高浓度微囊藻毒素的海水中以铜绿微囊藻为主要有害蓝藻种，虽然鱼腥藻和丝囊藻在海湾水体也会产生毒素，但通常浓度较低。

表 2-1 全球海湾蓝藻及微囊藻毒素污染

国家或地区	海域	水华藻	盐度（PSU）	水体微囊藻毒素（μg/L）
爱沙尼亚/芬兰	波罗的海芬兰海湾	鱼腥藻	4.3～6.7	0.006～0.05
芬兰	波罗的海芬兰海湾	水华束丝藻	5.0～6.7	0.2
立陶宛	波罗的海 Curonian 潟湖	铜绿微囊藻	0.0～6.0	<0.1～134.0 μg/dm³
西班牙/葡萄牙交界	瓜地亚纳河河口	微囊藻、鱼腥藻、颤藻	0.0～6.0	1.0
土耳其伊斯坦堡	Kucukcekmece 潟湖	铜绿微囊藻	5.9～8.8	0.06～24.2
美国弗吉尼亚州	James 河河口	微囊藻	<0.15	0.92
美国马里兰州	切萨皮克湾	铜绿微囊藻	<0.5～5.0	Max.658.0
美国路易斯安那州	布雷顿湾	微囊藻、鱼腥藻	<2.0	2.9
美国路易斯安那州	Barataria-Terrebonne 河口海域	微囊藻、鱼腥藻	0.08～0.66	1.4
巴西	Patos 潟湖	铜绿微囊藻	3.7～14.8	0.16～244.8
巴西	Jacarepaguá 潟湖	铜绿微囊藻	0.0～13.0	1.5～979.0
日本	Isahaya 海湾	铜绿微囊藻	—	max.0.1

3. 淡水蓝藻水华对海洋环境的影响

由于微囊藻毒素具有化学和物理稳定性，藻毒素并不容易降解，在环境中会持续较长时间，内湖、水库、河流、小溪和湿地等内陆淡水蓝藻水华产生的有毒藻及其藻毒素会随河流进入海洋，对海湾和沿海环境造成污染。但这种影响可能还是有限的，海洋蓝藻及其藻毒素污染仍然是因为海洋本身的富营养化和气候变化等因素造成。

（二）节球藻毒素

1. 污染分布

节球藻毒素主要由节球藻属中的泡沫节球藻产生，1988 年最先报道。节球藻水华主要发生在低盐水、半咸水、海水和沿海湖内，较少发生于淡水。泡沫节球藻是波罗的海、澳大利亚和新西兰沿海潟湖夏季主要的水华藻类，节球藻毒素为波罗的海最常见的藻毒素。泡沫节球藻水华现已呈全球性分布，在澳大利亚的河口和沿海潟湖中特别常见，在德国北海岸、新西兰、北美也有大量报道。泡沫节球藻在淡水也有报道。

2. 污染程度

节球藻毒素在波兰、瑞典、德国、美国、澳大利亚、中国、南非等国家的海水或淡水中均有报道。节球藻毒素在自然水体中的浓度通常较低，但在发生蓝藻水华后节球藻毒素的浓度也能达到很高的值，在波罗的海水体中曾检测到 42 300 μg/L 的节球藻毒素，在藻细胞内检测到 18.1 mg/g 干重的节球藻毒素，见表 2-2。节球藻毒素具有难降解性和高蓄积性，可在水生生物体内富集，如软体动物（1.49 μg/g 干重）、甲壳类（6.400 μg/g 湿重）、鱼类（0.637 μg/g 湿重），还可通过污染的饮用水和食物链进入人体，对人类及整个生态系统的健康构成严重威胁。

表 2-2　节球藻毒素在水体和藻华细胞内的毒素浓度

海域或湖	时间	盐度	结合状态	浓度
南波罗的海 Gdańsk 湾	2008	咸水	水体溶解	42 300 μg/L
北波罗的海	2000—2007	咸水	水体溶解	70～2 450 μg/L
南波罗的海 Gdańsk 湾	2005	咸水	水体溶解	0.9～95 μg/dm³
南波罗的海 Gdańsk 湾	2004	咸水	水体溶解	<0.1～34.5 μg/dm³
波罗的海	2003	咸水	水体溶解	149～804 μg/L
波罗的海 Sound and Køge 入口	2002	咸水	水体溶解	4—565 000 ng/L
南波罗的海 Gdańsk 湾	2002	咸水	水体溶解	0.3～12.6 μg/dm³
南波罗的海 Gdańsk 湾	2001	咸水	水体溶解	90～18 135 μg/dm³
北波罗的海芬兰沿海	2001	咸水	水体溶解	0.24～0.61 μg/L
北波罗的海	2001	咸水	水体溶解	14 μg/L
北波罗的海芬兰西部湾	1999	咸水	水体溶解	<0.5～2.6 μg/L
波罗的海	1998	咸水	水体溶解	0.020～0.057 mg/m3
美国肯塔基湖	2002	淡水	水体溶解	<0.5 μg/L
澳大利亚 Alexandrina 和 Albert 湖	1994—1995	淡水	水体溶解	0.02～1.7 μg/L
南波罗的海 Gdańsk 湾	2005	咸水	细胞结合	<0.1～3 964 μg/L
南波罗的海 Gdańsk 湾	2005	咸水	细胞结合	<2～3 964 μg/dm³
北波罗的海芬兰湾	2005	咸水	细胞结合	0.1～0.8 μg/L
南波罗的海 Gdańsk 湾	2004	咸水	细胞结合	25 852 μg/dm³
南波罗的海 Gdańsk 湾	1994—2005	咸水	细胞胞内	<3.8 mg/g d. w.
北波罗的海芬兰湾	2003	咸水	细胞胞内	0.2～1.3 mg/g d. w.
南波罗的海 Gdańsk 湾	2002	咸水	细胞胞内	5～919 μg/g d. w.
波兰维斯瓦河口	2002	咸水	细胞胞内	712 μg/g d. w.
波罗的海 Sound and Køge 入口	2002	咸水	细胞胞内	9.8±7.0 mg/g d. w.
南波罗的海 Gdańsk 湾	2001	咸水	细胞胞内	3 000～3 520 μg/g d. w.
北波罗的海芬兰湾	2000	咸水	细胞胞内	0.2～6.0 mg/g d. w.
南非开普敦 Zeekoevlei 地区	1995	淡水	细胞胞内	3.47 μg/mg d. w.
澳大利亚塔斯马尼亚 Orielton 潟湖	1993	咸水	细胞胞内	2 000～3 500 μg/g d. w.
波罗的海芬兰湾和波的尼亚湾	1990—1991	咸水	细胞胞内	0.3～18.1 mg/g d. w.
波罗的海	1986	咸水	细胞胞内	100～2 400 μg/g d. w.

注:d. w. :dry weight,干重

二、中国海水蓝藻毒素污染现状

中国有广阔的海域，有害藻华问题也变得日益严峻。广东沿海、福建沿海、长江口邻近海域、海州湾、北黄海和渤海秦皇岛近岸海域是受有害藻污染影响较大的海区。已知能引起中国沿海水域发生赤潮的藻有 260 余种，有毒藻 78 种，包括甲藻、硅藻、鞭毛藻、蓝藻和某些硅鞭藻。中国海洋蓝藻门有 5 目 20 科 56 属 161 种及其变种，在中国海藻三区的区系分布为黄渤海 29 种、东中国海 18 种、南中国海 148 种，四小区的区系分布为黄海西区 29 种、东海西区 18 种、南海北区 77 种和南海南区 96 种，包括能产毒的微囊藻、束毛藻、节球藻、软管藻、鱼腥藻、鞘丝藻、颤藻、项圈藻、双歧藻、念珠藻、眉藻等蓝藻，但有关中国海洋蓝藻水华及其蓝藻毒素污染研究目前几乎没见报道。可以肯定的是，随着人类活动和气候变化引起淡水生态系统蓝藻水华频繁发生和不断扩散，加上暴雨和洪水，淡水微囊藻毒素会逐渐向中国沿海河口扩散，从而严重影响沿海渔业生产。

第二节　淡水蓝藻及蓝藻毒素污染现状

淡水有害蓝藻水华主要由铜绿微囊藻、绿色微囊藻、惠氏微囊藻、念珠藻、拟柱胞藻、节球藻、束丝藻、颤藻、鱼腥藻、项圈藻、软管藻、鞘丝藻等引起，产生的藻毒素主要包括肝毒素（如微囊藻毒素、节球藻毒素和柱胞藻毒素），神经毒素〔如鱼腥藻毒素-a、同源鱼腥藻毒素-a、鱼腥藻毒素-a(s)、石房蛤毒素〕，皮肤毒素（如海兔毒素和鞘丝藻毒素）。蓝藻产毒素存在种间和空间差异，有时一种产毒蓝藻能同时产生两种及以上的藻毒素，如拟柱胞藻可产生柱胞藻毒素和石房蛤毒素。

一、全球淡水主要蓝藻毒素污染概况

蓝藻水华在全球多数富营养化的湖泊、水库、河流和河口地区十分普遍，包括非洲的维多利亚湖、美国和加拿大之间的伊利湖和密歇根湖、美国奥基乔比湖、美国庞恰特雷恩湖和中国太湖等。蓝藻水华已成为威胁湖泊、池塘、河流和水库等淡水生态系统的一个全球性严重问题。所有水华地区共同点均受到人类活动、富营养化、水文改变和气候变化（如热波、暴雨增加、干旱和洪水）的影响。

（一）微囊藻毒素

1. 污染分布

微囊藻引起的蓝藻水华最为普遍，产生的微囊藻毒素也是淡水的主要藻毒素。微囊藻毒素是在全球淡水中分布最广、报道最多、毒性最强、危害最大的一类藻毒素。据 2016 年文献统计分析，全球至少有 108 个国家记载有微囊藻水华，79 个国家报道有微囊藻毒素的污染，包括亚洲、欧洲、美洲、非洲、大洋洲。

2. 污染程度

微囊藻毒素迄今为止已发现 200 多种亚型，亚型之间毒性强弱存在差异，MC-LR 毒性最大。微囊藻毒素在水体中以两种形式存在：存在于藻细胞内的胞内毒素和释放于水体的胞外毒素。由于水体污染程度和环境差异，不同国家或同一国家不同污染水体中的微囊藻毒素浓度存在较大差异，见表 2-3。目前报道地表水中微囊藻毒素污染最重的属南非，其水库中检测到 124 460 $\mu g/L$ 的微囊藻毒素。在美国由铜绿微囊藻为产毒优势藻引起的湖泊水华中，水体中的微囊藻毒素高达 10 400.0 $\mu g/L$，在 Copco 水库中由鱼腥藻和铜绿微囊藻水华产生的微囊藻毒素也高达 7 300.0 $\mu g/L$。在葡萄牙河流蓝藻水华期藻胞内 MC-LR 浓度最高达到 7 100.0 $\mu g/g$ 干重，在蓝藻丰度较高的 99.8％水塘中检出 MC-LR，其浓度高达 56.0 $\mu g/L$。在意大利的湖泊中由粉红浮丝藻产生的微囊藻毒素高达 298.7 $\mu g/L$。在澳大利亚湖泊铜绿微囊藻水华期的胞内 MC-LR 等价毒素高达 4 100.0 $\mu g/g$ 干重。在日本 Kasumigaura 湖中检测到高达19 500.0 μg/L的微囊藻毒素。在中国的鱼塘中有报道其铜绿微囊藻胞内微囊藻毒素高达7 280.0 μg/g干重。从已报道的湖、河和塘等微囊藻毒素污染程度反映全球有害蓝藻，特别是产毒微囊藻的污染十分严重。有关微囊藻毒素在饮水中的污染情况报道较少，在已报道的文献中仅少数自来水中的微囊藻毒素超过了WHO规定的1 μg/L的限量标准。

表2-3 全球淡水微囊藻毒素污染较严重的报道

国家	淡水类型	产毒优势藻	毒素成分	来源	最大浓度
南非	Kruger 国家公园水库	铜绿微囊藻	MCs	水体	124 460 μg/L
美国	Bay 湖	鱼腥藻	MC-LA、MC-LR	水体	180.0 μg/L
	Steilacoom 湖	微囊藻	MC-LA、MC-LR	水体	2 700.0 μg/L
	Okeechobee 湖	铜绿微囊藻	MC-LR、MC-LA、去甲基化-MC-LR、MC-甲基化 LR、MC-甲基化 LA	水体	10 400.0 μg/L
	Copco 水库	鱼腥藻、铜绿微囊藻	MC-LA、MC-RR、MC-LR、MC-LA	水体	7 300.0 μg/L
意大利	Occhito 湖	粉红浮丝藻（Planktothrix rubescens）	去甲基化-MC-RR、MC-RR	水体	298.7 μg/L
日本	Isahaya 湾	铜绿微囊藻	MC-LR	水体	2 900.0 μg/L
	Kasumigaura 湖	铜绿微囊藻	MC-RR、MC-LR、7-D MC-LR	水体	19 500.0 μg/L
新西兰	Horowhenua 湖	铜绿微囊藻	MC-RR、MC-YR、MC-LR、MC-Me-LR、MC-FR、MC-WR、MC-AR、MC-LA、MC-LY	水体	36 500.0 μg/L
中国	某鱼塘	铜绿微囊藻	MC-LR、MC-RR	藻内	7 280.0 μg/g d.w.
葡萄牙	Gaadiana 河	铜绿微囊藻、惠氏微囊藻	MC-LR	藻内	7 100.0 μg/g d.w.
澳大利亚	Mokoan 湖	铜绿微囊藻	MC-LR 等价	藻内	4 100.0 μg/g d.w.

注：d.w.：dry weight，干重

（二）柱胞藻毒素

1. 污染分布

1979年澳大利亚首次报道柱胞藻毒素，1996年在来自所罗门水体的拟柱胞藻内首次报道柱胞藻毒素的存在，2001年从澳大利亚河水中的拟柱胞藻内分离到该毒素，2001年在新西兰首次报道柱胞藻毒素存在。由于产柱胞藻毒素蓝藻地理分布广泛，柱胞藻毒素呈全球发生，在五大洲中的大洋洲、亚洲、美洲和欧洲均有报道，主要发生于澳大利亚、新西兰、亚洲、南北美洲和欧洲，最近在南极洲的藻内首次检测到柱胞藻毒素，目前非洲尚没见有柱胞藻毒素污染的报道。2000年在德国湖水中第一次鉴定到柱胞藻毒素，随后调查发现柱胞藻毒素广泛存在于欧洲国家的地表水中。产生柱胞藻毒素的藻种生活在淡水或者微咸水中，目前尚未有海水蓝藻能产生柱胞藻毒素的报道。

产柱胞藻毒素的蓝藻属丝状种的念珠藻目和颤藻目，至今发现至少14种藻可产生柱胞藻毒素，没有种特异性。柱胞藻毒素最先发现由拟柱胞藻产生，后来陆续发现 Aphanizomenon ovalisporum、

Aphanizomenon flos-aquae、*Aphanizomenon gracile*、*Aphanizomenon klebahnii*、*Umezakia natans*、*Raphidiopsis curvata*、*Raphidiopsis mediterranea*、*Anabaena bergii*、*Anabaena planctonica*、*Anabaena lapponica*、*Lyngbya wollei* 和一些颤藻株也能产生柱胞藻毒素。目前，产柱胞藻毒素的藻种主要是拟柱胞藻，其次还有鱼腥藻、束丝藻、尖头藻、鞘丝藻、梅崎藻等。其中，产毒拟柱胞藻主要分布于澳大利亚、新西兰、亚洲的东部和东南部地区及沙特阿拉伯地区等全世界许多国家。

2. 污染程度

柱胞藻毒素全球污染比较严重，在许多有柱胞藻毒素污染报道的国家，其地表水的最大浓度都超过了暂时安全水平 1.0 μg/L，见表 2-4。已报道水体柱胞藻毒素浓度最高的国家是美国，其浓度高达 202 μg/L，在德国水体中的柱胞藻毒素浓度高达 12.1 μg/L，法国水体中的柱胞藻毒素浓度达 1.95 μg/L，波兰湖水的柱胞藻毒素浓度 0.16～1.8 μg/L。产毒藻内的柱胞藻毒素浓度在不同地区和不同藻类间存在差异，在捷克束丝藻内柱胞藻毒素浓度高达 200 μg/g，在波兰鱼腥藻细胞内毒素浓度高达 242 μg/g，在德国束丝藻细胞内毒素浓度高达 6.6 mg/g。泰国拟柱胞藻细胞内毒素浓度高达 1.02 mg/g，中国尖头藻细胞内毒素浓度为 0.56 μg/g，美国束丝藻细胞内毒素浓度高达 9.33 μg/mg。有关柱胞藻毒素污染饮水的报道比较少，污染程度也一般较低。

表 2-4　全球产柱胞藻毒素的蓝藻及柱胞藻毒素污染情况

大陆	国家	产毒藻属	产毒藻种	毒素来源	最大毒素浓度或范围
欧洲	西班牙	束丝藻	*Aphanizomenon ovalisporum*	—	—
	波兰	鱼腥藻	*Anabaena lapponica*	藻	242 μg/g
		束丝藻	*Aph. gracile*	水体	3.0 μg/L
	捷克	束丝藻	*Aph. klebahnii*	水体	4.4 μg/L
	德国	束丝藻	*Aph. flos-aquae*	藻	2.3～6.6 mg/g
		束丝藻	*Aph. flos-aquae*	水体	12.1 μg/L
	西班牙	束丝藻	*Aph. ovalisporum*	水体	9.4 μg/L
	希腊	拟柱胞藻、鱼腥藻	*C. raciborskii, A. flos-aquae*	水体	0.3—2.8 μg/L
	法国	束丝藻、鱼腥藻、颤藻	*Aph. flos-aquae, Ana. planctonica, Oscillatoria* sp.	水体	1.95 μg/L
	意大利	束丝藻	*Aph. ovalisporum*	水体	126.0 μg/L
	芬兰	鱼腥藻、颤藻	*Ana. lapponica, Oscillatoria* sp.	—	—
亚洲	泰国	拟柱胞藻	*Cylindrospermopsis raciborskii*	藻	1.02 mg/g
	日本	*Umezakia*、拟柱胞藻	*Umezakia natans, C. raciborskii*	—	—
	以色列	束丝藻	*Aph. ovalisporum*		
	中国	尖头藻	*Raphidiopsis curvata*	藻	0.56 μg/g
		拟柱胞藻、尖头藻	*C. raciborskii, R. curvata*	水体	8.25 μg/L
	沙特阿拉伯	拟柱胞藻	*C. raciborskii*	水体	0.03～23.3 μg/L
		拟柱胞藻	*C. raciborskii*	藻	568 μg/g 干重

大陆	国家	产毒藻属	产毒藻种	毒素来源	最大毒素浓度或范围
美洲	加拿大	—	—	水体	0～0.2 μg/L
	美国	束丝藻	*Aph. ovalisporum*	藻	7.39～9.33 μg/mg
		束丝藻、颤藻	*Aph. ovalisporum*, *Oscillatoria sp.*	水体	202 μg/L
	墨西哥	拟柱胞藻	*C. catemaco* 或 *C. philippinensis*	—	—
大洋洲	澳大利亚	拟柱胞藻	*C. raciborskii*	—	—
		束丝藻	*Aph. ovalisporum*	—	—
		鱼腥藻	*Ana. bergii*	—	—
		鞘丝藻	*Lyngbya wollei*	藻	0～33 μg/g
		鱼腥藻、束丝藻、拟柱胞藻、鞘丝藻、尖头藻	*Ana. bergiia*, *Aph. ovalisporum*, *C. raciborskii*, *L. wollei*, *R. mediterranea*	水体	120.0 μg/L
	新西兰	拟柱胞藻	*C. raciborskii*	—	—
南极洲		颤藻	*Oscillatoria sp.*	—	—

注：整理自 Moreira C，Azevedo J，Antunes A，et al. Cylindrospermopsin：occurrence, methods of detection and toxicology[J]. J Appl Microbiol，2013，114(3)：605-620.

Rzymski P，Poniedzialek B. In search of environmental role of cylindrospermopsin：a review on global distribution and ecology of its producers[J]. Water Res，2014，66：320-337.

Buratti F M，Manganelli M，Vichi S，et al. Cyanotoxins：producing organisms, occurrence, toxicity, mechanism of action and human health toxicological risk evaluation[J]. Arch Toxicol，2017，91(3)：1049-1130. —：没报道。

（三）其他淡水藻毒素

蓝藻产生的藻毒素还包括鱼腥藻毒素-a（anatoxin-a，ATX）、同源鱼腥藻毒素-a（homoanatoxin-a，HTX）、鱼腥藻毒素-a（s）（anatoxin-a（s），ATX-s）、石房蛤毒素（saxitoxin，SXT）等神经毒素，海兔毒素（aplysiatoxin）和鞘丝藻毒素（lyngbyatoxin）等皮肤毒素，以及新发现的非蛋白藻毒素 β-甲氨基-L-丙氨酸（β-methylamino-L-alanine，BMAA）。蓝藻神经毒素污染呈全球分布，在热带、温带和寒冷地区都有污染报道，见表 2-5。目前发现鱼腥藻、束丝藻、席藻、节旋藻、微囊藻、颤藻、念球藻、柱胞藻、常丝藻、鞘丝藻和双歧藻等蓝藻属中一些藻种能产生神经毒素。产神经毒素蓝藻存在地域性，同种产毒藻在不同国家产生的毒素种类可能不同，某些产毒藻同时还会产生几种毒素。

鱼腥藻毒素-a 最先发现于水华鱼腥藻，后来发现束丝藻也能产生。淡水中的鱼腥藻毒素-a 的污染浓度存在差异，在美国藻华淡水中检测到高达 1 170 μg/L 的鱼腥藻毒素-a，在意大利娱乐湖水中检测到 154 μg/L 鱼腥藻毒素-a，在肯尼亚和韩国淡水湖内的藻内分别检测到 1 260 μg/g（干重）和 1 444 μg/g 的鱼腥藻毒素-a。有关鱼腥藻毒素-a 污染饮用水的报道很少，但在美国自来水中检测到 8.46 μg/L 的鱼腥藻毒素-a，鱼腥藻毒素-a 仍可能成为饮水的危害。

同源鱼腥藻毒素-a 最先是从挪威颤藻中分离得到，目前发现主要由颤藻、尖头藻和席藻等蓝藻产生。挪威、日本、新西兰、英国爱尔兰等国家有污染报道，从新西兰河流席藻内检测到高达 4 400 μg/g（干重）的同源鱼腥藻毒素-a，从爱尔兰鱼腥藻水华湖水中检测到 34 μg/L 同源鱼腥藻毒素-a。

石房蛤毒素，又称麻痹性贝毒毒素（paralytic shellfish poisoning toxins，PSPs），目前发现由鱼腥藻、束丝藻、柱胞藻、鞘丝藻和双歧藻等属内的一些淡水藻产生，主要发生在热带和中温带地区，在欧洲、美洲、大洋洲等国家都有报道，在美国湖水中浓度高达193 μg/L，在澳大利亚卷曲鱼腥藻水华能产生高达4 466 μg STXeq/g 干重的毒素。很少有石房蛤毒素污染自来水的报道，在澳大利亚曾报道自来水有痕量的石房蛤毒素污染。石房蛤毒素还是污染海产品的主要毒素，主要由甲藻的亚历山大藻属产生。

表2-5 神经毒素全球污染情况

神经毒素	产毒藻属	产毒藻种	污染程度	来源	国家
鱼腥藻毒素-a	鱼腥藻	*Anabaena* spp.	水体:～390 μg/L 水华物质:100 μg/g d.w.	湖	爱尔兰
	席藻	底栖 *Phormidium autumnale*（最可能）	水体:～444 μg/L 水华物质:～16 μg/g	湖	爱尔兰
	鱼腥藻、束丝藻	*Anabaena*，*Aphazinomenon* spp.	藻内外:～13.1 μg/L	湖、水库	德国
	束丝藻	*Aphanizomenon issatschenkoi*	水:0.01～0.12 μg/L	湖	德国
	鱼腥藻、束丝藻、柱胞藻	*Anabaena* spp.，*Aphazinomenon* spp.，*Cylindrospermum* sp.	水华物质:～4.36 mg/g d.w.	湖	芬兰
	席藻	底栖 *Phormidium favosum*	绿生物膜:～8 mg/g d.w.	河流	法国
	常丝藻	*Tychonema bourrelly*	水:～11.32 μg/L	湖	意大利
	常丝藻	*Tychonema bourrellyi*，*Planktothrix rubescens*	水:1.42～154.23 μg/L	湖	意大利
	—	—	水:～0.007 μg/L	河	西班牙
	鱼腥藻	*Anabaena macrospora*（优势种）	藻:16.3 μg/g d.w.	水坝	日本
	束丝藻	*Aphazinomenon flos-aquae*（优势种）	藻:～1.5 μg/g d.w.	湖	日本
	颤藻、鱼腥藻	—	水体:0.01～0.08 μg/L	河、水库	韩国
	鱼腥藻、节旋藻	*Anabaena* spp.，*Arthrospira fusiformis*	水华物质:～223 μg/g d.w.	咸潮	肯尼亚
	节旋藻	*Arthrospira fusiformis*	水华物质:～2.0 μg/g d.w.	咸潮	肯尼亚
	微囊藻	*Microcystis aeruginosa*（优势种）	水体:～2.0 μg/L 水华物质:～1 260 μg/g d.w.	湖	肯尼亚
	颤藻	底栖 *Oscillatoria* sp.（最可能为 *Phormidium autumnale*）	藻:27 μg/kg 湿重	河流	新西兰
	席藻	*Phormidium* sp.	藻:～199.2 μg/g d.w.	河流	新西兰
	—	—	水体:～0.1 μg/L	湖	加拿大
	—	—	水体:～1 170 μg/L	湖	美国
	—	—	水体:～35.7 μg/L	湖、水库	美国
	颤藻、鱼腥藻、假鱼腥藻	—	水体:～0.006 μg/L	水库	阿根廷

神经毒素	产毒藻属	产毒藻种	污染程度	来源	国家
同源鱼腥藻-a	鱼腥藻	*Anabaena* sp.（优势种）	水体：～34 μg/L	湖	爱尔兰
	席藻	*Phormidium* sp.	藻：～323.4 μg/g d. w.	河	新西兰
	席藻	底栖 *Phormidium autumnale*（最可能）	席藻：4 400 μg/g d. w.	河	新西兰
鱼腥藻毒素-a(s)	鱼腥藻	*Anabaena lemmermannii*（优势种）	藻：～3 300 μg/g d. w.	湖	丹麦
石房蛤毒素	鱼腥藻	*Anabaena lemmermannii*（优势种）	～224 μg STXeq/g d. w.	湖	丹麦
	鱼腥藻	*Anabaena lemmermannii*（优势种）	水华物质：930 μg STX/g d. w. 总浓度：～1 mg STX/L	湖	芬兰
	束丝藻	*Aphanizomenon flos-aquae*	水华物质：4.7 μg STXeq/g d. w.	水库	葡萄牙
	束丝藻	*Aphanizomenon gracile*	藻：～2.4 fg STXeq/cell	湖	西班牙
	柱胞藻、束丝藻	*C. raciborskii，Aphanizomenon flosaquae*	0.4～1.2 μg STX eq/L	湖、水库	希腊
	鱼腥藻	*Anabaena circinalis*	水华物质：～4 466 μg STXeq/g d. w.	地表水	澳大利亚
	鱼腥藻	*Anabaena circinalis*	～2 040 μg STX eq/g d. w.	地表水	澳大利亚
	聚球藻目、色球藻目、颤藻目、念珠藻目	—	藻：～0.293 μg/g	湖	俄罗斯
	鞘丝藻	底栖 *Lyngbya wollei*	藻：～279 μg/g	河	加拿大
	鞘丝藻	底栖 *Lyngbya wollei*	藻：～58 μg STX eq/g d. w.	湖、水库	美国
	—	—	水体：～0.38 μg/L	湖	美国
	—	—	水体：～193 μg/L	湖	美国
	柱胞藻	*C. raciborskii*	总浓度：3.14 μg SXT eq/L	水库	巴西
	双歧藻	*Scytonema* cf. *crispum*	藻：65.6 μg STX eq/g	湖	新西兰

注：整理自 Testai E, Scardala S, Vichi S, et al. Risk to human health asociated with the environmental occurrence of cyanobacterial neurotoxic alkaloids anatoxins and saxitoxins[J]. Crit Rev Toxicol,2016,46(5)：385-419. Buratti F M, Manganelli M, Vichi S, et al. Cyanotoxins：producing organisms, occurrence, toxicity, mechanism of action and human health toxicological risk evaluation[J]. Arch Toxicol, 2017, 91(3)：1049-1130. —：没报道；d. w.：dry weight，干重。

　　随着对海洋和陆地蓝藻的研究，目前有报道蓝藻能产生超过 60 多种神经毒素，但相关的污染报道很少。束毛藻、巨大鞘丝藻和水鞘藻等一些底栖和远洋藻种也被怀疑会产生原先认为主要由底栖甲藻产生的雪卡毒素。最近发现一种非蛋白毒素 β-甲氨基-L-丙氨酸（β-nmethylamino-L-alanine，BMAA），具有神经毒性，推测所有蓝藻都可能产生，甲藻和硅藻也能产生。自从发现 BMAA 毒素后，其环境中的污染报道也逐渐增多。在加拿大湖水中检测到最高 0.3 μg/L 的 BMAA 及其同分异构体，在美国湖水中检测到 39.6 μg/L 的 BMAA，在中国太湖的藻内检测到 2.03～7.14 μg/L 的 BMAA，在瑞典也报道，在南非到水厂中检测到 17～25 μg/L 的 BMAA。其他一些蓝藻毒素也有少量报道，如在美国夏威夷淡水藻内分别检测到 85.96 μg/g 干重的海兔毒素和 5.97 μg/g 干重的鞘丝藻毒素。

二、中国河流蓝藻毒素污染现状

目前中国珠江水系、长江水系、黄河水系、淮河水系、辽河水系、海河水系和松花江水系 7 大水系都存在不同程度的富营养化。水体的富营养化往往导致蓝藻水华频繁发生，造成水质恶化，生物多样性降低，而更严重的是蓝藻产生的藻毒素，如微囊藻毒素，会引起家禽、家畜及野生动物死亡，危害人类健康的事件也时有发生。中国长江、黄河、珠江、淮河和海河等水系的水体中存在不同程度的微囊藻素污染，从各省的一些河流，如山西太原汾河、江西赣江、上海黄浦江等支流检测到微囊藻毒素，特别是南方一些河流微囊藻毒素污染较为严重，见表 2-6。目前从河流检测到的微囊藻毒素种类有 MC-RR、MC-LR、MC-YR、MC-LF、[Dha7] MC-LR、MC-LA、MC-LW、MC-YA，主要以 MC-LR 为主。绝大多数河流中微囊藻毒素浓度在国家饮用水限量标准 1.0 μg/L 以下，其中微囊藻毒素污染最高的是 2011 年报道的淮河流域，其浓度最高 17.731 μg/L。在三峡水库长江干流和支流的水体中也检出 MC-LR，其最高浓度为 0.57 μg/L，尚未超出 WHO 和国家推荐的饮用水 MC-LR 安全限值。淮河流域部分县水体污染较为严重，河流丰水期和池塘以蓝藻为优势藻，水中溶解性、藻细胞内、底泥的微囊藻毒素主要为 MC-RR，水中 MC-RR 的浓度最高可达 17.731 μg/L，底泥中 MC-RR 浓度最高可达 0.802 μg/g，而多数样品中 MC-LF、MC-LR 和 MC-YR 的检出率和浓度均较低。珠江水域广州河段中也存在有微囊藻毒素污染，个别河段微囊藻毒素浓度大于 1 μg/L。

表 2-6　中国河流微囊藻毒素污染情况

河流	水质类型	时间	毒素类型	检测方法	毒素浓度(μg/L)
河南黄河	河水	1994—1996	MCs	ELISA	ND～0.063
郑州黄河	水源水	1998	MCs	ELISA	<0.020～0.208
濮阳市黄河	水源水	1998—1999	MCs	ELISA	<0.020～0.794
淮河河南段	河水	1998—1999	MCs	ELISA	ND～1.552
长江干流和支流	江河水	2004	MC-LR	HPLC	ND～0.57
太原市汾河	水库水	2005	MC-LR	HPLC	ND～1.080
黄河花园口	调水池水	2005—2006	MCs	ELISA	0～0.25
赣江	江水	2006	MC-LR	ELISA	0.04～1.36
宁波市姚江	江水	2007	MC-RR、MC-LR	UPLC-MS	ND
黄浦江	江水	2007	MC-LR、MC-RR	HPLC	MC-LR:0.100～0.250 MC-RR:0.450～0.650
淮河流域	河水	2008—2009	MC-LR、MC-RR、MC-YR	HPLC	ND～2.298
珠江广州河段	河水	2009	MC-LR	ELISA	0.2974～1.3588
海河流域潘家口水库、大黑汀水库、岳城水库、白洋淀湿地	水库水	2010	MC-LR、MC-RR	UPLC-MS	MC-LR:0～0.28 MC-RR:0～0.016
淮河流域	河水	2011	MC-LR	HPLC	～17.731
淮河流域沈丘县	河水	2012—2013	MCs	HPLC	0.04～0.67

续表

河流	水质类型	时间	毒素类型	检测方法	毒素浓度（μg/L）
浙江杭州贴沙河	河水	2014	MC-RR、MC-YR、MC-LR、MC-LY	UPLC	0.00402～0.0173
广州珠江河道	河水（水源水）	2016	MC-YR、MC-LR、MC-RR	HPLC	MC-YR：0.0030～0.136 MC-LR：0.0285～0.279 MC-RR：0.0017～0.3863

注：HPLC（high performance liquid chromatography）：高效液相色谱；ELISA（enzyme linked immunosorbent assay）：酶联免疫吸附测定；UPLC（ultra performance liquid chromatography）：超高效液相色谱法；UPLC-MS（ultra-performance liquid chromatography-mass spectrometry）：超高液相色谱-质谱；UPLC（ultra-performance liquid chromatography）：超高效液相色谱；ND（not detected）：未检测出；MC（microcystin）：微囊藻毒素。

三、中国湖库蓝藻毒素污染现状

1. 中国湖泊藻毒素污染

中国是一个多湖库的国家，但湖库富营养化和水华污染日趋严重，已成为饮用水安全的主要危害之一。早在20世纪60年代，太湖曾出现过蓝藻水华，到80年代初中国34个水源性湖泊有二分之一以上的湖泊处于富营养化状态。90年代以来，除了云南滇池、江苏太湖和安徽巢湖3大淡水湖泊发生过严重的蓝藻水华外，长江、黄河、松花江中下游等主要河流，以及江西鄱阳湖、武汉东湖、武汉莲花湖、上海淀山湖、三峡库区等湖库也都相继发生了不同程度的蓝藻水华，并检测到微囊藻毒素的存在，见表2-7。2007年夏，中国接连发生了太湖、滇池、巢湖的蓝藻暴发事件。

太湖是中国藻华较严重的淡水湖泊之一，也是水华和藻毒素污染研究较为深入的湖泊。太湖藻华优势藻以惠氏微囊藻、铜绿微囊藻和水华微囊藻为主，已检出MC-LR、MC-RR、MC-YR、［Dha7］MC-LR、MC-LA等微囊藻藻毒素成分，藻细胞内毒素的浓度可高达631.3 μg/g。太湖不同湖区的藻毒素污染存在差异，在五里湖和梅梁湾表层水最大胞外微囊藻毒素含量分别为2.71 μg/L和6.66 μg/L；在太湖贡湖湾则检测到表层水微囊藻毒素组成以MC-LR和MC-RR为主，胞外微囊藻毒素最大含量为0.391 μg/L，胞内微囊藻毒素最大含量可达35.418 μg/L。但有研究显示，梅梁湾的微囊藻毒素随时间和营养盐水平的不同又有很大差异，胞内毒素最高可达97.32 μg/g干重。太湖藻毒素污染呈季节性变化，2009－2010年在太湖梅梁湾湖水中检测发现MC-LR、MC-RR、MC-YR在8月份浓度最高，MC-LR和MC-RR两种亚型所占比例最大，分别为45.04％和35.50％。2011年对太湖水样研究显示，水体中MC-LR检出的平均浓度为1.480 μg/L，最高浓度达2.558 μg/L。在太湖沉积物和近岸土壤中也检测到微囊藻毒素，沉积物的微囊藻毒素浓度为0.12～0.99 μg/g，近岸土壤中微囊藻毒素最高可达2.52 μg/g，说明湖底泥能够吸附藻毒素，有暂时储存藻毒素的作用。

在安徽巢湖、江西鄱阳湖、云南滇池、上海淀山湖和滴水湖、南京玄武湖、武汉东湖，以及长江中下游湖泊中也检测到不同浓度的微囊藻毒素。安徽巢湖暴发的蓝藻水华主要以铜绿微囊藻、项圈藻和阿氏颤藻为优势种，从产毒藻内检测到MC-RR、MC-LR、MC-YR、MC-LF、MC-LA和MC-LW6种微囊藻毒素13种亚型，单株藻能产生11种微囊藻毒素亚型，细胞内藻毒素含量最高可达4.799 mg/g干重，在水体中检测到MC-LR和MC-RR，以MC-LR为主，最高浓度达到17.3 μg/L。在巢湖附近地下水也检测到微囊藻毒素，最高浓度达1.07 μg/L，其藻毒素可能来自于附近巢湖湖水。江西鄱阳湖的调查显示，水体微囊藻毒素最高可达1.0369 μg/L，同时发现鱼体内有毒素积累。滇池水华以微囊藻为主要优势藻，检测到不同浓度的 MC-RR、MC-YR、MC-LR、MC-LA、MC-LY 等微囊藻毒素，藻细胞内 MC-LR 的含量高达 220 $\mu g/g$ 干重，胞内毒素 6 月含量最高，溶解性藻毒素最高可达 0.195 $\mu g/L$，在滇池还检测到由水华束丝囊藻产生的 PSP 毒素。上海水源地淀山湖干藻细胞内微囊藻毒素含量分别为 MC-LR 185.03 $\mu g/g$（干重）、MC-RR 516.21 $\mu g/g$（干重）、MC-YR 97.55 $\mu g/g$（干重），水体中微囊藻毒素浓度最高可达 55.4 $\mu g/L$，7 月污染较严重，还存在鱼腥藻毒素-a 污染。上海滴水湖水华以惠氏微囊藻和史密斯微囊藻为优势蓝藻，藻细胞内 MC-RR 浓度可达 1.6 $\mu g/mg$ 干重。南京玄武湖蓝藻水华优势种以铜绿微囊藻和惠氏微囊藻为主。武汉市内南湖、东湖、沙湖、北湖、菱角湖、中山湖、莲花湖、墨水湖、月湖的微囊藻毒素在 0.0146～0.1212 $\mu g/L$。长江流域浅水湖泊水华以铜绿微囊藻、念珠藻和鱼腥藻为主要优势蓝藻，存在 MC-LR、MC-RR、MC-YR、MC-LA 和 MC-YA 等微囊藻毒素，MC-LR 最高浓度可达 8.6 $\mu g/L$。中国湖泊除微囊藻毒污染外，还存在鱼腥藻毒素-a、节球藻毒素等其他藻毒素污染。云南滇池发生过多年水华束丝藻水华，并发现水华束丝藻能产生石房蛤毒素，证实水华束丝藻在中国淡水中能产生石房蛤毒素。随后，在滇池水华物质中检测到 neoSTX、dcSTX 和 dcGTX3 三种石房蛤毒素同型物，其浓度分别为 2.279 ng/mg 干重、1.135 ng/mg 干重和 0.547 ng/mg 干重。BMAA 在中国湖泊中也存在，例如，在太湖水华蓝藻细胞（微囊藻为优势种）检测到 2.03～7.14 $\mu g/g$ 干重的 BMAA，并发现 BMAA 能通过食物链进入软体动物、介虫和各种鱼类等水生动物体内，从而发生生物的累积。鱼腥藻毒素-a 也广泛存在于我国的湖泊中，在淀山湖中检测到微量的鱼腥藻毒素-a，在滇池，束丝藻是鱼腥藻毒素-a 的主要产生者。

2. 中国水库藻毒素污染

微囊藻毒素对中国水库的污染也不容忽视。2004—2005 年在官厅水库监测发现，铜绿微囊藻为夏季最主要的优势水华藻，其细胞密度高达 4.7×10^7 个/L，微囊藻毒素浓度高达 20 $\mu g/L$，在密云水库和怀柔水库水源水样中均检出微囊藻毒素，密云水库还存在多种微囊藻毒素，但以毒性较低的 MC-RR 为主，总含量最高达 2 $\mu g/L$，溶解性 MC-LR 最大浓度为 0.050 $\mu g/L$。2010 年在中国北方洋河水库中检出铜绿微囊藻、放射微囊藻、挪氏微囊藻和螺旋鱼腥藻为优势的蓝藻，存在 MC-LR、MC-RR 和 MC-YR 3 种微囊藻毒素污染，以 MC-RR 和 MC-LR 为主，其中 MC-RR 浓度最高达 70.1 $\mu g/L$，MC-LR 浓度为 1.15～3.48 $\mu g/L$，微囊藻毒素浓度与产毒微囊藻在总微囊藻种群中所占比例呈显著正相关。华北地区某水库在夏秋季胞内胞外微囊藻毒素出现峰值，胞外藻毒素最高可达 5.628 8 $\mu g/L$。在上海市新水源地青草沙水库检测到 MC-LF、MC-LW、MC-LR、MC-RR、MC-YR 5 种亚型，溶解性微囊藻毒素污染水平在 0.1 $\mu g/L$ 左右，最高水平发生在 5—6 月份，超过 0.4 $\mu g/L$。广东省 12 个典型供水水库和 4 个湖泊也存在微囊藻毒素污染，以 MC-RR 为主，水库微囊藻毒素最高含量为 0.919 $\mu g/L$。柱胞藻毒素在中国首次报道是在 2001 年，Li 等从武汉鱼池分离所获的弯曲尖头藻（Raphidiopsis curvata）能产生 1.3 mg/g 干重的脱氧柱胞藻毒素（deoxy-CYN）和 0.56 $\mu g/g$ 干重的柱胞藻毒素。在广东东莞水源水库中广泛存在拟柱胞藻，并检测到高达 8.25 $\mu g/L$ 的柱胞藻毒素，胞外浓度和发生频率呈现出过渡季、雨季、旱季逐渐减少的现象。在中国澳门贮水库中也发生过水华，存在高水平的拟柱胞藻和微囊藻，并检测到柱胞藻毒素和微量的微囊藻毒素，且存在大量的产毒基因。已证实具有 CYN 合成基因的蓝藻毒株零星分布在中国山西、山东、江苏、浙江、湖北、江西、云南、福建、广东等省份的湖、水库和鱼池等淡水生态系统中，可能主要属柱胞藻和尖头藻。

3. 中国湖库藻毒素污染特点

大量研究表明，藻细胞密度与藻毒素浓度具有明显的相关性，并具有明显季节性，峰值均出现在夏秋交替季，只是藻毒素峰值略滞后于细胞密度峰值。蓝藻喜温，夏末秋初生长较快，而藻毒素为细胞内毒素，只有当细胞破裂或藻类腐烂分解后藻毒素才会被释放到水体中，因此藻毒素峰值时间滞后于藻细胞峰值时间。已报道的多数湖库蓝藻水华呈季节性暴发，夏秋季节 7—10 月微囊藻毒素污染水源水的报道最多，这可能与夏季水温升高更有利于蓝藻细胞生长繁殖有关。有些湖泊虽然没有检测到微囊藻毒素，但从产毒藻中检测到毒素基因，说明仍存在藻毒素污染的潜在威胁。

表 2-7　中国湖库蓝藻毒素污染情况

湖库名称	时间	毒素类型	检测方法	毒素浓度（μg/L）
云南省洱海	2015	MC-LR	ELISA	ND～0.41
河北省秦皇岛市抚宁县洋河水库	2015	MC-RR、MC-YR、MC-LR	HPLC	0.24～10.99 MC-LR：1.15～3.48
江西鄱阳湖	2014—2015	MC-LR、MC-RR、MC-YR	LC-MS	ND
江南某大型水库	2013	MC-LA、MC-LF、MC-LW、MC-LY、MC-LR、MC-RR、MC-YR、NOD、CYNs	HPLC-MS/MS	MC-LA：0.053 1 MC-LF：0.050 2 MC-LW：0.026 1 MC-LY：0.028 6 MC-LR：0.136 5 MC-RR：0.192 7 MC-YR：0.329 6 NOD：0.030 6 CYNs：0.005 9
鄱阳湖南矶湿地水体	2012	MC-LR	ELISA	0.5～1.6
鄱阳湖	2012	MC-RR、-YR、-LR、-LA、-LF、-LW	UPLC-MS/MS	MC-RR：0.000 02～0.27 MC-YR：0.000 015～0.009 7 MC-LR：0.000 77～0.39 MC-LA、LF、LW：ND
巢湖	2012	MCs	HPLC	1.06～17.61
巢湖	2011—2012	MC-LR、MC-RR、MC-LY	HPLC	MC-LR：0.07～1.90 MC-RR：～3.57 MC-LY：～3.23 总量：0.28～8.86
广东东莞等 25 个城市水库	2011—2012	MCs、CYNs	ELISA	MCs：0.1～1.99 CYNs：0.1～8.25
澳门贮水库	2011—2012	MCs、CYNs	HPLC-MS/MS	MCs：0.03～0.05 CYNs：<1.4
太湖	2011	MC-RR、MC-LR、MC-LA、MC-LY	HPLC	MC-RR：0.526 MC-LR：1.480 MC-LA：0.402 MC-LY：0.498

续表

湖库名称	时间	毒素类型	检测方法	毒素浓度（μg/L）
巢湖	2011	MC-RR、MC-LA、MC-LY	HPLC	MC-RR：0.291 MC-LA：0.529 MC-LY：0.464
呼伦湖	2011	MC-RR	HPLC	ND～0.474
滇池	2011	MC-RR、MC-YR MC-LR、MC-LA、MC-LY	HPLC	MC-RR：0.063 MC-YR：0.053 MC-LR：0.048 MC-LA：0.081 MC-LY：0.072
洱海	2011	MC-RR、MC-YR MC-LR、MC-LY	HPLC	MC-RR：0.028 MC-YR：0.039 MC-LR：0.021 MC-LY：0.032
上海青草沙水库以长江水为水源	2011	MC-RR、MC-LR、MC-YR、MC-LW、MC-LF、	HPLC	MC-RR：ND～0.109 MC-LR：ND～0.199 MC-YR：ND～0.144 MC-LW：ND～0.379 MC-LF：ND～0.085
洱海	2011	MC-RR、MC-LR	HPLC	MC-RR：0.26±0.63，Max.5.89 MC-LR：0.15±0.33，Max.3.06 总浓度：0.30±0.34；Max.8.95
太湖	2009－2010	MC-RR、MC-LR	HPLC	MC-RR：ND～0.294 MC-LR：ND～1.320
珠江三角洲地区城市周边中小型水库为横岗水库、水濂山水库、契爷石水库和东风水库	2009－2010	MCs	ELISA	0～0.174
贵州省万峰湖和百花湖	2010	MC-RR、MC-LR	HPLC	MC-RR：ND～0.73 MC-LR：ND
太湖	2010	MCs	ELISA	＜0.05～0.96
杭州临安青山湖	2008－2009	MC-LR	ELISA	0.00～1.28
武汉市内南湖、东湖、沙湖、北湖、菱角湖、中山湖、莲花湖、墨水湖、月湖	2008－2009	MC-LR	ELISA	0.0146～0.1212
广东省凤凰山水库和南屏水库	2008	MCs	ELISA	0～2.26

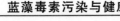
湖库名称	时间	毒素类型	检测方法	毒素浓度(μg/L)
福建山仔水库	2008	MC-RR、MC-LR	HPLC	MC-RR:ND～0.627 6 MC-LR:ND～1.403
宁波市梅湖水库	2007	MC-RR、MC-LR	UPLC-MS	MC-RR:ND MC-LR:ND～0.84
河北秦皇岛洋河水库	2007	MCs	ELISA	0.13～0.93
河北秦皇岛洋河水库	2007	MC-LR、MC-RR、MC-YR、anatoxin-a	HPLC-MS/MS	MC-LR:～0.544 MC-RR:～1.56 MC-YR:～0.066 anatoxin-a:～0.106
鄱阳湖	2006	MC-LR	ELISA	0.04～0.09
云南滇池	2006	neoSTX、dcSTX 和 dcGTX3	HPLC-FD	水华物质 neoSTX:2.279 ng/mg 干重 dcSTX:1.135 ng/mg 干重 dcGTX3:0.547 ng/mg 干重
太湖	2005—2006	MC-RR、MC-YR、MC-LR、〔Dha7〕MC-LR	HPLC	0～6.69
北京供水水源	2005	MC-RR、MC-YR MC-LR、MC-LY	HPLC	MC-RR:＜0.010～0.010 23 MC-LR:＜0.010～0.080 40 MC-LF:＜0.010 MC-LW:＜0.010
北京密云水库	2005	MC-RR、MC-LR	UPLC	MC-RR:＜0.002 MC-LR:＜0.002～0.041
太原市汾河 2 个水库	2005	MC-LR	HPLC	ND～1.080
河北某水库	2005	MC-LR	HPLC	0.034～5.629
北京官厅水库	2004—2005	MCs	ELISA	～20
三峡水库干流、支流	2004	MC-LR	HPLC	ND～0.57
广东省 4 个水库	2004	MCs	ELISA	0～0.919
广东省星湖	2004	MCs	ELISA	0.012～0.559
长江中下游地区 30 个湖泊	2003—2004	MC-RR、MC-YR、MC-LR	LC-MS	0.001～1.759
广东省 12 个典型大中型供水水库	2003	MC-RR、MC-LR	HPLC ELISA	HPLC: MC-RR:0～0.283 MC-LR:0～0.083 ELISA: MCs:ND～0.365

湖库名称	时间	毒素类型	检测方法	毒素浓度（μg/L）
广东省4个湖泊 广州流花湖 广州鹿湖 肇庆星湖 惠州西湖	2003	MC-RR、MC-LR	HPLC ELISA	HPLC： MC-RR：ND～0.291 MC-LR：ND～0.396 ELISA： MCs：0～1.062
巢湖	2002—2003	MC-RR、MC-LR	HPLC	ND～17.29
淀山湖	2002	MC-LR、ATX	HPLC	MC-LR：0.044～0.136 ATX：0.004～0.013
江西鄱阳湖	2000	MC-LR	ELISA	0.027 54～1.036 87
淀山湖	2000	MCs	ELISA	0.033 72～3.429 21
东湖	2000	MCs	ELISA	0.024 06～0.040 89
武汉市东湖	1995—1996	MC-LR	蛋白磷酸酶 抑制法	＜0.02～0.30
河南省南湾水库、白龟山水库、白沙水库	1994—1996	MCs	ELISA	ND～0.081

注：所有均指水体中的胞外毒素浓度；HPLC（High performance liquid chromatography）：高效液相色谱；ELISA（enzyme linked immunosorbent assay）：酶联免疫吸附测定；UPLC（ultra performance liquid chromatography）：超高效液相色谱法；UPLC-MS（ultra-performance liquid chromatography-mass spectrometry）：超高液相色谱－质谱；LC-MS（liquid chromatography-mass spectrometry）：高效液相色谱－质谱；HPLC-FD（high performance liquid chromatography-fluorescence detection）：高效液相色谱－荧光检测法；ND（not detected）：未检测出；MCs（microcystins）：微囊藻毒素；CYNs（cylindrospermopsins）：柱胞藻毒素；STX（saxitoxin）：石房蛤毒素；ATX（anatoxin-a）：鱼腥藻毒素-a；NOD（nodularin）：节球藻毒素。

四、中国饮用水蓝藻毒素污染现状

1. 中国饮用水藻毒素污染情况

随着湖库频繁大规模发生蓝藻水华，中国饮用水藻毒囊素污染的风险也越来越大，直接威胁到居民的健康。虽然在中国多个城市饮用水中检测到藻毒素，但有关饮用水藻毒素污染数据仍然非常有限。根据已发表的文献统计发现，中国饮用水藻毒素污染调查主要集中在微囊藻毒素，且多集中在南方的城市供水系统，见表2-8。最早报道饮水中存在微囊藻毒素是在江苏海门市，在已报道的水源水中微囊藻毒素浓度最高的为2.71 μg/L，上海市和广州市水厂水源水的MCs污染较重，其最高浓度分别为2.38 μg/L和1.919 1 μg/L，并在水源水和出厂水中检测到MC-RR、MC-YR、MC-LR、MC-LW、MC-LF 5种微囊藻毒素亚型。报道的大部分饮用水厂的出厂水微囊藻毒素浓度都低于国家饮用水限值1 μg/L，但也有少数高于限值，如2003年10月在上海西岑水厂的出厂水中检测到高达1.27 μg/L的微囊藻毒素残留。虽然许多地区出厂水中检出的微囊藻毒素浓度远低于国家规定的限值，但是仍不能排除长期饮用带来的健康隐患，如从郑州市主要生活饮用水源中的微囊藻细胞中扩增出产毒mcyB基因，一旦发生水华便会产生和释放藻毒素。上海、厦门、海门、濮阳、广州等城市的水源水微囊藻毒素最大浓度也接近或超过安全限值1.0 μg/L，说明饮用水水源被微囊藻毒素污染的形势日益严重，会对饮用水造成严重威胁。除在水源水检测到微囊藻毒素外，在上海市以青草沙水库为水源的两水厂进厂水中也检出鱼腥藻毒素-a，鱼腥藻毒素-a的含量分别为0.028 μg/L和0.137 μg/L，出厂水中均未检出鱼腥藻毒素-a。

2. 水源水微囊藻毒素污染对饮用水安全的影响

在统计的绝大多数城市，如濮阳、三门峡、上海、重庆、广州、苏州、湖州、无锡、珠海、茂名等城市的自来水厂出厂水微囊藻毒素浓度范围都要低于水源水中的浓度范围（表2-8），说明自来水厂常规处理工艺能消除水源水中的部分微囊藻毒素。但传统处理工艺主要对藻细胞起到截留作用，无法去除水中的可溶性游离藻毒素。由于目前自来水厂使用氯化物消毒，氯化物的强氧化性可破坏藻细胞结构，使得细胞破裂并释放出藻毒素，甚至可能导致水中游离藻毒素浓度升高。通常认为自来水厂出厂水中微囊藻毒素含量与其水源水含量呈正相关，水源水藻毒素污染加重会造成饮用水的风险增加。有调查发现水源水和出厂水中MC-LR含量的高峰值存在重叠。因此，要控制城市自来水中微囊藻毒素的含量，应当控制水源水中毒素的污染，同时加强水中藻毒素去除技术的研究。

研究表明，调蓄池在藻毒素的含量变化中也起到一定促进作用，这可能与蓄水池的藻生长增加有关。如从黄河花园口某调蓄池的藻内扩增到微囊藻毒素合成酶基因，黄河三门峡段调蓄池藻密度与水温呈正相关，微囊藻毒素在调蓄池水中的浓度为0.000 82～0.957 9 μg/L，出厂水中的浓度为0.002 70～0.010 133 μg/L，说明调蓄池的蓝藻在合适的条件下会生长，并合成和释放藻毒素。

3. 饮用水藻毒素污染的危害

饮用水水源如果发生蓝藻水华可直接危害到居民的健康。例如，2007年5月太湖贡湖湾暴发蓝藻水华造成饮用水污染，引发了无锡市饮用水危机，使全市85%的供水受到威胁，以傀儡湖为水源的昆山市水厂也多次遭受蓝藻暴发的影响。此外，饮用水被微囊藻毒素污染与肝癌发生存在一定的关联，如在肝癌高发区塘沟水中检出高浓度的微囊藻毒素，其浓度高达1.158 μg/L。在原发性肝癌高发地区江苏泰兴等地的许多沟塘中也检出高浓度微囊藻毒素，肝癌高发区江苏海门农村水源微囊藻毒素阳性率排序为塘沟水＞河水＞浅井水，最高值为0.115 μg/L，肝癌高发区福建同安饮用水中微囊藻毒素阳性率高达60.0%～100%，池塘藻细胞密度高达3.55×10^7个/L，而水库水微囊藻毒素含量最高，高达0.875 μg/L。

表 2-8　中国水源水和饮用水藻毒素污染状况

地点	时间（年）	毒素类型	检测方法	水源水/蓄水池含量（μg/L）	出厂水含量（μg/L）
江苏海门居民饮用水	1992—1994	MCs	ELISA	ND～1.558	—
某市	1998	MC-YR、MC-LR、MC-RR	HPLC	MC-LR：0.07～0.78 MC-RR：0.08～2.71	MC-RR：0.07～1.09
濮阳市	1998—1999	MCs	ELISA	＜0.020～0.794	＜0.020～0.087
三门峡市	1998—1999	MCs	ELISA	调蓄池：0.000 82～0.957 9	0.002 70～0.101 33
上海市	2003—2004	MC-LR	HPLC	ND～2.38	ND～1.27
某市	2003	MC-RR、MC-LR、MC-YR	HPLC	MC-RR：ND～0.319 MC-LR、MC-YR：ND	MC-RR：ND～0.276
重庆市主城区	2004	MC-LR	HPLC	ND～0.11	ND

续表

地点	时间（年）	毒素类型	检测方法	水源水/蓄水池含量（μg/L）	出厂水含量（μg/L）
广州市	2009	MC-LR	ELISA	0.330 2～1.919 1	0.154 1～0.321 6
厦门市	2009－2010	MC-RR、MC-LR	HPLC	MC-RR：ND～0.840 MC-LR：ND～0.301	MC-RR：ND～0.972 MC-LR：ND～0.288
无锡市	2009－2010	MC-LR	FIA	ND～0.264	ND～0.166
苏州市	2009－2010	MC-LR	FIA	ND～0.240	ND～0.18
湖州市	2009－2010	MC-LR	FIA	ND～0.272	ND～0.169
珠海市	2008－2010	MC-LR	HPLC	ND～0.115	ND～0.103
湖北赤壁市	2011	MC-LR	HPLC	ND	ND
茂名市（良德水库、石骨水库）	2010－2011	MC-RR、MC-LR、MC-YR	LC-MS	MC-RR：ND～0.994 MC-LR：ND～0.33 MC-YR：ND～0.055 蓄水池： MC-RR：ND～0.034 MC-LR：ND～0.134 MC-YR：ND～0.026	MC-RR：ND～0.012 μg/L MC-LR：ND MC-YR：ND
上海青草沙水库	2012	ATX	HPLC	ATX：0.028,0.137	ATX：ND
重庆涪陵区李渡社区和义和镇	2013－2014	MC-LR	ELISA	—	＜1
江南某市	2012	MC-RR、MC-YR、MC-LR、MC-LW、MC-LF	HPLC	0.001 56～0.074 45	ND～0.017 2
湖州市	2017	MCs	ELISA	0.063±0.002	

注：ND：未检测出；HPLC：高效液相色谱；ELISA：酶联免疫吸附测定；LC-MS：液相色谱－质谱。FIA（fluorescence immunoassay）：荧光免疫分析法；ATX：鱼腥藻毒素-a。

第三节　蓝藻毒素环境污染成因

　　有害蓝藻水华是造成蓝藻藻毒素污染环境的前提，而水华的发生机制比较复杂，目前仍没充分揭示触发水华的原因。但是，全球淡水生态系统不断富营养化、全球变暖、气候扰乱会加重水华发生，每一因素都会导致生态变化或失衡，从而诱发全球发生有害蓝藻水华。

一、环境中蓝藻毒素的产生

　　淡水藻毒素主要由蓝藻门的铜绿微囊藻、绿色微囊藻、惠氏微囊藻、念珠藻、拟柱胞藻、节球藻、束丝藻、颤藻、鱼腥藻、项圈藻、软管藻、鞘丝藻等种属产生，主要包括微囊藻毒素、节球藻毒素和柱胞藻毒素等肝毒素，鱼腥藻毒素-a、同源鱼腥藻毒素-a、鱼腥藻毒素-a（s）、石房蛤毒素等神经毒素，海兔毒素和鞘丝藻毒素等皮肤毒素，以及新发现的非蛋白藻毒素 BMAA。其中，微囊藻毒素和节球藻毒素是全球水华中检出频率最高的蓝藻毒素，皮肤毒素目前在淡水水体中尚未发现，肝毒素和神经毒素具有急性致死性，危害大，研究和关注最多。来源于海洋的藻毒素石房蛤毒素（麻痹性毒素）和柱胞藻毒素也在淡水中相继被发现。

1. 蓝藻产生藻毒素的原因

藻为什么会产生藻毒素，其具体生态作用仍然不清楚，藻毒素的生理作用可能是进化的结果。藻毒素的作用目前归纳起来有 3 种作用：自我保护作用、自我和群体调节作用、储存和富集营养作用。

（1）自我保护作用。在自然界大多数藻，包括产毒素藻，常被浮游动物捕食，浮游藻为了防止浮游动物的捕食产生藻毒素。但是，只有当藻处于溶解状态下才释放藻毒素进入水中，藻是如何利用藻毒素发挥自我保护作用的，目前仍然不清楚。

（2）自我和群体调节作用。藻毒素属于藻的次级代谢产物，可能在藻细胞的生长调节、新陈代谢，以及通过化感物质在细胞群体之间的细胞外调节中扮演重要角色。例如，有些有害藻在营养压力条件下，会产生更多的毒素，以便更有效地减少捕食量，释放更多的化感物质与其他浮游植物竞争营养。

（3）储存和富集营养作用。研究表明藻毒素的污染水平取决于水的氮磷营养浓度，有些藻细胞内毒素的水平在营养不平衡的条件下会增加，这可能与藻细胞将毒素用于储存和富集营养分子有关，因为藻细胞在营养压力下将氮从叶绿素分子转移至毒素分子，导致细胞分裂率降低，让非分裂细胞内的毒素水平累积。由于人类的活动和特定营养污染物的排放，经常造成沿岸水体中的氮磷不平衡，这样即使不发生有害藻华，也会因营养比率的改变引起藻毒素水平的增加。

2. 影响藻毒素释放的因素

藻毒素在产毒蓝藻的整个生长期细胞内均存在，藻毒素在蓝藻细胞正常生长过程中主要贮存于细胞内，当藻细胞到达静止期因自我溶解调亡、受到微生物的攻击或杀藻剂破坏时发生细胞破裂，藻毒素才会被大量释放出来。环境因子可通过影响蓝藻增殖、藻毒素生成和分泌来影响水体中溶解性藻毒素水平。已发现一些细菌如假单胞菌和单胞菌等对藻细胞有裂解能力，藻细胞膜透性增加，细胞内的微囊藻毒素等可溶性内容物获得释放，造成周围环境的污染。另外，控制蓝藻水华的杀藻剂等化学物质和水厂水处理过程使用的絮凝剂也会导致藻细胞的裂解，从而增加细胞外毒素浓度。

3. 藻毒素产生机理

藻毒素的产生机理主要存在两种观点：环境决定论和基因决定论。环境决定论者认为，蓝藻合成微囊藻毒素等是环境因子作用的结果，环境因子包括光照、温度、pH 值和营养元素等。如有研究发现温度不改变毒素结构，但能改变毒素浓度。温度在高光强下对毒素的产生几乎无影响，而在低光强下温度才会影响毒素的产生。究竟那个因子起主导作用，目前尚无一致的看法。基因决定论者认为，蓝藻有毒株和无毒株具有不同的基因，其毒性是遗传决定的，而且有毒株和无毒株的遗传差异在于是否存在一种或几种编码毒素合成酶的基因。例如，微囊藻毒素的合成可能是受到基因直接调控的多肽合成酶影响而间接受到基因的调控。从铜绿微囊藻染色体中分离出产生微囊藻毒素的 *mcy* 基因簇，发现凡是能够产生藻毒素的藻种都含有 *mcy* 基因，藻毒素的合成由 *mcy* 控制，并由肽合成酶复合体催化合成。节球藻毒素的合成可能与微囊藻毒素类似，都是由基因调控合成不同分子的酶，然后形成多酶复合物，毒素由多酶复合物合成。

两种观点可能不是孤立的，如不产生微囊藻毒素的藻也含有 *mcy* 基因，但研究发现通过改变环境因子可以引起铜绿微囊藻的 *mcy* 基因转录和提高毒素水平，说明环境因子的改变可以调节和控制基因的表达。但是，环境因子是否通过直接作用于产毒基因，让其转录表达增加产生更多的毒素目前还没有完全定论。因为有些环境因子作用后其产毒基因表达并没增加，可能是通过间接作用引起毒素产量增加，如通过增加生长率等。因此，无论基因决定论和环境决定论都不是孤立的，实际上它们是相互联系、相互作用的。虽然遗传因子在毒藻产生毒素时有重要的直接生理控制作用，但环境因子可以在具体条件下直接影响基因的表达从而间接控制产毒特性。无毒藻株在一定环境条件下也可以产生基因突变转化为产毒株，产毒藻在一定环境条件下也可不产生毒素。

二、影响藻毒素生成的环境因子

环境因素会调节和影响蓝藻的生长和藻毒素产生，这一些因素包括光照、水温、高营养浓度（P、N 和有机物）、pH 值、CO_2、元素、气候和浮游动物捕食（表 2-9），然而非单一因子是直接引起水华的原因。

表 2-9　影响蓝藻毒素生成的各种因子

蓝藻毒素	基因簇	上调因子	下调因子
微囊藻毒素	mcy	活跃的光合作用、N 限制、更多的硝酸盐、氮反应调控蛋白（NtcA）、铁吸收调控因子（FurA）、氧化还原活性光受体蛋白（RcaA）、α-酮戊二酸（2-OG）、强光	铁吸收调控因子（FurA）
节球藻毒素	nda	固氮作用、氮反应调控蛋白（NtcA）、磷酸盐饥饿、光胁迫、高温	添加氨、高盐、高无机氮
柱胞藻毒素	cyr/aoa	缺固定的 N 源、磷限制、强光（延长光照）	氨作为 N 源、强光（最初）、磷限制
鱼腥藻毒素-a	ana	氮饥饿、亚适光、亚适温度、绿藻提取物（莱茵衣藻）	高温
石房蛤毒素	stx	强光、高温、亚适温度、细胞外盐度（NaCl）	高氮、暗环境

注：引自 Boopathi T，Ki J S. Impact of environmental factors on the regulation of cyanotoxin production[J]. Toxins(Basel)，2014，6（7）：1951-1978。

1. 光照

光是藻光合作用的必需条件，除了直接影响藻的生长，光对藻毒素的产生也有关。具有更高光获得性的微囊藻会产生更高的微囊藻毒素水平，光的影响可能与基因表达和调节机制有关。如高强度光和红光能提高 mcy 基因的转录，而蓝光则减少该基因的转录。当暴露在高光强度下藻细胞内微囊藻毒素转录活性将上调，其目的是产生更多的微囊藻毒素抗活性氧，保护自身。在限制光条件下单位细胞内微囊藻毒素含量与光强度呈正相关，但光照充足则呈负相关。最近研究显示，铜绿微囊藻光合作用的光反应调节微囊藻毒素产量是在细胞水平通过电子转移率和光系统 II 蛋白复合体（photosystem II（PSII）redox）发挥作用，当藻暴露在高光子照射时 PSII 反应中心停留在更低的状态。有学者推测在低光强度下光合作用光反应首先是增加，而当高光强度照射时，藻由于强光压力应激合成微囊藻毒素抵抗光氧化。研究表明，光能是毒素产生的一个重要制约因子，温度在高光强下对毒素的产生几乎没有影响，只有在低光强下温度才能影响毒素的产生。

2. 温度

温度是影响藻生长的另一个关键因子，目前没有关于温度影响微囊藻毒素产生的一致性结论，不同实验得出的结论不同，有的甚至完全相反。有的实验研究显示，在15～20℃范围内微囊藻毒素的产量随温度增加呈线性增加，在20℃达到最大，超过28℃又显著降低。25℃被认为是铜绿微囊藻毒素最适生产温度。然而有的学者认为温度在促进藻生长时并没有影响微囊藻毒素生产。但实际生活中藻华主要发生在夏末和初秋温度相对较高的季节，藻华时藻毒素的水平也相应增高，野外调查也发现微囊藻毒素的含量和温度呈正相关性。中国学者2008年研究发现，太湖7—10月水温在20℃以上其微囊藻毒素浓度达到峰值，而1—7月水温相对较低，其微囊藻毒素浓度也相对较低，在北美伊利湖也有这样类似的现象。由此推测，更高温度从两方面促使微囊藻毒素的产生，首先更高温度促进蓝藻的生长，微囊藻占主导，随后导致微囊藻毒素增加；随着温度不断增加，有毒微囊藻合成更多的微囊藻毒素合成酶。温度是否激发微囊藻毒素产生存在争议，主要在于不同实验所用的培养技术、生长环境，以及实验设计和分析不同。有研究表明，不同的温度还能影响不同毒素的亚型产生，温度低于25℃时，鱼腥藻产生MC-LR，高于25℃时主要产生MC-RR。鱼腥藻毒素-a的产生也受到温度的影响，产生鱼腥藻毒素-a的最适宜温度范围为19.8～22℃。

3. 氮磷元素

氮磷元素为藻类增殖所必需，先前研究发现总磷是湖泊中藻类增殖和藻毒素产生的主要限制性营养盐。当氮磷比值小于10时，总氮为藻类生长和微囊藻毒素生成分泌的限制性营养盐，过低和过高氮浓度都不利于藻的生长和微囊藻毒素生产。当氮源充足时氮浓度与毒素浓度没直接关系，相反在氮受限时会直接影响微囊藻毒素的合成，自动调节毒素合成结构基因启动区的NtcA增加，说明氮受限促进了 *mcy* 基因的转录和微囊藻毒素的产生。另外，不同氮源形式也对微囊藻毒素的生产有不同的影响，以氨盐或硝酸盐形式的无机氮是水中最普遍的形式，在微囊藻毒素生产中扮演关键角色，研究显示高浓度无机氮能激发微囊藻毒素的生产，如高 NO_3-N 载荷能显著刺激中国太湖微囊藻毒素的生产。有研究发现有些有机含氮物质促进藻生长的程度比无机含氮物质更高，有机氮比无机氮更容易吸附。事实上，在自然水体中氮源组成相当复杂，单一氮源研究不足以说明问题。

藻吸收以正磷酸盐形式存在的磷，正无机磷比有机磷更能促进藻的生长。因为正磷酸盐能直接被藻同化，而有机磷在吸收利用前必须经水体微生物转化成磷酸盐。大量研究发现，磷酸盐对铜绿微囊藻的生长和微囊藻毒素的生产具有明显影响。相对无磷培养基，藻细胞在含磷培养基上生长速率和微囊藻毒素含量更高。高浓度磷可能不直接影响微囊藻毒素产生，而是通过影响微囊藻生物量诱导微囊藻毒素的积累。相对于营养充足和氮缺乏，研究显示磷缺乏会增加亚历山大藻细胞内麻痹性毒素3～4倍，会增加链状裸甲藻细胞内的毒素浓度。目前研究磷对藻毒素生产影响主要基于人工培养基，不足以说明实际环境中磷对藻毒素产生的影响。

4. 金属离子和微量元素

铜、铁、锌等一些金属离子也是藻细胞生长所必需的，一定浓度范围内的金属离子能直接或间接影响蓝藻细胞的生长和微囊藻毒素的生产。铜和锌是通过抑制藻细胞生长来间接影响微囊藻毒素的生产，而铁离子则直接影响铜绿微囊藻微囊藻毒素合成过程，砷和镉等重金属能通过光合作用和抗氧化剂系统可能抑制藻的生长和微囊藻毒素的产生。在铁离子受限条件下，铜绿微囊藻的生长随着铁浓度的增加而增加，但在铁离子受限 10 nmol/L 以内微囊藻毒素浓度随铁离子浓度增加而降低。铁促进微囊藻毒素合成的机制是铁与微囊藻毒素结合能提高多肽酶活性，反过来促进微囊藻毒素合成。另外，*mcy* 基因簇双向促进区的序列与Fur盒（铁离子吸收调控子）相似，而Fur能调节铜绿微囊藻毒素合成，这进一步证实铁离子在基因水平影响铜绿微囊藻的微囊藻毒素生产。非金属元素在水环境中也扮演着重要角色，但它们很少被考虑到与微囊藻毒素生产有关，但有研究发现硫元素与微囊藻毒素的产生有显著相关性。

5. 水生生物

生物面临环境压力时会形成一套适应防御策略，这种适应机制广泛存在于各种生境中的动植物，当面临捕食、寄生、食草动物、病原和竞争等特定压力时会出现应激防御。一些学者认为藻产生和释放藻毒素是一种抵抗极端压力的防御。不管直接或间接暴露在食草动物，还是随着浮游动物的年龄和密度增加，铜绿微囊藻产生微囊藻毒素都会增加。有报道当铜绿微囊藻面临浮游动物压力或与杂食鱼或其他非毒蓝藻共存时，微囊藻毒素产生会增加。但微囊藻毒素的产生释放是否起到信号作用？这种信号传导机制是什么？有待进一步研究。

6. 人类活动

日益增加的各种人源性污染物被排放进入水环境，如药物、个人护理品、多环芳香烃物、内分泌干扰物、农药和抗生素都会在水中蓄积，这些物质也有可能与有害藻相互作用而参与藻毒素的产生，但这方面的研究有限。研究显示，菊酯类杀虫剂对蓝藻生长有极强的抑制效应，能刺激铜绿微囊藻释放微囊藻毒素。模拟实际水环境中的阿莫西林浓度对铜绿微囊藻生长和微囊藻毒素产生具有刺激效应。然而，研究者设置的绝大多数实验浓度与水环境中的实际污染水平并不一致，其研究所获得的结论对实际环境的影响无直接参考价值。另外，有研究表明传统的环境因子与人为污染物对蓝藻的生长和微囊藻毒素产生有组合效应，但不是各效应的简单叠加。例如，除草剂阿特拉在低温条件下对铜绿微囊藻生长和微囊藻毒素产生具有抑制作用；氮和阿莫西林对微囊藻毒素基因表达有显著的相互作用，阿莫西林在氮源存在下能刺激铜绿微囊藻产生和释放微囊藻毒素。多因子相互作用值得进一步研究。

7. 气候

全球气候变化和温室效应对水环境中的蓝藻等微生物群落影响特别大，全球产毒微囊藻的生长有随着气候变化增加的趋势。全球变暖、水文变化、热带气旋强度和频率增加、干旱持续等气候变化显著影响淡水和海洋生态环境中藻生长和藻华的发生。

全球变暖会使水生态系统温度升高，水华期变长，能选择性促进蓝藻等藻类的生长。全球变暖还会使淡水垂直分层更明显，季节性变暖会延长垂直分层周期，而大多数发生水华的蓝藻具有伪空胞结构，能利用这种分层条件，充分获取表层水的光照，在水体表面形成水华，这将影响水生态中蓝藻和真核藻之间的组成和演替模式。例如，春夏期的延长，充足的光照会显著影响产毒和无毒微囊藻之间的竞争。温室效应是全球变暖的驱动者，同时空气中 CO_2 浓度的升高会导致淡水和海洋表水酸化，为蓝藻的生长提供更充足的 CO_2。

全球变暖引起的气候振动会影响降雨和干旱模式、强度和时间，从而影响不同优势藻的生长。例如，强降雨会增加水量，在短时间内由于冲刷会阻止蓝藻水华，但会加速陆地营养成分的流失，使收纳河流水体的营养增加。随着雨量的减少，营养物会在水体中滞留和循环，最终可能会加速水华，所以冬春雨季后出现干旱时最可能发生水华暴发。这种现象在中国太湖、美国伊利湖、非洲的维多利亚湖和乔治湖，以及波罗的海都曾发生过。气候变化与富营养化在促进全球有害蓝藻水华中起协同作用。

人为生态环境的破坏、外来物种的入侵、过度捕捞和水产养殖也会促进某些有害藻发生水华。例如，港口、防波堤、半封闭海滩、沿岸庇护区等人为工程会降低水的再生和冲洗率，从而增加蓝藻水华的机会，因为水再生和冲洗率是藻生长的关键因素。增加水产养殖和过度捕捞会改变水环境中的食物链，也许会让有害藻占优势。要恢复人为造成的生态生物群落变化，可能需要几十年甚至上百年的时间。

第四节　环境中藻毒素的转归

水环境中的藻毒素经蓝藻产生并释放到水体后，可以通过吸附到悬浮颗粒上随颗粒沉淀，也可经水和食物链发生迁移，见图 2-1。在自然环境中也会发生物理化学和生物降解，其中生物降解是水体中藻毒素的主要降解方式。水中藻毒素还能在食物链中通过生物蓄积进入食物网，在食物网中发生生物富集和生物稀释。藻毒素在自然水体中的转归是一个受多因子影响的复杂过程，至今并不十分清楚。

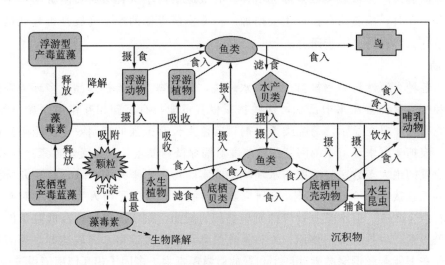

图 2-1　水环境中藻毒素迁移与转归

一、蓝藻及藻毒素的迁移

1. 蓝藻和藻毒素的存在形式

大多数藻在生命周期中存在两种类型的细胞：营养细胞和休眠细胞，休眠细胞对外界的抵抗能力更强，在蓝藻远距离迁移和抵抗不利环境中扮演重要角色。蓝藻拥有伪空胞，是蓝藻漂浮的关键器官。蓝藻可利用伪空胞和合成的多糖等有机物来改变在水体中的垂直运动，向营养、CO_2 和光移动，有利于在适宜的水层生长繁殖。藻毒素在天然水体中以 3 种形态存在：可溶态（游离态）、细胞内结合态和吸附态。毒素合成后在藻细胞内呈结合态，只有当藻细胞衰老、死亡和破裂时才会释放到水体中呈游离态，游离态的藻毒素被水中颗粒吸附后变成吸附态。因此，有害藻类的迁移过程也是细胞内结合态藻毒素的迁移过程。

2. 蓝藻的迁移

蓝藻存在浮游和底栖两种生长和聚集方式，浮游蓝藻漂浮在水面，可以发生水平和垂直迁移。水平迁移主要靠水流和水波，风对湖泊内的蓝藻迁移起到重要作用。垂直迁移主要取决于水温、光照和营养可获得性，蓝藻的伪空胞结构有助于藻悬浮于所希望的位置，通过改变细胞内的伪空胞数量和大小达到在水中垂直迁移的目的。浮藻随风和水波向岸边聚集，水波的冲击对浮藻起到分散和细胞破裂的作用，会引起有害藻向环境释放毒素，增加水和沙滩等的毒性。生长在岩石和底泥等不同底栖物上的底栖蓝藻，水波将其冲至岸边，也会引起家畜和野生动物食物中毒。

3. 藻毒素的迁移

结合态藻毒素随藻迁移，而可溶态藻毒素的迁移存在两种情况：一是吸附在水中的有机和无机颗粒上随颗粒迁移，包括沉积到底泥；二是通过水流、饮水、农业灌溉或通过食物链中的动植物累积后发生迁移。最近调查研究发现，水中的微囊藻素能通过蜉蝣等水生昆虫传递到陆生食物链中。

二、藻毒素的吸附与富集

1. 藻毒素的吸附

水中颗粒与沉积物对藻毒素吸附被认为是自然除去水中藻毒素的重要途径。自然水体中81%以上的可溶性 MC-LR 毒素可以被黏土吸附掉，实验也证实蒙脱石等一些细颗粒黏土对微囊藻毒素有很强的吸附能力，但长时间悬浮于水体的黏土对吸附的毒素有稳定保护作用，对毒素的转运、降解和进入食物网都会造成影响。例如，MC-LR 能吸附在天然水体中的有机物和悬浮颗粒表面，从而增加了微囊藻毒素在天然水体中的迁移性和流动性。自然底泥能吸附 $13\sim24\ \mu g/mL$ 的微囊藻毒素，MC-RR 等一些亲水性的毒素吸附能力更强。微囊藻毒素与矿物质的吸附作用可能主要靠微囊藻毒素上的带电基团与矿物质中离子之间的静电作用，以及水桥氢键作用，由于不同的微囊藻毒素类型所含氨基酸残基和羧酸基的差异导致与矿物质吸附的作用存在差异。实验表明，不同来源的沉积物吸附微囊藻毒素的过程存在差异，这主要取决于沉积物中的有机物含量不同。低有机物（<8%）的沉积物对微囊藻毒素的吸附随有机物增加而降低，微囊藻毒素与有机物之间竞争吸附占优势；相反，高有机物（>8%）的沉积物对微囊藻毒素的吸附随有机物增加而增加，微囊藻毒素与有机物之间相互作用占优势。热动力学显示沉积物吸附微囊藻毒素是一个自发的过程，低有机物的沉积物吸附微囊藻毒素是放热过程，高有机物的沉积物吸附微囊藻毒素是吸热过程。沉积物吸附微囊藻毒素具有 pH 值依赖性，pH 值增加吸附降低。

2. 藻毒素的富集

环境中的藻毒素通过生物积累（bioaccumulation）、生物浓缩（bioconcentration）、生物富集（biomagnification）和生物稀释（biodilution）在环境与生物，以及生物之间发生转移和变化。藻毒素在水生动植物体内的生物积累现象已被广泛证实，但生物积累的能力因动植物种类而异。

（1）藻毒素的生物积累。藻毒素的生物积累是指水生生物经各种暴露途径吸收藻毒素，其体内的藻毒素浓度超过水中藻毒素浓度的过程。许多研究显示蓝藻毒素在水生生物群内发生生物积累，这增加了食物网高层生物的暴露风险。因为，即使藻产生的藻毒素或环境中的藻毒素含量低，但通过生物积累会使藻毒素的浓度变得更高。生物吸收和积累藻毒素通过两个主要途径：可溶性毒素经皮、口或食物摄入；鱼还可能通过鳃摄入。滤食性生物也可能直接通过捕食有毒藻类，有的水生动物可能选择性吸收微囊藻毒素，如双壳类能选择吸收 MC-RR。不同微囊藻素同系物的特征影响生物的吸收、组织分布和排泄，这可能与组织中铁转运蛋白的亲和力不同有关。如白鲢对 MC-RR 和 MC-LR 的吸收不同，MC-LR 肠道降解较多，而 MC-RR 易被肠吸收进入机体组织。不同动物对藻毒素生物积累有较大的差异，浮游动物是最大微囊藻毒素积累者，其体内蓄积浓度可超过 $1\ 000\ \mu g/g$ 干重，平均超过 $383\ \mu g/g$ 干重，见图 2-2。在浮游动物中捕食性动物体内微囊藻毒素比滤食性或肉食性浮游动物体内更高，在鱼类，滤食鱼类积累较高，其次为杂食鱼类、食草鱼类和食肉鱼类，但杂食鱼类对微囊藻毒素的生物稀释比滤食性和肉食性鱼强，见图 2-3。在动物体内藻毒素含量取决于食物类型，肉食性鱼比草食性鱼更低，这可能与鱼的肠道结构和环境有关。微囊藻毒素一般在鱼肠道和肝脏最高，而在肾脏和性腺较低，在肌肉组织更低，在鱼的粪便中也发现大量的藻毒素。贻贝和蛤等双壳贝类大型无脊椎水生动物也是藻毒素的蓄积者，肝毒素主要存在贝类的淋巴组织，然后依次为内脏、性腺和足。目前发现金鱼藻、伊乐藻、明叶藓、芦苇等水生植物，贝、虾、螺、蟹、鱼、甲鱼等水生动物，鸭和水鸟等陆生动物对藻毒素都具有蓄积作用。鱼腥藻毒素-a 在水体中不稳定，易发生光降解。因此，鱼腥藻毒素-a 进入水生生物组织可能很低。而生物浓缩是指生物机体通过对水环境中可溶性藻毒素的吸收，其体内的藻毒素浓度超过水中藻毒素浓度的过程。

（2）藻毒素的生物富集。生物富集是指在同一食物链上，高位营养级生物机体内来自食物的藻毒素浓度比低位营养级生物高的过程。自然界中证实藻毒素存在生物富集现象，藻毒素通过食物链发生生物富集，其上级动物暴露风险会更大。如淡水瘤似黑螺对肝毒素具有富集作用，在螺内的毒素浓度比环境高。浮游动物和以浮游动物为食的鱼可能对微囊藻毒素等某些藻毒素有生物富集作用，浮游动物对微囊藻毒素的生物富集最明显，见图2-3。生物富集多发生于亲脂性毒素，亲水性MC-LR可能更少发生生物富集，已有证据表明海陆交界因淡水有害蓝藻水华造成海洋污染后，海獭和人因吃养殖和野生的海蛤、贻贝、牡蛎等发生藻毒素生物富集，其体内比水环境中的毒素水平高上百倍。虽然海产品中含有蓝藻肝毒素，但更多的可能来自于生物积累而不是通过食物链的生物富集。

（3）藻毒素的生物稀释。生物稀释是指藻毒素水平在食物网中随着营养层级的增加而降低的过程，毒素在每个营养级都经过代谢和排泄。藻毒素的生物稀释在营养层级中较普遍，除浮游动物和以浮游动物为食的鱼类等少数动物外，大多数消费者对进入体内的藻毒素具有生物稀释作用，特别是大型无脊椎水生动物对藻毒素有明显的生物稀释作用，见图2-3。目前发现鸟是微囊藻毒素的最有效生物稀释者。这种生物稀释主要可能是机体的降解作用，通常认为这种降解速度较快，藻毒素在几天内可以很快降解，但在相当长时间内藻毒素可能无法完全降解。降解呈温度依赖性，冬天慢，夏天快。肌肉降解较慢，易造成人食物中毒。

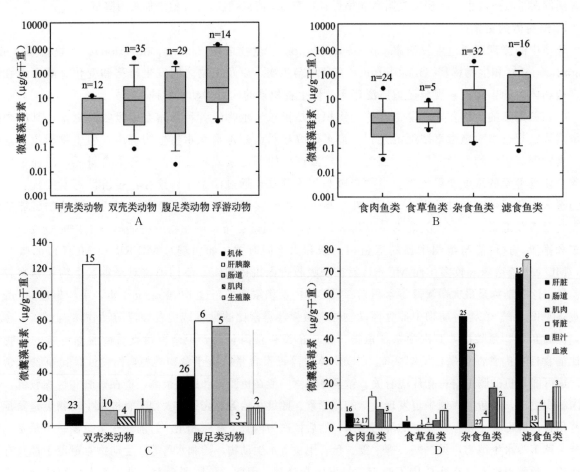

图 2-2　微囊藻毒素在不同水生动物及其组织中的浓度

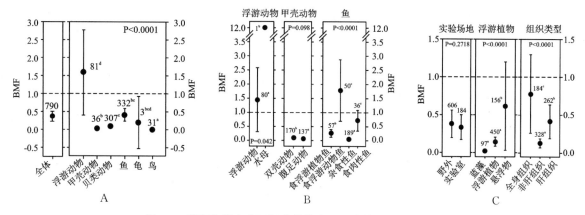

图 2-3　微囊藻毒素在不同生物体和组织内的生物富集因子

显著平均值和 95％置信区间；阿拉伯数字为样品平均数、字母为 T 检验的差异显著性；BMF（Biomagnification factor，生物富集因子）；BMF＞1 为生物富集，BMF＜1 为生物稀释；引自 Kozlowsky-SuzukiB，Wilson A E，Fera．o-Filho A dS. Biomagnification or biodilution of microcystins in aquatic food webs? Meta-analyses of laboratory and field studies［J］．Harmful Algae，2012，18：47-55。

三、藻毒素的降解

许多藻毒素在水环境中有很强的稳定性，高水平的毒素可持续几周，如 MC-LR 在地表水中能持续 2 w，一个月后仍能检测到。自然水环境中的藻毒素主要发生物理化学降解和生物降解，生物降解是环境中藻毒素降解的主要方式。

1. 藻毒素的物理化学降解

光降解是藻毒素物理化学降解的主要方式。光解效应取决于紫外线（UV）辐射水平，低水平可以诱导微囊藻毒素的 adda 结构发生随机异构化，异构化过程是可逆的，微囊藻毒素被 UV 分解成无毒的产物。节球藻毒素对 UV，特别是 UV-B 敏感。在太阳光照射下，色素的存在能加速微囊藻毒素的降解，而与纯叶绿素 a 和 β 胡萝卜素相比，水中可提取色素更能使微囊藻毒素有效降解，在微囊藻毒素的最大吸收波长附近的长波紫外线（UV）对微囊藻毒素的降解作用远强于在色素存在条件下的太阳光。自然水体中的色素和腐殖质也能增强藻毒素的光降解作用，当有光合色素，特别是水溶性藻青苷存在时会显著加速 MC-LR 和［6（Z）-adda5］MC-LR 在自然光下的异构化和分解，但微囊藻毒素和节球藻毒素在荧光下稳定。微囊藻毒素异构化和分解率取决于色素类型和浓度，其更高色素浓度占优势。但在研究中使用的色素浓度都远超过许多重度污染湖的水平。因此，在自然湖水中微囊藻毒素光解需要几个月时间，这对于污染区的饮水处理厂来说难以接受。腐殖质的存在有助于自然环境中的微囊藻毒素消除，用腐殖质结合明矾对水进行凝聚和絮凝，可以通过增加微囊藻毒素的 adda 结构中共轭双键变成低毒的亚型，从而加速光分解。

2. 藻毒素的生物降解

生物降解是水环境中大多数藻毒素降解的主要方式，其降解的速度与水中有机物含量、微生物等水质相关。微生物降解可能在自然湖中比色素和腐殖质作用的光降解更能持续发挥作用，因为自然水体中色素和腐殖质浓度更低更不稳定，例如，研究发现节球藻毒素在发生水华的水体中降解得快得多。在污水厂、河流、湖泊、沉积物中已发现许多能够降解藻毒素的微生物，包括放线菌、厚壁菌、变形菌和真核生物几大类。节杆菌、短杆菌、双歧杆菌、红球菌、芽孢杆菌、乳杆菌、新鞘氨醇杆菌、苍白杆菌、根瘤菌、鞘氨醇杆菌、假平胞菌、伯克氏菌、博德特氏菌、甲基菌、青枯菌、不动杆菌、铜绿假单胞菌、寡养单胞菌和多孔菌等几十种细菌，以及金藻和木霉菌都能降解藻毒素。目前研究较多的微囊藻毒素生物降解主要为好氧降解，厌氧生物降解可能也是一种潜在降解方式。微生物对藻毒素的降解主要是通过一些特殊的酶和酶途径发挥关键作用，例如假平胞菌是通过 *mLr* 基因编码的 3 种不同的酶对 MC-LR 进行酶降解，见图 2-4，但降解的分子机制仍然不清楚。天然有机物是影响藻毒素自然生物降解的因素之一，因为微生物会先利用有机物后才会利用藻毒素，天然有机物对藻毒素生物降解的影响还体现在两者的竞争吸附。其他因素还包括水停留时间、温度、pH 值、营养元素等。研究报道底泥中微囊藻毒素的降解速度一般比水体快，水中微囊藻毒素的半衰期可能为几天时间，而底泥中微囊藻毒素的半衰期只需1 d左右的时间（见图 2-5 和图 2-6），说明底泥在水生态系统的微囊藻毒素生物降解中起到关键作用，这可能底泥更适合微生物降解。在湖底泥中厌氧性生物降解对胞内外微囊藻毒素的生物降解起到重要作用，但沉积物和可溶性有机物有助于藻毒素降解的同时，对藻毒素也具有滞留作用，这可能会引起水中藻毒素的二次污染。

图 2-4　假平胞菌 *mLr* 基因编码的微囊藻毒素-LR 酶降解路径

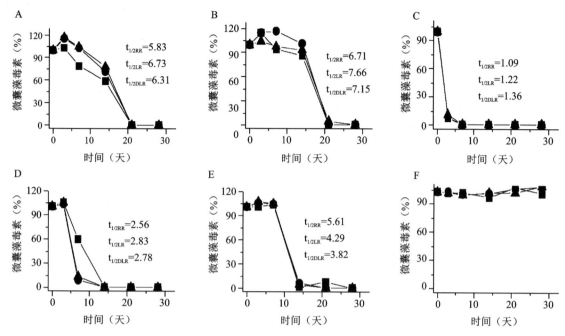

图 2-5　太湖表水中微囊藻毒素降解率和半衰期

— ● — MC-RR，— ■ — MC-LR，— ▲ — MC-Dha⁷ LR；A－E 为不同采样点的水样，F 为无菌湖水对照；引自 Chen W, Song L, Peng L, et al. Reduction in microcystin concentrations in large and shallow lakes：water and sediment-interface contributions ［J］. Water Res，2008，42（3）：763-773。

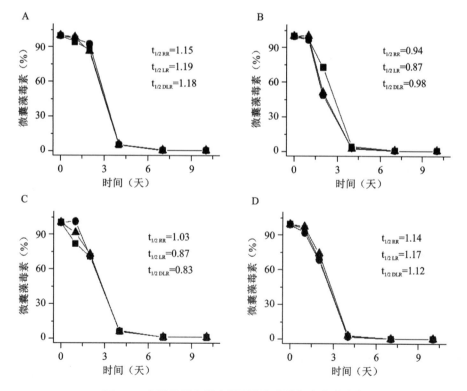

图 2-6　太湖表层底泥中微囊藻毒素降解率和半衰期

— ● — MC-RR，— ■ — MC-LR，— ▲ — MC-Dha⁷ LR；A-D 分别为不同采样点的底泥；引自 Chen W, Song L, Peng L, et al. Reduction in microcystin concentrations in large and shallow lakes：water and sediment-interface contributions ［J］. Water Res，2008，42（3）：763-773。

第五节　总结与展望

有害蓝藻种类繁多，分布广泛，存在于所有陆生和水生生态系统。日益严重的有害蓝藻水华已成为全球性的环境污染问题，给全世界造成了巨大的经济损失。随着全球水体富营养化不断恶化，水生态系统的有害蓝藻水华会不断扩散，将会逐渐由淡水系统向海水系统入侵。目前尚无充足的理论来解释全球有害蓝藻水华现象，但普遍认为全球变暖、人类活动和气候变化会加剧有害蓝藻水华事件的发生。

有害蓝藻水华是引起全球水生态系统蓝藻毒素污染的直接原因，目前从有毒蓝藻污染水体中分离鉴定到几十种不同的藻毒素，这些藻毒素多数具有较强的毒性，给人类健康带来了严重危害。但在众多蓝藻毒素中仅有微囊藻毒素等少数在一些国家中有强制标准，缺乏节球藻毒素、鱼腥藻毒素等其他藻毒素的饮用水和娱乐用水强制标准，其检测也是非强制性的，从而造成藻毒素的污染监测仅集中在微囊藻毒素等少数1至2种藻毒素。许多藻毒素在水生态系统中，特别是饮水中的地理分布、污染特征和多样性仍然不清楚。有关海洋蓝藻及蓝藻毒的污染研究也严重缺乏，目前主要集中在沿海河口、潟湖和近海水域，有关远海蓝藻及蓝藻毒素污染与分布需要展开进一步调查和研究，以获取更多系统资料。在中国，淡水生态系统的微囊藻毒素的污染、成因等研究报道较多，也较为深入，但主要集中在少数几个湖泊，如太湖的微囊藻毒素研究就非常系统。而且在中国除微囊藻毒素外的其他蓝藻毒素的污染、分布等研究较少。有关中国海洋有害蓝藻及其藻毒素的污染现状和成因等研究几乎没见报道。

有害蓝藻为什么会产生藻毒素？研究发现产毒蓝藻相比非毒蓝藻对环境的适应能力更强，毒素在产毒藻的生长率有至关重要的作用，是否与所产毒素有关？藻毒素的具体生物学意义及其功能目前仍然存在争议。但发现藻毒素的产生受到多种环境因素的调控，如氮磷的营养限制、光、热、氧化剂和其他成分。有关基因调控和环境因子对毒素产生的影响，因其复杂性仍然还处于初期研究阶段。虽然实验室研究提供了许多相关的有用信息，但在自然条件下这些环境因子和基因是如何发挥调控作用的，需要有关分子机制的研究去解释这些因子对毒素产生的影响，以便获得更清楚的观点。

藻毒素在水环境中是如何消失的？是如何转归的？探索这些关键问题对确保藻毒素在水环境中保持安全浓度水平、防控藻毒素对人类健康危害具有重要意义，也是长期以来研究者们的关注点。目前研究发现藻毒素在自然环境中会发生物理、化学和生物降解，生物降解可能是藻毒素降解的重要途径之一，但生物降解作用在众多藻毒素转归中的具体作用目前还没有确切的数据。已知微生物在自然环境条件下能有效降解藻毒素，但效能及其环境影响因素却知之甚少。需进一步研究自然水体中有关原核生物（如细菌）和真核生物（如真菌、浮游动物和植物）降解藻毒素的分子机制、酶系统、降解机理和影响因子，并应用于生产中，寻求有效的控制措施来减少有害蓝藻水华和藻毒素对人类造成的危害。

物理、化学和生物因素对水生态系统中蓝藻及其毒素的影响和交互作用，需要用一些新的定量方法进行检测和量化，然后综合分析和模拟其影响和效应。分析和模拟所得到的结果有助于管理者和决策者解释和应对因气候变化和人为影响造成的有害蓝藻水华。为了更好控制或解决有害蓝藻水华和藻毒素对人类健康的危害，对水环境的管理不应局限于某单一水体，需要站在区域、国家和洲际之间，乃至全球各因素变量的基础上，获取更有价值的大数据，制定有效、可行的管理策略，从而控制有害蓝藻水华，减少藻毒素的产生，保护全球宝贵的水资源。

（肖国生）

参 考 文 献

［1］　Buratti F M，Manganelli M，Vichi S，et al. Cyanotoxins：producing organisms，occurrence，toxicity，mechanism of action and human health toxicological risk evaluation［J］. Arch Toxicol，2017，91(3)：1049-1130.

［2］　谢平.论蓝藻水华的发生机制——从生物进化、生物地球化学和生态学视点［M］.北京：科学出版社，2007.

［3］　Dionysiou D. Overview：Harmful algal blooms and natural toxins in fresh and marine waters- Exposure，occurrence，detection，toxicity，control，management and policy［J］. Toxicon，2010，55(5)：907-908.

［4］　Sahoo D，Seckbach J. The Algae World［M］. Germany，Heidelberg：Springer 2016.

［5］　Chorus I，Falconer I R，Salas H J，et al. Health risks caused by freshwater cyanobacteria in recreational waters［J］. J Toxicol Environ Health B Crit Rev，2000，3(4)：323-347.

［6］　Vareli K，Jaeger W，Touka A，et al. Hepatotoxic seafood poisoning(HSP)due to microcystins：a threat from the ocean？［J］. Mar Drugs，2013，11(8)：2751-2768.

［7］　Granéli E，Turner J T. Ecology of Harmful Algae［M］. Germany，Heidelberg：Springer press，2006.

［8］　Preece E P，Hardy F J，Moore B C，et al. A review of microcystin detections in Estuarine and Marine waters：Environmental implications and human health risk［J］. Harmful Algae，2017，61：31-45.

［9］　Wood J D，Franklin R B，Garman G，et al. Exposure to the cyanotoxin microcystin arising from interspecific differences in feeding habits among fish and shellfish in the James River Estuary，Virginia［J］. Environ Sci Technol，2014，48(9)：5194-5202.

［10］　Lewitus A J，Brock L M，Burke M K，et al. Lagoonal stormwater detention ponds as promoters of harmful algal blooms and eutrophication along the South Carolina coast［J］. Harmful Algae，2008，8(1)：60-65.

［11］　Paerl H W，Otten T G. Duelling 'CyanoHABs'：unravelling the environmental drivers controlling dominance and succession among diazotrophic and non-N_2-fixing harmful cyanobacteria［J］. Environ Microbiol，2016，18(2)：316-324.

［12］　Garcia A C，Bargu S，Dash P，et al. Evaluating the potential risk of microcystins to blue crab(*Callinectes sapidus*)fisheries and human health in a eutrophic estuary［J］. Harmful Algae，2010，9(2)：134-143.

［13］　Dörr F A，Pinto E，Soares R M，et al. Microcystins in South American aquatic ecosystems：Occurrence，toxicity and toxicological assays［J］. Toxicon，2010，56(7)：1247-1256.

［14］　Hauser-Davis R A，Lavradas R T，Lavandier R C，et al. Accumulation and toxic effects of microcystin in tilapia(*Oreochromis niloticus*)from an eutrophic Brazilian lagoon［J］. Ecotoxicol Environ Saf，2015，112：132-136.

［15］　Robson B J，Hamilton D P. Summer flow event induces acyanobacterial bloom in a seasonal western Australia estuary［J］. Mar Freshwater Res，2003，54(2)：139.

［16］　Ndlela L L，Oberholster P J，Van Wyk J H，et al. An overview of cyanobacterial bloom occurrences and research in Africa over the last decade［J］. Harmful Algae，2016，60：11-26.

［17］　El-Kassas H Y，Nassar M Z A，Gharib S M. Study of phytoplankton in a natural hypersaline lagoon in a desert area (Bardawil Lagoon in Northern Sinai，Egypt)［J］. Rendiconti Lincei，2016，27(3)：483-493.

［18］　Fewer D P，Koykka M，Halinen K，et al. Culture-independent evidence for the persistent presence and genetic diversity of microcystin-producing *Anabaena*(Cyanobacteria)in the Gulf of Finland［J］. Environ Microbiol，2009，11(4)：855-866.

［19］　Halinen K，Jokela J，Fewer D P，et al. Direct evidence for production of microcystins by *Anabaena* strains from the Baltic Sea［J］. Appl Environ Microbiol，2007，73(20)：6543-6550.

［20］　Paldavičiene A，Mazurmarzec H，Razinkovas A. Toxic cyanobacteria blooms in the Lithuanian part of the Curonian Lagoon［J］. Oceanologia，2009，57(2)：93-101.

［21］　Sobrino C，Matthiensen A，Vidal S，et al. Occurrence of microcystins along the Guadiana estuary［J］. Limnetica，2004，23(1-2)：133-144.

［22］ Albay M,Matthiensen A,Codd G A. Occurrence of toxic blue-green algae in the Kucukcekmece lagoon(Istanbul,Turkey)［J］. Environ Toxicol,2005,20(3):277-284.

［23］ Tango P J,Butler W. Cyanotoxins in Tidal Waters of Chesapeake Bay［J］. Northeastern Naturalist,2008,15(3):403-416.

［24］ Umehara A,Komorita T,Tai A,et al. Short-term dynamics of cyanobacterial toxins(microcystins)following a discharge from a coastal reservoir in Isahaya Bay,Japan［J］. Mar Pollut Bull,2015,92(1-2):73-79.

［25］ Pearson L,Mihali T,Moffitt M,et al. On the chemistry,toxicology and genetics of the cyanobacterial toxins,microcystin,nodularin,saxitoxin and cylindrospermopsin［J］. Mar Drugs,2010,8(5):1650-1680.

［26］ Meriluoto J,Blaha L,Bojadzija G,et al. Toxic cyanobacteria and cyanotoxins in European waters-recent progress achieved through the CYANOCOST Action and challenges for further research［J］. Advances in Oceanography and Limnology,2017,8(1).

［27］ Chen Y,Shen D,Fang D. Nodularins in poisoning［J］. Clin Chim Acta,2013,425:18-29.

［28］ Weirich C A,Miller T R. Freshwater harmful algal blooms:toxins and children's health［J］. CurrProbl Pediatr Adolesc Health Care,2014,44(1):2-24.

［29］ 黄冰心,丁兰平. 中国海洋蓝藻门新分类系统［J］. 广西科学,2014,21(6):580-586.

［30］ Zurawell R W,Chen H,Burke J M,et al. Hepatotoxic cyanobacteria:a review of the biological importance of microcystins in freshwater environments［J］. J Toxicol Environ Health B Crit Rev,2005,8(1):1-37.

［31］ Paerl H W. Mitigating harmful cyanobacterial blooms in a human- and climatically-impacted world［J］. Life(Basel),2014,4(4):988-1012.

［32］ Harke M J,Steffen M M,Gobler C J,et al. A review of the global ecology,genomics,and biogeography of the toxic cyanobacterium,*Microcystis* spp［J］. Harmful Algae,2016,54:4-20.

［33］ Sivonen,K,Evans W,Carmichael W,et al. Hepatotoxic microcystin diversity in cyanobacterial blooms collected in Portuguese freshwaters［J］. Water Res,1996,30(10):2377-2384.

［34］ Masango M G,Myburgh J G,Labuschagne L,et al. Assessment of *Microcystis* bloom toxicity associated with wildlife mortality in the kruger national park,South Africa［J］. J Wildl Dis,2010,46(1):95-102.

［35］ Preece E P,Moore B C,Hardy F J. Transfer of microcystin from freshwater lakes to Puget Sound,WA and toxin accumulation in marine mussels(*Mytilus trossulus*)［J］. Ecotoxicol Environ Saf,2015,122:98-105.

［36］ Rita D P,Valeria V,Silvia B M,et al. Microcystin contamination in sea mussel farms from the Italian southern adriatic coast following cyanobacterial blooms in an artificial reservoir［J］. Journal of Ecosystems,2014,2014:1-11.

［37］ Nagata S,Tsutsumi T,Hasegawa A,et al. Enzyme immunoassay for direct determination of microcystins in environmental water［J］. J AOAC Int,1997,80(2):408-417.

［38］ Wood S A,Holland P T,Stirling D J,et al. Survey of cyanotoxins in New Zealand water bodies between 2001 and 2004［J］. New Zealand Journal of Marine and Freshwater Research,2006,40(4):585-597.

［39］ Zhang Q X,Yu M J,Li S H,et al. Cyclic peptidehepatotoxins from freshwater cyanobacterial(blue-green algae)water-blooms collected in Central China［J］. Environ Toxicol Chem,1991,10(3):313-321.

［40］ Jones G J,Falconer I R,Wilkins R M. Persistence of cyclic peptide toxins in dried *Microcystis aeruginosa* crusts from lake Mokoan,Australia［J］. Environ Toxicol Water Q,1995,10(1):19-24.

［41］ Moreira C,Azevedo J,Antunes A,et al. Cylindrospermopsin:occurrence,methods of detection and toxicology［J］. J Appl Microbiol,2013,114(3):605-620.

［42］ Rzymski P,Poniedzialek B. In search of environmental role of cylindrospermopsin:a review on global distribution and ecology of its producers［J］. Water Res,2014,66:320-337.

［43］ 李红敏,裴海燕,孙炯明,等. 拟柱孢藻(*Cylindrospermopsis raciborskii*)及其毒素的研究进展与展望［J］. 湖泊科学,2017,29(4):775-795.

［44］ Testai E,Scardala S,Vichi S,et al. Risk to human health associated with the environmental occurrence of cyanobacterial neurotoxic alkaloids anatoxins and saxitoxins[J].Crit Rev Toxicol,2016,46(5):385-419.

[45] 鲍宝珠,孟玉珍.河南省生活饮用水源藻类毒素污染的初探[J].河南预防医学杂志,1999,10(3):168-169.

[46] 孟玉珍,张丁,王兴国,等.郑州市黄河水源水藻类和藻类毒素污染状况调查[J].中华预防医学杂志,2000,34(2):92-94.

[47] 刘相亮,贾永平,杨翠平.濮阳市市政供水藻类污染调查分析[J].预防医学论坛,2002,8(6):684-686.

[48] 孟玉珍,张丁,王宏.淮河河南段生活饮用水藻类污染状况研究[J].医药论坛杂志,2006,27(10):60-61,63.

[49] 许川,舒为群,曹佳,等.重庆市及三峡库区水体微囊藻毒素污染研究[J].中国公共卫生,2005,21(9):1050-1052.

[50] 张志红,乔果果,刘海芳.太原市大型水库微囊藻毒素-LR污染调查[J].环境与健康杂志,2008,25(8):693-694.

[51] 班海群,巴月,程学敏,等.黄河花园口某调蓄池产毒微囊藻和微囊藻毒素污染监测[J].卫生研究,2007,36(5):532-534.

[52] 金静,刘小真,李明俊.赣江及鄱阳湖春夏两季微囊藻毒素的污染研究[J].公共卫生与预防医学,2007,18(4):4-6.

[53] 傅晓钦,徐能斌,朱丽波,等.宁波市两水源地水中微囊藻毒素污染调查[J].环境与健康杂志,2008,25(8):695-696.

[54] Tian D,Zheng W,Wei X,et al.Dissolved microcystins in surface and ground waters in regions with high cancer incidence in the Huai River Basin of China[J].Chemosphere,2013,91(7):1064-1071.

[55] 陈建玲,李文学,张全新,等.广州市水源水、出厂水及珠江广州河段微囊藻毒素污染现状调查[J].热带医学杂志,2010,10(5):567-569.

[56] 周绪申,张世禄,许维,等.水环境中微囊藻毒素的检测现状概述[J].海河水利,2011,(4):39-40.

[57] 田大军,郑唯韡,韦霄,等.淮河流域某县水体富营养化及水体、底泥微囊藻毒素污染状况研究[J].卫生研究,2011,40(2):158-162.

[58] 虞聪聪,伍晨,郑唯韡,等.淮河流域沈丘县地表水藻类及其毒素污染状况研究[J].环境与健康杂志,2013,30(11):967-971.

[59] 张明,唐访良,徐建芬,等.杭州贴沙河微囊藻毒素污染特征及健康风险评价[J].环境监测管理与技术,2016,28(1):27-31.

[60] 王阳,徐明芳,耿梦梦,等.基于Monte Carlo模拟法对水源水体中微囊藻毒素的健康风险评估[J].环境科学,2017,38(5):1842-1851.

[61] Wilhelm S W,Farnsley S E,LeCleir G R,et al.The relationships between nutrients,cyanobacterial toxins and the microbial community in Taihu(Lake Tai),China[J].Harmful Algae,2011,10(2):207-215.

[62] Chen W,Li L,Gan N,et al.Optimization of an effective extraction procedure for the analysis of microcystins in soils and lake sediments[J].Environ Pollut,2006,143(2):241-246.

[63] Kruger T,Wiegand C,Kun L,et al.More and more toxins around-analysis of cyanobacterial strains isolated from Lake Chao(Anhui Province,China)[J].Toxicon,2010,56(8):1520-1524.

[64] Yu L,Kong F,Zhang M,et al.The dynamics of microcystis genotypes and microcystin production and associations with environmental factors during blooms in Lake Chaohu,China[J].Toxins(Basel),2014,6(12):3238-3257.

[65] Yang Z,Kong F,Zhang M.Groundwater contamination by microcystin from toxic cyanobacteria blooms in Lake Chaohu,China[J].Environ Monit Assess,2016,188(5):280.

[66] Liu Y,Chen W,Li D,et al.First report of aphantoxins in China—waterblooms of toxigenic *Aphanizomenon flosaquae* in Lake Dianchi[J].Ecotoxicol Environ Saf,2006,65(1):84-92.

[67] 倪婉敏.湖库藻华监测与微囊藻毒素细胞毒性风险评价方法研究[D].杭州:浙江大学,2012.

[68] Liu Y,Chen W,Li D,et al.Analysis of paralytic shellfish toxins in *Aphanizomenon* DC-1 from Lake Dianchi,China[J].Environ Toxicol,2006,21(3):289-295.

[69] Jiao Y,Chen Q,Chen X,et al.Occurrence and transfer of acyanobacterial neurotoxin beta-methylamino-L-alanine within the aquatic food webs of Gonghu Bay(Lake Taihu,China)to evaluate the potential human health risk[J].Sci Total Environ,2014,468-469:457-463.

[70] Wang S,Zhu L,Li Q,et al.Distribution and population dynamics of potential anatoxin-a-producing cyanobacteria in

Lake Dianchi,China[J]. Harmful Algae,2015,48:63-68.

[71] 王敏,刘祥,陈求稳,等.洋河水库微囊藻毒素及产毒株种群丰度的时空分布特征[J].环境科学学报,2017,37(4):1307-1315.

[72] Li R,Carmichael W W,Brittain S,et al. First report of the cyanotoxins cylindrospermopsin and deoxycylindro spermopsin from *Raphidiopsis curvata*(cyantobacteria)[J]. J Phycol,2001,37(6):1121-1126.

[73] Lei L,Peng L,Huang X,et al. Occurrence and dominance of *Cylindrospermopsis raciborskii* and dissolved cylindrospermopsin in urban reservoirs used for drinking water supply,South China[J]. Environ Monit Assess,2014,186(5):3079-3090.

[74] Zhang W,Lou I,Ung W K,et al. Analysis of cylindrospermopsin- and microcystin-producing genotypes and cyanotoxin concentrations in the Macau storage reservoir[J]. Hydrobiologia,2014,741(1):51-68.

[75] Jiang Y,Xiao P,Yu G,et al. Sporadic distribution and distinctive variations ofcylindrospermopsin genes in cyanobacterial strains and environmental samples from Chinese freshwater bodies[J]. Appl Environ Microbiol,2014,80(17):5219-5230.

[76] Jiang Y,Xiao P,Yu G,et al. Molecular basis and phylogenetic implications of deoxycylindrospermopsin biosynthesis in the cyanobacterium *Raphidiopsis curvata*[J]. Appl Environ Microbiol,2012,78(7):2256-2263.

[77] 王晓昆,李歆琰,梁卉.河北省饮用水源地藻毒素的研究[A].湖泊湿地与绿色发展——第五届中国湖泊论坛,中国吉林长春,2015.

[78] 李大命,阳振,于洋,等.PCR扩增法检测江苏省5大淡水湖泊产毒微囊藻的空间分布[J].农业环境科学学报,2012,31(11):2215-2222.

[79] 万翔,邰义萍,王瑞,等.洱海水华期间饮用水源区产毒微囊藻和微囊藻毒素-LR的分布特征[J].环境科学学报,2017,37(6):2040-2047.

[80] 刘艳红,林芬,吴清锋,等.鄱阳湖部分湖区微囊藻毒素和有机污染物检测与分析[J].赣南医学院学报,2016,36(6):868-871.

[81] 姜蕾,张东.高效液相色谱-串联质谱法同时分析水中9种典型藻毒素[J].给水排水,2013,39(6):37-41.

[82] 戴国飞,张萌,冯明雷,等.鄱阳湖南矶湿地自然保护区蓝藻水华状况与成因分析[J].生态科学,2015,34(4):26-30.

[83] Zhang D,Liao Q,Zhang L,et al. Occurrence and spatial distributions of microcystins in Poyang Lake,the largest freshwater lake in China[J]. Ecotoxicology,2015,24(1):19-28.

[84] Ma J,Brookes J D,Qin B,et al. Environmental factors controlling colony formation in blooms of the cyanobacteria *Microcystis* spp. in Lake Taihu,China[J]. Harmful Algae,2014,31:136-142.

[85] Shang L,Feng M,Liu F,et al. The establishment of preliminary safety threshold values for cyanobacteria based on periodic variations in different microcystin congeners in Lake Chaohu,China[J]. Environ Sci Process Impacts,2015,17(4):728-739.

[86] 毛敬英.典型富营养化湖泊微囊藻毒素分布特征及主要影响因子差异性分析[D].硕士.西南交通大学,2012.

[87] 何易.青草沙水库藻类及其毒素污染状况和微囊藻提取物的遗传毒性试验[D].硕士.复旦大学,2013.

[88] Yu G,Jiang Y,Song G,et al. Variation of *Microcystis* and microcystins coupling nitrogen and phosphorus nutrients in Lake Erhai,a drinking-water source in Southwest Plateau,China[J]. Environ Sci Pollut Res Int,2014,21(16):9887-9898.

[89] 曹莹,张亚辉,高富,等.太湖水中微囊藻毒素的测定及其分布特征[J].环境科学与技术,2012,35(S1):229-233.

[90] 黄成,侯伟,顾继光,等.珠江三角洲城市周边典型中小型水库富营养化与蓝藻种群动态[J].应用与环境生物学报,2011,17(3):295-302.

[91] 陈丽丽,李秋华,滕明德,等.两座高原水库蓝藻群落结构与微囊藻毒素的分布对比研究[J].生态环境学报,2011,20(6):1068-1074.

[92] Sakai H,Hao A,Iseri Y,et al. Occurrence and distribution of microcystins in Lake Taihu,China[J]. Scientific World Journal,2013:838176.

[93]　刘诚,彭小雪,明小艳,等.武汉市区主要湖泊微囊藻毒素-LR污染现状调查[J].环境与健康杂志,2011,28(2):
　　　142-144.

[94]　辛艳萍,韩博平,雷腊梅,等.两座抽水型水库蓝藻种群与微囊藻毒素的比较分析[J].热带亚热带植物学报,2010,18
　　　(3):224-230.

[95]　朱美洁.福州山仔水库富营养化和微囊藻毒素污染水平初步调查分析[J].福建分析测试,2013,22(2):58-62.

[96]　杨希存,王素凤,鄂学礼,等.洋河水库微囊藻毒素含量与水污染指标的相关性研究[J].环境与健康杂志,2009,26
　　　(2):137-138.

[97]　Li Z,Yu J,Yang M,et al. Cyanobacterial population and harmful metabolites dynamics during a bloom in Yanghe Res-
　　　ervoir,North China[J]. Harmful Algae,2010,9(5):481-488.

[98]　Song L,Chen W,Peng L,et al. Distribution and bioaccumulation of microcystins in water columns:a systematic inves-
　　　tigation into the environmental fate and the risks associated with microcystins in Meiliang Bay,Lake Taihu[J]. Water
　　　Res,2007,41(13):2853-2864.

[99]　王蕾,林爱武,顾军农,等.北京市供水水源微囊藻毒素检测及调查[J].城镇供水,2006,(4):28-29.

[100]　郑和辉,钱城,邵兵,等.北京密云水库富营养化和微囊藻毒素污染水平初步调查分析[J].卫生研究,2007,36(1):
　　　75-77.

[101]　杨旭光,李文奇,周怀东,等.河北YH水库不同季节中微囊藻毒素-LR与N、P之间的关系[J].湖泊科学,2007,19
　　　(2):131-138.

[102]　张娟,梁前进,周云龙,等.官厅水库水体中微囊藻毒素及其与微囊藻细胞密度相关性研究[J].安全与环境学报,
　　　2006,6(5):53-56.

[103]　王朝晖,林少君,韩博平,等.广东省典型大中型供水水库和湖泊微囊藻毒素分布[J].水生生物学报,2007,31(3):
　　　307-311.

[104]　Wu S,Xie P,Liang G,et al. Relationships between microcystins and environmental parameters in 30 subtropical
　　　shallow lakes along the Yangtze River,China[J]. Freshwater Biology,2006,51:2309-2319.

[105]　Yang H,Xie P,Xu J,et al. Seasonal variation of microcystin concentration in Lake Chaohu,a shallow subtropical lake
　　　in the People's Republic of China[J]. Bull Environ Contam Toxicol,2006,77(3):367-374.

[106]　张志红,赵金明,蒋颂辉,等.淀山湖夏秋季微囊藻毒素-LR和类毒素-A分布状况及其影响因素[J].卫生研究,
　　　2003,32(4):316-319.

[107]　徐海滨,孙明,隋海霞,等.江西鄱阳湖微囊藻毒素污染及其在鱼体内的动态研究[J].卫生研究,2003,32(3):
　　　192-194.

[108]　隋海霞,徐海滨,严卫星,等.淀山湖及鄱阳湖水体中微囊藻毒素的污染[J].环境与健康杂志,2007,24(3):
　　　136-138.

[109]　隋海霞,陈艳,严卫星,等.淡水湖泊中微囊藻毒素的污染[J].中国食品卫生杂志,2004,16(2):112-114.

[110]　Xu L H,Lam P K,Chen J P,et al. Use of protein phosphatase inhibition assay to detect microcystins in Donghu Lake
　　　and a fish pond in China[J]. Chemosphere,2000,41(1-2):53-58.

[111]　黄晓淳,骆和东,黄培枝,等.我国水源水及饮用水中微囊藻毒素的污染现状及影响因素研究[J].环境卫生学杂志,
　　　2014,4(5):494-498,503.

[112]　杨松芹,张慧珍,巴月,等.郑州市主要生活饮用水源微囊藻细胞毒素特征分析[J].卫生研究,2007,36(4):421-423.

[113]　国晓春,卢少勇,谢平,等.微囊藻毒素的环境暴露、毒性和毒性作用机制研究进展[J].生态毒理学报,2016,11(3):
　　　61-71.

[114]　陈刚,俞顺章,卫国荣,等.肝癌高发区不同饮用水类型中微囊藻毒素含量调查[J].中华预防医学杂志,1996,30
　　　(1):8-11.

[115]　Ueno Y,Nagata S,Tsutsumi T,et al. Detection ofmicrocystins,a blue-green algal hepatotoxin,in drinking water
　　　sampled in Haimen and Fusui,endemic areas of primary liver cancer in China,by highly sensitive immunoassay[J].
　　　Carcinogenesis,1996,17(6):1317-1321.

[116] 吴静,王玉鹏,蒋颂辉,等.城市供水藻毒素污染水平的动态研究[J].中国环境科学,2001,21(4):35-38.

[117] 刘天福,贾幸改,赵建明.三门峡市饮用水藻类污染及影响因素研究[J].环境与健康杂志,2001,18(5):278-280.

[118] 吴和岩,郑力行,苏瑾,等.上海市供水系统微囊藻毒素 LR 含量调查[J].卫生研究,2005,34(2):152-154.

[119] 曾力,刘丽君,笪卫.S 市水源水及饮用水中微囊藻毒素的污染状况研究[J].净水技术,2003,22(6):1-3.

[120] 骆和东,洪专,黄晓淳,等.厦门市主要水源水及出厂水中微囊藻毒素调查[J].环境与健康杂志,2014,31(11):
1008-1011.

[121] 周伟杰,丁新良,钮伟民,等.环太湖城市水源水及出厂水中微囊藻毒素污染监测[J].环境与健康杂志,2012,29
(4):332-334.

[122] 张彩虹,苏宇亮.生活饮用水系统微囊藻毒素 LR 含量调查及气候因素影响[J].中国热带医学,2011,11(12):
1448-1449.

[123] 付立新.湖北省赤壁市城区生活饮用水水质监测分析[J].环境卫生学杂志,2012,2(5):221-224.

[124] 李秋霞,刘辉,蔡超海,等.茂名市水源水及出厂水中藻毒素污染调查[J].环境与健康杂志,2012,29(4):335-337.

[125] 张红梅,付梓淳,刘晓琳,等.高效液相色谱法检测上海市两水厂原水和出厂水中神经类毒素-a 污染水平[J].卫生
研究,2012,41(6):971-975,980.

[126] 田应桥,蒲朝文,康晓丽,等.重庆市涪陵区不同饮用水及鱼鸭中微囊藻毒素监测[J].预防医学论坛,2015,21(07):
481-482,486.

[127] 王超,彭涛,吕怡兵,等.江南某城市饮用水及其水源水中微囊藻毒素调查及初步健康风险评价[J].环境化学,
2014,33(07):1237-1238.

[128] 王奕棉,吴湘,徐磊鑫,等.湖州市饮用水源地藻毒素污染特征调查研究[J].环境科学与技术,2017,40(04):
107-111.

[129] Feki W,Hamza A,Frossard V,et al. What are the potential drivers of blooms of the toxic dinoflagellate *Karenia
selliformis*? A 10-year study in the Gulf of Gabes,Tunisia,southwestern Mediterranean Sea[J]. Harmful Algae,
2013,23(3):8-18.

[130] Boopathi T,Ki J S. Impact of environmental factors on the regulation of cyanotoxin production[J]. Toxins(Basel),
2014,6(7):1951-1978.

[131] Neilan B A,Pearson L A,Muenchhoff J,et al. Environmental conditions that influence toxin biosynthesis in cya-
nobacteria[J]. Environ Microbiol,2013,15(5):1239-1253.

[132] Dai R,Wang P,Jia P,et al. A review on factors affecting microcystins production by algae in aquatic environments
[J]. World J Microbiol Biotechnol,2016,32(3):51.

[133] Paerl H W,Paul V J. Climate change:links to global expansion of harmful cyanobacteria[J]. Water Res,2012,46
(5):1349-1363.

[134] Moy N J,Dodson J,Tassone S J,et al. Biotransport of algal toxins to riparian food webs[J]. Environ Sci Technol,
2016,50(18):10007-10014.

[135] Pochodylo A L,Aoki T G,Aristilde L. Adsorption mechanisms of microcystin variant conformations at water-miner-
al interfaces:A molecular modeling investigation[J]. J Colloid Interface Sci,2016,480:166-174.

[136] Wu X,Xiao B,Li R,et al. Mechanisms and factors affecting sorption of microcystins onto natural sediments[J]. En-
viron Sci Technol,2011,45(7):2641-2647.

[137] Zhang D,Xie P,Liu Y,et al. Transfer,distribution and bioaccumulation of microcystins in the aquatic food web in
Lake Taihu,China,with potential risks to human health[J]. Sci Total Environ,2009,407(7):2191-2199.

[138] Ferrao-Filho Ada S,Kozlowsky-Suzuki B. Cyanotoxins:bioaccumulation and effects on aquatic animals[J]. Mar
Drugs,2011,9(12):2729-2772.

[139] Kozlowsky-Suzuki B,Wilson A E,Ferrão-Filho A d S. Biomagnification or biodilution of microcystins in aquatic
foodwebs? Meta-analyses of laboratory and field studies[J]. Harmful Algae,2012,18:47-55.

[140] Jiang Y,Yang Y,Wu Y,et al. Microcystin bioaccumulation in freshwater fish at different trophic levels from the eu-

trophic lake Chaohu,China[J]. Bull Environ Contam Toxicol,2017,99(1):69-74.

[141] Chen J,Zhang D,Xie P,et al. Simultaneous determination of microcystin contaminations in various vertebrates(fish,turtle,duck and water bird)from a large eutrophic Chinese lake,Lake Taihu,with toxic *Microcystis* blooms[J]. Sci Total Environ,2009,407(10):3317-3322.

[142] Miller M A,Kudela R M,Mekebri A,et al. Evidence for a novel marine harmful algal bloom:cyanotoxin(microcystin)transfer from land to sea otters[J]. PLoS One,2010,5(9):e12576.

[143] Ibelings B W,Chorus I. Accumulation of cyanobacterial toxins in freshwater "seafood" and its consequences for public health:a review[J]. Environ Pollut,2007,150(1):177-192.

[144] 谢平. 水生动物体内的微囊藻毒素及其对人类健康的潜在威胁[M]. 北京:科学出版社,2006.

[145] 王莎飞,郭彩荣,徐向阳,等. 环境水体藻毒素生物处理技术研究进展[J]. 应用生态学报,2016,27(05):1683-1692.

[146] Li J,Li R,Li J. Current research scenario for microcystins biodegradation- A review on fundamental knowledge,application prospects and challenges[J]. Sci Total Environ,2017,595:615-632.

[147] Chen W,Song L,Peng L,et al. Reduction in microcystin concentrations in large and shallow lakes:water and sediment-interface contributions[J]. Water Res,2008,42(3):763-773.

第三章　蓝藻毒素人群临床和流行病学研究

蓝藻水华或赤潮在世界各地均有记载，因其产生高毒性的藻毒素而闻名。一百多年来，藻毒素，特别是蓝藻毒素被认为与世界各地的动物和人类中毒有关。蓝藻毒素的临床和流行病学研究对于全面理解自然环境和人造环境中的蓝藻毒素对人体健康的影响，以及确定蓝藻毒素与人类健康之间的因果关系尤其重要。人群流行病学证据在阐明蓝藻毒素与其健康影响之间的直接联系方面非常有价值，有助于人们认识环境中蓝藻毒素与人类健康之间的关系。然而，大多数人类中毒事件只进行了回顾性分析，很少或根本没有流行病学上的暴露评估资料（蓝藻毒素类型和浓度）。蓝藻和/或蓝藻毒素与不良人体健康影响相关的流行病学证据较少。本章汇编了截至 2017 年已发表的世界各地大量与蓝藻暴露有关的人类中毒事件报告和流行病学调查研究，这些调查来自 12 个不同的国家：澳大利亚、中国、斯里兰卡、纳米比亚、塞尔维亚、瑞典、英国、葡萄牙、巴西、美国、阿根廷和加拿大，其中大多数来自中国，其次是澳大利亚、巴西和塞尔维亚。这些调查主要涉及已发表的人类中毒的主要案例，有些案例推测是由蓝藻毒素（主要是微囊藻毒素，mycrocystins，MCs）引起的。主要健康结局是急性中毒和慢性疾病的发病率、癌症、死亡率和出生缺陷。这些案例有些仅包括暴露的个体或报告的病例，但有些包括整个城市、地区甚至国家。尽管有些分散的流行病学证据没有提供明确的结论，但仍为蓝藻毒素在癌症发展和其他人类健康问题中的医学评估提供了补充信息。

第一节　蓝藻毒素人群暴露途径

蓝藻毒素对人体健康的危害程度取决于藻毒素的含量和暴露途径。在流行病学研究中所调查的人群主要暴露途径如下：摄入被藻毒素污染的饮用水；口鼻吸入和皮肤接触藻毒素（见于游泳、水上运动或沐浴等）；食用被藻毒素污染的蔬菜和水果（藻毒素污染了灌溉用水或污染了清洗水果的饮用水）；食用被藻毒素污染的水生和陆生生物；经口摄入含有蓝藻毒素的蓝藻膳食补充剂；静脉注射（使用被污染的水进行血液透析）。经常被记录的形成水华和浮渣的蓝藻是微囊藻和鱼腥藻，检测到的蓝藻毒素最常见的是微囊藻毒素。一旦蓝藻毒素到达外部环境，人类就可以通过各种途径暴露于蓝藻毒素。

在意大利、墨西哥、葡萄牙、波兰、英国和新西兰淡水湖泊或河流中，微囊藻毒素的浓度分布在 0.004～226.16 mg/L，沙特阿拉伯的地下水为 0.3～1.8 mg/L；沙特阿拉伯生菜、莳萝、香菜、萝卜和卷心菜中微囊藻毒素在 0.07～1.2 mg/g；乌干达和北美的鱼体中微囊藻毒素在 0.5～1 917 mg/kg（干重）；美国和爱尔兰一些蓝绿藻食品添加剂中微囊藻毒素在 2.15～50.5 mg/g。这些结果表明对微囊藻毒素需要进行广泛长期的监测，以减少对人类和动物的健康风险。随着海藻和蔬菜中微囊藻毒素积累的证据越来越多，风险评估应将这些作为其他重要的暴露途径。监管机构必须开始监测这些食品中的微囊藻毒素污染，以提出准确的暴露数据。

对于某些重要的暴露途径，根据可耐受每日摄入量（tolerable daily intake，TDI），世界卫生组织（WHO）和某些其他机构为微囊藻毒素-LR（MC-LR）提供了准则值。而对于大多数蓝藻或藻毒素来说，由于缺乏毒理学资料，目前尚无 TDI。迄今为止，大多数方法仅测量游离的微囊藻毒素。因此，需要更精确和更可靠的检测方法来获得满意的准则值。在中国巢湖的一项研究显示，在随机选择的研究对象（14 名男性和 21 名女性）的血清样本中检测到微囊藻毒素（平均为 0.39 ng/mL）。这些渔民在湖泊上生活了 5～10 年，他们喝湖里的水，吃湖里的大部分水产品（虾和螺）。据估计，每人每日摄入量在 2.2～3.9 μg 微囊藻毒素等价范围内，而 WHO 临时每日终生暴露的 TDI 剂量为每人 2～3 μg 微囊藻毒素-LR（等价）。考虑到人体可能存在的慢性积累过程，不能忽视另一个问题：通过不同暴露途径（饮用水、鱼汤、鱼肉和海鲜、补品、休闲水上活动和淋浴等）长期接触会产生什么样的后果。类似的研究表明人类可以通过各种途径暴露于蓝藻毒素。一些水生动物、食用植物和膳食补充剂中的蓝藻毒素，特别是微囊藻毒素的积累提高了人们对食物是微囊藻毒素人体暴露途径的重要性认识。然而，确认这些毒素的精确剂量仍然是一个问题，应该予以解决，以便防止可能的健康风险。因此，通过国家和国际立法制定和实施风险管理措施对于保护水生态环境和人类健康是必要的。

一、食用蓝藻毒素污染的水产品

蓝藻毒素可以在大量水生生物中蓄积，通过水生食物链使得蓝藻毒素最终能够到达人体。在海水的珍珠牡蛎中检测到了蛤蚌毒素和麻痹性贝毒毒素；在淡水基围虾和红色沼泽小龙虾中检测到微囊藻毒素；在双壳贝类的内脏、性腺和脚中发现了柱胞藻毒素。在澳大利亚，仅仅暴露一周后的河蚌体内即可检测到蛤蚌毒素和麻痹性贝毒毒素的蓄积。微囊藻毒素在淡水蜗牛（福寿螺）的肝、内脏、胰腺、性腺、鳃和脚中均有检出。大多数毒素位于不可食部位，这意味着在食用前去除肝、胰腺、肠和性腺等可降低中毒风险。在另一种淡水螺（瘤拟黑螺/川卷螺）中也发现柱胞藻毒素。然而，因为螺类通常整体煮食，这就创造了摄入藻毒素的途径。此外，应该指出把水煮开不会破坏大多数已知的蓝藻毒素。

鱼类处于水生食物链的最顶端，可能是暴露于蓝藻毒素最多的动物。鱼通过喂食或呼吸暴露于蓝藻毒素，毒素可蓄积在鱼的肝脏、肌肉、鳃、胆囊和肾脏中。通常，微囊藻毒素浓度在鱼的肠道和肝脏中最高，肾脏和性腺中较低，肌肉组织中最低。但也有人发现肌肉中有高浓度微囊藻毒素，平均浓度相当于每日摄入量为 0.025 μg/kg，13% 被分析的样品值高于推荐指南的浓度。不同种类的鱼蓄积不同量的微囊藻毒素。一项研究显示，肝脏和肌肉中的微囊藻毒素含量在食肉鱼中最高，其次是杂食鱼中，而最低的是在食藻鱼和食草鱼中。因此，微囊藻毒素可以在食物链中向上积累。另一项研究则显示，肝脏和胆汁中的微囊藻毒素在食藻鱼中最高，其次是杂食鱼类和肉食性鱼类。另一方面，肌肉中的微囊藻毒素在杂食性鱼中最高，然后是食藻鱼，最终是食肉鱼中。很明显，鱼的饲养方式和鱼组织中的蓝藻毒素蓄积没有明确关联。

鱼组织中的蓝藻毒素蓄积可能对人体健康构成风险。对中国三大湖泊（太湖、巢湖和滇池）中 26 种鱼和贝类的检测表明，大部分水产品由于微囊藻毒素积累，食用并不安全，估计微囊藻毒素每日摄入量比 WHO 的 TDI 高出 1.5～148 倍。在希腊 13 个湖泊中，在鲫鱼的肝脏、肠、肾、脑、卵巢和肌肉中发现微囊藻毒素。鲫鱼肌肉中微囊藻毒素平均值为（7.1±2.5）ng/g，但有几个湖泊中鲫鱼的浓度超过 TDI。体重 60 kg 的健康成人每天平均消费 300 g 鲫鱼将面临危险，在老年人、儿童或敏感个体，情况更是如此。在巴西 Funil 和 Furnas 水库的野生尼罗鳄和罗非鱼的肝中微囊藻毒素为 0.8～32.1 μg/g，肌肉中微囊藻毒素为 0.9～12.0 ng/g。部分样本的微囊藻毒素高于 WHO 的 TDI。尽管水中微囊藻毒素浓度（Funil 水库为 986 ng/L，Furnas 水库为 941 ng/L）低于世界卫生组织饮用水指南的指导值，但已经累积到毒性水平。对红斑鱼（红螯虾）的肌肉和彩虹鱼（大眼虹银汉鱼）内脏中的肝毒素（柱胞藻毒素）的研究表明，这种毒素的暴露可发生在水产养殖的池塘。野生尼罗鳄和罗非鱼能够蓄积蛤蚌毒素（贝毒毒素）。最近在墨西哥的维拉克鲁斯的卡特马科湖（全年都有柱胞藻生长）的研究表明，当地水产品中存在肝毒素和蛤蚌毒素。水产养殖中的有毒蓝藻可能会造成鱼肉的质量风险，从而影响公众健康。

人类可以通过食用被藻毒素污染的鱼贝类而产生健康损害。赤潮时藻毒素的发现多起源于贝类或鱼类，故又称为贝毒或鱼毒。贝毒可分为麻痹性贝毒（paralytic shellfish poisoning toxins，PSPs）、腹泻性贝毒（diarrhetic shellfish poisoning，DSP）、记忆缺失性贝毒（amnesic shellfish poisoning，ASP）、神经性贝毒（neurotoxic shellfish poisoning，NSP）和西加鱼毒（ciguatera fish poisoning，CFP）。腹泻性贝毒（DSP）又可分成 3 类：大田软海绵酸（okadaic acid，OA，还可诱导细胞凋亡和促进肿瘤形成）及其衍生物鳍藻毒素（dinophysistoxins，DTXs，诱导细胞凋亡）、蛤毒素（pectenotoxin，PTX，可致肝细胞快速坏死）、虾夷扇贝毒素（yessotoxin，YTX，可损伤肝脏）。腹泻性贝毒多指 OA 和 DTX1，而 PTX 和 YTX 又称为肝损伤性贝毒（hepatotoxic shellfish poisoning，HSP）。应当注意的是部分腹泻性贝毒可损伤肝脏。全球由赤潮藻毒素引起的人类中毒和死亡事件时有发生，其中 87% 是由麻痹性贝毒引起，其次是腹泻性贝毒。1986 年 11 月，我国福建省东山县发生因食用被裸甲藻赤潮污染的菲律宾蛤仔造成 136 人中毒，1 人死亡的麻痹性贝毒中毒事件。腹泻性贝毒（DSP）是贝毒中分布最广危害最大的毒素。1976—1982 年，日本发生多起 DSP 中毒事件，共有 1 300 多人中毒；1984 年，法国 DSP 中毒事件中有 500 人中毒，同年挪威发生的食用有毒紫贻贝引起的 DSP 中毒事件中有 300～400 人中毒。人类在食用 DSP 毒素污染的海产品后可引起腹泻、腹痛、恶心、呕吐等多种不适反应，虽然目前尚无 DSP 毒素引发人类死亡的报道出现，但是 DSP 毒素对人类健康的潜在危害不容忽视。虽然这些藻毒素并非蓝藻毒素，但它们对人类健康的危害也值得蓝藻毒素管理者借鉴。

二、饮用或摄入蓝藻毒素污染的水

直接摄入受藻类污染的饮用水是蓝藻毒素摄入的常见途径。如果在蓝藻水华期间从地表水源取水，则水有可能被蓝藻细胞分解过程中释放的毒素污染。世界各地（阿根廷、澳大利亚、孟加拉国、加拿大、捷克、中国、芬兰、法国、德国、拉脱维亚、波兰、泰国、土耳其、西班牙、瑞士和美国）在水源水和饮用水中都检测到了多种蓝藻毒素。通过饮用水暴露是有毒蓝藻对人类健康产生急性和慢性影响的关键所在。在一些国家，蓝藻可能在水资源中长期占主导地位，并导致亚急性浓度的持续暴露。为杀死蓝藻而用硫酸铜处理蓝藻水华，会导致溶解的蓝藻毒素进入饮用水水源中。在缺乏生物降解和光降解的情况下，在中性 pH 值溶液中放置一年，溶解的 MC-LR 没有损失，并且在温度 20℃、酸度 pH 值为 1～10 的水中放置 17 d，毒素浓度不受影响。尽管有报道显示微囊藻毒素在高达 300℃ 温度下仍然稳定，但在 100℃ 4 d 后 MC-LR 会全部损失掉。

人类可以通过饮用被藻毒素污染的淡水或饮用水而出现健康问题。对人产生危害的淡水藻毒素亦可分为肝毒素（heptotoxins）、神经毒素（neurotoxins）和皮肤毒素（dermatotoxins）。肝毒素又分为环肽毒素（单环七肽的微囊藻毒素和五肽的节球藻毒素）和生物碱毒素（柱胞藻毒素）；神经毒素分为鱼腥藻毒素-a、鱼腥藻毒素-a（s）、石房蛤毒素、新石房蛤毒素和膝沟藻毒素等，其中后三者也称麻痹性贝毒毒素。β-N-甲胺基-L-丙氨酸（β-N-methylamino-L-alanine，BMAA）是在淡水蓝藻中新发现的神经毒素。皮肤毒素（脂多糖内毒素）包括海兔毒素、脱溴海兔毒素和鞘丝藻毒素-a。湖泊水库发生水华时，占优势的蓝藻门的铜绿微囊藻、鱼腥藻、颤藻及念珠藻产生的微囊藻毒素（microcystins，MCs）及泡沫节球藻产生的节球藻毒素（nodularin）是藻类水华时水体中含量最多、对人体危害最大的两类毒素。

淡水湖泊中微囊藻毒素的毒效应具有明显的器官选择性，其主要靶器官为肝脏、肾脏、肠、脑等，以肝脏毒效应最为显著。微囊藻毒素各亚型中，毒性较大的是 MC-LR、MC-RR 和 MC-YR，其中 L、R、Y 分别代表亮氨酸、精氨酸和酪氨酸。急性毒性以 MC-LR 型最强，主要累及肝脏，引起肝脏大面积肿胀、出血、坏死、肝细胞结构和功能破坏，严重者可因肝功能衰竭而死亡。1975 年，美国宾夕法尼亚州 5 000 多人因饮用被裂须藻等污染的水库水出现急性肠胃炎。近 30 年来，澳大利亚、美国和英国等约有 10 000 人由于饮用或直接接触微囊藻毒素污染的水而造成急性中毒，其中 100 多人死亡。由于毒素的类型不同，蓝藻毒素引起的临床症状亦各不相同，包括胃痉挛、呕吐、恶心、腹泻、发烧、咽喉疼痛、头痛、肌肉和关节疼痛、口腔起泡及肝损伤。高浓度的产毒蓝藻也可使动物、鸟类和鱼类中毒。

然而，饮用水中的微囊藻毒素一般含量较低，其慢性毒性危害更为常见。蓝藻毒素的人类健康损害的风险大小与从水中一次性大量摄入或长期慢性暴露期间的小剂量摄入蓝藻毒素有关。饮用水中的蓝藻毒素可能是原发性肝癌（primary liver cancer，PLC）的一个风险因素，但只有少数流行病学研究报告了这一问题。一般认为 PLC 是由于肝硬化和慢性病毒性肝炎（HBV 和 HCV）造成的。但是，在 2000－2006 年，塞尔维亚中部 PLC、HBV 和 HCV 的发病率和肝硬化死亡率的数据还无法得出这一结论，发现 PLC 与这些疾病之间并没有关联。另一方面，塞尔维亚的流行病学研究表明，摄入被微囊藻毒素污染的饮用水可能与人类 PLC 有关。在美国佛罗里达州研究显示，PLC 风险增加与地表水质量有关。在我国，流行病学调查表明江苏海门、启东和广西扶绥地区，长期饮用含微量微囊藻毒素的浅塘水和河水的当地居民中原发性肝癌发病率明显高于饮用深井水的当地居民的肝癌发病率。微囊藻毒素与肝炎病毒和黄曲霉毒素已经成为我国南方肝癌高发区的三大环境危险因素。澳大利亚的流行病学研究亦发现，饮用含有大量铜绿微囊藻的水库水的居民中血清酶增高，出现轻度可逆的肝脏损害。除了肝脏毒性之外，微囊藻毒素还具有肾毒性、肠毒性（大肠癌）、生殖毒性、神经毒性和胚胎毒性，引起肾上腺、肠道相关疾病、生殖系统及神经系统损伤等。基于这些报告可知，微囊藻毒素可能是 PLC 发展中一个重要的化学和外部因素。

1998 年，世界卫生组织在《饮用水质量指导标准》中建议饮用水中 MC-LR 临时指导值为 1.0 μg/L，英国、美国等可接受的 MC-LR 标准为 1.0 μg/L。我国一些地区作为饮用水源的地表水微囊藻毒素浓度达到了 0.004 6 mg/L，最高曾达 0.053 mg/L，甚至自来水中也能检出。我国 2006 年颁布的《生活饮用水卫生标准》中增加 MC-LR 限值为 1.0 μg/L。

三、食用蓝藻毒素污染的农产品

当使用含有蓝藻的地表水喷灌或浇灌时，农作物可与蓝藻毒素接触，因此使农作物或植物产量和质量都受到影响。在暴露的陆生和水生植物的组织中可以检测到微囊藻毒素。蓝藻毒素可对植物产生负面影响。如果微囊藻毒素的吸收超过推荐的可接受限度，受影响的植物可能会对人类和动物的健康构成威胁。植物幼苗暴露于蓝藻毒素可导致各种陆生植物的生长抑制。小麦、玉米、豌豆和扁豆的生长、发育、光合作用、产量和矿物营养受到含有 MC-LR 蓝藻提取物的不同程度影响。水下和浮于水上的水生植物可吸收低浓度的 MC-LR，并将其蓄积在嫩芽组织中。当暴露于 MC-LR 时，水生植物表现出生长和光合作用氧生成的抑制，而植物的叶片则表现为脱色。

某研究显示体重 60 kg 个体消耗 65～75 g 由湖水灌溉的莴苣制成的新鲜沙拉时，将摄入约 5.8 μg 微囊藻毒素/每次膳食 [0.10 μg/（kg·d）]，该水平高于世界卫生组织的 MC-LR 临时 TDI 值（0.04 μg/kg·d）；苹果幼苗暴露于 3 μg/mL 的微囊藻毒素 14 d 后，每克鲜重的 MC-LR 蓄积浓度高达（510.23±141.10）ng 当量微囊藻毒素；11 种农作物的幼苗可摄取 MC-LR 和 MC-LF 并转移到嫩芽上。从暴露的植物中获得的微囊藻毒素表明，当使用含微囊藻毒素的水进行灌溉时，这些毒素转移到农作物从而对人体健康产生毒性作用。在西蓝花和芥菜的根中检测到 MC-LR（0.9～2.6 ng/g 鲜重）；MC-LR 使马铃薯幼苗的生长和叶绿素含量受到抑制。

四、皮肤接触和吸入

蓝藻毒素的皮肤接触或暴露多发生在有蓝藻暴发的娱乐水域中。在沿海水域表面形成的蓝藻团常被波浪分开。在含有蓝藻的水域游泳时，人们的泳衣下可聚集蓝藻，积聚在织物下面的蓝藻可与皮肤接触并导致皮肤刺激症状和过敏反应。在含有蓝藻的水中或水上进行运动项目时也可导致皮肤暴露，并且还可能累及面部，导致意外咽下、吸入、鼻内和眼睛接触，进而导致消化道、呼吸道、眼睛、耳朵、口腔和喉咙的刺激症状。

在与水有关的娱乐或运动项目中，吸入则是一种潜在的暴露途径。在接触某些有藻类爆发的海水和淡水之后，出现呼吸窘迫。对小鼠鼻内给予 MC-LR 导致了肝脏损伤及嗅觉和呼吸道上皮的广泛坏死，吸入 MC-LR 的敏感性大约是口服暴露的 10 倍。因此，在淋浴和水上运动（特别是滑水）及有关农业或工业喷水的作业中，不应忽视通过吸入对蓝藻毒素的潜在暴露。

实际中，人们最有可能暴露于蓝藻细胞数量大和蓝藻毒素浓度高的环境中，特别是水表面的浮渣中。蓝藻毒素通常存在于藻类细胞内，溶解在水中的浓度很少，常在每升几微克以上。皮肤的暴露主要产肝毒素的藻类暴露，包括微囊藻和节球藻，也见于涉及产神经毒素和皮肤毒素（脂多糖内毒素）的藻类暴露。如果蓝藻细胞被意外摄入或吸入，包含在细胞中的微囊藻毒素、神经毒素或柱胞藻毒素（肝毒素）等蓝藻毒素，可能会到达肝脏或神经系统并引起相应的健康损害。这尤其适用于暴风雨天气下的强化水上运动，如帆板、滑水和帆船比赛。如果把头浸入水中，游泳者几乎不能防止鼻腔和口腔进水，而娱乐用水毒理学中的暴露估计通常基于每次游泳平均摄取 100 mL 水的假设。儿童在沿着藻类浮渣积累的浅水区域玩耍时，存在摄取大量蓝藻细胞的风险。有关藻类暴露的娱乐用水安全问题，可参考世界卫生组织的娱乐用水安全指南。

人们接触娱乐体育用水后引起的健康危害亦有报道。在含有蓝藻的海水水域游泳或进行水上运动（帆板、滑水和帆船比赛）时，由于蓝藻在泳衣和湿衣服下积聚，可以带来皮肤的健康危害。尽管有许多国家有充分的事实报告，但报告的科学性仍不足。游泳瘙痒或疥疮是一种严重的接触性皮炎，常常在含有特定蓝藻（即巨大鞘丝藻）的海水中游泳后发生。在几分钟到几个小时的时间内，就发生瘙痒和烧灼感；在 3～8 h 发生可见性皮炎和皮肤发红，紧接着是产生水疱和深层脱屑。与娱乐用水暴露于蓝藻相关的广泛症状包括脱屑、皮疹、哮喘、肺炎、散发性咳嗽、伴有呕吐和其他胃肠症状、枯草热（花粉症）、结膜炎、耳朵和眼睛刺激性炎症、过敏反应，以及伴有严重头痛、肌痛、眩晕、口腔起泡等症状的急性疾病。这些症状在日本、夏威夷、澳大利亚和佛罗里达州的沿海水域常被报告。

在澳大利亚，有人进行了一项娱乐用水暴露的前瞻性流行病学调查，以研究在海滩游泳期间暴露后的患病风险。参加者有 852 人，记录暴露后 7 d 内出现的腹泻、呕吐、流感症状、皮疹、口腔溃疡、发烧、眼睛或耳朵刺激等症状。295 人（当天在水中接触蓝藻，但在暴露前一周没有从事水上活动，也没有出现症状）暴露蓝藻后的疾病风险（odds ratio，OR）是对照组（43 人）的 3 倍，且与暴露持续时间和蓝藻细胞密度明显相关，症状发生率亦与蓝藻细胞密度相关，但与微囊藻毒素浓度无关。上述症状主要见于脂多糖毒素中毒，而对于任何已知的蓝藻毒素中毒来讲，这些症状可能不会出现或者是不典型的，因为对蓝藻脂多糖毒素的毒性几乎不被研究。如果在蓝藻暴发的淡水水域进行游泳或水上运动项目后，也可引起类似的症状，详见"第二节　蓝藻毒素人群健康危害表现形式"。

需注意的是经娱乐用水暴露于蓝藻时，除了皮肤接触蓝藻后导致的皮肤刺激和过敏反应外，还可能通过意外经口摄入或经鼻吸入蓝藻或蓝藻毒素而引起全身健康危害。这些案例主要是产肝毒素的藻类暴露，包括微囊藻和节球藻，还有涉及神经毒素的藻类暴露。皮肤症状的发生部分可能是由于蓝藻细胞壁中含有的脂多糖，其症状与暴露于蓝藻本身有关，而与微囊藻毒素或神经毒素的浓度无关，但全身性损害更多与藻毒素有关。因此，蓝藻娱乐暴露的健康影响评估需区分蓝藻细胞的一般刺激性和/或免疫效应及摄入蓝藻毒素的全身作用，因为毒素可以到达靶器官如肝脏（微囊藻毒素）或神经系统（神经毒素）。

五、静脉输入

最典型的例子是发生在巴西的常规血液透析患者的微囊藻毒素中毒事件。1996 年 2 月，在巴西卡鲁阿鲁的血液透析中心进行常规血液透析治疗后，大多数患者（131 例中的 116 例）出现头痛、耳鸣、眩晕、视觉障碍、恶心、呕吐和肌肉无力、极度肝肿大和黄疸等，其中 76 人死亡。在所有患者的血清和肝组织样本中都检测到微囊藻毒素，在诊所的水处理系统中也发现了微囊藻毒素和柱胞藻毒素（肝毒素）。而透析用水的水源是当地的 Tabocas 水库水。水库水的调查显示，该水库中存在大量蓝藻，包括微囊藻、鱼腥藻、项圈藻、丝囊藻和颤藻，当地人将"Tabocas 水库"称为"蓝湖"。事件调查结果表明这些患者死亡的主要原因是诊所的血液透析用水被微囊藻毒素污染，使患者直接暴露于微囊藻毒素（MC-YR、MC-LR 和 MC-AR）。

2000 年，巴西饮用水质量立法中纳入蓝藻和蓝藻毒素。有关静脉输入中毒事件的详细情况，详见"第三节 蓝藻毒素人群临床与流行病学调查和研究"。

六、食用蓝藻膳食补充剂

人们通过蓝藻膳食补品也可摄入蓝藻，这种摄入多是自愿的。蓝藻（螺旋藻、念珠藻和丝囊藻）含有丰富的蛋白质，可用来制作蓝绿藻补品（blue green algae supplements，BGAS）。BGAS 主要销往工业化国家，可能对人们健康产生有益影响，如排毒、减肥、愉悦心情和提供能量等。其中一些产品还用于儿童多动症的药物治疗。这些补品采用丸剂、胶囊和粉末形式，可以在没有医疗咨询下使用。由于这些补品被认为是天然和安全的，BGAS 可以高剂量长时间服用。但也可能具有负面的健康影响（恶心、呕吐和腹泻等症状），而这些副作用通常被看作是身体的"排毒"。此外，某些补品的潜在不利影响可能还未被认识，因为在许多情况下，致病因子和毒性机制尚不清楚。

然而，在一些 BGAS 产品中已发现痕量的蓝藻毒素。尽管普遍认为螺旋藻没有毒性，但在螺旋藻-BGAS 产品中已经鉴定出环氧亚油毒素-a 和二氢霍皮毒素-a。也有研究发现螺旋藻可以产生低浓度的微囊藻毒素和鱼腥藻毒素-a。在日本，螺旋藻-BGAS 被怀疑造成一名中年人的肝损害。*Aph. flos-aquae* 可以产生鱼腥藻毒素-a 和蛤蚌毒素（贝毒毒素）及 BMAA（β-N-methylamino-L-alanine，β-甲基氨基 L-丙氨酸）。*Aph. flos-aquae* 通常从天然湖中获得，常与其他蓝藻如微囊藻共存，这意味着 BGAS 消费者可能会暴露于微囊藻毒素和其他毒素。

在美国，几项独立调查显示 BGAS 产品中含有高水平的微囊藻毒素，有时甚至高于由俄勒冈州卫生部门和农业局设立的临时指导值 1 μg/（g·dw）（干重，dry weight）。在 2000 年和 2001 年的研究中，BGAS 产品中微囊藻毒素一度达到 35 μg/（g·dw）。在德国和瑞士市场，13 个 BGAS 产品中有 8 个产品的 MC-LR 超过 1.0 μg/（g·dw）。然而，需要强调的是，不是所有的 BGAS 产品都含有较高浓度的微囊藻毒素，不同批次的产品间微囊藻毒素浓度也不同。

在美国俄勒冈州，针对成年人计算了 BGAS 中微囊藻毒素临时可耐受水平。每日数克的消费可能会超过 TDI 并导致长期的健康问题。BGAS 产品对消费者，特别是儿童可能构成健康威胁，因此今后的研究更应关注这一暴露途径。

另有报道，一只狗在食用市售的 BGAS 后，出现食欲不振、嗜睡多尿、烦躁不安等，肝酶活性明显和持续增加，伴凝血障碍和肝功能不全。检测显示该 BGAS 产品含有肝毒性微囊藻毒素（MC-LR 和

MC-LA）。这是狗食用 BGAS 产品后出现微囊藻毒素中毒的第一例报告。

一些国家淡水、食品和食品补充剂中微囊藻毒素测定及浓度见表 3-1。

表 3-1　不同国家淡水、食品和食品添加剂中微囊藻毒素测定及结果

国家及地区	样本来源	微囊藻毒素亚型	浓度	测定方法
意大利	淡水湖	MC-RR、MC-YR、MC-LR	0.004～226.16 μg/L	HPLC-DAD，LC-MS/MS
南美	Nhlanganzwane 水库	MC-LR、MC-RR、MC-YR	2.1 μg/L	ELISA
墨西哥	天然湖泊、水库、人工水塘、都市湖泊	MC-LR、MC-RR、MC-YR	4.9～78.0 μg/L	ELISA
葡萄牙	淡水湖、水库、河流	MC-LR、MC-RR、MC-YR	1.0～7.1 μg/mg[a]	LC-MS/MS
沙特阿拉伯	地下水	MC-LR、MC-RR、MC-YR	0.3～1.8 μg/L	ELISA
沙特阿拉伯	生菜、莳萝、香菜、萝卜、卷心菜	MC-LR、MC-RR、MC-YR	0.07～1.2 μg/g	ELISA
波兰	Jeziorsko 水库	MC-LR、MC-RR、C-YR	0.25～2.79 μg/L	HPLC-DAD
新西兰	Waitaki 河	MC-LR	32.0 μg/kg[a]	LC-MS/MS
英国	淡水湖	MC-LR	—	HPLC
中国	稻米	MC-LR	0.04～3.19 μg/kg[a]	HPLC
美国	蓝绿藻食品补充剂	MC-LR、MC-RR	2.15～10.89 μg/g	ELISA
爱尔兰	蓝绿藻食品补充剂	MC-LR	<0.5～2.21 μg/kg	SPR

注：a，干重测得值。

引自：Julie PM，Christopher TE. Microcystins：measuring human exposure and the impact on human health Biomarkers，2013；18(8).

第二节　蓝藻毒素人群健康危害表现形式

无论通过何种途径暴露于藻毒素，都可能对人体健康造成负面的影响。由于暴露的途径、藻的种类或藻毒素毒性的大小、暴露人群的个体差异等不同，会产生不同的健康结局（癌症、慢性疾病、出生缺陷、急性疾病和死亡）。

一、蓝藻毒素的急性危害

短时间内一次高浓度暴露或多次重复暴露于蓝藻或蓝藻毒素即可引起急性健康危害，暴露途径可以经口、皮肤、吸入和血液透析。其中，蓝藻毒素的急性危害最常见的暴露方式是水上娱乐运动。

最初引起科学界关注的有关蓝藻潜在毒性的动物中毒报告来自农民和兽医。1878 年首次报道在澳大利亚南部有家畜和狗突然死亡事件，并指出这些死亡发生在摄入含有蓝藻的水之后。将来自湖中的蓝藻浮渣给予绵羊并观察其作用，在实验之后确定死亡的原因是蓝藻产生的毒素。给予羊的剂量证明是致命的，验尸结果显示与其他受影响动物中观察到的表现类似。之后的 1887－1933 年，美国和加拿大亦报告了多起怀疑与蓝藻摄入有关的动物中毒死亡事件。由于当时无法在水或组织样品中检测和鉴定蓝藻毒素，无法进行特定的蓝藻毒素诊断。至今，文献中已经记录了数百起怀疑或确认的动物中毒事件，涉及家畜、狗和鸟类。显而易见的是，由蓝藻产生的毒素可以迅速起作用，有时甚至在数分钟

之内。在大多数情况下，这些毒素被证实对受影响的动物来说是致命的。

涉及人群暴露于蓝藻毒素的第一个重要事件发生在 1930—1931 年，在美国西弗吉尼亚州的查尔斯顿和俄亥俄州等城市的公共饮水水源中有大量蓝藻生长。估计城市人口的 15%（约 9 000 人）出现胃肠道症状。由于疾病原因不能归因于其他感染因素，因此认为疫情是由蓝藻产生的毒素引起。而这些因饮用水供应中含有蓝藻毒素所引起的被证实或疑似疾病在津巴布韦、菲律宾、美国、澳大利亚、巴西和瑞典一直都有报道。值得注意的是，这些事件中的大多数涉及了接受或使用经过处理的管道或管网供水的人群，蓝藻毒素的释放通常是通过用硫酸铜处理水库中的蓝藻水华而引发的。

娱乐活动也是人类暴露于蓝藻毒素的常见方式。1949 年美国最早报道，一名患者每年夏季在同一个湖泊游泳后出现哮喘、结膜炎和鼻刺激的复发事件。从湖岸边收集漂浮的绿色浮渣，患者接触稀释的提取物后立即引起皮肤反应，经皮内注射湖水萃取物后，也发生哮喘症状和肿胀。分析显示浮渣主要由蓝藻组成。此后，游泳后出现蓝藻毒素的急性反应事件在美国（1981 和 1985）、加拿大（1960）、阿根廷（1999）、英国（1990）、荷兰（1994）、澳大利亚（1993）和芬兰（2005）均有报道。在滑水（1985）、帆板（1990）、喷气式滑水（2011）和钓鱼（1992 和 2015）后发生的急性反应事件也被报道。英国军人曾在划独木舟和游泳运动项目后出现中毒事件。在这些事件中，接触途径可能涉及直接接触、经口摄入和/或吸入有毒的蓝绿藻（详见"第三节　蓝藻毒素人群临床与流行病学调查和研究"）。

与动物不同，暴露于蓝藻毒素引起的死亡在人类中是罕见的。1988 年，在巴西巴伊亚地区 2 000 多名居民暴发严重胃肠炎，88 人死亡，所供饮用水中没有检测到病原体，也没有发现重金属或农业污染物。但是，事件暴发的时间恰好与向人们提供饮用水的水库中蓝藻水华的时间相吻合。由此推论，由蓝藻产生的毒素可能是这次胃肠炎暴发的原因。此外，2003 年在美国威斯康星州，5 个男孩在一个藻类浮渣覆盖的池塘游泳后，出现胃肠炎症状。暴露约 48 h 后，其中一个男孩突然发病，最后死于心力衰竭。患者粪便和血液样本的蓝藻测试呈阳性，尽管暴露和死亡之间间隔的时间较长，但验尸官认为，鱼腥藻毒素-a 很可能是死亡的根本原因。2011 年有人报道阿根廷一名喷气式滑水运动员在长时间暴露于含有蓝藻的水后，出现胃肠道症状并进一步出现呼吸窘迫和肝脏损伤。在水样中检测到高浓度的MC-LR。虽然不能明确确定是哪种接触途径引起观察到的症状，但他们注意到通过浸泡直接接触、经口摄入和吸入都可能涉及。此外，其他人还描述了在英国斯塔福德郡的淡水水库与含有蓝藻和微囊藻毒素的水接触后亦发生肺炎。患者在参加皮划艇运动后的 4~5 d 内出现左侧基底肺炎，第一天晚上睡眠困难，第二天早上喉咙痛、干咳、呕吐和腹部疼痛，伴有步行困难。

急性危害报告大多来自澳大利亚、巴西、加拿大、英国和瑞典。最早的蓝藻中毒报告是 1979 年来自澳大利亚棕榈岛，这里因首次报道柱胞藻毒素中毒而闻名（1980、1983 和 2003）。1981 年，新南威尔士州的阿米代尔（1983）发生一起疑似微囊藻毒素中毒事件。在瑞典，经口摄入含有蓝藻的水后引起肠胃炎（2001）。在澳大利亚进行了两项经娱乐用水暴露于蓝藻毒素的研究，报道的许多症状包括腹泻、呕吐、皮疹、口周水疱、发烧和眼睛或耳朵刺激，以及胃肠道、呼吸道、皮肤和流感样症状（1997 和 2006）。巴西记录了两起用含有微囊藻毒素的水进行血液透析后造成肾功能不全的亚致死性暴露（2006），第一起事件有 131 例患者暴露于微囊藻毒素，第二起事件有 44 例患者暴露肝毒素。加拿大（1960）和澳大利亚（1995）报道了经口和皮肤与蓝藻细胞接触之后引起的负面健康结局（胃肠道病和皮肤病）。英国的 3 起水上娱乐活动或项目之后的急性中毒，主要症状为喉咙痛、口周围起泡、干咳、胸痛、腹痛、呕吐、腹泻、发烧、步行困难和幻觉错乱，其中之一显示，吸入暴露同时伴有皮肤和口腔接触后，出现肝脏、胃肠道、黏膜、皮肤和肺部损伤（1990）。

造成人类死亡的第一个知名事件发生于 1988 年，在巴西巴伊亚地区，在摄入含有蓝藻和蓝藻毒素的水后引起胃肠炎疫情，造成 88 人死亡。第二个发生于 1996 年，在巴西的卡鲁阿鲁，由于治疗用的透析水中存在蓝藻毒素导致76人死亡。葡萄牙血液透析中心也发生类似事件，但调查显示肝脏酶活性与原水中蓝藻和蓝藻毒素的存在没有关系（1995）。

此外，因食用海产品（贝类）引发的神经毒素中毒亦有报道（详见"第一节 蓝藻毒素人群暴露途径和第三节 蓝藻毒素人群临床与流行病学调查和研究"）。不同国家所进行的藻毒素急性危害的调查和研究见表3-2。

表3-2 不同国家所进行的藻毒素急性危害的调查和研究

国家地区及时间	样本量	疾病	藻类	藻毒素（测定方法）	结论
澳大利亚，棕榈岛，1979年	148	肝（肠）细胞炎，肝细胞坏死	柱胞藻，鱼腥藻	CYNs	藻毒素中毒事件，流行病学研究，正相关
澳大利亚，Armidale，Malpas Dam，1973年	200	肝脏酶（AST、ALT、ALP、GGT）变化	微囊藻	肝毒素五肽	藻毒素中毒事件，流行病学研究，正相关
澳大利亚，默里河	暴露组188，对照组132	胃肠道和皮肤病	鱼腥藻，丝囊藻，颤藻	未确定	藻毒素中毒事件，流行病学研究，正相关
南澳大利亚州，新南威尔士州和维多利亚州，1995年	暴露组777，对照组75	腹泻、呕吐、流感样症状，皮疹、口腔溃疡、发烧、眼睛或耳朵刺激症状	微囊藻，鱼腥藻，丝囊藻，节球藻	肝毒素（小鼠试验）	流行病学研究，与藻类水华正相关
澳大利亚，新南威尔士州和昆士兰南部和Myall湖地区；美国，佛罗里达州东北部和中部，1999—2002年	1 331	耳、眼、胃肠道和呼吸道和娱乐水域中的蓝藻皮肤症状	—	MCs、CYNs、ANTX-A（HPLC、HPLC-MS/MS、ELISA）	流行病学研究，与藻类水华正相关
巴西，里约热内卢，Funil水库和管渡河，2001年	44	肾功能不全（血清）	鱼腥藻，微囊藻	MCs（ELISA）	藻毒素中毒事件，正相关
加拿大，萨斯喀彻温省，1959年	13	发烧、虚弱、头痛、恶心、胃痉挛、呕吐、腹痛，肌肉和关节疼痛	微囊藻，鱼腥藻	—	藻毒素中毒事件，正相关
英国，1989年	16	不适、口周起泡、咽喉痛、干咳、胸膜炎、腹痛、呕吐、腹泻、发烧、步行困难、幻觉、两人肺炎	微囊藻	MC-LR（HPLC）	藻毒素中毒事件，正相关
瑞典，1994年	121	胃肠炎	浮丝藻，微囊藻	MC-LR（HPLC）	藻毒素中毒事件，正相关

注：引自：Zorica Svircev，et al. Toxicology of microcystins with reference to cases of human intoxications and epidemiological investigations of exposures to cyanobacteria and cyanotxins . Arch Toxicol，2017，91：621-650.

二、蓝藻毒素的慢性危害

长期低剂量经各种途径（饮用水、食物和补充剂等）摄入藻毒素，有可能引起藻类毒素的慢性危害，与蓝藻有关的慢性危害或疾病在世界各地均有报道。在美国发现蓝藻或蓝藻毒素与非酒精性肝病显著相关。在纳米比亚发现腹泻与饮用水（自来水）中叶绿素-a 浓度呈正相关。尽管动物实验显示微囊藻毒素可能损害肾脏、生殖系统和心脏，但在斯里兰卡饮用水水源（浅水井和水库）中的蓝藻和蓝藻毒素与不明原因的慢性肾脏疾病（CKDu）的关系还不能完全确定。另一项有关饮用水水源水中的蓝藻对于新生儿早产、出生体重和先天性缺陷影响的结果也尚不确定。但需要注意的是，不仅只是微囊藻毒素会对人体健康造成不良影响，其他的蓝藻毒素和蓝藻代谢物也会对人体健康造成不良影响。在塞尔维亚 Užice 市，与 2008—2011 年相比，2012—2015 年患消化系统、皮肤和皮下组织疾病的人数明显增多（详见"第三节 蓝藻毒素人群临床与流行病学调查和研究"）。

不同国家所进行的藻毒素慢性危害和出生缺陷的调查和研究见表 3-3。

表 3-3 不同国家所进行的藻毒素慢性危害和出生缺陷的调查和研究

国家地区及时间	样本量	疾病	藻类	藻毒素（测定方法）	结论
中国，太湖	—	肝脏酶	未确定	MCs（ELISA）	流行病学研究，正相关
中国，太湖	248	肝脏酶	未确定	MCs	流行病学研究，正相关
中国，巢湖，至 2005 年，暴露 10 年	35	肝脏酶（ALT，AST，ALP，LDH）	微囊藻，鱼腥藻	MC-RR、MC-YR、MC-LR（ELISA）	流行病学研究，正相关
中国，三峡库区，2005.8—2009.8	暴露组 1 322，对照组 145	肝酶（肝损害）	未确定	MCs（ELISA、HPLC）	流行病学研究，正相关
中国，西南地区	5 493	肾功能指标	未确定	MC-LR（ELISA）	流行病学研究，正相关
塞尔维亚，uzice，vrutci 水库，2013 年	70 000	消化系统，皮肤和皮下组织疾病（2008—2015）	浮丝藻	MC-LR，dmMC	流行病学研究，正相关
美国，1999—2010	国家级	非酒精性肝病死亡率	62% 的县出现蓝藻水华现象（2005）	未确定	流行病学研究，正相关
纳米比亚，温得和克，2001 年	—	肝炎，肝酶，腹泻	微囊藻，颤藻，鱼腥藻，平裂藻	MCs（ELISA）、叶绿素 a	腹泻与叶绿素 a 的正相关
斯里兰卡，北中部地区	—	病因不明的慢性肾脏疾病（CDKu）	微囊藻，柱胞藻，鞘丝藻属	CYNs（LC-MS/MS）、MC（LC）	流行病学研究，不确定
中国，重庆，2014—2016 年	病例和对照各 475	肝损伤	黄曲霉毒素 1、MC-LR、易感基因	ELISA	流行病学研究，不确定
澳大利亚，东南部，1992—1994 年	32 700	早产，出生体重，先天性缺陷	藻类存在	未确定	流行病学研究，不确定

注：引自：（1）Zorica Svircev, et al. Toxicology of microcystins with reference to cases of human intoxications and epidemiological intvestigations of cyanotoxinS. Arch Toxicol. 2017, 91; 621-650. （2）Xiaohong Yang, et al. Polymorphism of Metabolic Genes on Liver Damage: focusing on SLCO1B1 and GSTP1. Scientific Reports. 2017, 7; 16164—16174.

三、蓝藻毒素与肿瘤

藻毒素对肝脏的危害，可以分为急性危害、慢性危害和致癌危害。肝脏的急性危害暴露途径主要是静脉输入或经肺部和口吸入。急性危害见于著名的巴西的卡鲁阿鲁血液透析事件。在含有蓝藻的水域进行娱乐运动项目时意外咽下和吸入，也会引起肝脏急性危害。在塞尔维亚，除肝癌之外，1999—2008年的10年期间，Nišavski、Toplicki和Šumadijski地区与中部其他地区相比，10种癌症（脑、心脏、纵隔和胸膜、卵巢、睾丸、胃、结肠直肠、后腹膜腔和腹膜、白血病、皮肤恶性黑色素瘤）的发病率显著增高，其中脑、卵巢、睾丸、恶性黑色素瘤的平均发病率在3个地区最高。而在中国、塞尔维亚和葡萄牙的流行病学研究显示，藻毒素（特别是微囊藻毒素）与原发性肝癌的发病率升高有关。不同国家所进行的藻毒素与肿瘤的调查和研究见表3-4。

表3-4 不同国家所进行的藻毒素与肿瘤及相关疾病的调查和研究

国家地区及时间	样本量	疾病或肿瘤	藻类	藻毒素(测定方法)	结论
中国,海门市 1981—1984年	—	PLC	颤藻属,阿氏颤藻	MC(ELISA)	流行病学研究,正相关
中国,桂东,海门地区	—	HCC	未确定	MCs(ELISA)	流行病学研究,正相关
中国,浙江海宁市,1977—1996年	408	CRC	未确定	MCs(ELISA)	流行病学研究,正相关
中国,无锡市/县,1992—2000年	—	脑瘤死亡率	未确定	MCs	流行病学研究,正相关(胃癌)
塞尔维亚,1999—2008年	国家级	PLC发病率,乙型肝炎、丙型肝炎、肝硬化	铜绿微囊藻,束丝藻,鱼腥藻,螺旋鱼腥藻,阿氏浮丝藻	MCs	流行病学研究,正相关(PLC)
塞尔维亚,1999—2008年	国际级	13个部位癌症:脑、支气管和肺;心脏、纵隔和胸膜;卵巢、睾丸;肾;胃、小肠、结肠直肠;腹膜和后腹膜;白血病;皮肤恶性黑色素瘤;PLC	铜绿微囊藻,束丝藻,鱼腥藻;螺旋鱼腥藻,阿氏浮丝藻	MCs	流行病学研究,正相关(癌症:脑、心脏、纵隔和胸膜、卵巢、睾丸、肾、胃、小肠、结肠直肠、腹膜和后腹膜、白血病、皮肤恶性黑色素瘤;PLC)
美国,佛罗里达1981—1998年	4 741	HCC	54%水样;潜在毒性蓝藻	90%蓝藻样品的蓝藻毒素阳性	流行病学研究,正相关
美国,俄亥俄州,圣玛丽斯大教堂-celina 1996—2008年	12 000	HCC,CRC	丝囊藻,微囊藻,鱼腥藻,浮丝藻	MCs(ELISA)、CYNs、AnTX-a、STX	流行病学研究,不确定

续表

国家及地区	样本量	疾病或肿瘤	藻类	藻毒素(测定方法)	结论
葡萄牙,八座alentejo水库2000—2010年	Evora和Beja地区	肝脏酶(GGT、AST、ALT),肝癌、结肠和直肠癌发病率、甲型肝炎、乙型肝炎、丙型肝炎	微囊藻,丝囊藻,颤藻	未确定	流行病学研究,正相关
加拿大,manitoba	751	肝癌	鱼腥藻、束丝藻、隐杆藻、束球藻、隐球藻、鞘丝藻、平裂藻、细浮鞘丝藻、浮丝藻、假鱼腥藻、微囊藻	MC-LR、细胞系列	流行病学研究,无关
加拿大,1996—2004年	9 288	肝癌、乙型肝炎、丙型肝炎	蓝藻潜在暴露的途径:农业活动(占农业用地的百分比)、牛和猪的密度	未确定	流行病学研究,无关
中国,重庆,2013—2016年	病例和对照各214	HCC	血清MC-LR、黄曲霉毒素白蛋白加合物	ELISA	流行病学研究,正相关

注:引自:(1)Zonica Svircev,et al. Toxicology of microcystins with reference to cases of human intoxications and epidemiological investigations of exposures to cyanobacteria and cyanotoxins. Arch Toxicol,2017,91:621-650. (2)Chuanfen Zheng,et al. Serum microcystins level positively linked with risk of hepatocellular carcinoma:a case-control study in Southwest China. Hepatology,2017,66:1519-1528.

四、蓝藻毒素的皮肤危害

人们直接接触含有藻类或藻毒素的水会出现皮炎、眼睛过敏和急性胃肠炎等症状。鞘丝藻毒素可引起游泳者疥疮性皮炎。在含有蓝藻毒素的水中游泳可产生过敏反应,表现为哮喘、眼睛不适、皮疹及口鼻周围起泡。2004年,在美国内布拉斯加州因游泳和滑水导致50多人出现皮疹、水疱、呕吐和头痛,后确认为是微囊藻毒素污染所致。

藻毒素的皮肤危害多见于在含有藻类或藻毒素的水中进行水上运动项目或游泳时发生。藻毒素引起的皮肤危害在日本、美国夏威夷和佛罗里达州、澳大利亚和英国的沿海水域或水库中常被报告(详见"第一节 蓝藻毒素人群暴露途径")。

五、蓝藻毒素的其他危害

藻毒素不仅具有以上的主要危害(急性毒性、慢性毒性、肝毒性和皮肤毒性),还有对其他组织系统的毒性危害。除了造成人类的危害,还会导致家畜和野生动物死亡。微囊藻毒素的毒效应具有明显的器官选择性,除了肝脏毒性之外,微囊藻毒素还具有肾毒性、肠毒性(大肠癌)、生殖毒性、神经毒性(脑)和胚胎毒性,引起肾上腺和肠道相关疾病及生殖系统和神经系统损伤等。2003年,在美国威斯康星州,5个男孩在一个藻类浮渣覆盖的池塘中游泳暴露约48 h后,一个男孩突然死于心力衰竭,毒素很可能是死亡的根本原因。2011年,阿根廷一名滑水运动员在长时间暴露于含有蓝藻的水后,出现呼吸窘迫症状。2016 年，研究者进行了我国西南地区 5 493 人中 MC-LR/黄曲霉毒素 B1 的调查，结果表明，与黄曲霉毒素不同，微囊藻毒素可能也是肾功能损害的重要危险因素。1986 年 11 月，中国福建省东山县发生因食用菲律宾蛤仔造成 1 人死亡的麻痹性贝毒中毒事件。20 世纪 90 年代初，在斯里兰卡北部发现的一种疑是蓝藻毒素引发的新型慢性肾脏疾病。1996 年，在巴西血液肾透析事件中，除肝大外，患者还出现嗜睡、肌痛、头晕、恶心、呕吐、轻度耳聋、视力模糊、惊厥症状以及终末期肾功能衰竭等（详见"第三节 蓝藻毒素人群临床与流行病学调查和研究"）。

第三节 蓝藻毒素人群临床与流行病学调查和研究

一、澳大利亚

大约自从 19 世纪 70 年代以来，澳大利亚已经出现了与暴露蓝藻有关的动物死亡和人类疾病的报道。化学分析专家乔治·弗朗西斯调查了默里河沿岸和"有毒的澳大利亚湖"——亚历山大湖周围的大量牲畜死亡事件。通过经口给予健康绵羊蓝藻浮渣并且复制出在饮用湖边的藻类浮渣后死亡的家畜中观察到的中毒症状，弗朗西斯第一次证明了蓝藻浮渣的致死性。在这些案例中，引起肝毒性的物质是节球藻属的藻类和浮渣，这种藻可产生五肽或节球藻毒素。蓝藻还与澳大利亚后来的其他健康事件有关。

1979 年 11 月，澳大利亚昆士兰州北部棕榈岛的 148 名原住民出现肝炎样疾病。患者主要是儿童（138 例），年龄 2～16 岁，只有 10 人是成年人。这种疾病没有传染性，患者症状为呕吐、头痛、发烧和大量血样腹泻，肝脏肿大，血液和尿液分析结果表明为急性肝炎并伴有明显的肾损伤。虽然每个人最终都康复，但一半以上的受影响者需要静脉治疗，有几个人患有血容量不足和酸中毒。临床研究和相关的实验室检查难以识别病原体。有人认为在某种程度上这种疾病与当地所罗门大坝的饮用水库使用杀藻剂——硫酸铜治理蓝藻水华有关。在硫酸铜处理藻类时，导致微囊藻属、鱼腥藻属和念珠藻属的蓝藻大量死亡和分解，蓝藻毒素释放到水库水中。尽管硫酸铜原本也可能导致恶心、呕吐、头痛和腹泻，但是，如果硫酸铜是以推荐的 1 mg/L 浓度施用，那么处理过的饮用水中的蓝藻毒素则是这次疾病暴发的可能原因。在回顾性分析中，柱胞藻被确定为水库中主要的蓝藻和可能的疾病原因。从水库水中亦鉴定出更有说服力的柱胞藻毒素，但其毒性可能低于微囊藻毒素。除了提供与经口暴露于蓝藻毒素相关的人类患病的强有力的例子之外，这次事件也是由柱胞藻引起的蓝藻毒素中毒的第一个证据充分的案例。

1981 年，在新南威尔士州阿米代尔市的马尔帕斯大坝的水库发生有毒蓝藻的铜绿微囊藻水华。从水库的样品材料中分离出一种肝毒肽（小鼠腹腔内注射 LD_{50} 为 56 $\mu g/kg$），引起了研究者对该区域医院患者血浆中有关肝脏酶的研究。将患者分为不同组：水华前、1981 年水华期间和水华期后，同时将居住在城市以外并使用其他水源的人员作为对照。与其他组人群和对照人群相比，在水华期间使用马尔帕斯大坝水库水的居民中 γ-谷氨酰基转肽酶（GGT）活性显著增加，丙氨酸氨基转移酶（ALT）活性也有所增加，但差异无统计学意义。排除研究组中的急性肝病和酒精中毒患者，最终确认肝损伤是暴露于水中蓝藻毒素的后果。

在默里河（一个有蓝藻水华历史的水体）的沿岸八个镇，选用胃肠道疾病和皮肤疾病的病例与对照人群进行了病例-对照研究。要求全科医生提供有关疾病发生信息及饮用、家用和娱乐用的水源信息。河水中最常见的藻类是鱼腥藻、丝囊藻和颤藻。在河水蓝藻细胞计数升高时期，与饮用水（雨水）的人群相比，饮用氯水处理的河水人群患胃肠道疾病的风险显著增加。此外，胃肠和皮肤症状的风险与使用未经处理的河水有关而不是与家庭用的雨水有关。

另一项研究于 1992—1994 年在澳大利亚东南部进行。该研究纳入 156 个社区的 32 700 名新生婴儿，以调查怀孕期间经饮用水暴露蓝藻与出生缺陷发病率之间可能存在的联系。在妊娠前 3 个月，发现蓝藻暴露与低出生体重百分比和非常低的出生率之间有显著相关性。在前 3 个月的暴露中，蓝藻平均细胞密度与低出生体重、早产儿和先天性缺陷也存在关联，但没有观察到明显的剂量-反应关系。最后 3 个月和整个妊娠期的暴露也没有显示任何明显的剂量-反应关系。这项调查给出了不确定的结果。

在南澳大利亚州、新南威尔士州和维多利亚州进行了一项前瞻性队列研究，以研究娱乐暴露蓝藻后带来的健康影响。1995 年 1—2 月，采访了 852 名 6 岁以上曾去过水上娱乐场所的人，采访当天没有接触水的参与者被定为未暴露蓝藻者，与水接触的参与者被定为暴露蓝藻者。在 2 d 和 7 d 后，电话跟进随访并记录是否有后续的腹泻、呕吐、流感样症状、皮疹、口腔溃疡、发烧、眼睛或耳朵刺激症状。同时收集娱乐用水场所的水样用于蓝藻细胞计数和蓝藻毒素分析。被鉴定的藻类有微囊藻、鱼腥藻、丝囊藻和节球藻。一个点的水样中两次检测到肝毒素，另外三个点水样检测到一次。研究开始 2 d 后，未暴露组和暴露组间的症状没有明显差异。然而，研究开始 7 d 后，与未暴露组比较，暴露小于 1 h 组和暴露 1 h 以上组的人群中，症状明显增加。此外，症状的增加与蓝藻细胞计数的增加（暴露多于 5 000 个细胞/毫升时）相关，与肝毒素不相关。这些结果表明症状的发生原本不仅与直接接触含蓝藻的水和其脂多糖（LPS）内毒素有关，还与蓝藻细胞密度和暴露持续时间相关。

1999—2002 年，在澳大利亚昆士兰南部的水上娱乐场所（湖泊和河流）和新南威尔斯州的 Myall 湖地区及美国佛罗里达州东北部和中部地区进行了一项前瞻性队列研究，以探索娱乐场所暴露蓝藻后的影响。研究人群（1 331 人）是在含有蓝藻水域进行娱乐活动的成人和儿童，研究者对其进行问卷调查，3 d 后电话跟踪回访，并且采集用于浮游植物和蓝藻毒素分析的水样和用于大肠菌群分析的粪便样本。粪大肠菌群计数与出现的急性症状（胃肠道和呼吸道症状）之间无明显关系。虽然存在混合属的潜在有毒蓝藻，但仅在低浓度下发现蓝藻毒素。由于蓝藻毒素浓度变化不可预测，并且蓝藻细胞的数量也可以改变，所以使用蓝藻细胞表面积来估计暴露于蓝藻的程度。与暴露于蓝藻细胞表面积小于 $2.4 \, mm^2/mL$ 的水域的人相比，暴露于蓝藻细胞表面积超过 $12 \, mm^2/mL$ 的娱乐用水域的人群更容易出现上述症状，特别是呼吸道症状。

可以得出结论，在澳大利亚，有文件记录了几起涉及暴露于蓝藻及其毒素的人类急性患病或损伤事件，但无关于慢性暴露的疾病或潜在的癌症发生的事件记录。然而，后一种可能性仍然存在，Falconer 曾在 2001 年推测，包括澳大利亚在内的发达国家人群的胃肠癌患病率可能受到饮用水的蓝藻污染的影响。需要进一步的流行病学研究来探讨胃肠癌与饮用水中的蓝藻毒素之间是否存在关联。

二、亚洲地区

（一）中国

中国在 20 世纪进行了有关微囊藻毒素与肝癌的第一次流行病学研究。1980 年，中国中部地区原发性肝癌（PLC）异常高发，其原因被认为与人们饮用池塘水/宅沟水和河水有关。1981—1984 年在海门市进行了广泛的流行病学调查。初步调查显示使用池塘水/宅沟水作为饮用水源的人群中 PLC 的死亡率最高（100/100 000），其次是用河水作为饮用水源的人群，饮用井水的人群中 PLC 的死亡率最低。进一步调查显示 PLC 与黄曲霉毒素 B1 无关，但对大鼠的实验研究表明，来自池塘水/宅沟水的污染物促进了肝癌的发展（1990）。在所研究的高风险水域中检测到几种蓝藻属的颤藻（怀疑产生微囊藻毒素）。在池塘水/宅沟水和河水中有微囊藻毒素，而井水中则没有检测到微囊藻毒素。这表明地表水源的饮用水中的微囊藻毒素可能是 PLC 高发的危险因素之一。

在扶绥县，对一年内（1988 年 10 月至 1989 年 10 月）被诊断的 99 名 PLC 患者和 99 名非 PLC 患者进行了病例-对照研究，结果显示感染乙肝病毒（HBV）、饮用池塘水/宅沟水、有 PLC 家族史、总酒精摄入量为 PLC 的危险因素，从而证实了 PLC 与饮用宅沟水的联系（1993）。另一项基于 920 人病例和 920 人对照的病例-对照调查显示，中国北方地区 PLC 的危险因素为 HBV 感染、PLC 家族史、肝炎病史、酒精摄入量，而南方地区 PLC 的危险因素则是 HBV 感染、PLC 家族史和饮用池塘水（1994）。在南方地区 PLC 的危险因素则是肝炎病史、饮用池塘水/宅沟水和河水的持续时间。来自浅水井和深水井的饮用水对 PLC 的发展没有作用（1995）。PLC 流行较高的海门市水分析结果显示，肝癌患者饮用水中微囊藻毒素浓度高于对照组（1994）。池塘水/宅沟水中阳性微囊藻毒素的样本比例和平均微囊藻毒素浓度显著高于浅层地下水、浅井水和深井水（1996）。研究者（1995）总结并强调，肝炎、黄曲霉毒素和微囊藻毒素之间的相互作用可以解释肝癌的致癌作用和随后的发展。进一步的流行病学和生态学研究证实，池塘水/宅沟水中的微囊藻毒素可促进肝细胞癌的发展，与 HBV 和黄曲霉毒素一起可能是中国 PLC 流行的主要因素（2001）。

20 世纪 90 年代，研究者用回顾性队列研究（2002）调查了饮用水中微囊藻毒素与结肠直肠癌的关联。病例为 1977—1996 年海宁市 8 个乡镇被诊断的 408 例结肠直肠癌患者，同时收集这些患者使用的饮用水类型和水源信息。调查结果显示，仅在河流和池塘水中检测到微囊藻毒素，而井水和自来水没有检测到。结肠直肠癌发病率因不同类型的饮用水源而有所不同，井水 < 自来水 < 河水和池塘水。河水和池塘水中的微囊藻毒素浓度与结肠直肠癌发病率之间存在相关性。此外，与饮用井水或自来水的人相比，饮用河水或池塘水的人群的肝癌发病率明显更高。另一研究者（2003）在有不同饮用水类型的无锡市区，调查了饮用水中的微囊藻毒素与 1992—2000 年男性全癌症死亡率之间的关系。根据这项研究，饮用水中的微囊藻毒素与男性胃癌的死亡率和男性标准化全癌死亡率呈正相关，与男性肠癌死亡率呈负相关。

2016 年，研究者调查了中国西南地区 5 493 人中 MC-LR/黄曲霉毒素 B1 暴露与肾功能指标的关系。用 ELISA 方法测定了水、鸭、鱼中 MC-LR 的浓度及食物中黄曲霉毒素 B1 的浓度。发现肾功能指标异常的受试者的 MC-LR 平均暴露水平高于肾功能指标正常的人。另一方面，在有较高黄曲霉毒素 B1 暴露的参与者中没有发现更高的肾损伤风险。这些结果表明，与黄曲霉毒素不同，微囊藻毒素可能是肾功能损害的重要危险因素。

尽管有一些流行病学的调查结果，但是直到对中国巢湖渔民进行血清微囊藻毒素分析，才有了将存在于人类组织的微囊藻毒素作为长期暴露于蓝藻毒素的直接证据（2009）。研究者以渔民为调查对象。这些渔民在渔船上生活 5 年以上，喝湖中的水，吃湖中的鱼、虾和螺，长期缓慢经口摄入微囊藻毒素，估计每日摄入量在 2.2～3.9 μg MC-LR 当量范围内，这接近世界卫生组织提出的可接受的每日摄入量（TDI）2.4 μg（1999）。使用 LC-MS/MS 方法证实：采集的水样、甲壳类动物和鱼体内均有三种微囊藻毒素亚型（MC-RR、MC-YR 和 MC-LR）的存在；35 名渔民血清中也存在微囊藻毒素。血液中的微囊藻毒素的靶器官主要是肝脏，并导致肝功能酶［丙氨酸氨基转移酶（ALT）、天冬氨酸氨基转移酶（AST）、碱性磷酸酶（ALP）和乳酸脱氢酶（LDH）］的活性损伤和相应功能改变。因此，可以推断长时间暴露于接近 TDI 值的微囊藻毒素量，确实会影响人体健康（2009）。

在三峡库区，对经过饮用水和食物（鲤鱼和鸭肉）可能暴露于微囊藻毒素达 5 年以上的儿童（1 322 人，7～15 岁）的血清酶活性进行了检测。在大多数水和水生食物样本中发现微囊藻毒素，每人每天微囊藻毒素摄入量估计为 2.03 μg，远高于 WHO 推荐的 10 kg 体重儿童的每日 TDI（0.4 μg）。暴露于微囊藻毒素的儿童的 AST 和 ALP 显著高于未暴露儿童。微囊藻毒素高暴露儿童的父母中有 0.9%

（9/994 人）被诊断患有癌症；相比之下，微囊藻毒素低暴露和未暴露儿童的父母中只有 0.5％（1/183 名）（2011）。对生活在太湖边上的学生（248）进行的研究也显示，通过饮水长期暴露于微囊藻毒素对学生肝功能有不利影响（2002）。在水源和饮用水样本中有微囊藻毒素的地方，ALT、ALP 和 GGT 活性明显不同，微囊藻毒素暴露等级与肝酶活性呈线性趋势（2002）。在太湖附近也进行了微囊藻毒素对学生健康影响的流行病学研究（2001），在不同的水源和饮水中检测到微囊藻毒素，微囊藻毒素的暴露增强了学生血清中 ALT 和 GGT 的活性，这些表明肝脏受到损伤。

2017 年在西南地区重庆进行了血清微囊藻毒素与人肝细胞肝癌（hepatic cellular cancer，HCC）有关的病例-对照研究。研究者选择 2013 年 12 月—2016 年 5 月西南地区重庆三家医院 214 例新 HCC 的患者为病例组，以年龄和性别高度匹配的 214 名非 PLC 或 HCC 且无消化系统疾病的患者为对照组。用 ELISA 方法测定血清中 MC-LR 和黄曲霉毒素白蛋白加合物（AFB-ALB 加合物），生化仪检测 HBsAg 感染状态，用问卷调查了解研究对象的生活方式和疾病史。研究结果显示，整个人群中血清 MC-LR 平均值（中位数）为 0.59 ng/mL（Min～Max：0.04～1.6），病例组（HCC 患者）为 0.63 ng/mL（Q25～Q75：0.44～0.83），对照组为 0.56 ng/mL（Q25～Q75：0.39～0.71）。校正 HBV、吸烟、饮酒、肿瘤家族史、糖尿病和黄曲霉毒素等因素后，与低暴露（<0.59 ng/mL）相比，血清 MC-LR 高暴露（≥0.59 ng/mL）发生 HCC 的风险（OR）为 2.9（95％ CI：1.5～5.5）。若将血清 MC-LR 按四分位数分为四组（<0.41 ng/mL、0.41～0.58 ng/mL、0.59～0.76 ng/mL、≥0.77 ng/mL），与 Q1 水平相比，Q2、Q3、Q4 水平发生 HCC 的风险分别为 1.5（95％ CI：0.6～3.8）、3.0（95％ CI：1.2～7.4）和 4.4（95％ CI：1.7～10.9）。可见随着血清 MC-LR 暴露水平的增加，发生 HCC 的风险也逐渐递增，呈现一定剂量-反应关系。同时还观察到，病例组血清 AFB1-ALB 加合物的均数显著高于对照组（146.23 ng/g 对 72.42 ng/g 白蛋白），但是 HBV 感染依然是重庆地区原发性肝癌的最重要危险因素，高水平 MC-LR 与 HBV 感染和饮酒之间存在交互作用。

此外，尚有研究者（2017）利用病例-对照研究（农村肝损害患者和对照各 475 人）探讨了黄曲霉毒素 B1（AFB1）和 MC-LR 暴露及在运输和代谢过程中的易感基因对肝损伤的联合影响。MC-LR≥0.211 ng/mL 和 AFB1≥71.163 ng/g 白蛋白均被视为高暴露。结果显示，在单独暴露于高水平 AFB1 或与 MC-LR 共同暴露的人群中，携带有机阴离子转运多肽 SLCO1B1（T521C）突变基因人群的比例及肝损伤的风险较高；在单独暴露于高水平 MC-LR 或同时暴露于高水平 AFB1 的人群中，携带谷胱甘肽硫转移酶 GSTP1（A1578G）突变基因的比例及肝损伤的风险亦较高；而单独暴露于低水平 MC-LR 或同时暴露于高水平 AFB1 的人群中，携带 GSTP1（A1578G）突变基因的比例和肝损伤的风险明显降低。结果提示 SLCO1B1（T521C）和 GSTP1（A1578G）可能是中国农村人群暴露于 AFB1 和/或 MC-LR 后造成肝脏损伤的易感基因。

（二）斯里兰卡

20 世纪 90 年代初，在斯里兰卡北部中心地区，一种病因不明的新型慢性肾脏疾病（CKD）发病率显著增高，2002 年达到最高，此后降低。患者多为农民，用浅井或水库水作为饮用水水源，煮开后饮用。肾脏组织病理学检查显示为肾小管间质性肾炎，这表明病因可能是毒物。被怀疑和分析的致病危险因素包括地下水中的氟化物含量高、浸出重金属如农业化学品中的镉进入水源、暴露于无机杀虫剂及使用铝容器进行烹饪。流行病学资料分析显示肾病发病率与糖尿病、高血压和感染等已知的肾病病因无关，有较高肾脏疾病发病率的五个区域都集中在有灌溉系统的水库附近，病原体可能来自这一静止的死水水源。由于斯里兰卡的环境条件非常有利于蓝藻生长和蓝藻毒素的产生，具有肝毒性和致癌特性的蓝藻毒素被认为是这种新型慢性肾脏疾病的可能致病因素。

三、非洲

50年前，对在索尔兹伯里市（现为津巴布韦的哈拉雷）一所医院患肠胃炎的儿童病例调查结果显示，疾病的原因可能是有毒蓝藻。从1960—1965年，每年入院患者急剧增加，年度高峰发生在供水水库中的藻类分解时期，但在以无季节性藻类水华的水库水作为饮用水的人群中并没有表现这样一个入院高峰。

在纳米比亚，营养素和亚热带气候为浮游植物（特别是蓝藻）的生长创造了良好的环境。人们进行了一项旨在检测Windhoek地区饮用水中的蓝藻毒素与相关疾病（腹泻，伴有血清中肝脏酶活性升高）之间可能存在联系的研究。结果表明，水源水（生水）和最终饮用水中存在蓝藻和微囊藻毒素。然而，蓝藻毒素暴露从未超过世界卫生组织推出的TDI。2000年发现胃肠道疾病和肝脏酶的高活性有年度季节性变化，并与水源中的叶绿素-a浓度相关。在饮用水中发现LPS内毒素，并被确定为这些胃肠道疾病的可能原因。

四、欧洲

（一）塞尔维亚

藻类和蓝藻在塞尔维亚已被研究了130多年。近年来，藻类对人类健康的影响越来越受到重视（2014）。大量流行病学研究用于研究蓝藻水华与原发性肝癌PLC（2009、2011和2013）及其他恶性肿瘤（2015）之间的关系。在塞尔维亚，各地区都记录了癌症和传染病的发病率。因此，可以将恶性肿瘤和其他疾病的发病情况与提供地方饮用水的水库中蓝藻水华的情况进行比较。由于Vojvoina地区严格地提供地下水，这一地区在有关流行病学研究中就成了有价值的阴性对照区。

1999—2008年10年间的流行病学研究显示，在将有藻类水华的水库水用于人类饮用水水源的地区，原发性肝癌（PLC）的发病率显著增加。PLC的最高发病率是在Nišavski（31.4/10万）、Toplicki（27.3/10万）和Šumadijski（22.1/10万）地区。在这三个地区，提供饮用水供应的水库每年发生蓝藻水华。三个地区的PLC发病率平均为27/10万，而在塞尔维亚中部和Vojvoina对照区PLC的发病率均明显较低（分别为14/10万和7.2/10万）。塞尔维亚中部PLC发病率最低的地区位于Rasinski和Zajecarski地区（分别为6/10万和9/10万），这两个地区的饮用水供应也来自藻类水华频繁发生的地表水库水。这种情况导致了对蓝藻与PLC有关联的整个假设的质疑。这种差异的原因可能是这两个地区的水处理过程中使用了臭氧（由此认为臭氧消毒已经为消除饮用水中的蓝藻毒素提供了解决方案）。然而，还需要澄清这样一个问题：与塞尔维亚其他地区平均值相比（2.45/10万）（2013），滤泡样非霍奇金淋巴瘤发病率在Rasinski（20.3/10万）和Zajecarski地区（6/10万）为何最高。在这些流行病学研究中，没有发现PLC发病率与曾被认为是PLC重要危险因素的疾病（肝硬化、慢性乙型肝炎和丙型肝炎）之间的关联性（1987和2001）。由于缺乏与PLC相关的准确资料和科学证据，一些潜在的PLC危险因素包括黄曲霉毒素、酒精中毒、吸烟、压力和遗传因素没有被分析。总之，所观察到的资料表明，可能有一些额外的和/或其他危险因素影响了PLC的发生，其中一个因素可能是蓝藻毒素。这项流行病学研究已经表明，供水水库的蓝藻水华与塞尔维亚三个地区PLC的发病率升高显著相关（2013）。

以上所得的结果促进了塞尔维亚对其他癌症的进一步流行病学调查。10年期间（1999—2008年）的13种癌症和PLC的发病率（脑、支气管和肺、心脏、纵隔和胸膜、卵巢、睾丸、肾、胃、小肠、结肠直肠、后腹膜腔和腹膜、白血病、皮肤恶性黑色素瘤和PLC）被进一步分析（2014）。此外，重要的是Nišavski、Toplicki和Šumadijski三个地区的许多癌症发病率都显著增高。这3个关键区域与塞尔维亚中部其他地区相比，10 种癌症（脑、心脏、纵隔和胸膜、卵巢、睾丸、胃、结肠直肠、后腹膜腔和腹膜、白血病、皮肤恶性黑色素瘤）和 PLC 的发病率显著增高。被分析的 5 种癌症（脑、卵巢、睾丸、恶性黑素瘤和 PLC）的平均发病率在 3 个地区最高，其次是塞尔维亚中部地区，而 Vojvoina 地区最低。因此，较高的癌症发生可能与蓝藻的一些有毒产物有关。塞尔维亚的全部水资源，包括饮用水供应的水库都记录了微囊藻毒素的存在。不管怎样，不仅只是微囊藻毒素会对人体健康造成不良影响，而且其他的蓝藻毒素和蓝藻代谢物也会造成不良影响。慢性暴露于微囊藻毒素可能是致癌作用相关的外部危险因素，特别是当与其他危险因素协同作用时，持续存在的有毒蓝藻才是对人体健康的潜在的真正威胁。

最近在 Užice 市，当向城市供水的 Vrutci 水库发生蓝藻暴发时，有 7 万名居民暴露于蓝藻毒素。2013 年 12 月，水库中的水变成红色，水面上形成了大块"红地毯"。通过显微镜检查，确定了浮游生物（羊鞭毛虫）作为蓝藻暴发的原因。蓝藻细胞数在水深 0.5 m 的水库入口处达到峰值 107 900 个/毫升，在水坝附近 10 m 深处为 98 936 个/毫升。此外，在处理过的水中蓝藻细胞数为 10 000 个/升，饮用水分送管网中为 1 000 个/升。据官方报道，分送管网的水样本中 MC-LR 的浓度低于世界卫生组织颁布的临时指导值，即小于 1 μg/L。在水库的原水、处理过的饮用水和鱼组织中，证实了蓝藻毒素不同 MC 亚型（MC-LR、dmMC-LR、dmMC-RR 和 MC-YR）的存在。同时进行的问卷调查表明，尽管政府部门颁布了禁止将污染的水用于饮用水和烹饪的禁令，但人们仍然继续使用污水（主要是淋浴、个人卫生和娱乐），并食用水库中的鱼。流行病学调查资料显示，与 2008—2011 年相比，2012—2015 年患消化系统、皮肤和皮下组织疾病的人数明显增多。为了进一步确认 2013 年 12 月之前曾发生过蓝藻水华，居民的健康问题也是由蓝藻及其毒素引起的假设，对蓝藻水华之前从 Vrutci 水库中捕获的鱼的可食部分进行了微囊藻毒素的分析（2017）。在这次调查中收集的所有数据都表明，在 2013 年 12 月之前和之后都发生了蓝藻水华，从而引起了 Užice 居民的一系列健康问题（2017）。

（二）瑞典

有毒蓝藻及其代谢物对动物和人类的负面影响在瑞典已有记录。1994 年，3 个村庄 121 人突发肠胃炎，狗和猫也受到影响。在这个事件中，来自 Kavlingean 河（富营养化的 Vombsjon 湖的出口）的未经处理的水意外地与经过处理的饮用水混合。在当天和几天后，在家中观察到了饮用水的颜色和气味的变化。喝这些水的人出现了腹痛、恶心、呕吐、腹泻、发烧、头痛和肌肉痛等症状。患者的临床检查未发现任何可能导致疾病发生的致病菌和病毒。在河水中也没有发现微生物病原体。然而，在事件发生之前和之后，在有微囊藻的湖水中观察到阿氏浮丝藻（是较少的水华藻类）水华。在原湖水中检测到约 1 μg MC-LR 等价/L，并通过小鼠生物测定证实有肝毒素的存在。因此，认为来自湖泊的蓝藻和微囊藻毒素已经通过河流被引入饮用水中，并由此导致了胃肠炎的发生。

（三）英国

在英国，与水体中的蓝藻水华及其浮渣相关的动物中毒记录已有 60 年历史。在英格兰、苏格兰和北爱尔兰，所记录的死亡动物包括牛、水鸟、鱼、羊和狗，以及涉及蓝藻肝毒素和神经毒素的案例。这些事件与在英格兰 90 多个湖水的同步研究中小鼠急性中毒的高发生率（约 66%）一致。一名主治医生报道了在饮用水源的水库（英格兰东部的拉特兰湖）进行娱乐活动的人的口周围和口腔内部出现皮肤刺激和起泡，岸上的绵羊和狗死亡，在微囊藻、浮渣和动物肝脏中检出高浓度的肝毒素和微囊藻毒素（1990、1991 和 1995）。1990 年特纳等报道了另一起可能的人蓝藻中毒暴发事件：年轻士兵参加英国北部鲁德瓦尔湖的独木舟和游泳运动项目后，2 名新入伍军人被送入军队医疗中心，4～5 天后伴有以下症状：喉咙痛、口周围起泡、干咳、胸痛、腹痛、呕吐、腹泻、发烧、步行困难和幻觉错乱等。

胸部放射线检查显示左侧肺底部密度增高，诊断为肺炎；腹部检查显示上腹部和脐部压痛；血清分析显示钩端螺旋体、嗜肺军团菌、流感病毒 A 和 B、衣原体组抗原、伯纳特氏立克次体、肺炎支原体和腺病毒检测均为阴性，其抗体滴度也没有明显增加。另外 8 名划独木舟的士兵亦出现喉咙痛、干咳、头痛、腹痛、呕吐腹泻和口腔起泡等症状。淡水湖中检测到含有 MC-LR 的铜绿微囊藻，但没有检测到有肠道病毒污染，所有证据表明士兵中毒与微囊藻毒素有关。1996 年类似情况在 Hollingworth 湖的独木舟活动之后再次发生，检测显示湖水含有阿氏浮丝藻和微囊藻毒素。参加活动的 11 名学员出现与皮肤接触、吸入和经口摄入蓝藻（包括微囊藻毒素）后一致的症状：面部皮疹、哮喘、零星干咳和呕吐等。

（四）葡萄牙

在葡萄牙，潜在有毒和有害的蓝藻在供人们使用的水源中出现。1993 年，在埃武拉（Evora）医院的血液透析中心，有患者开始出现脑病症状，并伴有血清铝增高，20 名患者死亡。这一事件导致对由两个水库（Monte Novo 和 Divor）提供的埃武拉市饮用水的评估，除了铝浓度增高外，饮用水中还鉴定出铜绿微囊藻、鱼腥藻和颤藻。虽然没有系统地研究蓝藻含量和毒性，但研究结果表明，在 1992 年 10—11 月、1993 年 2 月、1993 年 4 月和 1993 年 7—11 月两个水库均发生过水华，最多的蓝藻是铜绿微囊藻及频繁出现的鱼腥藻、颤藻和丝囊藻。饮用水处理过程还不足以去除蓝藻，经水库水样本测定确认了 Monte Novo 水库水含有微囊藻毒素。将来自两个水库的饮用水供应区域的人群肝脏酶活性（AST、ALT、ALP 和 GGT）的分布和变异与用地下水作为饮用水的另一组人群进行了比较。由于生态研究的限制和蓝藻及蓝藻毒素资料不足，观察到两个群体之间肝脏酶活性变化和差异与微囊藻毒素的暴露无关。然而，在 Evora 医院透析中心发现的饮用水质量问题引发了对蓝藻所引起的可能健康风险的评估。

2000—2008 年，对葡萄牙南部地区的 7 个水库的蓝藻水华问题进行了研究，以确定蓝藻作为一项公共卫生问题对人类的潜在危害。研究结果显示在这些水库中存在铜绿微囊藻、丝囊藻和颤藻。为评估潜在的蓝藻毒素暴露是否带来健康问题（肝脏疾病、肝癌、结肠和直肠癌发病率升高），在 2000—2010 年进行了暴露与未暴露人群的流行病学对比研究。结果表明，与非暴露人群相比，暴露人群血清中的肝脏酶（AST、ALT 和 GGT）活性较高，所研究的上述癌症发病率亦较高。

五、南美洲和北美洲

（一）巴西

巴西以频繁的毒性蓝藻大暴发事件和几个公认的人类蓝藻毒素中毒案例而闻名。

1988 年 3—4 月在保罗阿方索市（1993），腹泻流行 42 d 以上，出现约 2 000 例胃肠炎病例，其中 88 例死亡。流行病学调查表明，尽管儿童和成年人都受到影响，但儿科病例占主导地位（71%）。许多受检者表现出腹痛、呕吐和发烧。对 76 例腹泻患者收集血液、尿液和粪便样本，并进行细菌学、病毒学和毒理学分析。粪便培养显示细菌和病毒（沙门氏菌、亚麻酸沙门氏菌、志贺氏菌和轮状病毒或腺病毒）呈阴性，毒理学检测显示血液和尿液中胆碱酯酶活性和重金属浓度也在正常范围内。疾病迅速蔓延、受影响人数众多、持续时间长及受影响人群使用同一水源等情况均提示，疾病暴发的原因是水性传播（1993）。来自伊塔帕里卡水库水的毒性检测显示，水中没有有机磷农药、氨基甲酸盐或重金属的存在。在处理过的水样中也没有检测到异常高浓度的粪便大肠杆菌（1988 年巴伊亚州卫生部）。然而，在未经处理的水样中，发现较多的蓝藻属的鱼腥藻和微囊藻。这些发现表明，疾病的起因可能是水中的蓝藻毒素（1993）。

1996 年 2 月，在巴西东北部的卡鲁阿鲁发生了有人死亡的微囊藻毒素中毒事件。从 2 月 13 日至 20 日，在进行常规血液透析治疗的 131 例患者中，116 例（89％）出现头痛、耳鸣、眩晕、眼睛疼痛、视力模糊、恶心、呕吐和肌无力等症状。第 1 名患者于 2 月 20 日中午死亡，至 4 月中旬有 51 人死亡。在疾病暴发期间，100 例患者出现急性肝衰竭。至 1997 年 10 月共有 76 例患者死亡，从这些死亡患者中获得 52 人的肝脏标本。这些病例报告显示，疾病的模式或者死亡的原因归因于现在被称为"Caruaru 综合征"的一种常见综合征（1998 和 2001）。Caruaru 综合征主要表现为疼痛、极度肝大、黄疸和由瘀斑、鼻出血和子宫出血所表现的出血体质；转氨酶升高、高胆红素血症、凝血时间延长和高甘油三酯血症；在光学显微镜下观察到肝板破裂、肝细胞畸形、坏死和凋亡，胆汁淤积、细胞质空泡化、混合性白细胞浸润和多核肝细胞，以及在电子显微镜观察到细胞内水肿、线粒体改变、粗面和光滑内质网损伤、脂质空泡和残留小体。

许多科学家研究了这种综合征（2001、2002 和 2006），还进行了为数不多的流行病学研究（1998 和 1998）。研究者与患者或其亲属进行面谈，并对所有有效的医学和透析数据进行总结。流行病学分析显示，男性比女性患者多，受影响最多的年龄组为 50～59 岁（1998），死亡的患者也比幸存者年龄大（1998）。血液透析治疗（暴露）后不久，患者出现不适、嗜睡、肌痛、虚弱、头晕、恶心、呕吐、上腹痛、轻度耳聋、视力障碍和惊厥症状，最突出的体征是大范围的肝大。最严重的病例在第一周即出现致命结果，后期发生的更多死亡事件则是由于肝衰竭及其并发症或神经毒性作用。生物化学分析证实出现终末期肾功能衰竭、碱性磷酸酶活性升高和胆红素浓度升高。血清中没有检测到含氯农药、微量元素、重金属或农用化学品（包括农药）（1998）。在任何水样中也都没有发现杀虫剂或其他有机磷酸酯类农药。以上检测结果排除了杀虫剂污染、氯化消毒剂和感染性疾病作为致病因素的可能性（1998）。然而，在附近的 Tabocas 水库的湖水中发现大量有潜在毒性的有毒蓝藻，这个湖是卡鲁阿鲁和血液透析诊所饮用水的水源供应地。随后的调查显示，前几年水库存在微囊藻、鱼腥藻、项圈藻、丝囊藻和颤藻（1998 和 2002）。当地人知道水库藻类水华情况，并将"Tabocas 水库"称为"蓝湖"。对湖水的浮游藻类和血液透析诊所的水处理系统检测分析显示有微囊藻毒素和 CYNs 的存在（2001）。通过酶联免疫吸附测定、蛋白磷酸酶抑制测定和高效液相色谱-质谱法检测，在患者血清和肝组织中也发现了微囊藻毒素（MC-YR、MC-LR 和 MC-AR）和 CYNs（1998、1998、2001，2002）。从肝脏浓度和暴露量来看，估计在用于透析治疗的水中含有 19.5 $\mu g/L$ 的微囊藻毒素，这是世界卫生组织所提供的安全饮用水供水准则的 19.5 倍。后来用改进的更发达和更先进的检测方法对采集的样本重新分析，结果也被证实，在肝脏和血清样本中重新发现游离和结合形式的微囊藻毒素（2006）。另外，活检和尸检的肝组织样本的组织学检查（1998）显示，与暴露于微囊藻毒素的动物组织病理学明显类同，即肝板破裂和其他细胞畸形，包括肝细胞坏死、细胞凋亡、多核化和核扩大（1992 和 1994）。比较患者临床症状和病理组织学特征及与微囊藻毒素中毒动物表现的相似之处，足以让科学家得出结论：卡鲁阿鲁（Caruaru）案中透析患者死亡的主要原因是静脉内暴露于被氯化消毒裂解的蓝藻细胞所释放的微囊藻毒素。

在卡鲁阿鲁事件之后，巴西政府将关注重点放在蓝藻及其毒素上，把蓝藻及其毒素纳入新的巴西饮用水质量监督体系。尽管如此，在巴西，卡鲁阿鲁事件不是与毒蓝藻有关的最后一次事件。2001 年 11 月，在里约热内卢，血液透析患者暴露于微囊藻毒素的案例又一次发生（2006）。由于 Funil 水库和 Guandu 河的原水中存在鱼腥藻和微囊藻，使饮用水中出现异常的味觉和气味，在饮用水（0.4 $\mu g/L$）和 4 个透析诊所反渗透的透析水中检测到微囊藻毒素。在 Clementino Fraga Filho 医院的肾脏透析中心，检测到用活性炭滤过的水中含有微囊藻毒素（0.32 $\mu g/L$）。在该中心，44 名血液透析患者暴露于微囊藻毒素（肝毒素），其中 90％患者的血清样本中微囊藻毒素呈阳性结果（≥0.16 ng/mL）。在暴露后持续监测的 57 d 期间，血清样本中发现微囊藻毒素（小于 0.16～0.96 ng/mL）（2006）。

（二）美国

美国有长时间的蓝藻水华历史，并伴有相关的动物中毒和人类患病案例（1992 和 2005），今天仍在继续进行评估（2016）。1931 年因蓝藻而引起的人类疾病的首例事件发生于西弗吉尼亚州的查尔斯顿，在人们使用有微囊藻水华的俄亥俄河的水之后，5 000～8 000 人发生胃肠炎（1931）。另一起与被蓝藻污染的水有关的胃肠道疾病使塞威克利水设施所服务的 62% 人口受累（1979）。1974 年，在华盛顿特区的血液透析中心观察到 23 例患者有致热原反应（寒战、发热和低血压）。这次事件没有被诊断为传染病，而是认为来自当地水源的蓝藻导致用于制备透析液的自来水中内毒素污染增加，这可能是这次内毒素性休克的原因（1975）。

佛罗里达州的研究（2001）发现，54% 的娱乐用水和地表水饮用水水源中含有潜在的有毒蓝藻，90% 的样本中检测到蓝藻毒素。专门监测或去除蓝藻毒素的美国水处理设施在当时（90 年代）并不正规（1989、1993 和 1999）。美国肝细胞癌（HCC）的发病率一直在增加（1998 和 1999），特别是在佛罗里达州（2001）。因此，1981－1998 年使用地理信息系统（geographic information system，GIS）进行了一项研究，以评估居住在佛罗里达州地表水厂供水区内居民的 HCC 风险（2002）。与居住在地表水厂供水区相邻地区的居民比较，地表水厂供水范围内的居民患肝细胞癌的风险明显较高，而随机选择的地下水厂供水区居民的 HCC 风险并没有增高，或与研究期间佛罗里达州的累积发病率相比也没有增高。必须提及与这些调查结果有关的几个问题——潜在因素、人口流动性高及个人暴露信息的缺失（2002）。此外，已经进行了应用 GIS 的类似研究，以评估佛罗里达州居民暴露于地表水后人群患结肠直肠癌（colorectalcancer，CRC）的风险。尽管使用了更大的癌症病例样本量，但并没有发现二者之间有显著性相关（2001）。

另一项流行病学研究是针对来自俄亥俄州富营养化的 Grand Lake St. Marys 的饮用水而进行的，这个湖的蓝藻以浮游藻和有毒微囊藻为主。将来自俄亥俄州塞莱纳市（定期接受来自 Grand Lake St. Marys 被污染的地表水的供应，位于 Mercer 县）的肝细胞癌和结肠直肠癌的发病率与两个对照城市（接受地下水供应，位于俄亥俄州 Auglaize 县的 St. Marys 和瓦帕克内塔）进行了比较，然而，结果是不确定的（2011）。

曾有人对美国蓝藻的空间分布进行了研究，此研究目的旨在使用贝叶斯统计分析方法验证这样一个假设：蓝藻水华的污染是美国非酒精性肝病的潜在危险因素（2015）。采用生态学研究设计，计算了 1999－2010 年美国县级非酒精性肝病的性别和年龄标准化死亡率（standard mortality ratio，SMR）。2005 年 1－10 月，用中分辨率成像光谱仪（medium resolution imaging spectrometer，MERIS）的水彩图像测得的藻蓝蛋白（是微囊藻中最可测量的色素-蛋白质复合物）水平估计蓝藻水华的覆盖率，因为该色素仅在高浓度的蓝藻水华中发现（2011），这种色素的检测已经被推荐为判断微囊藻毒素水平升高的工具（2012）。选择 20 000 个蓝藻细胞/毫升作为有明显藻类水华的阈值。使用扫描统计工具来鉴定非酒精性肝病死亡的显著聚集性，以及使用当地的空间关联指标（local indicators of spatial association，LISA）图和贝叶斯空间回归模型（2015）分析蓝藻水华覆盖率与非酒精性肝病死亡率之间的关系。结果证实，蓝藻在美国广泛地扩散传播，包括沿海地区。在 62% 的县里（1 949/3 109 县）发现存在由中分辨率成像光谱仪测到的蓝藻水华迹象。在发生蓝藻的沿海地区，与非酒精性肝病有关的显著的死亡聚集性被确认。贝叶斯回归分析显示蓝藻水华的覆盖率与非酒精性肝病的死亡风险之间有显著正相关。调整年龄、性别、受教育水平和种族后，在有蓝藻水华的县，蓝藻覆盖率每增加 1%，非酒精性肝病的风险增加 0.3%（贝叶斯 95% CI：0.1%～0.5%）。鉴于当时非酒精性肝病死亡率为每年

468/100 万人，估计每年的死亡人数将增加约 440 人。将蓝藻水华定为非酒精性肝病的潜在危险因素将有助于在全球预防这种肝脏疾病。基于遥感的水质监测已经成为评估健康危害的有用工具，但也需要进一步的研究来确定蓝藻与肝病之间的特定关联（2015）。

（三）加拿大

1959 年，加拿大萨斯喀彻温省报道，在一个受蓝藻污染的湖泊游泳后出现动物死亡和人患病，尽管已有警示不要去湖中游泳。有 13 人出现发烧、虚弱、头痛、恶心、胃痉挛、呕吐、腹痛腹泻、肌肉痛和关节痛。在患者粪便中未检测到微生物病原体，而发现了微囊藻和鱼腥藻（后来被认为是潜在的微囊藻毒素生产者）。一名患者意外摄入约 300 mL 水，3 h 后出现腹部痉挛、恶心和呕吐，5 h 后腹泻开始；第二天出现发烧、虚弱、头痛和肌肉酸痛，呕吐物和粪便的颜色为绿色；在显微镜下，绿色呕吐和腹泻物中没有检测到病原体，但观察到蓝藻细胞。患者一两天后开始恢复（1960）。

研究人员利用肝癌与蓝藻污染的代用标志物之间的地理学关系，分析了加拿大淡水湖和饮用水水源中蓝藻与肝癌发病率增加的关联性（2015）。1996－2004 年的肝癌发病数据来自加拿大国家癌症登记处。潜在蓝藻暴露的代用标志物包括农业活动及一些牛和猪。调查结果显示，肝癌的地理分布与蓝藻污染的代用标志物之间并无相关性。然而，在拥有 HBV 感染率高、移民人口和城市居民众多的地区发现肝癌发病率明显增高。这项研究结果表明蓝藻毒素的暴露似乎并不会对加拿大肝癌发病率的增加产生影响。因此，需要进一步的省级层面研究，即进行湖泊和饮用水源的蓝藻和蓝藻毒素污染的监测，以克服国家层面遇到的限制（2015）。

在马尼托巴进行了另一项旨在通过对被污染的饮用水或娱乐用水水源监测，在省级层面调查肝癌发病率与 MC-LR 暴露之间关系的流行病学研究（2014）。在 1985－2007 年的 22 年研究期间，肝癌发病率一直在增加。然而，由于缺乏一致的 MC-LR 数据，肝癌与 MC-LR 暴露之间的关系尚未建立（2014）。

（四）阿根廷

在阿根廷每年温暖的季节，经常在几个大型水库（圣罗克、科尔多瓦、萨尔托格兰德和恩特雷里奥斯）发生密集的蓝藻水华。阿根廷 Salto Grande 水库是一个浅层富营养化湖，常出现以微囊藻为主的蓝藻水华。Salto Grande 水库用作饮用水、娱乐活动和钓鱼用水的水源。

2007 年 1 月 7 日，一名 19 岁的男子在阿根廷萨尔托格兰德大坝上用水上摩托艇练习喷气滑水运动，一不小心划进被一大堆绿色油漆样藻类所覆盖的海湾。在浸泡水中 2 h 之后，他游泳回到岸上。几个小时后，这名年轻人开始出现胃肠道不适、恶心呕吐和肌肉无力。第一次医疗诊断是自发性紧张，在家休息。4 d 后患者病情恶化，住院治疗，接受深度医疗护理。医生也不太理解这种发病经过，开始是肺部疾病，后又有肝脏疾病。初次接触后 48～72 h 患者出现呼吸困难、恶心、腹痛和发热综合征，同时伴有呼吸窘迫、低氧血症、肾衰竭、血小板降低、白细胞增加（15 000 细胞/毫升）和一些肝脏酶升高（天冬氨酸转氨酶 280 IU/L，丙氨酸转氨酶 300 IU/L，γ-谷氨酰转移酶 280 IU/L），而胆红素和碱性磷酸酶（ALP）正常。给予患者机械通气和抗生素治疗（亚胺培南和克拉霉素）。胸部 X 线和轴向断层扫描显示，肺底部两个叶都有广泛的间质浸润。对血液培养物和血清样品进行了额外分析，以检测和鉴定是否感染了涉及肺部疾患的多种微生物和病毒，如艾滋病毒、EB 病毒、肺炎链球菌和支原体，检测结果全部阴性。在腹部超声扫描、心电图、脑断层扫描或脑脊液分析中均没有发现异常。患者入院后 72 h 病情改善，8 d 后离开重症监护病房。所有指标在 20 d 后恢复正常值，患者出院时无任何症状，没有观察到永久性损坏。中毒症状可分 3 个阶段：胃肠道症状是第一阶段，第二是肺阶段，第三阶段为肝毒性和多器官功能衰竭。

对萨尔托格兰德大坝水库水检测显示，浮游植物总量介于 33 680～35 740 个细胞/毫升，最丰富藻类是惠氏微囊藻，介于 30 600～31 600 细胞/毫升。在水样中检测到高浓度的 MC-LR［(48.6±15) $\mu g/L$，N =3］。

第四节　总结与展望

蓝藻及其蓝藻毒素所引起的健康损害案例在世界各地均有报道。人们可以经过不同途径暴露于蓝藻及其蓝藻毒素。在被蓝藻污染的水体中进行游泳、划水和帆船等娱乐运动项目时，人们经皮肤直接接触、经口摄入和吸入可导致短时间内高浓度蓝藻或蓝藻毒素的暴露，从而引起急性健康危害。这些暴露途径的健康危害临床表现主要为胃肠道、呼吸道、皮肤和流感样症状，如腹痛、腹泻、呕吐、口周水疱、喉咙痛、干咳、胸痛、发烧、皮疹、眼睛或耳朵刺激症状，重者步行困难、幻觉错乱、肝衰竭、肺炎和心力衰竭。短时间内摄入被高浓度的蓝藻或蓝藻毒素污染的饮用水可引起人群胃肠炎疫情。因血液透析而经静脉摄入微囊藻毒素的中毒事件以巴西的"卡鲁阿鲁事件"最为著名。其主要临床表现为"Caruaru综合征"，患者出现不适、嗜睡、肌痛、虚弱、头晕、恶心、呕吐、上腹痛、轻度耳聋、视力障碍、惊厥、黄疸、极度肝大、肝衰竭，重者死亡。此外，食用被蓝藻毒素污染的水产品、农产品和食用蓝藻膳食补充剂亦可能会带来某些健康危害。

然而，实际工作中我们更需要关注的是饮用或摄入被蓝藻毒素污染的饮用水所带来的慢性危害（肝脏毒性、肾毒性、肠毒性、生殖毒性、神经毒性和胚胎毒性）和致肿瘤危害（肝癌和结肠直肠癌）。在塞尔维亚、葡萄牙、斯里兰卡、澳大利亚等国家和我国的海门、海宁、无锡、重庆等地区，许多研究者进行了蓝藻毒素与肝癌等人群流行病学调查。在塞尔维亚将有藻类水华的水库水用于饮用水水源的地区，原发性肝癌和其他癌症（脑、纵隔和胸膜、卵巢、睾丸、胃、结肠直肠、后腹膜腔和腹膜、白血病、皮肤恶性黑色素瘤）的发病率显著增高。在我国，饮用含有微囊藻毒素的池塘水/宅沟水的村民的原发性肝癌死亡率高于饮用井水的村民，河水和池塘水中的微囊藻毒素浓度还与结肠直肠癌发病率之间存在相关性。血清中 MC-LR 升高可能会导致某些代谢酶的突变基因比例、肝损伤及肝细胞肝癌的风险升高。

有关藻类或蓝藻及其毒素暴露对人类健康影响的流行病学研究在世界各地已经进行，但用于建立因果关系的证据相关性各不相同。一些人类中毒事件只进行了回顾性分析，而缺乏流行病学上的暴露评估分析。有些调查仅包括暴露的个体或报告的病例，包括癌症病例，有些调查则涉及整个城市、地区甚至国家。在有关流行病学的研究中，所调查的蓝藻毒素主要暴露途径是饮用水、娱乐运动用水、水产品和血液透析；所测定的健康结局主要指标通常包括肝脏酶活性、急性中毒和慢性疾病的各种症状、癌症发病率和死亡率、出生缺陷状况等；经常被记录的形成水华的蓝藻是微囊藻和鱼腥藻；最常检测到的藻毒素是微囊藻毒素。一些报告只是孤立的急性中毒事件，一些报告则是在有蓝藻污染的地区进行的长期研究。有关蓝藻或蓝藻毒素的长期慢性危害的研究结论不尽一致，大部分研究显示蓝藻毒素与慢性危害、肿瘤危害、出生缺陷等结局之间呈现正相关，极少数呈现无相关或不能推断出任何结论。近年来，我国一些研究者进行了蓝藻毒素肝损害的分子流行病学研究，探讨了黄曲霉毒素 B1 和 MC-LR 在运输和代谢过程中的易感基因对肝损伤的影响及血清微囊藻毒素含量与肝细胞肝癌的关系。这些研究促进了蓝藻毒素与其健康损害之间的病因、机理和健康损伤有关的分子流行病学研究的发展和进步。

不同的流行病学研究方法可以提供不同强度的人类蓝藻毒素暴露及其健康结局有关的证据。Pilotto（2008）对这一领域的流行病学研究进行了分类：最强的 I 级系统评估（综述）、前瞻性队列研究的 II

级研究、回顾性队列研究和病例—对照研究的Ⅲ级研究、横断面研究或生态学与病例系列研究的Ⅳ级研究。描述性研究允许对因果关系建立一个假设，而分析研究性则是测试这一假设是否成立。描述性研究可以包括临床和人群案例及横断面研究，而分析调查包括实验、队列和病例-对照研究。横断面研究也可以做分析，取决于所调查的内容。因此，为了确认蓝藻毒素与人类健康之间的因果关系，分析性研究尤其重要。

尽管如此，寻找、鉴定和验证与人类蓝藻毒素中毒有关的候选、敏感和有效的分子生物标志物及开创新的人群分子流行病学研究和分析方法，特别是精准分子流行病学的研究和方法，仍然是确认蓝藻毒素与人类健康影响之间因果关系的关键而迫切的任务。

（谭凤珠　郑传芬　刘思岑）

参 考 文 献

[1] Drobac D,Tododi N,Simeunovi ć J,et al. Human exposure to cyanotoxins and their effects on health[J]. Archives of Industrial Hygiene and Toxicology,2013,(64):305-316.

[2] SvirÄev Z,Drobac D,Tokodi N,et al. Toxicology of microcystins with reference to cases of human intoxications and epidemiological investigations of exposures to cyanobacteria and cyanotoxins[J]. Arch Toxicol,2017,(91):621-650.

[3] Meneely JP,Elliott CT. Microcystins:measuring human exposure and the impact on human health[J]. Biomarkers,2013,(8):639-649.

[4] Carmichael WW,Azevedo SMFO,An JS,et al. Human fatalities from cyanobacteria:chemical and biological evidence for cyanotoxins[J]. Environ Health Perspect,2001,109:663-668.

[5] Pouria S,Andrade AD,Barbosa J,et al. Fatal microcystin intoxication in haemodialysis unit in Caruaru,Brazil[J]. Lancet,1998,352:21-26.

[6] Jochimsen EM,Carmichael WW,An J et al. Liver failure and death after exposure tu microcystins at a memodialysis center in Brazil[J]. N Engl J Med,1998,(338):873-878.

[7] Backer LC,Landsberg JH,Miller M,et al. Canine cyanotoxin poisonings in the United States(1920s-2012):review of suspected and confirmed cases from three data sources[J]. Toxins,2013,5:1597-1628.

[8] Giannuzzi L,Sedan D,Echenique R,et al. An acute case of intoxication with cyanobacteria and cyanotoxins in recreational water in Salto Grande Dam,Argentina[J]. Mar. Drugs,2011,9:2164-2175.

[9] Wood R. Acute animal and human poisonings from cyanotoxin exposure—A review of the literature[J]. Environ Int,2016,(91):276-282.

[10] Hilborn ED,Soares RM,Servaites JC,et al. Sublethal microcystin exposure and biochemical outcomes among hemodialysis patients[J]. PLoS one,2013,(8)7:e69518.

[11] Zhang F,Lee J,Liang S,et al. Cyanobacteria blooms and non-alcoholic liver disease:evidence from a county level ecological study in the United States[J]. Environ Health,2015,14:41.

[12] Ueno Y,Nagata S,Tsutsumi1 T,et al. Detection of microcystins,a blue-green algal hepatotoxin,in drinking water sampled in Haimen and Fusui,endemic areas of primary liver cancer in China,by highly sensitive immunoassay[J]. Carcinogenesis,1996,(17):1317-1321.

[13] Chen J,Xie P,Li L,et al. First identification of the hepatotoxic microcystins in the serum of a chronically exposed human population together with indication of hepatocellular damage[J]. Toxicol Sci,2009,(108):81-89.

[14] Li Y,Chen J,Zhao Q,et al. A cross-sectional investigation of chronic exposure to microcystin in relationship to childhood liver damage in the three gorges reservoir region,china[J]. Environ Health Perspect,2011,(119):1483-1488.

[15] Zheng C,Zeng H,Lin H,et al. Serum microcystins level positively linked with risk of hepatocellular carcinoma:a case-control study in Southwest China[J]. Hepatology,2017,66:1519-1528.

［16］ 俞顺章,赵宁,资晓林,等.饮水中微囊藻毒素与我国原发性肝癌关系的研究［J］.中华肿瘤杂志 2001(23):96-98.

［17］ 俞顺章,董传辉,张幼辰.我国两种生物毒素与肝癌［J］.卫生研究,1998(27):84.

［18］ 俞顺章,穆丽娜,蔡琳,等.饮水等三大环境危险因素与肝癌——泰兴市肝癌病例对照研究［J］.复旦学报(医学版),2008,(35):31-37.

［19］ Svir čev Z,Drobac D,Tokodi N,et al. Epidemiology of primary liver cancer in serbia and possible connection with cyanobacterial blooms［J］. J Environ Sci Health C,2013,31(3):181-200.

［20］ Labine MA,Green C,Mak G,et al. The geographic distribution of liver cancer in canada does not associate with cyanobacterial toxin exposure. Int. J. Environ［J］. ReS. Public Health,2015,12(12):15143-15153.

［21］ Lun Z,Hai Y,Kun C. Relationship between microcystin in drinking water and colorectal cancer［J］. Biomed Environ Sci,2002,15(2):166-171.

［22］ Peng L,Liu Y,Chen W,et al. Health risks associated with consumption of microcystin-contaminated fish and shellfish in three Chinese lakes:Significance for freshwater aquacultures［J］. Ecotoxicol Environ Saf,2010,73:1804-1811.

［23］ Xie L,Xie P,Guo L,et al. Organ distribution and bioaccumulation of microcystins in freshwater fish at different trophic levels from the eutrophic Lake Chaohu,China［J］. Environ Toxicol,2005,20:293-300.

［24］ 杨克敌,郑玉建.环境卫生学(第八版)［M］.北京:人民卫生出版社,2017.

［25］ Yang X,Liu W,Lin H,et al. Polymorphism of metabolic genes on liver damage:focusing on SLCO1B1 and GSTP1［J］. Sci Rep,2017,7:16164-16174

第四章　蓝藻毒素的肝脏毒性研究

早在 1979 年和 1981 年，澳大利亚作为饮用水源的 Solomon 和 Malpas 水库被毒蓝藻污染发生了人群的肝损伤中毒事件。1996 年，巴西发生了肾透析水被蓝藻毒素污染导致 76 人中毒死亡的严重事件，中毒人员发生了明显的肝损伤，此后蓝藻毒素与肝损伤的关系受到广泛关注。在后来的一系列研究中发现，蓝藻毒素主要蓄积在机体的肝脏，并且具有明显的肝毒性。机体摄入蓝藻毒素后，由消化道吸收进入肝脏，再通过细胞主动转运的方式进入胞内，与胞内一系列因子发生结合、代谢等反应，干扰细胞的正常生理功能。蓝藻毒素在不同作用剂量和不同作用时间下，可以引起肝脏发生不同程度的急慢性损伤，甚至会引发癌变。目前，在众多蓝藻毒素研究中，微囊藻毒素的肝毒性效应研究最为明确和详细。因此，本章主要围绕微囊藻毒素的肝毒性效应进行介绍，包括微囊藻毒素进入肝脏后的转运、代谢和蓄积过程，微囊藻毒素对肝脏的急慢性损伤效应、致肿瘤作用及其机制。此外，本章还将介绍微囊藻毒素与其他环境危险因素（如肝炎病毒、黄曲霉毒素等）的联合毒性效应，以及微囊藻毒素引起肝损伤的易感人群的遗传特征等内容。

第一节　微囊藻毒素在肝脏的转运、代谢和蓄积

微囊藻毒素进入机体后，在肝、肾、脑、肌肉与生殖器官等部位蓄积，其中肝脏是微囊藻毒素进入机体后的最主要靶器官。机体内的微囊藻毒素在肝细胞膜上分布的转运体作用下通过主动转运的方式进入细胞，胞内的微囊藻毒素与细胞内的一系列因子发生结合、代谢等作用，产生相应的毒性反应和解毒反应。此外，进入细胞的一部分藻毒素将通过细胞膜的一些特殊结构排出细胞，而一部分则滞留在细胞内，持续发挥毒性作用。

一、微囊藻毒素在肝脏的转运

微囊藻毒素进入机体后主要通过小肠吸收，部分也可通过胃部吸收，消化道吸收的微囊藻毒素大部分通过门静脉系统到达肝脏，由于微囊藻毒素特殊的分子结构和较大的分子量，膜穿透能力较低。因此，进入肝脏后的毒素不能直接通过质膜扩散方式进入细胞内，只能通过主动转运的方式进入胞内。

目前主动转运化学物质进入细胞的转运体主要包括：有机阴离子转运多肽（organic anion transporting polypeptide，OATP），牛磺胆酸转运蛋白多肽（nat-taurocholate co-transporting polypeptide，NTCP），有机阴离子转运体（organic anion transporters，OATs）和有机阳离子转运体（organic cation transporters，OCTs）。

在这些转运体中，OATP 是转运微囊藻毒素的最主要结构。OATP 可以介导吸收不依赖钠离子的有机化合物，如毒素、药物及胆汁盐类等。到目前为止，已经发现了 OATP 的 8 个种属和 12 个家族，总共 52 个成员。此外，OATP 是一种多特异性转运系统，其表达于不同组织器官和不同的细胞类型，如肠细胞、肝细胞和肾上皮细胞，同时还表达于心、肺、脾、胰、脑及血脑屏障等器官和组织结构。OATP 在各器官和组织结构中的类型及表达水平直接决定了微囊藻毒素在该部位的蓄积和分布情况。

针对微囊藻毒素的转运方式，Ericksson 等进行了系列研究，他们分离了大鼠原代肝细胞，同时还运用人肝癌细胞系 Hep G2 和小鼠成纤维细胞系 NIH-3T3，采用放射性标记的 MC-LR 观察细胞对微囊藻毒素的摄取情况，结果显示肝细胞能够特异性地摄取 MC-LR。为了证明 MC-LR 是如何进入肝细胞

的，他们还采用了表面恒压技术进行检测，结果发现 MC-LR 的膜穿透能力（表面活性）较低，提示细胞摄入 MC-LR 可能采取的是主动转运方式，当他们使用了胆汁酸转运蛋白抑制剂后，发现采用这种抑制剂后细胞摄取 MC-LR 的能力受到了明显抑制。因此，他们的研究证实了 OATP 在微囊藻毒素进入细胞中发挥了重要的作用。

在不同的种属中，转运微囊藻毒素进入肝脏细胞的 OATP 的类型不同。在人体中表达的 OATP 亚型，主要包括 OATP1B1、OATP1B3 及 OATP1B2 三种，其中 OATP1B1 和 OATP1B3 是人肝细胞特异性的，而 OATP1B2 在血脑屏障的内皮细胞、血脑脊液阻挡的上皮细胞和人神经元的细胞膜中高度表达，而在大鼠肝脏承担转运作用的主要为 OATP1B2。Zeller 等通过人肠细胞（Caco-2）模型进行实验，结果发现 MC-LR 和 MC-RR 染毒 30 min 后，即可在细胞膜上检测到微囊藻毒素，2 h 后可在细胞内检测到微囊藻毒素，6 h 后可在细胞核检测到微囊藻毒素。该研究在低温条件下（4℃）进行也得到同样结果，表明细胞对微囊藻毒素的转运不用依赖 ATP。Fischer 等使用具有大鼠/人肝细胞上表达 Oatp1b2、人类 OATP1B1 和 OATP1B3 的非洲爪蟾卵母细胞，最终发现具有这些 OATP 表达的细胞转运 MC-LR 的能力是非转运体表达卵母细胞的 2～4 倍。然而在表达 OATP1A1、OATP1A4 或 OATP2B1 的卵母细胞中并未观察到 MC-LR 的转运。Lu 等在采用 Oatp1b2 基因缺陷的小鼠进行了 MC-LR 的毒性试验，结果发现其肝脏对 MC-LR 的摄入及产生的毒性作用显著低于野生型小鼠，野生型小鼠相对 Oatp1b2 基因缺陷小鼠的血清肝功能酶升高更为明显，并且病理切片显示肝损伤更严重，见图 4-1。同时，Monls 等的研究发现表达 OATP1B1 和 OATP1B3 的 Hela 细胞相较于不表达 OATP 的细胞对 MC-LR 的敏感性提高了 100 倍。这些研究结果表明，OATP 在微囊藻毒素的摄取及毒性作用的发挥中具有重要作用。

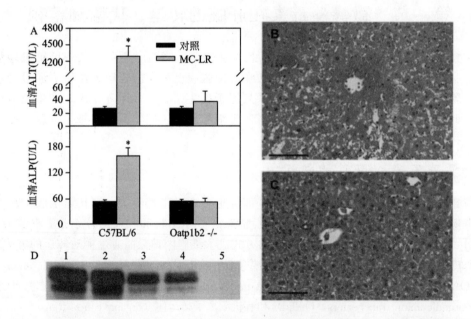

图 4-1　用 MC-LR 处理的 *C57BL/6* 和 *Oatp1b2* 缺陷小鼠血清肝功能酶水平和肝脏病理变化

（A）用 MC-LR 处理的 C57BL/6 野生型小鼠和 *Oatp1b2* 缺陷小鼠血清 ALT（谷丙转氨酶）和 ALP（碱性磷酸酶）水平；MC-LR（120 μg/kg 盐水溶液），对照为等体积盐水溶液。（B）C57BL/6 野生型小鼠肝脏病理切片。（C）*Oatp1b2* 缺陷小鼠肝脏病理切片。肝切片用苏木精-伊红染色。（D）在腹膜内注射 MC-LR（60 μg/kg）后 3 h，从小鼠肝脏制备的核内或细胞质蛋白中，MC-LR 与 PP1 和 2a 结合的蛋白质印迹检测。泳道 1－2，MC-LR 处理的 C57BL/6 小鼠肝脏；泳道 3－4，用 MC-LR 处理的 *Oatp1b2* 无效小鼠肝脏；泳道 5，未处理的小鼠肝脏。

引自：Lu H, Choudhuri S, Ogura K, et al. Characterization of organic anion transporting polypeptide 1b2-null mice: essential role in hepatic uptake/toxicity of phalloidin and microcystin-LR [J]. Toxicol Sci, 2008, 103 (1): 35-45.

二、微囊藻毒素在肝脏的代谢

微囊藻毒素进入细胞后，在胞内的代谢过程十分复杂。研究表明，微囊藻毒素在胞内参与细胞的磷酸代谢、酪氨酸代谢、谷胱甘肽去毒代谢、胆碱代谢、能量代谢和可能的核苷酸合成等过程。微囊藻毒素在细胞内的代谢见图 4-2。

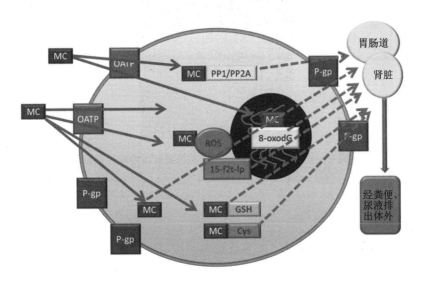

图 4-2 藻毒素细胞内的代谢过程

MC：微囊藻毒素；OATP：有机阴离子转运多肽；P-gp：P-糖蛋白；PP1：蛋白质磷酸酶 1；PP2A：蛋白质磷酸酶 2A；ROS：活性氧簇；8-oxodG：8-羟基多样鸟苷；GSH：谷胱甘肽；Cys：半胱氨酸。

（一）微囊藻毒素在肝细胞内参与的磷酸代谢

蛋白质的磷酸化与去磷酸化是细胞内维持细胞正常功能的一个动态过程，也是调节细胞内蛋白质活动的重要途径。蛋白质的磷酸化与去磷酸化由磷酸酶和磷酸激酶催化，一旦这些酶的激活或抑制失控后，将会引起细胞内功能的失衡，从而导致细胞结构和功能的紊乱。

进入细胞内的微囊藻毒素，会与磷酸酶活性相关的重要激酶的亚基发生结合，微囊藻毒素与这些亚基结合后，能够改变细胞内的磷酸化水平，从而引起细胞功能的改变。目前研究已经表明，微囊藻毒素对蛋白磷酸酶家族中的蛋白质磷酸酶 1（protein phosphatase 1，PP1）和蛋白质磷酸酶 2A（protein phosphatase 2A，PP2A）具有很强的亲和力，而对其他亚型（如 PP2B）几乎没有影响。1997 年，Bagu 等证实微囊藻毒素对 PP1 和 PP2A 的抑制作用是通过共价结合在 PP1 和 PP2A 的 Cys-273 位点后发挥作用，MC-LR 与 PP-1c 结合产生了晶状复合体结构，结合的分子结构模式见图 4-3。微囊藻毒素与磷酸酶结合是微囊藻毒素在细胞内发生的重要反应，结合能够明显影响细胞内的磷酸代谢，使细胞内的磷酸化水平显著增强。由此对肝脏组织、肝细胞的形态和细胞骨架结构及细胞代谢动力学发生改变，这也是微囊藻毒素在细胞内介导毒性作用的重要机制之一。具体内容将在第三节微囊藻毒素的肝损伤机制中详细介绍。

1. 微囊藻毒素与 PP1 的反应

微囊藻毒素与蛋白质磷酸酶的结合位点主要有 3 个：疏水位点、C 末端位点和催化位点。微囊藻毒素通过两个水分子间接与 γ-连接的 D-谷氨酸部分的 α-羧基和相邻羰基的两个催化原子配位。因此，谷氨酸 α-羧基对微囊藻毒素的毒性起重要作用。微囊藻毒素 MeAsp 残基的羧基与 PP-1c 的 Arg96 和 Tyr134 相互作用，从而阻断了酶的活性中心。此外，微囊藻毒素由 Adda 残基与 PP-1c 的疏水位点反应后组成的长疏水性尾部也与蛋白磷酸酶的活性位点毗邻。反应也会在 PP-1c 的毒性敏感的 b12-b13 环（位于 268-281 残基）发生。

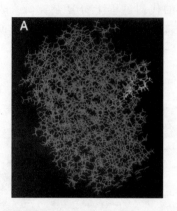

图 4-3　MC-LR 和 PP-1c 晶体结构复合体的整体视图

引自：Bagu J R，Sykes B D，Craig M M，et al. Amolecular basis for different interactions of marine toxins with protein phosphatase-1. Molecular models for bound motuporin，microcystins，okadaic acid，and calyculin A［J］. J Biol Chem，1997，272（8）：5087-5097.

2. 微囊藻毒素与 PP2A 的反应

PP2A 被认为是重要的肿瘤抑制因子。许多证据表明其突变、修饰、增益或活性丧失与癌细胞的产生密切相关。微囊藻毒素与位于 PP2A 表面上的两个锰原子上方的活性位点结合。这种结合通过疏水反应得到加强，结合的位点位于 Gln122、Ile123、His191 和 Trp200 残基，通过范德华力反应结合 Leu243、Tyr265、Cys266、Arg268 和 Cys269 残基，并通过共价结合 Cys269 的 Sγ 原子和 Mdha 的末端碳原子。

（二）微囊藻毒素在胞内参与的酪氨酸代谢

酪氨酸最重要的生理功能之一是产生神经递质儿茶酚胺（多巴胺、去甲肾上腺素和肾上腺素等），这些神经递质是人交感神经系统的重要组成部分。目前研究还表明，酪氨酸羟化酶（tyrosine hydroxylase，TH）是儿茶酚胺合成的限速酶，TH 可以催化酪氨酸向 3，4-二羟基苯丙氨酸的转化，而该酶的 ser40 残基位点会与微囊藻毒素发生作用，从而其功能受到抑制。例如，受 MC-LR 干扰的酪氨酸缺陷可能破坏神经递质的合成，从而引起神经递质调节障碍。

中科院水生所谢平研究团队通过代谢组学的方法已经发现微囊藻毒素进入细胞后会干扰酪氨酸的代谢。他们的研究表明，进入肝细胞内的微囊藻毒素会显著降低肝脏中的芳香族氨基酸（Phe 和 Tyr）水平，并且显著降低它们的分解产物 o-HPA 和 m-HPA 释放进入肠腔。因此，酪氨酸分解代谢途径可能由于缺乏物质来源（Phe 和 Tyr）而受到中断。

酪氨酸可以被降解产生乙酰乙酸和富马酸。富马酰基乙酰乙酸水解酶（fumaryl acetoacetate hydrolase，FAH）是酪氨酸分解代谢途径中的最后一种酶，催化乙酰乙酸富马酰酯水解为富马酸酯和乙酰乙酸酯。MC-LR 会导致肝细胞内 FAH 磷酸化增加，从而抑制 FAH 的活性。酪氨酸分解代谢途径也可能由于其活性的降低而中断。

（三）微囊藻毒素在胞内参与的谷胱甘肽去毒代谢

谷胱甘肽（glutathione，GSH）对外源物质在机体代谢和结合中起重要作用，被认为是对外源有毒物质侵入机体后的重要解毒代谢途径。各种水生植物、无脊椎动物和鱼类体内，一旦有微囊藻毒素（MC-LR 和 MC-RR）的侵入，细胞内的 GSH 均可以通过缀合谷胱甘肽-S-转移酶与 MC-LR 或 MC-RR 结合，产生

MC-LR-GSH/MC-LR-RR-GSH 结合产物。Kondo 等 1992 年首次报道微囊藻毒素中的 MC-LR、MC-RR 可以与 GSH 和 Cys 在化学反应中生成相应的结合物。1996 年，小鼠和大鼠分别通过 MC-RR 和 MC-LR 染毒后，可以在肝脏检测到 MC-RR、MC-LR 与 GSH 和（或）Cys 的结合产物。

之后的研究表明，MC-LR-GSH 结合产物在体内其实并不稳定。谢平等对太湖水中的水生生物（蜗牛、鱼、虾等）进行了质谱分析，发现尽管可在肝、肾、肠和肌肉中定性检测到 MC-LR-GSH 和 MC-RR-GSH，但其含量始终低于最低检测限，定量分析困难。Zhang 等研究表明，在水生动物（尤其是鱼类）中，MC-LR 的主要排泄形式是 MC-LR-Cys，而不是 MC-LR-GSH，MC-LR-Cys 可能在 MC-LR 的解毒中起重要作用，并且发现 MC-LR-Cys 形成的效率在物种间不同。研究提示，MC-LR 在水生动物中的主要解毒途径为：当 MC-LR 进入肝/肝胰腺时，首先与含有 Cys 残基的多肽或蛋白质（包括 GSH，PP1 和 PP2A）游离半胱氨酸结合，随后 MC-LR-Cys 从这些多肽或蛋白质中降解，最后形成 MC-LR-Cys 化合物从动物体内排出。

大鼠的近心端微灌注研究也表明，微囊藻毒素与 S-取代的谷胱甘肽衍生物的衰解非常迅速（$t^{1/2} \approx$ 3.5s）。而微囊藻毒素与 GSH 的结合衍生物在体内会很快转化为微囊藻毒素与半胱氨酸（Cys）的结合物（MC-LR-Cys/MC-RR-Cys）。

MC-LR-Cys 和 MC-RR-Cys 的结合产物是机体排泄微囊藻毒素的重要方式，并主要通过肾脏完成。Ito 等用微囊藻毒素采用腹腔注射的方式对小鼠进行染毒，采用免疫组化的方式在小鼠肾脏中观察到了 MC-LR-Cys，而肝脏中的 MC-LR-Cys 表达并不明显。Chen 等 2007 年在太湖鱼类肾脏中也检测了 MC-LR-Cys 结合产物。

GSH 通过与微囊藻毒素缀合发生解毒功能，摄入量大会导致谷胱甘肽耗竭，从而降低机体抵抗其他外源物质的能力，降低机体的防御能力，导致包括肝病、肿瘤和其他多种疾病的危险性明显升高。在异种生物代谢中，第一反应由细胞色素 P450（cytochrome P450，CYP）氧化酶和谷胱甘肽巯基转移酶（glutathione s-transferase，GST）催化，其分别将反应性或极性基团引入异种生物体并将修饰的毒素与谷胱甘肽缀合。修饰的毒素可以进一步从细胞中排出并通过胆汁系统消除，或在其消除之前在细胞中代谢。在哺乳动物中，已经鉴定了 3 个主要的代谢酶：细胞溶质 GST（包括 7 个类别，即 α、μ、π、θ、σ、ω 和 ζ），线粒体 GST（K 类）和微粒体 GSTs。鱼类中没有发现不同的哺乳动物同源物，在红海鲷（pagrus major）中被称为 ρ 类。

肝细胞内的谷胱甘肽巯转移酶（glutathione s-transferase，GST）是机体对 MC-LR 解毒的关键因子，可使机体内的谷胱甘肽与 MC-LR 共轭结合，然后转移至肾脏和大肠排出体外，这是微囊藻毒素在体内代谢外排的主要途径。GSTs 是体内最重要的 Ⅱ 相代谢酶之一。目前，在一系列的动物研究中已经发现 GSTs 可以保护微囊藻毒素导致的肝损伤，这些动物包括鲤鱼、金鱼、鼠等。而 GST 的基因多态性也在人群研究中逐渐发现与微囊藻毒素导致的肝损伤密切相关，具体内容将在第四节中详细介绍。

（四）微囊藻毒素在胞内参与的胆碱代谢

胆碱是卵磷脂的必需营养素和基本成分，在脂质代谢中起着重要的作用。胆碱缺乏症已被证实与肝脂肪变性和动脉粥样硬化相关。

Birungi 等在细胞实验中发现微囊藻染毒的 HepG2 细胞，胞内的胆碱会被还原，染毒后细胞内的胆固醇和脂肪显著增加。此外，He 等通过代谢组学的方法，也在 MC-LR 染毒组的大鼠肝脏中观察到了甘油酯和脂质混合物的显著增加，并且推测 MC-LR 会在大鼠体内同时参与细胞内与胆碱代谢相关的 3 条代谢途径。①同源生物通路：在所有 MC-LR 染毒组中，肝脏中两种微生物的代谢物 TMA 和 TMAO 显著降低。②哺乳动物途径：MC-LR 在肝脏诱导的胆碱缺乏也可导致磷脂酰胆碱（卵磷脂）合成中间体 PC 水平的降低。③另一条哺乳动物途径：在 MC-LR 处理的大鼠尿液中也观察到胆碱的排泄，肌酸酐和肌酸也有轻微降低。这些研究表明，吸收减少和肝胆碱能力缺乏似乎是 MC-LR 引起肝损伤和心血管疾病的重要原因。

（五）微囊藻毒素在胞内对核酸合成的影响

由于各种氨基酸在核苷酸的合成途径中起关键作用，因此肝脏中大量氨基酸的缺乏可能导致核苷酸合成紊乱。He 等采用代谢组学的研究方法发现，MC-LR 染毒后的大鼠，参与核酸合成过程的 12 种氨基酸都有不同程度的降低。Mikhailov 等报道，MC-LR 可以抑制大鼠的 ATP 合成酶，Birungi 等也发现微囊藻毒素会在 Hep G2 细胞中引起嘌呤代谢的组分 GMP 的减少。研究表明，MC-LR 对核苷酸的合成产生了明显的干扰。

（六）微囊藻毒素在胞内的能量代谢影响

MC-LR 可引起参与能量代谢的许多代谢物变化。NAD 作为电子载体广泛涉及糖酵解、糖异生、柠檬酸循环和细胞呼吸，它可以通过交替氧化型（NAD^+）和还原型（NADH）转化为 ATP。He 等用代谢组学方法观察到 MC-LR 染毒的大鼠肝脏 NAD 及其代谢物 N-甲烟酰胺显著减少，结果表明 MC-LR 引起了 NAD 的耗竭和 ATP 的消耗。Chen 等人也采用蛋白组学的研究方法，发现 MC-LR 可诱导小鼠 NADH 脱氢酶 Fe-S 蛋白 8 表达显著增加。N-甲基烟酰胺是烟酰胺消除的常见形式，而肝脏内的下降可能是 NAD 耗竭的结果。除了 NAD 和 N-甲基烟酰胺外，其他能量代谢的代谢物如柠檬酸循环琥珀酸中间体和糖酵解终产物乳酸也在 MC-LR 染毒小鼠的肝脏中减少。以上研究均表明，藻毒素进入了肝脏细胞后参与了胞内的能量代谢。

三、微囊藻毒素在肝脏的蓄积

进入机体的微囊藻毒素，其中一部分能够与体内的各种应激因子进行反应和代谢，而还有一部分则会通过细胞内的代谢通道排出细胞，最终通过肾脏排出体外。

P-糖蛋白（P-gp）是细胞膜上重要的参与排泄药物和其他一些因子的蛋白。其存在于具有分泌和排泄功能的上皮组织中。例如，哺乳动物的肠、肝、肾及血脑屏障上的毛细血管内皮细胞。P-gp 作为一种依赖能量的泵来转运各种结构和功能上不同的底物，这些化合物往往是中等疏水性的天然产物，并且这些化合物通常是解毒酶 CYP 和 GST 的底物或代谢物，而微囊藻毒素恰好也是 CYP 和 GST 的作用底物。在哺乳动物肿瘤细胞中，P-gp 表达的增加能够导致化疗药物的积累下降及抗性肿瘤细胞的形成。Ame 已经用 RT-PCR 和 western-blot 实验同时证实暴露于 MC-LR 后的 *Jenynsia multidentata*（一种鱼类），其肝脏细胞上的 P-gp 基因及蛋白表达均显著增强（此外，腮和脑中也得到同样的结果）。Contardo 等研究者用 MC-LR 对淡水贻贝 Dreissena polymorpha 染毒 72 h 以观察 P-gp 对 MC-LR 排泄的作用，见图 4-4。研究表明，MC-LR 暴露 1 h 后，P-gp 的活性增强，但 72 h 暴露终止后再检测 P-gp 的活性，其活性并未增强，而 P-gp 酶活性是随着暴露时间的增加而显著增加，并且在暴露结束后，动物组织中毒素的浓度随着时间逐渐降低。研究结果表明，P-gp 为微囊藻毒素的排泄方式。

没能排出体外的微囊藻毒素会在体内进行蓄积，对机体持续造成毒性作用。动物实验和人群调查研究均表明，微囊藻毒素会在机体的肝脏进行蓄积。Robinson 和 Nishwaki 等用放射性标记的 MC-LR 采用静脉注射和腹腔注射的方式对小鼠进行染毒，结果发现 MC-LR 在肝脏内至少能够蓄积 6 d。在 1996 年巴西的肾透析中毒事件后，研究者也采用 ELISA、LC-MS、GC-MS 和 MS-MS 等技术在中毒者的肝脏样本中检测到了微囊藻毒素的蓄积。

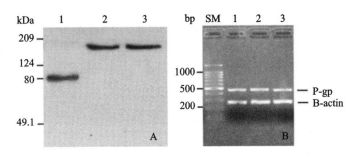

图 4-4 P-gp 在 *J. multidentata* 组织中的表达

A. Western Blot：通过 C-2919 抗 P-gp 单克隆抗体检测游离组织膜蛋白提取物中的表达。1 号泳道为脑，2 号泳道为腮，3 号泳道为肝。B. RT-PCR：通过 RT-PCR 分析总 RNA，并在凝胶上显示 P-gp 和 B-actin 的扩增产物。1 号为脑，2 号为腮，3 号为肝脏。

引自：Amé MV，Baroni MV，Galanti LN，et al. Effects of microcystin-LR on the expression of P-glycoprotein in Jenynsia multidentata [J]．Chemosphere，2009，74（9）：1179-1186.

第二节 微囊藻毒素的肝损伤效应

一系列的蓝藻毒素中毒事件和相关研究已经逐渐证实，微囊藻毒素在不同的作用剂量和作用时间下能够造成肝细胞产生不同程度的急慢性损伤，在毒素的长期作用下甚至能够引发肝肿瘤的发生。微囊藻毒素对肝细胞的急性损伤主要造成肝细胞结构和功能的破坏，并最终导致肝细胞的凋亡；慢性损伤主要表现为对细胞凋亡-增殖稳态的影响。目前的研究还发现微囊藻毒素暴露可能是肝肿瘤发生的独立危险因素，并且其导致的肝肿瘤危险会得到其他肝危险因素的加强。

一、微囊藻毒素的急性肝损伤效应

研究者分别在 1979 年和 1981 年采用流行病学的调查研究方法，发现澳大利亚作为水源水的水库受到蓝藻毒素污染与人群肝损伤的发生存在显著相关性。1996 年巴西 Tabocas 水库和 Caruar 透析中心发生了 116 名患者蓝藻毒素的中毒事件，并最终导致 76 人中毒死亡，其中相当部分的中毒患者发生了明显的急性肝损伤。研究者采用 ELISA 和 HPLC 方法对事故中的死亡者中获得的 52 份肝脏样本及 17 份血清样本进行分析，发现了样本中具有可检测到的微囊藻毒素，并且肝脏和血清样本中微囊藻毒素的含量分别为 223 ng/g 和 2.2 ng/mL。研究结果进一步证实了这些中毒患者的死亡与蓝藻毒素的暴露密切相关，见图 4-5。表 4-1 中列出了蓝藻毒素污染引起的人群肝损伤的中毒事件。

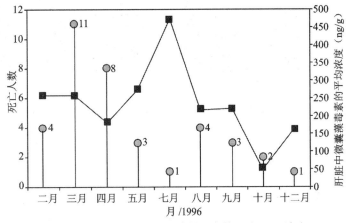

图 4-5 Caruaru 透析者肝脏样品中的平均 MCs 浓度

引自：Azevedo S M，Carmichael W W，Jochimsen E M，et al. Human intoxication by microcystins during renal dialysis treatment in Caruaru-Brazil [J]．Toxicology，2002，181-182：441-446.

表 4-1 蓝藻水华与人群肝损伤中毒事件

暴露途径	地点	年份	病例	水源中的蓝藻	蓝藻毒素
饮水	澳大利亚 Solomon 水库	1979	149	拟柱胞藻	拟柱胞藻毒素
饮水	澳大利亚 Malpas 水库	1981	25 000 人群样本	微囊藻	微囊藻毒素
血透析	巴西 Tabocas 水库和 Caruar 透析中心	1996	116 名患者中超过 50 人死亡	微囊藻	微囊藻毒素

引自:谢平. 微囊藻毒素对人类健康影响相关研究的回顾[J]. 湖泊科学,2009,21(5):603-613.

研究者对蓝藻毒素的毒性效应进行了大量的研究。他们在动物实验中已经发现蓝藻毒素的急性暴露可以导致肝脏发生明显的损伤。1997 年,Yoshida 等用 6 w 龄的雌性 BALB/c 小鼠,以 $8.0 \sim 20.0$ mg/kg 的剂量口服 MC-LR(纯度超过 95%)进行染毒,观察到了致死性和肝脏的病理性改变,染毒 MC-LR 主要引起小鼠肝脏发生肝细胞损伤,并且导致的肝损伤具有出血性坏死的特点。他们采用原位末端标记及电子显微镜观察到了肝细胞的凋亡性细胞死亡。并且在之后的研究进程中,Clark 等也发现小鼠急性暴露于高剂量 MC-LR 会发生细胞角蛋白中间体细胞和细胞核周围的肌动蛋白微丝的聚集。高剂量的 MC-LR 会引起小鼠肝脏细胞线粒体膜破裂,并造成伴有大面积肝内出血的肝结构损伤。不论是大鼠还是小鼠的动物实验,均表明微囊藻毒素可以引起肝脏出血及肝细胞的坏死。此外,微囊藻毒素也可以在 C57BL/6 小鼠中诱导肝细胞和胆管细胞的严重损伤。不同剂量微囊藻毒素引起的小鼠肝细胞发生的凋亡病理切片如图 4-6 所示,在最高染毒剂量 80 g/kg 染毒 24 h 后,小鼠肝细胞发生凋亡最为明显。

在体外实验研究中,微囊藻毒素也被证实能够引起明显的肝细胞急性损伤。肝细胞在体外急性暴露于高剂量 MC-LR 后,同样会导致细胞角蛋白中间体和细胞核周围的肌动蛋白微丝的聚集。McDermott 等发现,高剂量的 MC-LR 会引起包括原代大鼠肝细胞、人成纤维细胞、人类内皮细胞、人类上皮细胞和大鼠早幼粒细胞典型的细胞凋亡,以及相关的形态学和生物化学变化。最近,Liu 等也发现,MC-LR 的急性染毒,会引起人正常肝细胞系(HL7702 细胞)发生明显的细胞核损伤,发现微核的形成和尾部 DNA 的明显产生,并且显著改变细胞内氧化应激相关指标的表达水平。

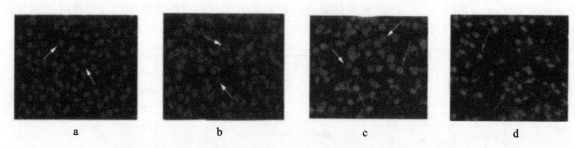

图 4-6 MC-LR 染毒 24 h 小鼠采用 Hoechst 33258 染色的肝脏切片

(a) 0 μg/kg;(b) 60 μg/kg;(c) 70 μg/kg;(d) 80 μg/kg 染毒 24 h。红色箭头表示凋亡细胞;白色箭头表示正常细胞。

引自:Chen T,Wang Q,Cui J,et al. Induction of apoptosis in mouse liver by microcystin-LR:a combined transcriptomic,proteomic,and simulation strategy [J]. Mol Cell Proteomics,2005,4(7):958-974.

微囊藻毒素对细胞代谢和生理的影响根据微囊藻毒素的亚型、物种/遗传背景、细胞类型、暴露水平和暴露持续时间的不同而不同。比如,原代小鼠肝细胞对 MC-LR 的敏感性比虹鳟鱼肝细胞大 25 倍;Ikehara 等发现人正常肝细胞(normal human hepatocytes,h-Nheps)和人肝癌细胞系(human hepatoma cell line，HepG2）对 MC-LR 的敏感性显著不同。在 HepG2 细胞系中，尽管微囊藻毒素转运蛋白表达略有升高，但 MC-LR 没有诱导其形态变化，没有明显的细胞毒性，毒素在细胞内积累程度较低，而 h-Nheps对细胞的毒性敏感性较强，这可能与细胞上 OATP 的表达具有一定关系。不同的细胞类型对 MC-LR 的耐受性也不同：10 μg/mL MC-LR 作用 24 h 和 48 h 后，人结肠腺癌细胞株 CaCo-2 细胞存活率下降约 40%，而人星形细胞瘤 IPDDC-A2 和人类 B 淋巴细胞 NCNC 细胞则未受影响，并且在非细胞毒性浓度下，MC-LR 诱导 CaCo-2 细胞 DNA 损伤的时间和剂量依赖性增加，但在 IPDDC-2A 和 NCNC 细胞中并不显著。Humpage 和 Falconer 发现，原代小鼠肝细胞在较低浓度（皮摩尔级，pmol/L）MC-LR 暴露下，胞质分裂受到刺激，而细胞凋亡率较低；但较高浓度（纳摩尔浓度级，nmol/L）时，细胞分裂将会被抑制并且会诱导细胞死亡。人肝癌 HepG2 细胞比正常人肝细胞对高浓度 MC-LR 更耐受。研究发现 MC-LR 还在 Vero-E6 细胞（非洲绿猴肾细胞系）中具有双重效应，低浓度 MC-LR 可以刺激细胞增殖，但在亚细胞毒性浓度下则诱导自噬/细胞凋亡。Menezes 等发现 Vero-E6 细胞在 MC-LR 染毒后，细胞会发生自噬、细胞凋亡或坏死等结局，并且不同类型的结局与染毒的方式、剂量和时间都密切相关。同时发现，微囊藻毒素可以诱导多种类型细胞的凋亡，包括肝细胞、淋巴细胞、神经元和肾上皮细胞。

二、微囊藻毒素的慢性肝损伤效应

2005 年，Chen 等在中国巢湖边生活的渔民血清中首次检测到了微囊藻毒素的存在，并发现这些渔民长期的微囊藻毒素暴露与肝损伤存在显著关联性，首次发现微囊藻毒素自然暴露对人类健康具有影响的最直接证据。该研究还发现，暴露的蓝藻毒素同时检测出了 MC-RR、MC-YR 和 MC-LR，表明在通过自然暴露的蓝藻毒素是以混合暴露的形式出现的，见图 4-7。

Li 等在同样具有蓝藻污染的中国三峡库区开展现况调查，发现三峡库区生活的儿童的肝损伤发生与水源中的微囊藻毒素暴露密切相关，并且微囊藻毒素暴露发生肝损伤的危险性 OR 值为 1.72（95% CI ＝ 1.05～2.76，P＝0.03），见表 4-2。

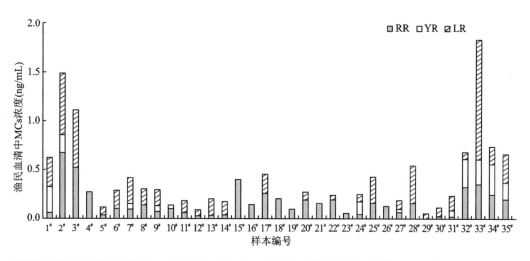

图 4-7 巢湖边生活的渔民随机选择 35 名后用 LC/MS/MS 分析血清微囊藻毒素的结果（血清样本的收集时间为 2005 年 7 月 19 日至 7 月 22 日）

引自：Chen J，Xie P，Li L，et al. First identification of the hepatotoxic microcystins in the serum of a chronically exposed human population together with indication of hepatocellular damage [J]. Toxicol Sci，2009，108（1）：81-89.

表 4-2 三峡库区儿童微囊藻毒素暴露与肝损伤发生的风险度

变量	OR(95% CI)	P 值
Microcystin 暴露	1.72(1.05~2.76)	0.03
HBV 阳性	7.59(5.36~10.79)	0.001
肝毒性药物的使用	3.49(2.17~5.63)	0.001
BMI<16	1.0	—
BMI 16~18	1.03(0.24~2.88)	0.33
BMI>18	1.02(0.22~2.65)	0.39
剧烈运动	0.85(0.19~2.36)	0.48
被动吸烟	1.48(0.74~3.15)	0.13

注:肝损伤为 ALP、ALT、AST、GGT 任意一项异常;

引自:Li Y,Chen J A,Zhao Q,et al. A cross-sectional investigation of chronic exposure to microcystin in relationship to childhood liver damage in the Three Gorges Reservoir Region,China[J]. Environ Health Perspect,2011,119(10):1483-1488.

杨晓红等根据当地生活居民两个水库（水库 A 和水库 B）中微囊藻毒素的污染情况，采用风险评估的研究方法，评估出当地两个水库饮水的居民非致癌健康风险度，水库 A 附近生活居民年非致癌风险度（总非致癌风险度为饮水途径的平均风险度与食用水产品途径的平均风险度之和）为 0.157，而水库 B 附近生活的居民年非致癌风险度为 0.367（表 4-3）。

表 4-3 重庆市某区人群通过两条微囊藻毒素暴露途径的总非致癌健康年风险（10^{-6}/年）

水库	饮水途径		食用水产品途径		人群总非致癌年风险度	
	平均值	最大值	平均值	最大值	平均值[a]	最大值[b]
水库 A	0.003	0.004(2007 年)	0.154	0.262(白鲢)	0.157	0.266
水库 B	0.028	0.046(2008 年)	0.339	0.747(白鲢)	0.367	0.793

注:[a]总风险度的平均值是饮水途径的平均风险度与食用水产品途径的平均风险度之和;[b]总风险度的最大值是饮水途径的最大风险度与食用水产品途径的最大风险度之和;

引自:杨晓红,蒲朝文,张仁平,等. 水体微囊藻毒素污染对人群的非致癌健康风险[J]. 中国环境科学,2013,33(1):181-185.

之后，Liu 等研究者针对当地生活的成人也开展了现况调查，调查发现微囊藻毒素长期暴露在当地成年居民（尤其是乙肝病毒感染者）的肝损伤中发挥了重要作用。他们的研究发现随着微囊藻毒素暴露程度的增加，当地居民肝功能酶水平显著升高（表 4-4），将所有暴露居民暴露程度按照四分位分成 4 个组，相对微囊藻毒素最低分位数暴露的居民，具有最高分位数暴露的居民肝功能酶水平升高最为显著：AST 和 ALT 的均值分别为 23.58±11.34 和 17.35±10.72。而最低分位数暴露程度的 AST 和 ALT 均值为 21.75±11.78 和 16.51±11.43。该研究结果提示当地居民微囊藻毒素暴露是升高肝功能酶水平的独立危险因素。

表 4-4 MC-LR 暴露与肝功能酶 AST 和 ALT 平均值的相关性

暴露水平	AST(IU/L)			ALT(IU/L)		
	N	平均值±标准差	P 值	N	平均值±标准差	P 值
Q 1	1 281	21.75±11.78	ref	1 267	16.51±11.43	ref

暴露水平	AST(IU/L)			ALT(IU/L)		
	N	平均值±标准差	P 值	N	平均值±标准差	P 值
Q 2	1 243	22.83±12.10	0.000	1 219	17.73±11.86	0.000
Q 3	1 244	23.21±11.96	0.000	1 211	17.41±11.50	0.000
Q 4	1 259	23.58±11.34	0.000	1 199	17.35±10.72	0.000
非暴露	3 268	22.27±11.61	ref	3 216	16.96±11.24	ref
暴露	1 759	23.89±12.11	0.000	1 680	17.78±11.67	0.002

注：采用 Kruskal-Wallis 比较显著性差异。MC-LR 的 Q1～Q4 表示人群每日 MC-LR 摄入量的四分位数；人群 MC-LR 的平均每日摄入量大于等于平均值定义为 MC-LR 暴露组，小于平均值定义为 MC-LR 非暴露组（对照组）。

引自：Liu W，Wang L，Yang X，et al. Environmental Microcystin Exposure Increases Liver Injury Risk Induced by Hepatitis B Virus Combined with Aflatoxin：A Cross-Sectional Study in Southwest China[J]. Environ Sci Technol，2017，51(11)：6367-6378.

微囊藻毒素造成的慢性肝损伤同样在动物实验研究中得到了证实。Elleman 发现，用 MC-LR 在 LD_{100} 的 25%、50% 和 75% 剂量每天处理小鼠一次，连续处理 6 w，小鼠的肝脏发生了明显的肝细胞变性、散在的肝小叶坏死、单核细胞浸润和进行性纤维化，其中纯化的 MC-LR 具有 "亚致死"毒性；Frangez 用 7.5 mg/kg 的含有 1 mg/g MC-RR 的蓝藻细胞裂解液对雌性新西兰兔进行口内注射，每隔一天处理一次，连续处理 3 w 后发现，MC-LR 增加了兔门脉周围炎症和纤维化；He 等发现 BALB/c 小鼠暴露于低剂量（40 μg/kg）的 MC-LR 90 d 后，肝脏发生了显著的非酒精性脂肪性肝炎的变化；Zhang 等也发现，使用 1 mg/L 浓度 MC-LR 持续口服染毒小鼠 270 d 后，在小鼠肝脏发现了明显的慢性肝损伤；Li 等人的研究表明，12 个月的长期和持续通过饮水暴露于 MC-LR 的小鼠，其肝细胞中 DNA 的 8-羟基-2-脱氧鸟苷(8-OHdG)水平明显增加，并且肝细胞中的 mtDNA 和核 DNA（nDNA）的完整性被显著破坏。此外，MC-LR 暴露还可以改变肝细胞线粒体基因和核基因的表达，进而损害线粒体和肝细胞的功能。

微囊藻毒素的慢性损伤在细胞研究中也有相关报道。Gan 等和 Zhang 等的研究同时表明，慢性低浓度的 MC-LR 暴露能够显著增加细胞存活并刺激细胞增殖。Ma 等人发现，低浓度（0.1 nmol/L）的 MC-LR 长期（83 d）暴露可以在 HepG2 细胞中诱导过量的 ROS，另外，MC-LR 长时间暴露还可显著促进细胞内 NF-κBp65、COX-2、iNOS、TNF-α、IL-1β 和 IL-6 的表达，提示长期低浓度 MC-LR 暴露可诱导 HepG2 细胞发生炎症反应，可能是微囊藻毒素诱发人发生肝脏炎症的重要证据。因此，研究者推测由微囊藻毒素引起的人肝炎和肝癌的发病机制可能与氧化应激和炎症密切相关。

三、微囊藻毒素与肝肿瘤的关系

越来越多的研究表明，微囊藻毒素与人群肝肿瘤密切相关。在中国南部，原发性肝癌（hepaticellular carcinoma，HCC）发病率居世界前列。大量的研究报道表明，微囊藻毒素污染与中国南方地区 HCC 的高发密切相关。江苏泰兴地区具有很高的原发性肝癌发病率（67.6/100 000 人），而周学富等采用 ELISA 方法检测该地区水体中 MCs 的含量，发现该地区生活饮用水体中具有 MCs，阳性检出率为 13.2%，同时河水、沟塘水和浅井水内 MCs 的平均含量分别为 36 ng/L、29 ng/L 和 25 ng/L。孙昌盛等同样采用 ELISA 方法对厦门市同安地区的 63 份水样进行了检测，发现 MCs 的阳性检出率高达 77.5%，MCs 的含量普遍较高（表 4-5），并且在调查区域肝癌高发村井水中 MCs 的含量显著高于肝癌低发村。此外，陆卫根等通过整群抽样的方法在江苏海门对 30 个村的 33 021 人群进行了回顾性流行病学调查，结果表明该地区人群饮用不同类型的水源，其 HCC 发病率和死亡率显著不同，饮用蓝藻污染最为严重的宅沟水的

HCC 发病率最高，发病率高达 28/8 946，并且 HCC 引起的死亡率也高达 62.6%。

表 4-5 同安不同水体中微囊藻毒素含量

水样类型	样品数	微囊藻毒素含量(ng/L)		阳性率*
		中位数	范围	
浅井水	49	121	nd~696	77.50%
自来水	4	164	60~292	100.00%
水库水	3	113	27~876	66.70%
池塘水	5	119	nd~351	60.00%

注：* ≥50 ng/L 为微囊藻毒素阳性样品，nd 表示未检出。

引自：孙昌盛，薛常镐. 同安水环境藻类毒素分布调查[J]. 中国公共卫生，2000，16(2)：147-148.

研究者在海门开展的一项病例-对照研究发现，饮用池塘沟水（具有蓝绿藻的污染）的患者发生 HCC 的相对风险在海门市为 1.91（95% CI=1.01~4.74），在扶桑市为 2.93（95% CI =2.59~3.27）。众多的流行病学调查研究表明，饮用被微囊藻毒素污染的水源是原发性肝癌高发病中一个风险因素。

此外，HCC 与蓝藻毒素污染的研究在国外也有报道。Svirčev 等在塞尔维亚进行的一项为期 10 年的流行病学研究显示，原发性肝癌的发病率与被用作饮用水源的水库中的蓝藻水华之间可能存在关联性。另外，Zhang 等研究者开展的一项生态学研究也显示，根据美国蓝藻水华的空间分布图，蓝藻水华覆盖率与非酒精性肝病死亡率之间存在关联性。

2017 年，Zheng 等在中国三峡库区医院开展了一项病例-对照研究，这是首次在人群中发现人血清中 MC-LR 是人类 HCC 发生的独立危险因素（表 4-6），相对于低水平血清 MC-LR 的人群，高水平血清 MC-LR 人群发生 HCC 的粗 OR 为 1.8（1.2~2.6），采用二元 Logistic 回归矫正多种 HCC 危险因素后，OR 值为 2.9（1.5~5.5）。并且用四分位对这部分人群血清 MC-LR 水平进行分层后，可以发现随着血清 MC-LR 水平的升高，人群发生 HCC 危险性的 OR 值逐渐升高。此外，他们的研究还发现了 MC-LR 的暴露与乙型肝炎病毒和酒精的摄入量具有明显的正相关作用。

表 4-6 血清 MC-LR 水平与 HCC 发生的关联性分析

血清 MC-LR	HCC 病例	对照	Crude OR(95% CI)	P	AOR(95% CI)	P*
二分位，n(%)	—	—	—	—	—	—
低(<0.59 ng/mL)	92(43.0)	122(57.0)	1.0(reference)		1.0(reference)	—
高(≥0.59 ng/mL)	122(57.0)	92(43.0)	1.8(1.2~2.6)	0.004	2.9(1.5~5.5)	0.001
四分位，n(%)	—	—	—	—	—	—
Q1(<0.41 ng/mL)	46(21.5)	62(29.0)	1.0(reference)		1.0(reference)	—
Q2(0.41~0.59 ng/mL)	46(21.5)	60(28.0)	1.0(0.6~1.8)	0.905	1.3(0.5~3.1)	0.625
Q3(0.59~0.77 ng/mL)	53(24.8)	54(25.2)	1.3(0.8~2.3)	0.308	2.6(1.1~6.5)	0.037
Q4(>0.77 ng/mL)	69(32.2)	38(17.8)	2.4(1.4~4.2)	0.001	4.0(1.6~9.9)	0.003

注：OR(95% CI) 使用二元 Logistic 回归；矫正因素：性别、吸烟、饮酒、肝疾病史、HBV 感染家族史、HCC 家族史、高血压、黄曲霉毒素暴露、HBV 感染。

引自：Zheng C，Zeng H，Lin H，et al. Serum microcystin levels positively linked with risk of hepatocellular carcinoma：A case-control study in southwest China[J]. Hepatology，2017，66(5)：1519-1528.

慢性动物和细胞实验揭示，微囊藻毒素是可能的肿瘤促进剂和致癌物。目前，MC-LR 已经被国际癌症研究机构定义为Ⅱ B 类致癌物。Ito 等对大鼠和小鼠用 MC-LR 长期染毒 28 w 后，在小鼠肝脏中诱导出了直径达 5 mm 的肿瘤性结节，见图 4-8。这些研究虽表明了 MC-LR 可能是肿瘤的启动剂，但由于研究设计中动物数量较低等原因，MC-LR 是否为确定的致癌剂还不能得出明确的结论。不过，大量的二阶段染毒动物实验已经表明，蓝藻毒素中的微囊藻毒素和节球藻毒素都能够在二乙基亚硝胺（diethylnitrosamine，DEN）启动后，促进肝脏肿瘤的发生。因此，MC-LR 是肿瘤促进剂的观点基本得到普遍认可。

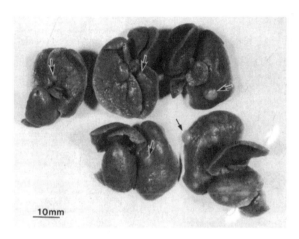

图 4-8　腹腔注射 MC-LR（20 μg/kg）28 w 后 2 个月小鼠肝脏结节。所有小鼠均长出结节（箭头所示）

引自：Ito E，Kondo F，Terao K，et al. Neoplastic nodular formation in mouse liver induced by repeated intraperitoneal injections of microcystin-LR［J］. Toxicon，1997，35（9）：1453-1457.

1978 年从密苏里州水库收集的蓝藻水华样品对鼠伤寒沙门氏菌 TA1537 具有致突变性，有研究报道来自波兰 Sulejo'w 水库的田间样品提取物（蓝藻毒素的混合物）对细胞具有基因毒性。此外，大量的研究证实，微囊藻毒素会引起细胞活性氧簇（reactive oxygen species，ROS）的产生，导致细胞 DNA 的损伤。

第三节　微囊藻毒素的肝损伤机制

微囊藻毒素的肝损伤作用已经得到大量人群和实验室研究的证实，但因其致肝损伤的机制十分复杂，因此对其造成肝损伤机制的探索从未停歇。目前研究发现，微囊藻毒素的主要毒性作用机制是对细胞内蛋白磷酸酶的抑制及对细胞产生的氧化应激损伤。微囊藻毒素的一个重要毒性机制是通过对蛋白磷酸酶的抑制，会改变细胞内 CaMKⅡ、Nek2、P53、Bcl2、MAPKs、NHEJ 和 NER 等通路的正常功能，从而对细胞造成损伤。微囊藻毒素的另外一个重要毒性机制是在细胞内产生大量的 ROS，从而对细胞造成一系列氧化损伤。此外，微囊藻毒素既具有一定的致癌作用，又具有一定的促癌作用，在致癌和促癌的共同作用下，微囊藻毒素可以导致肝肿瘤的发生。

一、微囊藻毒素对蛋白磷酸酶的抑制

（一）微囊藻毒素与蛋白磷酸酶的结合及对其功能的抑制

微囊藻毒素最重要的毒性机制之一就是抑制丝氨酸/苏氨酸蛋白磷酸酶的活性，这也是目前研究者关注最多的途径。蛋白质磷酸化/去磷酸化是一个动态过程，是调节细胞内蛋白质活性的重要途径，这些酶如果不受控制的抑制则可以对胞内代谢平衡产生影响。目前的研究已经证实微囊藻毒素对 PP1 和

PP2A 两种类型具有很强的亲和力，而对 PP2B 几乎没有影响。

MC-LR 与 PP1 和 PP2A 的相互作用主要分为两步：第一步首先与蛋白磷酸酶结合并使其失活，第二步是在后续的反应中形成共价加合物。MC-LR 与 PP-1c α 亚型的结合主要通过蛋白磷酸酶的疏水沟、C 端沟和催化位点这三个位点的相互作用来完成。MC-LR 的 MeAsp 残基的羧基与 PP-1c 的 Arg96 和 Tyr134 相互作用，阻断了进入酶的活性中心。由 Adda 残基组成的长疏水性尾部与 PP-1c 的疏水性凹槽区相互作用，MC-LR 与 PP-1c 的毒素敏感的 b12-b13 环（残基 268－281）也可以发生相互作用。晶体结构显示毒素的 Mdha 侧链与 PP-1c 的 Cys-273 之间进行了共价连接。

MC-LR 与 PP2A 相互作用形成的晶体结构也被发现和证实（见图 4-9），它们的结合主要通过位于 PP2A 两个锰原子上方的表面口袋和酶的活性位点完成，而该结合通过 MC-LR 的 Adda 侧链与结合口袋的残基 Gln122、Ile123、His191 和 Trp200 之间的疏水相互作用，并且通过与毒素的疏水部分的范德华相互作用和残基 Leu243、Tyr265、Cys266、Arg268 和 Cys269，以及通过 Cys269 的 Sγ 原子和 Mdha 侧链的末端碳原子之间的共价键结合作用。

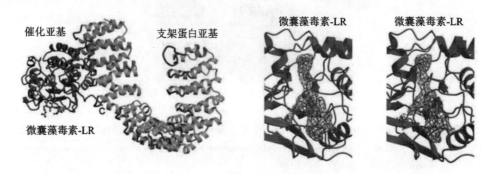

图 4-9　与微囊藻毒素-LR（MC-LR）结合的 PP2A 核心酶的结构。采用 GRASP 绘制

引自：Xing Y, Xu Y, Chen Y, et al. Structure of protein phosphatase 2A core enzyme bound to tumor-inducing toxins [J]. Cell, 2006, 127 (2)：341-353.

微囊藻毒素与 PP1 和 PP2A 结合并发生效应后，对肝脏组织结构、肝细胞形态和细胞骨架结构/动力学发生重要影响，尤其在微囊藻毒素对肝细胞的急性毒性方面发挥着重要作用。除此之外，PP2A 被认为是一种重要的肿瘤抑制剂，其功能的失衡对细胞基因的突变和修饰具有重要作用，并且与癌细胞的发育密切相关。因此，微囊藻毒素导致 PP2A 失活也将造成细胞内肿瘤相关基因功能的改变，产生致癌作用。

（二）微囊藻毒素抑制蛋白磷酸酶后的毒性效应

1. 微囊藻毒素对 CaMK Ⅱ 的影响

钙调蛋白依赖的多功能蛋白激酶 Ⅱ（CaMK Ⅱ）被 Ca^{2+}/钙调蛋白、自磷酸化和有限的蛋白水解活化。CaMK Ⅱ 可被半胱氨酸蛋白酶激活，从而促成细胞凋亡过程的下游事件发生。Fladmark 等首先报道了 PP 抑制剂诱导的肝细胞蛋白磷酸化和细胞凋亡需要活性 CaMK Ⅱ 的参与。他们的研究发现，蓝藻毒素中的 MC-LR 和节球藻毒素（NOD）可以显著造成细胞凋亡的发生，并且分别用 MC-LR 和 NOD 的抑制剂可以明显降低 MC-LR 和 NOD 引发的细胞凋亡。此外，他们采用放射性 [32]Pi 追踪 CaMK Ⅱ 在 MC-LR 和 NOD 促细胞凋亡中发挥的作用（图 4-10），可以发现 MC-LR 明显升高了细胞的磷酸化水平，并且用 KT5926（CaMK Ⅱ 的抑制剂）后，细胞的磷酸化水平又受到了抑制。同时，用 NOD 染毒的细胞，细胞凋亡十分明显（凋亡率：83%±9%），而用 NK93（CaMK Ⅱ 的另一种抑制剂）抑制后，细胞凋亡显著降低（凋亡率：39%±13%）。研究表明，蓝藻毒素通过改变细胞磷酸化水平显著影响了 CaMK Ⅱ 的正常功能，从而导致细胞凋亡的发生。Ding 等发现 CaMK Ⅱ 在微囊藻毒素诱导的细胞死亡的晚期事件中起作用，通过细胞内 Ca^{2+} 的增加而被激活。

CaMKⅡ的活化是通过抑制其去磷酸化来实现的，因此由于微囊藻毒素抑制了 PP1 和 PP2A 的活性而导致 CaMKⅡ去磷酸化丧失，从而被激活。为了阐明 CaMKⅡ是否作用于细胞死亡关键点的上游或下游，Krakstad 等在细胞进入凋亡之前，运用 CaMKⅡ抑制剂加入 MC-LR 染毒的肝细胞培养中，结果发现 CaMKⅡ的活化是发生在上游 ROS 形成之前。因此，研究表明 CaMKⅡ激活可能进一步调节下游事件，如 ROS 形成和包括肌球蛋白轻链（MLC）在内的蛋白质的磷酸化。

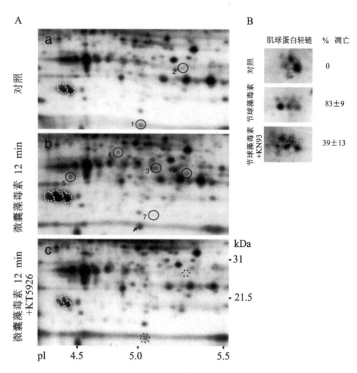

图 4-10　CaMKⅡ抑制剂阻止细胞中的微囊藻毒素和节球藻毒素诱导的蛋白质磷酸化事件。新鲜分离的悬浮培养的大鼠肝细胞用 ^{32}Pi 预标记 35 min，然后在持续存在的 ^{32}Pi 下与各种试剂一起温育，然后分析蛋白质磷酸化水平

A：放射自显影的蛋白质的双向电泳分离孵育 12 min 没有蓝藻毒素及其抑制剂（a：对照组），1 $\mu mol/L$ 微囊藻素 LR（b：1 $\mu mol/L$ MC-LR 处理组），或 1 $\mu mol/L$MC-LR 加 30（微囊藻毒素前 5 min 加入）（c：1 $\mu mol/L$ MC-LR + KT5926 处理组）。数字编号为磷酸化水平增强的蛋白。B：细胞凋亡百分比（%）的蛋白印记图。上图为对照组肝细胞，中图为用 5 $\mu mol/L$ 节球藻毒素处理组，下图为用 30 $\mu mol/L$ CaMKⅡ抑制剂（KN93）预处理后再用 5 $\mu mol/L$ 节球藻毒素处理 3 min 细胞组。

引自：Fladmark K E, Brustugun O T, Mellgren G, et al. Ca^{2+}/calmodulin-dependent protein kinase Ⅱ is required for microcystin-induced apoptosis [J]. J Biol Chem, 2002, 277 (4): 2804−2811.

2. 微囊藻毒素对 Nek2 的影响

Nek2 是 NIMA 相关的丝氨酸/苏氨酸激酶家族的成员，是参与控制有丝分裂进展和染色体分离的细胞周期依赖性蛋白激酶，这种蛋白的表达与人类的多种癌症相关。Nek2 激酶可与 PP1 全酶形成复合物。Nek2 蛋白质被自磷酸化激活，但是通过复合物中不断的 PP1 去磷酸化而失活。PP1 抑制剂-2（I-2）蛋白通过与 Nek2：PP1 复合物结合而激活激酶。Li 等在体外试验中已经发现 MC-LR 会与该复合物结合，导致类似的 Nek2 激酶激活。这种相互作用在细胞内发生作用后，可以涉及细胞活力、组织损伤和肿瘤发展。

3. 微囊藻毒素对核磷蛋白 P53 的影响

核磷蛋白 P53 在 DNA 修复、凋亡和肿瘤抑制途径中起着转录反式激活剂的作用。该蛋白质是 PP2A 的底物，因此它的活性可能部分由 MC-LR 调节。尽管目前还没有完全证实 MC-LR 对 P53 功能的调节是通过对 PP2A 产生作用而进行的，但是现有的研究已经表明微囊藻毒素可以在 HepG2 细胞、培养的肝细胞、大鼠肝组织和 FL 细胞中上调 P53 的基因水平和蛋白水平的表达。P53 是抗凋亡和促凋亡基因（如 Bcl-2 和 Bax）表达的调节剂，这些基因表达的蛋白通过参与线粒体的外膜透化转换（MPT）从而引发细胞凋亡过程，因此这些基因是 P53 诱导细胞凋亡的潜在参与者。因此，一旦 P53 功能受到一些调节因素的影响（包括微囊藻毒素），即引发细胞内凋亡的发生。Clark 等的动物研究表明，与年龄匹配的野生型对照小鼠相比，在用 MC-LR 处理的 P53 基因敲除的小鼠肝脏中观察到了细胞周期调控和细胞增殖基因表达的显著增加（见表 4-7）。此外，研究还发现，P53 缺陷的小鼠用 MC-LR 染毒后，与对照组（正常 P53 表达的小鼠）相比肝脏表现出更明显的增生和发育不良，以及出现 Ki-67 和磷酸化组蛋白 H3（有丝分裂标记）免疫反应性的增加。这些研究表明，P53 在预防慢性亚致死性 MC-LR 暴露相关的增殖反应和肿瘤促进方面具有重要作用。在暴露于微囊藻毒素的细胞中，P53 可能被激活，这将作为细胞抵抗细胞过度增殖和肿瘤发生的防御机制，触发细胞凋亡的发生。

4. 微囊藻毒素对 Bcl-2 的影响

参与微囊藻毒素毒性作用的另一种蛋白质是 Bcl-2。Lin 等的研究表明 Bcl-2 是 PP2A 的直接底物，蛋白质的抗凋亡活性是由内质网（endoplasmic reticulum，ER）磷酸化介导的。蛋白质的磷酸化形式通过 ER 中的蛋白酶体降解，导致细胞对几种 ER 相关应激和细胞凋亡敏感性增强。Bcl-2 蛋白存在于 ER 和线粒体中，并可能通过 PP2A 或 P53 进行调节。由于微囊藻毒素能够显著调节胞内的 PP2A 和 P53 的功能，因此 Bcl-2 可能是参与细胞凋亡过程使其成为微囊藻毒素毒性机制的重要蛋白。

5. 微囊藻毒素对 MAPKs 的影响

促分裂原活化蛋白激酶（mitogen-activated protein kineses，MAPKs）一方面调节原癌基因的表达，另一方面调节参与生长和分化基因的转录。MAPKs 的表达由 PP2A 介导，这将可能受到微囊藻毒素调控。Komatsu 等的研究已经发现暴露于 MC-LR 的 HEK293-OATP1B3 细胞（表达人类肝细胞有机阴离子转运体 OATP1B3 的 HEK293 细胞），由于胞内 PP2A 受到抑制，因此胞内 MAPKs 通路相关基因（包括 ERK1/2、JNK 和 p38）在凋亡细胞中被激活，MC-LR 通过抑制 PP2A，激活包括 ERK1/2、JNK 和 p38 等几种促分裂原活化蛋白激酶（MAPKs）。并且，如果使用 MAPKs 通路的抑制剂（U0126、SP600125 和 SB203580），则 MC-LR 产生的细胞毒性会明显减弱。ROS 清除剂 N-乙酰-L-半胱氨酸部分减弱了 MC-LR 的细胞毒性。此外，Li 等研究者用 MC-LR 静脉注射的方式染毒 Wistar 大鼠，发现染毒大鼠的肝脏、肾脏和睾丸中有 3 种 MAPKs 通路中的原癌基因（c-fos、c-jun 和 c-myc）的表达明显增加，并且在肝脏中的含量较高。这些研究结果表明，一些原癌基因的表达可能是微囊藻毒素促进肿瘤发生的机制，并且可能是通过 MAPKs 通路来调节的。

6. 微囊藻毒素对 DNA 损伤后修复功能的影响

细胞 DNA 发生损伤后，DNA 主要通过非同源末端连接（non-homologous end joining，NHEJ）修复、核苷酸切除修复（nucleotide excision repair，NER）进行修复，并且这两条通路已经被证实能被微囊藻毒素所抑制。NHEJ 和 NER 的作用均受磷酸化调节，体外实验已经证明了 PP1 和 PP2A 的抑制作用显著降低了 DNA 修复系统的活性。此外，DSB-NHEJ 的抑制是由于磷酸化诱导的 DNA 依赖性蛋白激酶（DNA-PK）活性的丧失引起的，通过直接抑制 PP2A，细胞的磷酸化水平显著升高，修复功能也可能由此受到抑制。DNA-PK 是由催化亚基（DNA-PKcs）和 DNA 末端结合的 Ku70/Ku80 异二聚体组成的复合物，所有 3 个亚基在体外和体内进行磷酸化。因此，DNA 修复的功能与细胞内的磷酸化水平密切相关。目前，Liu 等已经使用 MC-LR 对人正常肝细胞系（L02）进行染毒，发现 MC-LR 会一定程度抑制修复基因 XRCC1 和 OGG1 的表达。尽管该研究并没有作进一步验证 MC-LR 是通过怎样的调节方式对修复基因进行调节的，但是该研究已经表明微囊藻毒素可能会通过抑制修复功能而导致细胞发生遗传毒性。

表 4-7 通过 RT-PCR 验证的基因转录结果

基因	4 h		1 d		4 d		14 d		28 d	
	野生型	缺陷型	野生型	缺陷型	野生型	缺陷型	野生型	缺陷型	野生型	缺陷型
Ki-67	0.7±0.1	1.1±0.2	0.9±0.2	1.3±0.8	1.6±0.6	2.6±1.4	4.5±2.8	4.5±0.6	3.2±0.9	23.0±14.2
Jun	6.4±2.4	10.3±11.2	1.7±0.9	2.0±0.5	4.1±1.3	7.2±1.7	7.7±1.7	10.5±4.2	5.8±1.3	5.4±1.0
Cystatin B	3.3±0.9	2.7±0.4	2.4±0.7	2.7±1.7	6.5±2.9	3.1±0.4	9.5±0.9	9.3±2.2	9.2±1.4	7.8±1.6
Gss	1.7±0.2	1.3±0.1	1.0±0.3	0.8±0.2	2.6±1.1	2.3±0.3	5.5±0.4	4.0±0.6	4.2±0.6	2.7±0.6
Gstm3	13.1±2.8	18.5±6.4	25.2±18.6	18.5±15.5	12.5±6.4	11.4±8.5	34.6±11.9	32.0±8.3	32.2±5.2	17.4±4.0
Nqo1	0.9±0.1	1.4±0.5	0.8±0.3	0.9±0.3	6.9±4.9	7.9±9.7	16.8±3.9	14.6±4.3	12.0±3.5	5.5±1.9
Cyclin G1	1.4±0.2	1.4±0.0	1.4±0.7	1.1±0.0	5.3±2.1	2.2±0.3	7.2±1.3	2.2±0.3	3.2±1.0	0.7±0.2
Cdkn1a(p21)	0.9±0.4	15.3±12.5	0.4±0.1	3.9±5.2	6.9±5.4	26.1±32.1	36.2±11.4	95.5±47.0	29.6±7.8	226.3±208.9
Cdc2a	1.4±0.3	1.7±0.7	1.6±0.1	1.7±0.2	1.4±0.6	2.8±0.6	3.3±1.4	5.5±0.8	2.4±1.1	19.8±12.6
Cyclin A2	1.3±0.5	3.1±1.2	1.1±0.1	2.2±0.8	1.8±0.7	4.7±1.2	4.2±0.5	8.9±1.6	3.4±1.2	30.3±21.0
Cyclin B1	0.2±0.1	0.4±0.4	0.1±0.1	0.3±0.1	0.1±0.3	0.6±0.1	0.4±0.2	1.8±1.0	5.2±3.1	99.7±84.9
Cyclin B2	0.9±0.2	1.6±0.7	0.7±0.1	1.2±0.0	0.9±0.4	2.2±0.6	1.6±0.5	3.0±0.8	3.0±1.8	35.2±32.2
Cdc20	0.6±0.3	1.2±1.0	0.4±0.1	0.9±0.2	0.4±0.0	1.7±0.5	1.1±0.7	4.8±2.1	3.3±1.3	50.8±46.9

注：野生型和 p53 缺陷型小鼠用 MC-LR40 μg/(kg·d)，腹腔注射。持续 4 h,1 d,4 d,14 d 或 28 d,或用 0.9%NaCl(溶剂对照组)。数值表示与对照组±SD 相比，基因表达的倍数变化。

引自:Clark S P,Ryan T P,Searfoss G H,et al. Chronic microcystin exposure induces hepatocyte proliferation with increased expression of mitotic and cyclin-associated genes in P53-deficient mice[J]. Toxicol Pathol.2008.36(2):190-203.

二、微囊藻毒素造成的细胞氧化应激

（一）微囊藻毒素造成的细胞氧化应激

氧化应激是微囊藻毒素的另一主要毒性机制。研究表明，ROS 和氧化应激过度在微囊藻毒素毒性效应中起重要作用。涉及组织损伤的 ROS 主要包括线粒体中产生的超氧阴离子（O^{2-}）、超氧化物歧化酶作用下由 O_2 产生的过氧化氢（H_2O_2）、H_2O_2 分解产生的羟基自由基（OH^-）和过氧亚硝酸盐（$ONOO^-$），以及由 O_2 与一氧化氮（NO）反应生成的过氧亚硝酸盐（$ONOO^-$）。ROS 可以被抗氧化防御系统所清除，包括酶促防御机制和非酶促防御机制。酶促防御机制主要包括：谷胱甘肽过氧化物酶（glutathione peroxidase，GPX）、超氧化物歧化酶（superoxide dismutase，SOD）、过氧化氢酶（catalase，CAT）和谷胱甘肽还原酶（glutathione reductase，GR）等重要的抗氧化酶。非酶性防御包括：谷胱甘肽（GSH）、维生素 C 和维生素 E 等。氧化应激具有潜在的导致细胞成分、脂质、蛋白质和核酸损伤的作用，其中包括脂质过氧化（lipid peroxide，LPO），蛋白质氧化和 DNA 链断裂。然而，包括还原型谷胱甘肽/氧化型谷胱甘肽（GSH/GSSG），硫氧还蛋白-1（-SH2/-SS-）和半胱氨酸/胱氨酸（Cys/CySS）的主要细胞硫醇/二硫化物等系统不处于氧化还原平衡，该类化合物对化学毒物和生理刺激的反应是不同的。

目前研究表明，MC-LR 会显著改变动物体内或细胞内 ROS 水平。当快速让大鼠肝细胞暴露于 MC-LR 后，细胞发生了凋亡性死亡，细胞凋亡前 ROS 水平显著快速增加，表明 ROS 在 MC-LR 诱导的细胞凋亡中起关键作用。在体内研究中，用 60 μg/kg 的 MC-LR 进行腹膜内注射会促使小鼠肝脏中生成大量的 ROS，*Bax* 和 *Bid* 基因的表达上调，从而导致肝细胞凋亡和肝损伤。此外，用抗氧化剂预处理（口服 Vit C 和 Vit E），能显著减少 ROS 的产生，有效抑制 MC-LR 诱导的肝细胞凋亡和肝损伤。谢平研究团队采用 2-氨基 4-（S-丁基磺酰亚氨）丁酸 [2-amino 4-（S-butyl sulfonyl）butyric acid，BSO] 预处理也能够显著提高氧化应激水平，并促进微囊藻毒素诱导的细胞凋亡。在水生动物的体内和体外也观察到微囊藻毒素诱导的氧化应激和凋亡。因此，大量研究表明 ROS 在 MC-LR 诱导的肝细胞凋亡和肝损伤中具有重要作用。

同时，MC-LR 也被证实能够改变动物体内或细胞内抗氧化水平。Guzman 和 Solter 的研究表明，用亚致死剂量的 MC-LR [16 μg/（kg·d）、32 μg/（kg·d）和 48 μg/（kg·d），持续 28 d] 采用腹腔注射的方式对雄性 Sprague-Dawley 大鼠进行染毒，能导致大鼠肝脏中丙二醛（malonaldehyde，MDA）浓度的增加，并呈现剂量-效应关系。同时，Towner 等发现用高浓度（LD_{50}）的 MC-LR 对 SD 大鼠进行急性染毒，也会诱导大鼠发生肝毒性（肝功能酶 AST 和 ALT 升高），并导致氧化脂质代谢的改变。另外，用 MC-LR 处理的大鼠肝脏中检测到脂质自由基的增加，但脂质亚甲基氢共振减少，谷氨酰胺、谷氨酸和乳酸水平也显著下降。Jayaraj 等将瑞士白化雌性小鼠暴露于 LD_{50} 浓度的 MC-LR，结果发现小鼠体内 HSP-70（氧化应激的早期标记）表达与 MC-LR 的染毒表现出显著的时间-效应关系。此外，研究也表明急性暴露于 MC-LR 还能增加或降低小鼠和大鼠肝脏和肾脏中 GPX、GR、SOD 和 CAT 等酶的活性，微囊藻毒素染毒后观察到抗氧化酶表达调节的变化。细胞实验也表明 MC-LR 能显著增强原代培养的大鼠肝细胞的 O^{2-} 和 H_2O_2 的形成。同时，MC-LR 还可与 CAT 结合形成复合物，导致蛋白质的构象和微环境变化，从而影响细胞的生理功能并诱导氧化应激的发生。

（二）微囊藻毒素造成细胞氧化应激改变的原因

目前已经在体外研究如人肝癌细胞系（HepG2）、鱼细胞系 RTG-2 和 PLHC-1、淋巴细胞和人类红细胞，以及体内研究如小鼠和大鼠肝脏、心脏和生殖系统均发现了微囊藻毒素诱导的氧化应激。然而，微囊藻毒素介导的 ROS 产生和细胞损伤的潜在机制还不是特别清楚。Ding 等首先报道了培养的大鼠肝细胞线粒体中 Ca^{2+} 的激增，这是 MC-LR 诱导细胞凋亡之前的第一个事件，钙的激增能够导致膜电位改变（mitochondrial permeability transition，MPT），随后细胞发生死亡。MPT 的出现表示线粒体膜对分子量小于 1 500 Da 的溶质的渗透性突然增加。在 MPT 发生后，可发生 3 种重要的细胞事件：①ROS升高。②线粒体膜电位（mitochondrial membrane potential，MMP）丧失。③细胞色素 C 等线粒体释放凋亡因子，触发执行凋亡。因此，研究者提出，线粒体 Ca^{2+} 是 MC-LR 诱导的 MPT 和细胞死亡的基本机制之一。此外，Zhang 等用鲫鱼淋巴细胞体外暴露于 MC-RR（10 nmol/L）后，也发现微囊藻毒素中的 MC-RR 能够引起细胞内大量 Ca^{2+} 内流，ROS升高，随后线粒体膜电位破坏和 ATP 消耗。因此，Ca^{2+} 在微囊藻毒素毒性中发挥作用，不同微囊藻毒素亚型可能具有相似的作用方式。

ROS 产生的另一个可能的机制是 NADPH 氧化酶活性的增加。Nong 等采用人肝癌细胞系（HepG2 细胞）进行实验，首先发现 MC-LR 能够造成细胞内 ROS 的产生，增加 DNA 链的断裂，8-羟基脱氧鸟苷（8-hydroxy-2 deoxyguanosine，8-OHdG）的形成，脂质过氧化的发生及 LDH 的释放，这一系列氧化应激的损伤可以被 ROS 清除剂所抑制。他们还发现 MC-LR 能够上调 CYP2E1 mRNA 的表达，采用 CYP2E1 的抑制剂氯哌硝噻唑和二烯丙基硫醚后，MC-LR 诱导 ROS 的产生和细胞毒性均受到了抑制。因此，研究结果表明 ROS 有助于 MC-LR 诱导的细胞毒性，CYP2E1 可能是 MC-LR 产生 ROS 的潜在来源。

此外，其他分子与 MC-LR 介导的线粒体功能障碍和氧化应激的关系也得到了一些研究证实。促凋亡蛋白 Bax 和 Bid 在 MC-LR 诱导的氧化应激状态下在小鼠肝脏的体内肝细胞中上调。这种蛋白质的上调伴随着线粒体膜电位的丧失和细胞凋亡。已知促凋亡蛋白质在线粒体膜上形成孔，能够诱导 MPT。除了 Ca^{2+} 和 CYP2E1 之外，这些蛋白质还是 MC-LR 诱导的氧化应激和细胞凋亡的潜在参与者。此外，氧化应激可激活 c-Jun 氨基末端蛋白激酶（c-Jun N-terminal protein kainse，JNK）途径，这与多种刺激或疾病密切相关。蛋白激酶可能通过下游底物，如 AP-1 和 Bcl-2 家族分子，特别是通过线粒体依赖的凋亡途径诱导细胞凋亡。同样，Wei 等证实 JNK 激活影响能量代谢的一些关键酶，并导致由 MC-LR 诱导的线粒体功能障碍。通过这种方式，JNK 的活性可能通过 MC-LR 促成肝细胞凋亡和氧化性肝损伤。

三、微囊藻毒素致肝脏肿瘤的机制

（一）微囊藻毒素的致癌机制

目前研究表明，微囊藻毒素可能是一种直接致癌物。其致癌的机制主要包括对细胞核 DNA 的损伤、致突变作用、线粒体损伤及对基因修复的干扰作用。

1. 微囊藻毒素导致的 DNA 损伤

微囊藻毒素会直接或间接导致 DNA 的损伤。暴露于非细胞毒性浓度（2 ng/mL）的 MC-LR 会导致大鼠肝脏、原代大鼠肝细胞内 8-OHdG（该化合物是 DNA 氧化损伤的生物标志物）的表达显著增加。并且研究已经证实 MC-LR 诱导的小鼠肝癌细胞氧化性 DNA 损伤可以在很低的浓度下发生（0.01 $\mu g/mL$）。Nong 等发现 MC-LR 会增加肝癌细胞（HepG2）和人正常肝细胞（L02）DNA 链的断裂（尾增加）和 8-OHdG 的形成，Liu 等也发现 MC-LR 会导致 DNA 链的断裂（尾增加、细胞核微核形成），两项研究均发现 DNA 的损伤发生与氧化应激通路相关指标密切相关。

2. 微囊藻毒素导致的基因突变

Ames 试验证实 MC-LR 具有致突变效应。研究显示，MC-LR 能特异性诱导胸苷激酶（thymidine kinase，TK）基因座位点杂合性丧失。MC-LR 具有致癌作用和遗传毒性作用，并有可能最终诱发肝癌的发生。此外，Suzuki 等还发现 MC-LR 在转化的人胚胎成纤维细胞（RSa 细胞）中能够诱导 OuaR 基因突变和 K-ras 密码子的突变。

3. 微囊藻毒素导致的线粒体 DNA 的损伤

Chen 等发现 MC-LR 暴露能够诱导大鼠睾丸线粒体 DNA（mtDNA）损伤。事实上，由于线粒体靠近产生自由基的电子传递链（electron transport chain，ETC），mtDNA 比核 DNA（nDNA）对氧化损伤更敏感。接受长期（5 $\mu g/L$、10 $\mu g/L$、20 $\mu g/L$ 和 40 $\mu g/L$ 12 个月）口服 MC-LR 的雄性 C57BL/6

小鼠的肝脏中也观察到 DNA 8-OHdG 水平升高，mtDNA 和核 DNA（nDNA）完整性受损及 mtDNA 含量改变。值得注意的是，MC-LR 暴露改变了线粒体和核基因的表达，这对于调节 mtDNA 复制和修复氧化的 DNA 至关重要。此外，线粒体 DNA 缺损的人仓鼠 AL 细胞对 MC-LR 诱导的细胞毒性更敏感，而 CD59 位点突变的细胞并没有因此增加细胞毒性。由于线粒体 DNA 编码主要负责形成 NO 的一氧化氮合酶（NOS），研究者推断 MC-LR 的遗传毒性作用可能由 NO 和线粒体介导。Wang 等发现 MC-LR 引起 CD59 位点的突变频率和人仓鼠杂交（AL）细胞中 MN 形成的剂量依赖性增加，伴随着一氧化氮（NO）产生的增加。用 NO 合酶抑制剂 NG-甲基-L-精氨酸（L-NMMA）同时处理抑制 MC-LR 诱导的 NO 产生和突变频率，证实 NO 参与了 MC-LR 诱导的遗传毒性。

4. 微囊藻毒素对 DNA 损伤后修复功能的干扰

Douglas 等报道，MC-LR 可能参与了 DNA 依赖性蛋白激酶（DNA-PK）活性的调节，这是 DNA 非双链断裂修复所需的非同源末端连接（NHEJ）。随后，Lankoff 等发现 MC-LR 抑制了 γ 辐射诱导损伤后的修复，增加了人类淋巴细胞中包括双着丝粒染色体在内的染色体畸变的发生频率。此外，用 MC-LR 预处理导致照射后细胞中 γ-H2AX 灶数目减少。通过在人成胶质细胞瘤 MO59K（DNA-PKcs-proficient）细胞中观察到的强 DNA 修复抑制作用，证实 MC-LR 对 DNA-PK 的影响。兰科夫等也表明在 CHO-K1 细胞中，MC-LR 通过干扰切口/切除阶段及 NER 的重新结合阶段靶向核苷酸切除修复（NER），并且导致紫外线辐射诱导的 DNA 损伤水平的增加。因此，DNA 修复过程的干扰很可能是微囊藻毒素促进癌症发展的机制之一。

（二）微囊藻毒素的促癌机制

微囊藻毒素的促肿瘤效应已经获得广泛认同。其促肿瘤的原因十分复杂，目前的研究表明微囊藻毒素促进肿瘤的特性与其对胞内细胞周期相关的信号通路密切相关，可能还与微囊藻毒素对 P53 的作用也有十分重要的关系。

1. 微囊藻毒素导致的 MAPK 信号通路激活

微囊藻毒素的肿瘤促进作用很可能是由于抑制了 PP2A 活性，调节多种丝裂原活化蛋白激酶（mitogen-activated protein kinases，MAPK）。研究表明，MAPK 的激活将增加原癌基因的转录，导致细胞增殖和肿瘤促进的增加。活化的 MAPK 通路将会刺激转录因子的合成和磷酸化，如 c-fos 和 c-jun 等基因。由这些不同信号级联激活的转录因子刺激生长因子、生长因子受体和蛋白，将直接影响细胞周期。

2. 微囊藻毒素导致的 DAG 途径的改变

肝脏细胞长期暴露于微囊藻毒素后，将会激活细胞内的包括 Bcl-2 和 PKC 在内的 DAG 途径，这将有利于细胞的存活、增加细胞增殖，并促进肿瘤的发生。PKC 与肿瘤发生的众多方面相关联，包括凋亡-血管生成、细胞增殖、细胞分化、信号转导等途径。PKC 也参与 Bcl-2 的磷酸化，这是一种有利于细胞存活、增殖和促进肿瘤的过程。然而，DAG 和神经酰胺具有相反的作用。DAG 还刺激细胞增殖和细胞存活，并抑制神经酰胺诱导的凋亡。活化后的 DAG 可以激活 PKC，这将同时激活 Raf、MEK 和细胞外信号调节蛋白激酶（extracelular signaling-regulated protein kinases，ERK）。ERK 具有双重作用，一方面可以发挥抗细胞凋亡的作用，另一方面可以发挥促凋亡作用。氧化应激可以激活转录因子、JNK、AP-1 和 P38 而促进凋亡、炎症和致癌。

3. 微囊藻毒素导致的 P53 肿瘤抑制基因的改变

P53 肿瘤抑制基因在"损伤基因组"中发挥了关键作用，并且转录因子可以阻滞 G0-G1 或 G2-M 期的细胞周期。P53 的 N 末端内的未确定点位可以通过 PP2A 去磷酸化，来抑制细胞增殖。研究表明，大鼠暴露于致死剂量（100 μg/kg）或非致死剂量（45 μg/kg）后，均会在其肝脏内观察到 P53 磷酸化的增加。除非存在细胞的应激状态，否则 P53 的过高磷酸化是一种非正常的状态。微囊藻毒素作为一种 DNA 损伤剂，可以激活正常的 P53，从而导致细胞周期停滞并通过转录上调细胞周期蛋白依赖性激酶抑制剂 P21 和 Gadd45 基因来诱导 DNA 的修复。DNA 修复的成功将允许细胞进入细胞周期。如果

DNA 损伤不能通过上调凋亡基因（*Bax*、*Bak*、*Bad*、*Bim*、*Noxa*、*Puma*）和抗细胞凋亡基因（*Bcl-2*、*Bcl-x*、*Bcl-w*）完成修复，则肿瘤抑制基因 *P53* 会诱导凋亡的发生。研究者发现肝癌细胞的 *Bax* 基因的表达会在暴露于微囊藻毒素后表达增加，而 *Bcl-2* 基因的表达会下调。Bax/Bcl-2 的比例对肝脏细胞凋亡的进展至关重要。在调节和结构发生变化之后，癌基因的这些产物可能导致细胞发生恶性转化。

P53 对细胞周期的调节对于预防慢性亚致死性微囊藻毒素暴露的增殖反应十分重要，因此可以推断 *P53* 在 MC-LR 诱导的肿瘤促进中起重要作用。MC-LR 对 *P53* 肿瘤抑制基因的突变可导致肝癌发生，缺乏功能性 *P53* 可导致肝细胞增殖的增加。

如果 DNA 修复失败，P53 诱导的 *BAX* 基因将会激化，由此促进凋亡的发生。在 *P53* 缺失或突变的细胞中，DNA 损伤不诱导细胞周期的停滞或 DNA 的修复，由此细胞的增殖发生遗传损伤，最终导致恶性肿瘤。所有抑制 *P53* 功能的因子将会极大促进肿瘤的发生和发展。PP2A 的亚基 B56 具有影响 *P53* 的稳定性、影响 Bax/Bid 的表达和促进细胞凋亡的作用。微囊藻毒素诱导了一系列基因的改变，包括细胞周期基因（*CDKN1a*，*Cde2a*）、细胞信号、细胞增殖（*c-fos*、*c-myc*、*c-jun*）、细胞凋亡（*Bax*、*Gadd45a*、*Noxa*、*Puma*）和细胞形态相关基因（*CD44*、*cdc42*、*tms4x*）。微囊藻毒素造成的 *P53* 基因的突变会导致肝细胞肿瘤的发生，并且 *P53* 功能的缺失将导致肝细胞增殖的增加。

第四节　微囊藻毒素与其他肝危险因素的联合毒性效应

肝细胞癌（hepatic celluler cancer，HCC）是世界上最主要的肿瘤之一。人体发生 HCC 通常是由于同时暴露于多种危险因素。已有研究发现微囊藻毒素与一些危险因素的共同作用会显著增加人群发生肝损伤甚至肝癌的危险性，这些危险因素主要包括病毒性肝炎、黄曲霉毒素，以及机体的遗传易感性因素等。

一、微囊藻毒素与病毒性肝炎的联合作用

（一）微囊藻毒素与 HBV 联合肝损伤作用

乙型肝炎病毒（hepatitis B virus，HBV）是国际上公认的对人类危害巨大的病原体，也是国际上最主要的卫生学问题之一。在我国西南地区，乙肝病毒感染和微囊藻毒素的联合暴露问题十分突出。三峡库区位于中国西南地区，具有较高的 HBV 感染率（7.9%）。并且该地区湿热的气候特点（年平均气温 22.1℃，每年高于 35℃的时间多于 35 d；年平均降水量高达 919.7 mm，年平均湿度高于 79%），极易造成蓝绿藻类的暴发滋生。该地区的流行病学研究资料表明，居民主要饮水和水产品食物普遍检出 MC-LR（水样本中 MC-LR 浓度为 0.72~0.78 μg/kg；水产品 MC-LR 浓度为 0.05~1.74 μg/kg）。

目前针对微囊藻毒素与 HBV 联合暴露已经有了一些人群的流行病学资料。研究表明 HBV 和 MC-LR 联合暴露的人群发生肝损伤的概率显著升高。同时其升高肝功能酶的危险性也比单独危险因素暴露显著增大。非暴露人群肝功能酶 AST 和 ALT 的均值分别为 22.04 ± 11.63 和 16.64 ± 11.11，而 HBV 感染者 AST 和 ALT 均值为 28.19 ± 38.55 和 23.02 ± 37.52，若 HBV 感染者同时暴露了 MC-LR，则 AST 和 ALT 升高到 30.69 ± 29.62 和 24.30 ± 30.66，见表 4-8。若人群同时暴露了 HBV、MC-LR 和 AFB1，则肝功能水平将升高更为明显。在 Zheng 等开展的病例对照研究中得到证实，MC-LR 能显著增加 HBV 感染者发生原发性肝癌的危险性。他们研究发现，若把非 HBV 感染和低血清 MC-LR 水平人群作为参照，采用 Logsitic 回归对多种肝损伤危险性因素进行校正后，则高血清 MC-LR 水平人群发生 HCC 的危险性为 2.8（95% CI=1.3~6.0，$P=0.010$），单独 HBV 感染者发生 HCC 的危险性为 31.8（95% CI=12.4~81.6，$P<0.001$），而 HBV 暴露并且具有高血清 MC-LR 水平的人群，其发生 HCC 的危险性高达 98.3（95% CI=31.3~308.5，$P<0.001$），见表 4-9。这些人群研究均提示，HBV 和 MC-LR 具有联合肝毒性作用。

表 4-8　HBV、AFB1 和 MC-LR 联合作用对肝功能酶升高的促进作用

	对照		HBV 感染		HBV&AFB1（HBV&MC-LR）		HBV&AFB1&MC-LR		趋势检验 P 值
	人数	平均值±标准差	人数	平均值±标准差	人数	平均值±标准差	人数	平均值±标准差	
HBsAg（＋）	2 185	22.04±11.63	168	28.19±38.55	104/90	28.41±17.56(30.69±29.62)	52	37.92±57.69	0.000(0.000)
HBV<100	2 185	22.04±11.63	97	21.97±8.46	64/54	25.27±17.38(23.81±8.00)	35	26.18±10.99	0.010(0.051)
HBV≥100	2 185	22.04±11.63	71	36.70±57.62	40/36	33.44±16.87(41.01±44.18)	17	62.08±97.10	0.000(0.000)
HBsAg（＋）	2 153	16.64±11.11	158	23.02±37.52	100/84	23.22±17.71(24.30±30.66)	47	31.80±57.06	0.000(0.000)
HBV<100	2 153	16.64±11.11	89	16.97±8.72	63/51	20.49±17.13(16.85±6.99)	32	21.08±11.37	0.005(0.197)
HBV≥100	2 153	16.64±11.11	69	30.83±55.16	37/33	27.87±17.93(35.81±46.23)	15	54.68±97.93	0.000(0.000)

注:采用加权多元线性回归模型;矫正因素为年龄、性别、BMI、教育、收入、吸烟状况、被动吸烟、饮酒和用药史中调整,P-trend(趋势检验 P)的值通过使用对照组、HBV 感染、HBV&AFB1（HBV&MC-LR）和 HBV&AFB1&MC-LR 组的趋势进行计算。

引自:Liu W, Wang L, Yang X, et al. Environmental Microcystin Exposure Increases Liver Injury Risk Induced by Hepatitis B Virus Combined with Aflatoxin: A Cross-Sectional Study in Southwest China[J]. Environ Sci Technol, 2017, 51(11):6367-6378.

表 4-9　MC-LR 和其他危险因素对 HCC 发展的综合影响［使用二元 Logistic 回归分析的 AOR（95％ CI）］

变量	MC-LR 水平①	HCC 病例	对照	模型	AOR(95％ CI)	P 值	S(95％ CI)
HBV 感染	—	—	—		—	—	—
否	低	16	111		ref	—	—
否	高	31	87	1③	2.8(1.3～6.0)	0.010	3.0
是	低	76	11		31.8(12.4～81.6)	＜0.001	(2.0～4.5)
是	高	91	5		98.3(31.3～308.5)	＜0.001	—
饮酒	—	—	—		—	—	—
否	低	40	74		1(Reference)	—	—
否	高	49	59	2④	1.9(0.8～4.7)	0.149	4.0
是	低	52	48		1.5(0.6～3.9)	0.372	(1.7～9.5)
是	高	73	33		6.8(2.7～17.2)	＜0.001	—
黄曲霉毒素水平②	—	—	—		—	—	—
低	低	32	82		1(Reference)	—	—
低	高	49	50	3⑤	9.2(3.5～24.5)	＜0.001	0.4
高	低	60	40		6.6(2.4～17.8)	＜0.001	(0.3～0.7)
高	高	73	42		6.8(2.7～17.5)	＜0.001	—

注：①MC-LR 水平，低（＜0.59 ng/mL）和高（≥0.59 ng/mL）；②AFB1 水平：低（＜133.1 ng/g 白蛋白）和高（≥133.1 ng/g 白蛋白）；③矫正因素为性别、吸烟、饮酒、肝病史、HBV 感染家族史、肝癌家族史、高血压、AFB1 暴露；④矫正因素为性别、吸烟、肝病史、HBV 感染家族史、肝癌家族史、高血压、AFB1 暴露和 HBV 感染；⑤矫正因素为性别、吸烟、饮酒、肝病史、HBV 感染家族史、肝癌家族史、高血压、HBV 感染等。

引自：Zheng C，Zeng H，Lin H，et al. Serum microcystin levels positively linked with risk of hepatocellular carcinoma：A case-control study in southwest China[J]. Hepatology，2017，66(5)：1519-1528.

不过，在一项针对小鼠染毒致癌模型研究中，并没有发现 MC-LR 能够显著增加 HBV 感染的小鼠发生肝肿瘤的危险，这可能与染毒剂量和染毒时间等因素有关。

（二）微囊藻毒素与 HBV、AFB1 的联合肝损伤作用

2013 年，Liu 等在三峡库区开展的关于微囊藻毒素与 HBV、AFB1 联合暴露的现况调查研究表明，在三峡库区生活的居民，随着这三种危险因素暴露水平的增加，人群血清中肝功能酶 AST 和 ALT 的均值和异常率水平逐渐升高。HBV、AFB1 和 MC-LR 联合暴露人群发生肝损伤风险最高，异常 AST 和 ALT 的 OR 分别为 4.73（95％ CI = 2.12～10.56）和 7.41（95％ CI = 3.11～17.65）。若这部分联合暴露人群体内 HBV-DNA 水平达到可检测程度（≥100 IU/mL）（表明体内的 HBV 处于活跃期），则其发生肝损伤的风险性更高，异常 AST 和 ALT 发生风险分别高达 11.38（95％ CI = 3.91～33.17）和 17.09（95％ CI = 5.36～54.53），见图 4-11。该研究表明，乙肝病毒感染者，特别是生活在热带和潮湿地区的乙肝病毒感染者，应更多地关注易被生物毒素污染的日常食物和水，防止肝损伤向更严重的慢性肝病由乙型肝炎病毒诱导。控制生物毒素污染可能是保护 HBV 感染者免受严重肝脏疾病的有效措施。

微囊藻毒素和 HBV、AFB1 之间的相互作用机制是十分复杂的，根据目前对这三种危险因素毒性机制的研究进展，推测三者可能通过如下几种机制产生协同作用：①首先，氧化应激可能是 HBV 和微

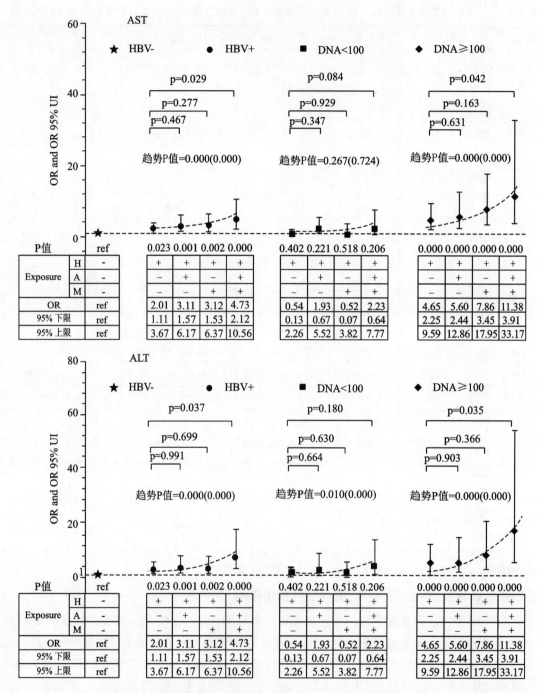

图 4-11　三种危害因素（HBV，AFB1 和 MC-LR）对肝损伤的联合

＜100 表示 HBV DNA＜100 IU/mL，≥100 表示 HBV-DNA≥100 IU/mL。AST＞42 IU/L 定义为异常 AST，ALT＞42 IU/L 定义为 ALT 异常。对照代表未暴露组，H 代表 HBV 暴露组，H&A 代表 HBV&AFB1 暴露组，H&M 代表 HBV&MC-LR 暴露组，H&A 代表 HBV&AFB1 和 MC-LR 组。所有的 ORs 调整年龄、性别、BMI、教育、收入、吸烟状况、被动吸烟、饮酒和用药史。P-趋势值采用对照、H、H&A（或 H&M）和 H&A&M 组的趋势测试来计算。

引自：Liu W，Wang L，Yang X，et al. Environmental microcystin exposure increases liver injury risk induced by hepatitis b virus combined with aflatoxin：a cross-sectional study in Southwest China [J]. Environ Sci Technol，2017，51（11）：6367-6378.

囊藻毒素产生协同肝损伤作用的重要机制之一。在本章第三节，已经详细阐述了氧化应激是微囊藻毒素的重要毒性机制。而目前的研究也已经发现氧化应激水平会在慢性乙肝（CHB）患者体内显著升高，此外，研究表明氧化应激也是黄曲霉毒素造成肝损伤的主要毒性机制。目前，人群流行病学研究已经证实人群联合暴露于 HBV 和 AFB1 后，人体会具有更高的氧化应激水平，并且发生 HCC 的风险性也更高。综上所述，机体联合暴露于 HBV、AFB1 和 MCs 后，机体肝细胞会产生大量的 ROS，从而使发生 HCC 的危险性显著升高。②P53 基因突变也可能是三个危险因素产生协同肝毒性效应的作用机制之一。流行病学研究已经表明，HBV 的感染能够在人体内造成 P53 的 249 位点发生突变。目前无论是人群调查还是针对小鼠的动物实验均表明，HBV 感染与 AFB1 联合暴露，会导致 P53 249 位点的突变显著增加，并且显著增加 HCC 发生的风险。尽管目前还没有证据表明 MC-LR 会直接导致 P53 位点的突变，但是 zhang 等的研究已经发现 MC-LR 能增加 HepG 细胞 P53 基因的表达。③CYP 家族也可能是三者协同肝毒性效应的机制之一。研究表明，HBV 会诱导 CYP 家族 AFB1-8-9-epoxide 的产生，而 MC-LR 在产生 ROS 的过程中也会上调 CYP2E1 的表达。

（三）微囊藻毒素与 HCV

丙型肝炎病毒（hepatitis c virus，HCV）也是全球重要的肝损伤危险因素。根据 WHO 最新的报道，目前全球有 1.3 亿～1.5 亿人口感染了慢性丙肝，并且每年全球有大约 70 万人口死于 HCV 相关的肝疾病。在我国，HCV 的感染率从 2004 年的 3.03/100 000 人上升到了 2011 年的 12.97/100 000 人。但是，目前对于 HCV 与微囊藻毒素联合暴露造成的肝损伤还缺乏相关报道。

二、微囊藻毒素与环境的交互作用

（一）微囊藻毒素与 AFT 的联合作用

黄曲霉毒素（aflatoxin，AFT）是 *Aspergillus flavus*、*A. parasiticus*、*A. tamari* 及 *A. nominus* 等霉菌的代谢产物，非常容易通过农作物污染人类的食物。资料显示全球有 50 亿人口处于不同程度的 AFT 暴露。AFT 广泛分布于非洲、南美洲、东南亚等位于北纬 40° 和南纬 40° 之间的区域。

AFT 是非常重要的肝致癌物。目前，全球范围内 4.6%～28.2% 的 HCC 病例都被证实与 AFT 暴露有关。AFT 可以使 HBV 感染者发生 HCC 的危险性提高 30 倍。AFT 急性暴露可以导致鼠、鱼、猪等动物发生明显的肝损伤，而 AFB1 慢性暴露可以通过复杂的通路导致 HCC 的发生。目前，AFT 已经被国际癌症研究机构（international agency for research on cancer，IARC）定义为 I 类致癌物。

由于 AFT 的滋生条件和微囊藻毒素一样，都是容易在湿热的条件下造成污染，因此 AFT 和微囊藻毒素的联合暴露情况是十分普遍的。2013 年一项在中国西南地区开展的生态学调查表明，当地生活的居民普遍暴露于 AFT 和微囊藻毒素中，当地李渡镇和义和镇两个镇居民的日常饮食和饮水中普遍具有 AFB1 和 MC-LR 的检出。当地居民主要食物中的辣椒、花生、大米、玉米等均有较高浓度的 AFB1 检出。而他们的主要水生食物（鱼和鸭），以及主要饮用水（末梢水和井水）中均有 MC-LR 的检出，而非饮用水（池塘水、沟渠水、自来水源水）中 MC-LR 的含量则更高，见图 4-12。在该项研究中，Lin 等根据当地食物和饮水 AFB1 和 MC-LR 的污染情况，以及每名受调查居民的饮食饮水情况计算出了当地居民 AFB1 和 MC-LR 的每日估计摄入量（estimated daily intake，EDI），数值达到了 8.31 ng/（kg·d）和 4.05 ng/（kg·d）。

黄曲霉毒素和微囊藻毒素的首要靶器官均为肝脏，并且黄曲霉毒素和微囊藻毒素的联合毒性效应已经得到了证实。一项 1999 年开展的动物研究表明，用 AFB1 和 MC-LR 联合染毒的大鼠比单独因素染毒更容易产生肝脏肿瘤，具体表现为 GST-P 阳性病灶的显著增加（表 4-10），而 Min 等人在另一项针对小鼠的研究中，发现蓝藻毒素中的微囊藻毒素和节球藻毒素均能显著增加 AFB1 造成的肝脏肿瘤，微囊藻毒素和节球藻毒素分别增加了 AFB1 造成小鼠肝脏肿瘤的 3 倍和 6 倍，见表 4-11。2013 年在三峡库区开展的流行病学调查研究发现，MC-LR 增加了 HBV 感染及 AFB1 暴露人群发生肝损伤的危险性。此外，Hashimoto 等的研究表明，AFB1 和 MCs 在 Tilapia 体内具有协同导致肝脏微核产生的作用。Liu 等研究也表明，AFB1 和 MC-LR 联合染毒会协同造成人正常肝细胞系遗传毒性损伤，造成微核的显著生成（图 4-13）和细胞尾部 DNA 的显著产生（图 4-14），并且还能够协同改变细胞的氧化应激水平及 DNA 损伤修复基因的表达。

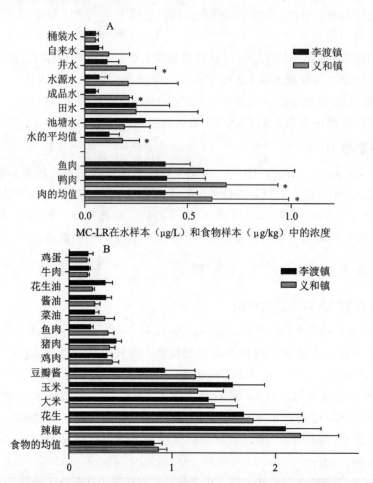

图 4-12　李渡镇和义和镇水、水产品中 MC-LR 的浓度及两个镇日常食物中 AFB1 的浓度

（A）比较来自两个城镇的水和水产品中微囊藻毒素 LR 的浓度。（B）比较两个城镇日常食物中的 AFB1 浓度。* 表示 $P < 0.05$，通过 Kruskal-Wallis 检验比较李渡镇和义和镇。

引自：Lin H，Liu W，Zeng H，et al. Determination of environmental exposure to microcystin and aflatoxin as a risk for renal function based on 5493 rural people in Southwest China [J]. Environmental science & technology，2016，50（10）：5346-5356.

表 4-10　用 AFB1 和 MC-LR 单独或联合导致大鼠肝脏 GST-P 阳性灶的产生

处理因素	大鼠数量	数量(no./cm²)	区域(mm²/cm²)	平均区域(mm²/focus)
AFB1-启动剂	16	3.46±1.14①	2.24±1.35②	0.64±0.29
MC-LR(1 μg/kg)	16	3.50±1.74	2.75±2.86	0.77±0.51
MC-LR(10 μg/kg)	10	1.61±0.74	0.76±0.51	0.55±0.55
MC-LR(1 μg/kg)	11	0.29±0.14	0.07±0.10	0.32±0.46

续表

处理因素	大鼠数量	数量（no./cm²）	区域（mm²/cm²）	平均区域（mm²/focus）
MC-LR(10 μg/kg)	11	0.27±0.14	0.10±0.13	0.28±0.30
对照	11	0	0	0

注：①阳性灶直径＞0.1 mm定义为阳性；②结果用均值±标准差表示。

引自：Sekijima M，Tsutsumi T，Yoshida T，et al. Enhancement of glutathione S-transferase placental-form positive liver cell foci development by microcystin-LR in aflatoxin B1-initiated rats[J]. Carcinogenesis，1999，20(1):161-165.

表 4-11 用 AFB1 和蓝藻毒素（NOD 和 MC-LR）染毒 24 w 的 *HBV x*（*HBVx* 基因）转基因小鼠及其野生型小鼠引起的肝肿瘤发生率

组	处理因素			n	腺瘤（%）	肿瘤（%）	合计（%）
	HBVx 基因	AFB1	CT	—	—	—	—
1	—	—	—	40	0(0)	0(0)	0(0)
2	+	—	—	10	0(0)	0(0)	0(0)
3	—	+	—	20	1(5.0)	0(0)	1(5.0)
4	+	+	—	11	1(9.1)	0(0)	1(9.1)
	HBVx 基因	AFB1	MC-LR	—	—	—	—
5	—	—	+	26	1(3.9)	0(0)	1(3.9)
6	+	—	+	11	0(0)	0(0)	0(0)
7	—	+	+	21	2(9.5)	2(9.5)	4(19.0)a
8	+	+	+	15	3(13.3)	1(6.7)	3(20.0)a
	HBVx 基因	AFB1	NOD	—	—	—	—
9	—	—	+	26	0(0)	0(0)	0(0)
10	+	—	+	11	0(0)	0(0)	0(0)
11	—	+	+	9	2(22.2)	1(11.1)	3(33.3)b,c
12	+	+	+	11	4(36.4)	0(0)	4(36.4)d,e,f

注：①MC-LR，微囊藻毒素-LR，NOD：节球藻毒素；②a P 与组 1 相比，P＜0.05，与组 1 相比，b P＜0.01，与组 9 相比 c P＜0.05，与组 1 相比，d P＜0.01，与组 3 相比，e P＜0.05，与组 9 相比，f P＜0.01。

引自：Lian M，Liu Y，Yu S-Z，et al. Hepatitis B virus x gene and cyanobacterial toxins promote aflatoxin B1-induced hepatotumorigenesis in mice[J]. World J Gatroenterol，2006，12(19):3065-3066.

氧化应激和 DNA 损伤可能是黄曲霉毒素和微囊藻毒素发生联合毒性作用的重要机制之一。AFB1 需要在 CYP 的作用下被转化成 8,9-epoxide（AFBO）这种活性形式才能发生毒性作用，只有被转化成活性形式的 AFB1 才能够结合到 DNA 和蛋白质上，从此导致细胞的 DNA 损伤。AFB1 能够在细胞内产生 8-羟基脱氧鸟苷（8-hydroxy-2'-deoxyguanosine，8-OHdG），而 8-OHdG 能够使肝脏细胞发生 G-T 突变，从而在肝细胞癌发生过程中发挥重要作用。AFB1 也能产生大量的 ROS，因此造成染色体的损伤。同样的，MCs 也被证实可以在肝癌细胞系中导致明显的 DNA 损伤，而这种损伤直接或间接地造成 ROS 的产生，导致 DNA 双链断裂、DNA-蛋白质交联、氧化 DNA 碱基修饰或 G-T 转化。

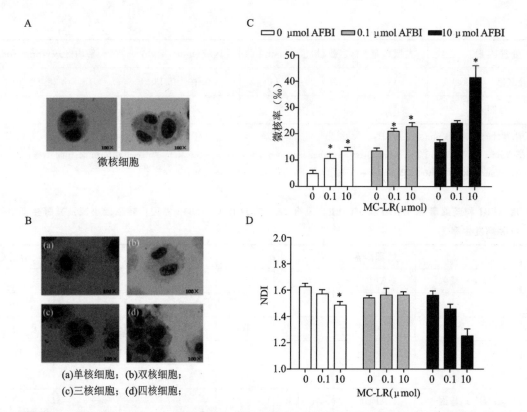

图 4-13　在暴露于 AFB1（0 mmol/L、0.1 mmol/L、10 mmol/L），MC-LR（0 mmol/L、0.1 mmol/L、10 mmol/L）和
　　　　AFB1 及 MC-LR 的组合 24 h 后的 HL7702 细胞的微核测定

A. 双核细胞中的微核计数。B. 具有不同数量核的细胞。C. 用毒素以不同暴露水平处理的细胞中的微核计数。D. 用不同暴露水平的毒素处理细胞的核分裂指数（NDI）。数据显示为每组的平均值±SE。＊ 表示 MC-LR 处理组和未处理对照组之间在相同 AFB1 浓度下的显著差异（单因素方差分析，$P < 0.05$）

引自：Liu W, Wang L, Zheng C, et al. Microcystin-LR increases genotoxicity induced by aflatoxin B1 through oxidative stress and DNA base excision repair genes in human hepatic cell lines [J]. Environ Pollut, 2017, 233: 455-463.

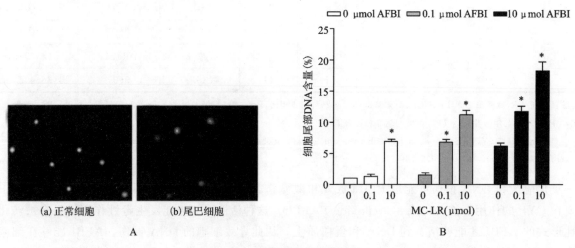

图 4-14　细肥尾部的显著产生

A. 彗星试验的 DNA 尾巴。B. 尾部 DNA 的量（总细胞的百分比）。柱状图显示了不同组中尾部 DNA 百分比的平均值和标准误差（平均值±SE）。＊ 表示 MC-LR 处理组和未处理对照组之间在相同 AFB1 浓度下的显著差异（单因素方差分析，$P < 0.05$）

引自：Liu W, Wang L, Zheng C, et al. Microcystin-LR increases genotoxicity induced by aflatoxin B1 through oxidative stress and DNA base excision repair genes in human hepatic cell lines [J]. Environ Pollut, 2017, 233: 455-463.

除此之外，微囊藻毒素还能通过改变细胞内磷酸化水平，导致胞内 DNA 修复功能紊乱，从而加重细胞的 DNA 损伤。

（二）微囊藻毒素与其他毒素的联合作用

消毒副产物 3-Chloro-4-dichloromethyl-5-hydroxy-2（5H）furanone（mutagen X，MX）是饮用水中最常见的诱变剂之一。MX 是氯与腐殖酸、富里酸和存在于生水中的其他有机污染物的反应而产生的非预期副产物。MX 可以导致细胞发生 DNA 损伤并可能导致肿瘤的发生。微囊藻毒素也是在饮水中存在的污染物，因此，人们有可能通过饮水造成 MX 和微囊藻毒素的联合暴露。目前的研究已经发现 MX 与 MC-LR 具有协同遗传毒性作用。其协同作用机制与协同造成细胞内 ROS 损伤、增加丙二醛、减少细胞内解毒酶谷胱甘肽 GSH 等有关（图 4-15）。

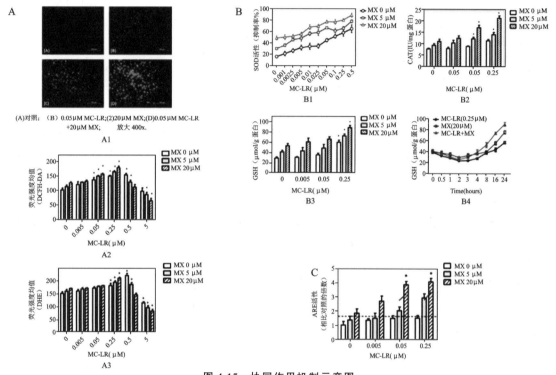

图 4-15　协同作用机制示意图

（A1）ROS 的原位标记。通过用 DCFH-DA 染色细胞来评价 ROS 产生。通过激光共聚焦显微镜获取图像。（A1－A）对照；（A1－B）0.05 μmol/L MC-LR；（A1－C）20 μmol/L MX；（A1－D）0.05 mol/L MC-LR＋20 μmol/L MX，放大 400 倍。（A2）CHO 细胞中的细胞内 H_2O_2 水平用 DCFH-DA 染色并通过流式细胞仪分析。与 MX-LR 共培养有效地促进了 MX 诱导的 CHO 细胞中 H_2O_2 的增加。＊ MC-LR 处理组和 MC-LR 未处理组与 MX 浓度相同（单因素方差分析，$P<0.05$）。（A3）CHO 细胞中的细胞内超氧阴离子（$O_2 \cdot -$）水平用 DHE 染色并通过流式细胞仪分析。（B1）用不同剂量的 MX 和 MC-LR 处理的 CHO-K1 细胞的细胞内 SOD 活性。MX 的浓度为 0 μmol/L，5 μmol/L 和 20 μmol/L，MC-LR 的浓度分别为 0 μmol/L、0.001 μmol/L、0.002 5 μmol/L、0.005 μmol/L、0.01 μmol/L、0.025 μmol/L、0.05 μmol/L、0.1 μmol/L、0.25 μmol/L 和 0.5 μmol/L。SOD 活性表示为每 20 μg 蛋白质的抑制率百分比。与 MX 相比，MC-LR 对细胞内 SOD 的作用比单独使用化合物时有更大的作用。（B2）细胞内过氧化氢酶水平。MX 和 MC-LR 分别以 0 μmol/L、5 μmol/L 和 20 μmol/L 及 0 μmol/L、0.005 μmol/L、0.05 μmol/L 和 0.25 μmol/L 的浓度处理。＊ MC-LR 治疗组和 MC-LR 未治疗组与 MX 浓度相同（单因素方差分析，$P<0.05$）。MX 和 MC-LR 共同作用对细胞内过氧化氢酶的影响大于单独使用化合物时的影响，MX 和 MC-LR 对 CHO 细胞中过氧化氢酶的影响有统计学意义（双向 ANOVA，$P<0.01$）。（B3）细胞内 GSH 水平。将 MX 和 MCLR 分别以 0 μmol/L、5 μmol/L 和 20 μmol/L 及 0 μmol/L、0.005 μmol/L、0.05 μmol/L 和 0.25 μmol/L 的浓度处理 24 h。＊ MC-LR 治疗组和 MC-LR 未治疗组与 MX 浓度相同（单因素方差分析，$P<0.05$）。与 MX 和 MC-LR 共培养的细胞内 GSH 水平比暴露于单独的化合物有更多的影响，但是在 CHO 细胞中，MX 和 MC-LR 对 GSH 没有统计学相互作用（双因素方差分析，$P = 0.90$）。（B4）观察用 MC-LR 和 MX 处理的细胞中 GSH 的变化。将 CHO-K1 细胞与含有 MC-LR（剂量为 0～0.25 μmol/L）和 MX（剂量为 0～20 μmol/L）的 F-12K 培养基一起温育。每次毒素处理 0.5 h、1 h、2 h、3 h、4 h、8 h、16 h 和 24 h 后，除去培养基并测定细胞内 GSH。（C）MX 和 MC-LR 共同作用于 CHO 细胞的 Luc 活性。MX 的浓度为 0 μmol/L、5 μmol/L 和 20 μmol/L，MC-LR 的浓度分别为 0 μmol/L、0.005 μmol/L、0.05 μmol/L 和 0.25 μmol/L。通过 MTT 测定将 Luc 活性标准化，并且相对于对照表达出来。数据显示为平均值±SE（每个治疗组 n＝3）。红色实线表示根据效果增加模型计算出的预测效果。＊ 表示与效力增加模型显著不同（Student's t 检验，$P<0.05$）。黑色虚线以上的值被认为是正值。

三、微囊藻毒素与机体基因的交互作用

人体对外源性的化合物产生的反应是不同的,其中人类基因组的遗传变异是主要原因,且一定程度上,人体对各种疾病的易感性差异也决定于人类基因的变异。单核苷酸多态性(single nucleotide polymorphism,SNP)主要是指在基因水平上由单个核苷酸突变引起的DNA序列多态性,是人类可遗传变异中最常见的一种。仅涉及一个碱基的变异,如颠换、转换、缺失和插入。因此在暴露相同的外环境下,外源性化合物会对人体产生不同的效应结果,其原因有可能就是SNP。SNP可以影响酶的表达水平、结果及催化活性,进而导致人群对外源性化合物不同的易感性。

针对风险评估的结果,在相同外环境暴露下,人体会对微囊藻毒素产生不同的反应。因此三峡库区舒教授团队针对MC-LR在人体的摄入、代谢和解毒途径所涉及的基因多态性进行研究,以期发现相关基因多态性与MC-LR对肝损伤的联合作用。在人体内MC-LR主要通过OATP进入细胞,与Ⅰ相和Ⅱ相代谢酶作用,在GSTs催化作用下与GSH共轭结合,最后排出体外。

(一)OATP 类基因多态性

在人类肝细胞中,有机阴离子转运多肽类的OATP1B1、OATP1B3和鼠OATPlb2均可介导肝细胞对于MC-LR的吸收,OATP1B1和OATP1B3的编码基因分别是SLCO1B1(solute carrier transporters 1B1)和SLCO1B3(solute carrier transporters 1B3)。尽管在之前的报道中已经表明在人肝细胞中OATP1B1和OATP1B3主要转运MC-LR,但是在Yang等开展的人群流行病学调查研究中,并没有发现MC-LR单独暴露时与SLCO1B1(T521C)基因存在显著联合增加肝损伤风险的关系。但是该研究发现在AFB1暴露人群中,具有较高MC-LR暴露人群发生肝损伤的OR值低于低MC-LR暴露人群的OR值。对于高AFB1和低MC-LR共暴露,携带突变基因型TC和CC的个体与携带野生型TT的个体相比,肝损伤的OR为2.838(95% CI:1.598~5.041,P<0.05),突变基因型频率(TC和CC)分别为47.4%和24.1%;携带突变等位基因C的个体与携带野生型等位基因T的个体的肝损害OR值为1.632(95% CI:1.094~2.435,P<0.05),突变等位基因C的频率分别为71.5%和60.6%。对于高AFB1和高MC-LR共暴露,SLCO1B1(T521C)-TC/CC基因型个体的肝损害风险值是2.317(95% CI:1.296~4.142,P<0.05),基因型为SLCO1B1(T521C)-TT,突变基因型(TC和CC)频率分别为40.4%和22.6%;携带突变等位基因C的个体与携带野生型等位基因T的个体的OR为1.511(95% CI:1.033~2.211,P<0.05),突变等位基因C的频率分别为64.7%和54.8%,见表4-12。该研究表明低水平的MC-LR可能会增加AFB1的摄取,以提高肝脏损伤的风险。

此外他们的研究表明,SLCO1B3在MC-LR和AFB1单独或者联合暴露情况下,均未观察到与肝损伤显著性统计学差异和关联效应。

表4-12 *SLCO1B1* 基因型和等位基因频率(*T521C*)在 AFB1 和 MC-LR 联合暴露的肝损伤的病例人群和对照人群

毒素暴露	SNP	案例 n(%)	对照 n(%)	OR(95% CI)	P 值[a,b]
$A_L M_L$	TT	80(72.1)	78(60.5)	ref	—
	TC/CC	31(27.9)	51(39.5)	0.593(0.344~1.022)	0.039
	T	90(40.5)	86(33.3)	ref	—
	C	132(59.5)	172(66.7)	0.733(0.505~1.064)	0.062
$A_L M_H$	TT	78(69.0)	69(64.5)	ref	—
	TC/CC	35(31.0)	38(35.5)	0.815(0.465~1.429)	0.280

续表

毒素暴露	SNP	案例 n(%)	对照 n(%)	OR(95% CI)	P 值[a,b]
$A_L M_H$	T	86(38.1)	87(37.5)	ref	—
	C	140(61.9)	145(62.5)	0.977(0.669～1.425)	0.490
$A_H M_L$	TT	60(52.6)	82(75.9)	ref	—
	TC/CC	54(47.4)	26(24.1)	2.838(1.598～5.041)	0.000
	T	65(28.5)	82(39.4)	ref	—
	C	163(71.5)	126(60.6)	1.632(1.094～2.435)	0.011
$A_H M_H$	TT	65(59.6)	89(77.4)	ref	—
	TC/CC	44(40.4)	26(22.6)	2.317(1.296～4.142)	0.003
	T	77(35.3)	104(45.2)	ref	—
	C	141(64.7)	126(54.8)	1.511(1.033～2.211)	0.021

注：a：病例与对照进行比较。b：卡方检验。AM 意味着联合暴露于 AFB1 和 MC-LR。$A_L M_L$ 定义为 AFB1 低于中位数，MC-LR 低于中位数，依此类推。

引自：Yang X，Liu W，Lin H，et al. Interaction effects of AFB1 and MC-LR co-exposure with polymorphism of metabolic genes on liver damage：focusing on SLCO1B1 and GSTP1[J]. Sci Rep，2017，7(1)：16164.

（二）谷胱甘肽 S-转移酶基因多态性

谷胱甘肽 S-转移酶（glutathione S-transferases，GSTs）是最重要的 II 相代谢酶之一，主要包括 A、M、T、P 四个家族，其主要的功能是参与解毒、阻止外源性有害物质对细胞的毒性作用。目前国内有关 GSTs 的研究主要集中在肝癌、肺癌、乳腺癌和前列腺癌等和正常人群四个家族基因多态性在地域上的差异。李砚等针对 GSTs 的基因多态性与微囊藻毒素所致人群肝损伤的相关性进行了初步的探索，他们在重庆三峡库区 MCs 暴露儿童中选择了肝功能异常儿童 81 例，肝功能正常儿童 92 例，运用多重 PCR 方法检测了 GSTM1 和 GSTT1 基因的多态性，结果发现 GSTT1 缺失率在肝损伤组显著高于对照组（60.5%：39.1%，P=0.006），单独 GSTM1 缺失率在肝损伤和对照组间没有显著性差异（43.2%：47.8%，P=1.00），GSTM1 和 GSTT1 共同缺失率在肝损伤组和对照组之间也有显著性差异（29.6%：16.3%，P=0.045）。该研究表明 GSTT1 缺失可能是在 MCs 暴露儿童中造成肝损伤的易感因素，GSTM1 和 GSTT1 共同缺失可能会增加 MCs 暴露人群发生肝损伤的危险性。Yang 等人在同一研究人群中扩大样本量后的研究中发现，GSTT1（－）和 GSTM1（－）与儿童肝损伤均无统计学差异，也无关联效应。造成这种差异的原因可能是李砚等人研究时样本量较小的原因，从而扩大了基因多态性在肝损伤的作用。并且，Yang 等在 GSTA1（C69T）、GSTP1（A1578G）均没发现与儿童肝损伤之间存在显著性关联效应。

而在后期 Yang 等在三峡库区开展的成年人群的基因多态性研究中，他们的研究发现，GST 基因多态性与肝损伤在 MC-LR 和 AFB1 单独或者联合暴露水平下，GSTT1（－/＋）、GSTM1（－/＋）和 GSTA1（C69T）未发现显著性统计学差异和关联效应。GSTP1（A1578G）在不同的暴露水平下对肝损伤表现出差异性的影响：在 MC-LR 高暴露水平下，发现 GSTP1 突变碱基 G 相较于野生碱基 A 均可以降低肝损伤的发生风险。而在 MC-LR 低暴露水平下，GSTP1 突变基因型 AG/GG 和突变碱基 G 相较于野生基因型 AA 和野生碱基 A 可以降低肝损伤的发生风险。在 AFB1 和 MC-LR 联合暴露水平下，在 AFB1 和 MC-LR 同时高水平暴露时，携带 GSTP1 突变碱基 G 比野生碱基 A 可以降低肝损伤的发生风险；在 AFB1 高水平暴露同时 MC-LR 低水平暴露时，携带 *GSTP*1 突变碱基 G 可以增加肝损伤的发生风险。

（三）*CYP* 基因多态性

CYP 在许多人体组织中均有存在，是Ⅰ相代谢酶之一，在激素的合成和分解、胆固醇代谢、维生素 D 代谢等过程中有重要作用，在肝脏胆红素的代谢中也起重要作用。CYP2E1 的底物大多是致癌性的物质，本身无毒，具有分子量低和极性较大的特点，这些底物经过 CYP2E1 的作用，可氧化代谢成为致癌物或毒物，严重危害到人体健康。因此 CYP2E1 在毒理学中受到广泛关注。

在 Yang 开展的人群 *CYP* 基因多态性研究中，*CYP*2E1（*C*1019*T*）和 *CYP CYP*3*A*4（*A*13871*G*）在不同的 MC-LR 和 AFB1 单独或者联合暴露水平下均未观察到对肝损伤的影响。该研究并未发现微囊藻毒素暴露联合 *CYP* 基因具有协同肝毒性效应。

第五节　总结与展望

肝脏是蓝藻毒素最重要的靶器官，目前的研究已经发现微囊藻毒素通过 OATP 介导的主动转运方式进入肝脏细胞，进入细胞的微囊藻毒素会与胞内一系列因子发生结合与反应，不同作用剂量和时间会导致肝细胞发生不同程度的急性和慢性损伤，甚至通过致癌或者促癌作用引起肝脏发生肿瘤。同时，机体暴露于肝炎病毒、黄曲霉毒素等其他一些环境危险因素会增加机体发生肝损伤和肝肿瘤的危险性。此外，机体的遗传效应也在一定程度上决定了蓝藻毒素对肝脏的损伤作用大小。蓝藻毒素肝毒性损伤的作用机制是十分复杂的，尽管目前的研究已经在细胞磷酸化和氧化应激改变等通路找到了微囊藻毒素毒性作用的关键位点及相关效应，但是对微囊藻毒素毒性作用的机制研究仍然任重道远，尤其是对微囊藻毒素表观遗传学方面的相关作用还有待更多的研究证实。控制人群对蓝藻毒素的暴露，对预防人群肝脏疾病的发生具有十分重要的作用，尤其对乙肝病毒感染、黄曲霉毒素暴露及有相应易感基因的人群具有极其重要的意义。

（刘文毅　刘乐斌　李代波）

参 考 文 献

[1] Trauner M, Boyer J L. Bile salt transporters: molecular characterization, function, and regulation[J]. Physiol Rev, 2003, 83(2): 633-671.

[2] Feurstein D, Holst K, Fischer A, et al. Oatp-associated uptake and toxicity of microcystins in primary murine whole brain cells[J]. Toxicol Appl Pharmacol, 2009, 234(2): 247-255.

[3] Eriksson J E, Gronberg L, Nygard S, et al. Hepatocellular uptake of 3H-dihydromicrocystin-LR, a cyclic peptide toxin[J]. Biochim Biophys Acta, 1990, 1025(1): 60-66.

[4] Zeller P, Clement M, Fessard V. Similar uptake profiles of microcystin-LR and-RR in an in vitro human intestinal model[J]. Toxicology, 2011, 290(1): 7-13.

[5] Fischer W J, Altheimer S, Cattori V, et al. Organic anion transporting polypeptides expressed in liver and brain mediate uptake of microcystin[J]. Toxicol Appl Pharmacol, 2005, 203(3): 257-263.

[6] Lu H, Choudhuri S, Ogura K, et al. Characterization of organic anion transporting polypeptide 1b2-null mice: essential role in hepatic uptake/toxicity of phalloidin and microcystin-LR[J]. Toxicol Sci, 2008, 103(1): 35-45.

[7] Monks N R, Liu S, Xu Y, et al. Potent cytotoxicity of the phosphatase inhibitor microcystin LR and microcystin analogues in OATP1B1-and OATP1B3-expressing HeLa cells[J]. Mol Cancer Ther, 2007, 6(2): 587-598.

［8］ Bagu J R,Sykes B D,Craig M M,et al. A molecular basis for different interactions of marine toxins with protein phosphatase-1. Molecular models for bound motuporin,microcystins,okadaic acid,and calyculin A［J］. J Biol Chem,1997, 272(8):5087-5097.

［9］ He J,Chen J,Wu L,et al. Metabolic response to oral microcystin-LR exposure in the rat by NMR-basedmetabonomic study［J］. J Proteome Res,2012,11(12):5934-5946.

［10］ Wang M,Chan L L,Si M,et al. Proteomic analysis of hepatic tissue of zebrafish(*Danio rerio*)experimentally exposed to chronic microcystin-LR［J］. Toxicol Sci,2010,113(1):60-69.

［11］ Kondo F,Ikai Y,Oka H,et al. Formation,characterization,and toxicity of the glutathione and cysteine conjugates of toxic heptapeptide microcystins［J］. Chem Res Toxicol,1992,5(5):591-596.

［12］ Kondo F,Matsumoto H,Yamada S,et al. Detection and identification of metabolites ofmicrocystins formed in vivo in mouse and rat livers［J］. Chem Res Toxicol,1996,9(8):1355-1359.

［13］ Zhang D,Xie P,Chen J,et al. Determination of microcystin-LR and its metabolites in snail(*Bellamya aeruginosa*), shrimp(*Macrobrachium nipponensis*)and silver carp(*Hypophthalmichthys molitrix*)from Lake Taihu,China［J］. Chemosphere,2009,76(7):974-981.

［14］ Anders M W. Metabolism of drugs by the kidney［J］. Kidney Int,1980,18(5):636-647.

［15］ Ito E,Takai A,Kondo F,et al. Comparison of protein phosphatase inhibitory activity and apparent toxicity of microcystins and related compounds［J］. Toxicon,2002,40(7):1017-1025.

［16］ Chen J,Xie P,Zhang D,et al. In situ studies on the distribution patterns and dynamics ofmicrocystins in a biomanipulation fish—bighead carp(*Aristichthys nobilis*)［J］. Environ Pollut,2007,147(1):150-157.

［17］ Malbrouck C,Trausch G,Devos P,et al. Hepatic accumulation and effects of microcystin-LR on juvenile goldfish Carassius auratus L［J］. Comp Biochem Physiol C Toxicol Pharmacol,2003,135(1):39-48.

［18］ Fu J,Xie P. The acute effects of microcystin LR on the transcription of nine glutathione S-transferase genes in common carp Cyprinus carpio L［J］. Aquat Toxicol,2006,80(3):261-266.

［19］ Li X,Liu Y,Song L,et al. Responses of antioxidant systems in the hepatocytes of common carp(*Cyprinus carpio L.*) to the toxicity of microcystin-LR［J］. Toxicon,2003,42(1):85-89.

［20］ Hao L,Xie P,Fu J,et al. The effect ofcyanobacterial crude extract on the transcription of GST mu,GST kappa and GST rho in different organs of goldfish(*Carassius auratus*)［J］. Aquat Toxicol,2008,90(1):1-7.

［21］ Gehringer M M,Shephard E G,Downing T G,et al. An investigation into the detoxification of microcystin-LR by the glutathione pathway in Balb/c mice［J］. Int J Biochem Cell Biol,2004,36(5):931-941.

［22］ Birungi G,Li S F Y. Investigation of the effect of exposure to non cytotoxic amounts of microcystins［J］. Metabolomics,2011,7(4):485-499.

［23］ Mikhailov A,Härmälä-Braskén AS,Hellman J,et al. Identification of ATP-synthase as a novel intracellular target for microcystin-LR［J］. Chem Biol Interact,2003,142(3):223-237.

［24］ Chen T,Wang Q,Cui J,et al. Induction of apoptosis in mouse liver by microcystin-LR:a combined transcriptomic, proteomic,and simulation strategy［J］. Mol Cell Proteomics,2005,4(7):958-974.

［25］ Amé M V,Baroni M V,Galanti L N,et al. Effects of microcystin-LR on the expression of P-glycoprotein in Jenynsia multidentata［J］. Chemosphere,2009,74(9):1179-1186.

［26］ Contardo-Jara V,Pflugmacher S,Wiegand C. Multi-xenobiotic-resistance a possible explanation for the insensitivity of bivalves towards cyanobacterial toxins［J］. Toxicon,2008,52(8):936-943.

［27］ Robinson N A,Pace J G,Matson C F,et al. Tissue distribution,excretion and hepatic biotransformation of microcystin-LR in mice［J］. J Pharmacol Exp Ther,1991,256(1):176-182.

［28］ Nishiwaki R,Ohta T,Sueoka E,et al. Two significant aspects of microcystin-LR:specific binding and liver specificity ［J］. Cancer Lett,1994,83(1-2):283-289.

［29］ Yuan M,Carmichael W W,Hilborn E D. Microcystin analysis in human sera and liver from human fatalities in Caruaru,Brazil 1996[J]. Toxicon,2006,48(6):627-640.

[30]　Griffiths D,Saker M,Hawkins P. Cyanobacteria in a small tropical reservoir[J]. Water-Melbourng Then Artarmon, 1998,25:14-19.

[31]　Falconer I R,Beresford A M,Runnegar M T. Evidence of liver damage by toxin from a bloom of the blue-green alga, *Microcystis aeruginosa*[J]. Med J Aust,1983,1(11):511-514.

[32]　Yoshizawa S,Matsushima R,Watanabe M F,et al. Inhibition of protein phosphatases by microcystis and nodularin associated with hepatotoxicity[J]. J Cancer Res Clin Oncol,1990,116(6):609-614.

[33]　Jochimsen E M,Carmichael W W,An J,et al. Liver failure and death after exposure to microcystins at a hemodialysis Center in Brazil[J]. New Engl J Med,1998,338(13):873-878.

[34]　Barreto V,Lira V,Figueiredo J,et al. "Caruaru syndrome"—A previously undescribed form of acute toxic liver disease in humans caused by microcystin LR with a high lethality rate[C]. Hepatology,1996:244-244.

[35]　Pouria S,De Andrade A,Barbosa J,et al. Fatal microcystin intoxication in haemodialysis unit in Caruaru,Brazil[J]. The Lancet,1998,352(9121):21-26.

[36]　Azevedo S M,Carmichael W W,Jochimsen E M,et al. Human intoxication by microcystins during renal dialysis treatment in Caruaru-Brazil[J]. Toxicology,2002,181-182:441-446.

[37]　谢平. 微囊藻毒素对人类健康影响相关研究的回顾[J]. 湖泊科学,2009,21(5):603-613.

[38]　Yoshida T,Makita Y,Nagata S,et al. Acute oral toxicity of microcystin-LR,acyanobacterial hepatotoxin,in mice[J]. Nat Toxins,1997,5(3):91-95.

[39]　Clark S P,Davis M A,Ryan T P,et al. Hepatic gene expression changes in mice associated with prolonged sublethal microcystin exposure[J]. Toxicol Pathol,2007,35(4):594-605.

[40]　Mereish K A,Bunner D L,Ragland D R,et al. Protection against microcystin-LR-induced hepatotoxicity by Silymarin: biochemistry,histopathology,and lethality[J]. Pharm Res,1991,8(2):273-277.

[41]　Ghosh S,Khan S A,Wickstrom M,et al. Effects of microcystin-LR on actin and the actin-associated proteins alpha-actinin and talin in hepatocytes[J]. Nat Toxins,1995,3(6):405-414.

[42]　Falconer I R,Yeung D S. Cytoskeletal changes in hepatocytes induced by *Microcystis* toxins and their relation to hyperphosphorylation of cell proteins[J]. Chem Biol Interact,1992,81(1-2):181-196.

[43]　Mcdermott C,Nho C,Howard W,et al. The cyanobacterial toxin,microcystin-LR,can induce apoptosis in a variety of cell types[J]. Toxicon,1998,36(12):1981-1996.

[44]　Liu W,Wang L,Zheng C,et al. Microcystin-LR increasesgenotoxicity induced by aflatoxin B1 through oxidative stress and DNA base excision repair genes in human hepatic cell lines[J]. Environ Pollut,2017,233:455-463.

[45]　Boaru D A,Dragos N,Schirmer K. Microcystin-LR induced cellular effects in mammalian and fish primary hepatocyte cultures and cell lines:a comparative study[J]. Toxicology,2006,218(2-3):134-148.

[46]　Ikehara T,Nakashima J,Nakashima S,et al. Different responses of primary normal human hepatocytes and human hepatoma cells toward cyanobacterial hepatotoxin microcystin-LR[J]. Toxicon,2015,105:4-9.

[47]　Žegura B,Volčič M,Lah T T,et al. Different sensitivities of human colon adenocarcinoma(CaCo-2),astrocytoma(IP-DDC-A2) and lymphoblastoid(NCNC)cell lines to microcystin-LR induced reactive oxygen species and DNA damage [J]. Toxicon,2008,52(3):518-525.

[48]　Humpage A R,Falconer I R. Microcystin-LR and liver tumor promotion:effects on cytokinesis,ploidy,and apoptosis in cultured hepatocytes[J]. Environ Toxicol,1999,14(1):61-75.

[49]　Alverca E,Andrade M,Dias E,et al. Morphological and ultrastructural effects of microcystin-LR from *Microcystis aeruginosa* extract on a kidney cell line[J]. Toxicon,2009,54(3):283-294.

[50]　Dias E,Matos P,Pereira P,et al. Microcystin-LR activates the ERK1/2 kinases and stimulates the proliferation of the monkey kidney-derived cell line Vero-E6[J]. Toxicol In Vitro,2010,24(6):1689-1695.

[51]　Menezes C,Valério E,Dias E:The kidney Vero-E6 cell line:a suitable model to study the toxicity of microcystins,

New Insights Into Toxicity And Drug Testing:InTech,2013:29-48.

[52] Menezes C,Alverca E,Dias E,et al. Involvement of endoplasmic reticulum and autophagy in microcystin-LR toxicity in Vero-E6 and HepG2 cell lines[J]. Toxicol In Vitro:2013，27(1):138-148.

[53] Lankoff A,Carmichael W W,Grasman K A,et al. The uptake kinetics and immunotoxic effects of microcystin-LR in human and chicken peripheral blood lymphocytes in vitro[J]. Toxicology,2004,204(1):23-40.

[54] Feurstein D,Stemmer K,Kleinteich J,et al. Microcystin congener-and concentration-dependent induction of murine neuron apoptosis and neurite degeneration[J]. Toxicol Sci,2011,124(2):424-431.

[55] Chen J,Xie P,Li L,et al. First identification of the hepatotoxic microcystins in the serum of a chronically exposed human population together with indication of hepatocellular damage[J]. Toxicol Sci,2009,108(1):81-89.

[56] Li Y,Chen J A,Zhao Q,et al. A cross-sectional investigation of chronic exposure to microcystin in relationship to childhood liver damage in the Three Gorges Reservoir Region,China[J]. Environ Health Perspect,2011,119(10):1483-1488.

[57] 杨晓红,蒲朝文,张仁平,等. 水体微囊藻毒素污染对人群的非致癌健康风险[J]. 中国环境科学,2013,33(1):181-185.

[58] Liu W,Wang L,Yang X,et al. Environmental microcystin exposure increases liver injury risk induced by hepatitis B virus combined with aflatoxin:A cross-sectional study in southwest China[J]. Environ Sci Technol,2017,51(11):6367-6378.

[59] Elleman T C,Falconer I,Jackson A,et al. Isolation,characterization and pathology of the toxin from a *Microcystis aeruginosa*(＝*Anacystis cyanea*)bloom[J]. Aust J biol Sci,1978,31(3):209-218.

[60] Frangez R,Kosec M,Sedmak B,et al. Subchronic liver injuries caused by microcystins[J]. Pflugers Arch,2000,440(5 Suppl):103-104.

[61] Carvalho G M,Oliveira V R,Casquilho N V,et al. Pulmonary and hepatic injury after sub-chronic exposure to sublethal doses of microcystin-LR[J]. Toxicon,2016,112:51-58.

[62] Zhang Z,Zhang X X,Qin W,et al. Effects of microcystin-LR exposure on matrix metalloproteinase-2/-9 expression and cancer cell migration[J]. Ecotoxicol Environ Saf,2012,77:88-93.

[63] Li X,Zhao Q,Zhou W,et al. Effects of chronic exposure to microcystin-LR on hepatocyte mitochondrial DNA replication in mice[J]. Environ Sci Technol,2015,49(7):4665-4672.

[64] Gan N,Sun X,Song L. Activation ofNrf2 by microcystin-LR provides advantages for liver cancer cell growth[J]. Chem Res Toxicol,2010,23(9):1477-1484.

[65] Zhang X,Xie P,Zhang X,et al. Toxic effects of microcystin-LR on the HepG2 cell line under hypoxic and normoxic conditions[J]. J Appl Toxicol,2013,33(10):1180-1186.

[66] Ma J,Li Y,Duan H,et al. Chronic exposure of nanomolar MC-LR caused oxidative stress and inflammatory responses in HepG2 cells[J]. Chemosphere,2017,192:305-317.

[67] Yu S Z. Primary prevention of hepatocellular carcinoma[J]. J Gastroenterol Hepatol,1995,10(6):674-682.

[68] 周学富,董志辉. 泰兴地区肝癌高发因素研究[J]. 中国肿瘤,1999,8(3):121-122.

[69] 孙昌盛,薛常镐. 同安水环境藻类毒素分布调查[J]. 中国公共卫生,2000,16(2):147-148.

[70] 陆卫根,林文尧. 海门市 1969－1999 年原发性肝癌死亡率趋势及高发因素的探讨[J]. 交通医学,2001,15(5):469-470.

[71] Shunzhang Y,Gang C. Blue-green algae toxins and liver cancer[J]. Chin J Cancer Res,1994,6(1):9-17.

[72] Ueno Y,Nagata S,Tsutsumi T,et al. Detection of microcystins,a blue-green algal hepatotoxin,in drinking water sampled in Haimen and Fusui,endemic areas of primary liver cancer in China,by highly sensitive immunoassay[J]. 1996,17(6):1317-1321.

[73] Teneva I,Klaczkowska D,Batsalova T,et al. Influence of captopril on the cellular uptake and toxic potential of microcystin-LR in non-hepatic adhesive cell lines[J]. Toxicon,2016,111:50-57.

[74] Chen J-G,Kensler T W. Changing rates for liver and lung cancers in Qidong,China[J]. Chem Res Toxicol,2013,27 (1):3-6.

[75] Svirčev Z,Drobac D,Tokodi N,et al. Epidemiology of cancers in Serbia and possible connection with cyanobacterial blooms[J]. J Environ Sci Health C,2014,32(4):319-337.

[76] Zhang F,Lee J,Liang S,et al. Cyanobacteria blooms and non-alcoholic liver disease:evidence from a county level ecological study in the United States[J]. Environ Health,2015,14(1):41.

[77] Zheng C,Zeng H,Lin H,et al. Serum microcystin levels positively linked with risk of hepatocellular carcinoma:A case-control study in southwest China[J]. Hepatology,2017,66(5):1519-1528.

[78] Lian M,Liu Y,Yu S-Z,et al. Hepatitis B virus x gene andcyanobacterial toxins promote aflatoxin B1-induced hepatotumorigenesis in mice[J]. World J Gastroenterol,2006,12(19):3065.

[79] Zegura B. An overview of the mechanisms of microcystin-LR genotoxicity and potential carcinogenicity[J]. Mini Rev Med Chem,2016,16(13):1042-1062.

[80] Ito E,Kondo F,Terao K,et al. Neoplastic nodular formation in mouse liver induced by repeated intraperitoneal injections of microcystin-LR[J]. Toxicon,1997,35(9):1453-1457.

[81] Ito N,Tsuda H,Tatematsu M,et al. Enhancing effect of various hepatocarcinogens on induction of preneoplastic glutathione S-transferase placental form positive foci in rats-an approach for a new medium-term bioassay system[J]. Carcinogenesis,1988,9(3):387-394.

[82] Zegura B,Straser A,Filipic M. Genotoxicity and potential carcinogenicity of cyanobacterial toxins- a review[J]. Mutat Res,2011,727(1-2):16-41.

[83] Collins M D,Gowans C,Garro F,et al. Temporal association between an algal bloom and mutagenicity in a water reservoir,The Water Environment:Springer,1981:271-284.

[84] Mankiewicz J,Walter Z,Tarczynska M,et al. Genotoxicity of cyanobacterial extracts containing microcystins from Polish water reservoirs as determined by SOS chromotest and comet assay[J]. Environ Toxicol,2002,17(4):341-350.

[85] Palus J,Dziubałtowska E,Stańczyk M,et al. Biomonitoring of cyanobacterial blooms in Polish water reservoir and the cytotoxicity and genotoxicity of selected cyanobacterial extracts[J]. Int J Occup Med Environ Health,2007,20(1):48-65.

[86] Maynes J T,Luu H A,Cherney M M,et al. Crystal structures of protein phosphatase-1 bound to motuporin and dihydromicrocystin-LA:elucidation of the mechanism of enzyme inhibition by cyanobacterial toxins[J]. J Mol Biol, 2006,356(1):111-120.

[87] Honkanen R E,Zwiller J,Moore R E,et al. Characterization of microcystin-LR,a potent inhibitor of type 1 and type 2A protein phosphatases[J]. J Biol Chem,1990,265(32):19401-19404.

[88] Craig M,Luu H A,Mccready T L,et al. Molecular mechanisms underlying he interaction of motuporin and microcystins with type-1 and type-2A protein phosphatases[J]. Biochem Cell Biol,1996,74(4):569-578.

[89] Goldberg J,Huang H-B,Kwon Y-G,et al. Three-dimensional structure of the catalytic subunit of protein serine/threonine phosphatase-1[J]. Nature,1995,376(6543):745-753.

[90] Dawson J F,Holmes C. Molecular mechanisms underlying inhibition of protein phosphatases by marine toxins[J]. Front. Biosci,1999,4:646-658.

[91] Xing Y,Xu Y,Chen Y,et al. Structure of protein phosphatase 2A core enzyme bound to tumor-inducing toxins[J]. Cell,2006,127(2):341-353.

[92] Fladmark K E,Brustugun O T,Mellgren G,et al. Ca^{2+}/calmodulin-dependent protein kinase II is required for microcystin-induced apoptosis[J]. J Biolog Chem,2002,277(4):2804-2811.

[93] Fladmark K,Brustugun O,Hovland R,et al. Ultrarapid caspase-3 dependent apoptosis induction by serine/threonine phosphatase inhibitors[J]. Cell Death Differ,1999,6(11):1099-1108.

[94] Ding W X,Shen H M,Ong C N. Critical role of Reactive oxygen species and mitochondrial permeability transition In

microcystin—induced rapid apoptosis in rat hepatocytes[J]. Hepatology,2000,32(3):547-555.

[95] Ding W-X,Nam Ong C. Role of oxidative stress and mitochondrial changes in cyanobacteria-induced apoptosis and hepatotoxicity[J]. FEMS Microbiol Lett,2003,220(1):1-7.

[96] Krakstad C,Herfindal L,Gjertsen B,et al. CaM-kinaseII-dependent commitment to microcystin-induced apoptosis is coupled to cell budding,but not to shrinkage or chromatin hypercondensation[J]. Cell Death Differ,2006,13(7):1191-1202.

[97] Li M,Satinover D L,Brautigan D L. Phosphorylation and functions of inhibitor-2 family of proteins[J]. Biochemistry,2007,46(9):2380-2389.

[98] Žegura B,Zajc I,Lah T T,et al. Patterns of microcystin-LR induced alteration of the expression of genes involved in response to DNA damage and apoptosis[J]. Toxicon,2008,51(4):615-623.

[99] Fu W Y,Chen J P,Wang X M,et al. Altered expression of p53,Bcl-2 and Bax induced by microcystin-LR in vivo and in vitro[J]. Toxicon,2005,46(2):171-177.

[100] Morselli E,Galluzzi L,Kroemer G. Mechanisms of p53-mediated mitochondrial membrane permeabilization[J]. Cell Res,2008,18(7):708-710.

[101] Clark S P,Ryan T P,Searfoss G H,et al. Chronic microcystin exposure induces hepatocyte proliferation with increased expression of mitotic and cyclin-associated genes in P53-deficient mice[J]. Toxicol Pathol,2008,36(2):190-203.

[102] Lin S S,Bassik M C,Suh H,et al. PP2A regulates BCL-2 phosphorylation and proteasome-mediated degradation at the endoplasmic reticulum[J]. J Biolog Chem,2006,281(32):23003-23012.

[103] Komatsu M,Furukawa T,Ikeda R,et al. Involvement of mitogen-activated protein kinase signaling pathways in microcystin-LR-induced apoptosis after its selective uptake mediated by OATP1B1 and OATP1B3[J]. Toxicol Sci,2007,97(2):407-416.

[104] Li H,Xie P,Li G,et al. In vivo study on the effects of microcystin extracts on the expression profiles of proto-oncogenes(c-fos,c-jun and c-myc)in liver,kidney and testis of male Wistar rats injected iv with toxins[J]. Toxicon,2009,53(1):169-175.

[105] Lankoff A,Bialczyk J,Dziga D,et al. Inhibition of nucleotide excision repair(NER)by microcystin-LR in CHO-K1 cells[J]. Toxicon,2006,48(8):957-965.

[106] Douglas P,Moorhead G B,Ye R,et al. Protein phosphatases regulate DNA-dependent protein kinase activity[J]. J Biolog Chem,2001,276(22):18992-18998.

[107] Ariza R R,Keyse S M,Moggs J G,et al. Reversible protein phosphorylation modulates nucleotide excision repair of damaged DNA by human cell extracts[J]. Nucleic Acids Res,1996,24(3):433-440.

[108] Jayaraj R,Anand T,Rao P L. Activity and gene expression profile of certain antioxidant enzymes to microcystin-LR induced oxidative stress in mice[J]. Toxicology,2006,220(2):136-146.

[109] Chen L,Li S,Guo X,et al. The role of GSH in microcystin-induced apoptosis in rat liver:Involvement of oxidative stress and NF-κB[J]. Environ Toxicol,2016,31(5):552-560.

[110] Huang X,Chen L,Liu W,et al. Involvement of oxidative stress andcytoskeletal disruption in microcystin-induced apoptosis in CIK cells[J]. Aquat Toxicol,2015,165:41-50.

[111] Agalakova N I,Gusev G P. Molecular mechanisms of cytotoxicity and apoptosis induced by inorganic fluoride[J]. ISRN Cell Biology,2012:1-16.

[112] Amado L L,Monserrat J M. Oxidative stress generation by microcystins in aquatic animals:why and how[J]. Environ Int,2010,36(2):226-235.

[113] Jones D P. Redefining oxidative stress[J]. Antioxid Redox Signal,2006,8(9-10):1865-1879.

[114] Weng D,Lu Y,Wei Y,et al. The role of ROS in microcystin-LR-induced hepatocyte apoptosis and liver injury in mice[J]. Toxicology,2007,232(1):15-23.

[115] Pavagadhi S,Gong Z,Hande M P,et al. Biochemical response of diverse organs in adult *Danio rerio*(zebrafish)exposed to sub-lethal concentrations of microcystin-LR and microcystin-RR:a balneation study[J]. Aquat Toxicol, 2012,109:1-10.

[116] Prieto A I,Jos A,Pichardo S,et al. Time-dependent protective efficacy of Trolox(vitamin E analog)against microcystin-induced toxicity in tilapia(*Oreochromis niloticus*)[J]. Environ Toxicol,2009,24(6):563-579.

[117] Jiang J,Shan Z,Xu W,et al. Microcystin-LR induced reactive oxygen species mediatecytoskeletal disruption and apoptosis of hepatocytes in *Cyprinus carpio* L[J]. PloS One,2013,8(12):e84768.

[118] Zhang H,Zhang J,Chen Y,et al. Microcystin-RR induces apoptosis in fish lymphocytes by generating reactive oxygen species and causing mitochondrial damage[J]. Fish Physiol Biochem,2008,34(4):307-312.

[119] Zhang H,Zhang J,Chen Y,et al. Influence of intracellular Ca^{2+},mitochondria membrane potential,reactive oxygen species,and intracellular ATP on the mechanism of microcystin-LR induced apoptosis in *Carassius auratus* lymphocytes in vitro[J]. Environ Toxicol,2007,22(6):559-564.

[120] Guzman R E,Solter P F. Hepatic oxidative stress following prolonged sublethal microcystin LR exposure[J]. Toxicol Pathol,1999,27(5):582-588.

[121] Towner R A,Sturgeon S A,Hore K E. Assessment of in vivo oxidative lipid metabolism following acute microcystin-LR-induced hepatotoxicity in rats[J]. Free Rad Res,2002,36(1):63-71.

[122] Moreno I,Pichardo S,Jos A,et al. Antioxidant enzyme activity and lipid peroxidation in liver and kidney of rats exposed to microcystin-LR administered intraperitoneally[J]. Toxicon,2005,45(4):395-402.

[123] Li S,Chen J,Xie P,et al. The role of glutathione detoxification pathway in MC LR-induced hepatotoxicity in SD rats [J]. Environ Toxicol,2015,30(12):1470-1480.

[124] Hu Y,Da L. Insights into the selective binding and toxic mechanism of microcystin to catalase[J]. Spectrochim Acta A Mol Biomol Spectrosc,2014,121:230-237.

[125] Ding W-X,Shen H-M,Ong C-N. Pivotal role of mitochondrial Ca^{2+} in microcystin-induced mitochondrial permeability transition in rat hepatocytes[J]. Biochemical and biophysical research communications,2001,285(5):1155-1161.

[126] Lemasters J J,Nieminen A-L,Qian T,et al. The mitochondrial permeability transition in cell death:a common mechanism in necrosis,apoptosis and autophagy[J]. Biochim Biophys Acta,1998,1366(1-2):177-196.

[127] Nong Q,Komatsu M,Izumo K,et al. Involvement of reactive oxygen species in microcystin-LR-induced cytogenotoxicity[J]. Free Rad Res,2007,41(12):1326-1337.

[128] Wei Y,Weng D,Li F,et al. Involvement of JNK regulation in oxidative stress-mediated murine liver injury by microcystin-LR[J]. Apoptosis,2008,13(8):1031-1042.

[129] Bouaïcha N,Maatouk I,Plessis M J,et al. Genotoxic potential of microcystin-LR and nodularin in vitro in primary cultured rat hepatocytes and in vivo in rat liver[J]. Environ Toxicol,2005,20(3):341-347.

[130] Maatouk I,Bouaïcha N,Plessis M J,et al. Detection by ^{32}P-postlabelling of 8-oxo-7,8-dihydro-2′-deoxyguanosine in DNA as biomarker of microcystin-LR and nodularin-induced DNA damage in vitro in primary cultured rat hepatocytes and in vivo in rat liver[J]. Mutat Res Genet Toxicol Environ Mutagen,2004,564(1):9-20.

[131] Billam M. Development and validation of microcystin biomarkers for exposure studies [D]. Texas Tech University,2006.

[132] Ding W X,Shen H M,Zhu H G,et al. Genotoxicity of microcystic cyanobacteria extract of a water source in China [J]. Mutat Res,1999,442(2):69-77.

[133] Zhan L,Sakamoto H,Sakuraba M,et al. Genotoxicity of microcystin-LR in human lymphoblastoid TK6 cells[J]. Mutat Res Genet Toxicol Environ Mutagen,2004,557(1):1-6.

[134] Suzuki H,Watanabe M F,Wu Y,et al. Mutagenicity of microcystin-LR in human RSa cells[J]. International Journal Of Molecular Medicine,1998,2(1):109-121.

[135] Chen L,Zhang X,Zhou W,et al. The interactive effects of cytoskeleton disruption and mitochondria dysfunction lead

to reproductive toxicity induced by microcystin-LR[J]. PLoS One,2013,8(1):1-11.

[136] Wang X,Huang P,Liu Y,et al. Role of nitric oxide in the genotoxic response to chronic microcystin-LR exposure in human-hamster hybrid cells[J]. J Environ Sci,2015,29:210-218.

[137] Lankoff A,Bialczyk J,Dziga D,et al. The repair of gamma-radiation-induced DNA damage is inhibited by microcystin-LR,the PP1 and PP2A phosphatase inhibitor[J]. Mutagenesis,2006,21(1):83-90.

[138] Lankoff A,Krzowski Ł,Gła B J,et al. DNA damage and repair in human peripheral blood lymphocytes following treatment with microcystin-LR[J]. Mutat Res Genet Toxicol Environ Mutagen,2004,559(1):131-142.

[139] Gehringer M M. Microcystin-LR and okadaic acid-induced cellular effects:a dualistic response[J]. FEBS Lett,2004,557(1-3):1-8.

[140] Kumar V,Abbas A,Fausto N. Robbins and Cotran pathologic basis of disease. Elsevier Saunders[J]. Philadelphia,PA,2005:10-11.

[141] Deng X,Ito T,Carr B,et al. Reversible phosphorylation of Bcl2 following interleukin 3 or bryostatin 1 is mediated by direct interaction with protein phosphatase 2A[J]. J Biol Chem,1998,273(51):34157-34163.

[142] Žegura B,Sedmak B,Filipič M. Microcystin-LR induces oxidative DNA damage in human hepatoma cell line HepG2 [J]. Toxicon,2003,41(1):41-48.

[143] Syed H,Rana H. Robbins & Cotran Pathologic Basis of Disease. Adv Anat Pathol,2005,12. 10. 1097/01. pap. 0000155072. 86944. 7d.

[144] Milczarek G J,Chen W,Gupta A,et al. Okadaic acid mediates p53 hyperphosphorylation and growth arrest in cells with wild-type p53 but increases aberrant mitoses in cells with non-functional p53[J]. Carcinogenesis,1999,20(6):1043-1048.

[145] Hu Z,Chen H,Pang C,et al. The expression of p53 and p16 in the course of microcystin-LR inducing of liver tumor [J]. Chin-Ger J Clin Oncol,2008,7(12):690.

[146] Maximov G,Maximov K. The role of p53 tumor-suppressor protein in apoptosis and cancerogenesis[J]. Biotechnol Biotec Eq,2008,22(2):664-668.

[147] Li H H,Cai X,Shouse G P,et al. A specific PP2A regulatory subunit,B56γ,mediates DNA damage-induced dephosphorylation of p53 at Thr55[J]. EMBO J,2007,26(2):402-411.

[148] Shen L,Yin W,Zheng H,et al. Molecular epidemiological study of hepatitis B virus genotypes in Southwest,China [J]. J Med Virol,2014,86(8):1307-1313.

[149] Lin H,Liu W,Zeng H,et al. Determination of environmental exposure to microcystin and aflatoxin as a risk for renal function based on 5493 rural people in Southwest China[J]. Environ Sci Technol,2016,50(10):5346-5356.

[150] Duygu F,Karsen H,Aksoy N,et al. Relationship of oxidative stress in hepatitis B infection activity with HBV DNA and fibrosis[J]. Ann Lab Med,2012,32(2):113-118.

[151] Fujita N,Sugimoto R,Ma N,et al. Comparison of hepatic oxidative DNA damage in patients with chronic hepatitis B and C[J]. J Viral Hepat,2008,15(7):498-507.

[152] Shen H M,Ong C N,Shi C Y. Involvement of reactive oxygen species in aflatoxin B1-induced cell injury in cultured rat hepatocytes[J]. Toxicology,1995,99(1-2):115-123.

[153] Shen H-M,Shi C-Y,Shen Y,et al. Detection of elevated reactive oxygen species level in cultured rat hepatocytes treated with aflatoxin B1[J]. Free Rad Biol Med,1996,21(2):139-146.

[154] Liu Z M,Li L Q,Peng M H,et al. Hepatitis B virus infection contributes to oxidative stress in a population exposed to aflatoxin B1 and high-risk for hepatocellular carcinoma[J]. Cancer Lett,2008,263(2):212-222.

[155] Chittmittrapap S,Chieochansin T,Chaiteerakij R,et al. Prevalence of aflatoxin induced p53 mutation at codon 249 (R249s)in hepatocellular carcinoma patients with and without hepatitis B surface antigen(HBsAg)[J]. Asian Pac J Cancer Prev,2013,14(12):7675-7679.

[156] Anitha S,Raghunadharao D,Waliyar F,et al. The association between exposure to aflatoxin,mutation in TP53,infec-

tion with hepatitis B virus, and occurrence of liver disease in a selected population in Hyderabad, India[J]. Mutat Res Genet Toxicol Environ Mutagen, 2014, 766:23-28.

[157] Villar S, Le Roux-Goglin E, Gouas D A, et al. Seasonal variation in TP53 R249S-mutated serum DNA with aflatoxin exposure and hepatitis B virus infection[J]. Environ Health Perspect, 2011, 119(11):1635.

[158] Qi L N, Bai T, Chen Z S, et al. The p53 mutation spectrum in hepatocellular carcinoma from Guangxi, China: role of chronic hepatitis B virus infection and aflatoxin B1 exposure[J]. Liver Int, 2015, 35(3):999-1009.

[159] Kew M C. Synergistic interaction between aflatoxin B1 and hepatitis B virus in hepatocarcinogenesis[J]. Liver Int, 2003, 23(6):405-409.

[160] Cullen J M, Brown D L, Kissling G E, et al. Aflatoxin B1 and/or hepatitis B virus induced tumor spectrum in a genetically engineered hepatitis B virus expression and Trp53 haploinsufficient mouse model system for hepatocarcinogenesis[J]. Toxicol Pathol, 2009, 37(3):333-342.

[161] Madden C R, Finegold M J, Slagle B L. Altered DNA mutation spectrum in aflatoxin b1-treated transgenic mice that express the hepatitis B virus x protein[J]. J Virol, 2002, 76(22):11770-11774.

[162] 秦倩倩, 郭巍, 王丽艳, 等. 1997—2011 年中国丙型肝炎流行特征分析[J]. 中华流行病学杂志, 2013(6):548-551.

[163] Liu Y, Wu F. Global burden of aflatoxin-induced hepatocellular carcinoma: a risk assessment[J]. Environ Health Perspect, 2010, 118(6):818-824.

[164] Sekijima M, Tsutsumi T, Yoshida T, et al. Enhancement of glutathione S-transferase placental-form positive liver cell foci development by microcystin-LR in aflatoxin B1-initiated rats[J]. Carcinogenesis, 1999, 20(1):161-165.

[165] Hashimoto E H, Kamogae M, Vanzella T P, et al. Biomonitoring of microcystin and aflatoxin co-occurrence in aquaculture using immunohistochemistry and genotoxicity assays[J]. Braz Arch Biol Technol, 2012, 55(1):151-159.

[166] Wang S, Tian D, Zheng W, et al. Combined exposure to 3-chloro-4-dichloromethyl-5-hydroxy-2(5H)-furanone and microsytin-LR increases genotoxicity in Chinese hamster ovary cells through oxidative stress[J]. Environ Sci Technol, 2013, 47(3):1678-1687.

[167] Yang X, Liu W, Lin H, et al. Interaction effects of aFB1 and MC-LR Co-exposure with polymorphism of metabolic genes on liver damage: focusing on SLCO1B1 and GSTP1[J]. Sci Rep, 2017, 7(1):16164.

[168] 李砚, 陈济安, 赵清, 等. 谷胱甘肽转移酶基因多态性在微囊藻毒素致人群肝损伤发生中的作用[J]. 第三军医大学学报, 2010, 21:18.

第五章 蓝藻毒素的胃肠毒性研究

蓝藻毒素可经多种途径进入人和动物体内，对胃肠道的结构和功能造成损害。通过饮水或者食物摄入的蓝藻毒素进入消化道，并在胃肠道进行转运吸收，随后部分蓝藻毒素残留在胃肠道，部分藻毒素进入血液，随血液运输到全身各处。人群资料表明，急性暴露于被蓝藻毒素污染的水和食物导致恶心、呕吐和腹泻等胃肠道症状，而低剂量的慢性暴露可导致胃肠炎，甚至可能诱发胃癌和肠癌。动物和细胞实验表明，蓝藻毒素能导致胃肠道细胞活力下降、细胞凋亡增加、炎症因子增多、线粒体功能改变、消化酶活性改变、水分和电解质的分泌增加、大肠细胞转化、绒毛损伤、肿瘤侵袭与迁移及肠道菌群结构与功能变化等。

第一节 蓝藻毒素在胃肠道内的生物转运与转化

一、蓝藻毒素的摄入途径

蓝藻毒素进入机体内的主要途径如下。①饮水摄入：蓝藻毒素通过饮水对各靶器官造成严重危害。②食物摄入：长期食用被蓝藻毒素污染的食品将对人类健康产生不良影响，许多藻类食品及藻类补充剂中含有蓝藻毒素，而且蓝藻毒素可在农作物、果实、蔬菜、动物肝脏、肾脏、肌肉、血液及性腺中发生生物富集。③医疗暴露：应用被蓝藻毒素污染的水作为医疗用水，可导致患者中毒，甚至死亡。虽然蓝藻毒素污染引起的医疗事故少，但产生的后果严重，需引起我们的重视。④娱乐暴露：人在被蓝藻毒素污染的湖泊、河流等水源中游泳、划船，可引起皮肤和眼睛过敏、发热、疲劳、急性肠胃炎及呼吸系统的不适症状。其中，经口摄入是蓝藻毒素暴露的最主要途径。蓝藻毒素经口摄入后，在胃有一定程度的吸收，但大部分的蓝藻毒素穿过小肠黏膜屏障（黏膜上皮细胞和黏膜固有层）被吸收，吸收后的蓝藻毒素经过血液运送到肝、肺和心脏等全身各处。

二、蓝藻毒素在肠道吸收转运的机制

肠道的不同部位对蓝藻毒素的吸收能力不同。Bury 等发现蓝藻毒素可通过有机阴离子转运多肽类（organic anion transporting polypeptides，OATP）蛋白家族进入细胞中，人类 OATP 家族是一类多特异性的膜转运体家族，表达于肝、肠等细胞，参与许多两性物质的吸收转运，包括胆汁酸和外源性物质。由 11 个结构相似的成员组成，其中具有运输微囊藻毒素能力的有 5 种，分别为富含在肝细胞上表达的 OATP 1B1 和 OATP 1B3，在血脑屏障上表达的 OATP 1A2，以及在肠细胞上表达的 OATP 3A1 和 OATP 4A1，肠细胞中的两种有机阴离子转运蛋白多肽能促进蓝藻毒素在肠道的吸收与转运，而且蓝藻毒素依赖于转运蛋白吸收时不需要消耗 ATP，蓝藻毒素的转运吸收属被动转运。蓝藻毒素与胆汁酸竞争时，蓝藻毒素对 OATP 具有更高亲和力，能被快速有效地吸收，且吸收速率与回肠的长度和表面积直接相关。Dahlem 等利用微囊藻毒素灌胃大鼠，发现微囊藻毒素主要在回肠被吸收，在空肠吸收相对较少，因为回肠是活跃的胆汁盐运输位点，而空肠是被动的胆汁盐运输位点。因此，微囊藻毒素

更容易被运输到回肠，在回肠的吸收分布量更多。

肠道对蓝藻毒素的不同亚型吸收转运能力不同，Xie 等用新鲜有毒蓝藻喂养鲢鱼，在鱼肌肉和血液中未检测到 MC-LR，但在不同组织中发现了大量的 MC-RR，推测鱼体对微囊藻毒素的不同亚型的吸收可能具有选择性，从而导致了 MC-LR 和 MC-RR 在鲢鱼体内代谢的巨大差异。另外，在鲢鱼的消化道中可能存在某种活跃的降解 MC-LR 机制或者存在某种机制选择性地阻止 MC-LR 穿过肠壁，但不会阻止 MC-RR 穿过肠壁。某些用于进行生物操纵的鱼类能够在富营养化的水体中存活，可能是因为消化道具有屏蔽较大毒性 MC-LR 的能力。

Rohrlack 等用微囊藻饲喂水蚤等无脊椎动物，监测水蚤的肠结构变化。水蚤肠道内的微囊藻被消化酶破坏后，微囊藻毒素释放到肠腔内，破坏肠上皮细胞间的接触，形成了细胞间隙，导致肠上皮的渗透性增加，使微囊藻毒素从肠腔迅速进入血液。由此可知，水蚤摄取微囊藻毒素的机制不同于 Bury 等描述脊椎动物摄取藻毒素的机制。

三、蓝藻毒素在肠道的累积与消除

蓝藻毒素在动物组织分布的研究已证实，无论经腹腔注射或经口染毒，均可在肝、肾、鳃、肠、肌肉，甚至脑中检测到蓝藻毒素。其中大部分有关肠道蓝藻毒素累积的研究局限于测定肠容物或含肠容物的肠道中蓝藻毒素，有关肠壁细胞中蓝藻毒素累积和代谢的研究非常缺乏，不能准确评价由于肠壁中蓝藻毒素累积可能带来的危害。李莉等研究表明，鱼类腹腔注射后微囊藻毒素经血液进入各器官组织（包括肠道）进行累积和代谢，由此产生毒性作用。实验结果显示肠道中只能检测到 MC-RR，未能检测到 MC-LR，这可能与肠道上皮细胞对微囊藻毒素的选择性吸收有关。用微囊藻（MC-LR 和 MC-RR 的含量分别为 $110\sim292\ \mu g/kg$ 和 $269\sim580\ \mu g/kg$）饲养鲢鱼 30 d，结果发现 MC-LR 在通过肠道时可能被有效消除并被抑制，而 MC-RR 则可以通过肠道进入体内，进分布到鱼体的各个部分。有报道表明肠道菌群具有降解蓝藻毒素的潜力，例如鼠李糖乳杆菌 GG、LC-705（*Lactobacillus rhamnosus* GG、LC-705）和双歧杆菌（*Bifidobacterium*），肠道中蓝藻毒素能通过此途径被消除。除此之外，肠道中的蓝藻毒素可以通过原形的形式经粪便排泄到体外。

目前，蓝藻毒素在空肠和回肠吸收转运的报道较多，而在肠道其他部位吸收转运的报道几乎没有，且不确定蓝藻毒素在肠道其他部位吸收机制与空回肠吸收机制是否相同。另外，肠道是否为蓝藻毒素的蓄积器官，以及肠道菌群降解蓝藻毒素的机制等问题都有待进一步研究。

第二节　蓝藻毒素胃肠毒性的人群研究

随着蓝藻水华发生频率的增加，蓝藻毒素对人类健康的危害日益受到重视。目前研究主要从流行病学调查和毒理学研究两方面阐明蓝藻毒素对人体的危害。其中流行病学调查特别重要，因其能直接反映蓝藻毒素的暴露与人群健康的联系。20 世纪 90 年代以来，国内外学者陆续开展了蓝藻毒素胃肠毒性的人群研究，进一步明确了蓝藻毒素对人类胃肠道的危害。

一、蓝藻毒素与肠胃炎的人群研究

Tisdale 首次报道了蓝藻毒素可能导致机体肠胃炎。美国西弗吉尼亚州查尔斯顿 Elk 河（因有机物污染及降水量减少导致藻类水华）的沿岸乡镇，出现了 8 000～10 000 名急性肠胃炎的患者，主要表现有突发性的胃部疼痛，常伴有恶心、呕吐及腹泻等症状。经调查发现这些大范围暴发的急性肠胃炎并不是由细菌感染引起，而是某些毒物刺激胃肠道而引起的中毒，并且这种毒物很难被当时的水处理工艺去除，初步推测这种毒物极可能是蓝藻毒素。

Zilberg 发现在津巴布韦 Mcllwaine 湖供水的某一区域，儿童连续 5 年都会暴发肠胃炎，但找不到感染源，经调查发现连续发生的肠胃炎与蓝藻死亡所释放的蓝藻毒素有密切关系。因为肠胃炎暴发的时间刚好与该湖蓝藻死亡时间同步，在津巴布韦非 Mcllwaine 湖供水区域的儿童并未暴发肠胃炎。

Pilotto 通过前瞻性调查发现娱乐用水中的蓝藻细胞密度与急性肠胃炎相关。其调查了南澳大利亚、新南威尔士州和维多利亚这三个地方的 12 个水上娱乐场所 852 名参与人员的个体健康状况及娱乐用水接触情况，并根据调查当天有无接触娱乐用水分为暴露组（777 人）与非暴露组（75 人），于第 2 d 和第 7 d 进行随访，同时检测了娱乐用水中的蓝藻和微囊藻毒素的浓度。结果显示，在第 2 天的随访中，暴露组与非暴露组的人群均未表现出明显的疾病症状，而在第 7 d 的随访中，调查点水样中蓝藻暴露的持续时间及蓝藻细胞的密度与肠胃炎发病率呈明显的正相关。当人群暴露在蓝藻细胞密度大于 5 000 个/毫升的水样中超过一小时，发生急性胃肠炎的相对危险度是未暴露者的 3.44 倍。以上研究表明，接触含有蓝藻毒素的水体会导致人类患急性胃肠炎的风险增加。

二、蓝藻毒素与肠胃癌的人群研究

（一）蓝藻毒素与大肠癌的人群研究

相关研究表明大肠癌发病率与当地浅表水源的微囊藻毒素含量呈正相关。Zhou 在大肠癌高发地区——浙江省海宁市选取了 408 例大肠癌患者，对其饮水情况进行调查，收集不同饮用水源（井水、自来水、河流水、池塘水）的水样并检测其中微囊藻毒素的含量，发现河流水及池塘水中的微囊藻毒素的阳性率及浓度明显高于自来水和井水，饮用河流水及池塘水的大肠癌发病率明显高于饮用井水和自来水的发病率。饮用自来水、池塘水和河流水人群的大肠癌发病的相对危险度是饮用井水人群的1.88 倍、7.70 倍、7.94 倍。而且各地区大肠癌的发病率与饮用水水源中微囊藻毒素的暴露及含量呈正相关，表明微囊藻毒素是大肠癌发病的危险因素之一。林玉娣在江苏省无锡市开展相应的研究，检测了饮用水中微囊藻毒素的暴露等级并收集暴露人群中消化道肿瘤（包括大肠癌）的死亡率，发现男性大肠癌的死亡率随着饮用水中微囊藻毒素含量的增加而增加。胡志坚对浙江省福清市和永泰县部分乡镇进行回顾性死因调查（以恶性肿瘤为主），并对饮用水中微囊藻毒素的浓度进行检测，发现福清市饮用水中微囊藻毒素的阳性检出率为 46.5%，显著高于永泰县（对照组）的检出率 11.1%，且福清市的大肠癌标化死亡率高于永泰县。这两个地区中微囊藻毒素的阳性检出率与大肠癌的死亡率变化趋势一致，说明饮用水中微囊藻毒素污染可能与福清市大肠癌的高患病率及死亡率有关。焦登鳌、陈坤、郑数等在人群调查中也发现微囊藻毒素浓度可能与大肠癌的发病率呈正相关。然而，徐明等在江苏省无锡市选取了不同饮水类型的乡镇，综合评价了各乡镇微囊藻毒素的污染情况，收集各乡镇大肠癌发病率的死亡资料，结果显示微囊藻毒素的暴露等级与男性肠癌的直接标化死亡率呈负相关，并发现微囊藻毒素的暴露等级与女性大肠癌的标化死亡率之间无相关性。这与胡志坚等人的研究结果不一致，其原因有待进一步的研究。

（二）蓝藻毒素与胃癌的人群研究

迄今为止，关于蓝藻毒素与胃癌的报道较少。徐明等研究发现饮用水微囊藻毒素暴露等级与男性胃癌的直接和间接标化死亡率呈正相关，表明饮水微囊藻毒素污染可能与胃癌死亡率的上升有关。胡志坚等也发现福清市微囊藻毒素检测阳性率显著高于永泰县，前者胃癌的标化死亡率也高于后者（福清胃癌标化后总死亡率为 32.02/10 万，而永泰为 22.39/10 万），表明微囊藻毒素的暴露是胃癌死亡率增加的原因之一。Falconer 等发现澳大利亚等发达国家的胃肠道恶性肿瘤的发生亦与微囊藻毒素的暴露有关。

根据已有的人群研究资料可知蓝藻毒素的污染与胃肠癌的发生有一定的相关性，但是目前的人群研究多采用回顾性调查，存在一定的偏倚，不能明确蓝藻毒素与胃肠癌发生之间的因果关系，以后的研究应采用更合适的方法（如队列研究）进一步确定其因果关系。

第三节　蓝藻毒素胃肠毒性的动物及细胞研究

一、蓝藻毒素的肠毒性

蓝藻毒素具有肝、胃肠、肾、免疫及生殖等多器官多系统毒性。近些年，我国胃肠癌的发病率有明显的上升趋势，蓝藻毒素的胃肠毒性逐渐受到了广泛的关注。实验室研究中主要采用肠细胞及动物模型来评估蓝藻毒素的胃肠毒性。

（一）细胞实验

利用肠细胞系进行体外染毒实验，表明 MC-LR 能够降低细胞活力、改变细胞线粒体膜的通透性、生成过氧化物造成 DNA 损伤及促进细胞凋亡。Huguet 等将人克隆结肠腺癌细胞 Caco-2 分别暴露在 MC-LR 及 MC-RR 中，发现两种微囊藻毒素均能导致细胞活力下降、活性氧的生成及细胞炎症因子（IL-6、IL-8）增多。Puerto 将分化与未分化的 Caco-2 细胞均暴露于 MC-LR 中，发现这两种细胞均表现为细胞数量减少、细胞活力下降及线粒体功能改变，其中已分化的 Caco-2 细胞表现得更为敏感。钟献用 MC-LR 对正常大肠 Crypt 细胞（NCC 细胞）进行染毒后，发现 MC-LR 能促进 NCC 细胞转化为微囊藻毒素转化细胞。朱永良将永生化的大肠干细胞暴露于 MC-LR 中，发现 MC-LR 可以导致细胞 DNA 加成物 8-OHdG 的形成，进而诱导细胞氧化损伤。任岩等在用不同浓度的 MC-LR 处理结直肠癌细胞 DLD-1 后，发现处理后的 DLD-1 细胞侵袭、迁移能力明显提高。

（二）动物实验

蓝藻毒素能够在肠道中累积并损伤肠道，导致肠道有关疾病（腹泻、急性肠炎等）的发生并可能诱发及促进肠道肿瘤的形成。Ito 等发现小鼠经口腔染毒后，小肠绒毛上皮及固有层细胞中有大量的 MC-LR 累积，并且在小肠和大肠中的杯状细胞分泌的黏液中也检测出了 MC-LR，小肠绒毛顶端受到严重的侵蚀。刘鹿忆等对小鼠进行腹腔注射染毒，发现小肠固有层及黏膜下层水肿、充血，小肠绒毛受损严重，绒毛数量减少、部分脱落至肠腔。进一步电镜观察发现小肠上皮细胞细胞质电子密度降低，出现空泡化区域，伴有线粒体肿胀、细胞核变形及核膜破裂等（图 5-1）。Gaudin 对小鼠饲喂及静脉注射 MC-LR，通过彗星实验发现两种染毒方式均能导致小鼠肠道 DNA 损伤显著增加，其中静脉注射 MC-LR 产生的毒性更大。Botha 等对小鼠静脉注射微囊藻毒素染毒后，观察到空肠、回肠和十二指肠细胞凋亡指数均增加。Maria 让白鲢鱼在含有微囊藻毒素的水中暴露 15 d 后，收集肠道的组织样本进行病理学检查，发现肠道肌肉层的结构遭到破坏，纤维坏死尤为明显，上皮层中的细胞出现坏死，细胞之间边界模糊。黏膜下层和浆液层的血管破裂出血。Nobre 和 Rocha 等发现，对大鼠用 MC-LR 染毒后，MC-LR 能促进肠道中水及电解质的分泌，导致肠炎的发生。Humpage 首先使用促癌剂氧化偶氮甲烷再用微囊藻毒素对小鼠进行灌胃染毒，发现小鼠大肠异常腺体的数目增加，提示 MC-LR 能促进肠癌的进展。刘鹿忆、姚雁鸿、Moreno 对动物进行 MC-LR 的染毒，发现 MC-LR 导致肠道中消化酶的活性改变。

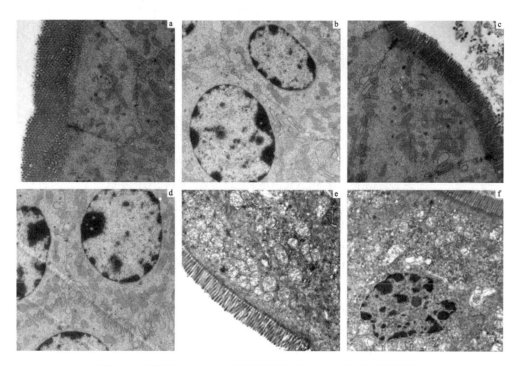

图 5-1 不同剂量 MC-LR 腹腔注射染毒 28 d 小鼠空肠超微结构

a、b：0 μg/kg；c、d：5 μg/kg；e、f：20 μg/kg，放大倍数：2 500×。a、c：对照组及低剂量组线粒体丰富且完好，细胞紧密连接；b、d：细胞核结构完整，周围有大量线粒体；e：高剂量组细胞质电子密度降低，明显的空泡化及线粒体肿胀；f：核膜破裂、核变形，周围的细胞质空泡化、线粒体肿胀。

引自：刘鹿忆，谢平. 微囊藻毒素 GLR 对小鼠肠道消化酶的影响［J］. 水生生物学报，2014，38（03）：533-539.

二、蓝藻毒素肠毒性机制

（一）改变肠道消化酶的活性

小肠是食物消化吸收最主要的部位，肠黏膜绒毛上皮细胞刷状缘的消化酶在食物最终消化阶段起关键作用。消化酶活性与肠黏膜结构完整性密切相关，当肠道黏膜受损、小肠功能出现异常时，消化酶的活性就会显著变化，其活性是监测小肠功能受损最敏感的指标。其中二糖酶在哺乳动物中有非常重要的作用，可将食物中的双糖水解为一些单糖（葡糖糖、果糖和半乳糖），供机体更好地吸收和利用；碱性磷酸酶与糖类、脂肪和蛋白质的吸收与运输密切相关，也是生物体内重要的解毒及防御系统；γ-谷氨酰转移酶主要参与 γ-谷氨酰基循环及谷胱甘肽代谢，与氨基酸吸收和二肽转运密切相关，该酶的活性直接影响机体摄取氨基酸的数量。刘鹿忆等对小鼠进行连续 28 d 的腹腔注射 MC-LR，检测了肠黏膜二糖酶（蔗糖酶、麦芽糖酶、乳糖酶）、碱性磷酸酶及 γ-谷氨酰转移酶活性，结果表明肠黏膜二糖酶、碱性磷酸酶及 γ-谷氨酰转移酶活性均呈下降趋势（图 5-2）。姚雁鸿等让银鲤生活在含有微囊藻毒素的水中 42 d，发现其肠道中的淀粉酶及蛋白酶活性显著降低。Moreno 等对 Wistar 小鼠静脉注射 MC-LR 染毒 8 h，研究结果显示小鼠小肠内蔗糖酶活性增加，而其他肠顶膜酶（例如乳糖酶，麦芽糖酶和碱性磷酸酶）的活性未发生改变，与刘鹿忆和姚雁鸿的研究结果不完全一致，原因可能是染毒方式和染毒剂量等不同。综上所述，蓝藻毒素能够改变肠道消化酶的活性，从而改变肠道的消化功能。

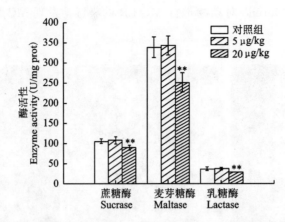

图 5-2　不同浓度 MC-LR 对小鼠空肠黏膜二糖酶活性的影响

（二）促进肠道水分及电解质的分泌

蓝藻毒素能够抑制蛋白磷酸酶并刺激巨噬细胞分泌相应的介质从而产生肠毒性。Rocha 等研究表明 MC-LR 能诱导腹膜巨噬细胞释放 IL-1b 和 INF-α，巨噬细胞的上清液促进回肠黏膜中电解质分泌，这一研究提示 MC-LR 可能通过 IL-1b 及 INF 来激活某些生物途径，从而改变肠道的电生理分泌，影响肠道的生理功能。Nobre 对大鼠进行蓝藻毒素染毒后，发现 MC-LR 能够促进肠道水分和电解质（钠、钾和氯）的分泌。Na-K-Cl 协同转运蛋白 N 末端残基的磷酸化是调节腹泻中肠液分泌活化的机制，蛋白磷酸酶 1（PP1）在 Na-K-Cl 协同转运蛋白的去磷酸化中起着重要作用，而 MC-LR 可以通过抑制 PP1 活性，从而抑制 Na-K-Cl 协同转运蛋白的去磷酸化，导致肠道的水分及电解质分泌增多，引发腹泻、肠胃炎等疾病。

（三）促进大肠细胞的转化

细胞转化是由于细胞发生了遗传性状改变，它的基础是基因突变。从属性上说，基因突变导致生物体发生转化，有些转化有利于生物体，而有些转化不利于生物体（例如，细胞转化是癌变的起始阶段）。钟献等发现在微囊藻毒素的作用下，正常大肠 Crypt 细胞（NCC 细胞）在第 14 d 出现较小的克隆，而未经微囊藻毒素染毒的 NCC 细胞没有出现克隆。正常大肠 Crypt 细胞转化为微囊藻毒素转化细胞（MTC 细胞）过程中，部分基因发生差异表达。PI3K/Akt 通路中的 *MAPKAPK2*、*Akt*、*HER2*、*Cyclin D1* 和 *Cyclin D3* 基因及 MAPK 信号通路中的 *R-Ras*、*B-Raf*、*JNK1*、*JNK2* 和 *p38* 基因表达均明显上调，且 Akt，p38，JNK 等信号通路在 MTC 细胞中的激活是持续性的。

PI3K/Akt 信号通路在肿瘤的发生、发展过程中发挥重要作用，该信号通路持续性激活能诱导上皮细胞恶性转化，是肿瘤发生的关键原因。PI3K/Akt 调控了下游很多细胞活动，包括细胞生长、细胞周期及细胞存活。MAPK 信号通路通过 P38 介导促进某些细胞生长和分化。JNK 信号通路主要参与藻毒素和炎症因子引起的细胞应激，还能抑制 Fas 介导的细胞凋亡。Akt、JNK、P38 和 MAPK 信号通路参与了蓝藻毒素致正常大肠细胞转化过程，这些通路持续性激活促进了转化细胞的软琼脂克隆和生长。因此，蓝藻毒素可作为外因促进大肠癌发生发展。

（四）促进大肠细胞 DNA 加成物的形成

OuaR 试验表明微囊藻毒素显著提高了 ouaR 的突变率，Ames 试验也显示藻毒素对鼠伤寒杆菌有强烈的致突变作用，人 Ras 细胞经微囊藻毒素处理后 *Ras* 基因的第 12 位碱基发生突变，以上结果均提示微囊藻毒素可以导致基因突变，可能具有致癌作用。细胞基因组 DNA 中出现特异性的 DNA 加成物是发生基因突变的前提，朱永良等测定微囊藻毒素处理大肠干细胞（Crypt）后细胞基因组 DNA 的 8-羟基脱氧鸟苷（8-OHdG）浓度（8-OHdG 浓度变化来评价微囊藻毒素对永生化的大肠干细胞致突变作用），发现细胞基因组 DNA 中 8-OHdG 水平显著高于正常对照组细胞。其水平在微囊藻毒素作用 6 h 后开始增高，在 24 h 达到高峰，并与微囊藻毒素染毒浓度呈正相关，存在时间和剂量依赖性。可能是由于蓝藻毒素使细胞内 ROS 含量的增加，造成了细胞氧化性损伤，从而使细胞内一种常见的 DNA 加合物 8-OHdG 形成。

（五）促肿瘤作用

肿瘤分泌的血管内表皮生长因子（vascular endothelial growth factor，VEGF）在肿瘤发展过程中具有非常重要的作用，VEGF 可以与血管内表皮生长因子受体（vascular endothelial growthfactor receptor，VEGFR）结合，从而促进肿瘤细胞的侵袭和迁移。任岩等发现，用不同浓度的 MC-LR 染毒结直肠癌细胞 DLD-1 后，transwell 实验结果表明其侵袭和迁移能力明显提高；实时荧光定量 PCR（real-time quantitative PCR，qPCR）、westernblot 及 ELISA 实验结果表明 DLD-1 细胞经处理后，其 *VEGF* mRNA 和蛋白表达水平也显著升高。因此，MC-LR 可以显著上调 DLD-1 细胞中 VEGF 的表达，进而介导肿瘤细胞发生侵袭与迁移。原因可能是 MC-LR 通过调节 PI3K/AKT、MAPK 信号通路与 VEGF 之间的相互作用，促进肿瘤血管生成，进而影响肿瘤转移。Humpage 等进行的动物实验表明，先用促癌剂氧化偶氮甲烷再用微囊藻毒素灌胃后鼠大肠异常腺体的数目明显增加，首次为 MC-LR 导致结肠癌的癌前病变提供了证据。

大肠癌是我国的发病率呈上升趋势的恶性肿瘤之一，环境生物因素约占大肠癌发生危险度的 80％。近些年来的动物细胞实验和流行病学研究发现蓝藻毒素可能是大肠癌发生的一个重要外因，但其导致大肠癌的作用机制等方面的研究还不够充分，有待进一步研究。

第四节　蓝藻毒素对肠道菌群的影响

人体肠道内存在着大量种类繁多的微生物，1 000～1 150 种，超过 100 万亿个细菌（约 1.5 kg），约是人体细胞数量的 10 倍。除细菌外，还包括一些寄生虫和其他微生物，如真菌、病毒和古细菌，这些微生物所携带的基因大约是人类基因组的 150 倍。人体肠道菌群从出生开始就与人类相伴，在人类代谢、营养、疾病等各个方面发挥着巨大的作用，影响着人类的健康。

一、人体肠道菌群构成

人体肠道中专性厌氧菌占绝对优势，兼性厌氧或需氧的革兰阴性细菌只占细菌总数的 0.11％，大多数专性厌氧菌为有益菌，且大量肠道细菌主要位居远端小肠和结肠。个体肠道菌群的组成在种水平上具有很大的差异，但在门水平上具有稳定性和保守性。人体肠道内重要的细菌种类主要包括拟杆菌门（Bacteroidetes）、厚壁菌门（Firmicutes）、放线菌门（Actinobacteria）、变形菌门（Proteobacteria）、疣微菌门（Verrucomicrobia）和梭杆菌门（Fusobacteria）细菌。丰度最高的是厚壁菌门和拟杆菌门细菌，在整个肠道菌群中的比例超过 90％。小肠中的菌群组成与大肠中的菌群组成有很大的不同，大肠中最主要的是厚壁菌门，尤其是厚壁菌门中的毛螺菌科（Lachnospiraceae）细菌，而在小肠中最主要的是紫单胞菌科（Porphyromonadaceae）细菌。

二、人体肠道菌群的功能

人体是移动的微生物聚集地，这些强大的肠道微生物能够帮助人类消化食物、吸收营养、抵抗胃肠炎症及调节血脂。正常的肠道菌群构成肠道机械屏障和生物屏障，能抵御外源性致病菌的定植和入侵，大量的专性厌氧菌能限制少数潜在致病菌的生长，这就是肠道菌群的生物拮抗作用，同时肠道菌群代谢过程中能产生挥发性脂肪酸、乳酸、乙酸等，降低肠道内 pH 值，抑制外源菌生长和繁殖。除此之外，肠道菌群还是免疫系统最重要的微生物刺激来源，是诱导维持免疫系统稳态、驱动免疫系统成熟的基本因素，肠道菌群可通过细菌本身或细胞壁成分刺激宿主免疫系统使免疫细胞活化，并刺激肠道分泌 sIgA，增加抗体含量和干扰素的分泌等来提高机体的免疫力。人类肠道菌群携带包括氨基酸、脂类、碳水化合物、维生素、能量等生物合成的基因，能为宿主提供多种自身不具备的酶和生化途径，分解寡聚糖、多糖和蛋白糖等生成脂肪酸，以及合成多种维生素，为宿主提供能量与营养物质。

三、人体肠道菌群紊乱与疾病

肥胖、炎症性肠病、结直肠癌、肝脏疾病、糖尿病及神经精神类疾病等都与肠道菌群紊乱有关，通过肠道菌群的组成可预测疾病的发生与发展。现已证实肥胖者肠道厚壁菌门细菌相对增多，而拟杆菌门细菌相对减少，且肠道中存在 3 种独有的肠道"肥"菌——颤杆菌、梭菌属 4 簇和 14a 簇。分别将从肥胖者和轻瘦者粪便中分离的细菌通过饮食饲喂给无菌小鼠，饲养相同时间后，发现获得肥胖者微生物的小鼠要比获得轻瘦者微生物的小鼠体重更重一些。炎症性肠病（inflammatory bowel disease，IBD）包括溃疡性结肠炎（ulcerative colitis，UC）和克罗恩病（crohn disease，CD），患者肠道内共生微生物和免疫的失调引起黏膜发生病变，肠道菌群多样性明显减少，厚壁菌门细菌数量减少和变形菌门细菌数量增加，厚壁菌门细菌尤其是柔嫩梭菌明显减少。结肠癌患者和健康者粪便中细菌结构与数量均不同，结肠癌患者肠道内大肠埃希菌、屎肠球菌、酵母菌、脆弱拟杆菌、肠杆菌、志贺氏菌、克雷伯氏菌、链球菌和消化链球菌数量比健康者肠道内多，而罗氏菌、产丁酸盐细菌、毛螺旋菌、双歧杆菌、乳酸杆菌、拟杆菌数量少。因此，肠道菌群在维持人体健康方面的重要性，随着对不同人群中肠道微生物组成和作用的深入研究，可以有针对性地选择相关菌种对特定疾病进行治疗，这种治疗方法有广阔的运用前景。

四、蓝藻毒素致肠道菌群中细菌的变化

人体小肠包括十二指肠、空肠和回肠，大肠包括盲肠（包括阑尾）、结肠和直肠。肠道结构功能的差异性及肠道不同部位吸收藻毒素能力的差异，导致蓝藻毒素对肠道不同部位的毒性不同。在 MC-LR 的亚慢性毒性效应实验研究中，对肠道微生物 DNA（提取粪便中细菌基因组）进行宏基因组测序，将测序结果进行多样性和功能富集分析，结果发现虽然用 MC-LR 灌胃处理的小鼠与未用 MC-LR 处理的小鼠的肠道微生物的多样性、丰度和覆盖度间无显著差异，但用 metastat 软件比较不同分类水平上处理组和对照组中每个分类单元的相对丰度后，发现在属的水平上存在差异。Lin 等研究表明 MC-LR 染毒小鼠后，提取小鼠肠道内容物细菌基因组，进行 16S rDNA 测序和聚合酶链反应变性梯度凝胶电泳（polymerase chain reaction-denaturing gradient gel electrophoresis，PCR-DGGE）分析，结果表明小鼠结肠和盲肠中菌群丰度显著增加，且盲肠中肠道菌群多样性显著增加，但空回肠中肠道菌群丰度和多样性均没有改变。通过肠道菌群的 16S rDNA 测序发现，与对照组（未染毒 MC-LR）相比，肠道菌群共有 17 条基因序列发生了变化，其中空回肠、盲肠和结肠中分别变化的基因序列分别为 2 条、5 条和 8 条。MC-LR 处理组，小鼠肠道中 *Bacteroides*、*Alistipes*、*Morganella*、*Providencia* 和 *Spiroplasma* 属细菌相对丰度增加，分别属于拟杆菌门、变形菌门和柔膜菌门（Tenericutes），而厚壁菌门的 *Streptococcus*、*Roseburia*、*Christensenella*、*Enterorhabdus* 和 *Peptococcaceae* 属细菌相对丰度降低。用 MC-LR 灌胃小鼠后，盲肠和结肠中毛螺菌相对丰度最高，分别占盲肠菌群和结肠菌群的 66.7% 和 55.6%，

而空回肠中紫单胞菌相对丰度最高，占 29.6％。与对照组相比，盲肠和结肠中紫单胞菌、毛螺菌、普沃氏菌（*Prevotellaceae*）和疣微菌科（*Ruminococcaceae*）细菌丰度相对增加。肠道菌群的变化之间存在显著的相关性，如 *Bacteroides* 分别与 *Providencia* 和 *Mycoplasma* 丰度变化呈正相关，而与 *Christensenella* 丰度变化呈负相关，*Christensenella* 与 *Streptococcu* 丰度变化呈正相关，*Streptococcus* 分别与 *RC9_gut_group* 和 *Spiroplasma* 呈负相关。丰度显著增加的菌群与显著降低的菌群之间往往呈负相关，二者似乎存在一种抗衡。

Lin 等用 MC-LR 在短期内对大鼠进行灌胃，用高通量基因芯片（GeoChip）检测肠道菌群结构及功能基因。结果显示 MC-LR 处理组的小鼠肠道菌群与未处理肠道菌群在物种多样性上存在着显著差异。处理组肠道菌群的功能基因和未处理组肠道菌群功能基因比较可知，抗氧化、芳香族化合物降解及碳代谢相关的功能基因显著增加，而氨化、磷酸盐限制、金属抗性相关的功能基因显著减少。

五、蓝藻毒素致肠道菌群中真菌的变化

肠道菌群除细菌外，还存在一些真菌。小鼠经灌胃 MC-LR 染毒后，其肠道中真菌丰度显著增加，真菌功能基因数量明显增加，与几丁质和葡萄糖胺的降解、糖酵解和糖异生、维生素 K_1 和维生素 K_2 的合成、脂多糖（lipopolysaccharide，LPS）的生物合成、核黄素代谢中核黄素转化为黄素腺嘌呤二核苷酸（flavin adenine dinucleotide，FAD）等功能相关的功能基因丰度较高。MC-LR 染毒组与未染毒组相比，在肠道菌群含有的 72 条编码真菌几丁质合酶序列中，其中 18 条序列的丰度发生变化，8 条序列丰度显著增加。除几丁质合酶相关基因富集外，与碳代谢相关的其他基因也出现富集，如编码苹果酸合成酶的 *AceB* 基因（苹果酸合成酶通过乙醛酸循环途径生成苹果酸，是真菌病原菌入侵的一个标志）。另外，芳香族化合物降解基因表达量明显增加，如 *PimF* 和 *GCoADH* 基因（将芳香族化合物通过苯酰辅酶 A 途径无氧降解为乙酰辅酶 A），亚硝酸还原酶（将亚硝酸盐还原为一氧化氮）基因 *nirK* 表达量增加，而编码脲酶基因 *ureC* 表达量显著降低。

目前蓝藻毒素对肠道菌群影响的研究仅限于动物实验，其对人体肠道菌群的影响未见报道。除此之外，蓝藻毒素导致肠道菌群发生变化的机制及导致肠道不同部位菌群变化不一致的机制有待进一步研究。

第五节　总结与展望

相关实验及人群资料表明，蓝藻毒素具有较强的胃肠毒性，可引发胃肠道炎症反应、肠绒毛损伤、肠细胞凋亡、肠道菌群丰度变化，甚至可能导致胃肠癌。但人群研究资料多由横断面或者回顾性调查获得，存在较多的混杂因素和偏倚，无法确认蓝藻毒素与胃肠损伤（尤其胃肠癌）之间的因果关系，后续可采用更优的流行病学研究方法（队列研究）来进一步明确相应的因果关系。而且，动物和细胞实验主要集中研究蓝藻毒素的胃肠毒性，其毒性机制的研究比较少，非编码 RNA 在蓝藻毒素对胃肠毒性作用机制未见报道。有关蓝藻毒素致肠道菌群变化的研究仅限于动物实验研究，暂没有相关的人群调查资料，而且蓝藻毒素导致肠道菌群发生变化的机制还有待进一步阐明。

（杨　飞）

参考文献

[1]　李砚,舒为群.微囊藻毒素对人群健康影响的流行病学研究进展[J].环境与健康杂志,2010,27(8):730-733.

[2] 苏小妹,薛庆举,操庆,等.拟柱胞藻毒素生态毒性的研究进展和展望[J].生态毒理学报,2017,12(1):64-72.

[3] Zeller P,Clément M,Fessard V. Similar uptake profiles of microcystin-LR and -RR in an in vitro human intestinal model[J]. Toxicol,2011,290(1):7-13.

[4] Xie L Q,Xie P,Ozawa K,et al. Dynamics of microcystins-LR and -RR in the phytoplanktivorous silver carp in a subchronic toxicity experiment[J]. Environ Pollunt,2004,127(3):437-439.

[5] Rohrlack T,Christoffersen K,Dittmann E,et al. Ingestion of microcystins by Daphnia:intestinal uptake and toxic effects[J]. Limnol Oceanogr,2005,50(2):440-448.

[6] 李莉,雷和花,侯杰,等.微囊藻毒素在银鲫肠道中的累积及其病理学影响[J].生态毒理学报,2014,9(6):1189-1196.

[7] Dziga D,Wasylewski M,Wladyka B,et al. Microbial degradation of microcystins[J]. Chem Res Toxicol,2013,26(6):841-852.

[8] Tisdale E. Epidemic of intestinal disorders in Charleston,occurring simultaneously with unprecented water supply conditions[J]. Am J Public Health,2009,21:198-200.

[9] Zilberg B. Gastroenterities in Salisbury,Eurpean children-a five-year study[J]. Cent Afr J Med,1996,12(9):164-168.

[10] Pilotto LS,Douglas RM,Burch MD,et al. Health effects of exposure to cyanobacteria(blue-green algae)during recreational water-related activities[J]. Australian and New Zealand Journal of Public Health,1997,21(6):562-566.

[11] Zhou L,Yu H,Chen K,et al. Relationship between microcystin in drinkingwater and colorectal cancer [J]. Biomed Environ Sci,2002,15(2):166-171.

[12] 林玉娣,俞章,徐明,等.无锡太湖水域藻类毒素污染与人群健康关系研究[J].上海预防医学杂志,2003,(09):435-437.

[13] 胡志坚.微囊藻毒素毒性及其致癌机制[D].福建:福建农林大学,2009.

[14] 焦登鳌,沈高飞,沈永洲,等.大肠癌的病例对照调查研究[J].浙江肿瘤通讯,1986,(01):4.

[15] 陈坤,焦登鳌,卢琳.饮水类型与大肠癌发病率关系的研究[J].中国公共卫生报,1991,10(6):324-326.

[16] 郑树.大肠癌防治现场研究[J].中国肿瘤,2005,14(6):352-354.

[17] 徐明,杨坚波,林玉娣,等.饮用水微囊藻毒素与消化道恶性肿瘤死亡率关系的流行病学研究[J].中国慢性病预防与控制,2003,11(03):112-113.

[18] Falconer IR. Toxic cyanobacterial bloom problems in Australian waters:risks and impacts on human health[J]. Phycologia,2001,40(3):228-233.

[19] Huguet A,Henri J,Petitpas M,et al. Comparative cytotoxicity,oxidative stress,and cytokine secretion induced by two cyanotoxin variants,microcystin LR and RR,in human intestinal Caco-2 Cells[J]. J Biochem Mol Toxicol,2013,27(5):253-258.

[20] Puerto M,Pichardo S,Jos Á,et al. Microcystin-LR induces toxic effects in differentiated and undifferentiated Caco-2 cells [J]. Arch Toxicol,2010,84(5):405-410.

[21] 朱永良.微囊藻毒素、CagA 蛋白致正常大肠干(Crypt)细胞转化作用的研究[D].浙江大学,2004.

[22] 任岩,秦伟,朱强强,等.VEGF 介导微囊藻毒素-LR 促进结直肠癌细胞 DLD-1 侵袭迁移的研究[J].癌变·畸变·突变,2015,27(06):441-445.

[23] Ito E,Kondo F,Harada H. Hepatic necrosis in aged mice by oral administration of microcystin-LR[J]. Toxicon,1997,35(2):231-239.

[24] 刘鹿忆,谢平.微囊藻毒素-LR 对小鼠肠道消化酶的影响[J].水生生物学报,2014,38(03):533-539.

[25] Gaudin J,Huet S,Jarry G,et al. In vivo DNA damage induced by the cyanotoxin microcystin-LR:comparison of intraperitoneal and oral administrations by use of the comet assay[J]. Mutat Res,2008,652(1):65-71.

[26] Botha N,Venter MVD,Downing TG,et al. The effect of intraperitoneally administered microcystin-LR on the gastrointestinal tract of Balb/c mice[J]. Toxicon,2004,43(3):251-254.

[27] Nince FMF,Oliveira VM,Oliveira R. Histopathological effects of [D-Leu1] microcystin-LR variants on liver,skeletal muscle and intestinal tract of Hypophthalmichthys molitrix [J]. Toxicon,2010,55(7):1255-1262.

［28］　Nobre AC,Nunes-Monteiro SM,Monteiro MC,et al. Microcystin-LR promote intestinal secretion of water and electrolytes in rats［J］. Toxicon,2004,44(5):555-559.

［29］　Rocha MF,Sidrim JJ,Soares AM,et al. Supernatants from macrophages stimulated with microcystin-LR induce electrogenic intestinal response in rabbit ileum［J］. Pharmacol Toxicol,2000,87(1):46-51.

［30］　Humpage AR,Hardy SJ,Moore EJ,et al. Microcystins(cyanobacterial toxins) in drinking water enhance the growth of aberrant crypt foci in the mouse colon［J］. J Toxicol Environ Health,2000,61(3):155-165.

［31］　姚雁鸿,余来宁,何文辉,等.微囊藻对银鲫生长和消化酶活性的影响及毒素积累［J］.中国水产科学,2007,14(06):969-973.

［32］　Moreno IM,Mate A,Repetto G,et al. Influence of microcystin-LR on the activity of membrane enzymes in rat intestinal mucosa［J］. J Physiol Biochem,2003,59(4):293-299.

［33］　钟献.小分子化合物水飞蓟素和酮康唑对肿瘤靶点作用机制的研究［D］.浙江:浙江大学,2009.

［34］　郭慧玲,邵玉宇,孟和毕力格,等.肠道菌群与疾病关系的研究进展［J］.微生物学通报,2015,42(2):400-410.

［35］　刘瑞雪,李勇超,张波.肠道菌群微生态平衡与人体健康的研究进展［J］.食品工业科技,2016,37(6):383-387.

［36］　Qin J,Li R,Raes J,et al. A human gut microbial gene catalogue established by metagenomic sequencing ［J］. Nature,2010,464(7285):59-65.

［37］　Lozupone CA,Stombaugh JI,Gordon JI,et al. Diversity,stability and resilience of the human gut microbiota［J］. Nature,2012,489(7415):220-230.

［38］　陈卫,田培郡,张程程,等.肠道菌群与人体健康的研究热点与进展［J］.中国食品学报,2017,17(2):1-9.

［39］　钱美睿,吴开春.肠道菌群与疾病关系的研究进展［J］.传染病信息,2016,29(5):298-302.

［40］　Chen J,Xie P,Lin J,et al. Effects of microcystin-LR on gut microflora in different gut regions of mice［J］. Toxicol Sci,2015,40(4):485-494.

［41］　Lin J,Chen J,He J,et al. Effects of microcystin-LR on bacterial and fungal functional genes profile in rat gut［J］. Toxicon,2015,96(1):50-56.

［42］　林娟.微囊藻毒素对鼠肠道微生物群落及其宏基因组的影响——探讨微囊藻毒素引起的肠炎相关微生物群落及功能紊乱［D］.中国科学院大学,2015.

第六章　蓝藻毒素的肾脏毒性研究

蓝藻毒素不仅有肝脏毒性，也具有较强的肾脏毒性。大量的动物实验证实，蓝藻毒素暴露后可分布于肾脏，引起肾脏的氧化应激、脂质过氧化、肾脏结构及功能的变化。本章将重点讨论微囊藻毒素、柱胞藻毒素、节球藻毒素和石房蛤毒素的肾脏毒性。

第一节　蓝藻毒素在肾脏的分布与代谢

肾是实质器官，外层为皮质，内层为髓质。肾单位是肾脏结构和功能的基本单位，包括肾小体（肾小囊与肾小球）和肾小管（包括近曲小管、髓袢和远曲小管）。肾单位与集合管共同完成泌尿功能（图 6-1）。肾脏基本生理功能包括排泄废物、调节体液及酸碱平衡、分泌激素等，能维持机体的内环境稳定，保证新陈代谢正常进行。肾脏是药物及毒物代谢和排泄的重要器官，肾脏血流丰富，占心输出量的 25%，其中皮质接受肾脏总血流量的 94%，当血液中存在肾毒性物质时，肾脏极易受损害。

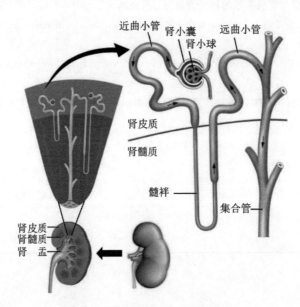

图 6-1　肾脏及肾单位结构示意图

一、蓝藻毒素在肾脏的分布

（一）微囊藻毒素在肾脏的分布

大量研究关注微囊藻毒素（microcystins，MCs）在动物体内的分布。通过静脉注射、腹腔注射和口服 3 种不同途径将[125]I-MC-LR 注入小鼠体内，同位素示踪显示，经 3 种不同途径进入体内的[125]I-MC-LR 主要分布在血液、肝脏和肾脏，提示肝脏和肾脏是 MC-LR 特异性分布的靶器官（图 6-2）；放射性自显影研究表明，[125]I-MC-LR 在靶器官肝脏和肾脏内分别定位于肝细胞核内和肾皮质的肾细胞核内。大鼠静脉注射 80 μg 等价 MC-LR/kg 体重的微囊藻毒素，于注射后 1 h、2 h、4 h、6 h、12 h 和 24 h 用液相色谱仪-质谱仪（liquid chromatograph-mass spectrometer，LC-MS）测定各组织内微囊藻毒素浓度。研究发现微囊藻毒素在肾脏中浓度最高，达 $0.034 \sim 0.295\ \mu g/g$ 干重，其次是肺、胃和肝。大鼠体内微囊藻毒素量的最大值出现在注射后 2 h，达注射剂量的 2.9%。肾脏中微囊藻毒素浓度高于肝脏，肾脏中微囊藻毒素浓度有两个峰值，分别出现在注射后 2 h 和 24 h，提示大鼠体内微囊藻毒素可经肾脏直接排泄。另有研究将微囊藻毒素提取液腹腔注射入日本长耳兔，采用 LC-MS 法测定了注射后 $1 \sim 48$ h 各组织器官中的微囊藻毒素含量，在 $50\ \mu g/kg$ 剂量组，微囊藻毒素含量（MC-RR＋MC-LR）在肾脏中最高，其次是肝脏；在 $12.5\ \mu g/kg$ 剂量组，微囊藻毒素含量（MC-RR＋MC-LR）在肝脏中最高。

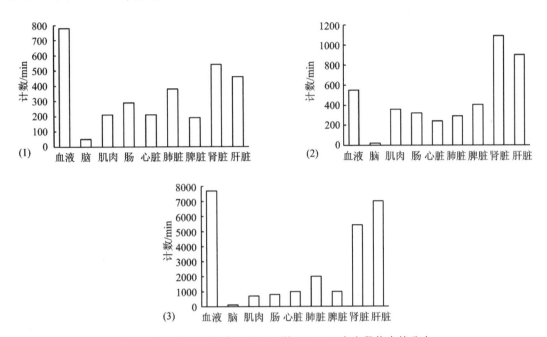

图 6-2 放射性同位素示踪显示^{125}I-MC-LR 在小鼠体内的分布

（1）口服^{125}I-MC-LR 24 h 后小鼠体内 MC-LR 的分布；（2）腹腔注射^{125}I-MC-LR 24 h 后 MC-LR 在小鼠体内的分布；（3）静脉注射^{125}I-MC-LR 60 min 后 MC-LR 在小鼠组织中的分布。

引自：张占英,俞顺章,卫国荣,等. 微囊藻毒素 LR 在动物体内整体水平及细胞水平的分布[J]. 卫生毒理学杂志,2002,1:5-8.

　　从太湖的不同水域采集不同体重和体长的白鲢，利用固相萃取法提取，高效液相色谱-质谱联用仪测定白鲢不同器官中微囊藻毒素（MC-RR、MC-YR 及 MC-LR）的含量。结果表明，白鲢不同器官微囊藻毒素的含量由高到低为肠壁＞肾脏＞肝脏＞肌肉＞心脏，且肠壁累积的微囊藻毒素显著高于肾脏、肝脏、肌肉和心脏。MC-RR 是白鲢各器官累积的微囊藻毒素亚型的主体，约占微囊藻毒素的 60%。在滇池试验区采集鲢、鳙和草鱼等鱼种，用酶联免疫吸附测定法（enzyme linked immunosorbent assay，ELISA）测定鱼体肝、肾等组织中微囊藻毒素的含量。结果发现，微囊藻毒素在所有样品中均能检出，主要分布在鱼体的肝、肾脏和消化道等器官，而肌肉和非消化道器官中毒素含量相对较低；不同鱼种不同组织对微囊藻毒素的富集程度也明显不同，鲢、鳙的肝脏和肾脏对微囊藻毒素的蓄积能力远高于草鱼。同时，不同季节微囊藻毒素在鱼体内的积累水平也明显不同，4 月份鱼样中微囊藻毒素的含量普遍低于 9 月份鱼样中微囊藻毒素的含量。国外学者发现，藻毒素污染的池塘中的鲤鱼和鲶鱼中，鲤鱼各器官中微囊藻毒素浓度由高到低为肝＞肠＞肾＞胆囊＞鳃＞肌肉，而鲶鱼为肠＞肝＞肾＞胆囊＞腮＞肌肉。鲶鱼体内蓄积的微囊藻毒素更多。有学者用 ELISA 测定水华严重污染的养鱼场的罗非鱼各器官微囊藻毒素蓄积情况，结果发现肠道中微囊藻毒素浓度最高（821 ng/g），其次是肝（531.8 ng/g）和肾（400 ng/g）。

采用腹腔注射法将 0.215 μg/g 的 MC-LR 纯品稀释液注射到鲤鱼体内，在 0～48 h 用 ELISA 法检测肾脏、肝脏、肌肉、胆囊、空肠和卵巢中 MC-LR 含量和积累规律。结果显示，MC-LR 在肾脏含量最高，其次是肝脏、胆囊、空肠、卵巢和肌肉。有研究通过向鲫鱼腹腔注射 50 μg 等价 MC-LR/kg 体重和 200 μg 等价 MC-LR/kg 体重的藻毒素粗提物（主要为 MC-RR 和 MC-LR），采用 LC-MS 法测定肾脏中的微囊藻毒素含量。结果在鲫鱼肾脏内只检出了 MC-RR，未检出 MC-LR；MC-RR 浓度在注射后 48 h 内呈时间、剂量依赖性升高，随后迅速下降；50 μg 等价 MC-LR/kg 体重组浓度范围在 0.013～0.088 μg/g 组织干重，在 168 h 降低到 0.039 μg/g 组织干重；200 μg 等价 MC-LR/kg 体重组浓度范围在 0.279～1.592 μg/g 组织干重（图 6-3）。Fischer 等给鲤鱼喂饲相当于 400 μg/kg MC-LR 的铜绿微囊藻毒素 1 h 后，用免疫学方法检测显示，毒素主要分布在肾近端小管上皮细胞的顶端部分，且随时间的延长而增加。

上述研究显示，微囊藻毒素暴露后，除动物的肝脏外，肾脏中微囊藻毒素的含量也较高（表 6-1）。因此，肾脏是微囊藻毒素特异性分布的靶器官之一。

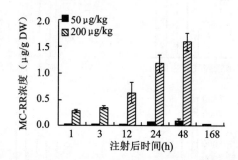

图 6-3　腹腔注射微囊藻毒素后鲫鱼肾脏内微囊藻毒素浓度随时间的变化

注：200 μg 等价 MC-LR/kg 体重组大鼠在注射后 60 h 全部死亡。

引自：Li L，Xie P，Lei H，et al. Renal accumulation and effects of intraperitoneal injection of extracted microcystins in omnivorous crucian carp [J]. Toxicon，2013，70：62-69.

表 6-1　微囊藻毒素在动物体内的分布

动物	染毒方式	脏器浓度顺序
大鼠	静脉注射	血液＞肝脏＞肾脏＞肺＞心＞脾＞肠＞肌肉＞脑
	腹腔注射	肾脏＞肝脏＞血液＞脾＞肌肉＞肠＞肺＞心＞脑
	口服	血液＞肾脏＞肝脏＞肺＞肠＞肌肉＞心＞脾＞脑
大鼠	静脉注射	肾脏＞肺＞胃＞肝脏
家兔	腹腔注射	肾最高(50 μg/kg 组)；肝最高(12.5 μg/kg 组)
白鲢	自然暴露	肠壁＞肾脏＞肝脏＞肌肉＞心脏
鱼	自然暴露	鲢鱼、鳙鱼：肾＞肝＞空肠＞胆＞肌肉＞血
		草鱼：胆＞空肠＞肾＞肝＞肌肉＞血样
鱼	自然暴露	鲤鱼：肝＞肠＞肾＞胆囊＞鳃＞肌肉
		鲇鱼：肠＞肝＞肾＞胆囊＞鳃＞肌肉
罗非鱼	自然暴露	肠道＞肝＞肾＞肌肉
鲤鱼	腹腔注射	肾脏＞肝脏＞胆囊＞空肠＞卵巢＞肌肉

（二）柱胞藻毒素在肾脏的分布

柱胞藻毒素（cylindrospermopsins，CYNs）是由淡水蓝藻产生的一种细胞毒素，现被列为世界上重要的藻毒素之一。最早发现产柱胞藻毒素的蓝藻是拟柱胞藻（*Cylindrospermopsis raciborskii*）。产柱胞藻毒素的蓝藻分布广泛，在亚洲、欧洲、大洋洲、北美洲、南美洲和南极洲均有发现，我国南方的淡水水源中也有产柱胞藻毒素的蓝藻分布。国外对柱胞藻毒素研究报道较多，我国关于这方面的报道相对缺乏。柱胞藻毒素是由一个 3 环胍基与羟甲基尿嘧啶联合组成的一种 3 环类生物碱，易溶于水和有机溶剂。柱胞藻毒素在中性和酸性条件下结构稳定，煮沸 4 h 不降解；碱性条件下则相对易降解，煮沸能加速其降解。

有学者研究了两种暴露途径下 CYNs 在罗非鱼体内的分布：①经腹腔注射或灌胃 200 μg/kg 体重纯柱胞藻毒素，暴露 24 h 或 5 d 后处死；②把鱼养在含柱胞藻毒素浓度为 10 μg/L 或 100 μg/L 的水环境中 7 d 或 14 d。用免疫组织化学法检测柱胞藻毒素在鱼体内的分布。结果显示，两种方式暴露后柱胞藻毒素在体内的分布是一致的，顺序从高到低依次为肝＞肾＞肠道＞鳃。而且，免疫标记信号随暴露时间的延长而增加（提示柱胞藻毒素具有延迟毒性）、随暴露剂量的增加而增加。

（三）节球藻毒素在肾脏的分布

节球藻毒素（nodularin，NOD）是一组环状五肽的蓝藻毒素，主要由泡沫节球藻产生，是丝氨酸/苏氨酸蛋白磷酸酶 1 和 2A 的抑制剂，具有强烈的促肝肿瘤作用。自 1878 年首次报道澳大利亚亚历山大湖泡沫节球藻水华对牲畜的毒性作用以来，已有多起人和动物中毒事件的报道。

有关节球藻进入动物体内后的分布情况，国内外研究均较少。为研究和探讨节球藻毒素在动物体内分布的靶器官及其在靶器官中的细胞水平定位，张占英等用核素 ^{125}I 标记节球藻毒素，将 ^{125}I-节球藻毒素标记物注入小鼠体内，分别经核素示踪和放射性自显影技术研究 ^{125}I-节球藻毒素在小鼠体内整体水平和细胞水平的分布。核素示踪显示，静脉注射、腹腔注射和口服 3 种不同途径进入体内的 ^{125}I-节球藻毒素，主要分布在肾脏，其次为肝脏。节球藻毒素在小鼠组织中的分布见图 6-4。放射性自显影研究表明，^{125}I-节球藻毒素在肾脏和肝脏内分别位于肾皮质的肾细胞核内和肝细胞核内。研究提示，肾脏和肝脏是节球藻毒素的 2 个靶器官。

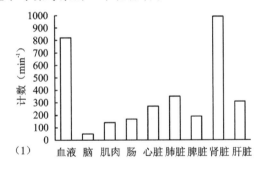

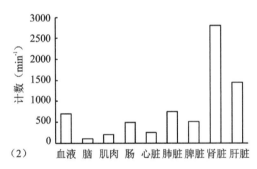

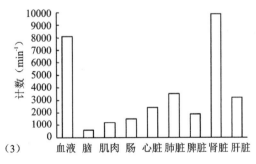

图 6-4 核素示踪显示 ^{125}I-节球藻毒素在小鼠组织中的分布

（1）口服 24 h 后 ^{125}I-节球藻毒素在小鼠组织中的分布；（2）腹腔注射 24 h 后 ^{125}I-节球藻毒素在小鼠体内的分布；（3）静脉注射 60 min 后 ^{125}I-节球藻毒素在小鼠体内的分布。

引自：张占英，俞顺章，陈传炜，等. 节球藻毒素在小鼠体内分布的研究［J］. 中华预防医学杂志，2002，36（2）：100-103.

（四）石房蛤毒素在肾脏的分布

石房蛤毒素（saxitoxin，STX）是已知毒性最强的海洋生物毒素之一，严重威胁人类安全和健康。石房蛤毒素是一种麻痹性贝毒（paralytic shellfish poisoning toxins，PSPs）。石房蛤毒素最初是从石房蛤及加州贻贝中分离出来而得此名，之后发现有毒海洋藻和淡水蓝藻（如鱼腥藻、部分束丝藻属、拟柱胞藻、鞘丝藻属、浮游蓝丝藻属）也可产生石房蛤毒素。石房蛤毒素不溶于非极性溶剂，在碱性条件下发生氧化而失去毒性，但易溶于水，且在高温及酸性条件下均较稳定，所以较易通过在海产品或水中积聚导致摄入者发生神经麻痹性中毒。

有学者研究了石房蛤毒素在大西洋鲑鱼和鳕鱼体内的分布。分别经腹腔注射 5 μg STX/kg 体重和 3.43 μg 等价 ^{3}H-STX/kg 体重，静脉注射 5 μg STX/kg 体重（仅鲑鱼）和饮水暴露（50 μg 等价 STX/L，仅鲑鱼），鲑鱼血浆浓度测定采用受体结合试验，鳕鱼组织采用组织提取物的闪烁计数和全鱼片的放射自显影。静脉注射后石房蛤毒素的清除半衰期为 30～480 min 间，观察到 ^{3}H-STX 分布在鳃、肌肉、脑、肝和后肾，其中脑和肌肉中浓度最低，大部分的石房蛤毒素都在后肾（图 6-5）。放射自显影证实肾脏中有高浓度的 ^{3}H-STX，提示肾脏排泄是最主要的排泄途径。

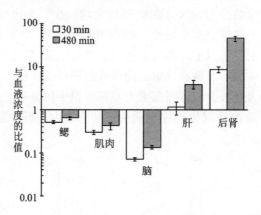

图 6-5　鳕鱼不同组织中 ^{3}H-STX 浓度与血液浓度的比值

引自：Bakke MJ，Horsberg TE. Kinetic properties of saxitoxin in Atlantic salmon（*Salmo salar*）and Atlantic cod（*Gadus morhua*）［J］. Comp Biochem Physiol C Toxicol Pharmacol，2010，152（4）：444-450.

二、蓝藻毒素在肾脏的代谢

（一）微囊藻毒素在肾脏的代谢

大多数情况下，微囊藻毒素都是水溶性的，微囊藻毒素不能通过被动扩散穿过细胞膜。因此，微囊藻毒素的吸收是主动过程，需要膜转运体（比如有机阴离子转运体 OATP/Oatp、胆汁酸转运蛋白）。微囊藻毒素在各器官的分布，除受血流量的影响外，还与各器官 OATP/Oatp 转运体的类型和表达水平有关。

谷胱甘肽在哺乳动物和其他水生生物体内微囊藻毒素的代谢过程中发挥重要作用。Hermansky 等发现 GSH 预处理可减少因微囊藻毒素暴露所致的小鼠死亡数。Kondo 等确认了小鼠和大鼠肝内有微囊藻毒素-谷胱甘肽（MC-LR-GSH）及微囊藻毒素-半胱氨酸结合物（MC-LR-Cys）。微囊藻毒素-谷胱甘肽结合物可在碱性 pH 值下自发形成、也可经谷胱甘肽 S-转移酶（glutathione S-transferase，GST）催化发生。MC-LR 和 MC-RR 都可与 GSH 形成结合物。MC-LR-GSH 可在体外经多种生物的可溶性

GSTs 催化形成；在 5 种重组人类 GSTs 和人肝细胞浆作用下，MC-RR 可与 GSH 结合。Ito 等通过免疫印迹法研究了 MC-LR、MC-LR-GSH 及 MC-LR-Cys 在不同组织中的分布。

最近有多篇研究报道了微囊藻毒素暴露后生物体内微囊藻毒素及其微囊藻毒素-谷胱甘肽结合物的浓度变化。Zhang 等检测了 3 种太湖水生生物（水蜗牛、虾和白鲢）体内 MC-LR、MC-LR-GSH 及 MC-LR-Cys 的浓度。研究发现，水蜗牛和虾的肝胰腺及白鲢肝脏中 MC-LR 浓度分别为 6.61 μg/g、0.24 μg/g 和 0.027 μg/g 干重；MC-LR-Cys 浓度分别为 0.50 μg/g、0.97 μg/g 和 5.72 μg/g 干重；但是 MC-LR-GSH 很少检出。Zhang 等对长江沿岸 5 个富营养湖中野生花鲢进行了检测，发现 MC-LR-Cys 浓度相对较高（平均浓度为 0.22 μg/g 干重），而 MC-LR-GSH 偶尔能检出，MC-LR-Cys/MC-LR-GSH 比值平均为 71.49。花鲢肝脏 MC-LR-Cys 浓度与 5 个湖中悬浮物质浓度正相关。实验室研究发现，给花鲢腹腔注射 500 μg/kg 体重纯 MC-LR 后，一直能检出低浓度的 MC-LR-GSH（平均干重 0.042 μg/g），MC-LR-Cys/MC-LR-GSH 比值平均为 6.55。He 等发现，花鲢注射 50 μg 或 200 μg 等价 MC-LR/kg 的 MC 后，在其组织中检出了极低浓度的 MC-LR/RR-GSH 和高浓度的 MC-LR/RR-Cys。Wu 等研究了太湖中野生鱼体内 MC-RR-GSH 和 MC-RR-Cys 结合物的组织分布和季节变化。组织中 MC-RR-Cys 浓度较高，肾脏中平均 MC-RR-Cys 浓度（0.253 μg/g 干重）为肝脏中的 4 倍（0.063 μg/g 干重）。肝脏和肾脏中 MC-RR-Cys/MC-RR 的比值分别为 5.3 和 39.8。同时，肾脏中 MC-RR 的低蓄积，比肝脏有更高的 MC-RR-Cys 形成效率（是肝脏的 7.519 倍），提示 MC-RR-Cys 伴随 MC-RR 的消耗而显著蓄积，MC-RR 在肾脏中选择性地转化为 MC-RR-Cys 以便排泄。结果提示，在鱼肝脏 MC-LR 的解毒过程中，MC-LR-Cys 比 MC-LR-GSH 更重要。MC-LR 与半胱氨酸结合可能是滤食性花鲢对抗藻毒素毒性的生理机制。

有文献进一步研究了动物体内 MC-GSH 浓度远低于 MC-Cys 浓度的原因。Li 等用 MC-RR-GSH 注射花鲢后，观察该结合物的毒代动力学。研究发现，从注射后 0.25 h 到 0.5 h，肾脏 MC-RR-Cys 浓度增加 100 倍。Li 等测定了 MC-RR-GSH 在 SD 大鼠的排泄途径和毒代动力学。在 MC-RR-GSH 处理的大鼠肾脏，MC-RR-Cys/MC-RR-GSH 比值平均为 105.3，提示中间结合产物 MC-RR-GSH 迅速被转化为 MC-RR-Cys。这两项研究都证实了体内 MC-Cys 来源于 MC-GSH。MC-GSH 向 MC-Cys 的转化主要发生在肾脏，而非肝脏，作者推测其原因有：首先有机阴离子转运体（organic anion-transporting poly-peptide，OATP）转运 MC-GSH 至肾脏，或转运其他器官产生的 MC-Cys 至肾脏，肝脏、肾脏均高表达 OATP；其次肾脏中的 MC-GSH 可迅速有效地转化为 MC-Cys，催化该反应的 γ-谷氨酸转肽酶（GGT）和半胱氨酰甘氨酸二肽酶（cysteinylglycine dipeptidase）在哺乳动物和鱼的肾脏中活性最高。上述结果提示，肾脏在 MC-RR-GSH 转化为 MC-RR-Cys 的过程中起主要作用。同时，在 MC-RR-GSH 处理大鼠中，可一直检测出 MC-RR，提示 MC-RR-GSH 中 MC-RR 可解离出来。另外，对大鼠排泄物中微囊藻毒素含量的检测显示，尿中的微囊藻毒素含量远高于粪便中，尿/粪微囊藻毒素比值为 129.3。尿液 MC-RR-Cys 浓度分别是尿液 MC-RR-GSH、MC-RR 浓度的 27.8 倍和 19.4 倍，提示 MC-RR-Cys 是尿中微囊藻毒素的主要形式（图 6-6）。另一项研究也发现，单次亚致死剂量（55 μg/kg）的 MC-LR 暴露后，Wistar 大鼠 24 h 内经尿排泄的游离 MC-LR 总量为 2 348±354 ng，经粪便排泄的总量为 663± 331 ng。上述研究提示，尿是微囊藻毒素的主要排泄途径，MC-Cys 是尿中微囊藻毒素的主要形式。

MC-RR-GSH 暴露后，Li 等还检测了花鲢体内的 MC-RR-Nac（MC-RR-N-acetyl-cysteine，MC-RR-Cys 的乙酰化产物）含量。然而该实验中，所有的样品均未检出 MC-RR-Nac。微囊藻毒素暴露后，是否有其他的途径参与微囊藻毒素代谢尚需进一步的研究。

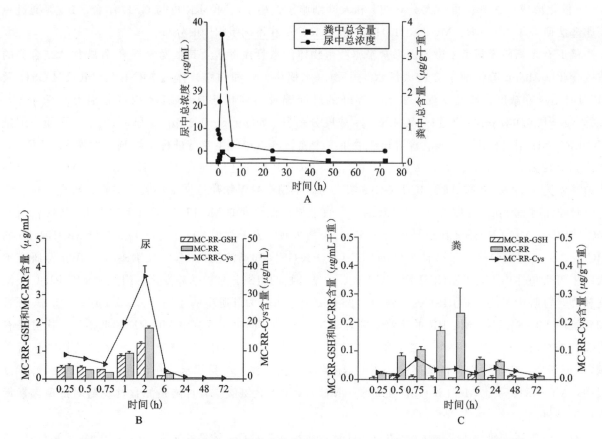

图 6-6 MC-RR-GSH 暴露后，大鼠排泄物中 MC-RR-GSH、MC-RR-Cys 和 MC-RR 的浓度

A，尿和粪中总浓度；B，尿中浓度-时间分布图；C，粪中浓度-时间分布图。

引自：Li W，He J，Chen J，et al. Excretion pattern and dynamics of glutathione detoxification of microcystins in Sprague Dawley rat [J]. Chemosphere，2018，191：357-364.

（二）其他毒素代谢

1. 柱胞藻毒素代谢

研究发现细胞色素 P450（CYP450）在柱胞藻毒素的毒性作用机制中发挥重要作用。Humpage 等利用小鼠原代肝细胞研究了细胞色素 P450 在柱胞藻毒素遗传毒性和细胞毒性中的作用。研究发现，柱胞藻毒素在 0.05 μmol/L 时出现遗传毒性，0.1 μmol/L 时有细胞毒性，CYP450 抑制剂能抑制柱胞藻毒素的基因毒性。柱胞藻毒素抑制 GSH 的生成，谷胱甘肽还原酶抑制剂（BCNU）能抑制 GSH 生成，但不影响脂质过氧化或细胞毒性。结果提示，柱胞藻毒素的 CYP-450 衍生代谢物在其急性细胞毒性和遗传毒性方面发挥重要作用。Norris 等研究了小鼠肝脏对柱胞藻毒素的代谢。先用丁硫氨酸亚砜和马来酸二乙酯预处理小鼠（目的是耗竭肝 GSH），然后用 0.2 mg/kg 柱胞藻毒素处理小鼠，处理组 7 d 生存率（5/13）与对照组（9/14）无显著差异。0.2 mg/kg 柱胞藻毒素处理后，小鼠肝脏 GSH 小幅下降，24 h 后出现反弹效应；这个反弹效应弱，且 GSH 耗竭后生存率没有显著差异，提示 GSH 耗竭不是柱胞藻毒素毒性的初始机制。相反，用胡椒基丁醚（P450 抑制剂）预处理，能对抗柱胞藻毒素的毒性，处理组的生存率（10/10）显著高于对照组（4/10），研究提示通过 P450 激活柱胞藻毒素是其最重要的毒性作用机制。Kittler 等研究发现，I 相代谢酶在柱胞藻毒素致 HepaRG 细胞毒性中起较小的作用。

2. 石房蛤毒素和节球藻毒素

García 等在体外研究了石房蛤毒素的葡萄苷酸化作用。将石房蛤毒素与人肝微粒体一起孵育后，检测出 2 种石房蛤毒素代谢物。葡醛酸-石房蛤毒素结合物可被 β-葡（萄）糖苷酸酶完全水解。提示石房蛤毒素的氧化和葡萄苷酸化是石房蛤毒素在人体内的解毒途径。Beattie 等发现石房蛤毒素通过 GST 与谷胱甘肽结合。

第二节 蓝藻毒素对肾脏损害的人群和生态学研究

一、蓝藻毒素暴露对肾脏毒性的人群研究

有关微囊藻毒素暴露对肾脏毒性的人群研究较少。舒为群团队以重庆涪陵地区两个乡镇为研究现场，研究了饮用水和水产品中的 MC-LR 与人群肾功能损伤的关系。研究纳入了该地区 6 000 多名居民，进行了包括肾功能（血尿素氮、血肌酐和肾小球滤过率）、肝功能、血糖、血脂等临床指标检测，同时详细调查了个体家族史、生活饮食行为习惯等因素，还广泛采集居民的主要食物、水源、饮用水和水产品等进行了黄曲霉毒素 B1（aflatoxin B1，AFB1）和微囊藻毒素（MC-LR）检测。在校正影响肾功能相关因素（如年龄、性别、吸烟、饮酒、血糖、血压、家族史等）后发现，经过饮用水和水产品摄入 MC-LR 的个人日均暴露量（estimated daily intake，EDI）是肾功能损伤的重要危险因素，与暴露最低人群相比，最高暴露人群发生血尿素氮（blood urea nitrogen，BUN）、肌酐（creatinine，Cr）和肾小球滤过率（glomerular filtration rate，GFR）异常的风险分别为 1.80（95% CI=1.34～2.42）、4.58（95% CI=2.92～7.21）和 4.41 倍（95% CI=2.55～7.63），未发现 AFB1 与肾功能损伤的相关性。该研究首次在大样本人群基础上，提出饮用水和水产品摄入 MC-LR 可能是该人群肾功能损伤的重要危险因素之一。

二、蓝藻毒素暴露的生态学研究

有学者研究了病因不明的慢性肾病（chronic kidney disease of unknown etiology，CKDu）高发区井水中的蓝藻种类。研究关注的是斯里兰卡的 Girandurukotte 地区，该区 CKDu 患病率高。研究者对 330 名对象（包括 33 名 CKD 患者、224 名 CKDu 患者和 53 名健康个体）进行了问卷调查。调查显示，有 11 个因素可能与 CKDu 发病相关；其中，作为饮用水的井水值得注意。从 110 份水样中（包括 11 份 CKD 患者的、74 份 CKDu 患者的和 25 份健康个体的水样），通过形态鉴定检出了可能产生微囊藻毒素和柱胞藻毒素的蓝藻。与 Girandurukotte 地区患者的井水样品相比，健康个体井水的蓝藻多样性较少。在可能的产毒蓝藻中，CKDu 患者井水中席藻属（*Phormidium* spp，可产生微囊藻毒素）检出率显著高于其他两组人群井水的检出率。对 50 份 CKDu 患者及 15 份 CKD 患者和健康个体的井水中蓝藻的特异基因进行检测，发现 CKDu 患者井水中柱胞藻毒素生产者和节球藻毒素生产者的检出率显著高于其他两组人群，但微囊藻毒素生产者无显著差异。研究提示，该地区井水中产微囊藻毒素、柱胞藻毒素和节球藻毒素的蓝藻可能是 CKDu 高发的原因，需流行病学研究进一步证实。

有研究报道了狗因暴露于以铜绿微囊藻为主的淡水水华而发生微囊藻毒素中毒事件。研究发现，湖水中微囊藻毒素浓度高达 126 000 ng/mL，在狗的呕吐物和肝脏中都检出了 MC-LR。狗中毒初期还可产生尿液，逐渐发展到无尿。在暴露当天狗出现了暴发性肝功能衰竭和凝血病，病情迅速恶化。尸检发现弥漫性、急性大面积肝坏死和出血，也发现了肾小管上皮细胞的急性坏死（表现为上皮细胞核

丢失或核碎裂、上皮细胞空泡化）。

节球藻毒素对动物具有急性毒性作用。狗因接触受蓝藻污染的海水而出现急性肝衰竭和无尿。病理学观察发现肾小管坏死，在肝、肾组织中检测出了节球藻毒素。另一项研究报道，两条狗饮用被节球藻毒素污染的海水后出现中毒，检测发现，其中2号狗具有血尿、血肌酐和尿素氮升高；尸检发现2号狗的肾脏有急性多灶性肾小管变性（表现为肾小管上皮细胞肿胀、脱落和细胞核固缩）、近端小管坏死，但基底膜完好无损。同时，从当地海岸的26份水样中检出节球藻毒素，最高浓度达32.72 mg/L，平均浓度达5.41 mg/L。

第三节　蓝藻毒素对肾脏的毒理学研究

一、微囊藻毒素暴露对肾脏毒性的实验研究

（一）微囊藻毒素对大鼠、小鼠、家兔的毒性作用

1. 微囊藻毒素与肾脏的氧化损伤

氧化损伤是微囊藻毒素作用的重要机制之一。大鼠腹腔注射100 μg/kg 体重和150 μg/kg 体重 MC-LR 后，肾脏中抗氧化酶活性下降，谷胱甘肽过氧化物酶（glutathione peroxidase，GSH-Px）下降27%～31%，谷胱甘肽还原酶（glutathione reductase，GR）活性下降22%，超氧化物歧化酶（super-oxide dismutase，SOD）下降42%，过氧化氢酶（catalase，CAT）下降25%～28%；同时，脂质过氧化水平显著升高，100 μg/kg 组和150 μg/kg 组分别升高48%和58%。有学者给雄性 Wistar 大鼠腹腔注射80 μg 等价 MC-LR/kg 体重的铜绿微囊藻提取物（microcystis extracts，MCE），于注射后1 h、2 h、4 h、6 h、12 h、24 h 测定肾脏内抗氧化酶基因的表达。注射后1～12 h CAT 显著下降，24 h 恢复；含锰超氧化物歧化酶（manganese-containing superoxide dismutase，MnSOD）在4～6 h 显著升高，12 h 恢复正常；铜锌超氧化物歧化酶（Cu, Zn-SOD）在前2 h 显著升高，6～12 h 显著降低，24 h 恢复正常；GR 在2 h 升高，12 h 后被抑制，未恢复；γ 谷氨酸-半胱氨酸合成酶（γ-GCS）除4 h 升高外，其他时候均被抑制；谷胱甘肽过氧化酶1（glutathione peroxidase 1，GPx1）在2～6 h 被抑制，GPx3在1～12 h 升高（图6-7），且 GPx1与 GPx3呈负相关。

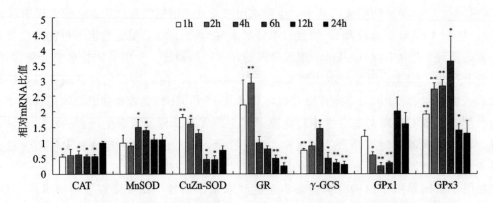

图 6-7　腹腔注射铜绿微囊藻提取物后 Wistar 大鼠肾脏内抗氧化酶基因的表达情况

引自：Xiong Q，Xie P，Li HY，et al. Acute effects of microcystins exposure on the transcription of antioxidant enzyme genes in three organs（liver，kidney and testis）of male Wistar rats [J]. J Biochem Mol Toxic，2010，24：361-367.

有学者研究了谷胱甘肽（GSH）对 MC-LR 致小鼠肾脏氧化损伤的保护作用。昆明小鼠经腹腔注射不同剂量的 MC-LR 15 d，可致小鼠肾脏丙二醛（malonaldehyde，MDA）含量明显升高，GSH 含量、CAT、SOD 及 GSH-Px 活力显著下降；外源性的 GSH 干预可拮抗 MC-LR 所致的肾脏氧化损伤。雄性小鼠腹腔注射 10 μg/kg MC-LR，每日一次，连续 13 d。MC-LR 可致 BCr 升高，血清 GSH 及 SOD 水平下降，绿茶可拮抗 MC-LR 所致的肾脏氧化损伤。上述研究提示，MC-LR 可能通过促进肾脏细胞发生脂质过氧化反应而导致肾脏氧化损伤，绿茶和外源性的 GSH 则可能通过减少脂质过氧化产物、提高抗氧化物活力、清除氧自由基而达到一定的肾脏保护作用。

2. 微囊藻毒素与肾功能

研究发现，微囊藻毒素暴露可损害肾功能。大鼠腹腔注射 0.5 LD$_{50}$、1.0 LD$_{50}$ 和 2.0 LD$_{50}$ 水平的铜绿微囊藻 PCC 7806 提取物后，大鼠血浆 BUN 和 BCr 水平升高，同时蛋白和白蛋白水平下降，随后出现血尿、蛋白尿和胆红素尿，肾脏乳酸脱氢酶（lactate dehydrogenase，LDH）和谷氨酸草酰乙酸转氨酶（glutamic acid acetoacetic transaminase，GOT）水平降低，高效液相色谱分析显示主要的活性毒物为 MC-LR。SD 大鼠经腹腔注射 122 μg/kg、50 μg/kg、25 μg/kg 和 12.5 μg/kg 的 MC-LR，可致大鼠血清中 BCr 和 BUN 显著升高。SD 大鼠经饮水摄入 8 μg/L 和 80 μg/L MC-LR，饲养后第 7 d 和第 14 d，80 μg/L 组肾脏系数较对照组和低毒组极显著增加；BCr 和 BUN 也显著增加，且随着时间的推移，80 μg/L 组各项指标明显升高。雷腊梅等研究发现，22 μg/kg 和 43 μg/kg 的 MC-LR 处理小鼠 4 h 后，血清尿酸显著升高，提示肾小球滤过功能受损。与微囊藻毒素的肝毒性相比较，MC-LR 的肾毒性发生较晚，其原因可能是肝细胞有特异性的微囊藻毒素转运系统——胆汁酸转运系统，使得微囊藻毒素进入肝细胞的能力比进入肾细胞强得多。单次亚致死剂量（55 μg/kg）的 MC-LR 暴露后，Wistar 大鼠肾小球滤过率增加，出现严重的蛋白尿、Na$^+$ 重吸收降低及 Na$^+$ 清除增加、近段小管细胞上的 Na$^+$ 泵被抑制，提示滤过屏障严重的损伤。

腹腔注射单次给予小鼠 30 μg/kg 体重剂量的 MC-LR，给药后 4 h 肝脏系数显著增加，肾脏系数变化不明显；血液 CAT 含量及活力显著上升；BUN 在给药后 1 h 显著降低，而在给药后 4 h 又极显著升高，8 h 后则基本恢复到对照组水平。提示 MC-LR 首先攻击肝细胞，产生大量的自由基，破坏细胞膜，进而损伤了肝细胞，影响氨基酸的代谢，使肝脏充血、肿胀；接着又引发肾功能不全，使肾小管过滤能力降低；最后，随着时间的推移，对机体造成了潜在的永久伤害。

有学者评估了 MC-LR 灌注对大鼠离体肾脏的病理生理影响。用 1 μg/mL 的 MC-LR 灌注 120 min，每 10 min 收集 1 次尿液和灌注液。结果发现，尿流量增加并在 90 min 时出现峰值；90 min 时灌流液压力和肾小球滤过率显著增加（灌流液压力增大可能是引起滤过率增加的原因，肾小球系膜细胞可能通过调节血流量影响滤过率），肾小管钠转运分数显著下降。灌流前给予 20 μg/L 地塞米松和 10 μg/L 吲哚美辛 30 min 的内部控制（对照），而后使用 1 μg/L MC-LR 灌流。研究发现，地塞米松和吲哚美辛拮抗了 MC-LR 暴露对灌注压、肾血管阻力、肾小球滤过率和尿流量的毒性效应。这些数据提示，MC-LR 所致的肾功能改变涉及磷脂酶 A2 和花生四烯酸衍生介质。

3. 微囊藻毒素与肾脏病理变化

SD 大鼠经腹腔注射不同剂量的 MC-LR，分别于注射的第 1 d、第 7 d 和停药后第 7 d（即注射后的第 14 d）采样，经病理学研究发现，剂量为 122 μg/kg 时可造成肾细胞中度颗粒变性，肾小球结构被破坏，轴突细胞突起减少、断裂；肾小管基膜下内皮细胞不完整。雄性小鼠腹腔注射 10 μg/kg MC-LR，每日一次，连续 13 d。MC-LR 染毒组肾小球、肾小管轮廓仍在；局部肾小球肿胀、充血，少部分肾小球固缩、塌陷；近曲小管上皮细胞混浊、肿胀、坏死及变性。绿茶拮抗组未见明显病理改变，偶见肾小球固缩、塌陷；近曲小管上皮细胞少有肿胀、坏死及变性。昆明小鼠经腹腔注射不同剂量的 MC-LR 15 d，发现 MC-LR 染毒组肾小球间质纤维化明显，有少量炎细胞，上皮细胞轻微变性；GSH 可明显拮抗 MC-LR 所致的病理改变，GSH＋MC-LR 染毒组可见肾小球间质和血管周围有少量炎细胞；高剂量的 GSH＋MC-LR 染毒组间质可见散在炎细胞，其余未见异常。单次亚致死剂量（55 μg/kg）的 MC-LR 暴露后，Wistar 大鼠肾脏细胞间隙增加、胶原沉积。

给小鼠腹腔注射亚致死剂量（10 μg/kg）的 MC-LR 或 MC-YR，每 2 d 注射一次，持续 8 个月。苏木精-伊红（hematoxylin-eosin，HE）染色显示发现，微囊藻毒素暴露可致肾皮质和髓质损伤，肾小球塌陷，充满嗜酸性物质。外层和内层的髓质内的肾小管管腔扩张、充满嗜酸性蛋白管型。肾小管上皮细胞呈气球样水样变性。部分肾小管上皮细胞脱落到管腔。间质组织炎性细胞浸润。MC-LR 处理组肾脏的病理变化程度比 MC-YR 组重。用滇池水华水样提取液对成年小鼠连续灌胃 1 个月，结果发现小鼠肾脏肾小体的毛细血管球体积增大，肾小球内细胞数目明显增多，其中含有大量红细胞，肾小囊脏层结构破坏，肾小球囊腔狭窄或闭塞，使毛细血管球受压，同时伴有炎症细胞浸润。肾小管管腔狭窄，管壁上皮细胞脱落到管腔内，管腔堵塞，细胞间隙内可见炎症细胞浸润。

采用 1 μg/mL 的 MC-LR 灌注大鼠离体肾脏 120 min，组织病理学分析发现，肾小囊出现蛋白样物质，提示上皮细胞损伤、血管通透性增加。灌流前给予 20 μg/L 地塞米松和 10 μg/L 吲哚美辛处理，地塞米松和吲哚美辛可显著拮抗 MC-LR 暴露对灌注压、肾血管阻力、肾小球滤过率和尿流量的毒性效应。组织学分析显示，地塞米松和吲哚美辛预处理后肾脏没有任何的血管或间质改变。

4. 微囊藻毒素的肾脏发育毒性

有研究探讨了 MC-LR 对 SD 孕鼠及胎鼠的致畸和损伤作用。实验组孕鼠从第 6 d（G6）起连续 10 d 腹腔注射 MC-LR，剂量分别为 62 μg/kg、16 μg/kg 和 4 μg/kg；对照组注射等量生理盐水。于 G20 处死孕鼠，测量其胚胎发育指标，记录畸形特征。结果发现，MC-LR 可通过胎盘屏障进入胎鼠体内，影响胚胎的形成和发育，导致胎鼠发育畸形或脏器发育不良及损伤。当暴露剂量为 62 μg/kg 时，畸胎率为 11.70‰（2/172）；胎鼠肾脏皮质和髓质发育不良，肾小球未发育，呈肾芽胚状结构。当暴露剂量为 16 μg/kg 时，仍可出现胚胎外形畸形，胎鼠肾小球发育欠佳。

5. 肾损伤的检测

有学者采用磁共振成像（magnetic resonance imaging，MRI）技术检测微囊藻毒素对大鼠的慢性损伤。雄性成年 Wistar 大鼠腹腔注射 10 μg/kg 的 MC-LR 或 10 μg/kg 的 MC-YR，每 2 d 注射 1 次，持续 8 个月。微囊藻毒素所致的肾脏损伤表现为 T_1 加权 MR 信号强度增加，T_1 加权 MR 信号增加值与严重受伤的肾小管、肾小球和结缔组织增加的体积密度相关。MR 信号强度变化可能反映了结缔组织增生，以及扩张的肾单位含有大量的蛋白样物质。

（二）微囊藻毒素对鱼类的毒作用

研究发现，微囊藻毒素暴露可损害鱼的肾脏结构及功能。罗非鱼腹腔单次注射 500 μg/kg 的 MC-LR 和 MC-RR 纯品，两种微囊藻毒素均导致酸性磷酸酶（acid phosphatase，ACP）和碱性磷酸酶（alkaline phosphatase，ALP）活性的变化，但反应模式不同。MC-LR 对肝和肾的影响最大。MC-RR 导致肾脏 ACP 活性显著增加，肝脏 ALP 活性显著增加。罗非鱼通过食物摄入蓝藻细胞（每天 60 μg MC-LR）14 d 或 21 d，其 ACP 或 ALP 活性呈时间依赖性改变，活性的改变在肝脏和肾脏中更明显。有学者给鲫鱼腹腔注射 50 μg 和 200 μg 等价 MC-LR/kg 体重藻毒素粗提物（主要为 MC-RR 和 MC-LR）

后，染毒组 BUN 显著升高；50 μg 等价 MC-LR/kg 体重组 Cr 值在 3 h 和 24 h 显著增加，200 μg 等价 MC-LR/kg 体重组 Cr 值在 1 d、3 d、12 d 和 24 d 显著增加，具体见图 6-8。

有学者研究了蓝藻水华发生时不同营养水平鱼的肾脏生理和生化反应。从太湖捕获白鲢和花鲢（滤食性鱼类）、鲫鱼（杂食性鱼类）和翘嘴鲌（肉食性鱼类）4 种鱼进行实验，每月测定抗氧化剂 GSH 和主要的抗氧化酶（CAT、SOD、GPx 和 GST）的水平。水华发生期间，过氧化氢酶（CAT）和谷胱甘肽 s-转移酶（GST）显著高于水华发生前后。水华时，所有的鱼都有超微结构改变，主要表现为肾小球上皮细胞足突融合、近端小管线粒体肿胀。由于肾脏能有效地积累微囊藻毒素代谢物，且肾脏的抗氧剂水平较低（与肝脏相比），导致肾脏对慢性微囊藻毒素暴露易感。

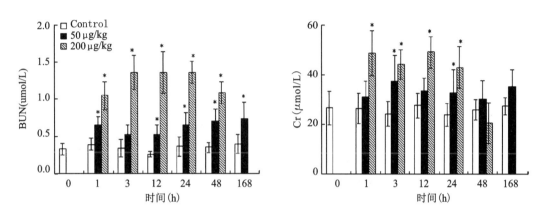

图 6-8 腹腔注射后微囊藻毒素后鲫鱼血液中 BUN 和 Cr 水平随时间的变化

注：200 μg 等价 MC-LR/kg 体重组大鼠在注射后 60 h 全部死亡。

引自：Li L，Xie P，Lei H，et al. Renal accumulation and effects of intraperitoneal injection of extracted microcystins in omnivorous crucian carp [J]. Toxicon，2013，70：62-69.

经饲喂和注射等染毒方式处理后，发现微囊藻毒素引起的肾脏病理变化主要为肾小管、肾小球和间质组织退化。有学者利用急性毒性实验来研究鲫鱼腹腔注射 50 μg 和 200 μg 等价 MC-LR/kg 藻毒素粗提物（主要为 MC-RR 和 MC-LR）后肾脏超微结构按时间顺序的变化。在注射 48 h 内，肾脏超微结构随微囊藻毒素蓄积量的增加和暴露时间的延长而加重；注射后 168 h 后，50 μg 等价 MC-LR/kg 体重组超微结构有明显的恢复。肾脏超微结构观察结果：①肾小体超微结构变化：注射后 1 h，200 μg 组足细胞足突部分融合；注射后 3 h，200 μg 组肾小囊扩大、广泛的足突融合，肾小球基膜显著变宽；注射后 12 h，50 μg 组也观察到肾小囊扩大、足细胞的足突部分融合；200 μg 组肾小球基膜退行性疏松。注射后 24 h，两组肾小球的超微结构变化均表现为广泛的足细胞足突融合、肾小球基膜退行性疏松和断裂、肾小球系膜细胞增殖。注射后 48 h，病变与 24 h 相似但更严重；168 h，50 μg 组肾小体的初始结构恢复。②肾小管超微结构变化：对照组的核膜完整，有丰富的线粒体和内质网，极少有溶酶体；注射后 1 h，两个染毒组的近端小管细胞线粒体肿胀，200 μg 组溶酶体显著增加；3～12 h，50 μg 组肾小管上皮细胞线粒体轻度水样变性，200 μg 组也观察到肾小管上皮细胞线粒体轻度水样变性、细胞核变形、淋巴细胞浸润；24～48 h，两组均观察到线粒体水样变性、溶酶体数量增加、其他细胞器（尤其是粗面内质网）相对减少；这些病变在 200 μg 组更严重，如细胞质空泡形成、细胞核变形和核固缩、近端肾小管管腔微绒毛脱落，且观察到坏死的肾小管上皮细胞。168 h，50 μg 组肾小管超微结构有明显的恢复，还观察到轻度肿胀的线粒体。

Fischer 给鲤鱼喂饲相当于 400 μg/kg MC-LR 的铜绿微囊藻毒素 1 h 后，在肾小球近端小管（P1 和

P2）段有单个上皮细胞空泡形成，细胞凋亡、脱落，肾皮质及髓质连接处出现蛋白质样脱落物。24 h后，肾小管结构崩溃，仅剩下肾小管残余。Kotak 等分别用 400 μg/kg 和 1 000 μg/kg MC-LR 给虹鳟鱼注射染毒，导致了剂量-时间依赖的肝、肾损伤，肝细胞空泡化严重，部分肾小管上皮细胞完全崩解，肾小管只残留完整的基底膜。在肾小管、肾小球及间质组织中观察到病理改变。张学振等研究微囊藻毒素对鱼肾脏影响，发现高、低剂量组鲫鱼在注射微囊藻毒素染毒后 48 h 出现大量血细胞弥漫，出现肾小囊（Bowman's 囊）囊腔增大、肾近曲小管的空泡化等特点。罗非鱼腹腔单次注射 500 μg/kg 的MC-LR 和 MC-RR 纯品，两种微囊藻毒素均引起肝脏的病理改变，如巨红细胞症、坏死和脂肪变性和肾脏退行性病变和肾小球病变，MC-LR 引起的肝脏损害更重，而 MC-RR 引起的肾脏损害更重。罗非鱼通过食物摄入蓝藻细胞（每天 60 μg MC-LR）14 d 或 21 d，可见肾小囊扩张、肾小管上皮细胞坏死伴核固缩等肾脏损伤表现。

（三）微囊藻毒素的细胞毒作用

有学者研究了含 MC-LR 的蓝藻提取物对肾脏细胞系 Vero-E6 亚细胞结构的影响。细胞暴露于 1.3～150 μmol/L 的 MC-LR 24 h、48 h 和 72 h，MC-LR 对细胞生化和形态的影响呈剂量和暴露时间的依赖关系。当毒物浓度超过 30 μmol/L 时，暴露 24 h 后细胞活力显著下降。溶酶体不稳定发生于线粒体功能障碍之前。超微结构分析显示，低浓度的毒素孵育导致内质网空泡化和大的自噬泡，提示自噬是对毒物的早期细胞反应。暴露于高浓度 MC-LR，凋亡细胞数量增加。另外，毒物浓度过高，可致坏死细胞数量增加。这些结果提示，Vero 细胞的内质网是微囊藻毒素的主要攻击目标，微囊藻毒素诱导的自噬、凋亡和坏死呈剂量和时间依赖关系。

另外，有研究评估了亚细胞毒性剂量的 MC-LR 是否能诱导 Vero-E6 细胞增殖。5-溴脱氧尿嘧啶核苷（5-bromodeoxyuridine，Brdu）掺入法分析发现，nmol/L 级别的 MC-LR 能刺激 Vero-E6 肾细胞系的细胞周期进程。MC-LR 的促增殖效应是通过激活 ERK1/2 途径实现的。这些结果提示，需要在肾脏水平研究 MC-LR 的肿瘤促进效应。

（四）藻毒素暴露对肾脏毒性的机制研究

1. DNA 损伤

DNA-蛋白质交联（DNA-protein crosslinking，DPC）是 DNA 与蛋白质形成的稳定的共价化合物，作为外来化学物的毒作用分子生物标志近年已受到关注。DPC 在正常的细胞中有一定的本底水平，它是 DNA 与核蛋白正常联系或代谢的结果，这也是细胞正常生长所必需的。如果机体内的大分子物质受到外来理化因素的作用，则可诱导出超量的 DPC，而超量的 DPC 是一种病理状态，可影响基因的表达，破坏染色体结构。有研究探讨了 MC-LR 所致小鼠肾脏细胞 DPC 作用，结果发现，MC-LR 染毒剂量为 3 μg/kg 体重和 6 μg/kg 体重时，DPC 数量显著增加，其 DPC 系数与对照组相比差异有显著性（$P<$0.05），提示 MC-LR 暴露可造成小鼠肾脏细胞的 DNA 损伤。

雄性 Fisher F344 大鼠经腹腔注射 10 μg/kg 体重的 MC-YR，每 2 d 1 次，持续 1 个月，采用单细胞凝胶电泳（single cell gel electrophoresis，SCGE）检测细胞中 DNA 损伤。研究发现，与对照相比，MC-YR 暴露组的尾部 DNA 百分比显著增加，肾髓质细胞增加 1.9 倍，肾皮质细胞增加 1.8 倍，但是淋巴细胞和脾细胞的 DNA 没有受影响。研究提示，亚慢性亚致死剂量微囊藻毒素暴露可诱导哺乳动物全身性的遗传毒性，不仅影响肝脏，也影响其他重要的器官。

2. 细胞凋亡

研究表明微囊藻毒素可引起多种细胞发生凋亡，有学者探讨了微囊藻毒素对肾脏细胞凋亡的影响。

给鲤鱼喂饲相当于 400 $\mu g/kg$ MC-LR 的铜绿微囊藻毒素 3 h 后，鲤鱼肾脏就出现原位末端标记（in situ end-labeling，ISEL）阳性细胞（凋亡），12 h 后凋亡信号最强。在正常大鼠肾细胞 NRK 细胞培养体系中加入 0～1 000 nmol/L 的 MC-LR，采用流式细胞仪 PI/Annexin V 双染色法检测细胞凋亡的情况。研究发现，MC-LR 可引起大鼠肾细胞凋亡，并呈现良好的剂量反应关系。暴露于不同浓度的 MC-LR，以及在不同的暴露时间内，NRK 细胞内凋亡促进蛋白 Bax 的表达都有升高。同时，采用特异性的抑制剂 DEVD-FMK 来检测 Caspase-3 的活性，结果表明 MC-LR 可以激活 Caspase-3。Caspase-3 是细胞凋亡最终的执行者，提示 MC-LR 可能通过诱导 Bax 表达，进而影响 Bax 与 Bcl-2 之间的平衡，通过信号传导，最终激活 Caspase-3，引起细胞凋亡。

雄性 ICR 小鼠腹腔注射 20 $\mu g/kg$ 体重的 MC-LR 21 d，检测肾脏中内质网应激（endoplasmic reticulum stress，ERS）相关分子的 mRNA 和蛋白水平。MC-LR 抑制肾脏中 CHOP 和 caspase-12 的表达，微弱的上调肾脏 Bcl-2 mRNA 表达。这些结果提示，MC-LR 诱导的肾细胞凋亡没有通过 ERS 途径。大鼠腹腔注射 MC-LR（10 $\mu g/kg$）或 MC-YR（10 $\mu g/kg$），每 2 d 注射一次，持续 8 个月，dUTP 缺口末端标记（TUNEL）显示，肾皮质和髓质中 TUNEL 阳性细胞数量增加。MC-LR 诱导的病理改变比 MC-YR 诱导的病理改变更重。

3. 蛋白氧化损伤

氧化应激在微囊藻毒素的毒性中起重要作用，对蛋白质氨基酸侧链的氧化可导致羰基产物的积累，蛋白质的羰基化被广泛应用于评价各种生物有机体组织蛋白质的氧化损伤程度。有研究探讨了不同浓度 MC-LR 与小鼠肾脏组织中蛋白质羰基含量的关系。用 3.0 $\mu g/kg$、6.0 $\mu g/kg$ 和 12.0 $\mu g/kg$ 3 种不同浓度的 MC-LR 对小鼠进行腹腔注射染毒，连续染毒 7 d。随着微囊藻毒素-LR 剂量的升高，小鼠肾脏的蛋白质羰基含量显著升高，提示 MC-LR 对小鼠肾脏的蛋白质有氧化损伤作用。

4. 线粒体损伤

有学者研究了 MC-LR 对大鼠肾脏线粒体氧化磷酸化作用的影响。MC-LR 降低状态 3（state 3）和碳酰氰基-对-氯苯腙（carbonyl cyanide- chlorobenzene hydrazone，FCCP）解偶联呼吸。MC-LR 强烈抑制跨膜电位，呈剂量依赖关系；跨膜电位的降低是 MC-LR 强烈抑制氧化还原复合物的结果，而非增加线粒体内膜对质子的通透性。添加解偶联浓度的 MC-LR 到经钌红处理的线粒体，可致线粒体膜通透性转换孔（mitochondrial permeability transition pore，MPTP）开放——表现为在等渗蔗糖培养基中线粒体肿胀；而线粒体肿胀可被环孢霉素 A 拮抗，也可被过氧化氢酶和二硫苏糖醇显著抑制，提示线粒体源性的活性氧簇参与了这个过程。上述结果提示，MC-LR 导致的能量损伤在其导致的肾损伤中起重要作用。

5. 对 miRNAs 的影响

为了解 miRNAs 与 MC-LR 所致鱼类毒性的关系，有研究通过定量 PCR 检测 7 种参与调节信号转导、凋亡、细胞周期和脂肪酸代谢的 miRNAs（let-7b，miR-21，miR-122，miR-27b，miR-148，miR-125a，和 miR-143）表达。银鲤腹腔注射 MC-LR（50 $\mu g/kg$ 或 200 $\mu g/kg$ 体重）8 h、24 h 和 48 h 后测定肾脏 miRNAs 表达。结果发现，MC-LR 暴露后上述 miRNAs 表达有增加有降低，提示 miRNAs 可能参与了 MC-LR 的毒作用。

二、柱胞藻毒素的肾脏毒性研究

柱胞藻毒素是强力的蛋白质和谷胱甘肽合成的抑制剂，也可诱导基因毒性、氧化应激和组织病理学改变。柱胞藻毒素具细胞毒性、肝毒性、肾毒性、遗传毒性和神经毒性，还有可能致癌。

（一）柱胞藻毒素暴露对罗非鱼的肾毒性作用

1. 柱胞藻毒素暴露所致的肾毒性效应

罗非鱼经腹腔单次注射暴露于柱胞藻毒素或经口染毒，染毒 24 h 或 5 d。柱胞藻毒素暴露诱导罗非鱼多器官损伤，肝脏和肾脏是柱胞藻毒素主要的靶器官。组织学检查显示，腹腔注射后肝、肾、心和腮的损伤更重。处死的时间影响各器官组织学损伤的严重程度，染毒 5 d 后的损伤程度比 24 h 重。而且柱胞藻毒素暴露降低肾近曲小管和远曲小管的横截面。上述变化在腹腔注射时更重、随时间延长加重，与肝肾的组织病理学观察一致。罗非鱼经口单次暴露于柱胞藻毒素纯品（200 μg/kg 体重或400 μg/kg体重）后，肾脏的氧化应激指标发生明显改变：蛋白质羰基含量增加，NADPH 氧化酶活性显著增加，GSH 含量显著下降。肾脏的病理学改变包括：200 μg 组，肾小球萎缩、鲍曼氏囊（肾小球囊）扩张、膜性肾小球病变、膜沉积增多、肾小球足细胞延长、肾实质出血；400 μg 组损伤更重，肾小球萎缩伴毛细血管腔扩张、肾小球囊扩张、充血、出血区扩大。超微结构显示，膜性肾小球病、不规则的膜内电子致密沉积物、基底膜变厚、足细胞延长。罗非鱼在柱胞藻毒素浓度为 10 μg/L 或 100 μg/L（环境相关浓度）的水环境中暴露 7 d 或 14 d，肾脏出现膜性肾小球病；形态学研究显示，暴露 7 d 后100 μg/L 组罗非鱼肾近曲小管和远曲小管横截面显著增加，14 d 后该指标显著下降。

2. 柱胞藻毒素所致肾毒性的预防与治疗

罗非鱼每天经口接受 700 mg/kg 体重维生素 E，连续 7 d；第 7 d 鱼经口接受单次 400 μg/kg 体重纯柱胞藻毒素，24 h 后处死鱼。柱胞藻毒素处理后，鱼肾脏中脂质过氧化作用增加 1.3 倍，GST 活性降低 1.6 倍，SOD 活性降低 2.2 倍，CAT 活性降低 1.4 倍；肾脏的病理学改变表现为肾小球病、肾小管肿胀。维生素 E 预处理可恢复上述生物标志物至正常水平。柱胞藻毒素处理对蛋白质氧化和 DNA 氧化、GPx 及 γ-GCS 活性、GSH/GSSG 比值无显著影响。罗非鱼经左旋肉碱（L-carnitine，LC）预处理21 d，21 d 后罗非鱼接受 400 μg/kg 体重的柱胞藻毒素。柱胞藻毒素处理，可致鱼肾脏氧化应激和病理改变。LC 预处理可有效逆转柱胞藻毒素所致的上述改变。含柱胞藻毒素的 *A. ovalisporum* 培养物暴露14 d 可导致罗非鱼的肾脏充血、肾小球囊扩张、细胞肿胀。7 d 的净化后鱼的肾脏损伤恢复了；形态学研究提示，净化能逆转柱胞藻毒素暴露所致的鱼肾近端和远曲小管的改变。上述结果提示，维生素 E和左旋肉碱可作为一种有效的化学保护剂，降低肝肾氧化应激，可用于鱼类柱胞藻毒素相关中毒的预防和治疗；净化也能有效给鱼解毒。

（二）柱胞藻毒素暴露对小鼠的肾毒性作用

经口或腹腔注射拟柱胞藻菌株 AWT205 提取物可致小鼠肾脏损伤，主要表现为肾小球内红细胞数量减少、肾小球周围间隙增大、肾小管管腔直径增大、近端小管上皮细胞坏死，远曲小管有蛋白样物质。透射电镜观察发现，近端小管上皮细胞坏死，提示远曲小管中沉积的物质来源于坏死的近端小管上皮细胞。两种暴露途径所致的组织损伤的属性、位置和时程变化一致，暴露后 2～3 d 损伤最重。柱胞藻毒素含量相近的不同批次的拟柱胞藻引起的肾损伤的程度变化很大，提示不止一种毒素发挥作用。

有学者研究怀孕小鼠柱胞藻毒素暴露后的毒性反应。孕小鼠在器官发生期（GD8-12）或胚胎生长期（GD13-17）每日腹腔注射 50 μg/kg 的柱胞藻毒素，连续 5 d。妊娠 GD8-12 暴露比 GD13-17 暴露更致命。GD8-12 组母鼠有 50% 死亡，GD13-17 组母鼠仅有 1 只死亡。两组均观察到眶周出血、胃肠道出血和尾部出血。GD8-12 动物的血尿素氮和肌酐升高。在血清指标异常的小鼠观察到了肾脏（间质性炎症）的病理改变。两组小鼠肾脏的组织学变化发生率低、严重程度为中度。在 GD8-12 组动物，连续2 次给药后首次出现急性肾小管坏死。GD13-17 组动物，连续给药 4 次后观察到损伤，众多外髓质的肾小管直部扩张、肾小管上皮细胞减少，散在的坏死肾小管上皮细胞、脱落的上皮细胞和肾小管内细胞碎片。末次给药一周后，大体的、组织学和血清学指标均恢复正常。

　　鱼类和小鼠研究提示，柱胞藻毒素具有肾毒性；维生素 E 和左旋肉碱可有效降低柱胞藻毒素所致的肾氧化应激，可用于鱼类柱胞藻毒素相关中毒的预防和治疗。

三、石房蛤毒素的肾脏毒性研究

　　细胞实验显示，石房蛤毒素对 Vero 细胞（Vero 绿猴肾细胞）的半数最大有效浓度为 0.82 nmol/L，石房蛤毒素暴露可致 Vero 细胞的 DNA 断裂显著增加，提示石房蛤毒素诱导了 Vero 细胞凋亡。有学者从市售易染毒贝类海产品中提取石房蛤毒素。连续进行大鼠灌胃染毒 5 w，停毒 24 h 及 10 d 后取材进行相关分析。结果显示，低剂量组（4.6 μg STX/kg）大鼠的主要器官功能未见损害，中剂量组（9.2 μg STX/kg）和高剂量组（18.4 μg STX/kg）的肌酐（肾功能指标）明显高于对照组。实验各组均存在不同程度的蛋白尿和白细胞。染毒各组蛋白尿阳性率明显高于对照组。尿液中蛋白含量与染毒剂量存在一定相关性，随着石房蛤毒素染毒剂量的增加，尿液中蛋白检出量有增大趋势。白细胞检出情况与蛋白相似，中、高剂量染毒组阳性率明显高于对照，但低剂量染毒组阳性率却比较低。停毒 10 d 后，各染毒组与对照阳性率基本相当。病理学检查发现，高剂量组大鼠肾结构有些模糊不清，伴炎性改变；恢复期及其余组未见明显异常。研究提示，中、高剂量石房蛤毒素对机体存在一定的毒性，肾功能损害相对比较严重，且以高剂量组为重。

第四节　总结与展望

　　人们越来越重视微囊藻毒素、柱胞藻毒素、节球藻毒素和石房蛤毒素等蓝藻毒素对肾脏毒性的研究。其中，微囊藻毒素的肾毒性研究相对较多，其次是柱胞藻毒素，其余的研究较少。研究主要集中在蓝藻毒素在肾脏的分布与代谢、对肾脏的毒理学研究，以及对肾脏损害的人群和生态学研究。蓝藻毒素暴露后，肾脏有大量的毒素分布，提示肾脏是蓝藻毒素的重要靶器官。谷胱甘肽在哺乳动物和其他水生生物体内微囊藻毒素的代谢过程中发挥重要作用，经尿排出是微囊藻毒素的主要排泄途径，而MC-Cys 是尿中微囊藻毒素的主要形式。细胞色素 P450 在柱胞藻毒素的毒作用机制中发挥重要作用。蓝藻毒素暴露可引起一系列的肾脏生理、生化及病理改变。蓝藻毒素暴露对肾脏损伤的人群流行病学研究非常少。

　　今后可加强以下几方面的研究：①对长期暴露于蓝藻毒素的人群或肾病高发的人群，开展相关的人群流行病学研究，找出蓝藻毒素暴露与肾脏功能损伤或肾病的关联；②加强蓝藻毒素的肾脏毒性机制研究；③开发一些针对肾毒性的化学保护剂。

（罗教华）

参 考 文 献

[1]　Wang Q,Xie P,Chen J,et al. Distribution of microcystins in various organs(heart,liver,intestine,gonad,brain,kidney and lung) of Wistar rat via intravenous injection [J]. Toxicon,2008,52(6):721-727.

[2]　雷和花. 微囊藻毒素在鲫鱼和日本长耳兔中组织分布的比较研究[D]. 武汉:中国科学院水生生物研究所,2008.

[3]　Singh S,Asthana RK. Assessment of microcystin concentration in carp and catfish—A case study from Lakshmikund Pond,Varanasi,India [J]. Bull Environ Contam Toxicol,2014,92(6):687-692.

[4]　Mohamed ZA,Carmichael WW,Hussein AA. Estimation of microcystins in the freshwater fish *Oreochromis niloticus* in

an Egyptian fish farm containing a microcystis bloom [J]. Environ Toxicol,2003,18(2):137-141.

[5] Fischer WJ,Dietrich DR. Pathological and biochemical characterization of microcystin-induced hepatopancreas and kidney damage in carp(*Cyprinus carpio*)[J]. Toxicol Appl Pharmacol,2000,164(1):73-81.

[6] 张占英,俞顺章,陈传炜,等.节球藻毒素在小鼠体内分布的研究[J].中华预防医学杂志,2002,36(2):100-103.

[7] Bakke MJ,Horsberg TE. Kinetic properties of saxitoxin in Atlantic salmon(*Salmo salar*)and Atlantic cod(*Gadus morhua*)[J]. Comp Biochem Physiol C Toxicol Pharmacol,2010,152(4):444-450.

[8] Buratti FM,Testai E. Species- and congener-differences in microcystin-LR and -RR GSH conjugation in human,rat, and mouse hepatic cytosol [J]. Toxicol Lett,2015,232(1):133-140.

[9] Buratti FM,Scardala S,Funari E,et al. The conjugation of microcystin-RR by human recombinant GSTs and hepatic cytosol [J]. Toxicol Lett,2013,219(3):231-238.

[10] Lowe J,Souza-Menezes J,Freire DS,et al. Single sublethal dose of microcystin-LR is responsible for different alterations in biochemical,histological and physiological renal parameters [J]. Toxicon,2012,59(6):601-609.

[11] Humpage AR,Fontaine F,Froscio S,et al. Cylindrospermopsin genotoxicity and cytotoxicity:role of cytochrome P-450 and oxidative stress [J]. J Toxicol Environ Health A,2005,68(9):739-753.

[12] Norris RL,Seawright AA,Shaw GR,et al. Hepatic xenobiotic metabolism of cylindrospermopsin in vivo in the mouse [J]. Toxicon,2002,40(4):471-476.

[13] García C,Barriga A,Díaz JC,et al. Route of metabolization and detoxication of paralytic shellfish toxins in humans [J]. Toxicon,2010,55(1):135-144.

[14] Lin H,Liu W,Zeng H,et al. Determination of environmental exposure to microcystin and aflatoxin as a risk for renal function based on 5493 rural people in southwest China [J]. Environ Sci Technol,2016,50(10):5346-5356.

[15] Liyanage M,Magana-Arachchi D,Priyadarshika C,et al. Cyanobacteria and cyanotoxins in well waters of the Girandurukotte,CKDu endemic area in Sri Lanka:do they drink safe water? [J]. J Ecotechnol Res,2016,18(1):17-21.

[16] van derMerwe D,Sebbag L,Nietfeld JC,et al. Investigation of a *Microcystis aeruginosa* cyanobacterial freshwater harmful algal bloom associated with acute microcystin toxicosis in a dog[J]. J Vet Diagn Invest,2012,24(4):679-687.

[17] Simola O,Wiberg M,Jokela J,et al. Pathologic findings and toxin identification in cyanobacterial(*Nodularia spumigena*) intoxication in a dog [J]. Vet Pathol,2012,49(5):755-759.

[18] 李秀娣,毛光明.微囊藻毒素-LR 对 SD 大鼠的短期毒效应研究[J].食品研究与开发,2013,34(11):13-17.

[19] Milutinović A,Zivin M,Zorc-Pleskovic R,et al. Nephrotoxic effects of chronic administration of microcystins-LR and -YR [J]. Toxicon,2003,42(3):281-288.

[20] 张占英,连民,刘颖,等.微囊藻毒素 LR 对胎鼠的致畸和损伤作用[J].中华医学杂志,2002,82(5):345-347.

[21] Milutinović A,Zorc-Pleskovič R,Živin M,et al. Magnetic resonance imaging for rapid screening for the nephrotoxic and hepatotoxic effects of microcystins [J]. Mar Drugs,2013,11(8):2785-2798.

[22] Atencio L,Moreno I,Prieto AI,et al. Acute effects of microcystins MC-LR and MC-RR on acid and alkaline phosphatase activities and pathological changes in intraperitoneally exposed tilapia fish(*Oreochromis sp.*)[J]. Toxicol Pathol, 2008,36(3):449-458.

[23] 隗黎丽.微囊藻毒素对鱼类的毒性效应[J].生态学报,2010,30(12):3304-3310.

[24] 张学振.微囊藻毒素对鱼类和哺乳动物致毒效应的比较研究[D].武汉:华中农业大学,2008.

[25] Alverca E,Andrade M,Dias E,et al. Morphological and ultrastructural effects of microcystin-LR from *Microcystis aeruginosa* extract on a kidney cell line [J]. Toxicon,2009,54(3):283-294.

[26] Dias E,Matos P,Pereira P,et al. Microcystin-LR activates the ERK1/2 kinases and stimulates the proliferation of the monkey kidney-derived cell line Vero-E6 [J]. Toxicol In Vitro,2010,24(6):1689-1695.

[27] 傅文宇,李敏伟,陈加平,等.用流式细胞仪 PI/AnnexinV 双染色法检测微囊藻毒素 LR 诱导的大鼠肾细胞凋亡[J]. 水生生物学报,2004,28(1):101-102.

[28] Qin W,Xu L,Zhang X,et al. Endoplasmic reticulum stress in murine liver and kidney exposed to microcystin-LR [J].

Toxicon,2010,56(8):1334-1341.

[29] La-Salete R,Oliveira MM,Palmeira CA,et al. Mitochondria a key role in microcystin-LR kidney intoxication [J]. J Appl Toxicol,2008,28(1):55-62.

[30] Gutiérrez-Praena D,Jos A,Pichardo S,et al. Time-dependent histopathological changes induced in Tilapia(*Oreochromis niloticus*)after acute exposure to pure cylindrospermopsin by oral and intraperitoneal route [J]. Ecotoxicol Environ Saf,2012,76(2):102-113.

[31] Guzmán-Guillén R,Prieto AI,Moreno I,et al. Cyanobacterium producing cylindrospermopsin cause histopathological changes at environmentally relevant concentrations in subchronically exposed tilapia(*Oreochromis niloticus*)[J]. Environ Toxicol,2015,30(3):261-277.

[32] Guzmán-Guillén R,Prieto Ortega AI,Moyano R,et al. Dietary l-carnitine prevents histopathological changes in tilapia (*Oreochromis Niloticus*)exposed to cylindrospermopsin [J]. Environ Toxicol,2017,32(1):241-254.

[33] Guzmán-Guillén R,Prieto Ortega AI,Moreno IM,et al. Effects of depuration on histopathological changes in tilapia (*Oreochromis niloticus*)after exposure to cylindrospermopsin [J]. Environ Toxicol,2017,32(4):1318-1332.

[34] Melegari SP,de Carvalho Pinto CR,Moukha S,et al. Evaluation of cytotoxicity and cell death induced in vitro by saxitoxin in mammalian cells [J]. J Toxicol Environ Health A. 2015,78(19):1189-1200.

[35] 刘洁生,刘玉荣,聂利华,等. 大鼠低剂量长期摄入麻痹性贝毒的毒性研究[J]. 中国病理生理杂志,2005,21(7):1368-1373.

第七章　蓝藻毒素的生殖毒性和发育毒性研究

生殖系统是生物体内和生殖密切相关的器官组成的总称，具有产生生殖细胞、繁殖新个体、分泌性激素等重要功能。生殖发育过程中生殖系统较为敏感，外来化合物对机体其他系统或功能尚未造成损害作用时，生殖发育过程的某些环节可能已经出现障碍。外来化合物对生殖发育过程的损害，不仅直接表现在雌雄两性个体中，同时对子代也可造成损害，而且这种损害作用甚至可以延续几代。因此，对生殖系统影响范围广泛、程度深远。蓝藻毒素能够在多种动物的生殖系统中蓄积，如小鼠、大鼠、两栖动物、鱼类、鸟类、虾、蟹，并且能传递给下一代，有些学者认为性腺是仅次于肝脏的第二大靶器官。蓝藻毒素对生殖系统的毒性作用及其分子机制已成为环境毒理学研究的一大热点。在蓝藻毒素诱导的生殖毒性研究中，微囊藻毒素（microcystins，MCs）是最常见也是研究最多的藻类毒素，它对鱼类和体外培养的哺乳动物细胞具有雌激素样作用，是一种内分泌干扰物，可导致体内激素水平紊乱，影响人类、鱼类、哺乳动物的正常繁殖和生长发育。本章主要针对微囊藻毒素的生殖和发育毒性研究展开论述。

第一节　蓝藻毒素的雄性生殖毒性

一、蓝藻毒素在雄性生殖系统中的转运和蓄积

雄性生殖系统是雄性动物体内完成生殖过程的器官总称。主要由睾丸、附睾、输精管、副性腺等构成。其中睾丸是精子发生、成熟及分泌雄性激素的重要器官，对毒素最为敏感。睾丸内部被结缔组织的纵隔分为许多睾丸小叶，每个睾丸小叶内含有迂回盘旋的曲细精管，精子由曲细精管的上皮细胞发育而来，每一曲细精管内有大量不同发育阶段的精细胞。蓝藻粗提取物可以引起曲细精管的萎缩、生精上皮变薄，导致生殖障碍。幼稚阶段的精细胞靠近基膜，发育越成熟越靠近管腔，依次为精原细胞、精母细胞、精子细胞和精子，精原细胞对 MC-LR 尤为敏感，MC-LR 可以进入精原细胞并诱导其凋亡。曲细精管在靠近纵隔的地方汇合成精直小管，进入纵隔交织成睾丸网，再由此发出十余条输出管，穿出白膜后形成附睾头。而曲细精管之间的结缔组织中含有间质细胞，间质细胞能产生雄性激素，促进附属生殖器官的正常发育和功能，并促进副性征的出现（图 7-1）。MC-LR 能够诱导氧化应激引起睾丸间质细胞的凋亡而发挥生殖毒性。

睾丸主要由血生精小管屏障（blood-testis barrier，BTB）来阻挡血液循环中的毒物进入生精小管，可以维护生殖细胞的生长、发育、成熟及提供稳态环境。血生精小管屏障由相邻的生精上皮基底膜附近的睾丸支持细胞紧密连接构成，并将生精上皮划分成基底和顶端结构域，将生殖细胞从体循环中分离出来。它由 3 种类型的接头组成，即紧密连接、间隙连接和黏附连接。外来化合物乙醇、十溴联苯醚等可对 BTB 的生精上皮基膜和紧密连接产生损害，导致生精上皮基膜疏松、断裂和支持细胞紧密连接解体。紧密连接是 BTB 的主要结构组分，赋予细胞极性并形成不渗透的屏障，阻止水、离子和细胞之间的其他分子的渗透，以限制分子进入顶端室。另外，黏附连接在紧密连接点之间产生不间断的粘连，将相邻的细胞连接在一起。正是这 3 种连接在血液与睾丸之间形成的屏障结构才更好地阻挡了大

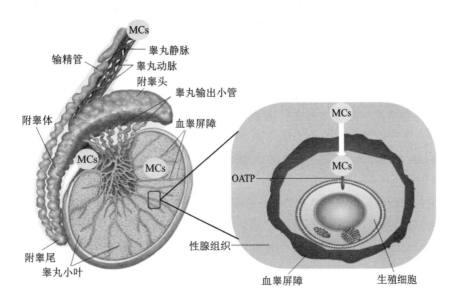

图 7-1　睾丸结构及微囊藻毒素转运图

部分血液循环中的毒物进入睾丸。在鼠类的睾丸中有 MC-LR 的分布（图 7-2），MC-LR 可以进入支持细胞并诱导其凋亡，这充分证明 MC-LR 能够跨越 BTB 进入精细管，同时对 BTB 造成损害，引起雄性生殖系统毒性。

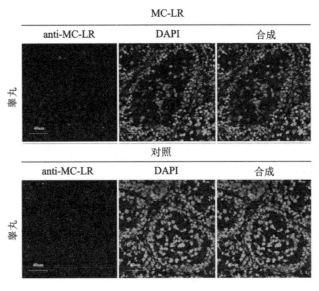

图 7-2　免疫荧光检测 SD 大鼠睾丸中的 MC-LR 分布

MC-LR 染毒组：在睾丸中可观察到 MC-LR；对照组：睾丸未见 MC-LR。红色荧光代表 MC-LR 阳性。绿色荧光代表细胞核（DAPI 染色阳性）。

引自：Wang L，Wang X，Geng Z，et al. Distribution of microcystin-LR to testis of male *sprague-dawley* rats[J]. Ecotoxicology. 2013，22(10)：1555-1563.

蓝藻毒素必须依靠主动运输的方式才能进入生殖细胞中，而在转运过程中，有机阴离子转运多肽（organic anion-transporting polypeptides，Oatps）作为一种重要的跨膜摄取转运蛋白，也是蓝藻毒素进入生殖细胞过程中非常重要的协助载体。Oatps 是一类摄取型转运体，在机体中分布广泛，底物众多，Zhou 等发现在 SD 大鼠睾丸组织中存在 7 种 Oatps（Oatp1a4，-1a5，-2b1，-3a1，-6b1，-6c1 和 -6d1），体外培养的精原细胞中存在 5 种 Oatps（Oatp1a5，-3a1，-6b1，-6c1 和 -6d1），这 5 种 Oatps 的表达在 MC-LR 诱导下发生改变，尤其 Oatp3a1 的表达与染毒浓度呈现剂量-效应关系。因此，蓝藻毒素可以通过 BTB，在 Oatps 的协助下以主动运输的方式进入雄性生殖细胞。在 SD 大鼠生殖细胞中，通过免疫荧光染色观察到精原细胞和睾丸支持细胞中存在蓝藻毒素，而间质细胞中则没有，这也说明在精原细胞、间质细胞及睾丸支持细胞中 Oatps 的亚型也不尽相同。

MC-LR 能与 SD（sprague-dawley，SD）大鼠睾丸中的蛋白磷酸酯酶 1（protein phosphatase 1，PP1）和蛋白磷酸酯酶 2A（protein phosphatase 2A，PP2A）结合，抑制 PP2A 的活性，也能通过调节蛋白表达来影响蛋白磷酸酯酶的活性。PP1/2A 在调控细胞磷酸化和去磷酸化水平、维护细胞的正常生长和繁殖及在细胞信号转导过程中发挥重要作用。当 PP1/2A 活性降低后，会引起细胞骨架破坏、丝裂原活化蛋白激酶（mitogen-activated protein kinase，MAPK）信号通路部分蛋白磷酸化水平增高，也会引起 AKT、c-myc、c-jun、Bcl-2 等蛋白磷酸化水平增高，影响细胞正常的生命活动。MC-LR 可以与睾丸细胞中的 PP2A 结合，抑制 PP2A 的活性，造成细胞磷酸化和去磷酸化稳定状态失衡，引起蛋白过度磷酸化，扰乱生殖细胞正常的生命活动。

据世界卫生组织（world health organization，WHO）统计全世界有 10%～15% 的育龄夫妇存在不孕不育问题，其中多达 50% 是男性的原因导致。男性不育的原因较复杂，其机制尚不清楚。研究显示，蓝藻毒素在对生殖细胞造成损伤的同时，还能跨越 BTB，破坏 BTB 结构，引起功能紊乱，这种蓝藻毒素诱导的雄性生殖毒性是否与男性不育有关，值得深入研究和足够重视。

二、蓝藻毒素对雄性生殖系统的毒性

（一）整体动物研究

1. 蓝藻毒素对睾丸的毒性作用

1）蓝藻毒素对睾丸组织的病理损伤作用。

蓝藻毒素会造成实验动物的病理损伤。用蓝藻粗提取物（3.33 μg/kg 或 6.67 μg/kg）腹腔注射雄性昆明种小鼠 14 d 后，小鼠睾丸和附睾的平均绝对重量降低，组织学检查结果显示 3.33 μg/kg 剂量组小鼠睾丸曲细精管出现萎缩和间隙增加，在 6.67 μg/kg 组小鼠中，曲细精管萎缩更加严重，曲细精管中的间质细胞支持细胞和成熟精子的数目减少。对雄性 Wistar 大鼠腹腔注射 1 μg/kg 和 10 μg/kg MC-LR 50 d，曲细精管管腔增大，生精小管间的间隔扩大并出现堵塞，在 10 μg/kg 剂量组中大鼠睾丸指数明显降低（图 7-3）。SD 雄性大鼠每天腹腔注射 50 μg/kg 和 100 μg/kg MC-LR 1 w 后，组织学检查发现睾丸结构发生变化，生精上皮出现缺失和变薄，在 100 μg/kg 剂量组大鼠的曲精小管直径和睾丸的相对重量显著降低。在两项急性研究中，日本白兔腹腔注射蓝藻提取物 1 h、3 h 或 12 h 后和昆明种小鼠腹腔注射蓝藻提取物 6 h 或 12 h 后，染毒组精原细胞和支持细胞之间连接扩大。在自由饮水给药方式中，雄性小鼠分别给予 MC-LR 3 或 6 个月（1 μg/L、3.2 μg/L 和 10 μg/L），在 3 个月 10 μg/L 剂量组小鼠中（图 7-4），生精上皮出现轻微的松弛，在 6 个月染毒组的小鼠中，3.2 μg/L 剂量组小鼠睾丸出现轻度萎缩，10 μg/L 剂量组小鼠睾丸结构排列紊乱，生精细胞丢失，曲细精管管腔增大，生精上皮变薄，以及睾丸支持细胞、间质细胞和成熟的精子数量显著降低。精子上皮细胞呈现轻微的散在状态。斑马鱼腹腔注射 MC-RR（2 000 μg/kg）后，斑马鱼的睾丸指数显著下降，生精小管排列紊乱且其上皮细胞出现溶解，细胞与细胞间的间隙扩大。在另一项研究中，雄性 SD 大鼠每天腹腔注射 5 μg/kg、

$10~\mu\mathrm{g/kg}$ 或 $15~\mu\mathrm{g/kg}$ MC-LR 4 w，在 $15~\mu\mathrm{g/kg}$ 实验组睾丸重量显著下降，组织学结果显示输精管萎缩并阻塞。雄性 BALB/c 小鼠腹腔注射 $3.75~\mu\mathrm{g/kg}$、$7.5~\mu\mathrm{g/kg}$、$15~\mu\mathrm{g/kg}$ 和 $30~\mu\mathrm{g/kg}$ MC-LR 1 d 或 4 d，注射一次后，$15~\mu\mathrm{g/kg}$ 和 $30~\mu\mathrm{g/kg}$ 剂量组小鼠生精上皮呈现略微松弛状态。在 4 次注射后，在 $7.5~\mu\mathrm{g/kg}$ 剂量组出现轻度睾丸萎缩与睾丸生精小管稀疏，$15~\mu\mathrm{g/kg}$ 和 $30~\mu\mathrm{g/kg}$ 剂量组的这种病理损伤更明显；另外在 $30~\mu\mathrm{g/kg}$ 剂量组观察到生精细胞的丢失和紊乱及生精小管的管腔增大和生精上皮变薄。在鸟类实验中，日本鹌鹑每日摄入含有藻类提取物的食物 30 d 后，睾丸上皮发生真空性的改变。在另外一项研究中，雄性日本鹌鹑持续暴露 8 w 微囊藻毒素（每天总共 $61.62~\mu\mathrm{g}$ 微囊藻毒素，包括 $26.54~\mu\mathrm{g}$ MC-RR、$7.62~\mu\mathrm{g}$ MC-YR 和 $27.39~\mu\mathrm{g}$ MC-LR）后，精细管上皮细胞出现中度的萎缩。

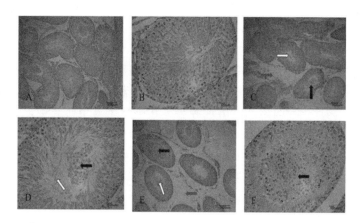

图 7-3　MC-LR 对 Wistar 大鼠睾丸组织形态学变化的影响

（A）对照组（100×）。（B）对照组（400×）。（C）1 μg/kg 剂量组（100×）：显示生精小管间的间隔扩大（灰色箭头），曲细精管管腔增大（白色箭头），生精小管堵塞（黑箭头）。（D）1 μg/kg 剂量组（400×）：显示输精管腔（白箭头）增大和曲细精管堵塞（黑箭头）。（E）10 μg/kg 剂量组：显示曲细精管间的间隔扩大（灰色箭头），曲细精管管腔增大（白色箭头），曲细精管阻塞（黑箭头）（100×）。（F）10 μg/kg 剂量组（400×），显示曲细精管阻塞（黑箭头）。$\sqcup = 1000~\mu\mathrm{m}$（A，C，E）或 $100~\mu\mathrm{m}$（B，D，F）。

引自：Chen L，Zhang X，Zhou W，et al. The interactive effects of cytoskeleton disruption and mitochondria dysfunction lead to reproductive toxicity induced by microcystin-LR [J]. PloS one，2013，8（1）：e53949.

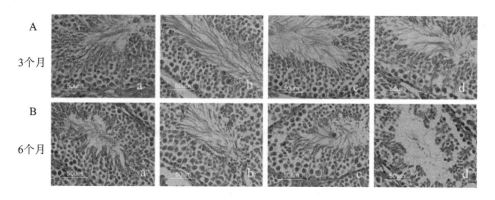

图 7-4　MC-LR 对雄性小鼠睾丸组织病理形态学的影响（HE 染色，400×）

A（a）对照组，A（b）1 μg/L 组，A（c）3.2 μg/L 组，A（d）10 μg/L 组。在对照组和 MC-LR 处理组之间，在生精小管的生精上皮中没有观察到显著差异。B（a）对照组，B（b）1 μg/L 组，B（c）3.2 μg/L 组，B（d）10 μg/L 组。与对照相比，生精上皮在 3.2 μg/L 时变稀疏。在 10 μg/L 的 MC-LR 作用下，生精上皮细胞结构变薄。$\sqcup = 50~\mu\mathrm{m}$。

引自：Chen Y，Xu J，Li Y，et al. Decline of sperm quality and testicular function in male mice during chronic low-dose exposure to microcystin-LR[J]. Reprod Toxicol. 2011,31(4):551-557.

2）蓝藻毒素对睾丸超微结构的影响。

蓝藻毒素可以直接作用于睾丸生殖细胞，引起线粒体和内质网的损伤。线粒体和内质网是细胞中最重要的两个细胞器，线粒体存在于大多数细胞中，由两层膜包被，是细胞中制造能量和细胞进行有氧呼吸的主要场所。内质网是细胞内的一个精细的膜系统，是交织分布于细胞质中的膜管道系统，有两种类型：一类是在膜的外侧附有许多小颗粒，这种附有颗粒的内质网叫粗糙型内质网；另一类在膜的外侧不附有颗粒，表面光滑，称光滑型内质网。粗糙型内质网的功能是合成蛋白质大分子，并把它从细胞输送出去或在细胞内转运到其他部位。光滑型内质网的功能与糖类和脂类的合成、解毒、同化作用有关，还具有蛋白质运输功能。而肿胀的内质网会对内质网功能产生影响，影响细胞存活。对雄性昆明种小鼠腹腔注射干冻的藻类细胞（450 mg/kg）后，透射电镜发现线粒体、内质网和高尔基体肿胀；由于细胞质损失和核膜、细胞膜结构的部分受损而形成空泡。MC-LR 可以诱导睾丸超微结构发生改变，睾丸支持细胞和精原细胞的核结构发生变形，细胞器（如线粒体、内质网、高尔基体）表现出不同程度的扩张及数量减少，由于细胞质损失及核膜、细胞膜结构的部分损坏而形成空泡（图 7-5）。对雄性日本白兔进行腹腔内注射，注射剂量为 12.5 μg/kg 的藻类提取物，染毒组精原细胞和支持细胞之间连接扩大，线粒体、内质网和高尔基体出现肿胀。在雄性斑马鱼研究中，斑马鱼腹腔注射 LD_{50} 的 MC-RR（2 000 μg/kg）后，引起睾丸超微结构出现明显病理变化，使细胞与细胞之间的空隙扩大，其中表现最明显的就是线粒体和内质网形成不同程度的肿胀。两栖动物黑斑蛙暴露于 1 μg/L 的 MC-LR 7 d 或 14 d 后，超微结构观察显示线粒体和内质网出现膨胀及核仁变形。黑斑蛙暴露于 0.1 nmol/L、1 nmol/L、10 nmol/L 和 100 nmol/L 的 MC-LR 6 h 后，精子超微结构观察发现线粒体、内质网和高尔基体膨胀，线粒体嵴数降低。

细胞骨架由 3 个主要结构组成：微管（microtubules，MF）、微丝（microfilament，MT）和中间纤维（intermediate fiber，IF），这些结构对精子的成熟与动力有至关重要的作用。微囊藻毒素诱导的蛋白磷酸酯酶的抑制和氧化应激都可能导致细胞骨架损伤。雄性 Wistar 大鼠腹腔注射 1 μg/kg 和 10 μg/kg MC-LR 50 d，MC-LR 的暴露能显著破坏几种细胞骨架基因和蛋白表达的改变，包括 β-肌动蛋白、β-微管蛋白、波形蛋白等，导致形态学改变。在 MC-LR 染毒组中，与电子传递链和氧化磷酸化系统相关的 8 个线粒体基因表达显著增加，这可能促进 ROS 形成和氧化应激，诱导细胞骨架的破坏。对斑马鱼腹腔注射 0.5 LD_{50}（2 000 μg/kg）MC-RR 后，蛋白质组学方法研究发现 MC-RR 显著改变了参与细胞骨架相关蛋白的表达。因此，蓝藻毒素可以显著影响细胞骨架结构，这很有可能是细胞骨架基因的表达改变引起。当细胞骨架破坏后，细胞形态发生改变，会损害 BTB 之间的紧密连接，这对精子细胞的影响也是至关重要的，同时也可能影响生精细胞的正常运动，并阻止生殖细胞有丝分裂，进一步导致生殖毒性。

3）蓝藻毒素诱导睾丸组织生殖细胞凋亡。

MC-LR 分别以 1 μg/L、3.2 μg/L 和 10 μg/L 口服给予雄性小鼠 3 个月和 6 个月，末端脱氧核苷酸转移酶介导的 dUTP 缺口末端标记（terminal dexynucleotidyl transferase（TdT）-mediated dUTP nick end labeling，TUNEL）染色发现在染毒 6 个月后 3.2 μg/L 和 10 μg/L 剂量组中，凋亡的睾丸细胞明显增多（图 7-6）。雄性 BALB/c 小鼠腹腔注射 3.75 μg/kg、7.5 μg/kg、15 μg/kg 和 30 μg/kg MC-LR 1 d 或 4 d 后，出现时间依赖性和剂量依赖性的细胞凋亡。进一步研究发现，染毒组中 Bax，Caspase-3 和 Caspase-8 的表达上调，p53 和 Bcl-2 的磷酸化水平显著增加。SD 雄性大鼠腹腔注射 50 μg/kg 或 100 μg/kg MC-LR 后，TUNEL 染色发现精原细胞凋亡率显著增高。Li 等也证实滇池蓝藻提取物〔静脉注射 87 μg/kg（LD_{50}），1 h、2 h、4 h、6 h、12 h 或 24 h 后〕可诱导 Wistar 大鼠睾丸生殖细胞的凋亡，诱导的 p53、Bax 和 Bcl-2 表达变化在线粒体依赖性的凋亡途径中起着重要作用。

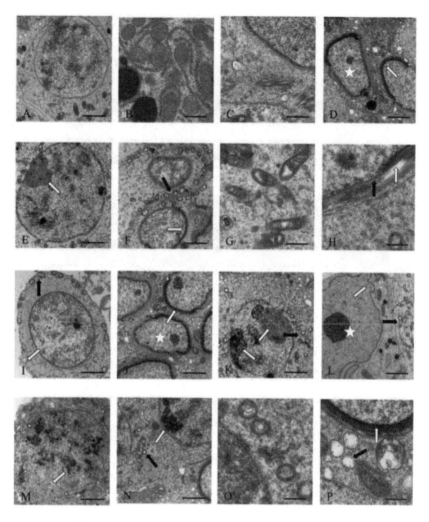

图 7-5　MC-LR 对 Wistar 大鼠睾丸超微结构的毒性作用

　　（A）显示对照大鼠的精原细胞，2500×；（B）显示正常线粒体，10000×；（C）显示正常细胞核，10000×；（D）显示缩小的细胞（星号）；（E）显示染色质的凝聚（箭头），2500×；（F）显示肿胀的线粒体（黑色箭头），染色质浓集贴边（白色箭头），2500×；（G）显示肿胀的线粒体，10000×；（H）显示溶解的核膜（黑色箭头）和染色质浓集贴边（白色箭头），10000×；（I）显示精原细胞（白色箭头），肿胀的线粒体（黑色箭头），2500×；（J）显示缩小的细胞（星号），染色质浓集贴边（箭头），2500×；（K）显示染色质（白色箭头），线粒体肿胀（黑色箭头），2500×；（L）显示核形态改变（白色箭头），染色质浓缩（星号），线粒体肿胀（黑色箭头），2500×；（M）显示溶解的核膜，2500×；（N）显示肿胀的线粒体（黑色箭头），染色质浓缩（白色箭头），2500×；（O）显示肿胀的线粒体，10000×；（P）显示肿胀的线粒体（黑色箭头），染色质浓集贴边（白色箭头），10000×。

　　引自：Chen L，Zhang X，Zhou W，et al. The interactive effects of cytoskeleton disruption and mitochondria dysfunction lead to reproductive toxicity induced by microcystin-LR[J]. PloS one，2013，8（1）：e53949.

　　研究已经证实藻毒素对生殖细胞线粒体具有一定的破坏性，在线粒体依赖的细胞凋亡途径中，线粒体通过释放凋亡因子如细胞色素 c（cytochrome c，Cyt-c）引发细胞凋亡。一旦 Cyt-c 被释放，它将通过线粒体途径引起细胞凋亡。线粒体凋亡途径也受到 Bcl-2 家族蛋白的调控，包括抗凋亡成员（Bcl-2，Bcl-xL）和促凋亡成员（Bax，Bid，PUMA）。抗凋亡家族蛋白在某些凋亡模型中抑制 Cyt-c 释放和凋亡；促凋亡家族蛋白增强 Cyt-c 的释放，如 Bax 与线粒体膜结合，导致线粒体的通透性增大。蓝藻毒素能诱导生殖细胞线粒体膜电位和线粒体通透性发生改变，如 MC-LR 可以引起青蛙睾丸线粒体肿胀和线粒体膜的损伤，促使 Cyt-c 释放，Caspase-3 和 Caspase-9 的蛋白表达水平显著增加。MC-LR 同时可以引起 p53 和 Bax 蛋白表达增高，Bcl-2 蛋白表达降低。而 Bcl-2 对线粒体膜具有保护作用，当其表达降低后，会引起线粒体 PT 孔的开放、线粒体膜电位的降低和 Cyt-c 的释放，通过线粒体途径引起生殖细胞凋亡（图 7-7）。

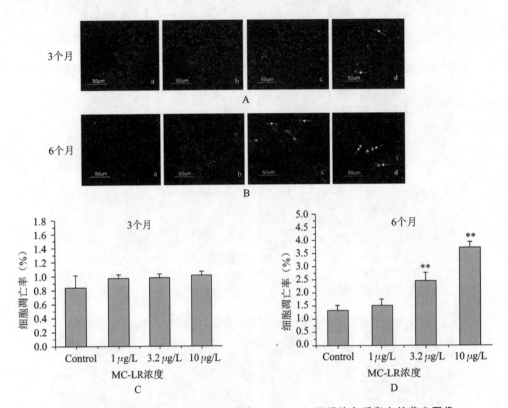

图 7-6　TUNEL（绿色）和 DAPI（蓝色）（400×）双重染色后睾丸的荧光图像

（A）MC-LR 作用 3 个月后的小鼠睾丸：(a) 对照，(b) 1 μg/L，(c) 3.2 μg/L 和 (d) 10 μg/L。箭头显示正在经历程序性细胞死亡的细胞。⊔ ＝50 μm。(B) MC-LR 作用 6 个月后的小鼠睾丸：(a) 对照，(b) 1 μg/L，(c) 3.2 μg/L 和 (d) 10 μg/L。箭头显示正在经历程序性细胞死亡的细胞。在 3.2 μg/L 的剂量下，凋亡的睾丸间质细胞与对照组相比显著增加。此外，曲细精管内的细胞开始出现凋亡。⊔ ＝50 μm。(C) MC-LR 处理 3 个月后 TUNEL 阳性睾丸细胞百分率统计图。(D) MC-LR 处理 6 个月后 TUNEL 阳性睾丸细胞百分率统计图。* 表示与对照组相比差异具有统计学意义（* $P<0.05$，* * $P<0.01$）。

引自：Chen Y, Xu J, Li Y, et al. Decline of sperm quality and testicular function in male mice during chronic low-dose exposure to microcystin-LR [J]. Reprod Toxicol. 2011, 31 (4)：551-557.

蓝藻毒素也可以激活 Fas-FasL 通路，通过死亡受体途径激活 Caspase-8 引起生殖细胞凋亡。Wistar 大鼠静脉注射 80.5 μg/kg 蓝藻提取物 1 h 或 4 h 后，增加了睾丸中生殖细胞（精原细胞，精母细胞和圆形精子细胞）的凋亡，与凋亡相关的 *Fas*、*FasL*、*FADD*、*Apaf*-1、*Casepase*-3、*Casepase*-8 和 *Caspase*-9 的 mRNA 和蛋白水平显著增加。

P53 和丝裂原活化蛋白激酶（mitogen-activated protein kinase，MAPK）在藻毒素诱导的睾丸组织生殖细胞凋亡中也起重要的作用。P53 是调节细胞凋亡的一个重要因子，在细胞凋亡过程中发挥着重要作用。P53 的靶基因编码多种促凋亡蛋白，如 AIPI、Fax、Apaf-1 和 Bcl-2 家族等。这些蛋白质在细胞凋亡过程中发挥重要作用。BALB/c 小鼠腹腔注射 3.75 μg/kg、7.5 μg/kg、15 μg/kg 和 30 μg/kg MC-LR 1 d 或 4 d 后，在 4 d 染毒剂量组小鼠睾丸细胞中 P53 和 Bcl-2 家族的蛋白磷酸化水平显著增高。MC-LR 也可引起小鼠睾丸组织中磷酸化水平显著增高、miR-541 转录水平升高、P15 的转录水平降低，

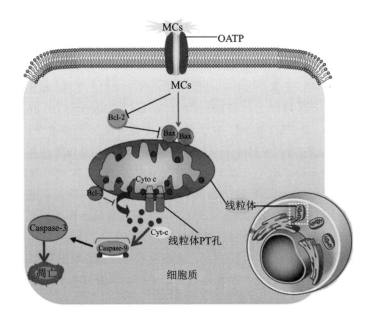

图 7-7　微囊藻毒素通过线粒体途径诱导生殖细胞凋亡机制图

微囊藻毒素在 OATP 的协助下进入生殖细胞，一方面能够促进 Bax 的表达；另一方面，微囊藻毒素会抑制 Bcl-2 的表达，而 Bcl-2 会抑制 Bax 的表达，因此微囊藻毒素间接引起 Bax 表达增加。而过量的 Bax 能够与线粒体膜结合，引起线粒体膜通透性降低，导致 Cyt-c 释放，通过 Caspase 通路引起生殖细胞凋亡。

结果提示增加的 miR-541 导致 P15 表达降低，激活 P53 诱导细胞凋亡。MC-LR 可以引起磷酸化的 P53、磷酸化的 Bcl-2 及 Bax/Bcl-2 水平升高，Caspase-3 和 Caspase-8 的蛋白表达水平增加，与 P53 相关的基因在秀丽隐杆线虫中被敲除后，与单独的 MC-LR 染毒组（未敲除）相比显著下降。这说明 P53 在蓝藻毒素诱导的生殖细胞凋亡过程中起重要作用，很有可能是通过蓝藻毒素抑制 PP2A 的活性来引起 P53 的磷酸化，调节 Bcl-2 家族引起 Caspase 的级联反应，通过线粒体及死亡受体途径诱导细胞凋亡。

MAPK 在细胞内外信号转导过程中起重要作用，通过磷酸化转录因子、细胞骨架相关蛋白和酶类等多种底物来调节细胞的各个生理过程。主要通过 JNK/SAPK 亚家族和 P38/MAPK 信号通路诱导凋亡。MAPK 相关基因敲除的秀丽隐杆线虫，与单独的 MC-LR 染毒组（未敲除）相比，凋亡率显著下降。在 MC-LR 染毒的小鼠肝脏中，通过抑制 PP2A 的活性，引起 JNK、P38 和 MAPK 磷酸化水平增高。在生殖系统方面，MC-LR 亦可以活化 MAPK，活化 Bax/Bcl-2 和 Caspase 依赖的凋亡途径，引起斑马鱼的生殖毒性。而在 MC-LR 染毒的 SD 雄性大鼠睾丸组织中，miR-758 和 miR-98-5p 表达水平降低，引起 P38/MARK 蛋白磷酸化水平表达增加，磷酸化的 P38/MAPK 能够诱导 ATF-2 蛋白的磷酸化水平增加，激活 TNF-α 与 TNFR1 相结合，通过死亡受体途径诱导凋亡。

2. 蓝藻毒素对雄性动物性激素水平的影响

人体内分泌系统有三大分支系统：下丘脑-垂体-甲状腺轴、下丘脑-垂体-肾上腺轴、下丘脑-垂体-性腺轴（hypothalamic-pituitary-gonadal axis，HPG）。HPG 轴是控制人体性激素分泌的主要分支，下丘脑分泌促性腺激素释放激素（gonadotropin-releasing hormone，GnRH），GnRH 可促进垂体分泌促黄体生成素（luteinizing hormone，LH）、促卵泡素（follicle stimulating hormone，FSH）等。LH 主要作用于睾丸间质细胞，促进睾酮（testosterone，TTE）的分泌，FSH 主要作用于睾丸生精和支持细胞，在 TTE 的协助下，促进精子生成和发育，FSH 还能使支持细胞中的睾酮转变为雌二醇（estradiol，E2）。血中 E2 和 TTE 的含量变化又会通过反馈机制传输到达下丘脑，下丘脑依据反馈信息会调整 GnRH 的分泌，通过改变血清中 LH 和 FSH 的表达，最终调整 E2 和 TTE 等的含量。

雄性小鼠自由饲水 1 μg/L、3.2 μg/L 或 10 μg/L MC-LR 3 个月或 6 个月，染毒 3 个月 10 μg/L 染毒组中睾酮浓度降低，黄体生成素（luteinizing hormone，LH）和促卵泡素（follicle stimulating hormone，FSH）水平升高。SD 雄性大鼠腹腔注射 0 μg/kg、5 μg/kg、10 μg/kg 和 15 μg/kg MC-LR 28 d 后，血清睾酮水平降低，而 FSH 和 LH 水平升高，这有可能因为血清睾酮的低水平以负反馈方式引起 FSH 和 LH 的分泌增加。然而，在另外一项研究中，BALB/c 小鼠腹腔注射 3.75 μg/kg、7.5 μg/kg、15 μg/kg 和 30 μg/kg MC-LR 1 d、4 d、7 d 或 14 d，染毒组中 FSH、LH 和睾酮的分泌在初始时增加，随后减少，以及 Gnrh、Fshβ、Lhβ 的 mRNA 表达也受到一定的影响。斑马鱼从胚胎期（受精后 5 d）暴露 Gnrh 0 μg/L、0.3 μg/L、3 μg/L 和 30 μg/L MC-LR 90 d，将雄性斑马鱼作为研究对象，在染毒组中，雄性斑马鱼睾丸中 T/E2 的比率显著下降，类固醇激素平衡被破坏，HPG 轴相关基因的 mRNA 表达水平发生显著改变。此外，肝脏是蓝藻毒素的第一大靶器官，蓝藻毒素可以损伤肝脏并引起肝脏疾病，有报道称在慢性肝病中性激素水平会发生变化。因此，微囊藻毒素诱导的血清激素水平的变化可能是肝损伤和下丘脑-垂体系统损伤的联合作用，而不仅仅是对睾丸的直接作用。

微囊藻毒素除了调节 HPG 轴外，还可以通过激活下丘脑-垂体-肾上腺/肾间（对于鱼）（HPA/HPI）和下丘脑-垂体-甲状腺轴（HPT）干预皮质醇和甲状腺激素的代谢，影响生殖功能及性激素释放。例如，肝损伤不仅可以诱导性激素变化，还可以减少肝脏甲状腺素的脱碘反应，导致外周血中三碘甲状腺氨基酸的产生减少。在 MC-LR 和 MC-RR 暴露后，斑马鱼和小鼠中的胆固醇及所有类别的类固醇的前体激素显著改变。这表明微囊藻毒素能够破坏内分泌系统并诱导生殖毒性。

MC-LR 同时具有雌激素样作用，雄性鱼或幼鱼中的卵黄蛋白原（vitellogenin，VTG）的表达常被用作环境雌激素的生物标志物。斑马鱼幼鱼暴露于藻毒素提取物 96 h 后，幼鱼 VTG 的水平上调，Oziol 和 Bouaïcha 也首次报道了 MC-LR 具有雌激素样作用，MC-LR 呈现雌激素样作用可能是 PP1/2A 抑制和氧化应激介导与雌激素受体相互作用的结果。这表明微囊藻毒素可以作为外源雌激素，为其生殖毒性提供一些证据。

3. 蓝藻毒素诱导生殖肿瘤发生

肿瘤发生与 DNA 损伤和修复之间存在密切联系，而氧自由基造成的 DNA 损伤被认为是肿瘤发生和发展的重要原因。DNA 损伤是指复制过程中发生的 DNA 核苷酸序列永久性改变，并导致遗传特征改变的现象，分为替换、删除、插入和外显子跳跃等。DNA 存储着生物体赖以生存和繁衍的遗传信息。因此，维护 DNA 分子的完整性对细胞至关重要。外界环境和生物体内部的因素都会导致 DNA 分子的损伤或改变，如果 DNA 的损伤或遗传信息的改变不能及时更正和修复，对体细胞就可能影响其功能或生存，对生殖细胞则可能影响到后代。蓝藻毒素能够引起 DNA 损伤，具有遗传毒性，蓝藻的提取物和 MC-LR 纯毒素 Ames 实验结果均为阳性，诱发微核形成。蓝藻毒素同时可能会干扰生殖细胞 DNA 损伤修复的途径，这无疑加大了微囊藻毒素诱导的生殖毒性。昆明种小鼠经太湖水华提取物亚慢性染毒（3 mg/kg、6 mg/kg 和 12 mg/kg 冻干的藻类细胞）21 d 后，睾丸细胞中的 DNA 损伤与给予小鼠的水华提取物量之间存在剂量-效应关系，这表明蓝藻毒素对生殖细胞具有遗传毒性。对雄性 Wistar 大鼠腹腔注射 1 μg/kg 和 10 μg/kg MC-LR 持续 50 d 后，DNA 电泳结果显示在染毒组中存在一些 DNA 片段。MC-LR 不仅可以诱导 Wistar 大鼠睾丸组织中的线粒体 DNA 发生损伤，还可以干扰核苷酸切除修复。

蓝藻毒素除了直接诱导 DNA 破坏外，还能诱导原癌基因表达升高。MC-LR 通过抑制 PP2A 的活性诱导 MAPK 和蛋白激酶 B（protein kinase B，Akt）信号通路中部分蛋白磷酸化，磷酸化的 P38/

MAPK 和 JNK 能够增强 *c-myc* 的表达，且能激活原癌基因 *c-jun* 和 *c-fos*。磷酸化的 Akt 也能够进一步活化 S6K1，促进肿瘤诱发。在雄性生殖系统中，Wistar 大鼠静脉注射藻类提取物 86.7 μg/kg，睾丸中 *c-fos*、*c-jun* 和 *c-myc* 的 mRNA 和蛋白水平表达增加。已知 *c-fos* 具有致癌活性，可以在肿瘤细胞中频繁表达。*c-myc* 也是原癌基因，是参与细胞增殖和癌发生的转录因子之一，*c-myc*、*c-jun* 和 *c-fos* 在睾丸中的过表达可能与肿瘤促进相关。在暴露于 MC-LR 后，BALB/c 小鼠腹腔注射 3.75 μg/kg、7.5 μg/kg、15 μg/kg 和 30 μg/kg MC-LR 1 次或 4 次后，在注射 4 次染毒组中 *c-myc*、*c-jun* 和 *c-fos* 出现过表达，并呈现剂量-效应关系，这表明 MC-LR 对睾丸具有潜在的致癌性。因此，微囊藻毒素可以抑制 PP2A 的活性使 P38/MAPK 磷酸化，进一步诱导原癌基因 *c-myc*、*c-fos*、*c-jun* 活化来促进肿瘤发生。MC-LR 还可以引起睾丸细胞发生染色体损伤，昆明种小鼠每天腹腔注射 3 μg/kg、6 μg/kg、12 μg/kg 的 MC-LR 7 或 14 d 后，在 6 μg/kg 和 12 μg/kg MC-LR 剂量组显著增加小鼠睾丸细胞中的 DNA-蛋白交联系数，这提示 MC-LR 存在损伤染色体的潜能。

微小 RNA（miRNA）广泛存在于病毒和真核生物中，是大约 22 个核苷酸长度的小的非编码的内源性单链 RNA 分子，它在转录和转录后水平调节与个体生长、发育、疾病发生过程相关基因的表达。miRNA 通过与靶 mRNA 的 3′端非翻译区（3′UTR）中的互补序列结合，作为 mRNA 翻译的调节因子介导细胞周期调节、应激反应、分化、炎症和衰老的基因和细胞凋亡等。计算预测表明，超过三分之一的人类基因可能是 miRNA 的靶点。miRNA 在生物发育过程中发挥着关键功能，包括细胞分化、细胞增殖、细胞凋亡和癌症发展等。在 miRNA 缺陷型的睾丸中，精子在早期阶段增殖变得迟缓。此外，在不育动物的睾丸组织或生殖细胞中发现失调的 miRNA 谱。miRNA 在微囊藻毒素诱导的癌症发展和胚胎发育中起关键作用。例如，MC-LR 可以诱导小鼠睾丸中 25 种 miRNA 发生改变，而 miR-34、miR-122 和 miR-181a 的改变可能是精原细胞直接损伤的结果。其中，miR-34 属于促凋亡 miRNA，它能抑制 SIRT1 的表达诱导细胞凋亡；miR-96 是下调最明显的一个 miRNA，能够靶向调节无精子关联蛋白 2 的表达，诱导精子发生异常。再如，微囊藻毒素诱导小鼠睾丸 28 种 miRNA 显著发生改变，这些 miRNA 可以导致非阻塞性无精子症状、细胞骨架破坏及调节 MAPK 通路等。已知蓝藻毒素可以穿越 BTB，BTB 主要由紧密连接构成，而封闭蛋白 1（zonula occludens-1，ZO-1）对紧密连接起重要的作用，而 miR-374b 却能靶向作用于 ZO-1，导致 ZO-1 下调，诱导 BTB 的破坏。

4. 蓝藻毒素诱导生殖系统发生氧化应激

氧化应激是指机体在遭受各种外源性有害因素刺激时，体内活性氧自由基产生过多，氧化系统和抗氧化系统失衡，导致组织细胞损伤。ROS 包括超氧阴离子（$\cdot O_2^-$）、羟自由基（$\cdot OH$）和过氧化氢（H_2O_2）等。机体存在两类抗氧化系统：一类是酶抗氧化系统，包括超氧化物歧化酶（superoxide dismutase，SOD）、过氧化氢酶（catalase，CAT）、谷胱甘肽 S-转移酶（glutathione S-transferase，GST）、谷胱甘肽过氧化物酶（glutathione peroxidase，GSH-Px）等；另一类是非酶抗氧化系统，包括麦角硫因、维生素 C、维生素 E、谷胱甘肽、褪黑素等。生殖系统富含不饱和脂质，对氧化应激和脂质过氧化高度敏感，极易受到自由基的损伤。生殖系统本身有一套完整的抗氧化系统，可以维持 ROS 的代谢平衡。ROS 对生殖系统也具有双重作用，在正常生理情况下，生殖系统产生的少量 ROS 对生殖细胞的生长、成熟发挥重要的作用；当 ROS 产生过量后，引起氧化应激和脂质过氧化，造成生物膜、蛋白、核酸及酶的损害。

蓝藻毒素可诱导生殖系统发生氧化应激，同时激活抗氧化系统，对抗氧化应激和脂质过氧化。用 12.5 μg/kg 滇池蓝藻提取物腹腔注射日本白兔 1 h、3 h、12 h、24 h 或 48 h 后，睾丸中丙二醛（malondialdehyde，MDA）和过氧化氢（H_2O_2）的浓度显著增加，过氧化氢酶（CAT）、超氧化物歧化酶（SOD）、谷胱甘肽过氧化物酶（GPX）和谷胱甘肽 S-转移酶（GST）等抗氧化酶活性增加，抗氧化剂谷胱甘肽（glutathione，GSH）的含量也显著增加。这表明蓝藻毒素可诱导睾丸组织发生氧化应激，而抗氧化系统也被激活，通过抵抗氧化应激来保护睾丸免受氧化损伤。对雄性大鼠腹腔注射 $110\,\mu g/kg$ 和 $10\,\mu g/kg$ MC-LR 持续 50 d 后，与电子传递链和氧化磷酸化系统相关的 8 个线粒体基因表达显著增加，这可能促进 ROS 形成和氧化应激。Wistar 大鼠静脉注射 LD_{50} 的蓝藻提取物（$87\,\mu g/kg$）后，14 种 GST 同种型的 mRNA 表达发生改变，大多数 GST 的 mRNA 表达水平被抑制，少数 GST 的 mRNA 表达水平出现增加，这表明在暴露于蓝藻毒素时 GST 亚型的转录方式不尽相同。Saad 等发现暴露于 $34.5\,\mu g/kg$ MC-LR 浓度下的 BALB/c 小鼠睾丸中的碱性磷酸酶、乳酸脱氢酶和 GST 的活性降低，而 MDA 含量和 SOD 活性显著增加。在另外一项研究中，Wistar 大鼠腹腔内注射 $80\,\mu g/kg$ 的蓝藻粗提取物后，睾丸中的 CAT、GPX、Mn-SOD（Cu，Zn-SOD）、谷胱甘肽还原酶（glutathione reductase，GR）和 γ-谷氨酰半胱氨酸合成酶的 mRNA 转录水平被调节，这也表明了蓝藻毒素可以通过调节抗氧化酶的 mRNA 转录水平抵抗氧化应激损伤。因此，蓝藻毒素可诱导生殖系统发生氧化应激，同时抗氧化系统也被激活，进而拮抗氧化应激和脂质过氧化。在鱼类实验中，斑马鱼腹腔注射 $2\,000\,\mu g/kg$ MC-RR 24 h 后，睾丸组织中 MDA 和 H_2O_2 的水平显著增加，而抗氧化防御系统如 SOD、CAT、GST 和 GPX 活性也增加。在两栖动物实验中，黑斑蛙暴露于 0.1 nmol/L、1 nmol/L、10 nmol/L 和 100 nmol/L 的 MC-LR 6 h 后，ROS 水平和 MDA 含量增加，同时 CAT 和 GST 等抗氧化酶活性迅速增加，GSH 的含量上升，而 SOD 活性显著降低，这意味着睾丸的防御系统能够快速响应氧化应激。

在生理状态下，体内产生的自由基可以作为信号分子，参与体内防御反应，但是过多的自由基会对机体产生毒性作用，包括直接引起生物膜脂质过氧化，导致细胞死亡，引起细胞内蛋白及酶变性，使蛋白质功能丧失和酶失活，导致细胞凋亡和组织损伤。蓝藻毒素能够造成生殖系统中大量 ROS 的产生，诱导生殖细胞发生氧化应激，这很有可能是蓝藻毒素引起生殖毒性的触发因素，通过氧化应激进一步引起其他生殖毒性。

（二）细胞水平研究

1. 蓝藻毒素对精原细胞的毒性作用

精原细胞是精子发生过程中最不成熟的细胞，具有高度组织化的特点，能不断进行有丝分裂，增加细胞数量，并分化为精母细胞，对毒素敏感。研究证实 MC-LR 能够进入到精原细胞中（图 7-8），显著降低细胞活力、总抗氧化能力和线粒体膜电位，细胞内游离钙和凋亡细胞比例增加。当精原细胞暴露于浓度为 0 nmol/L、0.5 nmol/L、5 nmol/L、50 nmol/L 和 500 nmol/L 的 MC-LR 6 h 后，细胞的氧化应激水平升高，特异性有机阴离子转运多肽（OATPs，-1a5，-3a1，-6b1，-6c1 和 −6d1）的表达也增高。利用微阵列分析 MC-LR 处理的精原细胞中，有 101 个 miRNA 发生显著改变，这提示 miRNA 和 MC-LR 在诱导生殖毒性之间存在重要联系。

2. 蓝藻毒素对支持细胞的毒性作用

MC-LR 可以显著抑制体外培养的支持细胞的活性，MC-LR 在体外培养的大鼠睾丸支持细胞的半数抑制浓度为 $32\,\mu g/mL$。睾丸支持细胞的主要功能是为精子细胞生长提供必要的营养，它也有助于建立 BTB，阻止有毒物质到达生殖细胞。免疫荧光检测和 Western blot 观察到 MC-LR 可以进入原代培养的睾丸支持细胞（图 7-8）。原代培养的睾丸支持细胞暴露于 0.5 nmol/L、5 nmol/L、50 nmol/L、500 nmol/L 的 MC-LR，细胞氧化应激和损伤程度增加，与自噬和凋亡相关的蛋白发生改变，当暴露于高浓度（50 nmol/L、500 nmol/L）的 MC-LR 下时，累积的自噬体会通过增加 Bax/Bcl-2 比率和 Caspase 级联反应 Caspase-3 的活化来促进凋亡诱导生殖毒性。MC-LR 也可以诱导 SD 大鼠睾丸支持细胞凋亡，随着染毒浓度的增加，线粒体膜电位显著降低，Cyt-c、活化的 Caspase-9 和 Caspase-3 的相对表达量显著增加，加入 N-乙酰半胱氨酸（N-acetylcysteine，NAC）和 Caspase 抑制剂后，凋亡率降低。miR-374b 和 miR-181a 的表达与非阻塞性无精子症相关，Zhou 等将原代培养的支持细胞暴露于 500 nmol/L MC-LR 24 h 后，miR-374b 和 miR-181a 的表达显著增高，从另一个角度证明了 MC-LR 诱导支持细胞的生殖毒性的潜能。MC-LR 作用于原代培养的 SD 大鼠支持细胞后，引起 *c-fos* 和 *c-jun* 基因和蛋白的表达上调，诱导支持细胞发生增殖抑制和凋亡，最终导致生殖损伤。原代培养的 SD 大鼠睾丸支持细胞 MC-LR 染毒（8 μg/mL、16 μg/mL、32 μg/mL）24 h 后，细胞活性显著降低，ROS 和 Cyt-c、Caspase-9、Cleaved-Caspase-9、Caspase-3 的相对表达量上升，线粒体膜电位出现降低，加入抗氧化剂 NAC 或 Caspase 抑制剂后，凋亡率及凋亡相关蛋白表达水平降低，这说明线粒体介导的 Caspase 依赖性途径和活性氧参与了 MC-LR 诱导睾丸支持细胞凋亡过程。张慧珍等也发现，MC-LR 可以诱导原代培养的 SD 大鼠睾丸支持细胞发生氧化应激，支持细胞中的 ROS 和 MDA 含量显著增加，而抗氧化酶如 SOD 活性等下降。因此，MC-LR 可以进入支持细胞中，抑制细胞增殖，通过诱导氧化应激、凋亡等发挥生殖毒性。

3. 蓝藻毒素对间质细胞的毒性作用

睾丸间质细胞合成并分泌雄激素（睾酮），促进精子发生和雄性生殖器官发育。原代培养的睾丸间质细胞暴露于 0.5 nmol/L、5 nmol/L、50 nmol/L 或者 500 nmol/L MC-LR 12 h、24 h 或 48 h，引起睾酮分泌减少，MC-LR 同时增加 ROS 和 MDA 含量，使 SOD 活性降低，显著增加 DNA 断裂和坏死细胞的比例，表明 MC-LR 通过诱导氧化应激引起睾丸间质细胞的凋亡而发挥生殖毒性。MC-LR 虽然不能进入体外培养的睾丸间质细胞中（图 7-8），但是可以通过 HPG 轴的损伤间接作用于睾丸间质细胞。因此，在 MC-LR 诱导的睾丸间质细胞毒性中，MC-LR 可能不直接作用于睾丸间质细胞来抑制睾酮的合成，而是通过 HPG 轴的损伤间接抑制睾酮的合成，这还需要进一步研究。

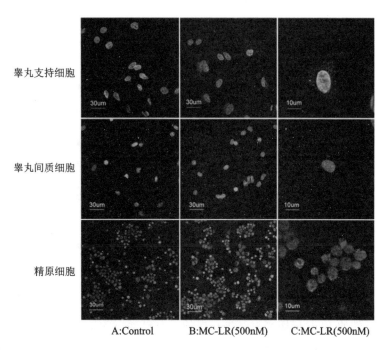

图 7-8　免疫荧光检测在原代培养的睾丸支持细胞、间质细胞和精原细胞中 MC-LR 的分布

红色荧光代表 MC-LR 阳性；绿色荧光代表细胞核（DAPI 染色阳性）。用 MC-LR 处理后，可以观察到 MC-LR 进入支持细胞和精原细胞，而间质细胞没有 MC-LR 的存在。

引自：Wang L，Wang X，Geng Z，et al. Distribution of microcystin-LR to testis of male *Sprague-Dawley* rats[J]. Ecotoxicology，2013，22(10)：1555-1563.

4. 蓝藻毒素对精子的毒性作用

精子是发育成熟的精细胞，黑斑蛙暴露于 0.1 nmol/L、1 nmol/L、10 nmol/L 和 100 nmol/L 的 MC-LR 6 h后，体外提取精子，在体外观察到精子活力下降和细胞数量减少及精子异常率增加，引起氧化应激的发生和精子超微结构的改变。此外，还观察到 P450 芳香酶表达增加。这说明 MC-LR 也可以直接诱导成熟的精子发生氧化应激，引起生殖毒性。

第二节　蓝藻毒素的雌性生殖毒性

一、蓝藻毒素在雌性生殖系统中的转运与蓄积

雌性生殖系统是雌性动物体完成生殖过程的器官总称，主要包括各种生殖器，由卵巢、输卵管、子宫等构成。卵巢（图 7-9）不仅是卵子产生、成熟的场所，更是性激素类如固醇激素、雌激素和孕激素等分泌的重要场所。卵巢中颗粒细胞是合成雌激素的场所，其分泌的雌激素主要是雌二醇，而内膜细胞在黄体生成素的刺激下，使胆固醇转变为雄烯二酮，颗粒细胞在促卵泡激素的刺激下产生芳香化酶，芳香化酶能够使雄烯二酮转变成雌激素。雌激素对生殖器官的维护、第二性征的出现及机体代谢具有重要作用。孕激素主要在黄体生成素的作用下由黄体产生，主要为黄体酮，一般来说孕激素往往是在雌激素作用的基础上发生作用。卵细胞由卵泡产生，卵泡的生长过程分为窦前卵泡、窦状卵泡和排卵前卵泡 3 个阶段，窦前卵泡始于前颗粒细胞分化成的初级卵泡，同时，颗粒细胞合成和分泌多糖，在卵子周围形成透明带，颗粒细胞继续增殖形成次级卵泡，颗粒细胞同时能够对尿促卵泡素、雌激素等刺激做出反应。窦状卵泡在雌激素和促卵泡素的作用下，在颗粒细胞间隙分泌大量卵泡液，最后融合成卵泡腔。

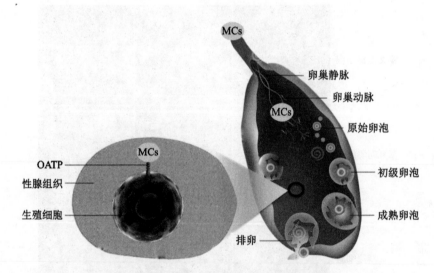

图 7-9　卵巢结构及微囊藻毒素转运模式图

卵巢并没有类似雄性的 BTB 屏障来对其进行保护，对毒素更为敏感。毒素借助于某些特异性膜转运蛋白就能穿透雌性生殖系统生物膜，在小鼠卵巢中有 MC-LR 的存在，证明 MC-LR 可以进入小鼠卵巢组织中（图 7-10），在 MC-LR 作用后的中国仓鼠卵巢细胞（chinese hamster ovary cell，CHO）中，Oatp1d1 的表达显著升高。因此，蓝藻毒素同样能够在雌性生殖系统中进行转运，在 Oatps 的协助下进入生殖细胞，达到一定的蓄积量。而卵巢是雌性动物的生命天堂，也是繁殖后代的必要器官，藻毒素

进入卵巢后定会引起雌性生殖系统损害，应引起足够的重视。

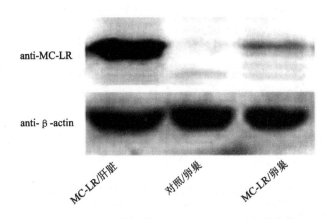

图 7-10　Western blot 检测暴露于 MC-LR 6 d 后卵巢中的 MC-LR

尽管卵巢提取物的条带比肝脏弱，但 MC-LR 也能进入卵巢。

引自：Wu J，Shao S，Zhou F，et al．Reproductive toxicity on female mice induced by microcystin-LR ［J］．Environ Toxicol Pharmacol，2014，37（1）：1-6.

二、蓝藻毒素在水生动物性腺中的蓄积

蓝藻毒素是由水华藻类产生的次生代谢产物，主要分布于湖泊中，能够在水生生物体内蓄积，富营养化湖泊中的河蚌、螺蛳、鲢鱼和鲫鱼体内能蓄积较高浓度的蓝藻毒素。实验室研究已经证实蓝藻毒素可以在雌雄哺乳动物性腺中转运和分布，水生动物常年生活在水环境中，可以直接接触蓝藻毒素。因此，自然条件下蓝藻毒素在水生动物性腺中的蓄积研究更具有说服力。

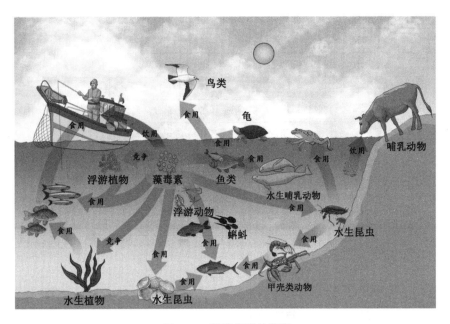

图 7-11　蓝藻毒素的蓄积

蓝藻毒素存在于水生环境中。能够对浮游动物、贝类、甲壳类动物、鱼类和龟类等水生生物产生危害。还可以在水生生物中积累，并通过食物链转移到更高的营养水平。蓝藻毒素同时在饮用水及水产品中的存在可能对人类构成威胁。

引自：Chen L，Chen J，Zhang X，et al．A review of reproductive toxicity of microcystins ［J］．J Hazard Mater，2016，301：381-399.

检测淡水水生生物性腺中微囊藻毒素蓄积量结果显示（详表 7-1），鲫鱼和鲤鱼性腺中的藻毒素浓度低于肝脏，而在罗非鱼性腺中藻毒素的浓度远远高于肝脏；在虾类中，秀丽白虾和日本沼虾性腺中藻毒素的浓度低于肝脏，克氏原螯虾性腺中 MC-LR 和 MC-RR 的浓度远远大于肝脏；在螺类中，铜锈环棱螺性腺中微囊藻毒素的浓度低于肝胰腺，而在淡水田螺性腺中微囊藻毒素的浓度大于肝脏中的浓度；在圆顶珠蚌性腺中微囊藻毒素的浓度低于肝脏中的浓度。随着水体富营养化程度的不同，毒素在性腺的累积程度也不同，呈现季节性差异，在中国和日本的淡水水域，一般在夏季水生动物体内性腺累积浓度达到最大。另外，当微囊藻毒素暴露浓度达到 50 μg/L 时，斑马鱼会停止产卵。外推到其他鱼类，在有些地区水域富营养化时蓝藻毒素的浓度往往超过 50 μg/L，那么富营养化水域的物种组成变化不仅可归因于产卵场地的损失，还可能归因于蓝藻毒素对鱼类繁殖的直接影响。

表 7-1　微囊藻毒素在水生动物性腺或卵中的含量

种类	蓝藻毒素种类	组织	最大含量	地点
罗非鱼	MCs	性腺	0.70 μg/g WW	巴西里约热内卢
		肝脏	0.25 μg/g WW	
鲫鱼	MCs	性腺	0.13 μg/g DW	中国巢湖
		肝脏	0.15 μg/g DW	
鲤鱼	MCs	性腺	0.08 μg/g DW	中国巢湖
		肝脏	0.25 μg/g DW	
铜锈环棱螺	MCs	性腺	2.62 μg/g DW	中国巢湖
		肝胰腺	7.42 μg/g DW	
圆顶珠蚌	MC-LR	性腺	0.40 μg/g WW	日本 SUMA 湖
	MC-LR	肝胰腺	0.99 μg/g WW	
	MC-RR	性腺	0.79 μg/g WW	
	MC-RR	肝胰腺	1.73 μg/g WW	
秀丽白虾	MCs	性腺	2.19 μg/g DW	中国巢湖
		卵	4.67 μg/g DW	
		肝胰腺	8.40 μg/g DW	
日本沼虾	MCs	性腺	1.65 μg/g DW	中国巢湖
		卵	0.54 μg/g DW	
		肝胰腺	1.67 μg/g DW	
克氏原螯虾	MC-LR	性腺	0.53 μg/g DW	中国巢湖
	MC-LR	肝胰腺	0.08 μg/g DW	
	MC-RR	性腺	0.40 μg/g DW	
	MC-RR	肝胰腺	0.00 μg/g DW	
淡水田螺	MCs	性腺	6.90 μg/g DW	日本 SUMA 湖
		肝胰腺	5.38 μg/g DW	
斑马鱼	MC-RR	性腺	0.15 μg/mg DW	实验室

注：MCs：微囊藻毒素，microsystins；DW：干重，dry weight；WW：湿重，wet weight。

对鲫鱼腹腔注射蓝藻毒素的混合物（MC-LR、MC-RR）后，毒素能够在其性腺蓄积，3 h 后在性腺中达到最高浓度，随后出现下降。当给 Wistar 大鼠静脉注射 MC-LR 后，用液相色谱-质谱法检测到 MC-LR 在睾丸中的存在（约 0.03 μg/g），24 h 后仍然能检测到一定量的 MC-LR 存在于性腺，表明 MC-LR 在短时间内很难从性腺中消除。随着季节的变化，当湖泊、淡水水域蓝藻毒素增加时，蓝藻毒素在水生动物性腺中的累积程度也随之增加；当湖泊、淡水水域蓝藻毒素浓度降低时，在水生动物中蓝藻毒素的累积程度也随之降低。

三、蓝藻毒素对雌性生殖系统的毒性

蓝藻毒素生殖毒性的大量研究都集中在雄性生殖系统，对于雌性生殖毒性影响的研究非常有限。这些较少的研究中主要集中于 MC-LR 领域，如研究发现斑马鱼暴露于 MC-LR 后，雌性比雄性表现出更高的敏感性。

（一）整体动物研究

1. 蓝藻毒素引起雌性生殖功能损害

MC-LR 可以直接作用于雌性卵巢组织，引起氧化应激和病理损伤，同时可以干扰发情周期和诱导卵巢细胞发生凋亡。雌性 BALB/c 小鼠腹腔注射 5 μg/kg 和 20 μg/kg MC-LR 28 d，Western blot 分析显示 MC-LR 存在于卵巢组织中，在 20 μg/kg MC-LR 处理组中，卵巢相对重量显著降低，黄体酮降低，与对照组相比，在高剂量组原始卵泡的数量大约减少一半。斑马鱼腹腔注射 MC-LR（50 μg/kg 和 200 μg/kg）1 h、3 h、12 h、24 h 和 48 h 后，MC-LR 导致卵母细胞膜与滤泡细胞层之间的接触损失，性腺组织出现急性空泡化的水肿和颗粒细胞溶解，当染毒 168 h 后，卵巢组织的病理损伤得到恢复（图 7-12），同时 MDA 含量和抗氧化酶 CAT、SOD 和 GPX 的转录水平也增加，而 GSH 含量显著下降，这表明 GST 通过 GSH 发挥了解毒作用。在亚慢性生殖毒性中，斑马鱼暴露于 2 μg/L、10 μg/L 和 50 μg/L 的 MC-LR 21 d，MC-LR 可以引起雌性斑马鱼卵子的产量显著下降，E2 和 VTG 的浓度发生改变，与类固醇生成有关的基因，以及许多参与卵母细胞生长、成熟和排卵的内外因子也呈现出剂量-效应关系，雌二醇和卵黄生成素在 10 μg/L 剂量组升高，而在 50 μg/L 剂量组雌二醇、卵黄生成素和睾酮浓度出现下降。在鸟类实验中，雌性日本鹌鹑持续暴露 8 w 微囊藻毒素（每天总共 61.62 μg 微囊藻毒素，包括 26.54 μg MC-RR、7.62 μg MC-YR 和 27.39 μg MC-LR），和对照组相比，实验组产下卵的重量相对较低［实验组为（11.99±1.13）g，对照组为（12.40±1.27）g，$P < 0.01$］。C57BL/6 雌性小鼠腹腔注射 MC-LR（12.5 μg/kg、25 μg/kg、40 μg/kg）2 w 后，随着染毒浓度的增加，卵巢组织中颗粒细胞凋亡坏死、卵母细胞自溶萎缩状态、透明带不清晰和结构松散现象越来越严重，ROS 和 MDA 含量显著增加，内质网应激及自噬相关蛋白表达水平发生改变，而加入抗氧化剂 NAC 后，氧化应激、内质网应激、自噬及凋亡水平下降，这说明氧化应激介导了 MC-LR 诱导的 C57BL/6 小鼠内质网应激及自噬。

小鼠发情周期一般持续 4～5 d，包括 4 个不同阶段：动情前期、动情期、动情后期和动情间期。当雌性小鼠腹腔注射 5 μg/kg 和 20 μg/kg MC-LR 28 d 后，在 20 μg/kg 剂量组动情前期和动情期明显缩短，这种对发情周期的干扰势必会影响排卵和交配，并最终引起生殖功能障碍。MC-LR 能引起雌性小鼠动情周期紊乱，使动情缩短，动情后期和动情间期延长。除此之外，3.2 μg/L 和 10 μg/L MC-LR 染毒 3 个月导致小鼠卵巢重量、雌二醇含量和小鼠产仔率明显降低，而促卵泡素含量和鼠仔死亡率增高，MC-LR 染毒 6 个月后，闭锁卵泡数量增加，孕激素水平显著上升，卵巢组织中的颗粒细胞凋亡率

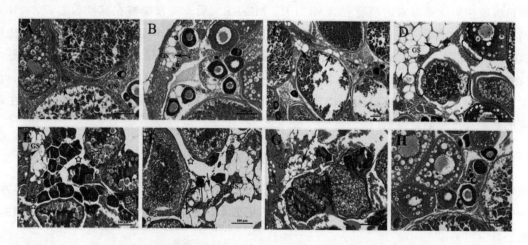

图 7-12　HE 染色的成年雌性斑马鱼的卵巢（染毒剂量分别为 50 μg/kg 和 200 μg/kg MC-LR）

└┘ 表示 100 μm。（A）为对照组，卵母细胞通过性腺组织（GS）连接，并与卵泡细胞（箭头）边缘相连。（B，D，F，H）暴露于 200 μg/kg MC-LR；（B）注射 1 h 后：性腺组织出现空泡（黑色箭头）；（D）注射 3 h 后：严重的空泡化（黑色箭头），卵母细胞膜和滤泡细胞层之间的接触（椭圆）的损失；（F）注射 12 h 后：卵母细胞的空间扩大（星星），性腺组织的空泡形成（黑色箭头）和裂解（圆形），闭锁卵泡出现（菱形）。（H）注射 168 h 后：卵巢组织病理损伤出现恢复。（C，E，G）暴露于 50 μg/kg MC-LR；（C）注射 3 h 后：生殖腺组织轻度空泡化（黑色箭头）；（E）注射 12 h 后：生殖腺组织的空泡化（黑色箭头）和卵母细胞间隙增宽（星星）；（G）注射 48 h 后：生殖腺组织空泡化减少（黑色箭头）。

引自：Hou J，Li L，Xue T，et al. Damage and recovery of the ovary in female zebrafish i. p. -injected with MC-LR ［J］. Aquat Toxicol，2014，155：110-118.

显著增加。同时，雌性斑马鱼腹腔注射 200 μg/kg MC-LR 12 h 后，MDA 含量显著升高，抗氧化酶 CAT、GPx 等活性及转录表达水平也出现不同程度增加；当染毒时间达到 168 h 后，卵巢病理损伤和抗氧化能力得到恢复，这表明组织中抗氧化防御系统缓解了 MC-LR 诱导的生殖毒性。

2. 蓝藻毒素对雌性动物性激素水平的影响

MC-LR 可以直接作用于卵巢影响激素分泌，也可以影响 HPG 轴导致性激素水平分泌紊乱，发挥雌性生殖毒性。下丘脑-垂体-卵巢轴是一个完整而协调的神经内分泌系统。下丘脑通过分泌 GnRH 调节垂体 LH 和 FSH 的释放，LH 和 FSH 作用于卵巢后可促进卵巢分泌黄体酮（progesterone，P）和雌二醇（estradiol，E2），卵巢也会分泌少量的 TTE，MC-LR 同样可以引起雌性动物性激素水平紊乱。雌性 BALB/c 小鼠通过饮水染毒 MC-LR 1 μg/L、3.2 μg/L 和 10 μg/L 3 个月或 6 个月后，在 3 个月 10 μg/L 染毒组中，小鼠血清中 E2 含量显著下降，FSH 水平显著上升；在 6 个月 10 μg/L 染毒组中，FSH 和孕激素含量显著上升，E2 含量显著下降，而在 3.2 μg/L 剂量组 LH 水平也出现上升趋势。在另外一项研究中，雌性 BALB/c 小鼠腹腔注射 20 μg/kg MC-LR 4 w，血清 P 减少，但 FSH、LH 和 E2 血清水平没有显著差异，这有可能是染毒方式及染毒剂量不同而引起的差异。雌性昆明种小鼠采用腹腔注射的方式染毒 MC-LR（5 μg/kg、10 μg/kg 和 15 μg/kg）15 d 后，15 μg/kg 剂量组小鼠的血清 E2 和孕激素水平降低，LH 和 FSH 激素水平上升。在雌性斑马鱼中，斑马鱼暴露于 2 μg/L、10 μg/L 和 50 μg/L MC-LR 21 d，在 10 μg/L 剂量组 E2 和 VTG 浓度升高，而 E2、VTG 和睾酮浓度在 50 μg/L 剂量组显著下降。与类固醇生成途径相关基因的转录水平也发生改变，且与激素水平的改变相一致。在另外一项雌性斑马鱼实验中，将雌性成熟斑马鱼饲养于含 0 μg/L、1 μg/L、5 μg/L、20 μg/L MC-LR 的水中进行为期 30 d 的试验，20 μg/L 染毒组 E2 浓度显著降低，而睾酮浓度没有发生变化。

（二）细胞水平研究

1. 蓝藻毒素对小鼠卵巢颗粒细胞的毒性作用

卵巢颗粒细胞是卵泡内主要的功能细胞之一，能维持有利于卵母细胞生长和成熟的微环境，在卵巢局部微环境调节系统中发挥着重要作用。卵巢颗粒细胞可以分泌类固醇激素、促卵泡素和促黄体素等激素，还可以产生一些细胞因子，调控卵泡和卵母细胞的生长发育。卵巢颗粒细胞凋亡能促进生殖细胞减少、黄体溶解细胞和卵泡闭锁。原代培养的 BALB/c 小鼠卵巢颗粒细胞经 MC-LR 染毒（0 μmol/L、0.05 μmol/L、0.5 μmol/L、5 μmol/L 和 50 μmol/L 24 h 或 48 h）后，通过免疫荧光检测到 MC-LR 能进入卵巢颗粒细胞，细胞活性在染毒组显著降低，MDA 水平随着染毒浓度的升高呈显著上升，SOD 的活性先升高随后出现显著下降，而 CAT 活性一直呈下降趋势，乳酸脱氢酶细胞毒性实验显示细胞膜破损；TUNEL 实验结果显示颗粒细胞凋亡率显著上升，同时体内 TUNEL 实验也发现卵巢颗粒细胞凋亡严重。原代培养雌性 Wistar 大鼠卵巢颗粒细胞，用 MC-LR 染毒 48 h（10 μg/mL、20 μg/mL 和 30 μg/mL），发现 MC-LR 可引起卵巢颗粒细胞毒性，细胞活性明显降低，使凋亡率升高，DNA 断裂水平增高，凋亡相关基因 Bax/Bcl-2 比率增高，雌二醇（E2）和黄体酮（P）含量降低，并有明显的剂量-效应关系。MC-LR 也可以引起卵巢颗粒细胞发生氧化应激损伤，使细胞内 ROS 水平升高，细胞培养液中 MDA 含量上升，呈现明显的剂量-效应关系。小鼠卵巢颗粒细胞暴露于 MC-LR（8.5 μg/mL、17 μg/mL 和 34 μg/mL）24 h 后，氧化应激水平（图 7-13）和凋亡率增高，与内质网应激及自噬相关蛋白表达水平发生改变，加入氧化应激抑制剂 NAC 后，氧化应激水平降低，内质网应激、凋亡及自噬水平也降低，这表明氧化应激介导了 MC-LR 诱导的内质网应激和自噬，提示 MC-LR 引起的颗粒细胞氧化应激可能是其造成卵巢颗粒细胞毒性的始发因素。

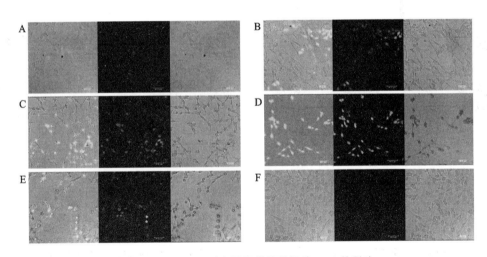

图 7-13　MC-LR 对小鼠卵巢颗粒细胞 ROS 的影响

绿色荧光代表 ROS 强度。A 为对照组（0 μg/mL），发绿色荧光的细胞很少。B 为低染毒组（8.5 μg/mL）。C 为中染毒组（17 μg/mL）。D 为高染毒组（34 μg/mL），随着染毒浓度增大，ROS 绿色荧光强度逐渐增强。E 为 NAC＋34 μg/mL 组，与单独染毒组相比，荧光强度减弱。F 为单独 NAC 组，未见发绿色荧光的小鼠卵巢颗粒细胞。每组 3 张图片，左边的为荧光和明场合成图片；中为单独荧光图片；右边为单独明场下的细胞图片。

2. 蓝藻毒素对中国仓鼠卵巢细胞的毒性作用

蓝藻毒素对中国仓鼠卵巢（chinese hamster ovary，CHO）细胞的体外毒性作用也可以反映某些雌性生殖方面的毒性。蓝藻水华提取物可以损伤 CHO 细胞的有丝分裂纺锤体，有效地抑制 CHO 细胞的细胞周期，并诱导其凋亡和坏死。CHO 细胞暴露于 10 μmol/L 和 20 μmol/L MC-LR 24 h 后，MC-LR

导致细胞骨架如微丝（MF）（图7-14）和微管（MT）（图7-15）缩短和退化，影响染色体形成。因此，阻滞细胞有丝分裂而诱导CHO细胞的凋亡和坏死。在柱胞藻毒素染毒后，低浓度（1～2 μmol/L）就可引起细胞凋亡，在更高浓度（5～10 μmol/L）下也可影响染色质结构，微管发生缩短和退化（图7-16），阻止中期染色体的形成。实验还观察到MC-LR诱导细胞周期阻滞在G_2/M期，这可能与CHO细胞的凋亡有关。MC-LR同样可以引起CHO细胞发生氧化应激。CHO细胞染毒（0 μg/mL、2.5 μg/mL、5 μg/mL和10 μg/mL）24 h后，各染毒组的细胞内CAT水平降低，ROS含量和脂质过氧化水平升高，细胞活性也显著降低，说明MC-LR诱导了CHO细胞的氧化应激。除此之外，MC-LR导致CHO细胞线粒体膜电位降低，凋亡率增高，与凋亡相关蛋白Caspase-3的表达增高。张慧珍等发现，抗氧化剂NAC可以显著降低MC-LR诱导的CHO细胞氧化应激水平。

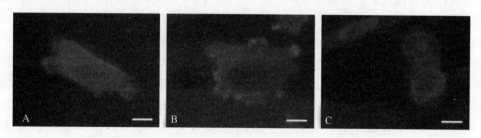

图7-14 MC-LR对CHO细胞微丝结构和细胞核形态的影响

（A）对照细胞；（B—C）分别暴露于10 μmol/L和20 μmol/L MC-LR的CHO细胞。在对照细胞中，肌动蛋白网（核周围）规律的围绕于细胞核，细胞核呈圆形和椭圆形。在MC-LR处理的细胞中，微丝缩短、破裂，细胞核的形状发生扭曲。比例尺：10 μm。

引自：Gacsi M, Antal O, Vasas G, et al. Comparative study of cyanotoxins affecting cytoskeletal and chromatin structures in CHO-K1 cells [J]. Toxicol In Vitro, 2009, 23（4）：710-718.

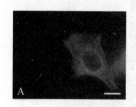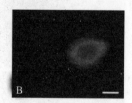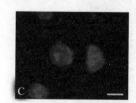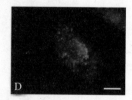

图7-15 MC-LR处理后的CHO细胞的微管结构

（A）对照组；（B）10 μmol/L；（C）20 μmol/L；（D）40 μmol/L。对照组的细胞显示出微管的正常外观，在10～20 μmol/L浓度下，细胞已经失去延伸的形状并开始呈现更圆的形状，细胞在40 μmol/L浓度下失去了正常结构。比例尺：10 μm。

引自：Gacsi M, Antal O, Vasas G, et al. Comparative study of cyanotoxins affecting cytoskeletal and chromatin structures in CHO-K1 cells [J]. Toxicol In Vitro,, 2009, 23（4）：710-718.

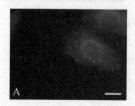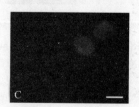

图7-16 柱胞藻毒素染毒24 h后对CHO-K1细胞微管结构的影响

（A）对照组；（B）1 μmol/L；（C）5 μmol/L。未处理的细胞表现出微管蛋白的正常丝状分布。当柱胞藻毒素以1 μmol/L和5 μmol/L浓度染毒24 h后，微管蛋白纤维的密度和长度分别下降，在5 μmol/L浓度下，微管高度混乱，并聚集在细胞核周围。比例尺：10 μm。

引自：Gacsi M, Antal O, Vasas G, et al. Comparative study of cyanotoxins affecting cytoskeletal and chromatin structures in CHO-K1 cells [J]. Toxicol In Vitro, 2009, 23（4）：710-718.

研究表明内质网应激和自噬在 MC-LR 诱导 CHO 细胞凋亡中也起重要的作用，当 CHO 细胞暴露于 MC-LR（2.5 μg/mL、5 μg/mL 和 10 μg/mL）24 h，细胞活性明显降低，与内质网应激、自噬和凋亡相关的蛋白表达量增高，加入内质网应激抑制剂后，自噬和凋亡水平增高，加入自噬抑制剂后，内质网应激和凋亡水平增高。当细胞发生内质网应激时，可以通过活化 ATF6、PERK 和 IRE1 通路介导 C/EBP 同源蛋白（C/EBP-homologous protein，CHOP）的激活，而 CHOP 能够抑制 Bcl-2 的表达，最终通过激活 Caspase-3 诱导细胞凋亡。同时也可以通过激活 IRE1-JNK 和 Ca^{2+}-Caspase12 通路诱导细胞凋亡。自噬是生物体内普遍存在的一个过程，能够缓解多种对细胞不利的胁迫条件。MC-LR 可以诱导 CHO 细胞中自噬标志性蛋白 Beclin1 和 LC3II 表达升高，细胞内自噬小体的数量显著性增加。而加入自噬抑制剂后，细胞的自噬水平降低，凋亡的水平升高。在雄性生殖毒性中也有研究表明自噬抑制剂 3-MA 能够抑制 MC-LR 诱导的 SD 大鼠睾丸支持细胞自噬小体形成，且能够促进细胞凋亡。这说明 MC-LR 能够引起自噬和凋亡，自噬又对凋亡起一定的调节作用。一方面自噬能够通过清除未折叠蛋白、损坏的细胞器和抑制 Caspase-8 活性抑制凋亡；另一方面在内质网应激下活化的 Caspase-8 能够剪切自噬蛋白 Beclin1 和 ATG5 等抑制自噬，同时 Bcl-2 也可以通过与自噬相关基因 Beclin-1 蛋白结合发挥抑制自噬的作用。

第三节 蓝藻毒素的发育毒性和跨代毒性

蓝藻毒素也可以引起动物的发育毒性和跨代毒性。在巢湖的两种淡水虾的受精卵中有 MC-LR 和 MC-RR 的存在；成年蜗牛暴露微囊藻毒素后，在后代性腺中检测到微囊藻毒素的存在；在鸟类的蛋黄和蛋清中也发现存在高水平的蓝藻毒素。这些研究表明，微囊藻毒素可能从雌性生殖系统通过生理过程转移到他们的后代，引起后代发育毒性和跨代毒性。

一、蓝藻毒素对鱼类的发育毒性和跨代毒性

在斑马鱼生命周期实验中，斑马鱼从幼鱼阶段（5 d）开始暴露于 MC-LR（0 μg/L、0.3 μg/L、3 μg/L 和 30 μg/L）一直到性成熟（90 d），在 3 μg/L 和 30 μg/L 剂量组中，与生长发育有关的基因发生了改变，MC-LR 可导致幼鱼生长受阻，脑、肝脏出现病理损伤，性腺发育迟缓。同时引起激素水平紊乱，卵巢雌二醇含量虽保持稳定，但卵巢睾酮含量显著下降，在各染毒组雌鱼肝脏中 *vtg1* 基因表达和卵巢中 VTG 含量均显著降低，表明 MC-LR 能减少雌性斑马鱼卵巢的卵黄储积，影响卵母细胞的成熟及生殖功能。当成年斑马鱼连续暴露于 MC-LR（胚胎和幼虫期没有微囊藻毒素的暴露），第一代的生长（体重和体长）显著被抑制，还可观察到肝脏的病理变化，包括空泡变性和核固缩。MC-RR 还可以通过破坏斑马鱼幼鱼中的甲状腺内分泌功能导致生长障碍，MC-LR 可以诱导斑马鱼幼体性腺发育障碍，导致卵巢发育延迟和精子发育障碍。Wu 等用 0 μg/L、1 μg/L、5 μg/L、25 μg/L MC-LR 染毒亲代斑马鱼，结果显示 MC-LR 可显著降低子代斑马鱼的运动能力，中、高浓度组的畸形率显著高于对照组，而孵化率、仔鱼生存率和体长显著低于对照组；在 5 μg/L、25 μg/L 剂量组子代斑马鱼的多巴胺、二羟苯乙酸和 5-羟色胺水平显著下降，并伴随有一系列神经递质相关基因表达降低。斑马鱼卵暴露于 0.8 mg/L、1.6 mg/L、3.2 mg/L MC-LR 中 120 h 后，孵化时间明显延长且仔鱼体长缩短，MC-LR 能在仔鱼体内蓄积，使仔鱼运动速度降低，体内多巴胺和乙酰胆碱含量显著降低；在中、高剂量组乙酰胆碱酯酶活性显著增加，神经元发育相关基因发生改变。该结果提示 MC-LR 对斑马鱼的发育毒性可能通过干扰胆碱能系统、多巴胺信号通路和神经元发育而实现。鲤鱼受精卵从受精后 2.5 h 至 4 d 暴露于类毒素-a 后（80～640 μg/L），鲤鱼卵死亡率升高，孵化率降低，并且孵化的幼虫体积变小，骨骼畸形

率增高。因此，蓝藻毒素可以通过母体传递给子代，对后代的肝脏、神经系统及生长发育产生危害；蓝藻毒素可以诱导胚胎的发育毒性，引起鱼类的产卵率、孵化率降低及胚胎畸形；蓝藻毒素也可以直接通过损害甲状腺和内分泌功能诱导幼体发育毒性。

内质网应激在 MC-LR 诱导的斑马鱼发育毒性过程中起重要作用。在实验组中，和内质网应激有关的 mRNA 表达水平显著增高，如 *EIF2S-1*、*ATF4B1*、*ATF6* 和 *CHOP*，*Caspase-8* 和 *Caspase* 3 无论 mRNA 水平还是蛋白水平表达都显著增加。加入内质网应激抑制剂牛磺熊去氧胆酸钠（tauroursode-oxycholic acid sodium，TUDCA）后，吖啶橙（acridine orange，AO）染色发现凋亡细胞与单独染毒组相比显著降低。MC-LR 可以诱导 CHO 细胞中内质网应激标志性蛋白 GRP78、ATF-6、PERK、IRE1、CHOP 显著升高，同时 CHO 细胞内钙离子荧光强度随着染毒浓度逐渐升高。

动物胚胎发育不同程度地受到 miRNA 调控，miRNA 可以在靶向 mRNA 转录后调节基因表达，在早期胚胎发育中发挥重要作用。蓝藻毒素会对部分 miRNA 造成影响，如 MC-RR 可以诱导斑马鱼胚胎中 31 种 miRNA 显著改变，miR-430 和 miR-125 家族的表达变化最为显著，其中 miR-430 家族的高表达可能是机体拮抗 MC-RR 引起的 miRNA 及其靶系统紊乱的反应。同时已经发现 miR-125b 是 p53 和 p53 诱导的发育过程中的凋亡及应激反应的重要负调节因子。

二、蓝藻毒素对哺乳动物的发育毒性和跨代毒性

雌性 SD 大鼠灌胃染毒 MC-LR（1.0 μg/kg、5.0 μg/kg 和 20.0 μg/kg）8 w 后，每只雌性大鼠与未暴露的成年雄性大鼠交配，子代成年期（出生后 60 d）大鼠在水迷宫试验中存在认知障碍，丙二醛水平和超氧化物歧化酶活性也显著增加。同时发现在大鼠后代的大脑中谷胱甘肽含量和乙酰胆碱酯酶（acetylcholinesterase，AChE）活性降低。MC-LR 还引起大脑超微结构的变化，显示出稀疏的结构及内质网膨胀和线粒体肿胀。蛋白质组学研究结果显示，MC-LR 显著改变 49 种参与神经发育、氧化磷酸化、细胞骨架、代谢、蛋白质折叠和降解有关的蛋白的含量。孕鼠腹腔注射 4 μg/kg、16 μg/kg、62 μg/kg MC-LR 10 d，于 20 d 后处死孕鼠，不同剂量的 MC-LR 均可通过胎盘屏障，影响胚胎的形成和发育，导致胎鼠发育畸形或脏器发育不良及损伤，胎鼠的肝脏呈点状出血及重度水样变性，肾脏皮质和髓质发育不良，肾小球未发育。围生期（12～21 d）BALB/c 小鼠暴露于 MC-LR 后，30 d 和 90 d 的雄性后代前列腺发育受到干扰，前列腺出现坏死、增生、炎症和纤维化，血清睾酮水平升高，血清雌二醇水平降低。鱼腥藻毒素是目前发现的另外一种具有发育毒性的蓝藻毒素，金黄地鼠在染毒后出现胚胎生长发育迟缓及胎鼠发育不良现象。

第四节　总结与展望

蓝藻毒素可以蓄积于自然水体中的鱼类、虾类、蟹类等性腺组织中，在实验室研究中也发现微囊藻毒素存在于鼠类、鱼类的性腺中。蓝藻毒素生殖毒性的整体动物水平研究主要集中于鼠类和斑马鱼，微囊藻毒素可以引起性腺组织发生氧化应激、病理损伤和性激素水平紊乱，导致性腺组织中生殖细胞骨架破坏、细胞凋亡、肿瘤诱发等。也有个别研究报道了微囊藻毒素对两栖动物和鸟类的生殖毒性，包括性腺组织氧化应激、病理损伤及精子破坏等。哺乳动物对藻毒素的敏感性似乎比鱼类动物更为敏感。

细胞水平研究主要集中于雄性睾丸支持细胞、精原细胞、间质细胞和雌性卵巢颗粒细胞及 CHO 细胞。在雄性生殖细胞毒性中，微囊藻毒素作用于精原细胞和睾丸支持细胞时，细胞活性被抑制，同时出现氧化应激、细胞凋亡及 miRNA 改变等。微囊藻毒素虽然不能进入睾丸间质细胞中，但睾丸间质细

胞在 MC-LR 诱导下同样会发生氧化应激和凋亡。

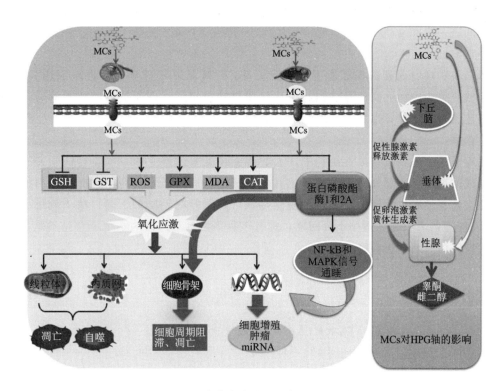

图 7-17 微囊藻毒素的生殖毒性机制示意图

　　微囊藻毒素能够在生殖细胞中形成一定的蓄积。首先，微囊藻毒素能够抑制蛋白磷酸酯酶 1、蛋白磷酸酯酶 2A 的活性，诱导生殖细胞发生氧化应激。生殖细胞的氧化应激环境会引起细胞骨架破坏和基因的损伤，也会通过线粒体、内质网途径诱导生殖细胞凋亡与自噬。蛋白磷酸酯酶的抑制会引起细胞骨架破坏，且可以通过 NF-kB 和 MAPK 信号通路诱导基因损伤。其次，微囊藻毒素可以直接作用于性腺引起性激素水平紊乱，也能够通过损伤下丘脑和垂体间接影响性激素的分泌，引起生殖系统毒性。

　　在雌性生殖细胞毒性中，染毒的卵巢颗粒细胞活性显著下降，细胞中一些癌基因活化，同时出现大量细胞凋亡。染毒的 CHO 细胞骨架被破坏，细胞出现增殖抑制，内质网应激和自噬在 MC-LR 诱导 CHO 细胞凋亡过程中起重要作用。蓝藻毒素不仅可以直接作用于鱼类、哺乳动物幼体，对其生长和发育产生危害，还可以透过胎盘屏障产生胚胎毒性和跨代毒性，在胚胎毒性和跨代毒性中，微囊藻毒素主要作用于神经系统。

　　存在于水生环境中的蓝藻毒素能够蓄积在浮游动物、贝类、甲壳类动物、鱼类和龟类等水生生物体内，并产生危害。中国是水产品食用大国，而已有的研究证明高温等烹饪方法并不能有效去除食物中的藻毒素，积累在水生生物中的藻毒素会通过食物链转移到更高的营养水平的人类，对人类健康构成威胁，这应该引起人类的足够重视。

　　尽管在蓝藻毒素的生殖毒性和发育毒性研究方面获得了一定的研究成果，仍有许多科学问题值得科研工作者的关注。

　　(1) 作为一种内分泌干扰物，蓝藻毒素尤其是微囊藻毒素的内分泌干扰作用研究尚需要进一步拓展，包括研究内容和研究方法；哺乳动物对于蓝藻毒素的毒性作用比鱼类更为敏感，具有种属差异，这是鱼类长期进化适应环境的结果，还是另有其他机制，需要我们进一步去研究和探究；有些研究认为雄性比雌性更为敏感，而有些研究则发现雌性比雄性更为敏感，那么除了种属差异以外，是否一定存在性别差异，这还需要进一步的研究。

（2）对蓝藻毒素的生殖和发育毒性研究，主要针对微囊藻毒素，其他类型蓝藻毒素的生殖和发育毒性很少见报道，同时蓝藻毒素之间的联合作用及其与其他水体污染物的联合作用未见报道，这还需要科研工作者的进一步探索。

（3）蓝藻毒素的生殖发育毒性机制的研究，往往限于基本方法和单一通路的研究，由于生物的复杂性和藻毒素与各种环境因素的相互作用及相互关系，经典技术不能满足毒性机制的关键环节所在。因此，在以后的研究中应加大高通量蛋白组学、高通量转录组学、高通量测序技术的应用，从整个调控网络中找出蓝藻毒素生殖毒性和发育毒性的真正靶点，为预防和干预藻毒素带来的生殖和发育损害提供科学理论依据。

（4）蓝藻毒素的生殖和发育毒性研究中，人群研究仅见塞尔维亚的一项流行病学调查结果，发现在蓝藻暴发地区的卵巢癌和睾丸癌的发病率比其他地区的发病率显著增高，这提示较高的生殖系统癌症发病率可能与蓝藻的次生代谢物有关。微囊藻毒素可以诱导精子质量下降、精子畸形率升高，而全球10％～15％的育龄夫妇存在不孕不育问题，那么微囊藻毒素对人类的不孕不育是不是也有一定的贡献，还需要大量的流行病学资料进行评估。

（张慧珍　刘浩浩）

参 考 文 献

[1] 柏树令,应大君.系统解剖学[M].8版.北京:人民卫生出版社,2013.

[2] Ding XS,Li XY,Duan HY,et al. Toxic effects of microcystis cell extracts on the reproductive system of male mice[J]. Toxicon,2006,48(8):973-979.

[3] Chen Y,Xu J,Li Y,et al. Decline of sperm quality and testicular function in male mice during chronic low-dose exposure to microcystin-LR[J]. Reprod Toxicol,2011,31(4):551-557.

[4] Wang L,Wang X,Geng Z,et al. Distribution of microcystin-LR to testis of male *sprague-dawley* rats[J]. Ecotoxicology. 2013,22(10):1555-1563.

[5] Li Y,Sheng J,Sha J,et al. The toxic effects of microcystin-LR on the reproductive system of male rats in vivo and in vitro[J]. Reprod Toxicol,2008,26(3-4):239-245.

[6] 戴瑞雪.十溴联苯醚上调 MAPKs 蛋白并损伤血生精小管屏障的研究[D].合肥:安徽医科大学,2015.

[7] 王亮,欧阳奇琦,李茜,等.乙醇在 HBV DNA 转染中对大鼠血生精小管屏障的影响及其机制探讨(英文)[J].现代生物医学进展,2010,10(1):19-22.

[8] Zhao S,Xie P,Li G,et al. The proteomic study on cellular responses of the testes of zebrafish(*Danio rerio*)exposed to microcystin-RR[J]. Proteomics,2012,12(2):300-312.

[9] Zhou Y,Yuan J,Wu J,et al. The toxic effects of microcystin-LR on rat spermatogonia in vitro[J]. Toxicol Lett,2012,212(1):48-56.

[10] Liu J,Sun Y. The role of PP2A-associated proteins and signal pathways in microcystin-LR toxicity[J]. Toxicol Lett,2015,236(1):1-7.

[11] Chen L,Zhang X,Zhou W,et al. The interactive effects of cytoskeleton disruption and mitochondria dysfunction lead to reproductive toxicity induced by microcystin-LR[J]. PloS one,2013,8(1):e53949-e53950.

[12] Zhou Y,Chen Y,Yuan M,et al. In vivo study on the effects of microcystin-LR on the apoptosis,proliferation and differentiation of rat testicular spermatogenic cells of male rats injected i. p. with toxins[J]. J Toxicol Sci,2013,38(5):661-670.

[13] Liu Y,Xie P,Qiu T,et al. Microcystin extracts induce ultrastructural damage and biochemical disturbance in male rabbit testis[J]. Environ Toxicol,2010,25(1):9-17.

[14] Li D,Liu Z,Cui Y,et al. Toxicity of cyanobacterial bloom extracts from Taihu Lake on mouse, *Mus musculus*[J]. Eco-

toxicology,2011,20(5):1018-1025.

[15] Skocovska B,Hilscherova K,Babica P,et al. Effects of cyanobacterial biomass on the Japanese quail[J]. Toxicon,2007,49(6):793-803.

[16] Damkova V,Paskova,H. Bandouchova,et al. Testicular toxicity of cyanobacterial biomass in Japanese quails[J]. Harmful Algae,2011,10(6):612-618.

[17] Li G,Xie P,Li H,et al. Involment of P53、Bax and Bcl-2 pathway in microcystins-induced apoptosis in rat testis[J]. Environ Toxicol,2011,26(2):111-117.

[18] Wang SC,Geng ZZ,Wang Y,et al. Essential roles of P53 and MAPK cascades in microcystin-LR-induced germ line apoptosis in *Caenorhabditis elegans*[J]. Environ Sci Technol,2012,46(6):3442-3448.

[19] Cano E,Mahadevan LC. Parallel signal processing among mammalian MAPKs[J]. Biochem Sci,1995,20(3):117-122.

[20] Wang X,Ying F,Chen Y,et al. Microcystin(-LR) affects hormones level of male mice by damaging hypothalamic-pituitary system[J]. Toxicon,2012,59(2):205-214.

[21] Pavagadhi S,Natera S,Roessner U,et al. Insights into lipidomic perturbations in zebrafish tissues upon exposure to microcystin-LR and microcystin-RR[J]. Environ Sci Technol,2013,47(24):14376-14384.

[22] Rogers ED,Henry TB,Twiner MJ,et al. Global gene expression profiling in larval zebrafish exposed to microcystin-LR and microcystis reveals endocrine disrupting effects of Cyanobacteria[J]. Environ Sci Technol,2011,45(5):1962-1969.

[23] Oziol L,Bouaïcha N. First evidence of estrogenic potential of the cyanobacterial heptotoxins the nodularin-R and the microcystin-LR in cultured mammalian cells[J]. J Hazard Mater,2010,174(1-3):610-615.

[24] 鲁文清.水污染与健康[M].武汉:湖北科学技术出版社,2015.

[25] Lankoff A,Bialczyk J,Dziga D,et al. Inhibition of nucleotide excision repair(NER)by microcystin-LR in CHO-K1 cells[J]. Toxicon,2006,48(8):957-965.

[26] Liu J,Wang H,Wang B,et al. Microcystin-LR promotes proliferation by activating Akt/S6K1 pathway and disordering apoptosis and cell cycle associated proteins phosphorylation in HL7702 cells[J]. Toxicol Lett,2016,240(1):214-225.

[27] Li H,Xie P,Li G,et al. In vivo study on the effects of microcystin extracts on the expression profiles of proto-oncogenes(*c-fos*,*c-jun* and *c-myc*)in liver,kidney and testis of male Wistar rats injected i. v. with toxins[J]. Toxicon,2009,53(1):169-175.

[28] Dong L,Zhang HZ,Duan LJ,et al. Genotoxicity of testiclecell of mice induced by microcystin-LR[J]. Life Sci J,2008,5(1):43-45.

[29] Zhou Y,Xiang Z,Li D,et al. Regulation of microcystin-LR-induced toxicity in mouse spermatogonia by miR-96[J]. Environ Sci Technol,2014,48(11):6383-6390.

[30] Zhou Y,Wang H,Wang C,et al. Roles of miRNAs in microcystin-LR-induced sertoli cell toxicity[J]. Toxicol Appl Pharmacol,2015,287(1):1-8.

[31] 李芝兰,张敬旭.生殖与发育毒理学[M].北京:北京大学医学出版社,2012.

[32] Li G,Xie P,Li H,et al. Acute effects of microcystms on the transcription of 14 glutathione S-transferase isoforms in Wistar rat[J]. Environ Toxicol,2011,26(2):187-194.

[33] Xiong Q,Xie P,Li H,et al. Acute effects of microcystins exposure on the transcription of antioxidant enzyme genes in three organs(liver,kidney,and testis)of male Wistar rats[J]. J Biochem Mol Toxicol,2010,24(6):361-367.

[34] Zhou Y,Yuan J,Wu J,et al. The toxic effects of microcystin-LR on rat spermatogonia in vitro[J]. Toxicol Lett,2012,212(1):48-56.

[35] 余杨.微囊藻毒素 LR 对大鼠睾丸支持细胞 *c-jun*、*c-fos* 基因表达的影响及机制研究[D].重庆:重庆医科大学,2012.

[36] 薛利剑.MC-LR 诱导大鼠睾丸支持细胞凋亡的线粒体-caspase 依赖性途径研究[D].郑州:郑州大学,2015.

[37] 张慧珍,张丰泉,王钧,等.微囊藻毒素-LR 对原代培养的大鼠睾丸支持细胞 SOD 活性及 LDH 漏出率的影响[J].郑州大学学报(医学版),2010,45(6):1013-1015.

[38] 王钧.微囊藻毒素-LR 对大鼠睾丸支持细胞氧化应激的影响[D].郑州:郑州大学,2010.

[39] Xiong X,Zhong A,Xu H. Effect ofcyanotoxins on the hypothalamic-pituitary-gonadal axis in male adult mouse[J]. PLoS One,2014,9(11):e106585.

[40] Wu J,Shao S,Zhou F,et al. Reproductive toxicity on female mice induced by microcystin-LR[J]. Environ Toxicol Pharmacol,2014,37(1):1-6.

[41] 谢平.水生动物体内的微囊藻毒素及其对人类健康的潜在威胁[M].北京:科学出版社,2006.

[42] 郁晞,高红梅,王霞,等.上海市淀山湖水质富营养化状况及常见水生生物体内微囊藻毒素水平[J].环境与职业医学,2015,32(2):136-139.

[43] Wang Q,Xie P,Chen J,et al. Distribution of microcystins in various organs(heart,liver,intestine,gonad,brain,kidney and lung)of Wistar rat via intravenous injection[J]. Toxicon,2008,52(6):721-727.

[44] Zhang D,Xie P,Liu Y,et al. Transfer,distribution and bioaccumulation of microcystins in the aquatic food web in Lake Taihu,China,with potential risks to human health[J]. Sci Total Environ,2009,407(7):2191-2199.

[45] Chen J,Xie P. Seasonal dynamics of the hepatoxic microcystins in various organs of four freshwater bivalves from the large eutrophic lake Taihu of subtropical China and the risk to human consumption[J]. Environ Toxicol,2005,20(6):572-584.

[46] Chen J,Xie P. Tissue distributions and seasonal dynamics of the hepatotoxicmicrocystins-LR and -RR in two freshwater shrimps,*Palaemon modestus* and *Macrobrachium nipponensis*,from a large shallow,eutrophic lake of the subtropical China[J]. Toxicon,2005,45(5):615-625.

[47] Xie L,Yokoyama A,Nakamura K,et al. Accumulation of microcystins in various organs of the freshwater snail Sinotaia histrica and three fishes in a temperate lake,the eutrophic Lake Suwa,Japan[J]. Toxicon,2007,49(5):646-652.

[48] J. Damkova,H. Sedlackova,L. Bandouchova,et al. Effects of cyanobacterial biomass on avian reproduction:a Japanese quail model[J]. Neuro Endocrinol Lett,2009,30 Suppl 1(4):205-210.

[49] 袁明明.微囊藻毒素-LR 长时期低剂量暴露对雌性小鼠生殖功能的影响及其机制研究[D].南京:南京大学,2014.

[50] 侯杰.微囊藻毒素-LR 对斑马鱼生殖和生长发育的影响及其机制[D].武汉:华中农业大学,2017.

[51] 乔琴.从免疫和生殖角度探讨微囊藻毒素对鱼类的致毒效应[D].武汉:华中农业大学,2013.

[52] 杨涛.微囊藻毒素 LR 致大鼠卵巢颗粒细胞氧化损伤及机制探讨[D].福州:福建医科大学,2011.

[53] Lankoff A,Banasik A,Obe G,et al. Effect of microcystin-LR and cyanobacterial extract from Polish reservoir of drinking water on cell cycle progression,mitotic spindle,and apoptosis in CHO-K1 cells[J]. Toxicol Appl Pharmacol,2003,189(3):204-213.

[54] Gacsi M,Antal O,Vasas G,et al. Comparative study of cyanotoxins affecting cytoskeletal and chromatin structures in CHO-K1 cells[J]. Toxicol In Vitro,2009,23(4):710-718.

[55] Y. Li,M. F. Yang,L. J. Xue,et al. The cell cycle arrest induced by MC-LR in Chinese hamster ovary cells[J]. Life Sci J,2014,11(7):866-870.

[56] 易丹,余晓齐,辛红霞,等.微囊藻毒素-LR 对中国仓鼠卵巢细胞中过氧化氢酶活力和丙二醛含量的影响[J].环境与健康杂志,2012,29(1):39-41.

[57] 易丹.微囊藻毒素-LR 对中国仓鼠卵巢细胞的氧化应激和凋亡作用[D].郑州:郑州大学,2012.

[58] 薛利剑,李锦辉,杨明峰,等.N-乙酰半胱氨酸和微囊藻毒素-LR 联合暴露对中国仓鼠卵巢细胞凋亡的影响[J].环境与健康杂志,2013,30(10):879-881.

[59] Xue L,Li J,Li Y,et al. N-acetylcysteine protects Chinese Hamster ovary cells from oxidative injury and apoptosis induced by microcystin-LR[J]. Int J Clin Exp Med,2015,8(4):4911-4921.

[60] Rubinstein AD,Kimchi A. Life in the balance—a mechanistic view of the crosstalk between autophagy and apoptosis[J]. J Cell Sci,2012,125(Pt 22):5259-5268.

［61］ Song S,Tan J,Miao Y,et al. Crosstalk of autophagy and apoptosis:Involvement of the dual role of autophagy under ER stress［J］. J Cell Physiol,2017,232(11):2977-2984.

［62］ Zhang D,Xie P,Liu Y,et al. Bioaccumulation of the hepatotoxic microcystins in various organs of a freshwater snail from a subtropical Chinese lake,Taihu Lake,with dense toxic microcystis blooms［J］. Environ Toxicol Chem,2007,26(1):171-176.

［63］ Chen J,Zhang D,Xie P,et al. Simultaneous determination of microcystin contaminations in various vertebrates(fish,turtle,duck and water bird)from a large eutrophic Chinese lake,Lake Taihu,with toxic microcystis blooms［J］. Sci Total Environ,2009,407(10):3317-3322.

［64］ Wu Q,Yan W,Cheng H,et al. Parental transfer of microcystin-LR induced transgenerational effects of developmental neurotoxicity in zebrafish offspring［J］. Environ Pollut,2017,231(Pt 1):471-478.

［65］ Osswald J,Carvalho AP,Claro J,et al. Effects of cyanobacterial extracts containing anatoxin-a and of pure anatoxin-a on early developmental stages of carp［J］. Ecotoxicol Environ Saf,2009,72(2):473-478.

［66］ Zhao Y,Xiong Q,Xie P. Analysis of microRNA expression in embryonic developmental toxicity induced by MC-RR［J］. PLoS One,2011,6(7):e22676-e22677.

［67］ Li X,Zhang X,Ju J,et al. Maternal repeated oral exposure to microcystin-LR affects neurobehaviors in developing rats［J］. Environ Toxicol Chem,2015,34(1):64-69.

第八章　蓝藻毒素的免疫毒性研究

机体的免疫系统是由免疫器官、免疫细胞和免疫分子组成。其中，根据免疫器官的发生和作用不同将免疫器官分为中枢免疫器官和外周免疫器官。中枢免疫器官是造血干细胞增殖、分化成 T 淋巴细胞和 B 淋巴细胞的场所，主要包括胸腺、骨髓及禽类特有的法氏囊。外周免疫器官是发生免疫反应的重要器官，是成熟淋巴细胞（T 细胞和 B 细胞）定居的场所，主要包括淋巴结、脾脏、扁桃体和阑尾等。免疫分为先天性免疫与获得性免疫两大类，先天性免疫也称为非特异性免疫，获得性免疫也称为特异性免疫。特异性免疫又分为体液免疫和细胞免疫两类，B 细胞是介导体液免疫的细胞，细胞免疫的介导涉及 B 细胞和 T 细胞两大类细胞，但是 T 细胞是反映特异性细胞免疫能力的重要指标。

免疫毒性效应是评估环境污染物危险度的一个重要指标，而且免疫系统和免疫功能的改变可以影响机体的其他生理功能，并与人类和牲畜的致死效应密切相关。现有的研究报告提示，蓝藻毒素可以对免疫系统造成影响，如减少淋巴细胞的扩散、调节吞噬活动、改变自然杀伤细胞的活性及干扰细胞因子的合成。因此，蓝藻毒素对免疫器官、免疫细胞及细胞因子的毒性作用，值得关注和重视。

第一节　蓝藻毒素在免疫系统中的分布

免疫系统的各组分分布于全身，通过各组分之间复杂的相互关系来维持机体的相对稳定。脾脏是机体最大的免疫器官，是机体细胞免疫和体液免疫的中心，含有大量的淋巴细胞和巨噬细胞。当毒物蓄积到脾脏等免疫器官中时，会对其产生严重的损害，进而使机体的免疫系统紊乱。动物实验研究显示，微囊藻毒素可以在脾脏中分布和积累。

以静脉注射的方式将 ^{3}H-MC-LR 注入小鼠体内，同位素跟踪显示，在小鼠脾脏观察到有 0.1% ^{3}H-MC-LR 分布，约 67% 的微囊藻毒素都分布在肝脏中。如果以腹腔注射的方式将 ^{3}H-MC-LR 注入小鼠，发现约 1% ^{3}H-MC-LR 在脾脏中有分布。试验时间可能是影响试验结果的一个重要因素。例如，以同样的方式将 ^{3}H-dhMC-LR 注入大鼠体内半小时后，在脾脏中检测到约 2% 的 ^{3}H-dhMC-LR，但是在肺脏中并没有发现 ^{3}H-dhMC-LR 分布，而 6 h 后，在脾脏中只能检测到 1%，而且与肺脏和心脏的分布量相似。将 ^{125}I-MC-YM 静脉注射到大鼠体内 2 h 及将 ^{3}H-dhMC-LR 静脉注射到大鼠体内 6 h 后，在大鼠脾脏内均未发现有染毒物的分布。在以猪为实验动物的研究中，观察到了类似的试验结果。

用 ELISA 法检测鱼体不同组织中的微囊藻毒素分布情况，发现大部分微囊藻毒素分布在鱼体的肝脏、肾脏及消化道中，在脾脏中虽有分布但含量相对较低。例如，微囊藻毒素在鳙鱼肝脏中的含量最高（$0.094\sim4.641\ \mu g/g$ 干重），其次是胆囊、肠道和肾脏，在脾脏中的分布最低，仅为 $0\sim0.017\ \mu g/g$ 干重。

综上所述，当微囊藻毒素暴露后，尽管在肝脏、肾脏、肠道等组织中分布较多，但在脾脏等免疫器官中也有少量微囊藻毒素的分布。目前关于微囊藻毒素在脾脏以外的免疫器官，如胸腺、淋巴组织等中的分布研究较少，需要开展进一步研究。

第二节　蓝藻毒素对免疫器官的影响

胸腺是机体淋巴细胞分化、发育和成熟的场所，也是机体重要的中枢免疫器官。脾脏是机体最大的免疫器官，占全身淋巴组织总量的 25%，也是机体重要的外周淋巴器官，含有大量的淋巴细胞和巨噬细胞，是机体细胞免疫和体液免疫的中心。脾脏指数和胸腺指数〔器官重量（g）/体重（g）×100〕是反映机体脾脏和胸腺发育程度的一个重要指标。目前蓝藻毒素对免疫器官的损伤研究主要集中于脾脏和胸腺病理学改变。

微囊藻毒素不仅可造成小鼠肝脏充血肿大，肝脏比重增加，而且可导致脾脏肿大，使脾脏系数明显升高，表明微囊藻毒素对脾脏具有一定的毒性。例如，以微囊藻毒素-LR（MC-LR）对小鼠进行急性和亚急性染毒（染毒方式为腹腔注射），发现小鼠的胸腺和脾脏组织发生了组织病理学改变，胸腺皮质变薄、髓质区扩大、皮髓交界模糊；随着剂量的增加，小鼠脾脏的红、白髓质分界模糊，甚至肉眼可见脾小体明显缩小，说明 MC-LR 对胸腺和脾脏等免疫器官有毒性作用。同时，MC-LR 还可以导致小鼠的胸腺体比下降，随着染毒剂量的增加，小鼠胸腺出现显著性萎缩。一个有趣的现象是，虽然高剂量 MC-LR 染毒可以引起脾体比降低，但低剂量染毒却造成小鼠脾脏肿大和脾脏系数的上升。究其原因，可能是低剂量的蓝藻毒素使脾脏产生应激性代偿反应所致，而随着染毒剂量的升高，脾脏指数开始下降，微囊藻毒素对小鼠产生免疫抑制最终使脾脏和胸腺萎缩。

在绝大多数的真骨鱼中，肾、脾是重要的免疫、造血和内分泌器官。因此，在鱼类中肾和脾脏的重量变化也显示其免疫系统可能的损伤情况。研究发现，蓝藻毒素会导致青鳉鱼的脾脏出现组织病变。通过在饲料中添加藻粉来观察蓝藻毒素对鲫鱼免疫器官指数的影响，发现低剂量染毒并未对肾和脾脏指数造成影响，但随着染毒剂量的升高，肾和脾脏指数显著上升，其原因可能是器官发生充血肿胀导致器官的重量增加。

脾脏是斑马鱼唯一的淋巴结状器官，不仅能产生淋巴细胞，而且还参与免疫调节反应。实验研究发现，MC-LR 能够引起斑马鱼脾脏组织充血，造成组织病理损伤，使脾脏组织结构遭到破坏，甚至会导致脾脏的坏死。另外，从内陆湖泊水华中采取微囊藻对泥鳅进行喂饲，发现泥鳅的脾细胞出现明显的损伤，主要表现在脾细胞质发生膨胀和空泡化。

以上研究结果均提示，微囊藻毒素对脾脏和胸腺等免疫器官具有毒性作用，进而影响机体的免疫功能。

第三节　蓝藻毒素对免疫细胞的影响

免疫细胞（immune cell）是参与免疫反应的细胞，包括淋巴细胞和各种吞噬细胞，后者包括单核细胞、中性粒细胞、嗜酸性粒细胞和肥大细胞等，也包括能识别抗原、产生特异性免疫应答的淋巴细胞等。淋巴细胞在机体内广泛分布，是免疫系统的基本成分，主要有 T 淋巴细胞和 B 淋巴细胞。所以，免疫活性细胞特指的是 T 细胞和 B 细胞，此外，还有 K 淋巴细胞和 NK 淋巴细胞。

一、蓝藻毒素对介导体液免疫的细胞的影响

B 细胞来源于骨髓的多能干细胞（淋巴前体细胞），成熟的 B 淋巴细胞主要存在于淋巴结、脾脏和外周血中。B 细胞是机体内唯一能产生抗体的细胞。而抗体存在于体液里，所以 B 细胞的免疫作用也称为"体液免疫"。B 淋巴细胞的主要功能为产生抗体、分泌细胞因子、参与免疫调节，在体液免疫中

有着重要作用。

以 MC-LR 对人类和鸡外周淋巴细胞进行染毒，发现 MC-LR 均会降低 B 细胞的扩散作用，而且存在剂量-效应关系。同时，MC-LR 可以导致 B 淋巴细胞和 T 淋巴细胞增殖的降低，而且 B 淋巴细胞比 T 淋巴细胞更敏感。

国外的研究发现，体外实验中，以 MC-LR 对小鼠脾脏细胞染毒，MC-LR 可以导致 B 淋巴细胞凋亡。在整体染毒实验中，小鼠 B 淋巴细胞出现凋亡。无论是鱼腥藻毒素-a 还是 MC-LR 都会导致小鼠脾脏中的 B 淋巴细胞增殖减少，同时 MC-LR 还导致 B 淋巴细胞凋亡。在对斑马鱼的研究中发现，MC-LR 会导致斑马鱼形态改变并引起淋巴细胞凋亡。

国内的相关研究中，以江苏太湖和福建山仔水库水华微囊藻毒素对小鼠进行整体染毒并分析了其对小鼠免疫功能的影响。微囊藻毒素同样会抑制小鼠 B 淋巴细胞的增殖和抗体的产生，且对小鼠淋巴细胞免疫功能的抑制呈明显的剂量-时间-效应关系。体外试验中，水华微囊藻毒素可以导致小鼠 B 淋巴细胞的刺激指数 SI（B 细胞的增殖效果）下降，B 细胞凋亡率明显升高，表明微囊藻毒素在体外培养下可以对 B 淋巴细胞产生明显的抑制作用，损伤特异性免疫功能。而促进淋巴细胞凋亡或许是降低小鼠淋巴细胞免疫功能的另一原因。

二、蓝藻毒素对介导细胞免疫的细胞的影响

细胞免疫功能在人体抗感染及维持内环境自身稳定中具有极其重要的作用，细胞免疫主要由 T 淋巴细胞来介导。T 细胞即胸腺依赖淋巴细胞（thymus dependent lymphocyte），来源于骨髓的多能干细胞，由胸腺内的淋巴干细胞分化而成，之后被分布到外周淋巴组织中。T 细胞是淋巴细胞的主要组分，也是淋巴细胞中数量最多、功能最复杂的一类细胞，它具有多种生物学功能，不仅可以直接杀伤靶细胞，还能辅助或抑制 B 细胞产生抗体。一般情况下 T 细胞不产生抗体，而是直接起作用，所以 T 细胞介导的免疫作用称为"细胞免疫"。

T 细胞表面有许多重要的膜分子，它们参与 T 细胞识别抗原、活化、增殖、分化及效应功能，T 细胞表面的重要标志包括 CD4、CD8、协同刺激分子及丝裂原结合分子等。根据分化抗原的不同，可以将 T 淋巴细胞分成 CD4+ 和 CD8+ 两个亚群。这两种淋巴细胞亚群凭借相互之间的拮抗作用来调节免疫应答的过程，从而保持免疫功能的平衡。因此，CD4+ 和 CD8+ 两种 T 淋巴细胞的变化也间接反映细胞免疫的变化。

（一）对 T 淋巴细胞的影响

以微囊藻毒素对小鼠进行腹腔注射染毒，发现小鼠 T 淋巴细胞的增殖、转化能力显著下降，表明微囊藻毒素可以抑制机体的细胞免疫功能。以不同剂量的 MC-LR 对人类和鸡外周淋巴细胞进行染毒，发现 MC-LR 同样可以降低 T 细胞的扩散作用。此外，鱼腥藻毒素-a 会导致小鼠脾脏中的 T 淋巴细胞增殖减少。

有趣的是，国内外学者在蓝藻毒素对 B 淋巴细胞和 T 淋巴细胞影响的实验研究中，获得了一些不同的试验结果。Yaqoob 等在体外实验中，发现 MC-LR 虽然可以影响小鼠 B 淋巴细胞和 T 淋巴细胞的功能，但是，MC-LR 染毒后只有 B 淋巴细胞出现凋亡而 T 淋巴细胞却不受影响。而在随后进行的 14 d 整体染毒实验中，发现 MC-LR 染毒虽然导致 B 淋巴细胞和 T 淋巴细胞出现凋亡，但是，相对于 T 淋巴细胞，B 淋巴细胞对 MC-LR 更加敏感。其原因可能是由于 MC-LR 抑制 B 细胞表面的标记物或抑制 B 细胞的生长因子或抑制 B 细胞的受体，而导致 B 淋巴细胞的增殖和分化能力改变，进而影响免疫功能。Anna 等研究结果也表明，MC-LR 对 B 淋巴细胞的抑制作用比对 T 淋巴细胞的要大。

在国内的研究中，MC-LR 在体外培养的条件下，可以导致 T 淋巴细胞的增殖下降。同时，MC-LR 可以降低 T 淋巴细胞的转化率，并抑制 T 淋巴细胞的增殖，但各个剂量组 B 淋巴细胞的增殖指数都要低于 T 淋巴细胞，说明 B 淋巴细胞对微囊藻毒素更易感。上述试验结果的差异，可能与实验条件，包括蓝藻毒素实验样品、体外试验中所选的细胞种属的不同有关，因为不同种属细胞之间的淋巴细胞其易感性可能存在不同。国内的研究中，尚未见有关蓝藻毒素整体动物染毒后对 B 淋巴细胞和 T 淋巴细胞的细胞功能及细胞凋亡的影响结果比较报告，也未见对不同种属实验动物整体染毒后相关试验结果的比较研究报告。因此，相关的实验结论在今后有待进一步的验证。

在以鱼类为受试动物时，也获得了类似的试验结果。Anna 等以 MC-LR 对虹鳟鱼淋巴细胞进行体外染毒，结果发现 MC-LR 可以明显抑制虹鳟鱼的淋巴细胞增殖能力。不仅如此，学者在体外实验也发现高浓度的 MC-LR 可抑制虹鳟淋巴细胞的增殖。此外，通过体外实验发现，MC-LR 会导致鲫鱼淋巴细胞凋亡和坏死。这些研究结果表明蓝藻毒素对鱼类的免疫细胞同样会产生抑制作用。

（二）对 $CD4^+$ 与 $CD8^+$ T 淋巴细胞的影响

CD4 是免疫应答中主要的反应细胞，而 CD8 可以对靶细胞产生细胞介导的细胞毒作用，同时对 CD4 有调节抑制作用。CD4 与 CD8 之间的相互平衡可以维持机体正常的免疫应答。因此，CD4/CD8 比值的大小可以表示机体免疫系统是否正常。$CD4^+$ 与 $CD8^+$ 细胞分别表达 CD4 与 CD8 分子。

给予小鼠腹腔注射一定剂量的 MC-LR，结果发现 MC-LR 可以导致染毒小鼠 $CD4^+$ 百分比明显下降，但是 $CD8^+$ 百分比及 $CD4^+/CD8^+$ 的比值并无显著性变化。体外实验中，通过从福建山仔水库水华暴发的蓝藻中提取微囊藻毒素同样可以造成小鼠外周血中 $CD4^+$ 及 $CD4^+/CD8^+$ 的比值下降，且 $CD4^+$ T 淋巴细胞的百分比显著下降，但是 $CD8^+$ 的百分比不仅未见下降，反而略有升高（只是与对照组相比未见统计学上差异）。上述结果表明，微囊藻毒素不仅可以导致机体免疫应答能力的降低，而且可以使 T 淋巴细胞的表面标志表达异常。相比于 $CD8^+$ 淋巴细胞，$CD4^+$ 淋巴细胞百分比的下降可能是蓝藻毒素影响机体免疫功能的一个相对敏感的指标。

迟发性超敏反应也是机体细胞免疫功能的体现，迟发型超敏反应的细胞主要是 $CD4^+$ T 淋巴细胞。在迟发性超敏反应和半数溶血实验中发现，以福建山仔水库水华暴发的蓝藻中提取微囊藻毒素以腹腔注射的方式对小鼠染毒，可使小鼠的足垫肿胀度和半数溶血值（HC_{50}）显著下降。其他研究也发现，微囊藻毒素可显著抑制绵羊红细胞（SRBC）免疫小鼠的迟发性超敏反应（delayed hypersensitivity，DTH）。

以上研究表明，蓝藻毒素通过不同的途径来影响机体的细胞免疫，抑制 T 淋巴细胞的增殖和生长来影响细胞免疫的功能。

三、蓝藻毒素对非特异性免疫的影响

非特异性免疫是机体在发育和进化过程中逐渐建立起来的一系列天然防御功能，经遗传获得并能传递给下一代。检测非特性免疫功能常用的指标主要是免疫细胞的吞噬和自然杀伤能力。

（一）对巨噬细胞的影响

巨噬细胞在免疫中发挥着重要的作用，不仅参与机体的特异性免疫反应和非特异性免疫反应，而且还是两种免疫反应的联系细胞，具有提高抗原活性、吞噬消化及分泌多种细胞因子等重要功能。巨噬细胞活性和功能的降低，会导致机体免疫功能整体失衡。

国外研究表明，多种蓝藻毒素可以影响巨噬细胞发挥正常生物学功能。

国内学者进行了更多更具体的试验研究工作。在体外试验中，从太湖水华暴发的蓝藻中提取微囊藻毒素并观察分析了其对小鼠免疫功能的影响，发现微囊藻毒素提取物可以降低小鼠腹腔内巨噬细胞的吞噬功能。太湖水华微囊藻细胞裂解液同样可以导致小鼠腹腔巨噬细胞吞噬功能的降低。进一步的试验发现，蓝藻毒素对巨噬细胞吞噬功能的作用呈一定的剂量-效应和时间-效应关系。例如，谢建忠等通过体外实验证实，经微囊藻毒素染毒 24 h 后，各个剂量组小鼠腹腔巨噬细胞的增殖能力并没有发生变化，但是染毒 48 h 之后，高剂量组小鼠巨噬细胞的增殖能力出现了明显下降；染毒 72 h 后，各个剂量组的巨噬细胞的增殖能力均出现显著下降；表明随着染毒时间的延长，微囊藻毒素可以抑制小鼠腹腔巨噬细胞吞噬功能，并且呈现一定的时间-剂量-效应关系。体内试验中，通过腹腔注射相应剂量的 MC-LR 对小鼠连续染毒，结果发现，MC-LR 可以导致小鼠腹腔内的巨噬细胞的吞噬能力显著下降。碳廓清实验结果表明，微囊藻毒素可以使吞噬细胞的吞噬指数显著下降。

为了进一步探讨 MC-LR 对巨噬细胞的影响，国内学者建立了体内和体外两种试验模型，发现两组模型下巨噬细胞的吞噬活性均有明显下降，结果表明 MC-LR 可以显著降低小鼠腹腔巨噬细胞的吞噬活性而且呈一定的剂量-效应关系。由此提示，微囊藻毒素可以抑制小鼠巨噬细胞的吞噬能力而影响其非特异性免疫功能。

除 MC-LR 外，其他蓝藻毒素在以鱼类为受试动物的实验中也获得了类似的试验结果。通过在体外对鲫鱼巨噬细胞进行染毒，发现节球藻毒素可以导致鲫鱼巨噬细胞发生凋亡。近年来，鱼腥藻毒素也被证实能够抑制吞噬细胞的吞噬作用。例如，鱼腥藻毒素会诱导鲫鱼免疫细胞出现"空泡化"，并促使免疫细胞发生凋亡，且呈剂量-效应关系；如果提高染毒剂量，鱼腥藻毒素会直接导致免疫细胞的坏死。

（二）对自然杀伤细胞的影响

自然杀伤细胞（NK 细胞）来源于骨髓淋巴样干细胞，属于非特异性免疫细胞，在非特异性免疫中也发挥着重要的作用，可直接杀伤肿瘤靶细胞及被病毒感染的靶细胞。因此，当 NK 细胞功能受到抑制后，机体的非特异性功能也会受到影响。

国外有文献报道，MC-LR 可以显著降低 NK 细胞对肿瘤靶细胞的杀伤活性。国内的研究发现，福建山仔水库水华中提取的微囊藻毒素可以导致 NK 细胞对肿瘤靶细胞的杀伤活性出现异常，而且随着染毒剂量的增加和染毒时间的延长，NK 细胞的活性抑制作用也逐渐增强，存在明显的时间-剂量-效应关系。这表明山仔水库水华微囊藻毒素可对小鼠 NK 细胞造成直接的损伤，降低 NK 细胞的活性，抑制机体的非特异免疫功能进而增加机体产生肿瘤和感染的机会。体内动物试验结果也证明，MC-LR 可以显著降低 NK 细胞的杀伤活性，并提示 MC-LR 可以造成机体 NK 细胞损伤，影响其抗感染和抗肿瘤的功能。

第四节　蓝藻毒素对细胞因子的影响

细胞因子是重要的免疫因子，由免疫细胞和某些非免疫细胞经刺激而合成、分泌的一类具有广泛生物学活性的低分子量的可溶性蛋白质，它们不仅可以刺激免疫细胞的分化，而且在免疫系统的个体发育和维持免疫系统的稳定性中发挥着重要的作用。包括淋巴细胞产生的淋巴因子、单核细胞产生的单核因子及各种生长因子，如白细胞介素（interleukin，IL）、干扰素（interferon，IFN）、肿瘤坏死因子（tumor necrosis factor，TNF）、集落刺激因子（colony stimulating factor，CSF）等。

细胞因子大多数都是小分子的多肽，在较低浓度下就会有生物学活性，通过结合细胞表面的受体而使细胞发生功能变化。细胞因子可以以多种形式发挥其功能，细胞因子间可通过合成分泌的相互调节、受体表达的相互控制、生物学效应的相互影响组成复杂的细胞因子网络。因此，机体内细胞因子的变化水平也间接反映机体的免疫损伤程度。

一、对白细胞介素（IL）的影响

IL-1、IL-6 是促炎症细胞因子，能够促进 B 淋巴细胞的增殖和抗体分泌；IL-8 是中性粒细胞趋化因子。IL-2 是 T 细胞主要的自分泌因子，IL-2 可以促进 T 细胞的增殖和激活 NK 细胞，也可以促进 T 细胞产生 IFN-γ。IL-2 还可以促进活化 B 细胞增生及抗体的产生。因此，IL-2 对淋巴细胞的免疫功能起到重要的调节作用。

在对哺乳动物免疫细胞作用的研究中表明，蓝藻毒素能够影响细胞因子 IL-1β、IL-2、IL-4、IL-6、IL-10 等细胞因子的释放。国外有研究报道，微囊藻毒素能够以一定的受体途径进入到脾淋巴细胞，并通过影响 IL-2 的 mRNA 表达的稳定性来降低淋巴细胞的免疫功能。低剂量的微囊藻毒素可以使 IL-2 的分泌量升高，而高剂量的蓝藻毒素则可以导致 IL-2 的浓度下降，而且蓝藻毒素影响 IL-2 和 IL-6 的表达存在时间-剂量关系。同时，经微囊藻毒素染毒的小鼠的脾脏和胸腺中 IL-2 的基因表达量下降。这些研究结果与国内相关的研究结果基本一致，说明微囊藻毒素可能会通过抑制 IL-2 的产生来影响对淋巴细胞的免疫调节作用，降低淋巴细胞的免疫功能使机体出现免疫毒性症状。

此外，蓝藻粗提取物可以显著抑制小鼠细胞因子 IL-1β、IL-4、IL-2 的 mRNA 表达水平，但是未见对 IL-6 的 mRNA 表达水平产生影响。

以蓝藻毒素对兔进行腹腔注射染毒，研究结果发现，蓝藻毒素低剂量染毒组中细胞因子 IL-4、IL-3、IL-6 在染毒 12 h 后含量达到最高，在染毒 24 h 后含量逐渐下降；在高剂量染毒组中，染毒 3 h 后，大部分的细胞因子都已检测不到，说明随着染毒剂量的增加和染毒时间的延长，MC-LR 都会影响细胞因子的产生。

二、对干扰素（IFN）和肿瘤坏死因子（TNF）的影响

IFN 分为两型，Ⅰ型 IFN 包括 IFN-α、IFN-β 和 IFN-ε；Ⅱ型 IFN 即 IFN-γ。IFN-α 除了具有抗病毒和抗肿瘤作用外，还具有很强的免疫调节作用，能增强巨噬细胞的吞噬功能。IFN-γ 可以直接激活巨噬细胞和 NK 细胞，也可以抑制 IL-4、IL-5、IL-6、IL-10 等细胞因子的分泌，下调体液免疫的功能。

TNF 分为 TNF-α 和 TNF-β，其中 TNF-α 是高活性的促炎症细胞因子，可以促进巨噬细胞的吞噬功能，也能杀伤肿瘤等。

有研究表明，MC-LR 会影响 TNF-α、IFN-γ 等细胞因子的释放，也会影响吞噬细胞中一氧化氮合酶的活性，而且会降低 TNF-α 和 IFN-γ 等细胞因子的释放，从而降低机体的防御功能抑制机体的免疫功能。进一步的研究表明，MC-LR 可以通过降低细胞因子 mRNA 的表达抑制巨噬细胞产生 NO 的量及其巨噬细胞诱导的 iNOS、IL-1β、TNF-α、GM—CSF 和 IFN-γ 等细胞因子的产生。

其他种类的蓝藻毒素也可以影响 TNF-α 等细胞因子的释放，如通过对小鼠喂饲蓝藻粉或者注射蓝藻毒素，发现蓝藻毒素同样可以影响小鼠体内 TNF-α、IL-1β、IL-4、IL-2 等多种免疫因子的表达，使小鼠的免疫调节功能受到严重的影响。通过研究蓝藻粗提取物对小鼠细胞因子表达的影响，发现 TNF-α mRNA 的表达水平明显受到抑制。

以腹腔注射的方式对小鼠 MC-LR 染毒后发现，MC-LR 可以导致小鼠血清中 IL-6、TNF-α 及 IL-10 浓度的改变，并随着染毒剂量的增加，小鼠血清中 IL-6 的含量也随之显著增加，而 TNF-α 的含量呈现下降趋势；血清中 IL-10 的含量则没有观察到显著性的变化。同时，在体外试验研究中，发现 MC-LR 能够导致巨噬细胞中白介素 1（IL-1）和 TNF-α 的显著改变，并存在剂量效应关系。此外，蓝藻毒

素刺激细胞因子诱导的中性粒细胞化学引诱物（CINC）-2αβ 从小鼠中性粒细胞中释放。体外试验中，由于使用的细胞种类不同，导致的实验结果也存在一定的差异。例如，Rocha 的研究表明，MC-LR 能够刺激兔腹腔巨噬细胞中 IL-1β 和 TNF-α 的合成并导致表达水平的上升，而 Lankoff 等发现 MC-LR 可以抑制人类和鸡血淋巴细胞中 IL-2 及 IL-4 的合成而导致表达水平的下降，并且会诱导细胞发生凋亡和坏死。将人类中性粒细胞分别暴露于 MC-LR、MC-YR 和 MC-LR 中，发现均可以导致 IL-8 含量的显著升高，而以含有 MC-LR 的蓝藻提取物和纯 MC-LR 对小鼠巨噬细胞进行体外染毒，也会导致 IL-1β 和 TNF-α 的含量下降，同时检测到两者的 mRNA 表达水平也显著下降。

染毒时间也是影响实验结果的一个重要因素。微囊藻毒素低剂量染毒组中细胞因子 IFN-α、IFN-γ 在染毒 12 h 内的含量会逐渐增加，并在染毒 12 h 后含量达到最高，24 h 后含量逐渐下降；在高剂量染毒组中，3 h 后，已检测不到 IFN-α、IFN-γ，说明染毒剂量的增加和染毒时间的延长都会影响 MC-LR 对 IFN-α、IFN-γ 的产生。

水生物也是常用来研究蓝藻毒素对细胞因子影响的受试动物，如鱼类的免疫系统可以分泌多种细胞因子来参与鱼体的特异性与非特异性免疫，加上生理结构和构成简单、遗传背景清楚，因此在实验研究中尤其在分子毒理学机制方面的研究具有一定的优势。将斑马鱼暴露在不同浓度的 MC-LR 中 30 d 后，发现 IFN-1、TNF-α、IL-1β、IL-8、TGFβ 的转录水平都出现了不同程度的改变。IFN-1 在高剂量染毒组中的转录水平明显增加，IL-8 的转录水平也是在最高剂量染毒组中显著增加，IL-1β 和 TNF-α 的表达水平只在低剂量时增加，TGFβ 的转录水平在中高剂量染毒组中都有明显升高。而且，微囊藻毒素会使 TNF-α mRNA 的表达明显下降，血清中的含量也明显降低。

草鱼经 MC-LR 染毒处理之后，在肾中观察 IL-1β 的表达受到了明显的抑制作用，而且在染毒的第 4 d 抑制效果达到最大；脾脏中 IL-1β 在染毒的 1 d、2 d、4 d 的时间段中表达受到抑制，但在其他的时间段表达上调。这一结果说明 MC-LR 对 IL-1β 表达的影响在不同的组织器官中都可能产生不同的影响，且这种影响可能与 MC-LR 暴露的剂量有关。在肾中 TNF-α 的表达量在染毒的各个时间段都受到了抑制，而在脾脏中的表达量则在染毒第 21 d 时受到的抑制程度最大。受微囊藻毒素刺激后，不同物种间 TNF-α 的表达量有明显的差异但造成差异的原因目前还尚不清楚。IFN-1 在染毒的各个时间段表达都受到了抑制，在肾中的抑制程度高于脾脏。鱼腥藻毒素可以造成鲫鱼免疫细胞内 TNF-α mRNA 的水平下降，且呈明显的剂量-效应关系。

蓝藻毒素对细胞因子的影响存在多向性，如国外 Rymuszka 等的实验研究发现，鱼腥藻毒素-a 可使 IL-1β 的含量和表达水平升高，却抑制 TNF-α mRNA 的表达水平。其相关作用机制有待于进一步探讨。

综上所述，不同种类的蓝藻毒素均可以导致不同细胞因子的含量和表达水平的改变。相关的实验结果汇总见表 8-1。

表 8-1　蓝藻毒素对免疫细胞和免疫器官的影响

物种	组织样本	蓝藻毒素种类	染毒方式和剂量	效应
鲤鱼，白鲢鱼	全血	商品化 MC-LR；蓝绿藻	腹腔注射 400 μg/kg 体重；口服，3 μg/kg、300 μg/kg、600 μg/kg、1 200 μg/kg 体重	白细胞总数、白细胞比容及巨噬细胞的活力下降
鲫鱼	肾，脾脏	商品化 MC-LR，MC-RR	体外试验，染毒剂量分别为 1 nmol/L、5 nmol/L、0 nmol/L	淋巴细胞凋亡

续表

物种	组织样本	蓝藻毒素种类	染毒方式和剂量	效应
虹鳟鱼	全血,头肾,脾脏	商品化 MC-LR	体外试验,染毒剂量分别为 1 μg/mL、5 μg/mL、10 μg/mL、20 μg/mL、40 μg/mL	淋巴细胞数目减少,调节淋巴细胞的增殖
虹鳟鱼	全血,头肾,脾脏	商品化 MC-LR	体外 1 μg/mL、5 μg/mL、10 μg/mL、20 μg/mL	吞噬细胞的生存能力下降,调节 RBA 和吞噬细胞的活力
草鱼	头肾,脾脏	商品化 MC-LR	腹腔注射 50 μg/kg 体重	脾脏中的白细胞凋亡
河鳕鱼	头肾	商品化 MC-LR	体外试验,染毒剂量分别为 0.05 μg/mL、0.5 μg/mL、5 μg/mL	对粒细胞或淋巴细胞的数目及淋巴细胞的增殖指数没有影响,但是会增强吞噬作用
鲤鱼	全血	天然的蓝藻	体内试验,染毒剂量分别为 1 μg/L、3 μg/L、13 μg/L	白细胞数目减少,抑制吞噬作用
小鼠	胸腺	鱼腥藻提取物;商品化鱼腥藻毒素-A	体外试验,染毒剂量分别为 10～50 μg/mL,1～10 μg/mL	产生胸腺细胞毒性及胸腺细胞的凋亡,ROS 的产生
大鼠	脾脏,胸腺	MC-LR、MC-YR、节球藻毒素	体外试验,染毒剂量分别为 0.1 μmol/L、1 μmol/L、10 μmol/L、50 μmol/L 腹腔注射,染毒剂量分别为 1 μg/mL、10 μg/mL、50 μg/mL	抑制 ConA 诱导的多克隆抗体的形成和 LPS 诱导的淋巴组织的增生,导致 IL-2 mRNA 的稳定性下降和 T 细胞依赖 AFC 反应下降
大鼠	脾脏,胸腺	节球藻毒素提取物	体外试验,染毒剂量分别从 0.01 到50 μmol/L	抑制 ConA 诱导的淋巴细胞增殖作用
大鼠	脾脏,胸腺	含有微囊藻毒素的蓝藻提取物	腹腔注射,染毒剂量分别为 4.97 μg/kg、9.94 μg/kg、19.88 μg/kg	抑制吞噬作用及 LPS 诱导的淋巴细胞增殖,但对 ConA 诱导的淋巴细胞增殖作用未见影响
大鼠	腹腔巨噬细胞	商品化 MC-LR	体外试验,染毒剂量分别为 1 nmol/L、10 nmol/L、100 nmol/L、1 000 nmol/L	抑制 iNOSmRNA 的水平,下调促炎症细胞因子 IL-1β 和 TNF-α 的水平,GM-CSF 和 INF-γ 的 mRNA 水平下降
大鼠	脾脏	蓝藻毒素精提取物	腹腔注射,染毒剂量分别为 7 μg/kg、14 μg/kg、24 μg/kg、36 μg/kg 体重	TNF-α、IL-1β、IL-2 和 IL-4 的水平下降
大鼠	脾脏	商品化 MC-LR,商品化鱼腥藻毒素-A	体外试验,染毒剂量分别为 7.5 μg/mL、0.1 μg/mL	脾细胞的生存力降低,B 细胞凋亡,鱼腥藻毒素-A 影响 B 和 T 淋巴细胞
大白兔	巨噬细胞	商品化 MC-LR	体外试验,染毒剂量分别为 0.1 μg/mL、0.3 μg/mL、1 μg/mL	刺激 TNF-α 和 IL-1β 的合成

续表

物种	组织样本	蓝藻毒素种类	染毒方式和剂量	效应
人类	全血	商品化 MC-LR	体外试验,染毒剂量分别为 10 μg/L	导致 PMN 的凋亡增加,导致 ROS 的产生和吞噬作用有轻微的变化,对细胞因子的产生没有影响
人类	全血	商品化 MC-LR,[Asp3]-MC-LR(标记物)	体外试验,染毒剂量分别为 0.1 nmol/L、1 nmol/L、10 nmol/L、1 000 nmol/L	导致中性粒细胞的迁移增加和吞噬作用增强
人类	全血	含有 MC-LR 的蓝藻提取物	体外试验,染毒剂量分别为 250 nmol/L、500 nmol/L、750 nmol/L、1 000 nmol/L	改变细胞凋亡的形态学特征
人类	全血	商品化 MC-LR,MC-LA,MC-YR	体外试验,染毒剂量分别为 1 nmol/L、10 nmol/L、100 nmol/L、1 000 nmol/L	导致 IL-8、CINC-2αβ 的含量增加,细胞外 ROS 的含量增加
人类 鸡	淋巴细胞	商品化 MC-LR	体外试验,染毒剂量分别为 1 μg/mL、10 μg/mL、25 μg/mL	淋巴细胞的增殖下降,导致凋亡和坏死的细胞增多
人类	淋巴细胞	商品化 MC-LR	体外试验,染毒剂量分别为 1 μg/mL、10 μg/mL、25 μg/mL	淋巴细胞 DNA 损伤
人类	PMNs	商品化 MC-LR,节球藻毒素提取物	体外试验,染毒剂量分别从 0.01 到 1 nmol/L	影响 PMNs 的早期和晚期黏附作用

注:引自:Rymuszka A,Sieroslawska A,The immunotoxic and nephrotoxic influence of cyanotoxins to vertebrates[J]. Centr-Eur J Immun,2009,34(2):129-136.

第五节　蓝藻毒素的免疫毒性机制

大量研究表明,微囊藻毒素能够对机体的免疫系统产生明显的毒性,但是导致免疫毒性的主要机制及免疫效应目前还尚未明确。

一、抑制蛋白磷酸酶

抑制蛋白磷酸酶 PP1 和 PP2A 的活性是微囊藻毒素毒作用的一个重要机制,导致细胞内一系列生理、生化反应出现紊乱进而造成一系列的病理生理变化。例如,微囊藻毒素可以通过抑制 PP1/PP2A 的活性对肝脏组织、肝细胞形态及细胞骨架结构造成损伤,并导致细胞骨架的改变,脂质过氧化、氧化应激和凋亡等一系列级联放大反应的发生。

有研究指出,微囊藻毒素通过抑制 PP1/PP2A 的活性,干扰细胞正常的生长周期进而抑制淋巴细胞的增殖,使机体产生免疫毒性。微囊藻毒素可以与蛋白磷酸酶中丝氨酸/苏氨酸的亚基共价结合,抑制蛋白酶的活性导致去磷酸化的水平下降,细胞内蛋白磷酸化和去磷酸化的调节失调,调节细胞周期的调节因子也失去活性,使细胞周期停止进而会抑制淋巴细胞的增殖。

二、诱导氧化损伤作用

正常情况下，生物体内有一套完整的抗氧化体系来维持生物体内自由基的代谢平衡，保护组织细胞免受应激性氧化损伤。某些膜相关的信号转导对氧化应激非常敏感，在维持免疫细胞的正常功能等方面可能发挥着重要的作用。因而，在一定程度上，当机体的抗氧化作用失衡时，机体的免疫应答反应就会下降。在动物和人群实验中均表明，氧化和抗氧化水平的平衡对维持免疫细胞正常的功能非常重要。

有研究证明，诱导氧化应激可能是微囊藻毒素导致免疫毒性的重要机制之一。

体外试验结果表明，微囊藻毒素可以造成小鼠脾脏淋巴细胞 SOD 和 GSH-PX 的含量显著下降，而且与免疫功能的下降呈正相关。由此提示，微囊藻毒素可以导致脾脏淋巴细胞的氧化水平升高从而产生免疫抑制作用。有趣的是，MC-LR 对巨噬细胞内 ROS 的影响结果发现，MC-LR 可以使腹腔巨噬细胞内的 ROS 水平下降，并且随着染毒剂量的增加，MC-LR 对巨噬细胞内 ROS 的抑制作用逐渐增强。细胞内 ROS 的水平也是反映巨噬细胞功能的指标之一，在机体免疫防御的过程中，巨噬细胞通过产生一定量的 ROS 来消灭病原微生物。此研究结果说明，巨噬细胞内氧化平衡被破坏，会造成巨噬细胞的吞噬功能下降从而影响机体的免疫功能。

节球藻毒素对草鱼巨噬细胞的作用机制研究结果发现，随着浓度升高，草鱼巨噬细胞内的 ROS 水平也显著增加，表明节球藻毒素会刺激巨噬细胞中自由基的产生导致巨噬细胞发生氧化应激反应，此外巨噬细胞内 MDA 的水平也出现同样的变化趋势。节球藻毒素对草鱼巨噬细胞内 SOD 的活性造成抑制，使 SOD 不能发挥其相应的功能，对节球藻毒素引起的氧化应激和脂质过氧化反应不能有效地缓解，继而会激发线粒体凋亡通路，最终会导致巨噬细胞的凋亡。

经微囊藻毒素染毒后，在鱼类的淋巴细胞中同样观察到 ROS 的产生，使淋巴细胞受到氧化应激损伤影响鱼体的免疫功能。Paual 在人体的中性粒细胞中也发现，经微囊藻毒素暴露后，中性粒细胞内的 ROS 生成量也增多，从而影响其进一步发挥免疫功能。综合来看，微囊藻毒素会诱导免疫细胞中 ROS 的产生逐渐形成了一种共识，对免疫细胞发挥其相应的免疫防御功能造成影响，抑制机体的免疫系统，造成免疫毒性。但是，对于微囊藻毒素促使 ROS 形成的具体途径，目前有关的文献报道较少。因此，还需进一步的研究探讨。

蓝藻毒素如微囊藻毒素或节球藻毒素产生毒性作用的主要机制是抑制 PP1/PP2A，打破了体内磷酸化的平衡，这也许是导致 ROS 生成的原因。有研究发现在鱼体内，相对于 ROS 含量的增加，钙离子的增加会更早出现，而且 PP1 和 PP2A 也会调节细胞离子的稳定性，包括对钙离子通道的调节。因此，有学者认为，微囊藻毒素可能通过与 PP1 和 PP2A 的结合抑制了酶的活性进而对钙离子通道的调节失去作用，是钙离子释放增加进而影响 ROS 的生成。

三、破坏细胞骨架

细胞骨架由微管、微丝和中间纤维组成，不仅可以维持细胞的形态及细胞内部结构的稳定性，而且还可以参与多种重要的生命活动，如控制细胞的运动性、维持细胞的形态和组织稳定性、控制细胞的增殖和死亡及调控细胞内的物质运输等。

藻毒素通过与 PP1 和 PP2A 的活性中心形成牢固的共价结合，而不可逆地抑制酶活性，从而造成细胞内一系列生化反应的紊乱，导致胞质中的蛋白和细胞骨架蛋白被高度磷酸化。吞噬作用是一种肌动蛋白依赖的过程，在人和大鼠肝细胞培养的原代细胞中微囊藻毒素会导致微丝的瓦解；在非肝细胞中，吞噬细胞暴露蓝藻毒素后，会使肌动蛋白细胞骨架的结构瓦解。此外，该肌动蛋白相关的蛋白质磷酸化增加，如黏附斑蛋白或踝蛋白，可能导致微丝结合到细胞膜的过程中发生变化。在几乎所有类型的细胞作为受试细胞进行体外试验研究时发现，MC-LR引发的肌动蛋白细胞骨架变化发生在中间丝和微管的重组之前。例如，有学者发现微囊藻毒素会导致角蛋白18和角蛋白8的高度磷酸化，而角蛋白18和角蛋白8是构成中间丝蛋白的基本蛋白质，这表明，微囊藻毒素进入细胞后可能通过直接绑定到微管蛋白的半胱氨酸残基上使微管细胞骨架结构瓦解而破坏微管，这种现象在某种程度上解释了细胞经微囊藻毒素染毒后出现微管严重丢失的原因。在人类中性粒细胞染毒24 h后，MC-LR浓度上升到10 ng/mL，细胞活力或吞噬作用并没有发生影响。相反，在细胞接触1～1 000 nmol/L的MC-LR 4 h后，随着MC-LR浓度增加小鼠腹膜巨噬细胞的吞噬作用受到抑制。鲤鱼和鲢鱼在早期慢性接触从蓝藻中提取的微囊藻毒素，可以导致血液中白细胞的吞噬活性显著下降。其作用机制可能是微囊藻毒素通过影响细胞骨架的稳态，使吞噬细胞的吞噬功能受到影响，藻毒素进入机体对免疫细胞造成损伤，使机体的免疫功能下降，产生免疫毒性。

四、诱导免疫细胞凋亡

凋亡是细胞为了维护机体内环境的稳定，由基因控制的程序性死亡的过程。细胞凋亡在生物体的生命活动中是不可缺少的，贯穿于生物体的整个生命周期中，若细胞凋亡发生障碍或失去控制就会导致多种疾病的发生。多种类型的蓝藻毒素均可以诱导生物体内细胞的凋亡而影响相应器官的功能和活性。肝、肾、脾及免疫系统等都会受到蓝藻毒素所导致的凋亡作用影响。

细胞凋亡在T、B细胞的分化和发育过程中起着非常重要的调节作用，但是T、B细胞的过度凋亡会引起细胞免疫功能的下降，导致机体出现各种免疫功能紊乱。经微囊藻毒素染毒后，小鼠淋巴细胞的体积变小、形态不规则且细胞碎片增多，淋巴细胞的数目明显减少。因此，认为微囊藻毒素可能是通过诱导淋巴细胞发生凋亡或坏死使淋巴细胞数量减少，抑制淋巴细胞的增殖，对机体的免疫功能产生抑制作用。在体外试验中，发现高浓度的微囊藻毒素使小鼠淋巴细胞的凋亡率显著上升。甚至导致淋巴细胞的坏死。

大量研究表明，免疫细胞的凋亡是蓝藻毒素对鱼体免疫毒性的主要机理。研究发现，水体中的节球藻毒素会作用于鱼的巨噬细胞，最终会导致巨噬细胞的凋亡，但是这种细胞凋亡是由于巨噬细胞接触到节球藻毒素后造成细胞内的氧化应激加剧，GSH的解毒能力降低从而导致巨噬细胞的凋亡。同样，有研究发现蓝藻毒素可以引起鲫鱼淋巴细胞的凋亡。

鱼腥藻毒素可诱导免疫细胞内产生大量的活性氧，细胞会发生凋亡，但是目前鱼腥藻毒素诱导鲫鱼免疫细胞发生凋亡的具体机制仍不清楚。国内学者认为，鱼腥藻毒素可诱导鲫鱼的免疫细胞发生凋亡且与线粒体的凋亡通路有关。在柱胞藻毒素对草鱼的免疫毒性研究中发现，草鱼淋巴细胞暴露在柱胞藻毒素中，染毒12 h和24 h后草鱼淋巴细胞的凋亡率呈现明显的剂量-效应关系，高剂量组凋亡率的增加与草鱼淋巴细胞活性的明显降低有显著的相关性，表明细胞凋亡可能是柱胞藻毒素诱导草鱼淋巴细胞毒性的主要机制。

许多研究结果显示，蓝藻毒素在诱导细胞凋亡的过程中常常伴随着氧化应激的产生。氧化应激产物的增加使得凋亡通路下游的蛋白酶被活化导致凋亡。但是，细胞凋亡是一个复杂的过程。因此，蓝藻毒素导致细胞凋亡的机制还需进一步的研究。

五、诱发DNA损伤

微囊藻毒素侵入机体后，可能会直接攻击DNA并干扰细胞内DNA的自动修复，导致细胞DNA的损伤。微囊藻毒素侵入机体后，基于抑制PP2A和产生ROS这两种生理过程，通过诱导DNA突变、损伤DNA结构、抑制DNA修复这3种方式诱发DNA损伤。国外学者的研究发现，微囊藻毒素可以诱导人体淋巴细胞染色体断裂并且呈现剂量相关性，还有研究表明 MC-LR 会导致人体血淋巴细胞的凋亡和 DNA 链的断裂现象。柱胞藻毒素可以使草鱼淋巴细胞基因组 DNA 发生"阶梯状"片段化，说明柱胞藻毒素对草鱼淋巴细胞 DNA 具有强烈的损伤效应。利用彗星测试技术在单细胞水平上观察 MC-LR 对大鼠外周淋巴细胞 DNA 的损伤效应，发现不同剂量的 MC-LR 均可以引起大鼠淋巴细胞 DNA 的损伤，在停止染毒 MC-LR 后 DNA 损伤就会很快得到修复。

MC-LR 导致 DNA 的损伤与细胞内 ROS 的产生及线粒体的改变有一定的关系，但是细胞内活性氧的增加还会影响细胞内 DNA 修复基因的功能。因此，MC-LR 的毒性机理是一个十分复杂的过程。国内相关的研究发现，大鼠经口摄入 MC-LR 后，外周血液中淋巴细胞的 DNA 受到损伤，并且染毒浓度越高 DNA 损伤的程度越高；而且随着染毒剂量的增加 DNA 的迁移长度也会延长，并呈现出剂量-效应关系。有关研究也表明，腹腔注射或灌胃 MC-LR 均可引起大鼠外周血淋巴细胞中的 DNA 迁移长度增加。

MC-LR 引起 DNA 损伤的机制尚未完全明确，有的研究指出 MC-LR 不仅抑制 PP1 和 PP2A 的活性，还可以与 ATP 合成酶的 β-亚基结合形成加合物，启动线粒体的凋亡。国外有学者提出 ROS 在 DNA 的损伤中起到非常重要的作用，活性氧可以攻击多不饱和脂肪酸启动脂质过氧化反应，活性氧和脂质过氧化反应产生的自由基会导致 DNA 的损伤，造成 DNA 单链的断裂。有研究证实，MC-LR 和 MC-RR 能导致鲫鱼淋巴细胞内的 DNA 造成损伤，细胞内的 DNA 在损伤后会导致大量蛋白质的产生来修复被损伤的 DNA，如果损伤不能被修复，细胞则会启动凋亡程序。因此，有学者认为 MC-LR 和 MC-RR 快速诱导鲫鱼淋巴细胞凋亡应该是通过损伤淋巴细胞 DNA 而引起的。这些毒作用机制及相互之间的关系如图 8-1 所示。

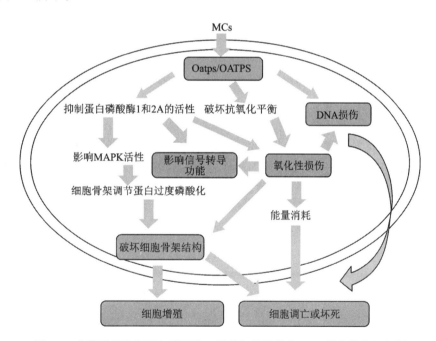

图 8-1　蓝藻毒素抑制蛋白磷酸酶、诱导氧化损伤和 DNA 损伤的作用机制

引自：国晓春，卢少勇，谢平，等. 微囊藻毒素的环境暴露、毒性和毒性作用机制研究进展［J］. 生态毒理学报，2016，11（3）：61-71.

第六节　总结与展望

一、总结

蓝藻毒素进入机体后,主要在肝脏、肾脏、肠道等组织中分布较多,但在脾脏等免疫器官中也有少量分布,其对脾脏和胸腺等免疫器官具有毒性作用,进而会影响机体的免疫功能。而蓝藻毒素对免疫器官的损伤研究主要集中于脾脏和胸腺病理学改变。微囊藻毒素可以导致参与机体免疫反应的 T 淋巴细胞和 B 淋巴细胞的细胞增殖和活性的降低,从而降低细胞免疫功能。微囊藻毒素还能造成巨噬细胞和 NK 细胞活性和功能的降低,甚至细胞损伤,影响机体抗感染和抗肿瘤的功能。此外,微囊藻毒素还能影响白细胞介素、干扰素、肿瘤坏死因子和集落刺激因子等细胞因子的生物活性和功能。因此,现有的试验数据基本证实,不同种类的有毒藻类及其蓝藻毒素可以导致免疫系统的毒性效应和损伤。其中研究最多的是微囊藻毒素。

微囊藻毒素导致的免疫毒性的主要机制包括抑制蛋白磷酸酶的活性,诱导氧化损伤作用、免疫细胞凋亡和 DNA 损伤,以及破坏免疫细胞骨架等方面,确切的毒作用机制目前还尚未明确,有待于进一步的研究。

目前的实验研究大多集中于蓝藻毒素对免疫器官和免疫细胞的影响,但是蓝藻毒素对免疫功能的影响还缺乏更多具体的试验数据。此外,由于实验模型多采用体外试验,以及受试细胞种类的不同,实验结果存在一定的差异和不确定性。

二、展望

免疫系统对生物体来说至关重要,免疫功能的改变可以导致机体其他生理功能和生物学的改变。蓝藻毒素可以导致肝脏、肾脏、生殖和神经等器官系统的毒性损伤。因此,蓝藻毒素对免疫系统的损伤作用与其所致的其他脏器毒性效应之间是否存在关联性值得进一步的关注。

MC-LR 是淡水蓝藻毒素中较常见且毒性较强的一种。其对机体的毒性作用主要集中在对肝脏的损伤及对肿瘤的促进作用,而免疫器官和免疫细胞的结构和功能改变与肿瘤的发生乃至最终导致人类和牲畜的致死效应密切相关。因此,MC-LR 促进肝肿瘤发生的进程中是否会先期导致免疫系统和功能的改变,是否存在生物标志物的改变,以及在实际的预防工作中能否通过对免疫系统和功能的保护以达到预防和减缓蓝藻毒素所致肝肿瘤的发生。

目前采用的动物模型多为小鼠等哺乳动物和鱼类等水生动物,在今后的研究工作中可否考虑引进其他的模式生物,如结构简单、操作易行、遗传背景清楚的秀丽隐杆线虫,这将有助于快速监测及毒作用机制的研究。

最重要的是,目前有关蓝藻和/或蓝藻毒素与免疫损伤相关的人群流行病资料极少,不能为阐述蓝藻毒素和免疫损伤之间的关系提供更直接有价值的证据。因此,开展相关的人群研究,包括临床分析研究和人群流行病调查,应该是今后科研工作者的主要任务之一。

（尹立红　李云晖　孙蓉丽）

参 考 文 献

[1]　Dietrich D,Hoeger S. Guidance values for microcystins in water and cyanobacterial supplement products(blue-green algal supplements):a reasonable or misguided approach[J]. Toxicol Appl Pharmacol,2005,203(3):273-289.

［2］　李嗣新.微囊藻毒素的生态学和毒理学研究［D］.北京：中国科学院，2007.

［3］　谢建忠，曾毅丹，汪家梨，等.微囊藻毒素对小鼠免疫功能的影响［J］.海峡预防医学杂志，2006，12（1）：10-12.

［4］　陈铁晖，谢建忠，汪家梨，等.福建水华微囊藻毒素免疫毒性整体动物试验［J］.毒理学杂志，2010，24（2）：148-149.

［5］　Lone Y，Bhide M，Koiri RK. Microcystin-LR induced immunotoxicity in mammals［J］. J Toxicol，2016（2）：8048125-8048126.

［6］　隗黎丽.微囊藻毒素-LR 对草鱼和斑马鱼免疫基因表达及草鱼免疫器官超微结构的影响［D］.武汉：华中农业大学，2008.

［7］　李效宇，王莹，李真爱.口服微囊藻对泥鳅的亚急性毒性效应［J］.河南师范大学学报，2008，36（1）：92-95.

［8］　Lankoff A，Carmichael WW，Grasman KA，et al. The uptake kinetics and immunotoxic effects of microcystin-LR in human and chicken peripheral blood lymphocytes in vitro［J］. Toxicol，2004，204（1）：23-40.

［9］　王丹丹.鱼腥藻毒素（ANTX-a）诱导鲫鱼免疫细胞毒效应及机理研究［D］.杭州：杭州师范大学，2016.

［10］　陈传悦.微囊藻毒素 microcystin-LR 对斑马鱼组织病理损伤和免疫调节的影响［D］.武汉：华中农业大学，2016.

［11］　林祥吉.山仔水华微囊藻毒素对小鼠淋巴细胞免疫功能的影响及其机理研究［D］.福州：福建医科大学，2007.

［12］　陈铁晖，谢建忠，陈华.福建水华微囊藻毒素对小鼠免疫细胞影响的体外实验研究［J］.海峡预防医学杂志，2008，14（6）：3-5.

［13］　Tenava I，Maladenov R，Popov N，et al. Cytotoxicity and apoptotic effects of microcystin-LR and anatoxin-a in mouse lymphocytes［J］. Folia Biol，2005，51（3）：62-67.

［14］　Rymuszka A，Sieroslawska A. The immunotoxic and nephrotoxic influence of cyanotoxins to vertebrates［J］. Central-European Journal of Immunology，2009，34（2）：129-136.

［15］　乔琴.从免疫和生殖的角度探讨微囊藻毒素对鱼类的致毒效应［D］.武汉：华中农业大学，2013.

［16］　孙露，沈萍萍，周莹，等.太湖水华微囊藻毒素对小鼠免疫功能的影响［J］.中国药理学与毒理学杂志，2002，16（3）：226-230.

［17］　江平.节球藻毒素诱导草鱼巨噬细胞氧化应激的机理研究［J］.环境科学与技术，2014，37（2）：23-28.

［18］　张占英，俞顺章，陈传炜.微囊藻毒素 LR 对 DNA 的自然杀伤细胞的损伤效应研究［J］.中国预防医学杂志，2001，35（2）：75-78.

［19］　Yuan G，Xie P，Zhang X，et al. In vivo studies on the immunotoxic effects of microcystins on rabbit［J］. Environ Toxicol，2012，27（2）：83-89.

［20］　Chen T，Zhao X，Liu Y，et al. Analysis of immunomodulating nitric oxide，iNOS and cytokines mRNA inmouse macrophages induced by microcystin-LR［J］. Toxicol，2004，197（1）：67-77.

［21］　Sung S Y，Hwan M K，Hee-Mock O，et al. Microcystin-induced down-regulation of lymphocyte functions through reduced IL-2 mRNA stability［J］. Toxicol Lett，2001，122（1）：21-31.

［22］　Hernández M，Macia M，Padilla，et al. Modulation of human polymorphnuclear leukocyte adherence by cyanopeptide toxins［J］. Environ Res Section，2000，84（1）：64-68.

［23］　童芳，钟健翔，梁卉，等.微囊藻毒素对斑马鱼重要细胞因子表达的影响［J］.生态科学，2006，25（2）：545-549.

［24］　隗黎丽.微囊藻毒素-LR 对草鱼和斑马鱼免疫基因表达及草鱼免疫器官超微结构的影响［D］.武汉：华中农业大学，2008.

［25］　Rymuszka A，Sierosawska A，Bownik A，et al. In vitro effects of pure microcystin-LR on the lymphocyte proliferation in rainbow trout［J］. Fish Shellfish Immun，2007，22（3）：289-292.

［26］　Rymuszka A，Sieroslawska A. The immunotoxic and nephrotoxic influence of cyanotoxins to vertebrates［J］. Central-European Journal of Immunology，2009，34（2）：129-136.

［27］　Sieroslawska A. Immunotoxic genotoxic and carcinogenic effects of cyanotoxins［J］. Central-European Journal of Immunology，2010，35（2）：105-110.

［28］　Chen L，Xie P. Mechanisms of microcystin-induced cytotoxicity and apoptosis［J］. Mini Rev Med Chem，2016，16（13）：1018-1019.

［29］ 梁艳，卢彦，沈萍萍.微囊藻毒素-LR 对小鼠巨噬细胞吞噬功能及活性氧水平的影响［J］.中国药理学与毒理学杂志，2007，21(1)：55-58.

［30］ Sieroslawska A，Rymuszka A，Velisek J，et al. Effects of microcystin-containing cyanobacterial extract on hematological and biochemical parameters of common carp(*Cyprinus carpio L.*)［J］. Fish Physiol Biochem，2012，38(4)：1159-1167.

［31］ 江平.节球藻毒素诱导鲫鱼巨噬细胞凋亡的机理研究［J］.环境科学学报，2014，34(5)：1344-1350.

［32］ 朱国营，陈萍萍.柱孢藻毒素对草鱼淋巴细胞毒效应及氧化损伤机理研究［J］.环境科学学报，2012，32(5)：1219-1205.

［33］ 隋丽丽，梁文艳，陈莉，等.铜绿微囊藻藻毒素提取液对小鼠淋巴细胞 DNA 损伤的研究［J］.生态科学，2011，30(2)：122-127.

［34］ Zequra B，Lah TT，Filipic M. The role of reactive oxygen species in microcystin-LR-induced DNA damage［J］. Toxicol，2004，200(1)：59-68.

［35］ 国晓春，卢少勇，谢平，等.微囊藻毒素的环境暴露、毒性和毒性作用机制研究进展［J］.生态毒理学报，2016，11(3)：61-71.

第九章　蓝藻毒素的神经毒性研究

环境毒素摄入生物体后常作用于神经系统，在动物饮用或者接触水中蓝藻毒素后发生急性中毒甚至死亡事件中，呕吐、肌无力、麻痹等神经系统毒作用症状时常发生。特别是1996年巴西发生的肾透析患者藻毒素中毒事件中，患者出现眩晕、呕吐、轻微耳聋等神经系统症状，使藻毒素的神经毒性得到越来越多的关注。目前研究报道最多的是微囊藻毒素（microcystins，MCs），其次是石房蛤毒素（saxitoxin，STX）及其类似物、鱼腥藻毒素-a（anatoxin-a）和鱼腥藻毒素同系物-a（homoanatoxin-a）、鱼腥藻毒素-a（s）[anatoxin-a（s）]、β-N-甲氨基-L-丙氨酸（β-N-methylamino-L-alanine，BMAA）等，还有 antillatoxin（aTX）、kalkitoxin、jamaicamide、hoiamides、palmyrolide A 等。

第一节　藻毒素在脑部的转运、分布及蓄积

除了肝脏是微囊藻毒素在机体内的主要靶器官外，随着研究的深入，越来越多的研究者发现微囊藻毒素可以进入大脑并在脑中蓄积发挥毒性作用。在水生生物中，Fischer 和 Dietric 用标记的微囊藻毒素注射鲤鱼后发现有 MC-LR 在脑组织中蓄积与分布；Cazenave 用 MC-RR 喂饲野生鱼类 Jenunsia muhidentata 后在其脑组织中检出 MC-RR。在啮齿类动物中，Falconer 等在1986年首次证实雌性大鼠静脉注射微囊藻毒素后可在其脑内检出；Meriluoto 和 Nishiwaki 分别证实对小鼠进行灌胃和腹腔注射 MC-LR 45 min 和 60 min 后可在脑组织中检出 MC-LR。Wang 等以 80 μg/kg 体重微囊藻毒素对大鼠静脉注射后，在 1 h、2 h、4 h、6 h、12 h、24 h 测定各组织中含量，发现在脑组织中能检出微囊藻毒素，大脑中主要分布的是 MC-RR，而 MC-LR 蓄积相对较少。多项研究表明，大脑中的微囊藻毒素蓄积与其暴露剂量呈浓度依赖性。而在1996年1月发生在巴西的肾透析微囊藻污染事件中，131名患者中有116名（89%）出现了头昏、耳鸣、眩晕、呕吐、轻微耳聋、视觉障碍甚至失明等神经系统症状，证明了微囊藻毒素可以通过人的血脑屏障（blood brain barrier，BBB）进入大脑而发挥毒性作用。

微囊藻毒素相对分子质量为 900~1 100 Da，目前已知有 200 多个不同的亚型，其结构和分子大小决定了微囊藻毒素不能靠简单的被动运输方式通过细胞膜。那么微囊藻毒素是如何通过 BBB 进入大脑而发挥毒性作用的呢？BBB 由脑毛细血管内皮细胞、周细胞、基膜及星形细胞的足突构成，其特殊屏障作用正是由其独特的组织结构决定的，主要包括以下几个方面：① 内皮细胞间由跨膜蛋白和胞质蛋白组成的紧密连接使大分子难以通过。②BBB 的内皮细胞缺乏在大分子的转运中起到重要作用的孔窗及吞饮小泡，不利于大分子物质通过。③内皮细胞胞膜上表达各种转运蛋白，使外来物要通过转运才能出入脑。这些转运蛋白包括有机阴离子转运多肽、葡萄糖载体、氨基酸载体、胰岛素受体、转铁蛋白受体等转入蛋白，还存在 P-糖蛋白、乳腺癌耐药蛋白等外排蛋白。④存在于周细胞内的平滑肌肌动蛋白具有收缩功能，可以调节血脑屏障的通透性。微囊藻毒素依靠特异性有机阴离子转运多肽（organic anion transporting polypeptide，人中命名为 OATP，动物中命名为 Oatp）通过主动运输转运至细胞内，这种转运机制最初是通过爪蟾卵母细胞表达体系证实的。OATP/Oatp 属于胆酸盐转运家族，目前已经证实有 300 多种不同亚型。

在人、大鼠与小鼠中大约有 36 种 OATP/Oatp 表达，其中，能高效参与微囊藻毒素转运的有大鼠

Oatp1b2、人 OATP1B1、人 OATP1A2 与人 OATP1B3，且其对于微囊藻毒素的转运受到有机阴离子转运肽底物牛黄胆酸盐及磺溴酞钠盐的抑制。OATP1A2 参与微囊藻毒素向脑组织的转运，Oatp1b2、OATP1B1 与 OATP1B3 参与微囊藻毒素向肝脏的转运。此外，Oatp1a1、Oatp1a4、Oatp1a5、Oatp1c1、Oatp2b1、Oatp3a1 均可以表达于小鼠脑组织中。但目前尚没有研究证实 Oatp1a1、Oatp1a4 和 OATP2B1 是否能转运微囊藻毒素。Oatp1d1 在虹鳟鱼的肝脏和大脑均有表达，但是短期暴露微囊藻毒素对其表达未有影响。Feurstein 课题组在 2009 年报道用 MC-LR、MC-LW 和 MC-LF 染毒分离的小鼠全脑细胞，证实了该 3 种 MC 同系物转运进入脑细胞依赖于 Oatp（图 9-1）。2010 年该课题组在原代培养的小鼠小脑颗粒神经元中进一步证实了 Oatp 参与微囊藻毒素的入脑转运，在 MC-LR、MC-LF 和 MC-LW 染毒神经细胞后，MC-LF 抑制 PP 活性强度大于其他两个毒素（图 9-2），提示 OATP1B 转运 MC-LF 的效能可能更高或 MC-LF 具有更强的诱导小鼠神经毒害的潜力，也进一步提示可能 OATP/Oatp 对不同的微囊藻毒素转运效率不同。但在大鼠脑组织中蓄积更多的是 MC-RR，MC-LR 的蓄积量相对较少，因此推测尽管都是微囊藻毒素同系物，但是大鼠的血脑屏障可能会选择性地转运某些微囊藻毒素。因此，不同的微囊藻毒素在动物脑组织中的转运及毒害机理可能各有不同，需要进一步研究。

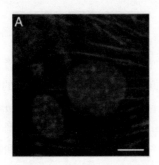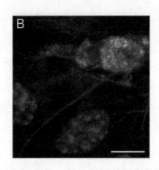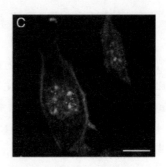

图 9-1　MC-LR 染毒小鼠全脑细胞（mWBC）48 h 后在细胞内的定位与细胞骨架的改变

免疫标记绿色：MC-LR。红色：肌动蛋白丝。蓝色：核。（A）mWBC 对照；（B）0.6 μmol/L MC-LR 染毒 mWBC；（C）5 μmol/L MC-LR 染毒 mWBC。比例尺：10 μm。

引自：Feurstein D，Holst K，Fischer A，et al. Oatp-associated uptake and toxicity of microcystins in primary murine whole brain cells [J]. Toxicol Appl Pharmacol，2009，234（2）：247-255.

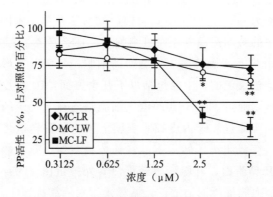

图 9-2　MC-LR、MC-LW 和 MC-LF 染毒小鼠原代神经元 48 h 后总蛋白磷酸酶（PP）活性

$n=3$，＊：$P<0.05$，＊＊：$P<0.001$。

引自：Feurstein D，Kleinteich J，Heussner AH，et al. Investigation of microcystin congener-dependent uptake into primary murine neurons [J]. Environ Health Perspect，2010，118（10）：1370-1375.

第二节 蓝藻毒素对神经系统发育和功能的影响

一、蓝藻毒素对神经系统发育的影响

目前，对蓝藻毒素神经毒性研究主要采用模式生物斑马鱼和秀丽隐杆线虫（*Caenorhabditis elegans*，*C. elegans*）、啮齿类动物小鼠与大鼠。秀丽隐杆线虫全身共有 302 个神经元、6 393 个化学突触、890 个电连接、1 410 个神经肌肉连接，细胞谱系已经绘制完整，所有神经元之间的连接信息清楚，神经发育与功能相关研究背景丰富（图 9-3）。可以通过不同方法来确定或评估相关功能，比如，通过激光束破坏某个神经元或突触、使用外来化合物或其他外部刺激可以明确特定神经元功能；通过定量正弦波运动（身体扭曲幅度和频率）和觅食行为可以检测抑制型氨基丁酸能和兴奋型乙酰胆碱能运动功能；通过咽泵运动速率和对触摸的反应可以评估谷氨酸能神经元的运动和机械感受功能。秀丽隐杆线虫的主要神经递质系统（胆碱能、γ-氨基丁酸能、谷氨酸能、多巴胺能、5-羟色胺能）和遗传传递网络（从神经递质代谢到囊泡循环和突触传递）在系统发生上都高度保守，使得在秀丽隐杆线虫中的科学发现可以外推到脊椎动物；而且线虫繁殖周期比较短（20℃下仅 3 d），繁殖量大，身体透明，可以在活体观察相关变化及荧光标记，目前已经在国内外广泛应用于环境毒理研究。Li 等报道 MC-LR 可诱导秀丽隐杆线虫感觉神经元发育缺陷，当 MC-LR 暴露浓度大于或等于 10 μg/L 时，秀丽隐杆线虫的 ASE、AWA 与 AFD 感觉神经元及 AIY 中间神经元均出现严重的发育缺陷，而且控制 ASE 与 AWA 感觉神经元发育特性的基因 *che*-1 与 *odr*-7 表达水平在 MC-LR 暴露浓度大于或等于 10 μg/L 时显著降低，尤其是控制 AFD 感觉神经元与 AIY 中间神经元发育特性的基因 *ttx*-1 和 *ttx*-3 表达水平在 MC-LR 暴露浓度大于或等于 1 μg/L 时即可观察到显著降低的趋势。Ju 等用 0.1 μg/L、1 μg/L、10 μg/L 和 100 μg/L MC-LR 染毒 L1 期秀丽隐杆线虫 8 h 和 24 h 后，出现剂量依赖性 GABA 能神经元丢失和形态学改变，并且 GABA 能神经元发育和功能相关的 *unc*-30、*unc*-46、*unc*-47 和 *exp*-1 基因表达显著下调。

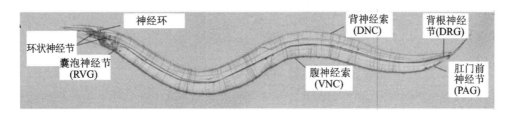

图 9-3 秀丽隐杆线虫（*C. elegans*）的神经系统主要神经束和神经节示意图

主要的神经束包括腹神经索（ventral nerve cord，VNC）、背神经索（dorsal nerve cord，DNC）和神经环（nerve ring）；主要的神经节包括环状神经节（ring ganglia）、囊泡神经节（retrovesicular ganglion，RVG）、肛门前神经节（pre-anal ganglion，PAG）和背根神经节（dorsal-root ganglion，DRG）。

引自：Corsi AK，Wightman B，Chalfie M. A transparent window into biology：A primer on *Caenorhabditis elegans*［M］. WormBook，2015，18：1-31.

Saul 用 1 μg/L、10 μg/L、100 μg/L MC-LR 染毒秀丽隐杆线虫后发现 100 μg/L MC-LR 可以导致线虫的寿命缩短、子代数量减少和体长缩短（图 9-4），经过全基因组芯片检测后筛选出 201 个差异表达基因（125 个上调、76 个下调），其中大部分都与神经行为、神经发生和神经信号转导有关（图 9-5）。但是前面 Ju 报道的 *unc*-30 并不是下调而是上调，Li 报道的 *ttx*-1 和 *ttx*-3 基因表达也没有发现显著差异。Saul 认为各研究组报道的基因表达不一致性可能是由于各实验室采用不同生命时期的线虫做检测造成的，比如 *unc*-30 在 Ju 所使用的年轻线虫中高表达。

斑马鱼虽然身体结构相对简单，但脑组织已有端脑、间脑、中脑、后脑、菱脑节等的区分，同时

又具有学习、攻击、运动等一系列的复杂行为，而且生命周期相对较短、繁殖迅速，可以利用斑马鱼进行运动、学习、记忆等行为学评价，加之其存在主要的神经递质系统如胆碱能、多巴胺、去甲肾上腺素的功能与哺乳动物具有相似性，使得斑马鱼成为研究神经效应的重要动物模型。除常规的检测方法外，活体胚胎中特异性的神经及轴突的发育情况可以使用微分干涉差显微镜或染色技术观察；免疫组织化学或原位杂交技术可以观察固定后的全胚胎中特异的神经；运动神经元活性检测可以通过钙成像及膜片钳技术完成；想更进一步观察单个神经元可以使用激光消融或毒性染料注射技术。

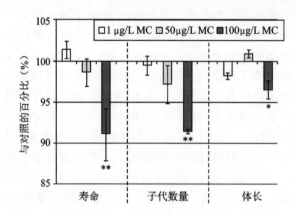

图 9-4　1 μg/L、50 μg/L 和 100 μg/L MC-LR 染毒对秀丽隐杆线虫寿命、子代数量和体长的影响

＊：$P < 0.05$，＊＊：$P < 0.001$，寿命（$n = 249 \sim 287$/组）、子代数量（$n = 30$/组）和体长（$n = 87$/组）。

引自：Saul N，Chakrabarti S，Stürzenbaum SR，et al. Neurotoxic action of microcystin-LR is reflected in the transcriptional stress response of *Caenorhabditis elegans*［J］. Chem Biol Interact. 2014，223：51-57.

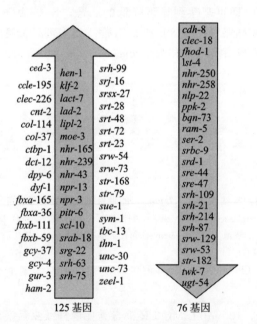

图 9-5　100 μg/L MC-LR 染毒对秀丽隐杆线虫基因表达的影响

左侧为上调基因（≥上调 1.5 倍）；右侧为下调基因（≥下调 0.67 倍）。

引自：Saul N，Chakrabarti S，Stürzenbaum SR，et al. Neurotoxic action of microcystin-LR is reflected in the transcriptional stress response of *Caenorhabditis elegans*［J］. Chem Biol Interact. 2014，223：51-57.

Wu 将斑马鱼卵暴露于 0.8 mg/L、1.6 mg/L、3.2 mg/L MC-LR 中 120 h 后，孵化时间明显延长且仔鱼体长缩短，MC-LR 在仔鱼体内蓄积，仔鱼运动速度降低，体内多巴胺和乙酰胆碱含量显著降低；

在中、高剂量组乙酰胆碱酯酶活性显著增加，神经元发育相关基因中 *α-tubulin* 和 *shha* 的表达显著下调，*mbp* 和 *gap43* 的表达显著上调。该结果提示，MC-LR 对斑马鱼的发育毒性可能通过干扰胆碱能系统、多巴胺信号通路和神经元发育而实现。Wu 还用 1 μg/L、5 μg/L、25 μg/L MC-LR 染毒亲代斑马鱼，结果显示 MC-LR 可显著降低子代斑马鱼的运动能力，并且中、高浓度组的畸形率显著高于对照组，而孵化率、仔鱼生存率和体长显著低于对照组；在 5 μg/L 和 25 μg/L 组子代斑马鱼的多巴胺、二羟苯乙酸和 5-羟色胺显著下降，并伴随有一系列神经递质相关基因表达降低（图 9-6）。Yan 报道 MC-LR 可以通过干扰 γ-氨基丁酸能相关的基因和蛋白表达而发挥神经毒性作用，其中 GABAA 受体、*gabra*1、*gad1b*、*glsa* 基因表达升高而 GABA 转运蛋白 *gat*1 基因表达下降，在蛋白水平 gabra1 和 gad1b 也显著增加而 gat1 蛋白表达依然降低。

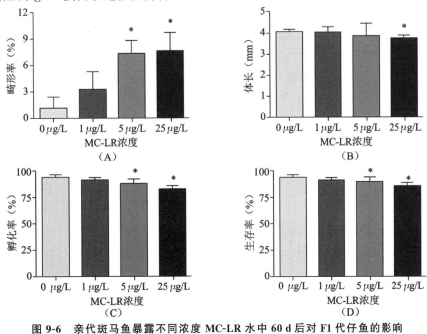

图 9-6　亲代斑马鱼暴露不同浓度 MC-LR 水中 60 d 后对 F1 代仔鱼的影响

引自：Wu Q，Yan W，Cheng H，et al. Parental transfer of microcystin-LR induced transgenerational effects of developmental neurotoxicity in zebrafish offspring [J]. Environ Pollut，2017，231（1）：471-478.

对蓝藻毒素的神经发育毒性研究最开始是以小鼠为实验动物开展的。Falconer 等早在 1988 年报道了微囊藻毒素对神经系统发育的损害，用微囊藻提取物（MCE）喂饲亲代小鼠，结果发现 10% 的初生小鼠脑组织区域体积缩小，而且控制认知功能的海马区外周组织严重病变。微囊藻毒素暴露还可诱导培养的神经元细胞产生明显的发育缺陷，用不同浓度的 MC-LR 染毒小鼠全脑神经元细胞 48 h 后，神经元细胞的胞质和胞核中均分布有 MC-LR，神经元细胞骨架的完整性随着暴露剂量的增加破坏越严重，肌动蛋白丝在胞核附近聚集。

Li 等用 MC-LR 1.0 μg/kg、5.0 μg/kg、20.0 μg/kg 体重对雌性 SD 大鼠隔天灌胃 1 次，共计 8 w，交配产子，染毒组 7 d 龄仔鼠在断崖回避实验中得分显著低于对照组，28 d 和 60 d 龄仔鼠空间学习记忆能力受损。另一项研究报道围产期（妊娠 8 d～产后 15 d）大鼠暴露于 10 μg/kg 体重的 MC-LR，子代大鼠脑组织出现结构稀疏、内质网及线粒体肿胀等病理学改变。Wistar 大鼠大脑海马区内注射 MC-LR 后，低剂量组（1 μg/L）可观察到内质网肿胀、线粒体肿胀、隆起及胞质膨化；高剂量组（10 μg/L）可见胞质膨化、细胞器降解及核碎裂。

二、蓝藻毒素对神经系统功能的影响

微囊藻毒素不仅损害神经系统的发育和超微结构，而且可更进一步影响神经系统的功能。其对神经系统功能的影响主要体现在神经系统支配的运动、记忆及个体的生存、生长与繁殖等。生活在水中的水生生物首先受到微囊藻毒素污染影响，微囊藻毒素对鱼类神经功能影响的研究报道相对较多，特别是模式生物斑马鱼，检测斑马鱼神经功能的经典指标是运动能力检测。MC-LR 对斑马鱼运动能力的影响具有双向性，低剂量 MC-LR 可增强斑马鱼白天的运动能力，而高剂量 MC-LR 可显著降低斑马鱼白天的运动能力与产卵能力，但是可以提高斑马鱼夜晚的游动能力。与该结果规律相似，Cazenave 发现低浓度 MC-RR（0.01 μg/g）暴露可以显著提高鱼类 *Jenunsia multidentata* 的泳动速率与运动频率，而高浓度 MC-RR（1 μg/g）暴露显著降低该种鱼类的泳动速率与运动频率（图 9-7）。Baganz 进一步比较了 MC-LR 对斑马鱼和小赤梢鱼 *Leucaspius delineatus* 神经功能的影响，发现 MC-LR 对两种鱼的运动行为具有相似的作用，低剂量暴露使鱼白天的运动能力增强，而高剂量降低白天的运动能力；但是小赤梢鱼（*Leucaspius delineatus*）的昼夜节律颠倒，运动活跃时间从白天改变到了晚上，斑马鱼未见改变，这种节律的颠倒可能对鱼群的生存与生殖繁衍造成不良后果。该结果也提示，虽然 MC-LR 对鱼类运动能力的影响基本一致：低剂量增加泳动速率和运动频率而高剂量降低泳动速率和运动频率，但对

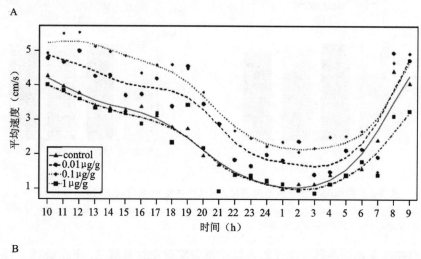

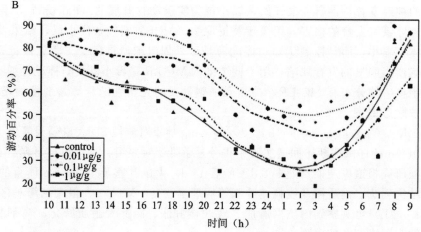

图 9-7 不同浓度 MC-RR 暴露后 24 h *Jenynsia multidentata* 的游动平均速度与游动百分率

引自：Cazenave J，Nores ML，Miceli M，et al. Changes in the swimming activity and the glutathione S-transferase activity of *Jenynsia multidentata* fed with microcystin-RR [J]. Water Res，2008，42（4-5）：1299-1307.

于其他的神经功能如节律等不同鱼类之间可能存在不同的作用机理。有学者认为鱼类暴露于 MC-LR，在低剂量时由于刺激压力作用而增加运动速率与频率，而高剂量时是为了节省体能而降低运动速率与频率。

神经系统是线虫暴露微囊藻毒素后伤害的主要部位，当暴露微囊藻毒素后其控制运动和感知的神经相关分子会受到损害，表现出感知和运动功能方面的改变。动物感知到环境中的各种刺激信号后通过中枢神经系统对各种环境刺激进行整合，从而产生适当的行为，其中感觉调节是各种动物所共有的重要神经调控行为，对于动物的感觉、行为及生存至关重要。线虫头部富含有各种感觉神经元且分工精细，其中 ADF、ADL、ASE、ASG、ASH、ASI、ASJ 及 ASK 8 对神经元可以感知水溶性化学物质，AWA、AWB 和 AWC 3 对感觉神经元负责感知挥发性物质，AFD 感觉神经元则负责温度的感知。对线虫而言，检测运动与感知的主要检测指标为头部摆动频率、身体弯曲频率和趋向性。当 MC-LR 浓度大于或者等于 10 μg/L 时，能显著降低秀丽隐杆线虫的头部摆动频率和身体弯曲频率，而且对温度的趋向性会显著降低；当 MC-LR 暴露浓度大于或等于 40 μg/L 时秀丽隐杆线虫对 NaCl 和丁二酮的趋向性会显著降低，控制 ASE、AWA 与 AFD 感觉神经元及 AIY 中间神经元发育特性与功能的 che-1、odr-7、ttx-1、ttx-3 基因发生突变后，秀丽隐杆线虫对 NaCl 和丁二酮及培养温度的趋向性增强。

在啮齿类动物中，主要采用大鼠作为受试对象，多以 Morris 水迷宫为手段检测 MC-LR 对神经功能的影响，特别是对空间学习记忆能力的影响。Maidana 发现微囊藻毒素提取物可以显著影响大鼠的短时程和长时程记忆，空间学习能力呈现下降趋势，其可能是微囊藻毒素造成的氧化应激或 DNA 损伤所致。Li 在大鼠海马直接注射 MC-LR（1 或 10 μg/L，）后用 Morris 水迷宫检测发现，染毒大鼠逃避潜伏期显著增加，而目标象限游泳时间明显降低，说明染毒大鼠的学习记忆功能受到严重损伤（图 9-8）。Cai 等对雄性 Wistar 大鼠腹腔注射 10 μg/（kg·d）MC-LR 14 d 后发现在 Morris 水迷宫检测中，染毒组大鼠寻找目标时间和逃逸潜伏期显著高于对照组，而在目标象限停留时间短于对照组；而且用 0.4 μmol/L MC-LR 预孵大鼠海马脑片 30 min 可以显著降低长时程增强（long-term potentiating，LTP）时快兴奋性突触后电位，以上结果说明 MC-LR 可损害大鼠的空间学习记忆能力。Li 等报道用

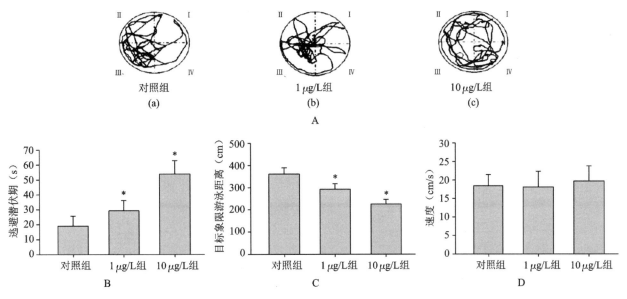

图 9-8 大鼠双侧海马内注射 MC-LR（1 μg/L 和 10 μg/L）后 Morris 水迷宫实验结果

A 空间探索实验的游泳轨迹；B 寻找平台的逃逸潜伏期；C 目标象限的游泳距离；D 游泳速度。＊：$P < 0.05$。

引自：Li GY, Yan W, Cai F, et al. Spatial learning and memory impairment and pathological change in rats induced by acute exposure to microcystin-LR [J]. Environ Toxicol, 2014, 29 (3)：261-268.

0.2 μg/kg、1.0 μg/kg、5 μg/kg 体重 MC-LR 隔日灌胃 SD 大鼠 8 w 后观察到 5 μg/kg 体重组大鼠的逃避潜伏期增加，1.0 μg/kg 和 5 μg/kg 体重组大鼠进入目标象限的频率低于对照组。李云晖课题组发现用 20 μg/kg 体重 MC-LR 染毒大鼠 3 个月后，其血脑屏障通透性增加，并且造成大鼠自发性活动的显著改变；用低剂量的 2 μg/kg 体重 MC-LR 染毒大鼠 90 d 后大鼠的学习记忆能力和运动能力均有损伤，而且大鼠海马中的 N-乙酰门冬氨酸（N-acetylaspartat，NAA）含量下降。

三、蓝藻毒素与神经退行性病变

中枢神经系统退行性疾病是指一组由慢性进行性中枢神经组织退行性变性而产生的疾病的总称。病理上可见脑和（或）脊髓发生神经元退行变性、丢失。主要疾病包括帕金森病（parkinson's disease，PD）、阿尔茨海默病（alzheimer's disease，AD）、亨廷顿病（huntington disease，HD）、肌萎缩侧索硬化症（amyotrophic lateral sclerosis，ALS）等。

第二次世界大战期间美国军医报告西太平洋关岛地区查莫罗人（土著居民）中瘫痪性疾病高发，每个患者的症状或多或少与 ALS、PD、AD 的症状相似，后来确诊命名为关岛型肌萎缩性侧索硬化-帕金征群痴呆综合征（ALS/PDC，ALS/PD Complex）。在 20 世纪 50 年代，发病高峰期时 ALS 在关岛的发病率为 20/10 万人/年，是其他地区发病率的 100 倍。但查莫罗人移居到其他地方后其后代发病率并不高，而且来该岛与查莫罗人一起生活的菲律宾移民中该病发病率远高于美国本土生活的菲律宾移民。Cox 等课题组在浮游蓝藻、与苏铁共生蓝藻、苏铁种子、马里安纳狐蝠及罹患 ALS/PDC 的查莫罗人体内都检测出同一种物质：β-甲氨基-L-丙氨酸（β-methylamino-L-alanine，BMAA），而且在一名加拿大阿尔茨海默症患者脑组织中也检测出了相同的 BMAA（图 9-9），从而提出关岛 ALS 是由 BMAA 引起的假说。BMAA 是一种具有神经毒性的 L-型非蛋白氨基酸（图 9-10），相对分子质量为 118 Da，其盐酸化合物为白色固体颗粒，熔点为 168℃，易溶于水。

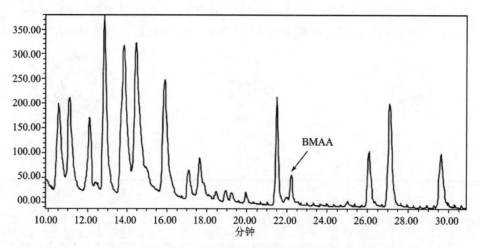

图 9-9　加拿大阿尔茨海默症患者脑中 BMAA 色谱图

引自：Cox PA，Banack SA，Murch SJ. Biomagnification of cyanobacterial neurotoxins and neurodegenerative disease among the Chamorro people of Guam [J]. Proc Natl Acad Sci USA. 2003，100（23）：13380-13383.

该课题组推测产自蓝藻的 BMAA 经过蓝藻（平均 0.3 μg/g）—珊瑚状根部共生蓝藻（2～37 μg/g）—密克罗尼西亚苏铁种子果皮（平均 9 μg/g）—苏铁种子最外层种皮（平均 1 161 μg/g）—马里安纳狐蝠（平均 3 556 μg/g）这一食物链逐级生物放大，其浓度被放大到 1 万倍以上，当地人因为食用马里安纳狐蝠和由苏铁种子磨成的面粉而发病（图 9-11）。Cox 提出该假说

图 9-10　BMAA 的化学结构

有 4 个理由：①查莫罗人食用苏铁种子磨成的面粉和马里安纳狐蝠，苏铁种子含有 BMAA，同时该种子也是马里安纳狐蝠的食物，具有完整的食物链富集途径，而且查莫罗人放弃食用狐蝠后 ALS/PDC 发病率下降；②在体外实验中，BMAA 通过激活 AMPA/kainate 受体和 NMDA 受体特异性的损伤 NAD-PH 心肌黄酶阳性的运动神经元；③在生物机体内约有 31% 的 BMAA 以碳酸盐形式存在，BMAA 在生物体内可以与蛋白质结合，其与蛋白结合后不仅造成蛋白的异常折叠和聚集，而且该结合是可逆的，结合后的 BMAA 在机体代谢过程中仍可以转变为游离态 BMAA，这种在代谢过程中又缓慢释放出来的特性，符合神经退行性疾病的发病缓慢病程长的特点；④Banack 和 Murch 分别在关岛 ALS/PDC 患者和加拿大 PD 患者脑中检测出 BMAA，而对照组人群脑中 BMAA 含量低（关岛居民）或未检出（加拿大非 PD 患者）。

图 9-11　苏铁（*C. micronesica Hill*）与苏铁中寄生的蓝藻

(a) 关岛南部 4 米高无分枝的苏铁树；(b) 蓝藻入侵的珊瑚状树根局部；(c) 珊瑚状树根的横断面可见蓝藻形成的绿环；(d) 正在吃苏铁种子的马里安纳狐蝠（*P. mariannus*）；(e) 从珊瑚状树根中取出后培养的念珠藻（蓝藻的一种）。

引自：Cox PA, Banack SA, Murch SJ. Biomagnification of cyanobacterial neurotoxins and neurodegenerative disease among the Chamorro people of Guam [J]. Proc Natl Acad Sci U S A. 2003，100（23）：13380-13383.

Pablo 等用三重四级杆串联质谱法，从迈阿密脑库的标本中，选出已证实死于 AD 和 ALS 的患者，将他们和年龄配对的亨廷顿病（huntington disease）患者及正常对照组比较，发现 BMAA 在 AD 患者脑蛋白中含量与 Murch 等报道的一致，且 ALS 患者脑和脊髓中蛋白结合型 BMAA 含量较高，正常对照组则偶见或未见。Bradley 等给大鼠静脉注射 H-L-BMAA 后发现脑摄取 H-L-BMAA 的时程和其他组织有差异。在脑中时间为 7 h，海马、基底节和小脑首先摄取 H-L-BMAA；而肌肉、心脏、肝脏和肾脏中为 0.5～2 h。脑中 H-L-BMAA 的半衰期＞25 h，其他器官为 10～15 h，该研究表明 BMAA 可能通过慢性暴露而集聚于脑组织中。Cox 等 2016 年报道用 BMAA 喂食长尾黑颚猴（*Chlorocebus sabaeus*）

140 d 后在猴脑内出现神经元纤维缠结和 β 淀粉质斑块，而对照组并未观察到此现象，进一步确认了 BMAA 与神经退行性疾病的关系。

BMAA 的神经毒性作用机制可能存在以下几个方面：

（1）BMAA 与碳酸氢盐结合形成 β-氨基甲酸盐，结构与谷氨酸类似，可作用于 N-甲基-D-天冬氨酸受体（N-methyl-D-aspartic acid receptor，NMDA）和促代谢型谷氨酸受体（glutamate receptor metabotropic5，mGluR5）产生兴奋性毒性。Ross 等发现当存在碳酸氢盐时，BMAA 与 CO_2 发生反应生成稳定的 β-氨基甲酸盐，使 BMAA 通过谷氨酸盐受体对神经中枢系统产生毒性效应；Weiss 等在生理浓度的碳酸氢盐条件下培养小鼠皮质神经细胞，BMAA 可作用于 NMDA 受体引起神经元退化。

（2）BMAA 使神经元内钙离子浓度升高，ROS 生成增加，构成氧化应激。Rao 发现用 30 μmol/L 的 BMAA 培养混合脊髓，可增加神经细胞内钙离子浓度，并选择性地促使运动神经元中活性氧增加，导致选择性运动神经元受损，谷氨酸受体拮抗剂二羟基喹酮可抑制该效应。

（3）BMAA 可以刺激脑内神经递质增加，引起人脑兴奋。Smith 报道中性氨基酸传递体可携带 BMAA 透过小鼠血脑脊液屏障进入脑内，且 Santiago 发现 BMAA 暴露与小鼠纹状体内多巴胺的产生具有明显的剂量-效应关系。BMAA 还可使培养的新生鼠脑干细胞释放促甲状腺激素释放激素增加 1 倍，但不改变生长素抑制激素的水平，该变化与 ALS/PDC 患者的血清变化相同。

（4）Cox 等报道 BMAA 进入大脑后可以通过形成神经元纤维缠结（NFT）和淀粉质斑块，于 2016 年提出了 BMAA 引起 ALS/PDC 和 AD 发病的推测途径，认为：①与微管结合的 Tau 蛋白过磷酸化后与微管解聚，解聚后的 Tau 蛋白片段形成双股螺旋形细丝（PHF），然后形成神经元纤维缠结。②淀粉样前体蛋白分裂后产生 α 螺旋状构象的 β-淀粉样蛋白（Aβ-42）片段，这些片段形成 β 片层结构后寡聚体化，然后形成淀粉质斑块（图 9-12）。

BMAA 神经毒性的研究不仅仅局限其与关岛 ALS/PDC 的关系，Cox 等检测发现从地衣和常见宿主植物中分离的念珠藻有 73%（8/11）能够产生 BMAA，在分析五大类浮游蓝藻中，95%（20/21）的种属产生 BMAA，由此推测在适宜的外界条件下绝大部分的蓝藻可能都具有产毒能力。而且已有研究者报道生活在蓝藻污染的水体边人群 ALS 患病风险增加。由于蓝藻在水体广泛存在和神经退行性疾病日益高发，BMAA 与神经退行性疾病的相关研究将成为环境毒理学研究的热点。

虽然目前尚无流行病学资料显示微囊藻毒素与神经退行性疾病直接相关，但是微囊藻毒素通过对 PP1 和 PP2A 的抑制发挥神经毒性是目前公认的毒性机制之一，而多项研究证实 PPs 抑制导致的 Tau 蛋白异常磷酸化和聚集与阿尔茨海默病患者脑中的发现相似：蛋白磷酸酶的抑制导致 Tau 蛋白和神经纤维蛋白过磷酸化及随后的神经纤维变性。MC-LR、MC-LF 和 MC-LW 均能导致持续的 Tau 蛋白的过磷酸化，而且低剂量（0.5 μmol/L）MC-LF 和 MC-LW 即可引起神经轴突变性。Li 等用 1 μg/kg、10 μg/kg 体重 MC-LR 染毒大鼠后发现 MC-LR 损伤大鼠的空间记忆能力与学习能力，这些大鼠脑中 Tau 蛋白由于 MC-LR 的作用过磷酸化，且大鼠脑中 septin 5、α-internexin 和 α-synuclein 表达均显著增加。septin 5、α-internexin 和 α-synuclein 均是退行性神经疾病发病相关蛋白。septin 5 作为 septin 家族中的一员，包含各种生物胞质分裂所需的 GTP 酶，对于脑部突触囊泡的运输、融合等有重要作用，没有被泛素依赖的蛋白酶体途径降解的 septin 5 会使含有多巴胺的突触囊泡的胞吐减少，这与帕金森病发病相关。α-internexin 是神经元特意表达的中间丝蛋白，是神经元中间丝的主要成分。活体内 α-synuclein 的关键功能是在突触前膜面通过与 CSPa 及可溶性 N-己基顺丁烯二酰亚胺敏感因子连接受体蛋白共同作用来保护神经末端抵抗损伤，α-synuclein 在许多神经变性疾病致病原因中起决定性作用。该课题组的另一项研究也证实 MC-LR 导致学习记忆损伤，并观察到超微结构的病理学改变和 CA1 区的神经元凋亡，神经元凋亡或丢失也是 AD 患者记忆与认知功能障碍的组织病理学基础。MAP1B（microtubule-associated protein 1B）属于微管结合蛋白家族，在促进微管组装、增加微管稳定性和促进微管聚集成束方面发挥重要作用，其主要表达在神经轴突和树突，在微管间形成横桥，MAP1B 在 AD 的发病过程中发挥重要作用。PP2A 抑制剂处理后大鼠脑中 MAP1B 蛋白表达显著下降，而 MC-LR 暴露后大脑中 PP2A 也是显著下降，推测 MC-LR 也可能通过抑制 PP2A 而降低 MAP1B 表达，促进 AD 的发病。

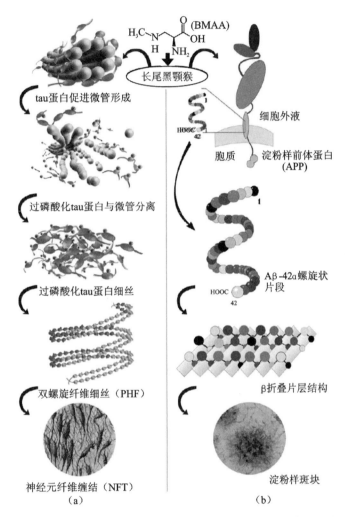

图 9-12　长期摄入 BMAA 后引起 ALS/PDC 和 AD 发病的推测途径

（a）与微管结合的 Tau 蛋白过磷酸化后与微管解聚，解聚后的 Tau 蛋白片段形成双股螺旋形细丝（PHF），然后形成神经元纤维缠结（NFT）；（b）淀粉样前体蛋白分裂后产生 α 螺旋状构象的 β-淀粉样蛋白（Aβ-42）片段，这些片段形成 β 片层结构后寡聚体化，然后形成淀粉质斑块。

引自：Cox PA，Davis DA，Mash DC，et al. Dietary exposure to an environmental toxin triggers neurofibrillary tangles and amyloid deposits in the brain［J］. Proc Biol Sci. 2016，283（1823）. pii：20152397. doi：10.1098/rsp B.2015.2397.

第三节　蓝藻毒素神经毒性机制研究

微囊藻毒素通过各种途径进入机体内，经 OATP/Oatp 转运通过血脑屏障进入大脑组织，导致大脑细胞及组织超微结构发生改变，进一步影响机体的神经发育和功能。随着研究手段的不断发展，对微囊藻毒素神经毒性机制的研究也随之增多。通过 MC-LR 染毒后的蛋白组学分析可以检测出 MC-LR 对脑中蛋白变化的影响，筛选出特异性表达变化蛋白，为进一步探明微囊藻毒素神经毒性机制指明方向。Wang 和 Li 分别对斑马鱼、大鼠和原代培养神经元进行染毒，采用蛋白组学的方法研究脑及神经元中蛋白质表达的变化，结果显示 MC-LR 处理组斑马鱼脑中有 30 个蛋白的表达发生明显改变，包括细胞骨架、代谢、氧化应激、信号转导、蛋白降解、转运及翻译相关蛋白等；MC-LR 染毒 50 d 的大鼠脑组织中蛋白表达变化明显的包括细胞骨架、氧化应激、凋亡、能量代谢及神经退行性疾病等；MC-LR 染毒的原代神经元细胞中有 45 个蛋白发生显著变化，其中 4 个为钙离子信号转导和凋亡相关蛋白，4 个与突触生长和传递相关，6 个为氧化应激相关蛋白，13 个蛋白为细胞骨架相关蛋白，10 个为代谢相关蛋白。综合蛋白质组学研究的结果，分析发现 MC-LR 暴露后主要引起信号转导、氧化应激、细胞骨架等相关蛋白的改变。

一、蛋白磷酸酶抑制及信号转导

真核细胞中蛋白质的磷酸化与去磷酸化是信号传递与整合的一个重要机制。细胞接收外界信号，使一些调控第二信使的蛋白磷酸化，由此将信息通过第二信使传至蛋白激酶或磷酸酶，这些蛋白激酶或磷酸酶又进一步使其底物可逆性磷酸化，引起细胞的应答反应，该过程与细胞的生长、增殖及各种调节有密切关系。蛋白磷酸酶是具有催化已经磷酸化的蛋白质分子发生去磷酸化反应的一类酶分子，与蛋白激酶相对应存在，共同构成了磷酸化和去磷酸化这一重要的蛋白质活性的开关系统。根据氨基酸顺序的一致性和三维结构的相似性，蛋白磷酸酶分为 3 个家族：磷酸化酪氨酸残基蛋白磷酸酶（phosphotyrosine residues phosphatase，PTP）、磷酸化丝氨酸/苏氨酸残基蛋白磷酸酶（phosphoserine and phosphothreonine residues phosphatases，PPP）和 Mg^{2+} 依赖的磷酸化丝氨酸/苏氨酸残基蛋白磷酸酶（Mg^{2+} dependent phosphoserine and phosphothreonine residues phosphatases，PPM）。其中根据酶对底物选择的特异性、对不同抑制剂的敏感性及不同二价阳离子的依赖性，真核生物中 PPP 家族（又称为 PPs）主要分为 Ⅰ 型磷酸酶（PP1）和 Ⅱ 型磷酸酶（PP2）。MC-LR 主要就是作用于 PP1 和 PP2。PP1 和 PP2A 对神经元的发育和功能至关重要，PPs 的失调会影响突触可塑性和学习记忆功能。

对于微囊藻毒素对 PP 的影响，在肝脏的检测结果一致：微囊藻毒素导致 PP 活性下降从而发挥毒性作用。所以微囊藻毒素被公认为是磷酸酶抑制剂。而在脑中的检测发现结果有所不同：在大鼠小鼠的实验中 MC-LR 诱导 PP 活性降低，而在斑马鱼的实验中反而使 PP 活性增加。Feurstein 将原代培养的小鼠小脑颗粒神经元暴露于微囊藻毒素 48 h 后发现低浓度的 MC-LR、MC-LW 或 MC-LF（1.25 μmol/L）都可以降低小鼠脑内 PP 20% 的活性，2.5 μmol/L MC-LR，MCLW 或 MCLF 分别降低 PP 25%、30% 及 60% 的活性，而 5 μmol/L MC-LF 可以降低 PP 的活性达 65%（图 9-13）。

Li 等用 MC-LR 10 μg/（kg·d）的剂量腹腔注射大鼠 50 d 后，大鼠脑中 PP 活性随染毒剂量的增加而显著下降，高剂量组下降了 25.6%±4.1%。而在斑马鱼中的实验结果与在大、小鼠中的实验结果相反，经过 2 μg/L、20 μg/L MC-LR 染毒 30 d 后，斑马鱼脑中的 MC-LR 含量增加，PP 活性随着染毒剂量的增加而升高，20 μg/L 组的 PP 活性显著高于对照，增加了 1.3 倍（图 9-14）。同时该课题组用蛋白质谱方法检测到 PP2C 蛋白表达量显著增加，认为 PP 活性增加可能是由于 PP2C 表达增加所致。这是目前唯一关于 MC-LR 染毒后脑中 PP 活性增加的报道。

在细胞信号转导方面，PP1 和 PP2A 作为各信号通路上游的分子，PP1 和 PP2A 受到抑制后会影响下游的各信号通路相关分子的表达。鸟嘌呤核苷酸结合蛋白（G 蛋白）家族的 Gβ2 在脑组织中广泛存在，Gβ2 可以和神经病靶酯酶（neuropathy target esterase，NTE）直接作用，而 NTE 的降低可以导致动物发生神经退行性病变，20 μg/L MC-LR 暴露可以显著降低斑马鱼脑中 Gβ2 的表达；微囊藻毒素

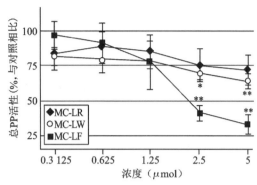

图 9-13　MC-LR、MC-LW、MC-LF 染毒 48 h 后原代神经元总 PP 活性

$n=3$ ＊：$P<0.05$，＊＊：$P<0.01$。

引自：Feurstein D, Kleinteich J, Heussner AH, et al. Investigation of microcystin congener-dependent uptake into primary murine neurons [J]. Environ Health Perspect, 2010, 118 (10): 1370-1375.

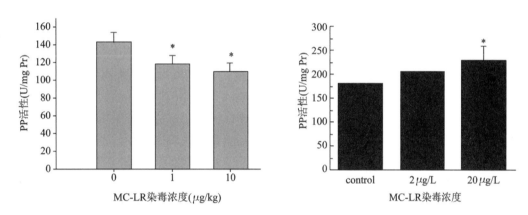

图 9-14　MC-LR 染毒后脑中 PP 活性变化

A：10 μg/（kg·d）MC-LR 腹腔注射大鼠 50 d 后脑中 PP 含量变化；B：20 μg/L MC-LR 水中染毒 30 d 后斑马鱼脑中的 PP 含量变化。

还可以通过影响 Copine I 和 VAT-1 等凋亡相关蛋白干扰细胞内的信号转导和激活凋亡相关信号通路，从而发挥其神经毒性。

钙调神经磷酸酶（Ca^{2+}-activated phosphatase calcineurin，CaN），在中枢神经系统中广泛表达，是迄今发现的唯一受 Ca 和钙调素（calmodulin，CaM）调节的丝氨酸/苏氨酸蛋白磷酸酶。MC-LR 激活的 CaN 使下游的 Bad 去磷酸化，从而与 Bcl-x_L 和 Bcl2 结合导致细胞死亡。Li 发现 MC-LR 处理后的原代培养神经元中 p-Ser112-Bad 水平下降，提示 CaN 介导的 MC-LR 诱导的海马神经元凋亡可能是通过 BaD 丝氨酸位点的去磷酸化实现的。但是 CaN 的抑制剂并不能完全阻止神经元的凋亡，提示 MC-LR 引起的凋亡除了 CaN-BaD-Bcl 外还存在其他途径。

二、氧化应激

氧化应激（oxidative stress，OS）是指体内氧化与抗氧化作用失衡，导致中性粒细胞炎性浸润、蛋白酶分泌增加，产生大量氧化中间产物，是由自由基在体内产生的一种负面作用，也是导致衰老和疾病的一个重要因素。微囊藻毒素进入大脑后，在细胞中引起氧化应激，导致细胞内出现脂质过氧化、线粒体结构与功能异常、DNA 损伤等。Meng 在 PC12 细胞中证实 MC-LR 可以导致细胞内 ROS 在染毒 1 h 后开始增加，3 h 达到峰值，而且在 ROS 增加的同时，p38-MAPK 和 Tau 蛋白出现过磷酸化。

Wang 报道 MC-LR 抑制氧化应激反应相关蛋白线粒体乙醛脱氢酶 2 和乙醛脱氢酶 9A1a 的表达，醛脱氢酶能将高活性的具有细胞毒性的醛氧化为羧酸，抑制醛脱氢酶后造成细胞内乙醛蓄积，导致随后的氧化应激反应（如脂质过氧化、GSH 缺失、抗氧化活性的降低等），表明 MC-LR 能通过氧化应激导致斑马鱼的神经毒性。Wang 还认为能量代谢相关蛋白丙酰辅酶 A 羧化酶、β-多肽、3-酮酸辅酶 A 转移酶 1a 和 3-羟基异丁酸脱氢酶 b 在 MC-LR 暴露的斑马鱼脑中过表达可能是氧化损伤引起能量下降而机体采用的补偿机制。Li 用 10 μg/L MC-LR 注射大鼠海马后发现抗氧化酶，如过氧化氢酶（catalase，CAT）、过氧化物酶（superoxide dismutase，SOD）、谷胱甘肽过氧化物酶（glutathioneperoxidase，GPx）等急剧增加，说明 MC-LR 扰乱了细胞内的氧化/抗氧化平衡，需要增强 CAT、SOD 和 GPx 等抗氧化系统组成的防御系统，将多余自由基部分清除，从而缓解 ROS 的毒性效应。Maidana 除了检测相关酶的活性，还检测了 DNA 的变化及是否影响大脑功能，结果证实微囊藻毒素提取物暴露后大脑海马区内抗氧化酶 GST 活性降低，出现脂质过氧化与 DNA 损伤，并造成长时程和短时程记忆改变。该结果将分子水平的改变与学习记忆功能相联系，证实氧化应激是微囊藻毒素神经毒性机制之一。

三、细胞骨架

微囊藻毒素通过抑制 PP1 和 PP2A 的活性，导致包括细胞质蛋白与细胞骨架蛋白在内的一系列蛋白的过磷酸化，并最终导致细胞骨架蛋白的主要成分微丝、微管、中间丝的解聚和重组，细胞骨架蛋白改变被认为是 MC-LR 显著的细胞毒性之一。Zhao 报道在母鼠 MC-LR 染毒的子代大鼠脑中观察到 α-微管蛋白（α-tubulin）、细胞动力蛋白 2 重链 1（cytoplasmic dynein 1 intermediate chain 2）、肌动蛋白相关蛋白（actin related protein）和肌动蛋白反应蛋白钙调蛋白 3（actin-interacting protein calponin-3）这 4 种细胞骨架蛋白的改变。Wang 发现 MC-LR 染毒后可影响斑马鱼脑中 β-肌动蛋白（β-Actin）表达。β-Actin 是广泛存在于大脑神经元中的一种结构蛋白，也是与学习记忆相关的关键分子，它在轴突生长、细胞黏附、突触信息传递等多方面发挥作用。Tau 蛋白是一种微管相关蛋白，具有促进微管形成、抑制微管解聚、稳定微管的作用。当 PPs 活性受到抑制，Tau 蛋白过磷酸化而对微管的结合能力下降，对微管的稳定作用受到影响。小热休克蛋白 27（heat shock protein 27，HSP27）是微丝肌动蛋白和微丝构成的重要调节蛋白，其非磷酸化存在时具有稳定微丝的作用，但磷酸化后则会导致微丝多聚化，引起细胞骨架破坏。Meng 的研究显示 MC-LR 染毒 PC12 细胞后通过抑制 PP2A，激活 p38 MAPK 通路，使包括 HSP27 和 Tau 蛋白在内的细胞骨架蛋白非正常磷酸化，导致细胞骨架重塑。

四、神经递质及离子通道

神经递质由突触前膜释放后立即与突触后相应的膜受体结合，产生突触去极化电位或超极化电位，导致突触后神经兴奋性升高或降低，此为中枢神经系统中最主要的突触传递方式。脑内神经递质主要分为生物原胺类、氨基酸类、肽类及其他。在这些递质中生物原胺类中的多巴胺（dopamine，DA）和 5-羟色胺（serotomin，又称血清素）、氨基酸类的 γ-氨基丁酸（γ-amino-hutyric acid，GABA）、乙酰胆碱（aacetylcholine，ACh）是比较重要的几种神经递质。

GABA 为脑内主要的抑制性神经递质，在中枢神经系统分布广泛，GABA 由谷氨酸经过谷氨酸脱羧酶作用生成。与突触后膜受体作用后，GABA 被主动泵回突触前神经元或神经胶质细胞，并被 GABA 氨基转移酶（GABA-T）代谢降解。秀丽隐杆线虫暴露于 MC-LR 后 γ 氨基丁酸（GABA）能神经元呈剂量依赖性丢失且伴随有超微结构的改变，其他胆碱能神经元、5-羟色胺能神经元、多巴胺能神经元和谷氨酸能神经元未见明显改变。unc-47、unc-46 和 unc-30 表达降低提示 GABA 的转运和定位受到影响，介导肌肉放松的 unc-49 和介导肌肉收缩的 exp-1 同时表达降低提示 MC-LR 可影响 GABA 介导的线虫肌肉的放松与收缩控制，一旦肌肉的放松与收缩不平衡将导致线虫的身体弯曲频率和头部摆动频率改变。

5-羟色胺是一种发育信号的神经调节剂，由色氨酸转化而来。5-羟色胺是神经元发育的关键步骤，在细胞增殖、分化、迁移、凋亡、突触形成、神经元和胶质细胞发育中起重要作用。胆碱能系统在运动能力、情感行为和认知过程的控制中发挥关键作用。乙酰胆碱酯酶（acetylcholonesterase，AChE）是生物神经传导中的一种关键性酶，在胆碱能突触间，该酶能降解乙酰胆碱，终止神经递质对突触后膜的兴奋作用，保证神经信号在生物体内的正常传递。乙酰胆碱酯酶参与细胞的发育和成熟，能促进神经元发育和神经再生，乙酰胆碱酯酶是评价环境污染物神经毒性的标志物之一。Wu 用含 1 μg/L、5 μg/L、25 μg/L MC-LR 的水饲养斑马鱼 60 d，检测子代斑马鱼发现各染毒组 AChE 活性均显著下降，5 μg/L、25 μg/L 组 DA、5-羟色胺及其代谢产物二羟苯乙酸含量显著下降，但 GABA 和 ACh 在染毒各组含量与对照组比较无统计学差异，并伴有 *manf*、*bdnf*、*ache*、*htr1ab*、*htr1b*、*htr2a*、*htr1aa*、*htr5a*、*DAT*、*TH1* 和 *TH2* 基因的表达降低。Wu 将鱼卵短时间（120 h）暴露于高剂量 MC-LR（800~3 200 μg/L）时子代斑马鱼脑中 ACh 含量显著下降，而在亲代斑马鱼在低剂量 25 μg/L 长时间（60 d）暴露下 AChE 活性下降而 ACh 含量未见变化，说明在长时间暴露时斑马鱼机体内的补偿调节机制发挥了作用，降低了 *ache* 基因表达以避免由于乙酰胆碱酯酶活性下降而造成 ACh 累积，从而保持 ACh 含量的稳定。

Kist 证实斑马鱼暴露于 100 μg/L MC-LR 水中 24 h 脑中 AChE 活性即可显著高于对照组，而且该改变来自于 *ache* 基因转录水平的升高，但直接将 100 μg/kg 体重 MC-LR 腹腔注射 24 h 或者直接将 MC-LR 在体外与脑匀浆混合并不能观察到 AChE 活性改变（图 9-15）。这说明 MC-LR 不是与 AChE 直接作用，而是至少需要经过肠胃系统或者鳃摄入后才能对 AChE 产生影响。Kist 与 Wu 结果不一致，一个升高（成鱼）一个降低（F1 代仔鱼），说明 MC-LR 对斑马鱼脑中 AChE 活性影响较为复杂，可能由于染毒时期不同、摄入方式不同而呈现不同的结果，其中的机制值得进一步探讨。

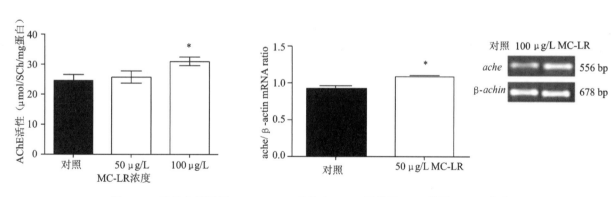

图 9-15　斑马鱼暴露于 MC-LR 24 h 后脑中 AChE 活性及 *ache* 基因 mRNA 表达

n＝3　*：*P*＜0.05，与对照相比。

引自：Kist LW, Rosemberg DB, Pereira TC, et al. Microcystin-LR acute exposure increases AChE activity via transcriptional ache activation in zebrafish (*Danio rerio*) brain [J]. Comp Biochem Physiol C Toxicol Pharmacol. 2012, 155 (2): 247-252.

微囊藻毒素对脑内不同的离子通道影响作用有所不同，有的是正向调节使离子通道活性增加，有的是负向调节降低离子通道活性。ATP 敏感性钾通道（ATP-sensitive potassium channel，K-ATP 通道）是一类偶联细胞代谢和电活动、非电压依赖性的特殊钾离子通道。K-ATP 广泛表达于中枢神经系统，其开闭由细胞的代谢状态即 ATP/ADP 的水平所决定，ATP 水平高通道活性抑制，反之增强。250 nmol/L 微囊藻毒素可提高 K-ATP 通道活性到 218%，微囊藻毒素可能抑制了 ATP 磷酸化水平使通道活性增加了 1 倍。Reinhart 报道微囊藻毒素也可以通过抑制 ATP 磷酸化水平增强对 K-Ca 通道活性的调节。

0.04 μmol/L 的 MC-LR 可以抑制 GABA$_A$ 受体/氯离子通道，使蝇蕈醇诱导的 Cl$^-$ 摄入减少（38.2%±3.5%），这可能是 MC-LR 通过抑制 PP1 和 PP2A 使该通道的门控受体 GABA$_A$ 受体功能改变的结果。PP2A 通过与 cAMP 依赖蛋白激酶（protein kinase A，PKA）的 α-1C 亚单位结合参与调节脑中 L 型钙离子通道 Cav1.2 的活性，MC-LR 通过抑制 PP2A 干扰 PKA 对该通道的调节。

电压依赖性阴离子通道（voltage-dependent anion channel，VDAC）位于线粒体外膜，形成了线粒体和代谢产物之间的分界，作为"守门员"控制着代谢产物的进出及线粒体与其他细胞器的对话，VDAC 是线粒体介导凋亡的关键成员，可协助线粒体控制钙、细胞色素 C 及其他凋亡相关的分子从线粒体内膜的流出，VDAC 也与坏死相关。斑马鱼暴露于 20 μg/L MC-LR 30 d 后脑中 VDAC 蛋白表达降低，该降低可能是细胞为了避免死亡所做的应激反应。

除了以上作用机制，微囊藻毒素的神经毒性还涉及大分子物质代谢如对异常蛋白的降解及修饰、能量代谢相关蛋白的变化等。

第四节　其他藻毒素的神经毒性研究

除了作为蓝藻毒素代表物的 MC-LR 及 MC-RR 以外，蓝藻产生的神经毒素还有石房蛤毒素（saxitoxin，STX）及其类似物、鱼腥藻毒素（anatoxin）及 antillatoxin、kalkitoxin、jamaicamide 和 hoiamides 等，这些毒素的急性毒性作用较大，研究报道主要集中在检测、合成及应用。其健康效应的研究相对较 MC-LR 少。

一、石房蛤毒素及其类似物

石房蛤毒素（STX）和新石房蛤毒素（neosaxitoxin，neo-STX）及膝内藻毒素I～Ⅷ（gonyautoxin I～Ⅷ）属于麻痹性贝毒毒素（Paralytic shellfish poisoning toxins，PSPs）。由于石房蛤毒素最初是从阿拉斯加石房蛤和加州贻贝中提取的，该类毒素又称贻贝毒素。新石房蛤毒素和膝内藻毒素I～Ⅷ是从膝沟藻（*Gonyaulax catenella*）中分离出来，其化学结构均与 STX 类似。STX 化学结构于 1975 年正式确定，分子式为 $C_{12}H_{17}N_7O_4$，分子量为 299（图 9-16）。STX 外观呈非结晶白色粉末，易溶于水，微溶于甲醇和乙醇，不溶于非极性溶剂，耐热，胃肠道易吸收，不被人体消化酶破坏，在高温和酸性条件溶液中稳定，酸性条件−20℃可保存数年不失活，只有在高浓度酸溶液中才发生氨甲酰酯水解，氧气也影响其活性。

图 9-16　石房蛤毒素（saxitoxin，STX）的化学结构

这是一类四氢嘌呤衍生物，属生物碱类毒素，活性部位主要在 2 个胍胺基和 2 个羟基。以石房蛤毒

素为基本骨架，取代基不同而衍生出来的多种甲氨酯酸类生物碱化合物的混合体，目前已发现 57 种类似物。海洋中的真核甲藻和淡水蓝藻均可以产生此类毒素，在蓝藻中主要由鱼腥藻、束丝藻、拟柱胞藻、鞘丝藻、浮游丝藻及尖头藻等产生。确定的产毒最高的物种是沟鞭藻类（dinoflagellata），是赤潮的致病微生物。不同有毒藻所产生的毒素种类和含量不同，而同一种有毒藻产生的毒素种类和含量在生物不同生长阶段也不同，同时毒素产生状况还受到生物因素（如细菌）和非生物因素（如光照、温度、营养盐等）影响。这些藻类产生的毒素，通过食物链蓄积于滤食性贝类、鱼、虾、蟹等水产品中，并能通过生物富集水生食物链，危害人类健康（图 9-17）。

图 9-17 水华发生时石房蛤毒素在水生系统中的富集

引自：Mello FD，Braidy N，Marçal H，et al. Mechanisms and effects posed by neurotoxic products of cyanobacteria/microbial eukaryotes/dinoflagellates in algae blooms：a review [J]. Neurotox ReS. 2017 Aug 23. doi：10.1007/s12640-017-9780-3.

电压门控离子通道（voltage-gated ion channel）主要有钠、钾、钙等离子通道，通常由同一亚基的 4 个跨膜区段围成孔道，孔道中有一些带电基团（电位敏感器）控制闸门，当跨膜电位发生变化时，电敏感器在电场力的作用下产生位移，响应膜电位的变化，造成闸门的开启或关闭。石房蛤毒素对钠、钾、钙离子通道都有影响，其中对电压门控钠离子通道（voltage-gated sodium channel，VGSC）的调控最为典型。石房蛤毒素是 Na^+ 通道阻滞剂，其能够按照 1：1 的比例可逆地结合 VGSC，主要作用于突触前膜，毒素带正电的胍基同离子通道位点 1 的羧基相作用，阻断突触后膜的 Na^+ 通道，阻滞 Na^+ 通过膜进入细胞内，产生持续性去极化作用，特异性干扰神经肌肉的传导过程而导致中毒，严重时可使被害者由于窒息引起死亡。石房蛤毒素可以阻断交感神经元的 N 型钙通道及部分的 L 型钙通道，从而影响神经递质的释放。STX 对钾离子通道不是阻滞而是修正，当石房蛤毒素存在时钾离子通道的开放需要更强的去极化和随之而来的复极化使通道关闭更快。所以石房蛤毒素主要的中毒症状表现为口舌发麻、头晕恶心、腿脚麻木、呼吸困难等，严重时导致死亡。石房蛤毒素及类似物所构成的 PSPs 有很高的致死率，石房蛤毒素对成年人轻度中毒量为 110 μg，致死剂量为 540～1 000 μg。目前尚无该类毒素的特异性解药，如出现中毒，只能对症治疗。由于石房蛤毒素的高毒性，其被列入《关于禁止发展、生产、储存和使用化学武器及销毁此种武器的公约》。我国也已将 PSPs 毒素列为贝类产品常规检测指标之一，其限值为 80 μg 等价 STX/100 g，但尚无 PSPs 的饮水卫生标准。

虽然石房蛤毒素的急性中毒会致命，但毕竟是偶然事件。由于全球变暖和水污染日益严重，石房蛤毒素的低浓度暴露日益广泛，越来越多的学者认识到研究石房蛤毒素低浓度长期暴露对人类健康的危害的重要性。Kuiper-Goodman 认为石房蛤毒素的低浓度暴露主要出现在常食用贝类的岛屿或沿海、沿湖地区及饮水受到蓝藻污染的地区。由于各种 PSPs 的毒性大小不一，为了研究及评价方便，统一用石房蛤毒素的毒性当量值表示。

PSPs 低剂量暴露可以使大脑产生氧化应激。大鼠饮用含有 302 $\mu g/L$ 和 902 $\mu g/L$ 等价 STX 拟柱胞藻提取物 30 d 后，低剂量组大脑海马中的 ROS 和总抗氧化能力（total antioxidant capacity，ACAP）下降，大脑皮质中谷氨酸半胱氨酸连接酶（glutamate cysteine ligase，GCL））活性下降，而谷胱甘肽含量升高；高剂量组海马中 ACAP 和谷胱甘肽-S-转移酶活性增加，大脑皮质中的 GCL 活性上升。da Silva CA 用 0.3 $\mu g/L$ 和 3 $\mu g/L$ 等价 STX 拟柱胞藻提取物染毒原代培养的南美牙鱼（H. malabaricus）大脑神经元细胞后发现，3 $\mu g/L$ STX 可显著降低细胞活性，并可显著增加谷胱甘肽过氧化酶活性和脂质过氧化水平，细胞 DNA 受到明显损伤（图 9-18）。

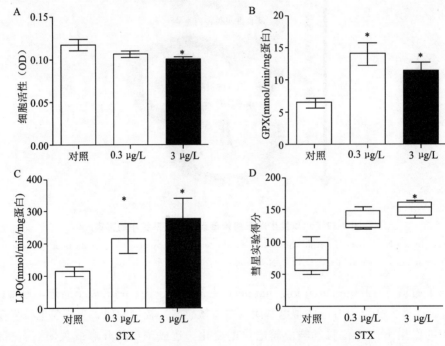

图 9-18 南美牙鱼大脑神经元细胞暴露于 STX 24 h 后细胞毒性、代谢酶水平和 DNA 损伤检测

A：细胞活性（MTT 实验，＊：$p<0.05$；OD：光密度）；B：谷胱甘肽过氧化酶活性（＊：$p<0.001$）；C：脂质过氧化水平（＊：$p<0.05$）；D：DNA 损伤（彗星实验），结果以中位数、一分位、三分位表示，＊：$p<0.05$）。

引自：da Silva CA, de Morais EC, Costa MD, et al. Saxitoxins induce cytotoxicity, genotoxicity and oxidative stress in teleost neurons in vitro [J]. Toxicon. 2014, 86: 8-15.

Zhang 从束丝藻中提取出束丝藻毒素，用高效液相色谱鉴定出其中 34.04％为膝沟藻毒素 1（gonyautoxins1），21.28％为膝沟藻毒素 5（gonyautoxins5），12.77％为新石房蛤毒素（neosaxitoxin）。将该提取物以 5.3 μg 和 6.4 μg 等价 STX/kg 体重剂量腹腔注射斑马鱼，在染毒后 1 h、3 h、6 h、9 h、12 h 和 24 h 检测斑马鱼脑内超微结构、DNA 损伤及基因表达情况。结果显示在不同时间点先后出现低剂量组染色质凝聚、包膜起泡及凋亡小体，高剂量组胞膜起泡、线粒体肿胀、内质网扩张及凋亡坏死等；凋亡相关基因 p53、Bax、caspase-3 和 c-Jun mRNA 表达在各时间点均上调。说明该束丝藻提取物可以引起大脑神经元细胞的凋亡与坏死。Chen 用 1 nmol/L 和 10 nmol/L STX 染毒鼠神经母细胞瘤 N2A 细胞 24 h 后用蛋白质谱方法观察到 14-3-3β（1433B）、α 烯醇化酶（alpha enolase，ENO1）和人肌动蛋白素 2（cofilin 2，CFL2）等 9 个蛋白表达有显著变化，这 9 个蛋白与细胞凋亡途径、细胞骨架维持、细胞膜电位和线粒体功能相关，该结果提示以石房蛤毒素为代表的 PSPs 的毒性作用涉及多个方面，对石房蛤毒素的神经毒性还有很多研究工作要做。

二、鱼腥藻毒素

鱼腥藻毒素包括鱼腥藻毒素-a（anatoxin-a）、鱼腥藻毒素同系物-a（homoanatoxin-a）和鱼腥藻毒素-a（s）[anatoxin-a（s）]等。anatoxin-a 由鱼腥藻、束丝藻、柱胞藻、微囊藻、颤藻、浮丝藻、尖头藻等产生，而 homoanatoxin-a 则由部分颤藻、鱼腥藻、尖头藻、席藻等属的蓝藻产生；地中海尖头藻可以同时产生 anatoxin-a 和 homoanatoxin-a；anatoxin-a（s）由鱼腥藻、累氏鱼腥藻及螺旋鱼腥藻产生。

鱼腥藻毒素-a 相对分子质量为 165，晶体结构和绝对构型为 S-trans（1R，6R）-（＋）2-乙酰基-9-氮杂双环［4，2，1］-壬-2-烯，化学成分为仲胺生物碱（图 9-19）。鱼腥藻毒素-a 在外环境中不稳定，半衰期短，尤其在光照和高 pH 值条件下，可迅速降解为无毒，而一旦进入机体内，由于其分子结构与乙酰胆碱高度相似，在胆碱酶的作用下不易被酶解，因而活性高，毒作用大。鱼腥藻毒素-a 在体内的毒作用靶标为 N 型乙酰胆碱受体（nAChRs），nAChRs 位于中枢神经系统和运动神经元的突触后膜，鱼腥藻毒素-a 与其的亲和力高于烟碱 20 倍，它竞争性地结合乙酰胆碱，过刺激突触后神经元然后终止胆碱能突触传递。Ju 用 0.1 μg/L、1 μg/L、10 μg/L 和 100 μg/L 的鱼腥藻毒素-a 染毒 L_4 期秀丽隐杆线虫 24 h 和 72 h 后发现 1 μg/L 及以上剂量的鱼腥藻毒素-a 可以显著降低线虫的运动能力，身体弯曲频率和移动距离都显著下降，10 μg/L 和 100 μg/L 的鱼腥藻毒素-a 使线虫吞咽次数显著降低；鱼腥藻毒素-a 对线虫的感觉神经元影响更为明显，0.1 μg/L 鱼腥藻毒素-a 即可影响线虫的化学趋向性和趋温性。

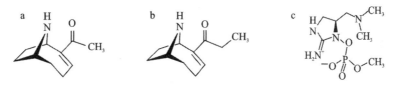

图 9-19　anatoxin-a、homoanatoxin-a 和 anatoxin-a（s）的化学结构
a，anatoxin-a；b，homoanatoxin-a；c，anatoxin-a（s）。

啮齿类动物实验显示鱼腥藻毒素-a 毒性依赖于给药途径，而且对小鼠腹腔注射的毒性作用报道不一：Fawell 等报道 100 μg/kg 体重鱼腥藻毒素-a 可以让小鼠在 1 min 内全部死亡，而 Carmichael 报道 300 μg/kg 体重是小鼠的最小致死剂量，Rogers 报道 300 μg/kg 体重致所有小鼠死亡，LD_{50} 为 250 μg/kg；而经口摄入的毒作用远远小于腹腔注射，多个研究组报道大于 10 000 μg/kg 体重。鱼腥藻毒素-a 不仅模拟乙酰胆碱与 N 型乙酰胆碱受体结合，而且还影响其他神经递质的释放。鱼腥藻毒素-a 可以剂量依赖性（1 mmol/L、2 mmol/L、3.5 mmol/L、7 mmol/L）地诱导大鼠大脑纹状体多巴胺的释放，而且 NMDA 受体和 AMPA/kainite 受体参与了鱼腥藻毒素-a 对多巴胺释放的影响。

鱼腥藻毒素-a 对人体的慢性毒作用尚未见报道。但是由于胆碱能神经传递对中枢神经系统非常重要，特别是对于与学习、感知、记忆相关的海马和基底核，神经退行性病变如阿尔茨海默综合征的特点就是在大脑该区域的胆碱能神经元出现损伤和坏死，有学者推测鱼腥藻毒素-a 可能引起神经退行性病变。

鱼腥藻毒素同系物-a是鱼腥藻毒素-a的乙酰基被丙酰基取代的结构类似物，其作用机制及药理作用与鱼腥藻毒素-a相似。

鱼腥藻毒素-a（s）属于天然有机磷类化合物，是N羟基鸟嘌呤的单磷酸酯，相对分子质量为252 Da，极性强，溶于水等极性溶剂，在碱性条件下不稳定，不能穿越血脑屏障。首次发现于水华鱼腥藻中，后来在累氏鱼腥藻和螺旋鱼腥藻中均有检出，为非竞争性胆碱酯酶抑制剂。其具有与鱼腥藻毒素-a类似的拟胆碱作用，但并不具有鱼腥藻毒素-a的直接激动剂和神经肌肉阻断剂活性，因为鱼腥藻毒素-a（s）是通过抑制乙酰胆碱酯酶对乙酰胆碱降解，使乙酰胆碱蓄积而产生毒作用，既能引起烟碱样作用，也能引起毒蕈碱样作用。所以当鱼腥藻毒素-a（s）中毒时，在出现呼吸功能下降之前会出现心跳和血压的下降。而且这种对乙酰胆碱酯酶的抑制是不可逆的。鱼腥藻毒素-a（s）的中毒症状主要表现为外周乙酰胆碱酯酶被抑制后产生的黏性流涎、流泪、小便失禁、肌束颤动、抽搐、呼吸窘迫后死亡。

除了以上藻毒素以外，还有antillatoxin、kalkitoxin、jamaicamide和hoiamides等。antillatoxin是电压门控钠离子通道的激动剂，其对细胞表达的多种钠离子通道存在特殊活性，且可以通过激活钠离子通道来增强未发育完全的大脑皮质的轴突生长，具有一定的治疗脊髓损伤的潜力。kalkitoxin对小脑颗粒神经元可以诱发迟发神经毒性，并呈浓度依赖（LC = 3.6 nmol/L），kalkitoxin和jamaicamide这两种毒素与antillatoxin相反，是钠离子通道阻断剂。用小鼠大脑新皮层神经元实验发现hoiamide A可以强力抑制箭毒蛙碱结合电压门控钠离子通道（IC_{50} = 92.8 nmol/L），激活钙内流（EC_{50} = 2.31 mmol/L），hoiamide A/B都可以强力抑制大脑新皮质神经元的自发钙振荡（spontaneous calcium oscillations）。

第五节　总结与展望

蓝藻毒素的神经毒性研究主要集中在其对神经发育与神经功能的影响及其机制探索，线虫、斑马鱼、大鼠及小鼠是使用最多的实验动物。虽然蓝藻毒素的神经毒性在各个物种间表现有所不同，但其主要表现为对运动能力、运动特性及空间学习记忆能力的损害。虽然蓝藻毒素及各种异构体目前已经检出200多种，但绝大部分机制研究还是以蓝藻中污染最为广泛的MC-LR为代表化合物进行。除以上动物外，其主要模型为原代培养神经元、全脑细胞培养及PC12细胞，主要机制包括对蛋白磷酸酶抑制及信号转导的影响、引起氧化应激、对细胞骨架、神经递质及离子通道的影响。对急性毒性较强的石房蛤毒素及其类似物、鱼腥藻毒素及antillatoxin、kalkitoxin、jamaicamide和hoiamides等的研究主要集中在检测、合成及应用等方面，生物学效应相对较少，主要在其毒作用剂量及急性毒性方面。多项研究表明蓝藻毒素与神经退行性疾病有关，这将成为蓝藻毒素神经毒性的一个研究热点。

笔者所在课题组在研究中发现MC-LR的神经毒性可能具有双向性，即低剂量兴奋效应与高剂量毒性作用，该双向性在细胞、大鼠和人群均有所表现。以0 μg/L、1 μg/L、5 μg/L、20 μg/L的MC-LR剂量染毒SD大鼠1个月，进行水迷宫测试发现：1 μg/L染毒组对大鼠的空间学习记忆能力有提升的趋势，而5 μg/L、20 μg/L染毒组对空间学习记忆能力下降影响。细胞实验显示10 μmol/L及以下的低剂量MC-LR能促进神经细胞株PC12细胞生长，而100 μmol/L及更高剂量的MC-LR能抑制该细胞生长。在对微囊藻毒素饮水暴露的697名小学生神经行为学测试发现，学习成绩和记忆商值与MC-LR有关，MC-LR低剂量组学生的记忆商值和短时记忆值显著高于对照组。以上结果提示，在MC-LR的神经毒性作用研究中，暴露剂量是毒作用类型的关键。这种低剂量兴奋效应值得进一步深入研究。

虽然近年来对藻毒素神经毒性的研究报道日益增多，但是还有很多科学问题值得关注。如机阴离子转运肽OATP/Oatp具体如何转运微囊藻毒素，针对不同微囊藻毒素其具体的转运调控机制如何？微囊藻毒素进入脑部组织后具体定位与分布如何？除了神经元细胞，藻毒素对脑内其他细胞有何作用？特别是关于藻毒素神经毒性的人群流行病学资料极其缺乏，有必要除了利用模式生物、组织和细胞培养，采用新的研究方法和手段继续探索藻毒素的神经毒性外，还应该对水体的藻毒素水平进行监测，在藻毒素污染严重地区开展人群流行病调查，进一步探明藻毒素对人类神经系统的损害。

（邱志群　谭　瑶）

参 考 文 献

[1] Fischer W J, Dietrich D R. Pathological and biochemical characterization of microcystin-induced hepatopancreas and kidney damage in carp(*Cyprinus carpio*)[J]. Toxicol Appl Pharmacol,2000,164(1):73-81.

[2] Cazenave J, Wunderlin D A, de Los Angeles Bistoni M, et al. Uptake, tissue distribution and accumulation of microcystin-RR in *Corydoras paleatus*, *Jenynsia multidentata* and *Odontesthes bonariensis*. A field and laboratory study [J]. Aquat Toxicol,2005,75(2):178-190.

[3] Falconer I R, Buckley T, Runnegar M T. Biological half-life, organ distribution and excretion of 125-I-labelled toxic peptide from the blue-green alga *Microcystis aeruginosa* [J]. Aust J Biol Sci,1986,39(1):17-21.

[4] Meriluoto J A, Nygård S E, Dahlem A M, et al. Synthesis, organotropism and hepatocellular uptake of two tritium-labeled epimers of dihydromicrocystin-LR, a cyanobacterial peptide toxin analog [J]. Toxicon,1990,28(12):1439-1446.

[5] Nishiwaki S, Fujiki H, Suganuma M, et al. Rapid purification of protein phosphatase 2A from mouse brain by microcystin-affinity chromatography [J]. FEBS Lett,1991,279(1):115-118.

[6] Wang Q, Xie P, Chen J, et al. Distribution of microcystins in various organs(heart, liver, intestine, gonad, brain, kidney and lung) of Wistar rat via intravenous injection [J]. Toxicon,2008,52(6):721-727.

[7] Pouria S1, de Andrade A, Barbosa J, et al. Fatal microcystin intoxication in haemodialysis unit in Caruaru, Brazil[J]. Lancet,1998,352(9121):21-26.

[8] 唐建磊,王寅千,于书卿. 药物透过血脑屏障的研究进展[J]. 国际神经病学神经外科学杂志,2012,39(4):366-369.

[9] Fischer WJ, Altheimer S, Cattori V, et al. Organic anion transporting polypeptides expressed in liver and brain mediate uptake of microcystin [J]. Toxicol Appl Pharmaco,2005,203(3):257-263.

[10] Hagenbuch B, Meier PJ. Organic anion transporting polypeptides of the OATP/SLC21 family:phylogenetic classification as OATP/SLCO superfamily, new nomenclature and molecular/functional properties [J]. Arch Eur J Physiol,2004,447(5):653-665.

[11] Feurstein D, Holst K, Fischer A, et al. Oatp-associated uptake and toxicity of microcystins in primary murine whole brain cells [J]. Toxicol Appl Pharmacol,2009,234(2):247-255.

[12] Feurstein D, Kleinteich J, Heussner AH, et al. Investigation of microcystin congener-dependent uptake into primary murine neurons [J]. Environ Health Perspect,2010,118(10):1370-1375.

[13] Avila D, Helmcke K, Aschner M. The *Caenorhabiditis elegans* model as a reliable tool in neurotoxicology [J]. Hum Exp Toxicol,2012,31(3):236-243.

[14] Li YH, Ye HY, DuM, et al. Induction of chemotaxis to sodium chloride and diacetyl and thermotaxis defects by microcystin-LR exposure in nematode *Caenorhabditis elegans* [J]. J Environ Sci,2009,21(7):971-979.

[15] Ju JJ, Ruan QL, Li XB, et al. Neurotoxicological evaluation of microcystin-LR exposure at environmental relevant concentrations on nematode *Caenorhabditis elegans*[J]. Environ Sci Pollut Res,2013,20(3):1823-1830.

[16] 周飞,常艳,林海霞. 神经发育毒性初筛实验方法的研究现状[J]. 国外医学卫生学分册,2009,36(5):311-315.

[17] Wu Q, Yan W, Cheng H, et al. Parental transfer of microcystin-LR induced transgenerational effects of developmental neurotoxicity in zebrafish offspring [J]. Environ Pollut,2017,231(1):471-478.

[18] Li X, Zhang X, Ju J, et al. Maternal repeated oral exposure to microcystin-LR affect sneurobehaviors in developing rats

[J]. Environ Toxicol Chem,2015,34(1):64-69.

[19] Li GY,YanW,Cai F,et al. Spatial learning and memory impairment and pathological change in rats induced by acute exposure to microcystin-LR [J]. Environ Toxicol,2014,29(3):261-268.

[20] Cazenave J,Nores ML,Miceli M,et al. Changes in the swimming activity and the glutathione Stransferase activity of *Jenynsia multidentata* fed with microcystin- RR [J]. Water Res,2008,42(4-5):1299-1307.

[21] Baganz D,Staaks G,Pflugmacher S,et al. Comparative study of microcystin-LR-induced behavioral changes of two fish species,*Danio rerio* and *Leucaspius delineatus* [J]. Environ Toxicol,2004,19(6):564-570.

[22] Moore CE,Lein PJ,Puschner B. Microcystins alter chemotactic behavior in *Caenorhabditis elegans* by selectively targeting the AWA sensory neuron [J]. Toxins,2014,6(6):1813-1836.

[23] MaidanaM,Carlis V,Galhardi FG,et al. Effects of microcystins over short-and longterm memory and oxidative stress generation in hippocampus of rats [J]. Chem Biol Interact,2006,159(3):223-234.

[24] Cai F,Liu J,Li C,et al. Critical role of endoplasmic reticulum stress in cognitive impairment induced by microcystin-LR [J]. Int J Mol Sci,2015,16(12):28077-28086.

[25] Li XB,Zhang X,Ju J,et al. Alterations in neurobehaviors and inflammation in hippocampus of rats induced by oral administration of microcystin-LR [J]. Environ Sci Pollut Res Int,2014,21(21):12419-12425.

[26] 李洋,周珏,孙冰,等. 微囊藻毒素-LR 对大鼠行为认知能力及血脑屏障通透性的影响[J]. 东南大学学报(医学版),2013,32(2):158-161.

[27] Cox PA,Banack SA,Murch SJ. Biomagnification of cyanobacterial neurotoxins and neurodegenerative disease among the Chamorro people of Guam [J]. Proc Natl Acad Sci U S A,2003,100(23):13380-13383.

[28] Banack SA,Caller TA,Stommel EW. The cyanobacteria derived toxin Beta-N- methylamino-L-alanine and amyotrophic lateral sclerosis [J]. Toxins(Basel),2010,2(12):2837-2850.

[29] Murch SJ,Cox PA,Banack SA,et al. Occurrence of beta-methylamino-l-alanine(BMAA) in ALS/PDC patients from Guam [J]. Acta Neurol Scand,2004,110(4):267-269.

[30] Pablo J,Banack SA,Cox PA,et al. Cyanobacterial neurotoxin BMAA in ALS and Alzheimer's disease [J]. Acta Neurol Scand,2009,120(4):216-225.

[31] Bradley WG,Mash DC. Beyond Guam:the cyanobacteria/BMAA hypothesis of the cause of ALS and other neurodegenerative diseases [J]. Amyotroph Lateral Scler,2009,10(Suppl 2):7-20.

[32] Rao SD,Banack SA,Cox PA,et al. BMAA selectively injures motor neurons via AMPA/kainate receptor activation [J]. Exp Neurol,2006,201(1):244-252.

[33] Santiago M,Matarredona ER,Machado A,et al. Acute perfusion of BMAA in the rat's striatum by in vivo microdialysis [J]. Toxicol Lett,2006,167(1):34-39.

[34] Lewis MD,McQueen IN,Scanlon MF. Motor neurone disease serum and beta-N-methylamino-L-alanine stimulate thyrotrophin-releasing hormone production by cultured brain cells [J]. Brain Res,1990,537(1-2):251-255.

[35] Cox PA,Banack SA,Murch SJ,et al. Diverse taxa of cyanobacteria produce beta-N-methylamino-L-alanine,a neurotoxic amino acid [J]. Proc Natl Acad Sci U S A,2005,102(14):5074-5078.

[36] Banack SA,Caller T,Henegan P,et al. Detection of cyanotoxins,β-N-methylamino- L-alanine and microcystins,from a lake surrounded by cases of amyotrophic lateral sclerosis [J]. Toxins(Basel),2015,7(2):322-336.

[37] Feurstein D,Stemmer K,Kleinteich J,et al. Microcystin congener- and concentration-dependent induction of murine neuron apoptosis and neurite degeneration [J]. Toxicol Sci,2011,124(2):424-431.

[38] Li G,Cai F,Yan W,et al. A proteomic analysis of MCLR-induced neurotoxicity:implications for Alzheimer's disease [J]. Toxicol Sci,2012,127(2):485-495.

[39] Wang M,Wang D,Lin L,et al. Protein profiles in zebrafish(*Danio rerio*)brains exposed to chronic microcystin-LR [J]. Chemosphere,2010,81(6):716-724.

[40] Li G,Cai F,Yan W,et al. A proteomic analysis of MCLR-induced neurotoxicity:implications for Alzheimer's disease

［J］. Toxicol Sci,2012,127(2):485-495.

［41］ Hu Y,Chen J,Fan H,et al. A review of neurotoxicity of microcystins ［J］. Environ Sci Pollut Res Int,2016,23(8): 7211-7219.

［42］ Meng GM,Sun Y,Fu WY,et al. Microcystin-LR induces cytoskeleton system reorganization through hyperphosphorylation of tau and HSP27 via PP2A inhibition and subsequent activation of the p38 MAPK signaling pathway in neuroendocrine(PC12)cells ［J］. Toxicology,2011,290(2-3):218-229.

［43］ Kist LW,Rosemberg DB,Pereira TC,et al. Microcystin-LR acute exposure increases AChE activity via transcriptional ache activation in zebrafish(*Danio rerio*)brain ［J］. Comp Biochem Physiol C Toxicol Pharmacol,2012,155(2): 247-252.

［44］ Routh VH,McArdle JJ,Levin BE. Phosphorylation modulates the activity of the ATP-sensitive K^+ channel in the ventromedial hypothalamic nucleus ［J］. Brain Res,1997,778(1):107-119.

［45］ Reinhart PH,Levitan IB. Kinase and phosphatase activities intimately associated with a reconstituted calcium-dependent potassium channel ［J］. J Neurosci,1995,15(6):4572-4579

［46］ Kumar S,Khisti RT,Morrow AL. Regulation of native GABAA receptors by PKC and protein phosphatase activity ［J］. Psychopharmacology(Berl),2005,183(2):241-247.

［47］ Davare MA,Horne MC,Hell JW. Protein phosphatase 2A is associated with class C L-type calcium channels(Cav1. 2) and antagonizes channel phosphorylation by cAMP-dependent protein kinase ［J］. J Biol Chem,2000,275(50): 39710-39717.

［48］ Aráoz R,Molgó J,Tandeau de Marsac N. Neurotoxic cyanobacterial toxins ［J］. Toxicon,2010,56(5):813-828.

［49］ Walker JR,Novick PA,Parsons W,et al. Marked difference in saxitoxin and tetrodotoxin affinity for thehuman nociceptive voltage-gated sodium channel(Nav1. 7)［J］. Proc. Natl. Acad. Sci,2012,109(44):18102-18107.

［50］ Su Z,Sheets M,Ishida H,et al. Saxitoxin blocks L-type I Ca ［J］. J Pharmacol Exp Ther,2004,308(1),324-329.

［51］ Wang J,Salata JJ,Bennett PB. Saxitoxin is a gating modifier of HERG K^+ channels ［J］. J Gen Physiol,2003,121(6): 583-598.

［52］ Zhang D,Hu C,Wang G,et al. Zebrafish neurotoxicity from aphantoxins-cyanobacterial paralytic shellfish poisons (PSPs)from *Aphanizomenon flos-aquae* DC-1 ［J］. Environ Toxicol,2013,28(5):239-254.

［53］ Ju J,Saul N,Kochan C. Cyanobacterial xenobiotics as evaluated by a *Caenorhabditis elegans* neurotoxicity screeningtest ［J］. Int J Environ Res Public Health,2014,11(5):4589-5606.

［54］ Campos F,Durán R,Vidal L,et al. In vivo effects of the anatoxin-a on striatal dopamine release ［J］. Neurochem Res, 2006,31(4):491-501.

［55］ Campos F,Alfonso M,Vidal L,et al. Mediation of glutamatergic receptors and nitric oxide on striatal dopamine release evoked by anatoxin-a ［J］. An in vivo microdialysis study. Eur J Pharmacol,2006,548(1-3):90-98.

［56］ Jabba SV,Prakash A,Dravid SM,et al. Antillatoxin,a novel lipopeptide,enhances neurite outgrowth in immature cerebrocortical neurons through activation of voltage-gated sodium channels ［J］. J Pharmacol Exp Ther,2010,332(3): 698-709.

［57］ LePage KT,Goeger D,Yokokawa F,et al. The neurotoxic lipopeptide kalkitoxin interacts with voltage-sensitive sodium channels in cerebellar granule neurons ［J］. Toxicol Lett,2005,158(2):133-139.

［58］ Pereira A,Cao Z,Murray TF,et al. Hoiamide a,a sodium channel activator of unusual architecture from a consortium of two papua new Guinea cyanobacteria ［J］. Chem Biol,2009,16(8):893-906.

第十章　蓝藻毒素的遗传毒性、表遗传毒性和致癌性研究

广义的遗传毒性（genetic toxicity 或 genotoxicity）是指由遗传毒物引起生物细胞基因组分子结构特异改变或使遗传信息发生变化的有害效应，或简单概括为损伤 DNA 和改变 DNA 的能力。因此，通过 DNA 损伤产生突变及基因组复制（replication of genome）过程误差率增高，改变基因表达模式的损伤皆为遗传毒性的表现。狭义的遗传毒性仅指 DNA 损伤。致突变性（mutagenicity）是指对 DNA 或染色体结构（或数目）的损伤并能传递给子细胞的作用。遗传毒性比致突变性覆盖了更广的终点谱，如非程序 DNA 合成、姐妹染色体互换及 DNA 链断裂属遗传毒性而非致突变性，因为它们本身不是从细胞到细胞或代与代之间的可传递事件；此外，非整倍性和多倍性这类遗传毒性效应不是由于损伤 DNA 所致，而是对染色体移动蛋白和由改变基因表达模式的损伤造成细胞形态转化所致。研究发现，蓝藻毒素中的肝毒素如微囊藻毒素（microcystins，MCs）、节球藻毒素（nodularin，NOD）、柱胞藻毒素（cylindrospermopsins，CYNs）等具有遗传毒性。

在人类基因组中含有两类信息：一类是遗传学（genetics）信息，它提供了合成生命所必需的所有蛋白质的模板；另一类是表观遗传学（epigenetics）信息，它提供了何时、何地和如何应用遗传学信息的指令，以确保基因适当地开和关。表观遗传是指没有 DNA 序列变化的，可通过有丝分裂和减数分裂在细胞和世代间传递的基因表达改变。真核细胞中存在着一个由 DNA 甲基化、组蛋白修饰、染色质重塑、非编码 RNA 等形式组成的表观遗传修饰网络，能动地调控着具有组织和细胞特异性的基因表达模式。近年来的研究显示，微囊藻毒素暴露可引起 DNA 甲基化、部分 miRNA 表达上调或下调等表观遗传学改变，表明蓝藻毒素也具有表观遗传毒性。

各种致癌剂诱导细胞的基因突变或表观遗传变异，导致异常增生的单个克隆癌细胞的生成，从而引发致癌过程。WHO 指出，80%～90% 的人类肿瘤与环境因素有关。在多种环境因素中，化学致癌物占大多数。近年来，已有越来越多的专家关注微囊藻毒素的促癌/致癌性问题。微囊藻毒素是一种类似大田软海绵酸的强促癌剂，具有较强的肝细胞毒性和促癌活性。流行病学调查表明，我国江苏海门和启东、广西扶绥、福建同安等东南沿海地区居民肝癌高发，这些地区部分居民曾长期饮用或正在饮用被微囊藻毒素污染了的沟塘水、河水等浅表水，并且水中微囊藻毒素含量与原发性肝癌发生率呈正相关。国际癌症研究中心（international agency for research on cancer，IARC）已将微囊藻毒素-LR（MC-LR）列为 2B 类致癌物，即人类可能致癌物。2B 类致癌物是指对人类致癌性证据有限但实验动物致癌性证据不充分，或对人类致癌性证据不足但实验动物致癌性证据充分。MC-LR 的致癌机制尚不十分清楚，可能与其遗传毒性密切相关。本章重点介绍微囊藻毒素、节球藻毒素等几种常见蓝藻毒素的遗传毒性、表观遗传毒性和致癌性。

第一节　蓝藻毒素的遗传毒性研究

遗传毒性通常可分为 DNA 损伤、基因突变、染色体结构改变和染色体数目改变四类。遗传学损伤

大多数是由于 DNA 受损所致，也可能源于 DNA 以外的靶组织受损。基因突变、染色体畸变及染色体数目改变的本质相同，区别在于受损程度不同。通常以光学显微镜的分辨率 $0.2 \mu m$ 来区分基因突变和染色体畸变。基因突变无法用光学显微镜来观察，必须通过生长发育、生化、形态等表型改变来判断，而染色体畸变可用光学显微镜进行观察。目前已有 200 多种遗传毒性试验，按其检测终点分成 4 类：反映原始 DNA 损伤的试验、反映基因突变的试验、反映染色体结构改变的试验和反映非整倍性改变的试验。较常用的遗传毒性试验方法有单细胞凝胶电泳（single cell gel electrophoresis，SCGE）试验、细菌回复突变试验（Ames 试验）、微核试验、染色体畸变分析、姐妹染色单体交换（sister-chromatid exchange，SCE）、程序外 DNA 合成（unscheduled DNA synthesis，UDS）试验、果蝇伴性隐性致死试验和显性致死试验等。随着分子生物学技术的日新月异，形成了一些更加精确灵敏的环境遗传毒性研究的新技术，如聚合酶链反应（polymerase chain reaction，PCR）技术、荧光原位杂交（fluorescence in situ hybridization，FISH）、转基因小鼠（transgenic mouse）致突变检测系统和基因芯片（gene chip）技术等。蓝藻毒素的遗传毒性研究主要集中于不同遗传毒性终点的观察和 DNA 损伤修复等方面。

一、DNA 损伤

DNA 是生物体内的遗传物质，它的稳定对于生命体的正常繁殖与生长至关重要。外来化合物引起的 DNA 损伤，有多种不同的类型，归结起来，可分为链断裂与碱基修饰两大类。常用的 DNA 损伤检测方法包括：①彗星试验即单细胞凝胶电泳试验（SCGE）。当细胞 DNA 受损伤产生断裂时，DNA 的超螺旋结构受到破坏，DNA 的断裂和碱易变性 DNA 片段从严密的超螺旋结构中释放出来，离开核 DNA 在凝胶电泳分子筛中向阳极移动，形成彗星状图像。DNA 受损伤越严重，产生的断裂和碱易变性片段越多，断链也越小；在相同电泳条件下迁移的 DNA 量就越多，迁移的距离就越长。因此，通过测量 DNA 损伤迁移部分的光密度或迁移长度就可以定量测定 DNA 损伤的程度，确定遗传性毒物剂量与 DNA 损伤效应之间的关系。彗星实验主要是检测遗传性毒物对 DNA 的原始损伤，是检测单个细胞 DNA 链断裂的新技术，该方法能够灵敏、简便、快速地检测 DNA 损伤与修复、DNA 交联、内源性自由基攻击所致的 DNA 氧化性损伤。②SOS/Umu 试验（Umu 试验）。当细菌受到诱变物作用引起 DNA 损伤后，可诱导 SOS 反应，表达 umu 基因，进而表达具有 β-半乳糖苷酶活性的融合蛋白。SOS/Umu 试验通过检测该酶的活性来确定受试物引起 DNA 损伤的程度。该方法具有简单、快速、敏感、廉价等优点，结果与 Ames 试验吻合性较好，德国等发达国家环境部门已将 SOS/Umu 试验作为检测水中遗传毒性效应的方法。③非程序性 DNA 合成（unscheduled DNA synthesis，UDS）试验，是指与 DNA 修复有关的合成过程，这种 DNA 修复合成是发生在 S 期以外的，它不同于细胞在 S 期进行的 DNA 半保留复制，无论原核细胞还是真核细胞，都具有一系列酶学修复机制，可使由外源性理化因素所致的 DNA 损伤得以修复。该过程的加强是 DNA 损伤的表现之一。评价 UDS 反应主要以靶细胞 DNA 非程序性合成过程中掺入 ^{3}H-TdR 后，放射自显影出现在细胞核内银粒数为依据。

多数研究认为，蓝藻毒素可直接诱导 DNA 损伤。微囊藻毒素、节球藻毒素引起的 DNA 单链断裂已被多个实验所证实，微囊藻毒素还能诱导 8-羟基脱氧鸟苷（8-OHdG）的生成增多。任何 DNA 损伤，只要修复无误，突变就不会发生，如果修复错误或没有修复，即可发生突变。因此，在任何指定的时间范围内观察到的 DNA 损伤程度是 DNA 损伤与 DNA 修复之间互相平衡的结果。Ding 等用微囊藻水华提取物（相当于 $1.25 \mu g$、$12.5 \mu g$、$125 \mu g$ 冻干细胞/mL）及 MC-LR 纯毒素（$1 \mu g$/mL）处理大鼠原代肝细胞 4 h，彗星试验结果显示，各处理组细胞均可诱导 DNA 单链断裂（$P<0.05$），并呈现明显的剂量-反应关系。该研究还发现 MC-LR 纯毒素（1 μg/mL）可导致大约 40％的细胞发生 DNA 单链断裂。上述结果提示微囊藻水华提取物及 MC-LR 纯毒素具有潜在的基因毒性作用。Zegura 等用非毒性剂量（0.01～1 μg/mL）的 MC-LR 作用于人肝癌细胞株（HepG2 细胞）1～8 h，发现 DNA 单链断裂随染毒时间的延长而加重，4 h 后达到高峰，但观察到的 DNA 损伤是短暂的，随着染毒时间的延长，DNA 损伤效应逐渐减弱（图 10-1）。而 Nong 等采用 1～100 μmol/L 的 MC-LR 处理 HepG2 细胞 24 h，发现高剂量（30 μmol/L 和 100 μmol/L）而不是低剂量（1～10 μmol/L）的 MC-LR 可引起细胞 DNA 单链断裂。

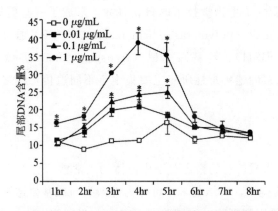

图 10-1 MC-LR 诱导 HepG2 细胞 DNA 损伤

用 0.01 μg/mL、0.1 μg/mL 和 1 μg/mL MC-LR 染毒细胞 1～8 h，通过彗星试验检测 DNA 损伤，以彗星尾部 DNA 含量所占的百分比来表示 DNA 损伤程度，每个实验观察点分析 50 个细胞。* MC-LR 染毒组和溶剂对照组彗星尾部 DNA 含量所占的百分比具有显著性差异（$P<0.05$）。

引自：Zegura B，Sedmak B，Filipic M. Microcystin-LR induces oxidative DNA damage in human hepatoma cell line HepG2 [J]. Toxicon，2003，41（1）：41-48.

微囊藻水华提取物和 MC-LR 纯毒素均可导致彗星实验阳性，微囊藻毒素能够导致细胞发生具有一定时间和剂量依赖性的 DNA 断裂。宋瑞霞等对太湖水华中的微囊藻毒素进行 SCGE 试验，发现微囊藻毒素对 V79 细胞 DNA 直接造成断裂损伤，使断裂的 DNA 片断在碱性环境中电泳时迁移速度加快，脱离未断裂的双链 DNA，形成明显的"拖尾"现象，使彗星样细胞百分率及损伤程度都明显高于对照组，具有显著性差异。Lakshmana 等研究发现，用微囊藻毒素提取物分别作用于幼年仓鼠肾细胞株 BHK-21 和小鼠胚胎成纤维细胞株 MEF 3 h，DNA 解旋琼脂糖凝胶电泳结果显示均发生了 DNA 断裂。Zegura 等用 0.2 μg/mL、1 μg/mL、5 μg/mL MC-LR 处理人结肠腺癌 CaCo-2 细胞株 2 h、4 h、6 h、12 h，发现 5 μg/mL MC-LR 染毒 4 h 可诱发 DNA 单链断裂。Mankiewicz 等采用含微囊藻毒素的蓝藻提取物（CEM）和 MC-LR 纯品分别对人淋巴细胞进行染毒，12 h 后，可观察到细胞出现 DNA 单链断裂（图 10-2）。周珏平等也在研究中发现，不同剂量的微囊藻毒素均可引起外周血淋巴细胞 DNA 迁移长度增加，且呈剂量-反应关系。Lankoff 等报道，采用 1～10 μg/mL 节球藻毒素对 HepG2 细胞染毒 48 h 后，可观察到 DNA 单链断裂。

Rao 等研究发现，对雄性瑞士白化病小鼠腹腔注射 21.5 μg/kg、43 μg/kg、86 μg/kg MC-LR 2 h 后，对其肝细胞进行 DNA 解旋荧光分析（flurometric analysis of DNA unwinding，FADU），结果显示各组小鼠肝细胞均出现 DNA 链断裂。Gupta 等研究发现，对雌性瑞士白化病小鼠分别腹腔注射 43 μg/kg、

235.4 μg/kg、110.6 μg/kg 的 MC-LR、MC-RR、MC-YR 30 min 后，对其肝细胞进行 DNA 断裂检测（DNA fragmentation assay），结果显示 MC-LR、MC-RR、MC-YR 均可引起 DNA 断裂。Gaudin 等研究发现，对雌性白化病小鼠经口进行 MC-LR（2 mg/kg 和 4 mg/kg）染毒 3 h、24 h，观察到血细胞出现 DNA 断裂；腹腔注射 40 μg/kg、50 μg/kg MC-LR 3 h 后，骨髓细胞也出现 DNA 断裂（图 10-3A）；腹腔注射 10 μg/kg、25 μg/kg、40 μg/kg MC-LR 24 h 后，肝脏、肾脏、肠、结肠细胞均出现不同程度的 DNA 链断裂，提示微囊藻毒素暴露可能与消化道肿瘤风险增高有关（图 10-3B）。Dias 等研究发现，对 C57BL/6 雄性小鼠腹腔注射 37.5 μg/kg 体重 MC-LR 30 min 后，彗星试验结果显示白细胞发生 DNA 链断裂。Filipic 等采用 10 μg/kg MC-LR 腹腔注射雄性 Fischer 344 大鼠，每隔 2 d 注射一次，持续 30 d 后，彗星试验结果显示肝脏、肾脏髓质和皮质、肺、脑、脾脏和淋巴细胞均可观察到 DNA 链断裂。Bazin 等用不同浓度的柱胞藻毒素对小鼠进行腹腔注射或饲喂，24 h 后进行测试，发现用 100 μg/kg 腹腔注射或用 4 mg/kg 饲喂的小鼠均可观察到 DNA 断裂。

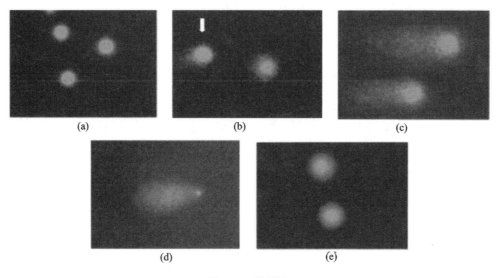

图 10-2 彗星图

用微囊藻毒素提取物（CEM）或微囊藻毒素-LR 纯品（500 nM）处理人淋巴细胞后检测 DNA 损伤：（a）对照组；（b）CEM（暴露 6 h），1～2 级损伤；（c）CEM（暴露 12 h），3 级损伤；（d）CEM（暴露 24 h），凋亡彗星；（e）MC-LR 纯品，1 级损伤。

引自：Mankiewicz J，Walter Z，Tarczynska M，et al. Genotoxicity of cyanobacterial extracts containing microcystins from Polish water reservoirs as determined by SOS chromotest and comet assay [J]. Environ Toxicol，2002，17（4）：341-350.

Palus 等对波兰一水库中微囊藻毒素粗提物进行 SOS/Umu 试验表明，该粗提物对大肠埃希菌 PQ37 的致突变实验均显示弱突变性。施玮等对 MC-LR、MC-RR 和 MC-YR 等 3 种纯毒素进行 UDS 试验，结果均为阴性，认为 MC-LR、RR、YR 3 种亚型的微囊藻毒素均不能造成大鼠原代肝细胞的非程序性 DNA 合成。Gaudin 等也认为，MC-LR 不能引起大鼠肝细胞 UDS 合成增加。有报道提示，微囊藻毒素可引起 DNA 氧化损伤，而 UDS 试验并不能检出 DNA 早期损伤和氧化加合物，推测这是导致阴性结果的原因之一。而 Lankoff 等发现，MC-LR 影响了 DNA 核苷酸切除修复过程中的一种特异性蛋白，该蛋白被 PP2A 去磷酸化，是 DNA 切除修复中的必需蛋白。因此，推断 MC-LR 引起了 DNA 损伤，也抑制了 DNA 修复过程，在 UDS 试验中不能观察到 DNA 的修复。Zegura 等研究发现，细胞暴露于 MC-LR 8 h 后，氧化嘧啶开始修复，但氧化嘌呤并未同时得到修复，如果这种嘌呤的氧化损伤没有在 DNA 复制之前得到修复，就可能导致 DNA 的 GCTA 突变。Lankoff 等发现，用 MC-LR 处理后的人类成胶质瘤细胞 MO59K 及其非同源的 MO59J 细胞并未得到同时修复，并且双链修复系统的关键酶 DNA-PK 的活性被抑制。Al-Jassabi 等研究报道，对 BALB/c 小鼠腹腔注射 75 μg/kg MC-LR 24 h 后，用高效液相色谱法（high performance liquid chromatography，HPLC）检测小鼠肝细胞中 8-羟基脱氧鸟苷（8-OHdG）的水平，结果发现染毒组 8-OHdG 水平增高，提示发生 DNA 氧化损伤。Li 等报道，经饮水给予不同剂量（1～40 μg/L）的 MC-LR 12 个月，采用酶联免疫吸附测定（Enzyme linked immunosorbent assay，ELISA）检测肝细胞 8-OHdG 的水平，结果显示 MC-LR 长期暴露可导致肝细胞 DNA 8-OHdG 水平增高，破坏 mtDNA 和 nDNA，改变 mtDNA 的含量。Lankoff 等用 1～10 μg/mL 节球藻毒素处理 HepG2 细胞 6～48 h，发现节球藻毒素可通过嘌呤氧化而诱导 DNA 氧化损伤。

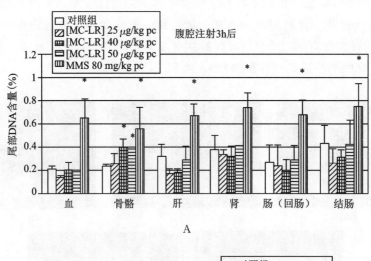

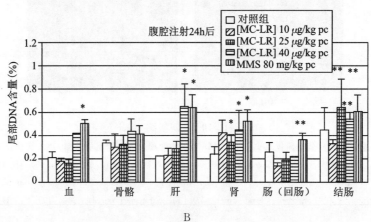

图 10-3　MC-LR 对小鼠 DNA 损伤的诱导作用

A. 单次腹腔注射 3 h 后 MC-LR 对小鼠 DNA 损伤的诱导作用。每组 3 只动物，其中 50 μg/kg MC-LR 的血液组只有 1 只动物，采用 Wilcoxon（Mann-Whitney）U 检验，与对照组相比，＊：$P<0.01$，＊＊：$P<0.05$。B. 再次腹腔注射 24 h 后 MC-LR 对小鼠 DNA 损伤的诱导作用。每组 3 只小鼠，其中以 40 μg/kg MC-LR 染毒的血细胞组只有 1 只小鼠，采用 Wilcoxon（Mann-Whitney）U 检验，与对照组相比，＊：$P<0.01$，＊＊：$P<0.05$。

引自：Gaudin J，Huet S，Jarry G，et al. *In vivo* DNA damage induced by the cyanotoxin microcystin-LR：comparison of intraperitoneal and oral administrations by use of the comet assay［J］. Mutat Res，2008，652（1）：65-71.

二、基因突变

基因突变（gene mutation）是指基因在结构上发生了碱基对组成或排列序列的改变。按突变效应方向可将基因突变分为正向突变和回复突变。常用的检测方法：①Ames 试验。即鼠伤寒沙门氏菌回复突变试验。原理是组氨酸营养缺陷型菌株在无组氨酸的培养基上不能存活，但是受到诱导剂作用后可产生回复突变，在无组氨酸的培养基中可以自行合成组氨酸，并发育成肉眼可见的菌落。该方法快速、简便、检出率高，已经作为环境诱变剂检测试验中的首选试验之一。②TK 基因突变试验。该试验是一种哺乳动物体细胞基因正向突变试验，TK 基因编码胸苷激酶，该酶催化胸苷的磷酸化反应，生成胸苷单磷酸（thymidine monophosphate，TMP）。如果存在三氟胸苷（TFT，trifluorothymidine）等嘧啶类似物，则产生异常的 TMP，掺入 DNA 中导致细胞死亡。如受检物能引起 TK 基因突变，胸苷激酶则不能合成，而在核苷类似物的存在下能够存活。TK 基因突变试验可检出包括点突变、大的缺失、重组、染色体异倍性和其他较大范围基因组改变在内的多种遗传改变。试验采用的靶细胞系主要有小鼠淋巴瘤细胞 L5178Y 及人类淋巴母细胞 TK6 和 WTK1 等，其基因型均为 Tk$^{+/-}$。③Ara 试验。即鼠伤寒沙门氏菌阿拉伯糖抗性正向突变试验（L-arabinose resistance forward mutation test），是一种细菌正向突变试验。原理是测试菌株在阿拉伯糖甘油培养基生长受阻，在诱导物的作用下能从阿拉伯糖敏感菌株正向突变为阿拉伯糖抗性菌株。凡是能够引起 L-阿拉伯糖操纵子中任何一个基因发生正向突变的化学物，均可以用这项试验检测出。与经典的 Ames 试验相比较，Ara 试验灵敏度更高，检测谱更广泛，使用一个菌株就可以完成范围广泛的致突变物检测，不必像 Ames 试验还需要同时结合几个菌株才能完成检测。

关于微囊藻毒素的基因突变试验检测结果并不一致。曾有研究报道，无论是微囊藻毒素提取物还是 MC-LR 纯毒素 Ames 试验结果均为阴性。王伟琴等在实验条件下也未观察到藻毒素浓集物、藻毒素稀释水样及 MC-LR 纯毒素在 Ames 试验中具有显著致突变作用。Ding 等的研究发现，4 种鼠伤寒沙门氏菌测试菌株（TA97、TA98、TA100 和 TA102）经 2.5 μg/mL 的 MC-LR 纯毒素作用后，Ames 试验结果均为阴性。Sieroslawska 报道，低于 10 μg/mL 的 3 种蓝藻毒素（微囊藻毒素-LR、柱胞藻毒素及鱼腥藻毒素-a）对鼠伤寒沙门氏菌（TA98、TA100、TA1535 及 TA1537）和大肠杆菌（WP2 uvrA 及 WP2［pKM101］）无论是直接作用还是代谢活化后作用，均未呈现致突变性。但也有研究发现微囊藻毒素提取物具有很强的致突变性。Wu 等报道，各个季节的太湖水样 Ames 试验均呈阳性，可诱导基因突变。宋瑞霞等从太湖蓝藻水华中提取微囊藻毒素，显示可导致 TA98 菌株发生移码突变。詹立等用 MC-LR（80 μg/mL）体外染毒人淋巴母细胞 TK6 24 h 后，发现 MC-LR 可使 TK6 细胞产生细胞毒性，tk 基因突变频率升高，SG 突变体比例增加。Huang 等用 3 种蓝藻（鱼腥藻、微囊藻和颤藻）的胞外产物（Extracellularproducts，ECPs）进行 Ames 试验，结果显示 3 种藻类提取物均具有致突变性，且对鼠伤寒沙门氏菌 TA100 的致突变活性比 TA98 高，提示 3 种藻类提取物致碱基置换突变的活性较高，微囊藻提取物（Microcystis extracts，MCE）在菌株 TA98-S9 和 TA100（不加 S9）中表现出的致突变性最高。Suzuki 等研究发现，用 7.5～15 μg/mL MC-LR 处理人胚胎成纤维 RSa 细胞 6 d，毒毛花苷抗性（ouabain-resistance）突变分析结果显示产生了基因突变，PCR 和斑点杂交显示在 k-ras 基因密码子 12 发生碱基置换突变。Wang 等用 0.01 μmol/L、0.1 μmol/L、1.0 μmol/L MC-LR 处理人－仓鼠杂交细胞（human-hamster hybrid cell）A$_L$ 30 d，发现 1 μmol/L MC-LR 可使 A$_L$ 细胞的 CD59 位点基因突变频率增加（$P < 0.01$）。Fonseca 等用含柱胞藻毒素的 C. raciborskii 细胞提取液对小鼠进行腹腔注射，48 h 后发现小鼠的肝脏和骨髓细胞出现突变。Wu 等应用 Ara 试验对太湖梅梁湾的微囊藻毒素粗提物进行测定，结果提示该微囊藻毒素粗提物不具有基因毒性，这与 Wu 同期进行的 Ames 试验结果不一致。詹立等以 MC-LR 染毒人类淋巴母细胞 TK6 24 h 后，TK 基因突变频率明显上升，其中缓慢生长突变体在突变细胞中占较大比例，提示 MC-LR 不仅引起 TK 基因突变，而且引起了较大范围的 DNA 改变。

三、染色体损伤

染色体损伤包括染色体畸变和染色体数目改变。染色体畸变表现为在致突变物的作用下，DNA分子结构的完整性遭到破坏，染色体或染色单体经过断裂重接或互换产生畸变。染色体数目改变表现为在细胞分裂过程中，染色体分离出现障碍，导致出现染色体数目异常，包括整倍体和非整倍体。染色体畸变试验是反映染色体结构损伤、数目变化和有丝分裂指数变化的经典遗传毒理学实验方法。

生物受到环境中的辐射或者其他具有遗传毒性的物质作用可能导致染色体损伤，细胞分裂时没有着丝粒的染色体断片或者整条染色体移动滞后，在子细胞内形成核小体，即微核（micronucleus，MN）。大量实验证实，环境诱变物引发的微核率与染色体畸变率存在明显的相关性。微核试验是目前检测染色体损伤的良好方法，自20世纪70年代以来，微核试验在化学诱变剂筛选中得到了广泛应用，在方法学上也不断得到更新和改进，包括哺乳动物骨髓细胞、蚕豆根尖细胞、人淋巴细胞在内的多种生物材料已经广泛用于微核的检测。

许多研究发现，微囊藻毒素或者含微囊藻毒素的蓝藻粗提物可引起多种细胞微核率升高。Zhan等用5 μg/mL、10 μg/mL、20 μg/mL、40 μg/mL、80 μg/mL MC-LR分别作用于人淋巴母细胞TK6，24 h后发现染毒组微核形成较对照组多，提示MC-LR染毒后细胞发生了染色体损伤。Repavich等用含有微囊藻毒素的蓝藻提取物作用于人淋巴细胞后进行微核试验，可观察到微核形成。Lankoff等用25～100 μmol/L MC-LR染毒中国仓鼠卵巢细胞CHO-K1，14 h、18 h、22 h后进行染色体分析，发现50 μmol/L MC-LR染毒18 h可观察到有缺陷的染色体分离和多倍体细胞（图10-4）。Wang等用0.01 μmol/L、0.1 μmol/L、1.0 μmol/L MC-LR染毒人－仓鼠杂交细胞AL 30 d，结果显示1.0 μmol/L MC-LR诱发的细胞微核率比对照组高1.9倍。陈华等发现，经二乙基亚硝胺启动，大鼠饮用含MC-LR 0.529 μg/L的藻培养水连续9 w，或腹腔注射MC-LR纯毒素，发现骨髓嗜多染红细胞微核率明显升

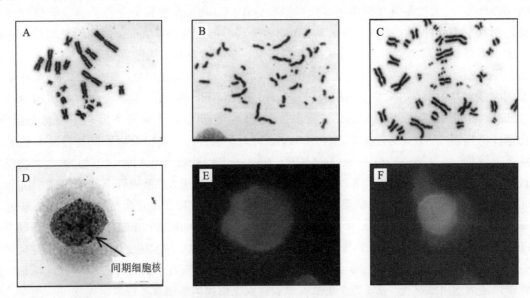

图10-4　经50 μmol/L MC-LR处理18 h、处于有丝分裂期的CHO-K1细胞

A和D为未处理细胞：（A）中期，（D）间期；B、C、E和F为50 μmol/L MC-LR处理18 h的细胞；（B）异常后期；（C）多倍体细胞；（E）早期凋亡细胞（Annexin+/PI－）；（F）晚期凋亡/坏死细胞（Annexin+/PI+）。

引自：Lankoff A，Banasik A，Obe G，et al. Effect of microcystin-LR and cyanobacterial extract from polish reservoir of drinking water on cell cycle progression，mitotic spindle，and apoptosis in CHO-K1 cells . Toxicol Appl Pharmacol. 2003，189：204-213.

高，与二乙基亚硝胺启动组比较，差异有统计学意义，提示经饮水摄入低剂量 MC-LR 能加强二乙基亚硝胺对遗传物质的损伤。Ding 等对雄性昆明小鼠腹腔注射 1 mg/kg、10 mg/kg、100 mg/kg 冻干藻细胞（分别含 MC-LR 0.45 μg/kg、4.5 μg/kg、45 μg/kg），24 h、48 h 后进行微核试验，发现染毒组小鼠骨髓嗜多染红细胞微核率高于对照组。Dias 等采用非细胞毒性浓度的 MC-LR（5 μmol/L 和 20 μmol/L）作用于猴肾上皮细胞 Vero-E6、人肝癌细胞 HepG2，24 h 后观察到微核形成增多（图 10-5A），用 MC-LR 37.5 μg/kg 腹腔注射雄性 C57BL/6 小鼠 48 h、72 h 后，发现染毒组微核率显著高于对照组（图 10-5B），表明 MC-LR 具有诱导永久性染色体损伤（染色体断裂或非整倍体）的能力。据报道，微囊藻毒素可诱发 TK6 细胞微核率明显上升，并有剂量-反应关系，推测其可能是一种染色体断裂剂。MC-LR 在人淋巴母细胞 TK6 中表现出断裂剂特性，诱发微核形成和杂合性丢失，杂合性丢失是肿瘤发生过程中重要的遗传突变。有研究报道，用 5～10 μg/mL 节球藻毒素处理 HepG2 细胞 24 h，发现节球藻毒素可通过诱发非整倍性改变而导致着丝粒阳性微核形成增加。

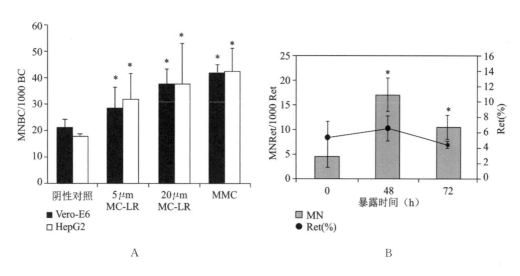

图 10-5 MC-LR 诱导永久性染色体损伤

　A. MC-LR 处理 Vero-E6 和 HepG2 细胞 24 h 后进行胞质分裂阻滞微核检测。计算微核细胞率，即每 1000 个双核细胞（BC）中观察到含有微核的双核细胞（MNBC）数。以丝裂霉素 C（MMC，0.1 μg/mL，24 h）作为阳性对照，与对照组比较：*：$P < 0.05$。

　B. 37.5 μg/kg 体重 MC-LR 腹腔注射雄性 C57BL/6 小鼠 48 h、72 h 的微核试验结果。计算微核细胞率，即每 1000 个网织红细胞（Ret）中含有微核的网织红细胞（MNRet）数。与对照组比较：*：$P < 0.05$。

　引自：Dias E，Louro H，Pinto M，et al. Genotoxicity of microcystin-LR in in vitro and in vivo experimental models [J]. Biomed Res Int，2014，2014：949521.

第二节　蓝藻毒素的表观遗传毒性研究

　　表观遗传毒性机制包括一系列对 DNA 和染色质的修饰。关于表观遗传调控与蓝藻毒素毒作用方面的研究已逐渐成为当前毒理学研究的热点，其中研究最多的是 DNA 甲基化和非编码 RNA，如微小 RNA（microRNA，miRNA）的调控。

一、DNA 甲基化

　　DNA 甲基化（DNA methylation）是指在 DNA 甲基转移酶（DNA methyltransferase，DNMT）作用下，在 DNA 的某些碱基上增加甲基的过程。在哺乳动物几乎所有的 DNA 甲基化都发生在 CpG 二联体，成簇的 CpG 区成为 CpG 岛，常见于基因的启动子。在 DNA 甲基化过程中，胞嘧啶从 DNA 双螺旋突出，进入与酶结合部位的裂隙，通过胞嘧啶甲基转移酶，把活性甲基从 S-腺苷蛋氨酸转移至 5-胞嘧啶位上，形成 5-甲基胞嘧啶（5-methylcytosine，5MC）。DNA 甲基化能引起染色质结构、DNA 构象、DNA 稳定性及 DNA 与蛋白质相互作用方式的改变，从而控制基因表达。郭尧平等给 4～5 w 龄健康 SPF 级昆明小鼠腹腔内注射 MC-LR 5 μg/kg、10 μg/kg、20 μg/kg 20 d 后，采用高效液相色谱法（HPLC）检测小鼠肝细胞 DNA 总体甲基化水平发现，10 μg/kg、20 μg/kg MC-LR 染毒组小鼠肝细胞 DNA 总体甲基化水平均明显低于正常对照组，差异有统计学意义（$P < 0.05$）；且 DNA 总体甲基化水平随着 MC-LR 染毒剂量的升高而呈下降趋势。与正常对照组相比，10 μg/kg、20 μg/kg MC-LR 染毒组小鼠肝细胞 $DNMT1$、$DNMT3A$、$DNMT3B$ mRNA 的表达水平均显著下降。但 10 μg/kg MC-LR 染毒组小鼠 $DNMT3B$ mRNA 表达水平低于 5 μg/kg、20 μg/kg MC-LR 染毒组，差异均有统计学意义（$P < 0.05$），表明高剂量 MC-LR 对 $DNMT3B$ mRNA 表达的抑制程度已减弱，推测是由于机体低甲基化的一种代偿性反应所致。Pearson 相关分析表明，小鼠肝细胞 DNA 总体甲基化水平与 $DNMT1$、$DNMT3A$、$DNMT3B$ mRNA 表达水平均呈正相关（$P < 0.05$），提示 MC-LR 引起的 DNA 总体甲基化水平降低可能与其抑制 $DNMT1$、$DNMT3A$ 和 $DNMT3B$ mRNA 的表达有关。Chen 等对 10 μg/L MC-LR 诱导的恶性转化 L02 肝细胞进行 DNA 甲基化测序，结果显示，在基因的启动子或编码区序列（coding sequences，CDS）有 2592 个 CpG 位点发生不同程度的甲基化，而 $DNMT3a$ 和 $DNMT3b$ 的表达显著上调。

二、微小 RNA（microRNA，miRNA）

miRNA 是指一系列内源性小分子单链 RNA，长 21～23 个核苷酸。miRNA 的功能是通过降解 mRNA 或者抑制 mRNA 翻译进行转录后调控：当 miRNA 与靶基因 mRNA 非编码区（$3'$-UTR）完全互补配对时，靶基因 mRNA 出现降解；当 miRNA 与靶基因 mRNA 非编码区不完全互补配对时，靶基因 mRNA 的翻译受到抑制。Xu 等采用低剂量 MC-LR 长期连续染毒建立了肝细胞癌变进程小鼠模型，通过 miRNAs 芯片检测发现，在肝癌发生早期有 4 种 miRNA（miR-122-5p、miR-125-5p、miR-199a-5p 和 miR-503-5p）表达明显下调，2 种 miRNA（miR-222-5p 和 miR-590-5p）表达显著上调，提示这 6 种miRNA 联合检测可用于环境致肝癌毒物的健康风险评估。Yang 研究发现，用 1 μmol/L、2.5 μmol/L、5 μmol/L 和 10 μmol/L MC-LR 处理人正常肝细胞株 HL7702 24 h 后，分别引起 3 种、10 种、9 种、99 种 miRNA 差异表达。4 个 MC-LR 处理组均出现 miR-15b-3p 表达上调和 miR-4521 表达下调。miR-451a 在 1 μmol/L、5 μmol/L 和 10 μmol/L 处理组表达下调，但在 2.5 μmol/L 处理组则表达上调，提示 miR-451a、miR-4521 和 miR-15b-3p 可能在 MC-LR 诱导的肝脏毒性中发挥着重要作用。Brzuzan 等每隔 7 d 给予鲑鱼腹腔注射 100 μg/kg 微囊藻毒素-LR 共 28 d，取鲑鱼肝组织进行 microRNA-Seq 转录组分析发现，染毒 14 d 有 73 个 miRNA 出现差异表达，染毒 28 d 有 83 个 miRNA 出现差异表达。这些差异表达的 miRNA 主要调控了细胞骨架重组、细胞代谢、细胞周期调控、凋亡等。microRNA 组（microRNAome）图谱分析发现，具有肝特异性的 MiR122 表达下调，miR122 异构体（isomiR）的表达谱与 MC-LR 暴露相关。Xu 等报道，长期低剂量 MC-LR 暴露可诱导人肝 WRL-68 细胞发生恶性转化，并在裸鼠皮下成瘤，miRNA 芯片分析显示，MC-LR 可引起 126 种 miRNA 表达显著改变（2 倍以上），具有类似癌基因样作用的 miR-21 和 miR-221 表达上调，而具有肝特异性的 miR-122 则表达下调。miR-21 是目前被研究比较透彻的 miRNA 之一，涉及包括发育学、肿瘤学、干细胞生物学等多个领域。miR-122 是调节肝脏发育的"肝特异性 miRNA"，在胚胎肝组织中高表达，而在成人肝组织细胞中稳定表达，但在肝癌细胞中表达明显下调。Coulouarn 等的研究显示，miR-122 表达下调与肿瘤进展和转移相关。Bai 等报道，肝癌细胞的 miR-122 上调可以促进逆转癌细胞的上皮样特征，明显降低其生长、侵袭、转移及克隆形成的能力。

第三节　蓝藻毒素的促癌/致癌性研究

蓝藻毒素的促癌/致癌性研究中，以微囊藻毒素的研究最多。故本部分将详细介绍微囊藻毒素的促癌/致癌性。长期低浓度的微囊藻毒素暴露可能使相关人群的癌症发病率增高。国内外大量动物试验和流行病学资料表明，长期饮用低浓度微囊藻毒素污染的水与原发性肝癌、大肠癌等胃肠道肿瘤的高发有关。另外，微囊藻毒素的性质稳定，能够在生物体内存留并富集，长期食用被污染的水产品、蔬菜等食物同样会危害人类的健康。

一、动物诱癌试验

动物诱癌试验在评价化合物的促癌/致癌性方面具有重要作用。按照观察时间和靶器官范围分成两种类型：一种是哺乳动物长期诱癌试验，属于经典的、标准的化学物致癌性检测方法；另一种是动物短期致癌试验，试验观察时间不是终身而是在有限的时间范围内，而且观察的靶器官限定为一个而不是全部。肿瘤促进模型（Solt-Farber 模型）以肝细胞谷胱甘肽-S-转移酶 P（glutathione S-transferases P，GSTPi）阳性灶表达为指标，可在启动和促癌阶段对化合物的致癌潜能做出评价，以其经济、快速的特点而得到广泛应用。

1. 促癌性研究

多项研究证明，微囊藻毒素-LR 和节球藻毒素是非常强的促癌剂（表 10-1）。在二阶段短期促癌模型中，MC-LR 在二乙基亚硝胺（diethy initrosamine，DEN）和黄曲霉毒素 B1（aflatoxin B1，AFB1）作为启动剂的条件下，均表现出促癌作用，而且 MC-LR 与 AFB1 之间还存在协同作用。Ito 等发现 5 w 龄 ICR 小鼠经单次低剂量 DEN 启动后，给小鼠腹腔注射 MC-LR（20 µg/kg）100 次，在第 3 w 行部分肝切除，发现 MC-LR 能诱导肝细胞中谷胱甘肽-S-转移酶 P（GSTP）阳性灶表达增加，28 w 后肝脏有可见瘤性结节。Nishiwaki-Matsushima 等以低于急性毒性水平（1～50 µg/kg）的 MC-LR 对 7 w 龄 F344 雄性大鼠进行腹腔注射，每周两次，持续 8 w。在使用 DEN 作为启动剂的条件下，MC-LR 可诱导胎盘型谷胱甘肽 S-转移酶 P 阳性灶（GSTP+）的数量和面积呈剂量依赖式增加；在不使用 DEN 启动的条件下，未观察到阳性灶增加。Ohta 等报道，F344 雄性大鼠经单次低剂量 DEN 启动后，从第 3 w 开始腹腔注射 MC-LR（25 µg/kg 体重），每周 2 次，共 10 w，在使用 DEN 启动剂的大鼠肝脏中可观察到 GSTP 阳性灶增加，而不使用启动剂的大鼠肝脏则没有肝脏结节出现。Ohta 等用同样的方法观察节球藻毒素的致癌性，发现节球藻毒素可诱导 GSTP 阳性灶表达增加，能诱导早期反应基因 *c-fos* 和 *c-jun* 家族的高表达，提示节球藻毒素亦具有促癌活性。陈刚等为评价 MC-LR 和 AFB1 对大鼠肝脏的促癌作用，采用二阶段中期动物试验模型进行了研究。6 w 龄雄性 Fisher344 大鼠腹腔注射 DEN（200 mg/kg）作为启动剂，在第 2 周末腹腔注射 AFB1（0.5 mg/kg），在第 3 w 至第 8 w，每周 2 次腹腔注射 MC-LR（1 µg/kg 或 10 µg/kg）。所有大鼠在第 3 w 末进行 2/3 部分肝切除，第 8 w 末全部处死，通过在肝切片上测量单位面积肝组织中胚胎型 GSTP 阳性灶的数量和面积作为肝脏癌前病变的指标。结果表明，MC-LR 和 AFB1 在 DEN 启动下能显著增加 GSTP 阳性灶的数量和面积，MC-LR 单独作用也能显著增加 GSTP 阳性灶的面积，提示 MC-LR 为大鼠肝脏的促癌剂，并且 MC-LR 与 AFB1 具有协同促癌作用。Humpage 等用氧化偶氮甲烷（azoxymethane，AOM）来诱导 4 w 龄雄性 C57BL6J 小鼠结肠异常隐窝灶（aberrant crypt focus，ACF），每隔 7 d 给小鼠进行一次腹腔注射 5 mg/kg AOM，共

3 次，在最后一次注射 AOM 19 d 后，开始让其饮用含有不同浓度微囊藻毒素提取物（相当于每天 382 μg/kg、693 μg/kg）的饮用水，持续进行 212 d。通过小鼠生物检测法、高效液相色谱（HPLC）、毛细管电泳和蛋白磷酸酶抑制实验来测定饮用水中微囊藻毒素的含量。结果发现，异常隐窝灶的面积随微囊藻毒素剂量的增加而增加，结肠隐窝的数量没有明显增加。在微囊藻毒素染毒小鼠可观察到2个体积小于 30 mm³ 的结肠肿瘤（图 10-6），而在 AOM 单独染毒的小鼠中可观察到 1 个结肠肿瘤。陈华等应用大鼠致肝癌二阶段短期试验模型研究微囊藻毒素促肝癌作用，结果表明腹腔注射 20 μg/kg MC-LR 能显著增加 DEN 启动后大鼠肝脏 GGT 阳性灶的数量和面积，并使肝组织中嗜酸性和透明性细胞灶明显增多。研究表明，GGT 阳性灶的数量及大小与后期的肝癌发生率有较好的相关性。在肝脏癌变的形态演变中，嗜酸性、嗜碱性和透明性细胞灶是常见的癌前增生细胞，在癌症的发生发展过程中有部分会演变成癌细胞，是由正常细胞向癌细胞转化过程中的过渡细胞。该结果进一步证实了 MC-LR 具有促肝癌作用。陈华等的研究发现，经二乙基亚硝胺（DEN）启动，大鼠饮用含 MC-LR 0.529 μg/L 的藻培养水连续 9 w，肝脏 GGT 阳性灶的数量和面积与 DEN 启动组比较，虽未见统计学差别，但均有上升趋势。目前研究认为，微囊藻毒素的促癌作用主要是诱导肝癌的发生，但也有皮肤肿瘤的报道 Falconer 等以 DEN 作为肿瘤启动剂涂抹小鼠背部皮肤，发现 MC-LR 对上皮细胞的促癌作用比单纯 DEN 诱导组更明显。

2. 致癌性研究

Ito 等发现，在不使用 DEN 启动剂的条件下，给 5 w 龄 ICR 小鼠腹腔注射 MC-LR（10 μg/kg）100 次，于 28 w 处死部分小鼠，其余小鼠则停止染毒，继续观察 2 个月。结果发现，MC-LR 在染毒 28 w 后可诱发产生直径达 5 mm 的肝脏瘤性结节。停止染毒 2 个月的小鼠，仍然可以观察到这些肝脏瘤性结节。Ohta 等就节球藻毒素对 F344 雄性大鼠的致癌性进行了研究，发现节球藻毒素对大鼠肝脏的致癌效应与二乙基亚硝胺单独作用时相类似。

由于腹腔注射的染毒方式与动物和人体实际上接触蓝藻毒素的方式（主要为饮水接触）有一定的差别，因而有研究者试图通过长期动物喂养试验来研究蓝藻毒素的致癌性。Falconer 等将铜绿微囊藻毒素粗提物（相当于 28.3 μg/mL、14.1 μg/mL 和 7.0 μg/mL 微囊藻毒素）掺入瑞典白化病小鼠的饮水中，让其自由饮水持续 1 年，结果发现高剂量组（28.3 μg/mL 微囊藻毒素）的 71 只小鼠在染毒 28 w 后有 2 只小鼠出现支气管癌，1 只小鼠出现腹部肿瘤，还有 1 只小鼠在染毒 54 w 后出现胸部淋巴肉瘤；低剂量组（14.1 μg/mL 和 7.0 μg/mL 微囊藻毒素）的 150 只小鼠未发现肿瘤；阴性对照组的 73 只小鼠中有 2 只分别出现腺癌和淋巴肉瘤。上述结果表明微囊藻毒素-LR 和节球藻毒素有可能是肿瘤的启动剂（表 10-1）。

二、细胞转化试验

细胞转化是指受试物与正常细胞在体外接触，如有致癌作用可使正常细胞形态、功能发生变化，发生与癌细胞相似的过程。其观察内容包括细胞形态、细胞增殖速度、生长特性（锚着独立性生长或接触抑制等）、染色体畸变、裸鼠皮下成瘤的能力。细胞转化试验的目的是了解体外培养细胞接触受试物后，细胞生长是否发生癌变。由于细胞转化试验的观察终点为细胞恶变，而不是以致突变作为观察终点，因此可以检出遗传性致癌物和非遗传毒性致癌物。这可以弥补以遗传毒性试验来筛查化学致癌物的不足。

表 10-1　微囊藻毒素-LR 和微囊藻毒素提取物（MCE）的潜在促癌效应及致癌效应

类别	物种	藻毒素种类	启动剂	染毒方式和剂量	时间	MC-LR 有效浓度	效应
促癌效应	C57 黑色小鼠	微囊藻提取物	N-甲基-N-亚硝基脲 (MNU)	MNU(2×40 mg/kg)，每天口服微囊藻提取物(1.2.4.2 mg/kg MC-LR)	22 周	—	未引发原发性肝癌、淋巴癌或十二指肠癌
	雄性 C57BL/6J 小鼠	微囊藻提取物	氧化偶氮甲烷 (AOM)	腹腔注射 AOM[(3×5)mg/kg]；3周后，口服微囊藻提取物(每天 382.693 μg/kg)	31 周	382 μg/kg·d	结肠异常隐窝的大小↑；隐窝数量没有变化
	雄性 Fischer 344 大鼠	MC-LR	二乙基亚硝胺 (DEN)	DEN 200 mg/kg，部分肝切除术，反复腹膜腔内注射 MC-LR(1~50 μg/kg)	8 周	10 μg/kg 体重 每周两次	GST-P+灶的数量和面积↑
	雄性 Fischer 344 大鼠	MC-LR	二乙基亚硝胺 (DEN)	DEN 200 mg/kg，部分肝切除术，两周一次腹腔注射 MC-LR(25 μg/kg)	10 周	25 μg/kg 体重 每周两次	GST-P+灶↑
	Fischer 344 大鼠	MC-LR	二乙基亚硝胺 (DEN)、黄曲霉毒素 B1(AFB1)	DEN 200 mg/kg；随后 AFB1 0.5 mg/kg；两周后，每周两次腹腔内注射 MC-LR(1, 10 μg/kg 体重)，共六周	6 周	1 μg/kg 体重 每周两次	GST-P+灶数量↑；AFB1 和 MC-LR 之间无协同作用
	Fischer 344 大鼠	MC-LR	黄曲霉毒素 B1 (AFB1)	AFB1 0.5 mg/kg；两周后，每周两次腹腔注射 MC-LR(1,10 μg/kg)，共六周	6 周	1 μg/kg 体重 每周两次	肿瘤数目↑；MC-LR 单独无作用
致癌效应	瑞士白小鼠	MCE	无	口服铜绿微囊藻提取物 28.3 μg MC/L	54 周	铜绿微囊藻提取物	出现支气管和腹部肿瘤以及胸部淋巴肉瘤
	ICR 小鼠	MC-LR	无	重复腹腔注射 MC-LR 20 μg/kg，100 次	28 周	—	持续两个月肝结节发生
	ICR 小鼠	MC-LR	无	口服 MC-LR 80 μg/kg，100 次，28 周	28 周	—	未发现肝脏病灶
	雄性 Fischer 344 大鼠	MC-LR	无	重复腹腔注射 MC-LR(10,25 μg/kg 体重)，一周两次	10 周	—	未发现肝脏结节
	雄性 Fischer 344 大鼠	MC-LR	无	重复腹腔注射 MC-LR(1~50 μg/kg 体重)	8 周	—	未发现肝脏病灶

王红兵等在金黄地鼠胚胎细胞SHE二阶段转化试验中发现，微囊藻毒素单独作用不能诱导细胞转化，但能明显促进以低剂量水体有机物启动的细胞发生恶性转化，并出现 ras P21 蛋白的高表达，提示微囊藻毒素具有促癌性，且与水体中的有机污染物有协同致癌作用。柳丽丽等采用 5 ng/mL MC-LR 染毒小鼠胚成纤维 3T3 细胞 3 w 后，发现细胞的形态发生明显变化，接触抑制消失，生长速度增快，对血清的依赖性显著降低，并能在软琼脂培养中形成克隆，转化后的 3T3 细胞在重度联合免疫缺陷（Severe combined immune deficiency mice，SCID）小鼠体内呈浸润性生长，成瘤率达 100％，而正常 3T3 细胞在 SCID 小鼠体内未观察到肿瘤形成，提示 MC-LR 可诱导小鼠胚成纤维细胞 3T3 发生恶性转化。Xu 等研究发现，用 10 μg/L MC-LR 染毒人肝 WRL-68 细胞株，三天传代一次直至 25 代，第 25 代细胞的增殖能力明显增强（图 10-6A）、血清依赖性下降（图 10-6B）、裸鼠成瘤试验阳性（图 10-6C），表明 WRL-68 细胞发生了恶性转化，MC-LR 具有致癌潜能。

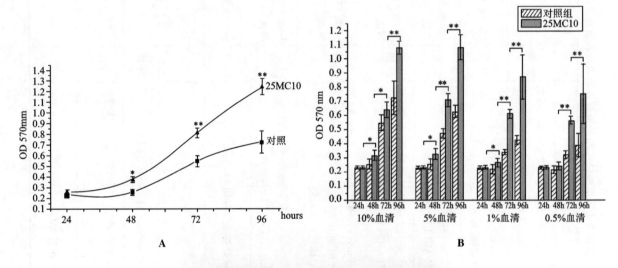

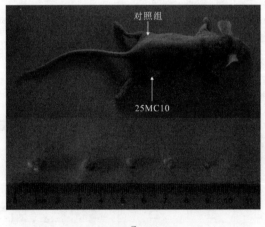

图 10-6　MC-LR 染毒人肝 WRL-68 细胞

A. MC-LR 对 WRL-68 细胞增殖能力的影响，与对照组相比 ＊：$P<0.05$，＊＊：$P<0.01$；B. 经 MC-LR 染毒的 WRL-68 细胞的血清依赖性实验，与对照组相比 ＊：$P<0.05$，＊＊：$P<0.01$；C. 经 MC-LR 染毒的 WRL-68 细胞的裸鼠成瘤实验。皮下接种 25MC10，30 d 内可观察到肿瘤形成。对照组未发现肿瘤。25MC10 为 10 μg/L MC-LR 染毒的第 25 代 WRL-68 细胞。

引自：Xu L，Qin W，Zhang H，et al. Alterations in microRNA expression linked to microcystin-LR-induced tumorigenicity in human WRL-68 Cells [J]. Mutat Res，2012，743（1-2）：75-82.

三、人群流行病学调查

饮用水中的微囊藻毒素与原发性肝癌的发病率存在较大的相关性，在江苏海门、启东，广西扶绥，福建厦门的同安等肝癌高发地区，水源水中微囊藻毒素的含量与原发性肝癌的发病率呈正相关。根据江苏省恶性肿瘤死亡地图，江苏省恶性肿瘤高发区域位于苏中里下河地区和环太湖区域，特别是肝癌的高发区主要局限在江苏中部的沿海地区，致癌的病因与水中藻类毒素密切相关。有学者认为，微囊藻毒素、乙肝病毒和黄曲霉毒素已经成为环境中导致肝癌发生的三大危险因素。陈刚等报道饮水中微囊藻毒素的含量与居民的肝癌发病率密切相关，Fleming 等对佛罗里达州 1981－1998 年确诊的 4 741 例原发性肝癌与饮水中蓝藻毒素的关系做了生态学研究，采用地理信息系统（geographic information system，GIS）技术对各供水区的肝癌发病率作了比较，仅发现一个地表水厂服务区居民患原发性肝癌的风险高于水厂毗邻区域的居民，但与随机选择的地下水厂服务区居民或与同期佛罗里达州人群肝癌累积发病率相比，肝癌发病风险并未升高。这可能与肝癌的潜伏期长、人群流动性大、个体暴露资料缺乏有关。江苏启东、海门，福建同安、广东顺德、广西扶绥等肝癌高发区的共同点之一是居民曾饮用或还在饮用闭锁水系的水或沟塘水。俞顺章等应用生态学、病例－对照等方法研究肝癌高发区肝癌与水中微囊藻毒素的关系。结果表明，饮沟塘水的合并比值比为 2.46，归因危险度为 30.39％，一致性检验 $P>0.05$，可见饮水中微囊藻毒素污染可能是肝癌危险因素之一。孙昌盛等报道，福建同安居民饮用水藻类毒素污染与原发性肝癌有明显相关性。陈公超等通过 1972 年和 1992 年两次大规模的流行病学调查研究了海门农村饮水与肝癌的关系，发现该地区肝癌死亡率的高低顺序依次为宅沟水＞泯沟水＞河水＞浅井水，不仅与水中有机物污染指标含量、污染程度一致，而且与各类水源水中微囊藻毒素暴露水平相对应，提出饮用水中微囊藻毒素污染可能与肝癌发生有关联。张丽生等对广西扶绥肝癌现场进行的 20 年回顾研究亦得出相同的结论。陆卫根等的调查结果表明海门肝癌高发与饮水中微囊藻毒素污染有关，经过 1980 年实施的改水措施后，原发性肝癌发生率上升趋势得到了遏制。陈刚等对海门地区的调查发现，饮水中微囊藻毒素的含量与居民中原发性肝癌的发病率密切相关，沟塘水中以微囊藻毒素为代表的藻类毒素是肝炎和肝癌的促进剂。Zheng 等研究发现，214 例肝细胞癌（hepatocellular carcinoma，HCC）患者和 214 例对照的病例对照研究结果显示，血清微囊藻毒素-LR 水平与肝细胞癌分化程度密切相关（$P=0.024$），是 HCC 的独立危险因素。

饮用水中微囊藻毒素浓度与大肠癌发病率和男性胃癌死亡率呈正相关。浙江海宁是我国大肠癌高发区之一，通过相关性分析发现，当地浅表水源中微囊藻毒素的含量与大肠癌发病率呈明显的正相关（$r=0.881$，$P<0.01$）。在江苏无锡地区，饮用水微囊藻毒素暴露等级与男性胃癌的标化死亡率及男性消化道各部位合计恶性肿瘤的标化死亡率均呈正相关（$P<0.05$）。Zhou 等对浙江海宁市的 408 例结肠直肠癌患者进行回顾性队列研究发现，河水和池塘水中微囊藻毒素的含量与结肠直肠癌的发病率相关（$r=0.881$，$P<0.01$）。徐明等在无锡市饮用水微囊藻毒素与消化道恶性肿瘤死亡率的关系研究中，收集了 1992－2000 年无锡市恶性肿瘤的死亡资料，并检测了不同类型水样微囊藻毒素的暴露水平，分析饮用水微囊藻毒素暴露等级与恶性肿瘤死亡率的相关关系，发现饮用水微囊藻毒素暴露等级与男性胃癌和男性各部位合计恶性肿瘤的标化死亡率呈正相关，与男性肠癌的标化死亡率呈负相关。韩建英等报道微囊藻毒素慢性暴露与食管癌、肺癌和膀胱癌等多种癌症的发生均有关联。

上述研究结果表明，微囊藻毒素对动物具有比较肯定的致癌作用，但对人类的致癌作用目前证据不充分，故 IARC 将其列为 2B 类，即对动物为致癌物，对人类为可疑致癌物。

第四节　蓝藻毒素致癌作用的相关机制

一、导致遗传损伤

过去认为微囊藻毒素是一种非遗传毒性致癌物，不直接作用于遗传物质引起相应改变，而是对有丝分裂具有直接或间接的诱导作用。但目前观点认为微囊藻毒素可能是遗传毒性致癌物，可能具有致突变性。微囊藻毒素可破坏碱基化学结构，一方面通过氧化应激形成遗传损伤；另一方面还能够降低机体的 DNA 损伤修复能力。MC-LR 可诱导肝细胞内活性氧生成。在羟自由基清除剂二甲基亚砜存在时，MC-LR 诱导的 DNA 损伤与未经二甲基亚砜处理组相比明显降低。MC-LR 诱发的活性氧导致 DNA 断裂，还可产生大量氧化性 DNA 损伤标志物 8-羟基脱氧鸟苷，导致 DNA 复制过程中发生点突变。此外，机体存在 DNA 损伤修复防御机制，因获得性或遗传性缺陷使损伤后修复能力不足或过饱和时均可导致突变。修复酶在 DNA 损伤修复过程中发挥重要作用。DNA 依赖性蛋白激酶（DNA-dependent protein kinase，DNA-PK）参与双链 DNA 断裂的修复，是体内 DNA 损伤修复的主要机制之一，发生磷酸化时则活性丧失。MC-LR 通过抑制蛋白磷酸酶 1 和蛋白磷酸酶 2A 使 DNA-PK 保持磷酸化状态，DNA-PK 失活，DNA 修复能力降低。

微囊藻毒素侵入机体后，基于抑制 PP2A 及产生 ROS 这两个生理过程，通过诱导 DNA 突变、损伤 DNA 结构、抑制 DNA 修复这三种方式来诱发 DNA 的损伤。微囊藻毒素还可导致染色体数目异常。染色体畸变和数目异常与肿瘤发生、发展密切相关。

二、抑制蛋白磷酸酶 1 和蛋白磷酸酶 2A

微囊藻毒素可抑制真核细胞丝氨酸/苏氨酸蛋白磷酸酶 1 和 2A（PP1，PP2A）的活性，引起蛋白磷酸化增加。PP1 和 PP2A 均为胞内重要的蛋白磷酸酶，催化丝氨酸/苏氨酸蛋白质去磷酸化。蛋白质磷酸化和去磷酸化的动态过程对胞内蛋白质起着重要的调节作用。PP2A 是微囊藻毒素的关键被攻击分子，微囊藻毒素可以与 PP2A 的催化亚基结合，进而抑制该酶催化相关蛋白脱磷酸化的活性。Takumi 等发现 MC-LR 可通过抑制 PP2A 来激活 Akt 信号通路，并造成 Akt 下游靶蛋白糖原合成酶激酶-3β（GSK-3β）激酶的磷酸化而失活。GSK-3β 激酶的失活能介导 β-连环蛋白（β-catenin）的磷酸化并能引起该蛋白向核内的转运，β-catenin 在核内的聚集可以通过促进一系列基因的表达而引起细胞增殖。微囊藻毒素可通过干扰 MAPK 通路诱导细胞增殖。细胞增殖失控是致癌过程中的典型事件。丝裂原蛋白激酶（mitogen-activation protein kinase，MAPKs）能够调节一系列促癌基因的表达从而对细胞的增殖和分化产生影响。活化的 MAPK 进入肝细胞核后，能够启动细胞增殖调控相关基因的转录。藻毒素通过诱导肝细胞内 MAPK 磷酸化水平升高而激活 c-fos、c-jun 等早期反应基因表达，促使肝细胞进入细胞周期循环，不断增殖。诱导细胞 c-fos、c-jun 等基因表达异常及细胞周期调控失衡是微囊藻毒素可能的促癌机制之一。

微囊藻毒素可通过干扰 MAPK 通路抑制细胞凋亡。对细胞凋亡相关基因的表达调控可能是微囊藻毒素促肝癌机制之一。凋亡是体内清除异常细胞的一种主要方式，其调控失常使更多的突变或癌变细胞存活下来，将增加致癌风险，凋亡异常是导致肿瘤形成的一个重要条件。胞外信号转导途径活化蛋白酶级联反应可以导致凋亡。死亡受体基因 Fas 与肝细胞凋亡有关，可编码死亡受体蛋白 FAS，其配体来自肿瘤坏死因子家族。研究表明，PP2A 通过调节 MAPK 的活性，维持 FAS 受体活性。微囊藻素通过抑制 PP1 和 PP2A 活性，激活 MAPK，抑制 FAS 受体介导的凋亡，导致肝细胞无限增殖，发生肝癌。微囊藻毒素抑制 PP1 和 PP2A 对肝细胞增殖与凋亡，有双重性调控。研究报道，高剂量（$\mu mol/L$ 水平）的 MC-LR 可诱导细胞凋亡，而低剂量（$nmol/L \sim pmol/L$ 水平）的 MC-LR 则具有促进细胞增殖及肿瘤形成的效应。

三、免疫监控抑制作用

机体的免疫监控功能对预防或限制肿瘤发生具有重要作用，因遗传因素或在环境因素作用下机体免疫功能低下或缺陷，就会增加恶性肿瘤的发生。机体免疫功能与肿瘤形成密切相关。研究证明，接触低剂量微囊藻毒素即可抑制小鼠免疫功能。孙露等报道，太湖水微囊藻毒素能抑制小鼠 T 淋巴细胞增殖及 B 淋巴细胞产生抗体的能力，对小鼠淋巴细胞免疫功能产生明显的抑制作用。Shen 等发现水华微囊藻粗提物对小鼠 B 淋巴细胞的增殖有明显的抑制作用，但对 T 淋巴细胞增殖的抑制作用并不明显。Chen 等用脂多糖刺激 BALB/c 小鼠的腹腔巨噬细胞后，发现 1 nmol/L、10 nmol/L、100 nmol/L、1 000 nmol/L 的 MC-LR 能抑制诱导型一氧化氮合成酶（induced nitric oxide synthase，iNOS），以及多种细胞因子如白细胞介素-1β（IL-1β）、肿瘤坏死因子-α（TNF-α）、粒细胞巨噬细胞集落刺激因子（GM-CSF）、γ-干扰素（IFN-γ）的 mRNA 表达。Lankoff 等发现人和鸡外周血淋巴细胞在 1 μg/mL、10 μg/mL、25 μg/mL MC-LR 作用下，各剂量组 B 淋巴细胞的增殖均降低，高剂量组 T 淋巴细胞的增殖明显降低，MC-LR 还可诱导淋巴细胞凋亡和坏死。

四、表观遗传毒性作用

肿瘤发生、发展的分子生物学本质是细胞内遗传调控和表观遗传调控（epigenetic regulation）的紊乱。无论在整体动物试验还是人体肿瘤细胞中都发现表观遗传调控失常的一些共同特征，包括整个基因组的低甲基化、某些抑癌基因和 DNA 修复基因的高甲基化及印记丢失等。目前有关表观遗传调控与蓝藻毒素致癌作用机制方面的研究才刚刚起步，许多问题还未能回答。研究显示，miRNA 的异常表达贯穿于肝癌发生的整个过程，某些关键 miRNA 表达水平的失衡是肝癌发生和演进的重要分子事件。MC-LR 可诱导人肝 WRL-68 细胞恶性转化并在裸鼠皮下成瘤，miRNA 芯片分析显示，具有类似癌基因样的 miR-21 和 miR-221 表达上调，而具有肝特异性的 miR-122 表达明显下调。

第五节　总结与展望

一、总结

蓝藻毒素具有遗传毒性。哺乳动物细胞体外实验和啮齿类动物体内实验结果表明，MC-LR 可直接作用于 DNA 分子，或通过产生活性氧（ROS）而造成 DNA 损伤，可检测到 DNA 链断裂和氧化性加合物 8-羟基脱氧鸟苷。MC-LR 还可抑制细胞内 DNA 的修复过程，从而加重 DNA 损伤程度。大量文献报道，虽然 MC-LR 不是细菌诱变剂，但可诱发哺乳动物细胞的基因发生突变，而某些重要的基因突变可能与 DNA 损伤修复、凋亡及细胞周期调控相关。MC-LR 可能是一种染色体断裂剂，可破坏有丝分裂纺锤体，引起染色体结构异常和产生多倍体。

大量动物实验证实微囊藻毒素和节球藻毒素是非常强的促癌剂（包括肝癌、结肠癌和皮肤癌），在不使用启动剂的条件下，微囊藻毒素对动物亦具有致癌作用。诱导细胞 *c-fos*、*c-jun* 等早期反应基因表达异常、DNA 修复异常及细胞周期调控失衡是微囊藻毒素可能的促癌机制之一。低剂量 MC-LR 长期暴露使许多肝癌相关的 miRNA 出现差异表达，但 MC-LR 的致癌机制仍有待进一步研究。

二、展望

大量的急性蓝藻毒素中毒已很少见。多见的是蓝藻毒素低水平暴露条件下对人体所产生的亚临床危害，所以应寻找更敏感、特异性的指标来反映蓝藻毒素的亚临床毒性效应，改进对低浓度蓝藻毒素暴露下，剂量-效应关系曲线的描述，将这些基础研究与蓝藻毒素毒性临床观察和流行病学调查研究相结合，特别是进一步加强基因多态性的研究，蓝藻毒素在细胞内各细胞器的分布和代谢动力学研究，蓝藻毒素理化性质、化学结构与毒性效应关系的研究。

关于蓝藻毒素对人类是否致癌，目前争论很多，故还应加强暴露人群的纵向、前瞻性流行病学研究，长期跟踪随访，改进暴露人群累计微囊藻毒素暴露水平测定方法，用精确暴露资料和数据来确定肿瘤的发病率和死亡率。另外，蓝藻毒素暴露引起非编码 RNA（如 miRNA、lncRNA）的改变，大部分研究还处于芯片筛查的阶段，具体机制研究较少，而且缺乏一个谱系性质的描述，故值得深入研究。

（农清清）

参 考 文 献

[1] Zegura B,Sedmak B,Filipic M. Microcystin-LR induces oxidative DNA damage in human hepatoma cell line HepG2[J]. Toxicon,2003,41(1):41-48.

[2] Nong Q,Komatsu M,Izumo K,et al. Involvement of reactive oxygen species in microcystin-LR-induced cytogenotoxicity[J]. Free Radic Res,2007,41(12):1326-1337.

[3] 宋瑞霞,刘征涛,沈萍萍. 太湖微囊藻毒素对细胞染色体及 DNA 损伤效应[J]. 中国公共卫生,2004(12):44-45.

[4] Lakshmana Rao PV,Bhattacharya R,Parida MM,et al. Freshwater cyanobacterium *Microcystis aeruginosa*(UTEX 2385)induced DNA damage in vivo and in vitro[J]. Environ Toxicol Pharmacol,1998,5(1):1-6.

[5] Zegura B,Volcic M,Lah T T,et al. Different sensitivities of human colon adenocarcinoma(CaCo-2),astrocytoma(IPDDC-A2)and lymphoblastoid(NCNC)cell lines to microcystin-LR induced reactive oxygen species and DNA damage[J]. Toxicon,2008,52(3):518-525.

[6] Mankiewicz J,Walter Z,Tarczynska M,et al. Genotoxicity of cyanobacterial extracts containing microcystins from Polish water reservoirs as determined by SOS chromotest and comet assay[J]. Environ Toxicol,2002,17(4):341-350.

[7] 周钰平,沈建国,童建. 微囊藻毒素 LR 对小鼠肝脏和淋巴细胞的损伤效应[J]. 环境与职业医学,2003,20(1):41-42.

[8] Lankoff A,Bialczyk J,Dziga D,et al. The repair of gamma-radiation-induced DNA damage is inhibited by microcystin-LR,the PP1 and PP2A phosphatase inhibitor[J]. Mutagenesis,2006,21(1):83-90.

[9] Gupta N,Pant SC,Vijayaraghavan R,et al. Comparative toxicity evaluation of cyanobacterial cyclic peptide toxin microcystin variants(LR,RR,YR)in mice[J]. Toxicology,2003,188(2-3):285-296.

[10] Gaudin J,Huet S,Jarry G,et al. In vivo DNA damage induced by the cyanotoxin microcystin-LR:comparison of intraperitoneal and oral administrations by use of the comet assay[J]. Mutat Res,2008,652(1):65-71.

[11] Dias E,Louro H,Pinto M,et al. Genotoxity of microcystin-LR in in vitro and in vivo experimental models[J]. Biomed Res Int,2014,2014:949521.

[12] Filipic M,Zegura B,Sedmak B,et al. Subchronic exposure of rats to sublethal dose of microcystin-YR induces DNA damage in multiple organs[J]. Radiol Oncol,2007,41:15-22.

[13] Bazin E,Huet S,Jarry G,et al. Cytotoxic and genotoxic effects of cylindrospermopsin in mice treated by gavage or in-

traperitoneal injection[J]. Environ Toxicol,2012,27(5):277-284.

[14] Palus J,Dziubaltowska E,Stanczyk M,et al. Biomonitoring of cyanobacterial blooms in Polish water reservoir and the cytotoxicity and genotoxicity of selected cyanobacterial extracts[J]. Int J Occup Med Environ Health,2007,20(1):48-65.

[15] 施玮,朱惠刚.微囊藻毒素、藻类提取物和藻细胞裂解液致突变性比较[J].上海环境科学,2003,22(8):532-586.

[16] Al-Jassabi S,Khalil AM. Microcystin-induced 8-hydroxydeoxyguanosine in DNA and its reduction by melatonin,vitamin C,and vitamin E in mice[J]. Biochemistry(Mosc),2006,71(10):1115-1119.

[17] Li X,Zhao Q,Zhou W,et al. Effects of chronic exposure to microcystin-LR on hepatocyte mitochondrial DNA replication in mice[J]. Environ Sci Technol,2015,49(7):4665-4672.

[18] 王伟琴,金永堂,吴斌,等.水源水中微囊藻毒素的遗传毒性与健康风险评价[J].中国环境科学,2010,30(4):468-476.

[19] Sieroslawska A. Assessment of the mutagenic potential of cyanobacterial extracts and purecyanotoxins [J]. Toxicon,2013,74:76-82.

[20] Wu JY,Xu QJ,Gao G,et al. Evaluating genotoxicity associated with microcystin-LR and its risk to source water safety in Meiliang Bay,Taihu Lake[J]. Environ Toxicol,2006,21(3):250-255.

[21] 詹立,张立实,王莉,等.微囊藻毒素 Microcystin-LR 体外遗传毒性[J].癌变·畸变·突变,2005,17(3):171-174.

[22] Huang WJ,Lai CH,Cheng YL. Evaluation of extracellular products and mutagenicity in cyanobacteria cultures separated from a eutrophic reservoir[J]. Sci Total Environ,2007,377(2-3):214-223.

[23] Suzuki H,Watanabe MF,Wu Y,et al. Mutagenicity of microcystin-LR in human RSa cells[J]. Int J Mol Med,1998,2(1):109-112.

[24] Wang X,Huang P,Liu Y,et al. Role of nitric oxide in the genotoxic response to chronic microcystin-LR exposure in human-hamster hybrid cells[J]. J Environ Sci,2015,29:210-218.

[25] Fonseca AL,Da Silva J,Nunes EA,et al. In vivo genotoxicity of treated water containing the cylindrospermopsin-producer *Cylindrospermopsis raciborskii*[J]. J Water Health,2014,12(3):474-483.

[26] Zhan L,Sakamoto H,Sakuraba M,et al. Genotoxicity of microcystin-LR in human lymphoblastoid TK6 cells [J]. Mutat Res,2004,557(1):1-6.

[27] 陈华,孙昌盛,胡志坚.饮水微囊藻毒素在大鼠肝癌发生期间对细胞增殖与凋亡的影响[J].癌变·畸变·突变,2002,14(4):214-217.

[28] 郭尧平,农清清,范誉,等.微囊藻毒素-LR 对小鼠肝细胞 DNA 甲基化的影响[J].环境与健康杂志,2014,31(10):906-909.

[29] Chen HQ,Zhao J,Li Y,et al. Gene expression network regulated by DNA methylation and microRNA during microcystin-leucine arginine induced malignant transformation in human hepatocyte L02 cells[J]. Toxicol Lett,2018,289:42-53.

[30] Xu L,Li T,Ding W,et al. Combined seven miRNAs for early hepatocellular carcinoma detection with chronic low-dose exposure to microcystin-LR in mice[J]. Sci Total Environ,2018,628-629:271-281.

[31] Brzuzan P,Florczyk M,Łakomiak A,et al. Illumina sequencing reveals aberrant expression of microRNAs and their variants in whitefish (*Coregonus lavaretus*) liver after exposure to microcystin-LR [J]. PLoS One,2016,11(7):e0158899.

[32] Xu L,Qin W,Zhang H,et al. Alterations in microRNA expression linked to microcystin-LR-induced tumorigenicity in human WRL-68 Cells[J]. Mutat Res,2012,743(1-2):75-82.

[33] Coulouarn C,Factor VM,Andersen JB,et al. Loss of miR-122 expression in liver cancer correlates with suppression of the hepatic phenotype and gain of metastatic properties[J]. Oncogene,2009,28(40):3526-3536.

[34] Bai S,Nasser MW,Wang B,et al. MicroRNA-122 inhibits tumorigenic properties of hepatocellular carcinoma cells and

sensitizes these cells to sorafenib[J]. J Biol Chem,2009,284(46):32015-32027.

[35] 柳丽丽,叶树清,钟儒刚,等.微囊藻毒素-LR 诱导 3T3 永生细胞恶性转化[J].北京工业大学学报,2007,33(7):707-712.

[36] Fleming L,Rivero C,Burns J,et al. Blue green algal(cyanobacterial) toxins,sueface drinking water,and liver cancer in Florida[J]. Harmful Algae,2002,1(2):157-168.

[37] 俞顺章,赵宁,资晓林,等.饮水中微囊藻毒素与我国原发性肝癌关系的研究[J].中华肿瘤杂志 2001,23(2):96-99.

[38] 陆卫根,林文尧.海门市 1969-1999 年原发性肝癌死亡率趋势及高发因素的探讨[J].交通医学,2001,15(5):469-470.

[39] Zheng C,Zeng H,Lin H,et al. Serum microcystin levels positively linked with risk of hepatocellular carcinoma:A case-control study in southwest China[J]. Hepatology,2017,66(5):1519-1528.

[40] Zhou L,Yu H,Chen K. Relationship between microcystin in drinking water and colorectal cancer[J]. Biomed Environ Sci,2002,15(2):166-171.

[41] 徐明,杨坚波,林玉娣,等.饮用水微囊藻毒素与消化道恶性肿瘤死亡率关系的流行病学研究[J].中国慢性病预防与控制,2003,11(3):112-113.

[42] 韩建英,徐致祥,邢海平,等.河南省林州市食管癌发病率、死亡率与饮用水污染和改水的关系[J].中国流行病学杂志,2007,28(5):515-516.

[43] Takumi S,Komatsu M,Furukawa T,et al. p53 Plays an important role in cell fate determination after exposure to microcystin-LR[J]. Environ Health Perspect,2010,118(9):1292-1298.

[44] 孙露,沈萍萍,周莹,等.太湖水华微囊藻毒素对小鼠免疫功能的影响[J].中国药理学与毒理学杂志,2002,16(3):226-230.

[45] Shen PP,Zhao SW,Zheng WJ,et al. Effects of cyanobacteria bloom extract on some parameters of immune function in mice[J]. Toxicol Lett,2003,143(1):27-36.

[46] Chen T,Shen P,Zhang J. Effects of microcystin-LR on patterns of iNOS and cytokine mRNA expression in macrophages in vitro[J]. Environ Toxicol,2005,20(1):85-91.

[47] Lankoff A,Carmichael WW,Grasman KA,et al. The uptake kinetics and immunotoxic effects of microcystin-LR in human and chicken peripheral blood lymphocytes in vitro[J]. Toxicology,2004,204(1):23-40.

第十一章　藻类及藻毒素在环境及生物体中的检测技术

近年来，由于各种含氮、磷等的合成洗涤剂、肥料等产品的大量使用，使得水中氮磷含量显著增加，为水生植物提供了充足的营养物质。含氮、磷等营养物质的水体会引起藻类大量繁殖，造成水体富营养化（eutrophication），使水中有机物增加、溶解氧下降、水质恶化，从而引起一系列的潜在危害：①富营养化水体中的藻类大量繁殖，聚集在一起，浮于水面而影响水的感官性状，使水出现异臭味；②某些藻类产生黏液，可黏附于水生动物的鳃上，影响呼吸，导致水生动物窒息死亡，如夜光藻对养殖鱼类的危害极大；③有些赤潮藻大量繁殖时分泌的有害物质如硫化氢、胺等可破坏水体生态环境，使其他生物中毒及生物群落组成发生异常改变；④藻类大量死亡后，在细菌分解过程中不断消耗水中溶解氧，使水中溶解氧含量急剧降低，引起鱼、贝类及其他水生生物因缺氧而大量死亡，造成一定的经济损失；⑤有些有害藻类能产生毒素，如麻痹性毒素、腹泻性毒素、神经性毒素等，这些毒素经鱼、贝类富集，再经食物链的生物放大作用对人类产生一系列潜在的健康危害。水体藻毒素污染产生的健康危害已成为全球性的环境问题，日益受到关注。20 世纪 80 年代，我国学者对 34 个湖泊进行富营养状况调查，结果表明一半以上的湖泊存在富营养化现象，水华十分严重，东湖、巢湖、太湖、滇池、淀山湖、黄浦江等重要湖泊夏秋季发生严重水华，有时竟长达 7～8 个月。

研究表明，在淡水中生长的优势藻类属蓝藻（cyanobacteria，blue-green algae），其毒性较大，已知产毒种属有 40 多种，其中铜绿微囊藻分泌的微囊藻毒素（microcystins，MCs）是富营养化水体中污染范围最广的一类藻毒素。微囊藻毒素-LR（L 代表亮氨酸，R 代表精氨酸）是目前已知毒性最强、急性危害最大的一种藻毒素。因此，世界各国和国际组织对微囊藻毒素都制定了严格限值标准，如 WHO 推荐饮水中的微囊藻毒素标准为 $1\,\mu g/L$，加拿大健康组织规定饮水中可接受的微囊藻毒素标准为 $0.5\,\mu g/L$，澳大利亚学者建议安全饮用水微囊藻毒毒的上限值为 $1\,\mu g/L$。我国现颁布执行的生活饮用水水质卫生规范（GB 5749—2006）和地表水环境质量标准（GB 3838—2002）规定的微囊藻毒素-LR 的标准限值均为 $1\,\mu g/L$。

随着淡水资源日益紧张，为保障和提高饮用水质量，增强水资源有效利用率，探明藻类及藻毒素的种类及环境含量水平显得极为必要，故本章主要阐述环境及生物体中藻类及藻毒素的前处理技术和检测方法，以及快速检测技术。

第一节　环境及生物体中藻类及藻毒素的前处理技术

由于环境中的藻类及藻毒素含量水平相对较低，一般检测方法的检出限较高，无法直接检测出含量水平，因此需要对环境中藻毒素进行浓缩富集，本节主要介绍藻类及藻毒素的前处理技术。

一、环境介质中藻类及藻毒素的前处理技术

（一）藻类的前处理技术

1. 过滤浓缩

取处于对数增长期且藻细胞浓度大于 2×10^5 个/mL 的蓝藻藻液，采用玻璃纤维滤膜过滤，然后使沉降于滤膜上的藻细胞悬浮于培养液中，最后定容。

2. 离心浓缩（适用于小群体形态存在的微囊藻）

取处于对数增长期且藻细胞浓度大于 2×10^5 个/mL 的蓝藻藻液 200 mL，盛于 250 mL 离心管中，以转速800 r/min离心 20 min，然后弃上清液，最后定容至 30 mL。

（二）藻毒素的前处理技术

1. 传统固相萃取

固相萃取是近年发展起来的一种样品预处理技术，由液固萃取和液相色谱技术相结合发展而来，就是利用固体吸附剂将液体样品中的目标物吸附，使样品的目标物和干扰物分离，然后用洗脱液洗脱，或者加热解吸附，主要用于样品目标物的分离、富集和浓缩。与传统的液液萃取法相比，可以提高分析物的回收率，能更有效分离目标物与干扰组分，简化样品预处理过程，具有节省时间、溶剂用量少、不易乳化等诸多优点，广泛应用于医药、食品、环境、化工等领域。固相萃取的大概流程见图11-1。

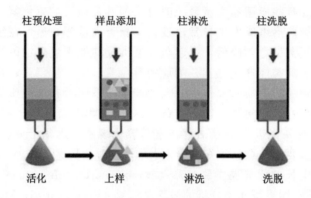

图 11-1　微囊藻毒素固相萃取流程

李彦文等在测定土壤中的典型微囊藻毒素时，采用了固相萃取的前处理方法，MC-LR、MC-RR、MC-YR 的平均回收率范围为 $54.9\% \sim 97.4\%$，相对标准偏差（RSD）范围为 $4.3\% \sim 16.9\%$，该方法基本能够满足土壤中微囊藻毒素残留的检测要求。

对于不同种类的藻毒素，固相萃取技术的研究有所差别。目前对微囊藻毒素固相萃取技术的研究较多，方法相对成熟，但因基质干扰效应、前处理复杂等技术局限，对节球藻毒素和柱胞藻毒素的研究较少。李双等采用比较研究方法，以固相萃取技术和 ELISA 技术为富集前处理方法，对节球藻毒素和柱胞藻毒素的富集效果进行了比较，优化后的前处理方法结果表明 ELISA 技术对节球藻毒素和柱胞藻毒素具有较高的回收率，分别达 99.4% 和 77%。

但是，固相萃取柱成本较高，对特定分析物选择性较差，需要大量有机溶剂进行萃取柱的预处理和洗脱，具有溶剂用量大、目标物质难洗脱等缺陷。

2. 磁性固相萃取

磁性固相萃取技术是 21 世纪分离富集领域的革命性技术，也称为磁纳米。具作为一种新型样品前处理技术，可在一定程度上弥补固相萃取技术存在的缺陷。该萃取技术是基于液-固相色谱理论，以磁性或可磁化的材料作为吸附剂的一种分散固相萃取技术。在磁性固相萃取过程中，磁性吸附剂不直接填充到吸附柱，而是将其添加到样品溶液或者悬浮液中，将目标物吸附到分散的磁性吸附剂表面，在外部磁场作用下，目标分析物随吸附剂一起迁移，再采用合适溶剂洗脱目标物，从而达到与样品基质分离的效果。连丽丽等采用磁性固相萃取技术测定了水中的微囊藻毒素含量，具有成本低、有机溶剂消耗量少、检出限低等优势。

3. 盘式固相萃取

固相萃取盘是固相萃取的另一种形式，与膜过滤器相似。盘式萃取器是含有填料的纯聚四氟乙烯圆片，或是坚固无支撑且载有填料的玻璃纤维片。填料占固相萃取盘总量的 60%～90%，盘的厚度约为 1 mm。固相萃取柱和盘式萃取器的主要区别在于盘的厚度与直径之比，对于等量的填料，盘式固相萃取器的截面积比柱式固相萃取柱大 10 倍，因此允许液体试样以较高的流量流过，解决了传统的固相萃取柱易堵塞要导致的回收率低的问题，且增加了萃取的容量和流速，节约了时间。

4. 固相微萃取

固相微萃取（solid-phase microextraction，SPME）是 1989 年由加拿大 Waterloo 大学的 Pawlin-szyn 及其合作者 Arthur 等提出的。研究者最初将该技术用于环境化学分析，随着研究的深入和方法的不断完善与改进，现已逐步扩展应用到医药卫生领域。固相微萃取克服了传统样品前处理技术存在的缺陷，将采样、萃取、浓缩、进样集于一体，大大加快了分析检测的速度。其显著的技术优势正受到环境、食品、医药行业分析人员的关注而被推广应用。固相微萃取技术流程图见图 11-2。

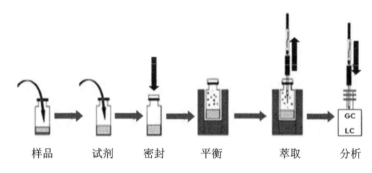

样品　　试剂　　密封　　平衡　　萃取　　分析

图 11-2　固相微萃取技术流程图

吴伟文等对 SPME 分析条件进行了优化，建立了水样中痕量微囊藻毒素的 SPME 方法。在同一条件下比较 PDMS、PDMS/DVB、CWX/DVB 3 种不同材料的萃头的萃取效果，结果显示 CWX/DVB 萃取效果最好。主要是由于微囊藻毒素在 CWX/DVB 涂层中的分配系数较大，所以萃取 15 min，解析 10 min 便可获得足够的灵敏度。

5. XAD-2 树脂富集法

大孔型合成树脂 Ambeirite XAD-2（以下简称为 XAD-2）是中性非极性苯乙烯-二乙烯苯共聚物。XAD-2 树脂是一种优良的吸附剂，通过与被吸附物质中亲脂部分之间的范德华力，将目标物质吸附于内表面。因此，它的吸附性能与被吸附物质的电离性能有关。对于非电解质，其具有很高的吸附效率，而强电解质则能无阻碍地通过层析柱；对于弱电解质，则视溶液的 pH 值有条件地吸附或者解析。此外，XAD-2 树脂对分子量较大的有机物有较高吸附选择性。在同系物中，只要物质能进入树脂内表面，一般分子量较大的物质被优先吸附。另一方面，由于 XAD-2 树脂具有大孔性质，当用合适的溶剂洗脱吸附在树脂上的溶质时，溶质与溶剂通过树脂孔隙迅速扩散，因此，被吸附的溶质解析方便。常用的固相萃取技术成本高，处理量少，而使用 XAD-2 树脂作为吸附剂可以克服上述不足，利用水、甲醇、乙醇、丙酮等溶剂进行氧化、活化等处理时能够实现 XAD-2 树脂的重复利用。我国邹雯雯等将 25 L 的模拟水样以 10 mL/min 的速度经 XAD-2 柱富集，后用 200 mL 纯甲醇进行洗脱，洗脱液经过旋转蒸发浓缩至 5 mL，然后经醋酸铝膜减压抽滤。结果显示，该富集方法的 RSD 小于 2.0%，MC-RR 和 MC-LR 的检出限分别为 1.05 μg/L 和 0.28 μg/L，回收率均大于 90%，富集倍数达 6 000 倍。

6. 免疫亲和层析法

免疫亲和层析法是利用抗原-抗体之间高度特异性的亲和力进行分离的方法，基于抗体与抗原专一性可逆结合的特性实现目标物的分离，单次提纯的净化倍数使高达 1 000～10 000 倍。与传统固相萃取方法相比，免疫亲和层析柱对于藻毒素具有选择性，能减少干扰物的影响。该方法检出限低，无需或仅需少量有机溶剂，但成本较高。肖付刚等采用免疫亲和层析柱对蓝藻样品进行前处理。结果显示，免疫亲和层析-液质联用法在测定微囊藻毒素时，MC-RR 的平均回收率为 89.8％，RSD 为 3.9％；MC-IR的平均回收率为 84.5％，RSD 为 4.2％，表明该方法具有较好的重现性。明小燕等以多克隆抗体制备免疫亲和层析柱，结果显示，免疫亲和层析柱对藻毒素不仅具有良好的特异性还具有优良的吸附效能，回收率为 97.27％±2.86％，柱间差异较小，精确度较好。

7. 分子印迹固相萃取

"分子印迹"的概念最早可以追溯到 Pauling 提出的将抗原作为模版合成抗体的设想。但是现代意义上的"分子印迹"概念则出现在 20 世纪 70 年代，其核心是分子印迹聚合物，该人工合成的聚合物对特定的分子具有特异的选择性。此外，该聚合物具有制备简单、成本低、在热及强酸强碱等条件下稳定的优点。梅晓顾等测定海水中的膝沟藻毒素-1/4（gonyautoxin-1/4，GTX-1/4）时采用本体聚合法，将 GTX-1/4 的结构类似物鸟嘌呤核苷作为模版，甲基丙烯酸为功能单体，乙二醇甲基丙烯酸酯为交联剂，偶氮二异丁腈为引发剂，合成分子印迹聚合物。用该聚合物制成分子印迹固相萃取柱，采用高效液相色谱仪进行检测。结果显示，以 0.1 mol/L 的乙酸溶液为淋洗液，以甲醇-水（95：5，体积比）溶液作为洗脱液，可以有效分离富集 GTX-1/4，回收率达到 85.05％。在此淋洗条件下，成功地检测出了微小亚历山大藻和塔玛亚历山大藻藻液中的 GTX-1/4，表明此方法可有效地用于分离富集海水中的 GTX-1/4。

8. 在线固相萃取

通过在线洗脱，可以将 15 mL 水样中的目标物质全部冲进色谱系统进行分析，其进样的绝对量与离线固相萃取法相似，甚至更具优势。离线固相萃取法通过大体积进样，富集后获得较高富集倍数（如从 1 000 mL 富集到 1 mL），再最终小体积进样（一般为 10 μL）。而在线固相萃取可将 15 mL 水样全部进样，该方法无需采用有机溶剂浓缩，较为环保。全自动化在线前处理过程极大减少了人为的误差，提高了方法的精密度和准确度。每个样品的分析过程只需 10～20 min，能实现藻毒素的快速检测。郭坚等利用双三元高效液相系统，采用在线固相萃取的方式对样品进行富集后再用 HPLC 检测。按优化后的色谱条件，全自动在线固相萃取——高效液相色谱法的检出限为 0.1 μg/L，RSD 小于 1.6％。样品加标 1 μg/L 时回收率范围为 92.3％～111.6％，加标 10 μg/L 时，回收率范围为 100.4％～103.8％，表明该方法可以准确用于实际水样中痕量微囊藻毒素的测定。张春燕等使用在线固相萃取——超高效液相色谱串联质谱法测定水中微囊藻毒素时，MC-YR、MC-LR、MC-RR 的检出限分别为 0.035 ng/L、0.031 ng/L、0.057 ng/L，呈现良好的线性关系，3 种微囊藻毒素的回收率范围为 80％～105％，RSD 范围 2.9％～5％，该方法结果准确，重现性好。该方法将分析时间由数小时缩短到几分钟，分析效率提高了约 13 倍。水样在线的净化和富集避免了离线状态下人工进行样品浓缩时发生的错误，提高了样品分析的可靠性和重现性。在线全自动的分析过程可有效降低背景噪声，从而提高检测方法的检出限。

9. 浊点萃取法

浊点萃取是近年来新兴的一种液-液萃取技术。液-液萃取简称液萃取，又称溶剂萃取或者抽提，是使用溶剂分离提取液体混合物中目标组分的过程。该方法是通过向待分离的溶液中加入与之不相溶的萃取剂，形成两个共存的液相。利用原溶剂和萃取剂对于各组分溶解度存在差异的原理，使组分不等同的分配于两种液相中，然后通过两种液相的分离。例如，组分之间的分离，比如碘的水溶液可以用四氯化碳为萃取剂萃取进行时，几乎所有的碘都会转移到四氯化碳中，碘得以与水溶液分开。而浊点萃取法不使用挥发性的有机溶剂，不会对环境造成污染，是一种环境友好型的样品前处理方法。其以中性表面活性剂胶束水溶液的溶解性和浊点现象为基础，通过改变实验参数引发相分离，从而将疏水性物质与亲水性物质分离。浊点萃取具有萃取效率高、富集因子大、操作安全、简便、经济、便于实现联用等诸多优点。目前该方法已成功地运用于生物大分子的分离纯化、金属螯合物及环境样品的前处理。BENKWOK-WAIMAN 等使用阳离子表面活性剂 Aliquat-336 对自然水体中的微囊藻毒素进行浊点萃取，在 25℃时用硫酸钠诱导相分离。pH 值介于 6～7 时，用该方法提取阴离子分析物具有强选择性，该法对于 MC-LR 和 MC-YR 的回收率分别为 113.9%±9% 和 87.1%±7%。通过和 HPLC/UV 联用，MC-LR 和 MC-YR 的检出限分别为 （150±7） pg/mL 和 （470±72） pg/mL。浊点萃取法可在 10～15 min 内完成，且无清理步骤的要求。

不同环境介质中藻毒素前处理技术的优缺点比较如表 11-1 所示。

表 11-1 环境介质中藻毒素前处理技术优缺点比较

前处理方法	优点	缺点
传统固相萃取	节省时间、溶剂用量少、不易乳化	时间长、成本较高、方法开发需要专业人员协助、萃取低浓度目标物的能力低
磁性固相萃取	萃取时间短、有机溶剂用量极少、萃取低浓度目标物能力强	成本高、材料制备过程烦琐
盘式固相萃取	容量高、流速快、萃取速度快	器材要求较高
固相微萃取	操作方便、耗时短、环境友好、仪器简单、灵敏度高	成本高、需专门萃取器、价格昂贵、纤维使用寿命有限
XAD-2 树脂富集法	成本较低、萃取量较大	选择性差
免疫亲和层析法	分析快速、精密度高	成本较高、方法较复杂
分子印迹固相萃取	制备简单、低成本、对热及强酸强碱等条件稳定	特异选择性弱、饱和吸附量低
在线固相萃取	取样量少、环境友好、精密度和准确度高	萃取仪器复杂、成本较高
浊点萃取法	萃取效率高、富集因子大、操作安全、简便、经济、便于实现联用、环境友好	非离子表面活性剂不易得到纯试剂、胶束相黏度大影响色谱检测

二、生物体中藻毒素前处理技术

（一）固相萃取

固相萃取常用于水产品藻毒素的前处理过程。水产品中所含藻毒素的测定也需将样本均质化。杨振宇等在测定动物源性水产品中藻毒素时采用了固相萃取法进行前处理，取得较好的富集效果。

（二）基质分散固相萃取

基质分散固相萃取是美国 Baker 教授在 1989 年提出的一种快速样品前处理技术。其原理是将涂渍有 C_{18} 等多种聚合物的材料和样品一起研磨，得到半干状态的混合物，然后将其作为填料装柱，再用不同的溶剂淋洗柱子，将各种待测物洗脱下来。基质分散固相萃取的优点是将样品前处理过程中的样品匀化、组织细胞裂解、提取、净化等步骤串联在一起，减少了组织匀浆、沉淀、离心、pH值调节及样品转移等操作步骤，避免了样品的损失。杨振宇等采用基质分散固相萃取法对动物源性水产品样本进行了前处理，大大提高了检测灵敏度和准确度。

第二节　环境及生物体中藻类监测及藻毒素检测方法

了解环境及生物体中藻类及藻毒素的含量水平，可有助于控制藻类及藻毒素的不良影响。为此目的，藻类监测技术与藻毒素检测方法应运而生，并迅速发展，相应各项检测技术，见图11-3。

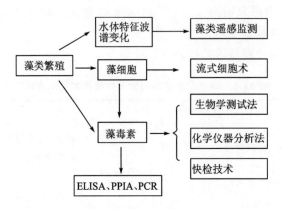

图 11-3　藻类监测及藻毒素检测技术及分类图

一、藻类监测

微囊藻毒素往往是随着微囊藻的生长繁殖而产生，故其在水体中的释放与蓄积必然伴随着微囊藻的生长呈现一定的规律。故监测水体中藻类的生长情况，为预测水体中藻毒素状况提供了可能，因此国内外进行了大量的藻类监测工作，以便进一步预测藻毒素的分布规律。

近年来，遥感、全球定位和地理信息系统（geographic information systems，GIS）等地理信息技术迅速发展。其中，遥感技术利用卫星、航空器或其他的技术收集有关地表和环境条件的信息，其工作流程包括数据收集、下载、分析和显示几个部分。目前，该技术已应用于水系监测等领域，为全球各大水系的藻类监测提供了便利。

（一）遥感监测系统监测藻类的暴发

国外从20世纪70年代开始研究赤潮卫星遥感技术，1974年Strong首次利用陆地卫星（Landsat）上的多光谱扫描仪的第六波段进行赤潮监测。而我国赤潮遥感监测技术起步较晚，20世纪80年代末渤海暴发大规模赤潮，我国研究人员首次使用热红外遥感数据（thermal infrared remote sensing data，TM）进行赤潮水体研究，在TM数据的第三波段和第四波段上发现正常海水和赤潮海水的差别较为明显。随后，世界各国逐渐完善遥感技术对多种藻类的监测系统，并取得显著效果。

物体的电磁波特性是遥感技术的物理基础。无论何物，都可发射和吸收电磁波，形成遥感信息与源头。不同物体和物体的不同状态具有不同的电磁波特性，这些特性构成遥感监测的一个重要依据。水体环境的光谱特征会受到水体的分布、水深、有机物质等要素的综合影响。通常情况下，清水对可见光波段的反射率比较低，其反射率随着波长增加不断降低，吸收作用进一步增强。故当水体藻类暴发时，水面上覆盖一定的藻类，水体物理性质会发生一定的变化，水体的光谱特性也随之发生变化，故遥感器接收的电磁波反射也发生变化。因此，可以通过对这种光谱信息的监测，及时地获取监测区域的藻类信息，并通过分析多时相遥感影像，判断藻类的移动速度与方向，从而推断出藻类的发源地及其可能的影响区域。通过光学遥感处理系统、微波遥感处理系统、数据获取系统、常规验证系统与信息传输发布系统进行监测，及时发现藻类的暴发，对藻类进行全方位、全时段的立体化监测，以建立起有效的应急监测系统。

（二）荧光信号监测藻类光学活性物质

水体中最主要的光学活性物质为叶绿色 a 和叶绿素 b，其中叶绿色 a 的监测技术较为成熟，故一般采用测定水体中叶绿素 a 含量水平的方法来获取浮游植物的种群密度。因此，测量叶绿素 a 浓度在湖泊、海洋水质监测及水体富营养化监测等方面具有重要作用，也是监测湖泊、海洋藻类暴发的重要方法，其主要的发展趋势是应用光纤传感技术和荧光定量技术相结合的方式，以开发完整的藻类监测系统。

Miguel 曾利用水体植物发生光合作用的组织作为敏感源，通过检测光合作用的强度开发了一种基于组织学的生物传感器检测系统，用荧光感应器测定活体光合作用组织，其特点是能够非常简单、实时、方便地在线监测水源水质。该传感器检测系统可用于长期快速预警、检测阳光直射的饮用水源，一旦发现藻类生长迅速，可能意味着水体中由藻类分泌产生的藻毒素含量即将升高，有利于水厂及时采取措施，避免污染事故的发生。

传统的监测方法具有范围小的局限性。近年来，徐元哲等通过分析藻类中叶绿素 a 的荧光发光机理，发现水体中藻类浓度与相对荧光强度成近似线性关系，提出了一种新的藻类监测方法，即使用DM642 图像处理系统处理藻类发出的荧光图像，以藻类发出的荧光强度图像的灰度值表征海水中藻类的浓度，进行海藻暴发的预测工作。试验结果表明，藻类浓度与荧光图像的灰度值呈明显线性关系，线性相关系数为 0.983 20，为藻类的监测提供了另一种思路。模式见图 11-4。

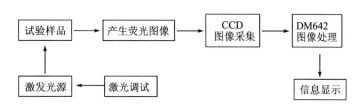

图 11-4　藻类荧光信号监测系统流程图

（三）流式细胞术

流式细胞术（flow cytometry，FCM）是集光、电及计算机一体化的生物学测定技术。最早应用于免疫学、血液学、病理学等学科中，20 世纪 80 年代开始应用于海洋生物学，流式细胞术在淡水浮游生物的监测方面应用较少。近年来，该技术开始应用于淡水藻类的监测工作中，例如，于洋等应用流式细胞术研究藻类生态毒理和生理特性。其工作原理为：浮游植物细胞含有自然荧光色素，且色素类型及比例因藻类不同而异，故浮游植物与悬浮泥沙、有机碎屑颗粒以及浮游动物等具有的自然荧光色素类型及比例不同，所以可将含有浮游植物的悬浮液从流动室的喷嘴喷出，在鞘液加速及流体动力学聚焦作用下，形成列队细胞液柱，液柱与激光束垂直相交，相交区域成为测量区。再通过激光扫描水体中的颗粒物，得到 5 个检测信号：①与颗粒大小有关的前向散射光；②与颗粒物复杂程度有关侧向散射光；③与颗粒物叶绿素含量有关的红色荧光；④与颗粒物中的藻红蛋白有关的橙色荧光；⑤与颗粒物中的胡萝卜素和类胡萝卜素等色素有关的黄色荧光。激光扫描区采集的信息通过二维散点图展现出来，根据颗粒性质及实验目的选择坐标轴参数，通过选取不同的参数绘制二维散点图，可将藻细胞与杂质颗粒区分。

徐兆安等曾应用便携式浮游植物流式细胞仪监测太湖藻类，结果表明流式细胞仪对藻细胞密度的检出下限为100万个/L，大于100万个/L时的检测结果与人工镜检结果相吻合，且在悬浮物含量小于108 mg/L的水体中，流式细胞仪检测结果具备较高的准确性。流式细胞仪具有操作简单、分析速度快、便携性好、无污染的优点，进一步表明荧光信号监测藻类具有一定的应用前景。

二、藻毒素检测方法

目前国内外对藻毒素的检测方法主要有生物学测试法、生化免疫技术测试法、色谱检测技术等。最常用的藻毒素检测方法包括高效液相色谱法（high-performance liquid chromatography，HPLC）、液相色谱/质谱联用技术（liquid chromatography-mass spectrometry，LC-MS）、气相色谱/质谱联用技术（gas chromatography-mass spectrometry，GC-MS）、酶联免疫吸附法（enzyme linked immunosorbent assay，ELISA）、薄层色谱法（thin-layer chromatography，TLC）、蛋白磷酸酶抑制试验法（protein phosphatase inhibition assay，PPIA）等。

（一）生物学测试法

1. 动物试验

经典的毒性测试方法采用动物评估藻毒素的毒性，以预测和评价化学物质与人体健康损害和疾病的关系。研究表明，藻毒素可使多种实验动物中毒、死亡。其中，鼠类是一种常用且十分重要的毒性筛选工具，能在短时间内系统全面地显现毒效应，还可对靶器官的作用终点加以区分，辨别神经毒素或肝脏毒素，故常用鼠类建立动物模型筛选藻毒素的毒性。

建立动物模型的基本操作步骤为：提取一定量的藻毒素，经腹腔注射或口腔灌胃的方式染毒，根据染毒鼠的存活时间来计算藻毒素的半数致死量（LD_{50}）。大多数微囊藻毒素的半数致死量为60～70 $\mu g/kg$，少数微囊藻毒素的半数致死量为200～250 $\mu g/kg$。一般情况下，小鼠半数致死量低于大鼠的半数致死量。此外，对鼠的器官组织进行　　　，可初步判断藻毒素的含量水平，如Bhattacharya曾用MC-LR处理小鼠的肝脏切片，结果发现肝细胞肿胀，胞质内有颗粒出现，嗜伊红细胞有碎片、充血和淤积迹象，该方法虽然灵敏度可达$\mu g/L$。除鼠外，也用细菌或无脊椎动物，如虾、贝、水蚤及其卵进行毒性评价的研究。

动物实验能够区分效应终点，且操作简单、耗时短、可靠性强，可以监测到过去未曾发现的新毒素。但检测灵敏度不高，不能特异识别毒素的种类。如某些藻类能同时产生鱼腥藻毒素和微囊藻毒素，因鱼腥藻毒素致小鼠死亡仅需数分钟，而微囊藻毒素则需数十分钟，便无法检测到微囊藻毒素的致死作用。且动物实验成本高，存在受试验动物品系差异、道德伦理约束等诸多因素的限制，还具有高剂量动物实验结果外推至人群低剂量混合暴露的问题，故应用受到一定程度的限制。

2. 细胞学试验

考虑到传统动物实验的局限性，美国国家研究咨询委员会（national research council，NRC）提出从整体动物为基础的测试体系转向建立起以人源细胞、细胞系或细胞组分为基础上的体外测试体系进行毒性评价。因此近年来，细胞学实验广泛应用于藻毒素的毒性监测评价。细胞毒性检测技术可利用原代肝细胞培养技术快速检测藻毒素毒性，针对的是藻毒素总量。谷定康等经两步灌流法制备鼠的原代肝细胞，用MC-LR处理数小时，结果发现肝细胞形态发生改变，灵敏度可达$\mu g/L$级。值得注意的是，不同细胞系对藻毒素敏感度有所差异。如人口腔表皮癌KB细胞则对微囊藻毒素相对敏感，与原代肝细胞的灵敏度相差高达 3～4 个数量级（mg/L）。因此，细胞毒性实验需选择稳定敏感的细胞系进行试验。

细胞毒性检测法可对藻毒素进行定性分析和定量分析。Fladmark 等将分离的鲑鱼和大鼠肝细胞进行悬浮培养，并用微囊藻毒素进行染毒，根据细胞凋亡程度判断微囊藻毒素的含量，建立了一种根据肝细胞凋亡程度来确定微囊藻毒素含量的方法，其检出限达 10～20 ng/mL。

利用体外细胞培养技术检测藻毒素，不仅减少实验动物的用量，节约成本，也符合实验动物伦理学要求。另外，如果以人源性的细胞系进行实验，模型细胞同质性良好，可以避免利用动物进行试验的个体差异。但该方法不足之处在于需要具备完善的细胞培养设备和培养条件，需要掌握细胞培养技术的专业人员才能进行操作。

3. 植物试验

某些植物对藻毒素具有敏感性，能表现出毒效应特点，故可利用植物的毒效应对藻毒素含量及毒性进行检测。Michelle 等以水田芥菜为研究对象，持续用 1 μg/L 和 10 μg/L 的 MC-LR 处理，结果发现，秧苗中谷胱甘肽 S-转移酶活力在试验初期下降，第 4 天开始升高，第 5 天谷胱甘肽过氧化物酶活力开始升高。2～6 天以后，秧苗的叶长和根长变短，重量减轻。该方法经济灵敏，适用于环境中藻毒素的早期筛选，不足之处在于需要在专门的试验基地进行，且需要配备专业的操作人员。植物细胞对藻毒素的吸收及毒性产生效应的规律还需进一步研究。

（二）化学仪器分析法

仪器分析技术日益发展，藻毒素的检测方法也日益增多。仪器分析方法是利用藻毒素理化性质的差异（如特殊功能基团、极性或非极性基团、紫外发光基团，以及分子量差异等）对藻毒素进行分离、纯化与鉴定。常用的检测方法主要有高效液相色谱法（high performance liquid chromatography，HPLC）、气相色谱法（gas chromatography，GC）、毛细管电泳法（capillary electrophoresis，CE）、薄层层析色谱法（thin-layer chromatography，TLC）、质谱法（mass spectrometry，MS）、液相色谱-质谱联用法（liquid chromatography-Mass sspectrometry，LC-MS）、核磁共振法（nuclear magnetic resonance，NMR）等。

1. 高效液相色谱法及相关检测技术

高效液相色谱法（HPLC）可以分析气相色谱无法直接分析的挥发性差、极性强、热稳定性差的物质，是目前应用最为广泛且成熟的藻毒素检测方法。定性分析可将被测藻毒素保留时间与标准品的保留时间（即色谱峰出峰时间）进行比较，对被测藻毒素种类予以鉴定；定量分析通过将被测藻毒素的峰面积与已知浓度标准品的峰面积进行比较，可对藻毒素进行精确定量。

常用的检测器有紫外-可见光（ultraviolet visible，UV-VIS）检测器、示差折光检测器、荧光和化学发光检测器、火焰离子化检测器和电化学检测器等。目前，对微囊藻毒素的化学检测常采用高效液相色谱-紫外法（HPLC/UV）。一般步骤为：先采用正相或反相固相萃取柱对藻毒素进行萃取-分离纯化-浓缩，然后用紫外光检测器对毒藻素进行检测，检测限值可达 1 μg/L。Fawell 等改进的方法检出限达 0.5 μg/L，但改进的方法无法检测与细胞结合的藻毒素，只能检测游离的 MC-LR。

高效液相色谱法具有高准确度、高灵敏度、有机溶剂用量少、能同时检测多种藻毒素同分异构体的优点。对于常见有售标准品的几种藻毒素，高效液相色谱法是目前常规检测方法之一。由于高效液相色谱检测技术需采用标准藻毒素获取吸收峰值和标准曲线，但目前已发现的几十种微囊藻毒素，大多数缺乏标准品，极大限制了微囊藻毒素的定性、定量检测。此外，高效液相色谱技术具有设备昂贵，从水样中提取和纯化藻毒素的前处理较为复杂，紫外线检测器无法准确识别特征吸收峰特别接近的藻毒素而影响检测结果等缺点。针对以上缺点，研究者对高效液相色谱检测技术进行了改进：

（1）Tsutsumi 等开发了一种可用于自来水中痕量（pg/L～ng/L）微囊藻毒素浓缩的免疫吸附柱（immuno-adsorption column，IAC），再利用 HPLC 或 ELISA 检测分析，回收率可达 80％以上。

（2）Kondo 等开发了一种可用于纯化微囊藻毒素的免疫亲和吸附柱，以解决高效液相色谱法预处理过程复杂及要求高度纯化的难题。该吸附柱表面包被了一层 MC-LR 单克隆抗体，当水样通过柱子时，微囊藻毒素被吸附固定，然后对柱子进行洗脱，将洗脱液干燥后溶解于甲醇水溶液中，采用 LC-MS 检测和分析。

（3）改进影响回收率诸多因素的措施有：减少聚丙烯塑料容器和移液枪头对微囊藻毒素的吸附，消除不同溶剂稀释微囊藻毒素的差别，改进和提高固相萃取柱等前处理过程中的微囊藻毒素回收率。

目前多数高效液相色谱法只能检测某一种微囊藻毒素的含量，不能对总藻毒素进行定量。也有采用化学方法对微囊藻毒素总量进行测定的方法研究，如 Sano 等建立了一种检测微囊藻毒素总量的衍生化检测技术，将微囊藻毒素中的一个氨基酸残基上的碳碳双键氧化断裂后，得到 2-甲基-3-甲氧基-4-苯丁酸（2-methyl-3-methoxy-4-benzbutyric acid，MMPB），再通过气相色谱以火焰离子化检测器（gas chromatography-flame ionization detection，GC-FID）或高效液相色谱荧光检测器（high performance liquid chromatography-fluorescence detection，HPLC-FD）分析。该法需经萃取、清洗、氧化、后处理等程序以消除衍生化过程中的溶剂干扰，可快速、准确地分析样品中微囊藻毒素总浓度，检出限可为 pg 级，但需花费较长时间。

2. 气相色谱-质谱联用技术

气相色谱-质谱联用技术是一种快速有效测定微量藻毒素的方法，其检出限可达 ng 级，且只需知晓所分析藻毒素的结构和相对分子量信息就可以确定藻毒素的类型和同分异构体，通过分析峰值便可计算每种藻毒素同分异构体的含量水平。但此方法设备昂贵，需要专门的技术人员才能进行操作分析，其应用也受到一定程度的限制。

3. 液相色谱-质谱联用技术

液相色谱-质谱联用技术可对藻毒素进行精确定量分析。虞锐鹏等应用液相色谱-电喷雾电离质谱测定水中的微囊藻毒素含量，先通过固相萃取柱对微囊藻毒素进行富集，以乙腈-水-甲酸作为流动相进行微囊藻毒素的洗脱，再经质谱测定。结果显示，在检测 MC-RR、MC-LR 时采用选择发生离子扫描模式，可显著提高检测灵敏度，检出限 0.01 ng/L，线性定量范围为 0.02～20.00 ng/L。根据分子量及结构信息，能确定藻毒素类型，具有痕量、快速、灵敏、准确的特点。另外，有研究表明，用微型柱分离纯化待测样中的微囊藻毒素，然后在选择性离子模式下用高效液相色谱-快釉原子轰击质谱法（high performance liquid chromatography-frit-fast atom bombardment massspectrometry，HPLC-Frit-FAB-MS）进行检测，在 2～50 ng/L 范围内获得较为理想的线性趋势，信噪比低至 5∶1，测得微囊藻毒素含量水平在 400 pg/L 以内。

色谱和质谱联用技术是目前藻毒素检测的常用、快速、准确的检测方法，其基本流程如图 11-5 所示。

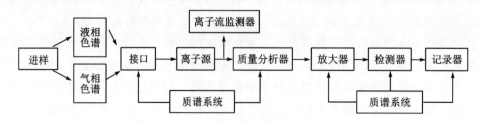

图 11-5　色谱-质谱联用技术检测藻毒素流程图

4. 毛细管电泳

毛细管电泳法（capillary electrophoresis，CE）不必配置富集装置，具有柱上富集的功能，但检测灵敏度明显低于高效液相色谱法，仅为 1 mg/L。另外，相关研究表明，将标准 MC-LR 衍生为荧光化合物，再经激光诱导后统荧光检测器检测，可以明显提高灵敏度。CE 具有检测样品量多、分离效率高、所需样品量小、溶剂消耗少、分析速度快、检测时间短、全过程可自动化的优点，但仍需进一步改进并验证，目前尚未成为水体藻毒素检测的常规方法。

5. 薄层色谱法

薄层色谱法（thin-layer chromatography，TLC）具有设备要求低，操作简单、方便、快速、高灵敏度的优点，在微囊藻毒素分离和分析中有较好的应用前景。但由于水样中存在较多干扰物，TLC 实际应用还有待进一步探究。Pelander 采用 N，N-二甲基-1，4-苯二胺二氯化物（N，N-dimethyl-1，4-phenylendiammonium dichloride，N，N-DPDD）优化 TLC 检测方法，能达到 WHO 的 1 μ/L 的检出限要求。

第三节　环境及生物体中藻毒素的快速检测技术

上节所述的藻类监测及藻毒素检测方法为识别和控制藻类及藻毒素潜在危害做出了一定的贡献，各有其优缺点，但共性问题在于前处理较为复杂，耗时较长，无法迅速建立藻毒素预警检测监测体系。近年来，随着分子生物学技术的发展和广泛应用，利用藻类细胞相关基因丰度变化与藻毒素生成、积累之间的关联性，使迅速建立藻毒素预警性检测监测体系成为可能。其中，生化免疫法和聚合酶链反应（polymerase chain reaction，PCR）技术具有灵敏、特异、简便、快速等优点而被应用于藻毒素的检测。

一、生化免疫技术法

（一）酶联免疫吸附法

酶联免疫吸附法（enzyme-linked immunosorbent assay，ELISA）是一项利用有机结合酶的高效催化作用原理，并结合抗原抗体特异性免疫反应的检测技术。自 20 世纪 80 年代开始，国内外科学家已开始从免疫学角度研制单克隆抗体（monoclonal antibody，MAb）和抗微囊藻毒素的多克隆抗体（polyclonal antibody，PAb），并成功应用于藻毒素的检测。Chu 等在 1989 年首先提出应用酶联免疫吸附法（ELISA）检测微囊藻毒素的完整程序，成功制备了具有高灵敏度的检测 MC-LR 的兔多克隆抗体，检出限为 0.20 μg/L。另外，Chu 等研究结果表明抗 MC-LR PAb 与节球藻毒素、MC-RR、MC-YR 有交叉反应性，但与 MC-LY、MC-LA 的交叉反应性低。1996 年，Nangata 和 Ueno 等利用抗 MC-LR 单克隆抗体建立了检测微囊藻毒素的方法，其检出限达 0.05 μg/L。并用此检测方法对日本、泰国、德国及葡萄牙等国境内湖泊或水库水体藻毒素进行了检测，结果证明对被微囊藻大规模污染的水体来说，酶联免疫吸附法可靠且有效。

常用的商品化酶联免疫吸附测定试剂盒是利用 MC-LR-HRP 直接竞争性的 ELISA 方法。此外，还可以使用 C_{18} 固相萃取小柱，预先对水样进行富集浓缩，以消除假阳性结果，但是会消耗大量的标准样，使检测成本增加，且可能会发生交叉反应。

（二）蛋白磷酸酶抑制检测技术

蛋白磷酸酶抑制检测技术（protein phosphatase inhibition assay，PPIA）的检测原理为：微囊藻毒

素与丝氨酸（Ser）和苏氨酸（Thr）之间有很高的亲和力，丝氨酸-苏氨酸蛋白磷酸酶复合体负责细胞内蛋白磷酸化后的脱磷酸过程，微囊藻毒素可通过作用于蛋白磷酸酶 1 和 2A 中的丝氨酸（Ser）和苏氨酸（Thr），高效而不可逆地抑制蛋白磷酸酶 2A（PP2A）和蛋白磷酸酶 1（PP1）的活性，因此，检测蛋白磷酸酶被抑制的程度，可建立蛋白磷酸酶抑制法检测微囊藻毒素的方法。该法可定量检测到自然水体中 $0.5\sim1.5\ \mu g/L$ 的 MC-LR，具有简便快速的特点。

根据分子标记方式和底物转变方式的不同，PPIA 包括蛋白磷酸酶-比色法、蛋白磷酸酶-同位素法和蛋白磷酸酶-荧光法 3 种方法。自首先提出 PPIA 以来，该检测技术得到了飞速的发展。由于 PPIA 针对的是藻毒素的功能而不是结构，所以检测结果为具有相同功能的藻毒素的总量，而非某一种藻毒素的含量水平，所测物质被称为微囊藻类物质，并以 MC-LR 当量表示测定结果。但是蓝藻本身具有的内源蛋白磷酸酶活性有可能使检测结果偏低。

PPIA 多数以 ^{32}P 标记的糖原磷酸化酶 a 为底物。由于糖原磷酸化酶 a 只能被 PP1 和 PP2A 水解，而 PP1 和 PP2A 又可被微囊藻毒素等抑制，因此在微囊藻毒素与蛋白磷酸酶和糖原磷酸化酶反应后，根据蛋白磷酸酶水解糖原磷酸化酶 a 释放出的 ^{32}P 量就可计算出藻毒素的含量。一般用不同浓度的标准 MC-LR 作标准曲线，用 MC-LR 当量来表示藻毒素的总量。随着对硝基苯酚磷酸酯（p-nitro phenol phosphate，pNPP）可被蛋白磷酸酶水解现象的发现，研究者建立了一种以 pNPP 为底物的磷酸酶抑制比色检测技术，根据 pNPP 被水解后产生的有色产物的含量来确定藻毒素的量，检出限可达为 pg 级。

另外，Sewes 等利用未标记的被测藻毒素和 ^{125}I 标记的 MC-YR 一起与 PP2A 进行竞争结合，达平衡后进行凝胶过滤，使与 PP2A 结合的藻毒素和未与 PP2A 结合的藻毒素分离，然后测定收集到的 ^{125}I-MC-YR-PP2A 放射性。用 $[B/(B_0-B)]$（B_0 为无毒素时 ^{125}I-MC-YR 的放射性，B 为标准藻毒素或待测藻毒素 ^{125}I-MC-YR 的放射性）和标准藻毒素浓度绘制标准曲线，便可求出待测毒素的含量。该技术受样品中其他物质的干扰较小，灵敏度更高，对微囊藻毒素和节球藻毒素的检出限为 2.5 pg/L，局限在于会引起放射性污染的问题。

王亚等选用 6，8-二氟-4-甲基伞形酮磷酸盐（6，8-difluoro-4-methylumbelliferyl phosphate，DiFMUP）为底物，成功建立一种荧光-蛋白磷酸酶抑制法（florescent-protein phosphatase inhibition assay，F-PPIA）。DiFMUP 在蛋白磷酸酶的作用下会发生水解，水解产物会产生荧光，利用荧光的强度来间接获得藻毒素的含量，其检测范围为 $0.02\sim0.5\ \mu g/L$。

（三）胶体金免疫层析条法

Tippkotter 等建立的胶体金免疫层析检测法，其灵敏度达 1 μg/L。在不同的环境中，所使用的试纸条可以稳定保存 115 天，但此法不能达到定量分析的目的，且灵敏度不够高。Monica 等在电极上固定抗 MC-LR 的克隆抗体，利用藻毒素与抗体的特异结合达到检测微囊藻毒素的目的。此法检测 MC-LR 属于电化学免疫传感器方法，方便快捷，具有广泛的应用前景，但需要进一步研究消除检测过程中可能存在的电化学干扰。

二、聚合酶链式反应检测技术

研究发现微囊藻毒素的合成酶全基因簇序列由 *mcyA*、*mcyB*、*mcyC*、*mcyD*、*mcyE*、*mcyF*、*mcyG*、*mcyH*、*mcyI*、*mcyJ* 10 个基因构成，此基因簇是由两个相邻的（mcy A-C、mcy D-J）但转录方向相反的大操纵子构成，分别编码聚酮合成酶（polyketide synthase，PKSs）和非核糖体肽合成酶（non-ribosomal peptide synthetase，NRPSs）。两种酶只存在于产生微囊藻毒素的蓝藻中，前者负责在 Adda 基团形成后的生物合成途径，即从二肽到七肽的延伸和环化；后者催化 Adda 的形成及其与谷氨酸（Glu）的连接。*mcyA*、*mcyC*、*mcyE*、*mcyG* 基因参与合成转移酶 1，*mcyD* 及部分 *mcyE*、*mcyG*、*mcyG* 基因参与合成聚酮合成酶，*mcyF* 基因参与合成差向异构作用及谷氨酸消旋转合成酶，*mcyH* 基因参与合成固定作用酶，*mcyI* 基因参与合成脱水作用酶，*mcyJ* 基因参与合成甲基化作用酶，最终介导微囊藻毒素的合成。故可以利用产毒基因合成特异性引物和探针，建立分子生物学方法检测水样中低浓度的产毒藻株，也可为水华发生和微囊藻毒素积累进行预警性监测。

（一）定性聚合酶链式反应检测技术

定性聚合酶链式反应检测技术通常以微囊藻细胞为对象，建立全细胞 PCR 检测方法。以微囊藻毒素合成酶基因为靶基因，设计特异性引物，建立不受其他藻类细胞或杂菌等外界环境因子干扰的藻毒素合成酶基因全细胞聚合酶链式反应检测体系。此方法具有操作简单、快速、成本低、稳定性好、特异性强的优点。Tillett 等研究了藻类产毒与种系之间的关系，以微囊藻毒素合成酶基因 *mcyA* 中的 N-甲基转移酶结构域为研究对象，设计特异性引物，以 35 株微囊藻毒株进行实验，结果与蛋白磷酸酶抑制法结果相一致，有 18 株产毒藻存在 N-甲基转移酶结构域。在 2002 年，Hui 等研究了 *mcyB* 基因在国内水体微囊藻中的分布情况，建立了高灵敏度、高特异的 PCR 鉴定产毒藻株的方法，每毫升水样藻细胞数达 2 000 个时，即可检测细胞 *mcyB* 基因的存在。

全细胞聚合酶链式反应检测法既可用于实验室产毒微囊藻的鉴定和筛选，又可以将水体产毒细胞数与水体毒性大小相结合，及时监测自然水体中产生微囊藻毒素的藻株，还可用产毒细胞数为标准建立不同层次的警报系统，以便尽早地去除藻毒素，控制危害。常规的聚合酶链式反应检测技术只能进行定性分析，无法对目的基因的表达量进行定量分析。

（二）实时定量聚合酶链式反应检测技术

为了对产毒基因进行定量分析，Holland 等首次建立了检测微囊藻产毒基因的实时定量聚合酶链式反应（real time quantitative PCR，qPCR）检测技术，根据所用荧光染料的不同，可分为特异性荧光探针法和非特异性荧光探针法两种。

Taqman 水解探针法是目前最常用的特异性定量检测方法，此法对目标序列的特异性要求高，可排除非特异性产物对结果准确性的影响，其缺点是探针设计困难且成本高昂而应用受限制。而 SYBR Green I 染料法是一种非特异性检测方法，其在游离条件下只能发生微弱的荧光，但与所有的 dsDNA 双螺旋小沟区域结合后，便能发射绿色激发波长染料，且荧光强度显著提高。所以，通过 SYBR Green I 的荧光强度与检测体系中双链 DNA 数量之间的相关性实现定量检测。缺点在于 SYBR Green I 可以与所有的 dsDNA 结合，无法排除引物二聚体、单链二级结构等引起的假阳性结果。此法设计简单，无需设计探针，仅需设计上下游的引物，具有成本低、通用性好、准确度高、灵敏度高、抗干扰性强的优点而使得 SYBR Green I 实时定量聚合酶链式反应检测技术广泛运用。

目前基于生物、物理化学、免疫等学科建立起来的藻毒素检测方法，各有优缺点，详见表 11-2。常规非基因方法只能检测藻毒素的含量，无法对藻类产毒能力进行判断，新兴发展的分子生物学检测方法可从藻毒素合成酶基因角度出发，在藻毒素释放前便能评估藻类的产毒能力，且能预检潜在的产毒微囊藻，对人体健康潜在危害做出初步判断。

表 11-2　藻毒素不同检测技术的比较

检测方法	优点	缺点	应用范围	检出限
生物测试法	操作简单、结果直观、可检测藻毒素	灵敏度和特异度不高、不能定量检测、藻毒素消耗量大、工作量大	用于微囊藻毒素毒性测试	用 LD_{50} 来衡量

检测方法	优点	缺点	应用范围	检出限
细胞毒性监测	用原代肝细胞可获得高灵敏度,用稳定敏感的细胞系可方便实验	原代肝细胞的制备工作量大,建立的细胞系往往灵敏度较低	检测能发挥出与微囊藻相同作用的藻毒素与量	10～20 ng/mL
HPLC	对不同藻毒素可进行定性和定量分析,准确、重现性好	耗时、灵敏度较低、需要标准品,设备庞大、昂贵,需专业人员	不同微囊藻毒素的定性、定量分析	10～20 ng/mL
LC-MS	快速、灵敏、无需标准品即可进行精确定量	耗时、仪器昂贵	不同微囊藻毒素的定性、定量分析,是微囊藻毒素检测的主要方法	0.5 ng/L
GC-MS	快速、灵敏、准确	技术含量高、操作复杂、仪器昂贵、缺乏藻毒素标准品	微囊藻毒素总量测定、确定不同的同分异构体	ng 级
CE	快速、分离能力强、样品用量少、溶剂消耗少	灵敏度较差	实际应用有待进一步研究	1～6 mg/L
TCL	设备要求低、操作简单、快速、灵敏度较好	受水中干扰物影响严重	可做定量测定,不常用	1 ng/L
ELISA	特异度和灵敏度高、可检测到藻毒素的同系物,商品试剂盒的出现大大方便了操作	对多种同系物的识别需要广谱抗体,商品化的试剂盒可靠性需进一步检验,标准不统一	用作藻毒素监测程序的前期筛选方法,是微囊藻毒素主要的检测方法	0.1 ng/L
PPIA	快速、高灵敏度、干扰小、操作简单、定量应用广泛	只检测 PP1 和 PP2A 的抑制剂、检测结果偏低、放射性废物的处理困难	测定微囊藻毒素总量,分析分子水平上的毒效应	2.5 ng/mL
PCR	快速、高灵敏度、干扰小、操作简单	特异性定量分析成本高、非特异性分析易出现假阳性结果	基因水平上检测藻毒素	—

第四节　总结与展望

　　藻类及藻毒素的检测和分析技术为藻毒素研究的热点,已研究出较多方法。目前高效液相色谱技术和液相色谱-质谱联用技术是定量检测和分析藻毒素最可靠的技术,检出限达 ng 级以下,具有灵敏度和特异性高的特点。蛋白磷酸酶抑制试验和酶联免疫吸附测定技术也具有其独有的优势,但仍然处于研究开发阶段,大规模的应用还需提高其检测精度、稳定性、操作简便性和经济性。

　　随着人们生活质量的不断提高,对饮用水的安全和质量提出了新的要求。对于多样的水环境和新型藻毒素的不断产生,建立经济、灵敏、快速、专一性的方法对藻毒素的含量、结构、功能和生物活性进行检测是该领域的不断追求目标。此外,在加强对饮用水源监管的同时,对水源水质量进行实时连续跟踪检测,追求高效率、低消耗、少或"零"污染的藻毒素检测方法,实现对水体中藻类及藻毒素的连续和在线监测分析,也已成为有关部门迫切需要解决的问题。

(郑唯韡)

参 考 文 献

[1]　杨克敌,郑玉建.环境卫生学[M].北京:人民出版社,2014.

[2]　袁丽秋.藻类毒素污染及其监控[J].化学教学,2005(04):25-27.

[3]　盛建武,何苗,施汉昌,等.水环境中微囊藻毒素检测技术研究进展[J].环境污染与防治,2006(02):132-136.

[4]　GB5749-2006.生活饮用水卫生标准[S].北京:中国标准出版社,2006.

[5]　GB 3838-2002.地表水环境质量标准[S].北京:中国标准出版社,2002.

[6]　杨波,储昭升,潘纲.蓝藻伪空胞的测定及其前处理方法研究[J].安徽农业科学,2011,39(23):1096-1099.

[7]　李彦文,黄献培,吴小莲,等.固相萃取-高效液相色谱串联质谱法同时测定土壤中 3 种微囊藻毒素[J].分析化学,
　　　2013,41(01):88-92.

[8]　李双,殷浩文.节球藻和柱胞藻毒素免疫分析的前处理方法研究[J].华东师范大学学报(自然科学版),2011(6):
　　　108-114.

[9]　潘胜东,叶美君,金米聪.磁性固相萃取在食品安全检测中的应用进展[J].理化检验-化学分册,2015,51(3):416-424.

[10]　连丽丽,郭亭秀,吴玉清,等.磁性固相萃取-液相色谱法测定环境水样中痕量的微囊藻毒素[J].分析化学,2015,43
　　　(12):1876-1881.

[11]　傅若农.固相微萃取(SPME)的演变和现状[J].化学试剂,2008,30(1):13-22.

[12]　吴伟文,杨左军,顾浩飞,等.固相微萃取/高效液相色谱法测定水中的微囊藻毒素[J].分析测试学报,2007,26(4):
　　　545-547.

[13]　邹雯雯,弓爱君,曹艳秋,等.XAD-2 树脂富集-高效液相色谱法检测水体中微囊藻毒素[J].化学与生物工程,2008,
　　　25(8):73-75.

[14]　肖付刚,赵晓联,等.免疫亲和层析-液质联用法检测蓝藻中的微囊藻毒素[J].分析化学,2009,37(3):369-372.

[15]　明小燕,黄夏宁,刘诚,等.水中微量藻毒素免疫亲和层析法分离[J].中国公共卫生,2012,28(10):1387-1389.

[16]　梅晓顾,何秀平,王江涛.分子印迹固相萃取联用高效液相色谱分离测定海水中的膝沟藻毒素 GTX1,4[J].分析化
　　　学,2016,44(2):212-217.

[17]　郭坚,杨新磊,叶明立.全自动在线固相萃取-高效液相色谱法测定水体中痕量微囊藻毒素[J].分析化学,2011,39
　　　(8):1256-1260.

[18]　张春燕,赵兴茹,郑学忠.在线固相萃取超高效液相色谱串联质谱法测定水中微囊藻毒素[J].环境化学,2012,31
　　　(10):1663-1664.

[19]　陈建波.浊点萃取法在农药残留分析中的应用研究[D].南京:南京农业大学,2008.

[20]　Ben KM,Michael HL,Paulk SL,et al.Cloud-point extraction and preconcentration of cyanobacterial toxins(micro-
　　　cystins)from natural waters using a cationic surfactant[J].Environ Sci Technol,2002,36:3985-3990.

[21]　杨振宇.水和水产品中微囊藻毒素的检测方法研究[D].上海:复旦大学,2010.

[22]　梁刚.大型藻类遥感监测方法研究[D].大连:大连海事大学,2011.

[23]　胡德永,王杰生,王振生.陆地卫星 TM 观测到渤海海湾赤潮[J].遥感信息,1991,6(3):11.

[24]　张容.基于荧光定量技术的微囊藻毒素预测性监测方法研究[D].大连:大连海事大学,2011.

[25]　Jr RM,Sanders CA,Greenbaum E.Biosensors for rapid monitoring of primary-source drinking water using naturally
　　　occurring photosynthesis.Biosensors and Bioelectronics,2002,17(10):843-849.

[26]　徐元哲,张旭,吴路光,等.基于荧光图像的藻类监测装置的研究[J].工程与试验,2015,55(02):64-66+97.

[27]　于洋,孔繁翔,钱蕾蕾,等.流式细胞术在铜对藻类生态毒理研究中的应用[J].环境化学,2004(05):525-528.

[28]　徐兆安,高怡,吴东浩,等.应用流式细胞仪监测太湖藻类初探[J].中国环境监测,2012,28(04):69-73.

[29]　谷康定,林群馨.原代肝细胞和传代细胞对微囊藻毒素-LR 的敏感性[J].毒理学杂志,2005,19(13):172-174.

[30]　Michelle M,kewada V,Coates N,et al.The use of Lepidium sativum in a plant bioassay system for the detection of
　　　microcystin-LR [J].Toxicon,2003,41:871-876.

[31]　Tsutsumi T,Nagata S,Hasegawa A,et al.Immunoaffmity column as clean-up tool for determination of trace amounts

of microcystins in tap water[J]. Food Chem Toxicol,2000,38(7):593-597.

[32] Fumio K,Yuko I,Hisao O,et al. Determination of microcystins in lake water using reusable immunoaffinity column [J]. Toxicon,2002,40(7):893-899.

[33] 虞锐鹏,陶冠军,秦方,等.液相色谱-电喷雾电离质谱法测定水中微囊藻毒素[J].分析化学研究简报,2003,31(12):1462-1464.

[34] DellAversano C,Eaglesham Geoggrey K,Quilliam Michael A. Analysis of cyanobacterial toxins by hydrophilic interaction liquid chromatography mass spectrometry[J]. Chromatography A,2004,1028:155-164.

[35] Harada K,Imanishi S,Kato H,et al. Isolation of Adda from microcystin-LR by microbial degradation[J]. Toxicon,2004,44:107-109.

[36] Pelander Anna,Ojanpera Ilkka,Lahti Kirsti,et al. Visual detection of cyanobacterial hepatotoxins by thin-layer chromatography and application to water analysis[J]. Water Res,2000,34(10):2643-2652.

[37] 陈艳,俞顺章,林玉娣,等.太湖流域水中微囊藻毒素含量调查[J].中国公共卫生,2001,18(12):1455-1456.

[38] Sewes MH,Fladmark KE,Doskeland SO. An ultrasensitive competitive binding assay for the detection of toxins affecting protein phosphatases[J]. Toxicon,2000,38:347-360.

[39] 王亚,尹力红.应用荧光蛋白磷酸酶抑制法检测水中微囊藻毒素[J].现代预防医学,2006,33(5):681-683.

[40] Tippkotter N,Stickmann H,Kroll S,et al. A semiquantitative dipstick assay formicrocvstinf[J]. Toxicon,2009,53(2):238-245.

[41] Tillett D,Dittmann E,Erhard M,et al. Structural organization of microcystin biosynthesis in *Microcystis aeruginosa* PCC7806:an integrated peptidepolyketide synthetase system[J]. Chem Biol,2000,7:753-764.

[42] Monica C,Jean LM. Highly sensitive amperometric immunosensors microcystin detection in algae[J]. Biosensors and Bioelectronics,2006 for 22:1034-1040.

[43] Tillett D,Parker D,Neilan B. Detection of toxigenicity by a probe for the microcystin synthetase a gene($mcyA$) of the cyanobacterial genus microcystis:comparison of toxicities with 16SrRNA and phycocyanin operon(phycocyanin intergenic spacer) phylogenies[J]. Appl Environ Microbiol,2001,67(6):2810-2818.

[44] Pan H,Song LR,Liu YD,et al. Detection of hepatotoxic *microcystis* strains by PCR *with in tacat* cells from both culture and environmental samples[J]. Arch Microbiol,2002,178:421-427.

第十二章　蓝藻毒素污染对水生生物的影响

水体中藻毒素对水生生物的危害最直接，并通过食物链对陆生生物和人类健康造成潜在的危害。研究已经证实，微囊藻毒素可以在浮游动物、双壳类、甲壳类等各种水生生物体内积累，甚至也能在鱼类、龟、鸭、水禽等脊椎动物体内积累，并通过食物链转移到更高的营养层级。

第一节　蓝藻毒素污染对水生植物的影响

水生植物和浮游植物（藻类）是水生态系统中的初级生产者。水生植物具有净化水体，抑制藻类生长等作用。目前的研究主要集中在微囊藻毒素对水生植物生长繁殖的抑制。

一、蓝藻对水生植物生长繁殖的影响

在水生态系统中，蓝藻与水生植物之间发生相互影响。一方面，蓝藻水华产生的高浓度微囊藻毒素可影响水生植物种群的多样性。微囊藻毒素被认为具有自我强化机制作用的生态生长调节素，可帮助蓝藻生长繁殖，从而使产毒藻株密度增加，获得竞争优势，最终形成水华。另一方面，水生植物受到微囊藻毒素的影响，并可通过化感作用（allelopathy）与产生毒素的藻类发生相互作用。

微囊藻毒素在浮游植物种群演替中扮演着重要角色，但具体作用复杂，其作用大小与毒素浓度、藻的种类、种群密度等多种因素有关。最早有关蓝藻与藻类相互作用的研究是在 1978 年，Keating 等研究报道了微囊藻的提取物可抑制硅藻的生长，并推测可能是其中的毒素起作用。后续研究显示微囊藻毒素可调控藻类的增殖，其作用大小与光照强度及藻的种类有关，稳定水体的毒素含量与藻类物种多样性呈负相关。微囊藻毒素还可以抑制其他藻的生长，例如灰色念珠藻（*Nostoc muscorum*）和鱼腥藻（*Anabaena BT*1）（50 μg/mL 即 50 000 μg/L 高浓度 MC-LR 短期暴露）、细长聚球藻（*Synechococcus elongatus*）（100 μg/L 和 1 000 μg/L 的微囊藻毒素）等。但是 Hartman（1981）得出结论：在培养液中加入蓝藻水华的提取液（可能含有微囊藻毒素）可促进栅藻的生长。胡智泉等（2008）研究发现 1 000 μg/L MC-RR 处理可显著促进蛋白核小球藻（*Chlorella pyrenoidosa*）、斜生栅藻（*Scenedesmus obliquus*）和水华鱼腥藻（*Anabaena flos-aquae*）的生长。但是该研究还发现在 100 μg/L 以下的 MC-RR 对这三种藻的生长没有影响。微囊藻毒素对淡水藻类的生长具有明显的剂量效应，低浓度的微囊藻毒素（0.01～10 μg/L）对测试藻没有明显影响，而 100 μg/L、1 000 μg/L MC-RR 则对不同的藻种表现为不同的生长效应。除了抑制其他藻类的生长外，微囊藻毒素可使莱茵衣藻（*Chlamydomonas reinhardti*）加速下沉，从而削弱莱茵衣藻对同一水体环境的资源竞争。

微囊藻毒素可在水生植物中积累，研究发现微囊藻毒素可抑制大型水生植物的生长繁殖。Pflugmacher 等率先报道，微囊藻毒素可在挺水植物芦苇和伊乐藻的根、茎、叶中富积。尹黎燕研究显示，苦草可以吸收 MC-RR，其吸收具有时间和剂量效应，根的吸收作用强于叶。第 7 d 叶对 MC-RR 的吸收已经达到平衡，而根对 MC-RR 的吸收在处理第 16 d 时还在上升。苦草根和叶对 MC-RR 的最大吸收量分别可达到（14.83±0.12）μg/g 鲜重和（0.32±0.026）μg/g 鲜重。在 0.000 1 mg/L 的低浓度下，苦草根和叶对 MC-RR 的吸收量分别为（0.59±0.083）pg/g 鲜重和（0.28±0.016）pg/g 鲜重，生物

浓缩系数分别为（5.85±0.83）和（2.85±0.16）。这个结果表明，MC-RR 可以在苦草中积累并有可能传递到食物链中。MC-RR 抑制大型沉水植物苦草（*Vallisneria natans*（Lour.）hara）的生长和发育。在 0.000 1～10 mg/L 的浓度下，苦草种子的发芽、子叶生长、真叶的形成和生长、不定根的形成和生长及根毛的生长都受到了一定的抑制作用。当 MC-RR 浓度≥0.1 mg/L 时，处理第 30 d，MC-RR 对苦草鲜重和第一片真叶的生长有极显著的抑制作用，当 MC-RR 浓度为 10 mg/L 时，根的生长和叶片的发生也受到了极显著的抑制作用。

尹黎燕等（2004）报道了 MC-RR 会对大型沉水植物苦草的生长和发育产生不利影响，MC-RR 处理后，苦草种子的发芽、子叶生长、真叶的形成和生长、不定根的形成和生长及根毛的生长都受到了一定的抑制作用。同时，研究显示，水生植物对微囊藻毒素也有一定的解毒作用。研究发现一种棕鞭藻（*Ochromonas* sp.）对铜绿微囊藻细胞有吞噬现象，把棕鞭藻与微囊藻混养，或是直接加入微囊藻毒素（最高浓度 800 μg/L），均可明显促进棕鞭藻的生长。此外，还发现在棕鞭藻培养液中加入少量 MC-LR 毒素（100 μg/L），两天后毒素消失，而对照组培养基中的毒素浓度没有改变。

二、毒性机理

微囊藻毒素可通过诱导氧化应激对植物产生毒性作用。细长聚球藻（*Synechococcus elongatus*）经 MC-RR 处理后，活性氧（reactive oxygen species，ROS）水平升高引发氧化胁迫，导致丙二醛含量显著升高。MC-LR 暴露后诱导甲藻（*Peridinium gatunense*）产生氧化应激与 MAPKs 旁路关键酶的激活有着密切关系。同时，在低于 1.0 μg/L MC-LR 亚慢性暴露可以显著诱导沉水植物枯草叶片 ROS 产生，造成叶肉细胞超微结构（叶绿体和线粒体）等结构受到损伤，丙二醛含量显著上升，其含量与 ROS 水平有相关关系。还原性谷胱甘肽（GSH）是抵御细胞成分氧化应激的重要物质，研究表明 GSH 结合微囊藻毒素形成共轭产物是生物体对微囊藻毒素解毒的第一步。Pflugmacher 通过高效液相色谱（high performance liquid chromatography matrix-assisted laser desorption/ionization time of flight，HPLC-MALDI-TOF）检测出了金鱼藻体内的 MC-LR-GSH，直接证实了植物体内存在微囊藻毒素解毒过程。

第二节　蓝藻毒素污染对浮游动物的影响

浮游动物是水生态系统中一类重要的初级消费者，也是一些鱼类的优质食物，对水中的藻类和细菌的发生和发展具有调节控制作用。浮游动物组成十分复杂，在淡水环境中主要由原生动物、轮虫、枝角类和桡足类等四大类水生无脊椎动物组成。研究表明，蓝藻能够对浮游动物产生各种不利影响，如降低浮游动物的存活率、抑制生长和繁殖、降低摄食量等。目前有关水华蓝藻对浮游动物影响的研究大多集中在对浮游甲壳动物枝角类的影响，而对小型浮游动物如原生动物和轮虫等的影响研究相对较少。

一、蓝藻对轮虫的影响

轮虫是一类最小的多细胞动物，其大小一般在 100～500 μm。由于其身体不分节，呈两侧对称，具假体腔，因而被大多数动物学家归属为假体腔动物（pseudocoelomata），亦称原体腔动物（aschelminthes）。轮虫从外形上可分为头、躯干和足（或尾）三个部分（见图 12-1），其最主要的形态特征有 3 点：①身体前端或近前端具有一个由纤毛组成的特殊区域，叫作头冠（corona），其上的纤毛经常摆动，形如毡轮，故名轮虫；②口腔或口管下面的咽喉部分，有一个膨大的咀嚼囊（mastax），囊内有发达的肌肉，并有一套由砧板和槌板组成的咀嚼器（trophi）；③排泄系统是一对原肾管，分列于假体腔两侧，管之末端有焰茎球。

轮虫是淡水浮游动物中的重要组成类群之一，尽管其个体较小，但由于分布广泛、拥有后生动物中最高的繁殖速率，因而在水体生态系统结构、功能和生物生产力的研究中具有重要意义。轮虫还是大多数经济水产品的开口饵料，在渔业生产上有很大的应用价值。此外，由于其发育快、生命周期短、能较迅速地反映环境的变化，被认为是很好的指示生物，在环境监测和生态毒理研究中被广泛采用。目前，美国材料与实验协会（american society for testing and materials，ASTM）已正式将萼花臂尾轮虫（*Brachionus calyciflorus*）和褶皱臂尾轮虫（*B. plicatilis*）分别作为淡水和海水测试生物列入国家测试标准（ASTM 1991）。

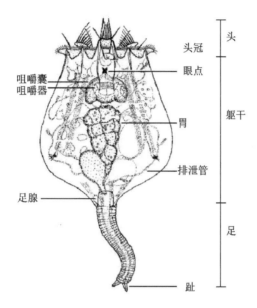

图 12-1　轮虫雌体形态结构模式图

（一）蓝藻对轮虫种群的影响

蓝藻对轮虫种群的影响随蓝藻株系及轮虫种类或品系的不同而异，研究多集中在对淡水标准测试生物鄂花臂尾轮虫的影响。Snellz 在 1980 最早开始了蓝藻对轮虫种群影响的室内实验研究，结果发现从佛罗里达中部的一个池塘所分离的水华鱼腥藻（*A. flos-aquae*）对三个品系的盖氏晶囊轮虫（*A. girodi*）种群密度均有明显的抑制作用，且不同品系轮虫受鱼腥藻的抑制程度不同。与之相反，Starkweather 和 Kellar（1983）的研究则发现，水华鱼腥藻无毒株（*A. flos-aquae* UTEX-1444）和有毒株（*A. flos-aquae* NRC-44-1）均能被萼花臂尾轮虫所利用，且以有毒株为食的轮虫存活率和繁殖率要高于无毒株。同时，他们还对不同食物种类条件下（*Euglena gracilis*、*A. flos-aquae* NRC-44-1 及两者 1:1 混合，总食物密度为 20 μg/mL 干重），萼花臂尾轮虫的种群内增长率做了研究，结果发现以两者混合作为食物时轮虫的增长率最大。最后他们得出结论：萼花臂尾轮虫能够利用水华鱼腥藻作为唯一或增补的食物来源。Gilbert（1990）在研究鱼腥藻（*A. affinis*）对多种浮游动物种群的影响时发现，与枝角类不同，丝状蓝藻即使在高浓度（$1 \sim 2 \times 10^4$ 个细胞/mL）下也不会抑制轮虫（*K. cochlearis*，*S. pectinata*，*K. testudo*，*K. crassa* 和 *A. brightwelli*）的种群内增长率。而他的另一个研究结果则表明，水华鱼腥藻（*A. flosaquae* IC-1）及其所产毒素（anatoxin-a）对 4 种轮虫（*A. girodi*，*B. calyciflorus*，*K. cochlearis*，*S. pectinata*）的繁殖均有明显的抑制作用，且不同种类轮虫对鱼腥藻及其毒素的敏感性也不同。

（二）蓝藻对轮虫摄食的影响

食物是影响轮虫种群密度和物种季节演替的重要生物因子。通常轮虫的高密度与环境中存在充足可供其消费的食物有密切关系。由于轮虫的头冠式及咀嚼器的结构不同，轮虫对食物具有选择性。因此，食物的种类、形状、个体大小及营养成分等均会影响轮虫的生长和发育，进而影响到其群落结构。例如，臂尾轮虫对食物颗粒的选择性仅依赖于颗粒物的大小，无法根据颗粒物的质量来选择食物。因此，轮虫不可避免地会摄入大小适宜的任何颗粒，包括一些产毒的水华蓝藻。这种不加选择的摄食会导致微囊藻对其生理活动产生负面影响。有学者研究发现铜绿微囊藻降低了红臂尾轮虫（*Brachionus rubens*）对单针藻（*Monoraphidium minutum*）的摄食率，尤其在高浓度下这种抑制作用更为明显。

（三）蓝藻对轮虫生长繁殖的影响

有关蓝藻对轮虫生长和繁殖的影响研究已有一些报道，但结果不尽相同。蓝藻对轮虫存活和繁殖的影响不具有统一性，不同蓝藻对不同轮虫的影响不同，即使是同种蓝藻、同种轮虫，也可能会因蓝藻株系及轮虫品系的不同而结果有所差异。此外，外界条件的改变，也会影响到蓝藻对轮虫种群的作用。

Fulton等研究显示，龟甲轮虫（*Keratella mixta*）在铜绿微囊藻组中存活时间明显低于饥饿对照组的轮虫个体，表明铜绿微囊藻对龟甲轮虫存在毒害作用。但实验同时发现，铜绿微囊藻对萼花臂尾轮虫的种群没有显著的抑制作用，这不仅表现为铜绿微囊藻组的萼花臂尾轮虫存活时间明显长于饥饿对照组，而且其中的萼花臂尾轮虫还能够繁殖并产出后代。由此认为，铜绿微囊藻对萼花臂尾轮虫不仅没有毒害作用，还能够为其提供一定的营养。耿红研究结果也显示低浓度铜绿微囊藻（10^4个细胞/mL和10^5个细胞/mL）对萼花臂尾轮虫无抑制作用，萼花臂尾轮虫能够从铜绿微囊藻中获取一定的营养；而高浓度铜绿微囊藻（10^6个细胞/mL）降低了萼花臂尾轮虫的种群增长率，严重影响了轮虫的存活和繁殖，显著降低了萼花臂尾轮虫的体长。实验还发现，铜绿微囊藻对红臂尾轮虫种群也存在类似的抑制作用。

Smith等研究发现，铜绿微囊藻的两个不同藻株（PCC7820和UTEX2061）对两种龟甲轮虫螺形龟甲轮虫（*Keratella cochlearis*和*K. crassa*）种群增长率的影响是一致的，即在较低浓度（5×10^4个细胞/mL）下，对轮虫种群增长率无影响；高浓度（10^5个细胞/mL和5×10^5个细胞/mL）则显著降低了轮虫的种群增长率。

（四）蓝藻对轮虫种群的影响机制

目前，虽然蓝藻对轮虫种群影响的机制尚不是很清楚，但一般认为，蓝藻是通过以下几方面对轮虫种群产生影响。

1. 蓝藻毒素　蓝藻可以产生有毒的次生代谢物质藻毒素，降低轮虫的存活和繁殖，抑制轮虫的种群增长。

2. 蓝藻的形态　群体或丝状蓝藻由于个体太大可能不易被某些轮虫摄食，也可能干扰轮虫对其他食物的摄食，从而抑制轮虫种群。

3. 低的营养价值　蓝藻即使不产生毒素，个体大小也适宜被轮虫摄取。对轮虫而言，蓝藻是营养价值较低的食物资源。

4. 对其他藻类的抑制　蓝藻可能通过分泌某种化合物，抑制其他藻类的生长，从而间接影响轮虫种群。

5. 其他有毒物质　蓝藻可能会产生除藻毒素之外的其他有毒物质，从而对轮虫种群产生抑制作用。

二、蓝藻对枝角类的影响

枝角类统称"溞",俗称红虫,是一类小型甲壳动物,一般体长在 0.2～3.0 mm,身体左右侧扁,分节不明显,具有 1 块由两片合成的甲壳包被于躯干部的两侧。枝角类的头部有明显的黑色复眼,第二触角十分发达,呈枝角状,为主要的运动器官,身体末端有一对尾爪(图 12-2)。枝角类是淡水生态系统中物质循环和能量流动中的重要环节,它们对毒物有很强的敏感性,国内外已经广泛用枝角类来评价化学产品的毒性,进行水污染监测及制定各种水质标准,尤其是大型溞〔*Dahpnia magna*(Straus)〕已成为国际公认的标准试验模式生物。蓝藻对枝角类的影响主要表现在抑制摄食、缺乏必需的营养物质和生物毒性效应等方面。

图 12-2　枝角类雌体形态结构模式图

1. 颈沟;2. 吻;3. 头盔;4. 壳弧;5. 腹突;6. 尾刚毛;7. 后腹部;8. 尾爪;9. 肛刺;10. 壳刺;11. 孵育囊中的夏卵;12. 第一触角;13. 第二触角;14. 大颚;15. 上唇;16. 胸肢;17. 脑;18. 视神经节;19. 复眼;20. 动眼肌;21. 单眼;22. 食道;23. 中肠;24. 直肠;25. 盲囊;26. 心脏;27. 颚腺;28. 卵巢;29. 生殖孔。

(一)蓝藻对枝角类摄食的影响

绝大多数的枝角类为滤食性种类,它们以水体中细菌、藻类和有机碎屑为食。一般认为它们具有选择食物颗粒大小的能力而无法区别食物优劣的本领。它们的摄食能力与水体中食物颗粒的大小和形状密切相关。这些因素不仅决定食物颗粒是否会被摄取,而且决定有价值食物是否能够被有效摄取。一些枝角类对食物缺乏选择性,对食物颗粒不加选择地滤食会直接导致其滤食器官堵塞。枝角类仅能通过减小壳缝来避免藻类群体进入滤食腔,但减小壳缝的作用极为有限。当这些藻类进入滤食腔后,某些枝角类能通过化学感受的方式探测到不适宜食物的存在并停止摄食,然后用尾爪将其剔除出食物槽。但这种拒食不是选择性的移除,而是将滤食腔中的所有食物颗粒都清除,也导致了有价值的食物颗粒的流失。已有研究显示蓝藻的存在形式对枝角类摄食过程会产生不同的影响:当食物中混有产毒蓝藻(单细胞或者两细胞)时,枝角类只能降低摄食率(如降低小颚运动的频率,减少吞咽),来减少对有毒藻的摄入。而这种方式将导致大量可吸收的有用物质不能被摄食,可能引起枝角类营养摄取不足;群体状蓝藻细胞或者丝状藻类则通过机械干扰来实现其对枝角类摄食的抑制作用,具体表现为丝状藻会黏附在滤食器官上,阻挡了可利用的食物颗粒的摄入。Gliwicz 等发现群体微囊藻浓度的增加会降低大型枝角类的滤食率，提高后腹部拒食的频率。这就使枝角类不但得不到足够的食物来源，而且还增加了不必要的能量消耗。微囊藻群体的不同形态导致大型枝角类如和锯顶低额溞（Simocephalus serrulatus）不同的滤食率，而对小型枝角类如短尾秀体溞（Daphanosama brachyurum）、方形网纹溞（Ceriodaphnia quadrangula）、长额象鼻溞（Bosmina longirostris）则没有影响。Jarvis等研究了枝角类对不同大小的微囊藻群体摄食的情况，发现棘爪网纹溞（Ceriodaphnia reticulata）、微型裸腹溞（Moina micrura）和镰角秀体溞（Daphanosoma excisum）对微囊藻群体的滤食率比对小球藻（Chlorella vulgaris）的滤食率大，但蚤状溞（Daphnia pulex）可以取食 60～100 μm 的微囊藻群体。当小球藻和微囊藻群体混合后，小型枝角类对小球藻的滤食率要大于大型枝角类。然而小型的藻类群体也可能作为枝角类的食物来源。Lampert 发现多蚤溞（Daphnia pulicaria）滤食小群体有毒微囊藻的效率和栅藻是一样的。因此，小群体微囊藻可能被取食，而大群体微囊藻可能抑制枝角类的摄食。

另外，不同种类枝角类受蓝藻的影响不相同，大体上，小型枝角类（如象鼻溞）受到的影响比大型枝角类要小。而一些学者认为微囊藻群体可能通过产生由多糖构成的凝胶状黏液机械地干扰摄食作用，这种黏稠的多糖影响了牧食浮游动物的摄食和消化蓝藻的能力，在胶被的保护下藻类在通过浮游动物的肠道后仍能保持完整的细胞结构，导致枝角类对其的同化效率很低。研究显示，长刺溞（Daphnia longispina）和大型溞（Daphnia magna）对微囊藻的同化率在 20％以下。但也有研究证实多刺裸腹溞（Moina macrocopa）对微囊藻的同化率与小球藻相当，而短钝溞（Daphnia obtusa）和透明溞对微囊藻的同化能力则更高。

（二）蓝藻对枝角类生长和繁殖的抑制

通常当以铜绿微囊藻作为唯一食物来源时枝角类表现出生长和繁殖的严重抑制和存活率的下降。也有研究发现微囊藻对枝角类的影响并不是抑制作用。微囊藻的单细胞或小型群体是短钝溞和透明溞的良好食物，其生长和繁殖情况与喂以斜生栅藻的对照组相同。与蓝藻水华共存于同一天然水体中的多刺裸腹溞在以微囊藻为唯一食物来源时也表现出生长和繁殖抑制。

有毒铜绿微囊藻不仅明显延缓大型溞的生长，而且阻碍虫体的怀卵和发育，并造成幼体产出困难，导致大型溞死亡率升高；无毒微囊藻虽然不影响虫体的生存，但影响其怀卵量和幼体产出。何家菀等也证实了微囊藻的无毒藻株虽然没有表现出对大型溞明显的毒害作用，但导致其生长缓慢和不怀卵。因此，单一使用微囊藻饲喂枝角类不能保持其种群良好地生长和繁殖。将微囊藻添加到枝角类的生活环境中也能不同程度地影响其生长和繁殖。Demott 报道受试的所有 5 种枝角类在栅藻对照组中生长迅速，然而随有毒微囊藻在食物中所占比例的增加，生长和繁殖表现出明显的下降。造成这些差异的原因可能是用于实验的微囊藻的各藻株毒性不同及不同枝角类对毒性的敏感性不同。

（三）蓝藻对枝角类的毒性效应

蓝藻对浮游动物的毒性作用包括提高浮游动物的死亡率、减少其后代个体数等，然而并不是所有的蓝藻种类在任何时间、在种群增长的任何阶段都能产生有毒物质。有的蓝藻种类可分为产毒株系和不产毒株系。例如，在微囊藻属中，一些株系能使浮游动物的死亡率急剧上升，并使其几乎不能繁殖后代；但是有一些株系能维持浮游动物较高的存活率、一定的种群增长和繁殖。微囊藻对枝角类的毒性作用是非常复杂的，这种复杂涉及枝角类不同种类的敏感性差异、微囊藻的不同品系、毒素的季节变化及温度的影响。

第三节　蓝藻毒素污染对底栖动物的影响

底栖动物作为淡水生态系统的重要类群，不仅是浮游生物的捕食者，还是一些掠食动物的食物，某些杂食种类还能充当分解者。常见的底栖动物有软体动物门的腹足纲的螺和瓣鳃纲的蚌、河蚬等，环节动物门寡毛纲的水丝蚓、尾鳃蚓等，蛭纲的舌蛭、泽蛭等，多毛纲的沙蚕、节肢动物门昆虫纲的摇蚊幼虫、蜻蜓幼虫、蜉蝣目稚虫等，甲壳纲的虾、蟹等，扁形动物门涡虫纲等。目前对底栖动物的研究基本集中在生物体内或者不同器官中藻毒素富集和清除的研究，也有一些藻毒素在同一生物不同器官中分布和对不同成长阶段个体影响的研究。

一、蓝藻毒素在底栖动物体内的富集规律

底栖动物通过不同方式富集的微囊藻毒素主要存在于消化道、肝胰腺和性腺中，以消化道和肝胰腺中的含量最高，多数检测结果都已超过了WHO的规定〔0.04 $\mu g/$（kg·d）〕。蓝藻毒素在底栖动物体内的富集与清除详见表12-1。

表 12-1　蓝藻毒素在底栖动物体内的富集与清除

藻种类	研究地区	底栖动物种类	毒素的富集与清除
微囊藻属	日本 Suwa 湖	淡水田螺	消化道毒素含量最高（9.03 $\mu g/g$），可以高效清除 MC-LR
铜绿微囊藻	葡萄牙 Mira 湖	克氏原螯虾	体内最大浓度达 2.9 $\mu g/g$，肠道含量最高，清除与一些贝类的研究相似
鱼腥藻与微囊藻属	日本 Biwa 湖	淡水田螺	肠道中最高为 19.5 $\mu g/g$，富集能力强
微囊藻属	中国太湖贡湖湾	铜锈环棱螺	肠（53.6%）>肝胰脏（29.9%）
铜绿微囊藻	葡萄牙室内实验	紫贻贝	富集阶段最高为 0.38 $\mu g/g$，清除阶段浓度出现升高
微囊藻属	中国太湖	三角帆蚌、褶纹冠蚌和背瘤丽蚌	肠道和肝胰脏中含量最高，褶纹冠蚌肝胰腺中 MCs 含量高于其他两种
铜绿微囊藻	巴西，帕图斯潟湖	双壳类（Mesodesma mactroides）	肝胰腺中的最大浓度可达（5.27±0.23）$\mu g/g$
微囊藻属	中国太湖梅梁湾	背角无齿蚌、三角帆蚌、褶纹冠蚌、背瘤丽蚌	毒素主要分布在肝胰腺之中（45.5%~55.4%），且不同物种有所不同
微囊藻属	中国巢湖	铜锈环棱螺	肝胰腺（平均 4.14 $\mu g/g$）中微囊藻毒素含量显著高于消化道或者性腺
微囊藻属	中国巢湖	秀丽白虾和日本沼虾	两种虾器官中平均微囊藻毒素 含量胃>肝胰腺>性腺>鳃>肌肉，且各器官间含量无相关性
铜绿微囊藻	中国室内试验	三角帆蚌	肝胰腺中 MC-LR 的含量最高〔（55.78±6.73）$\mu g/g$〕，有较强的抗毒能力，可被用来控制有毒蓝藻水华

注：引自：薛庆举，苏小妹，谢丽强. 蓝藻毒素对底栖动物的毒理学研究进展〔J〕. 生态学报，2015，35：4570-4578.

微囊藻毒素在底栖动物性腺中积累的研究始于陈隽和谢平在 2003 年 6—11 月，系统研究了 MC-LR 和 MC-RR 在采自巢湖的秀丽白虾、日本沼虾和克氏原螯虾这些重要淡水虾类各器官（胃、肝胰腺、性腺、肌肉、卵和鳃）中的分布及季节变化规律（图 12-3 和图 12-4）。研究结果显示，秀丽白虾器官中累积的微囊藻毒素（平均值）远高于日本沼虾；两种虾器官中的平均微囊藻毒素含量为：胃＞肝胰腺＞性腺＞鳃＞肌肉（表 12-2）。研究还发现微囊藻毒素不仅在秀丽白虾和日本沼虾的肝胰腺中有大量累积（微囊藻毒素含量均值分别为 4.29 μg/g 干重和 0.53 μg/g 干重），还在其性腺中有大量累积（微囊藻毒素含量均值分别为 1.17 μg/g 干重和 0.48 μg/g 干重）（表 12-2）；克氏原螯虾性腺中的微囊藻毒素也达到 0.93 μg/g 干重（表 12-3）。该研究提出了性腺是微囊藻毒素的第 2 个靶器官的新观点，引发了国际上大量的跟踪研究，证实了微囊藻毒素具有生殖毒性。

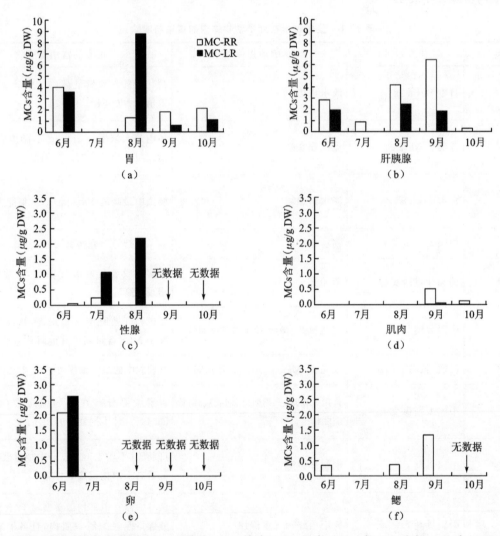

图 12-3 2003 年巢湖秀丽白虾的胃（a）、肝胰腺（b）、性腺（c）、肌肉（d）、卵（e）和鳃（f）中 MC-LR 和 MC-RR 含量的季节变化（μg/g）

图片来源：Chen J，Xie P. Tissue distributions and seasonal dynamics of the hepatotoxic microcystins-LR and -RR in two freshwater shrimps, *Palaemon modestus* and *Macrobrachium nipponensis*, from a large shallow, eutrophic lake of the subtropical China [J]. Toxicon, 2005, 45 (5): 615-625.

类似的现象也出现在 2003 年 6—11 月采自巢湖的铜锈环棱螺的各器官（消化道、肝胰腺、性腺和足）中，微囊藻毒素不仅大量的累积于铜锈环棱螺的肝胰腺（均值为 4.14 μg/g 干重），也大量累积于性腺（均值为 0.715 μg/g 干重）。太湖梅梁湾无齿蚌、背瘤丽蚌、褶纹冠蚌和三角帆蚌四种淡水蚌内脏团（主要由性腺组成）中毒素含量的周年变化也显示，微囊藻毒素在性腺中（微囊藻毒素负荷达到 27.6%～35.5%）的累积程度仅次于在肝胰腺中（微囊藻毒素负荷达到 45.5%～55.4%）的累积。

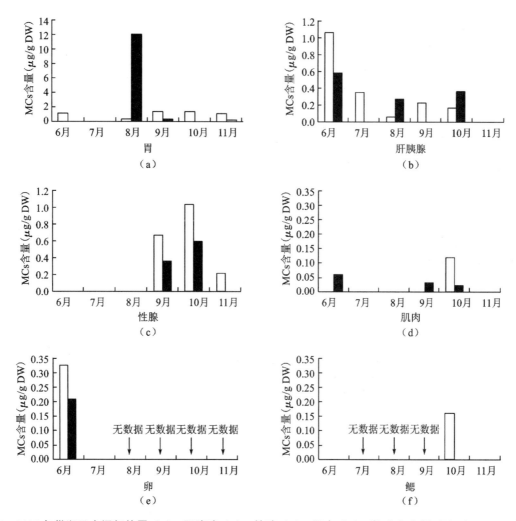

图 12-4　2003 年巢湖日本沼虾的胃（a）、肝胰腺（b）、性腺（c）、肌肉（d）、卵（e）和鳃（f）中 MC-LR 和 MC-RR 含量的季节变化（μg/g 干重）　□ Mc-RR　■ Mc-LR

图片来源：Chen J，Xie P. Tissue distributions and seasonal dynamics of the hepatotoxic microcystins-LR and -RR in two freshwater shrimps，*Palaemon modestus* and *Macrobrachium nipponensis*，from a large shallow，eutrophic lake of the subtropical China[J]. Toxicon，2005，45(5)：615-625.

　　以上研究表明，淡水无脊椎动物（如螺、虾、蚌）的性腺是除肝胰腺外微囊藻毒素累积的第二个重要器官。同时，在秀丽白虾和日本沼虾的卵中也存在微囊藻毒素积累（2.34 μg/g 干重和 0.27 μg/g 干重）。研究表明，从成体传递到后代的高含量的微囊藻毒素可能显著影响这些动物的繁殖行为乃至种群动态。污染的无脊椎动物卵中高含量的微囊藻毒素可能意味着微囊藻毒素具有传递到哺乳动物后代中去的危险，值得后续关注微囊藻毒素对哺乳动物子代的影响。

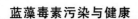

表 12-2 2003 年 6—11 月巢湖秀丽白虾和日本沼虾不同器官的干重占总体重的百分比、不同器官的毒素含量及所占百分比

动物种	组织	干重(%)	微囊藻毒素(μg/g)	含毒占比①(%)	含毒占比②(%)
秀丽白虾	胃	6.91	4.53(0~9.83)	32.22	—
	肝胰腺	6.29	4.29(0.33~8.40)	27.76	40.96
	性腺	7.94	1.17(0.03~2.19)	9.57	14.11
	肌肉	67.35	0.13(0~0.53)	9.01	13.3
	卵	8.17	2.34(0~4.67)	19.68	29.03
	鳃	3.35	0.51(0~1.34)	1.76	2.6
日本沼虾	胃	7.51	2.92(0~12.42)	54.64	—
	肝胰腺	14.23	0.53(0~1.67)	18.79	41.42
	性腺	14.10	0.48(0~1.65)	16.86	37.17
	卵	5.66	0.27(0~0.54)	3.81	8.40
	肌肉	55.47	0.04(0~0.14)	5.53	12.19
	鳃	3.03	0.05(0~0.16)	0.38	0.83

注:①包括胃;②不包括胃。

引自:Chen J,Xie P. Tissue distributions and seasonal dynamics of the hepatotoxic microcystins-LR and -RR in two freshwater shrimps, *Palaemon modestus* and *Macrobrachium nipponensis*,from a large shallow,eutrophic lake of the subtropical China[J]. Toxicon,2005,45(5):615-625.

表 12-3 2003 年 6 月巢湖克氏原螯虾各组织的干重占总体重的百分比、各组织中的毒素含量及所占百分比

组织	MC-RR(μg/g)	MC-LR(μg/g)	总微囊藻毒素(μg/g)	干重(%)	含毒占比①(%)	含毒占比②(%)
胃	4.18	5.79	9.97	6.06	62.76	—
肠	0.73	1.52	2.25	2.07	4.84	—
肝胰腺	0.00	0.08*	0.08*	2.69	0.22	0.69
性腺	0.40	0.53	0.93	28.46	27.48	84.80
肌肉	0.00	0.05	0.05	53.94	2.80	8.64
鳃	0.13	0.14	0.27	6.78	1.90	5.86

注:①包括胃;②不包括胃。该值可能被低估,因为仅采集到 0.08 g 干重的肝胰腺用于毒素分析,而除肠道样品为 0.2 g 干重外,其他所有组织样品的干重均为 0.5 g。

引自:Chen J, Xie P. Tissue distributions and seasonal dynamics of the hepatotoxic microcystins-LR and -RR in two freshwater shrimps, *Palaemon modestus* and *Macrobrachium nipponensis*, from a large shallow, eutrophic lake of the subtropical China [J] . Toxicon, 2005, 45 (5): 615-625.

二、蓝藻毒素在底栖动物体内富集的影响因素

研究表明微囊藻毒素在底栖动物体内的富集与一些环境因子存在一定的相关性。如 Ozawa 等研究淡水田螺（*Sinotaia histrica*）肝胰腺和肠道中微囊藻毒素的季节变化时发现,当湖泊中浮游植物体内

微囊藻毒素含量最高时（10 月），田螺肠道和肝胰腺中的微囊藻毒素含量也最高，而 Yokoyama 和 Park 发现褶纹冠蚌（*Cristaria plicata*）在夏季水华时微囊藻毒素含量很低，但是在水华消失的秋季却迅速升高。Chen 和 Xie 对 3 种双壳类的研究得出，夏季大部分器官微囊藻毒素含量的峰值与悬浮颗粒物和水华蓝藻的微囊藻毒素含量峰值相吻合。

另外，不同底栖动物中微囊藻毒素含量不同可能与摄取的食物不同有关。Lance 等和 Prepas 等的研究表明，静水椎实螺（*Lymnaea stagnalis*）和淡水无齿蚌（*Anodontagrandis simpsoniana*）对微囊藻毒素的富集主要通过摄食含有毒素的浮游植物，而极少通过吸收溶解性毒素，而 Zhang 等对椭圆萝卜螺（*Radix swinhoei*）和螺蛳（*Margarya melanioide*）各器官对微囊藻毒素的生物富集的研究却发现，椭圆萝卜螺中微囊藻毒素浓度与环境中的溶解性微囊藻毒素有关，而螺蛳中的微囊藻毒素浓度与细胞内毒素相关。Zhang 等对太湖中铜锈环棱螺（*Bellamya aeruginosa*）的研究还发现，后代体内微囊藻毒素含量还与母体性腺中微囊藻毒素的含量有关。Zhang 等对太湖铜锈环棱螺肝胰腺中 3 种最常见的毒素亚型（MC-LR、MC-RR 和 MC-YR）的时空分布的研究指出，微囊藻毒素在肝胰腺中浓度的变化与不同点位水体中细胞内毒素的变化一致，且与悬浮颗粒物中微囊藻毒素浓度显著相关，同时结果表明其他因素（如水温）对铜锈环棱螺肝胰腺内的微囊藻毒素富集有重要的影响。当底栖动物处于不同的营养级时，其体内微囊藻毒素的含量也会有很大的差别。Galanti 等在室内对淡水虾（*Palae-monetes argentinus*）的研究发现，将淡水虾在 50 μg/L MC-LR 中培养 3 d 后就能检测到微囊藻毒素，同时还指出微囊藻毒素与 GSH 的结合是淡水虾的一种重要的微囊藻毒素解毒机制。

目前对柱胞藻毒素等其他毒素生物富集的研究相对较少。Seifert 研究显示柱胞藻毒素在低于 100 μg/L 情况下就能对一些水生无脊椎动物产生显著的影响。Saker 和 Eaglesham 第一次发现在红螯螯虾（*Cherax quadricarinatus*）的肝胰腺和肌肉组织中含量分别达到 430.9 mg/kg（干重）和 0.9 mg/kg（干重）的柱胞藻毒素，而室内研究结果要比野外低很多。Saker 等将淡水无齿蚌（*Anodonta cygnea*）暴露于不同浓度的柱胞藻毒素中，发现各器官中所占比例为血淋巴 68.1%，内脏 23.3%，足和性腺 7.7%，外套膜 0.9%，在鳃和肌肉中未发现，而且在经过 14 d 的清除之后还有大约 50% 的毒素存留。White 等在实验室对瘤拟黑螺（*Melanoides tuberculata*）的研究发现腹足类亦有富集柱胞藻毒素的能力。而 Berry 和 Lind 对一腹足类（*Pomacea patula catemacensis*）的野外研究发现，组织中毒素含量为 （3.35±1.90）ng/g，但是生物富集系数却为 157，说明柱胞藻毒素浓度非常低时也会发生生物富集。Wood 等对淡水小龙虾（*Paranephrops planifrons*）的研究发现，其肝胰腺中节球藻毒素浓度 [9.7～225.3 μg/kg（湿重）] 显著高于尾部组织的浓度。Galanti 等将淡水虾放入含有节球藻毒素的水库后发现，3 w 后淡水虾中也能检测到节球藻毒素。Kankaanp 等发现节球藻毒素在海产贻贝、斑纹蚌（*Dreissena polymorpha*）和波罗的海白樱蛤（*Dreissena polymorpha*）中都有富集现象。除以上几种毒素的研究外，还有少量对其他毒素在底栖生物中富集与清除的研究。

三、蓝藻毒素对底栖动物的毒理作用

蓝藻毒素对底栖动物的毒性作用主要分为急性毒性和慢性毒性。急性毒性表现为存活个体的减少、摄食的抑制和麻痹等；慢性毒性包括对生长和繁殖的影响，以及生物化学的变化，如磷酸酶、谷胱甘肽 S 转移酶和蛋白酶等活性的改变等。

微囊藻毒素对腹足类生活史特征的影响因生物年龄、暴露方式（产毒藻类或者溶解性微囊藻毒素）和是否存在无毒食物的不同而不同，实验研究发现微囊藻毒素能够导致胚胎发育变缓，孵化成功率和后代存活率降低。用两种暴露方式（单一有毒蓝藻和有毒蓝藻与无毒绿藻混合）对铜锈环棱螺进行处理，发现在染毒阶段后期肝中酸性磷酸酶、碱性磷酸酶和谷胱甘肽 S 转移酶活性显著升高，而在清除阶段酶的活性又回到原来水平，同时出现细胞质严重液泡化、细胞核压缩变形、线粒体膨胀成髓状、内质网粗面被破坏和溶酶体增殖等现象，并观察到细胞凋亡，放到无毒藻类处理中这些现象便消失，这些反应可能是细胞用来减少伤害的适应机制。这与 Martins 等对微囊藻毒素与底栖动物相互作用所表现出的生物化学反应的研究结果相似。

毒素对生物的胚胎发育也有负面的影响，而且能够从受污染的母体性腺中传递到后代体内。Lance 等对淡水螺的研究发现，微囊藻毒素不仅能够影响螺的生存和生长，而且对它的繁殖也产生一定影响。微囊藻毒素对不同底栖动物的群落结构也会产生显著的影响，Lance 等发现腹足类前鳃亚纲和肺螺亚纲种群对微囊藻毒素有不同的反应，而肺螺亚纲对微囊藻毒素的抗性更强。Gérard 等研究指出在受微囊藻毒素严重污染的水体中软体动物丰度和物种丰富度没有显著变化，而肺螺亚纲、前鳃亚纲和双壳纲的相对丰度在蓝藻水华前后却又显著不同。Lance 等对静水椎实螺（*Lymnaea stagnalis*）的研究发现，微囊藻毒素使螺的生长变缓，这在幼年个体中更为显著，而成年个体的繁殖能力降低，没有发现存活率和迁移的变化，同时螺体内消化腺发生了一些可逆的变化，在未进食有毒藻类 3 w 后变化消失。Gérard 等发现有毒蓝藻的循环性增殖与腹足类群落生物的减少相吻合。Oberholster 等发现水体中微囊藻毒性的增加伴随着大型无脊椎动物中蛭纲、摇蚊科和颤蚓科丰度的增加，在远离蓝藻浮渣的地方大型无脊椎动物丰度较低但多样性却较高，这可能与较细无机颗粒对生境多样性的改变、腐殖质分解使可利用溶氧降低、大量悬浮颗粒物长时间存在使透光性降低、藻类浮渣释放毒素对大型无脊椎动物的毒性作用和浮渣对 pH 值与营养盐浓度等指标的影响有关。

第四节　蓝藻毒素污染对鱼类的影响

鱼类是水生态系统中的次级消费者，直接或间接以浮游植物为食，因而在出现有毒蓝藻水华的水体中容易摄取和积累微囊藻毒素。而鱼类又是人类最重要的食物之一，被微囊藻毒素污染的鱼类对人类的健康造成潜在威胁。目前研究已经显示微囊藻毒素暴露可导致鱼类多种器官毒性，如对肝脏、肾、鳃、心脏、脑、性腺等器官的损害。

一、蓝藻毒素进入鱼体的方式

微囊藻毒素进入鱼体可能存在三种途径：一是摄食含微囊藻毒素的蓝藻细胞；二是通过消化道、皮肤和鳃的呼吸、过滤作用吸收水中的溶解性微囊藻毒素；三是通过食物链的传递。根据微囊藻毒素化学特性，其正辛醇/水分配系数较低，如 MC-LR 的正辛醇/水分配系数从 pH 值为 1 的 2.18 降到 pH 值为 10 的 -1.76，而暴发水华的 pH 值一般较高（＞8）。所以，微囊藻毒素通过食物链的生物富集效应较小，消化道吸收是鱼体吸收微囊藻毒素的主要途径。

二、蓝藻毒素在鱼体中的富集规律

对于微囊藻毒素在鱼体内的富集规律，目前野外实验与室内饲喂蓝藻粉（或藻细胞）实验结果不一致。对已有的研究结果分析发现，微囊藻毒素在鱼体积累量受到鱼摄入毒素方式和剂量、鱼在自然水体的生活习性及生活水体营养类型、鱼的分类地位等多种因素的影响。

鱼类在摄食微囊藻毒素后可在消化道、肝脏、肌肉等组织器官中快速积累。例如，鲢鱼在摄食微囊藻毒素后，首先在消化道中检测到毒素，接着可在肌肉、肝脏和排泄物中检测到毒素。而 Lei 等（2008）对鲫经腹腔注射 200 g/kg 体重微囊藻毒素粗提物，发现微囊藻毒素在血液中的最高浓度达到了 526～3 753 ng/g 干重，其次是肝脏（103～1 656 ng/g 干重），接着是肾脏（279～1 592 ng/g 干重），其他的组织如心脏、鳃、肠道、脾脏、脑和肌肉中的含量比较低。Xie 等发现银鲫（*Carassius auratus gibelio*）摄食新鲜的铜绿微囊藻后，血液、肝脏和肌肉中均可检测到 MC-RR 的存在，而 MC-LR 仅在肠中检测到。这些研究结果表明，毒素在鱼类的富集可能与微囊藻毒素的类型、摄入方式和不同鱼类的解毒机制不同等有关。

　　鱼的食性和饥饿状态与微囊藻毒素的积累也存在显著的关系。Malbrouck 等（2004）比较了 MC-LR 在禁食和摄食的鲫肝脏中的累积规律，发现禁食组肝脏中累积的 MC-LR 含量显著高于投饵组。Malbrouck 等（2004）也发现金鱼（*Carassius auratus*）在饥饿状态下更容易积累毒素。

　　自然水体中处在不同营养层级的鱼体中微囊藻毒素的含量是不一样的。Xie 等对我国大型浅水富营养湖泊巢湖内不同鱼类（鲢、鳊、鲫和翘嘴鲌）的检测发现，肝脏中 MC-LR 和 MC-RR 的含量为：肉食性鱼类（翘嘴鲌）＞杂食性鱼类（鲫）＞浮游植食性鱼类（鲢）＞植食性鱼类（鳊）。Ibelings 等对荷兰 Ijsselmee 湖中的野外研究发现，自然水体中处在不同营养层级的鱼类其肝脏和肌肉中富集的微囊藻毒素含量不同，其规律是肉食性鱼类＞杂食性鱼类＞浮游植食性鱼类＞植食性鱼类。

三、微囊藻毒素对鱼类行为和生长的影响

　　用微囊藻毒素处理过的鱼可表现出一系列的行为变化，具体表现：集群活动减少、游动迟缓，常停留在靠近水面的地方。斑马鱼的白昼活动会随微囊藻毒素暴露剂量的增大而先增加后减少。当斑马鱼和小赤梢鱼（*Leucaspius delineatus*）同时暴露在 5 μg/L MC-LR 低浓度时，两种鱼的白昼活动明显增加，暴露在 50 μg/L MC-LR 高浓度时，白昼活动都明显降低；然而两种鱼的游动时间却有差异，小赤梢鱼在夜间的游动时间增加，而斑马鱼在白天游动的多。鱼类摄食 MC-LR 后生长减缓，当虹鳟暴露在裂解的铜绿微囊藻细胞（24～42 μg/L MC-LR）中，生长率会降低。

四、微囊藻毒素对鱼类组织的毒性影响

（一）肝毒性

　　肝脏/肝胰腺是微囊藻毒素的主要靶器官，微囊藻毒素引起鱼类肝脏组织的病理变化主要表现为肝小叶结构出现病变出血，肝脏出现水肿坏死，肝细胞固缩且出现死亡，细胞核界线模糊，出现空泡状结构。对肝脏进行超微结构分析发现，附着在肝细胞内的溶酶体数量减少；细胞内糖原丰富且颜色较深，并且聚集排列成星状或雪片状。研究发现对鲤鱼喂食新鲜的微囊藻 28 d 后 [MC-LR 的含量相当于 50 μg/（kg·d）]，肝脏的主要病理变化表现为内膜系统广泛性水肿，线粒体基质密度降低，内质网加宽。虹鳟进行藻毒素灌喂实验后发现，1 h 肝脏细胞质浓缩，索状结构消失，在 3～12 h，胞质高度空泡化，细胞核固缩，24～48 h，细胞膜开始溶解。有研究者发现，鲴鱼腹腔注射微囊藻毒素粗提取液后肝细胞出现异常，如细胞浓缩、细胞膜破裂、溶解、线粒体肿胀等。

（二）胚胎毒性和生殖毒性

　　微囊藻毒素能干扰胚胎的发育，引起胚胎孵化率降低，对胚胎有致畸作用（图 12-5 和图 12-6）。赵雁雁等设置不同浓度梯度的 MC-RR 对斑马鱼胚胎进行显微注射，通过计算获得 MC-RR 对斑马鱼的 LD_{50} 约为 37.5 mg/L。不同浓度梯度 MC-RR（0.2 LD_{50}，0.4 LD_{50} 和 0.8 LD_{50}）染毒后，发现当 MC-

RR 的浓度从 0.2 LD$_{50}$ 升高到 0.8 LD$_{50}$，斑马鱼的存活率随浓度的升高逐渐下降（图 12-5A）；而在受精 72 h 后，低中高三个处理组，斑马鱼胚胎出现明显的发育异常现象，畸形率分别高达 15.7%、54.4%、39.9%（图 12-5B）。MC-RR 处理后的胚胎呈现出一种持续并可高度重复的形态发育异常现象，如身体弯曲或尾部扭曲、围心腔和孵化腺水肿、眼部发育不全等（图 12-5）。除了外在异常发育的表型外，用 flk-GFP 转基因斑马鱼作为实验材料发现 MC-RR 对斑马鱼胚胎侧血管的发育有明显毒性效应，在受精 48 h 和 72 h，毒性处理组的胚胎完整的侧血管数目明显减少（图 12-6）。Oberemm 等将斑马鱼（*Danio rerio*）胚胎暴露在蓝藻水华的粗提物中，发现胚胎存活率降低，器官发育迟缓、畸形；血液流动变缓，红细胞聚集在心脏附近的血管内，出现明显的水肿。

很多研究结果显示胚胎孵化受 MCs 暴露剂量的影响并呈剂量依赖效应。Jacquet 等在青鳉（*Oryzias latipes*）胚胎胚盘隆起期（1 细胞期）进行显微注射（MC-LR 的浓度为 10 μg/mL、1 μg/mL、0.1 μg/mL、0.01 μg/mL 和 0.001 μg/mL），注射 10 μg/mL 和 1 μg/mL 的胚胎出膜 1 d 后存活率为 22%，出膜 10 d 后的存活率为 12%，而低浓度组（0.1 μg/mL、0.01 μg/mL 和 0.001 μg/mL）出膜 10 d 后还有较高的存活率（15%～56%）；此外，还发现注射了 MC-LR 的胚胎的出膜时间提前了 2～3 d。然而，有报道表明 MCs 会延缓胚胎孵化，Zhang 等（2008）的研究结果表明粗提的 MCs 可延迟南方鲇（*Silurus meridionalis*）胚胎的出膜时间。

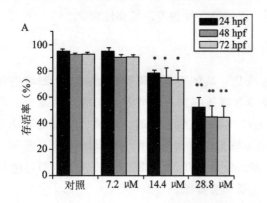

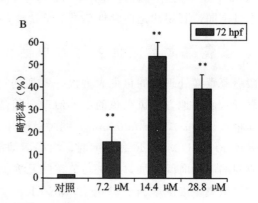

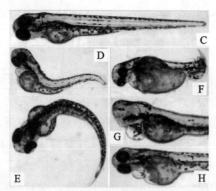

图 12-5 MC-RR 对斑马鱼胚胎存活率、畸形率和诱导各种发育异常

A：存活率　B：畸形率　C：正常的斑马鱼胚胎　D 和 E：MC-RR 处理后斑马鱼胚胎表现身体弯曲和尾部扭曲　F：斑马鱼眼睛发育不全；H 和 G：MC-RR 导致斑马鱼胎心包囊和孵化腺水肿。hpf：hours post-fertilisation，受精后小时。

引自：Zhao Y，Xiong Q，Xie P. Analysis of microRNA expression in embryonic development toxicity induced by MC-RR [J]. PLoS One，2011，6（7）：e22677.

通过研究发现，MC-LR在性腺中的分布也非常高，大量积累的MC-LR会造成性腺的损伤，使亲鱼的繁殖能力与幼鱼的成活率降低，对鱼类繁殖造成严重危害。MC-LR暴露会导致斑马鱼性腺组织结构损伤，引起斑马鱼性腺凋亡，影响斑马鱼的激素水平、卵黄蛋白合成等，最终导致斑马鱼生殖能力下降。而且微囊藻毒素可以导致蛋白磷酸化和去磷酸化紊乱，影响雌激素受体的表达水平，从而对鱼体的繁殖能力产生影响。

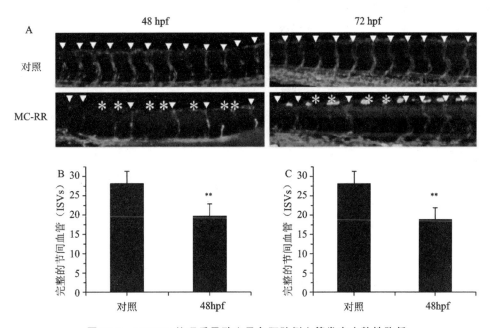

图 12-6　MC-RR 处理后导致斑马鱼胚胎侧血管发育完整性降低

　　A 和 B：MC-RR 染毒后斑马鱼胚胎发育 48 h 侧血管发育情况；A 和 C：MC-RR 染毒后斑马鱼胚胎发育 72 h 侧血管发育情况。hpf：hours post-fertilisation，受精后小时。

　　引自：Zhao Y，Xiong Q，Xie P. Analysis of microRNA expression in embryonic development toxicity induced by MC-RR [J]. PLoS One，2011，6（7）：e22677.

（三）免疫毒性

　　鲤鱼暴露于微囊藻毒素中，可以引起白细胞总数和白细胞比容减少。草鱼暴露于 MC-LR 环境中时，MC-LR 不仅引起肾脏和脾脏超微结构发生改变，还会使免疫相关基因表达发生变化。将虹鳟鱼的淋巴细胞离体培养在含有不同浓度的 MC-LR 培养液中发现，在 40 mg/mL 时淋巴细胞的增殖能力受到显著抑制。研究发现，MC-LR 对鱼类具有一定的免疫毒性，MC-LR 可以诱导淋巴细胞凋亡、坏死，高浓度的 MC-LR 可抑制虹鳟鱼淋巴细胞的增殖，MC-LR 还可引起免疫器官的病变，在脾脏和头肾中受损的细胞主要是淋巴细胞。微囊藻毒素还可以诱导免疫基因表达发生显著差异。

（四）其他器官毒性

　　微囊藻毒素还会引起鱼类其他组织的病理损伤。微囊藻毒素对肾脏病理变化主要是肾小管、肾小球和间质组织退化。肾近曲小管的病理变化主要包括单个的管状上皮细胞的空泡化、凋亡、细胞脱落等。但是这种肾脏的病变并不是特异性的。研究发现，藻毒素能够引起罗非鱼肠道的损伤，主要症状为引发坏死性肠炎、肠道绒毛上皮细胞损伤、微绒毛脱落等；藻毒素还会引起罗非鱼心脏组织水肿、心脏组织肌原纤维和肌质损失，以及心肌细胞间隙增大等。

表 12-4　藻毒素对鱼类的 LD$_{50}$

研究序号	种类	食性	毒素种类/注射时间	染毒方式	LD$_{50}$（μg/kg）
1	草鱼	草食性	纯 MC-LR	腹腔注射	110
	白鲢	浮游植食性			350
	罗非鱼	杂食性			500
2	鲤鱼	杂食性	MC-LR/7 d	—	300～500
3	鲫鱼	以植物为食的杂食性	MC-LR/7 d	—	380
4	虹鳟鱼	肉食性	MC-LR/24～26 h	注射	400～550
5	鲫鱼	以植物为食的杂食性	MC-LR/48 h	腹腔注射	250

五、蓝藻毒素对鱼类和哺乳动物致毒效应的差异及机制

急性动物实验中，经腹腔或静脉注射 MC-LR 染毒大鼠和小鼠，不同条件下（指品系、年龄、性别和生理状况），其 LD$_{50}$ 从 36～122 μg/kg；经口染毒大鼠时，LD$_{50}$ 为 10.9 mg/kg，比腹腔注射的 LD$_{50}$ 高 167 倍，提示经口摄入 MC-LR 的致死性较腹腔注射小得多；经呼吸道染毒大鼠时，其 LD$_{50}$ 为 43 μg/kg。

研究表明，鱼类对微囊藻毒素的敏感性比哺乳动物低，具有更强的耐性，腹腔注射 MC-LR 鱼类的 LD$_{50}$ 远高于哺乳类动物的 LD$_{50}$。对小鼠进行腹腔注射 MC-LR 的方式染毒，其 LD$_{50}$ 在 25～150 μg/kg 体重，一般认为 50～60 μg/kg 体重。而鱼类腹腔注射 MC-LR 的 LD$_{50}$ 远远高于小鼠：草鱼、白鲢和罗非鱼 MC-LR 纯毒素腹腔注射的 LD$_{50}$，分别为 110 μg/kg、350 μg/kg 和 500 μg/kg；鲤鱼腹腔注射 MC-LR 后 7 d 的 LD$_{50}$ 在 300～550 μg/kg；鲫鱼腹腔注射 MC-LR 的 LD$_{50}$ 为 380 μg/kg。虹鳟鱼注射 MC-LR 后 24～26 h 的 LD$_{50}$ 在 400～500 μg/kg。鲫鱼腹腔注射微囊藻毒素 48h 的 LD$_{50}$ 为 250 μg MC-LR/kg 体重。在巴西透析事件中死亡患者肝脏中 MCs 含量平均为 0.743（0.167～1.573）μg/g（干重），而在荷兰 Ijsselmeer 湖中胡瓜鱼肝脏中的微囊藻毒素含量高达 874 μg/g 干重，后者比前者肝脏微囊藻毒素含量的最大值高出 300 倍。最近关于人群研究中，陈隽等于 2005 年以巢湖 35 个专业渔民（其中 27 人在湖面上生活了 10 年以上，其余生活 5～10 年）为对象，研究了慢性 MCs 对渔民健康的影响。研究结果显示 35 个渔民血清中微囊藻毒素含量（图 4-7），平均微囊藻毒素浓度为 0.39 ng/mL，这相当于巴西血透析事件死亡患者的 1/87。

研究表明哺乳动物比鱼类对微囊藻毒素更加敏感，学者们对敏感性差异做了一些解释。

（1）Williams 等（1995）推测可能有以下三种机制：①大西洋鲑鱼对 MC-LR 的清除速率比小白鼠要快得多；②由于 MC-LR 引起动物死亡的重要原因之一是能导致血管损伤，而鱼类的血压比哺乳动物低；③一般来说，鱼类可能比陆生动物更多地暴露于存在 MCs 的环境中，因而也许在进化的过程中，获得了比陆生动物强的抗性。

（2）Kotak 等在 1996 年列举了两个可能原因：①由于血液在鱼类肝脏中的灌注速率较低（不到哺乳动物的 1/4，这样与小白鼠相比，可能减少 MCs 到达肝脏的初始含量；②由于鱼类肝脏对 MC 的摄取较慢，虽然这还只是推测。有研究表明，随着环境温度的降低，大白鼠离体肝细胞对 MC-YM 的吸收显著降低，而大多数鱼类生存的环境温度比哺乳动物的体核温度要低许多，因此鱼类对 MC 的吸收速率应较哺乳动物低。

（3）谢平在 2006 年推测认为，循环系统不发达、血压较低的低等动物比循环系统发达、血压较高

的哺乳动物对微囊藻毒素的耐受性要强。

张学振等在 2008 年以鲫鱼和家兔为研究对象，开展腹腔注射微囊藻毒素染毒试验，主要从肝脏损伤、血液循环系统障碍研究了微囊藻毒对鱼类和哺乳动物的致毒机制。研究结果表明：

（1）鲫鱼比家兔对微囊藻毒素具有更强的耐受性，解剖特征并不相同。

腹腔注射微囊藻毒素对鲫鱼 48 h 的半致死剂量 LD_{50} 为 250 μg MC-LR/kg 体重。鲫鱼再注射 60 h 后全部死亡。鲫鱼出现消沉、失去平衡能力等异常行为，高剂量（200 μg MC-LR/kg 体重）鳃呼吸频率先加快后变慢，直至死亡。解剖发现，高剂量的微囊藻毒素注射后 12～48 h 引起鲫鱼大量腹水产生，腹水中有红细胞，红细胞达（5.46±1.51）× 10^4 个/uL，且红细胞肿胀变形、细胞膜破裂、细胞核游离。

家兔的 LD_{50} 为 33 μg MC-LR/kg 体重，仅为鲫鱼 LD_{50} 的 1/7。高剂量组（50 μg MC-LR/kg 体重）家兔在注射后 5～8 h 的时间里全部死亡。注射微囊藻毒素后家兔出现萎靡、瘫痪、对外界刺激反应迟缓等行为特征，但无腹水产生。

（2）血液循环系统障碍。

两个剂量组鲫鱼和低剂量组家兔随着肝脏毛细血管通透性增强而出现循环血量显著下降，组织器官血管渗漏，是导致动物贫血的重要原因之一。染毒鲫肝脏组织内毛细血管通透性显著增强，高剂量组鲫鱼在染毒后 1 h 即显著增加 118.18%±12.39%。染毒鲫鱼循环血量显著降低，高剂量组鲫鱼染毒 48 h 比对照组水平下降了 55.45%±4.50%。染毒家兔出现肝脏组织内毛细血管通透性显著增加的现象，高剂量组家兔 3 h 较对照组增加了 152.63%±8.53%。高剂量组家兔在微囊藻毒素染毒后，循环血量并无显著变化，而低剂量组家兔循环血量则在 3～48 h 内逐渐降低，直至 48 h 的最低值，降幅达 19.20%±2.21%。

染毒动物出现血压下降，但是鲫鱼出现心率代偿性升高调节，而家兔则不能。染毒鲫鱼平均动脉压、平均舒张压及平均收缩压等指标在整个试验过程中均显著降低，高剂量组鲫鱼 1 h 的动脉压比对照组水平下降了 60.99%±4.38%；血压下降具有剂量和时间效应关系。染毒鲫鱼出现心率显著升高，高剂量组鲫鱼在染毒后 1 h 即开始出现心率的显著上升至最高值，比对照组增加了 120.78%±11.25%，而后的 3～24 h 里，虽然心率仍显著高于对照组水平，但呈逐渐降低的变化趋势，直至 48 h 的最低值，与对照组无显著性差别。染毒家兔也出现血压下降的变化。高剂量组家兔在 2.5 h 的动脉压仅为初始血压值的 30.02%±5.78%，家兔的生命体征微弱，濒临死亡。低剂量组家兔心率与对照组并无显著性差异，高剂量组家兔心率在 3 h 极显著地低于对照组心率，下降了 37.68%±7.73%。

（3）染毒动物致死的原因。

微囊藻毒素对鲫鱼的致死原因除了已有研究中报道的肝脏、肾脏等主要器官功能性障碍这一因素外，低血量休克和低血压休克也是导致试验鱼死亡的重要原因，而低血量可能是由于造血机能减退和主要器官血管渗漏或破裂而造成。微囊藻毒素对家兔的致死原因，除了肝脏损伤这一因素外，心源性的心率下降和血压降低也是导致机体死亡的重要原因。

第五节　总结与展望

蓝藻毒素污染对水生态系统各营养级水平上的毒理学研究取得了一定成果，但水生态系统是一个整体，各级食物链相互作用，在许多方面还有待突破。

（1）水生生态系统是一个各级食物链相互作用的有机整体，需要加强研究微囊藻毒素在浮游植物种群演替中的作用及其对各种营养级上的生物的急、慢性毒理学效应，借此认识微囊藻毒素对整个水生生态系统结构和功能的影响。

（2）不同物种和性别对微囊藻毒素存在较大抗性差异，开展不同物种及性别间的比较毒理学研究可以为蓝藻毒素的毒性作用模式和风险评估提供依据。

（3）加强蓝藻毒素对底栖动物致毒的分子机理和急性与慢性中毒反应的研究，进一步探讨蓝藻毒素在底栖动物体内富集、转化、代谢以及沿食物链的传递机制。

（4）加大对其他种类毒素的研究，如节球藻毒素、柱孢藻毒素等，开展不同毒素之间的联合毒性的研究。对蓝藻毒素进行长期的观测，并筛选藻毒素污染指示生物，从而为进一步监测和评价其对人类健康的威胁提供证据。

（5）继续研究微囊藻毒素进入水生生物体内后发生的代谢和解毒动力学问题，重视中间代谢产物的分析检测。

（6）在深入研究微囊藻毒素微观致毒机理的基础上，加强指示蓝藻水华污染的相关分子标志物研究，筛选出可用于湖泊生态安全的早期诊断指标体系和分子水平上的安全阈值，从而解释蓝藻水华暴发导致的湖泊生态系统结构与功能灾变的关键过程和基本原理，创建蓝藻水华致灾评价标准及体系，丰富蓝藻水华生态灾害的评估方法，为蓝藻水华生态灾害的预防和控制提供重要的理论和技术原理支撑。

（李尚春）

参考文献

[1] Singh DP,Tyagi MB,Kumar A,et al. Antialgal activity of a hepatotoxin-producing cyanobacterium,*Microcystis aeruginosa*[J]. World J Microbiol Biotechnol,2001,17(1):15-22.

[2] Hu ZQ,Liu Y D,Li D H. Physiological and biochemical analyses of microcystin RR toxicity on the cyanobacterium *Synechococcus elongatus*[J]. EnvironToxicol,2004,19(6):571-577.

[3] 胡智泉,刘永定,肖波.微囊藻毒素对几种淡水微藻的生长和光合活性的影响[J].生态环境,2008,17(3):885-890.

[4] Kearns K D,Hunter M D. Toxin-producing *Anabaena flos-aquae* induces settling of *Chlamydomonas reinhardii*,a competing motile alga[J]. Microb Ecol,2001,42(1):80-87.

[5] 尹黎燕,黄家泉,沉强,等.微囊藻毒素在沉水植物苦草中的积累[J].水生生物学报,2004b,28(2):151-154.

[6] 尹黎燕,黄家权,李敦海,等.微囊藻毒素对沉水植物苦草生长发育的影响[J].水生生物学报,2004b,28(2):147-150.

[7] 耿红.水体富营养化和蓝藻对轮虫影响的生态毒理学研究[D].武汉:中国科学院水生生物研究所,2007.

[8] 薛庆举,苏小妹,谢丽强.蓝藻毒素对底栖动物的毒理学研究进展[J].生态学报,2015,35:4570-4578.

[9] Chen J,Xie P. Tissue distributions and seasonal dynamics of the hepatotoxicmicrocystins-LR and -RR in two freshwater shrimps,*Palaemon modestus* and *Macrobrachium nipponensis*,from a large shallow,eutrophic lake of the subtropical China[J]. Toxicon,2005,45(5):615-625.

[10] Chen J,Xie P,Guo L G,et al. Tissue distributions and seasonal dynamics of hepatotoxic microcystins-LR and -RR in a freshwater snail（*Bellamya aeruginosa*）from a large shallow,eutrophic lake of the subtropical China[J]. Environ Pollut,2005,134(3):423-430.

[11] Chen J,Xie P. Seasonal dynamics of the hepatotoxic microcystins in various organs of four freshwater bivalves from the large eutrophic lake Taihu of subtropical China and the risk to human consumption[J]. EnvironToxicol,2005,20(6):572-584.

[12] Ozawa K,Yokoyama A,Ishikawa K,et al. Accumulation and depuration of microcystin produced by the cyanobacterium *Microcystis* in a freshwater snail[J]. Limnology,2003,4(3):131-138.

[13] Yokoyama A,Park HD. Mechanism and prediction for contamination of freshwater bivalves (Unionidae)with the cya-

nobacterial toxin microcystin in hypereutrophic Lake Suwa,Japan[J]. EnvironToxicol,2002,17(5):424-433.

[14] Chen J,Xie P. Microcystin accumulation in freshwater bivalves from Lake Taihu,China,and the potential risk to human consumption[J]. EnvironToxicol Chem,2007,26(5):1066-1073.

[15] Lance E,Neffling MR,Gérard C,et al. Accumulation of free and covalently bound microcystins in tissues of *Lymnaea stagnalis*(Gastropoda)following toxic cyanobacteria or dissolved microcystin-LR exposure[J]. Environ Pollut,2010, 158(3):674-680.

[16] Zhang JQ,Wang Z,Song ZY,et al. Bioaccumulation of microcystins in two freshwater gastropods from a cyanobacteria-bloom plateau lake,Lake Dianchi[J]. Environ Pollut,2012,164:227-234.

[17] Zhang DW,Xie P,Liu Y Q,et al. Spatial and temporal variations of microcystins in hepatopancreas of a freshwater snail from Lake Taihu[J]. Ecotoxicol Environ Saf,2009,72(2):466-472.

[18] Galanti LN,Amé MV,Wunderlin DA. Accumulation and detoxification dynamic of cyanotoxins in the freshwater shrimp *Palaemonetes argentines*[J]. Harmful Algae,2013,27:88-97.

[19] Seifert M. The ecological effects of the cyanobacterial toxin cylindrospermopsin. Brisbane,Australia:The University of Queensland,2007.

[20] Saker ML,Metcalf JS,Codd GA,et al. Accumulation and depuration of the cyanobacterial toxin cylindrospermopsin in the freshwater mussel *Anodonta cygnea*[J]. Toxicon,2004,43(2):185-194.

[21] White SH,Duivenvoorden LJ,Fabbro L D,et al. Influence of intracellular toxin concentrations on cylindrospermopsin bioaccumulation in a freshwater gastropod (*Melanoides tuberculata*)[J]. Toxicon,2006,47(5):497-509.

[22] Berry JP,Lind O. First evidence of "paralytic shellfish toxins" and cylindrospermopsin in a Mexican freshwater system,Lago Catemaco,and apparent bioaccumulation of the toxins in " tegogolo" snails (*Pomacea patula catemacensis*) [J]. Toxicon,2010,55(5):930-938.

[23] Wood SA,Phillips NR,de Winton M,et al. Consumption of benthic cyanobacterial mats and nodularin-R accumulation in freshwater crayfish (*Paranephrops planifrons*)in Lake Tikitapu (Rotorua,New Zealand)[J]. Harmful Algae, 2012,20:175-179.

[24] Galanti LN,Amé MV,Wunderlin DA. Accumulation and detoxification dynamic of cyanotoxins in the freshwater shrimp *Palaemonetes argentinus* [J]. Harmful Algae,2013,27:88-97.

[25] Martins JC,Machado J,Martins A,et al. Dynamics of protein phosphatase gene expression in *Corbicula fluminea* exposed to microcystin-LR and to toxic *Microcystis aeruginosa* cells[J]. Int J Mol Sci,2011,12 (12):9172-9188.

[26] Puerto M,Campos A,Prieto A,et al. Differential protein expression in two bivalve species;*Mytilus galloprovincialis* and *Corbicula fluminea*;exposed to *Cylindrospermopsis raciborskii* cells[J]. Aquat Toxicol,2011,101(1):109-117.

[27] Lance E,Alonzo F,Tanguy M,et al. Impact of microcystin-producing cyanobacteria on reproductive success of *Lymnaea stagnalis*(Gastropoda,Pulmonata) and predicted consequences at the population level[J]. Ecotoxicology,2011, 20(4):719-730.

[28] Gérard C,Poullain V,Lance E,et al. Influence of toxic cyanobacteria on community structure and microcystin accumulation of freshwater molluscs[J]. Environ Pollut,2009,157(2):609-617.

[29] Lance E,Paty C,Bormans M,et al. Interactions between cyanobacteria and gastropods:II. Impact of toxic *Planktothrix agardhii* on the life-history traits of *Lymnaea stagnalis*[J]. Aquat Toxicol,2007,81(4):389-397.

[30] Gérard C,Carpentier A,Paillisson JM. Long-term dynamics and community structure of freshwater gastropods exposed to parasitism and other environmental stressors[J]. Freshwater Biol,2008,53(3):470-484.

[31] Oberholster PJ,Botha AM,Ashton PJ. The influence of a toxic cyanobacterial bloom and water hydrology on algal populations and macroinvertebrate abundance in the upper littoral zone of Lake Krugersdrift,South Africa[J]. Ecotoxicology,2009,18(1):34-47.

[32] 谢平. 水生动物体内的微囊藻毒素及其对人类健康的潜在威胁[M]. 北京:科学出版社,2006.

[33] Lei H,Xie P,Chen J,et al. Distribution of toxins in various tissues of crucian carp intraperitoneally injected with hep-

atotoxic microcystins[J]. Environ Toxicol Chem,2008,27(5):1167-1174.

[34] Xie L,Xie P,Osawa K,et al. Dynamics of MC-LR and -RR in the phytoplanktivorous silver carp in a sub-chronic toxicity experiment[J]. Environ Pollut,2004,127(3):431-439.

[35] Malbrouck C,Trausch G,Devos P,et al. Efects of mircocystin-LR on protein phosphatase activity and glycogen content in isolated hepatocytes offed and fasted juvenile goldfish *Carassius auratus L*[J]. Toxicon,2004,44(8):927-932.

[36] Xie LQ,Xie P,Guo L G,et al. Organ distribution and bioaccumulation of microcystins in freshwater fish at diferent trophie levels from the eutrophic Lake Chaohu,China[J]. Environ Toxicol,2005,20(3):293-300.

[37] Ibelings BW,Bruning K,De Jonge J,et al. Distribution of microcystins in lake foodweb:no evidence for biomagnification[J]. Microb Ecol,2005,49(4):487-500.

[38] Carmichael WW,Azevedo SMFO,An JS,et al. Human fatalities from cyanobacteria:chemical and biological evidence for cyanotoxins[J]. Environ Health Perspect,2001,109:663-668.

[39] 张学振.微囊藻毒素对鱼类和哺乳动物致毒效应的比较研究[D].武汉:华中农业大学,2008.

[40] Carmichae W W,Azevedo SMFO,An I S,et al. Human fatalities from cyanobacteria:chemical and biological evidence for cyanotoxins[J]. Envireon Health Perspect,2001,109:663-668.

[41] 谢平.微囊藻毒素对人类健康影响相关研究的回顾[J].湖泊科学,2009,603-613.

[42] 隗黎丽.微囊藻毒素对鱼类的毒性效应,生态学报,2010(12):3304-3310.

[43] Baganz D,Staaks G,Ptlugmacher S,et al. Comparative study of microcystin-LR-induced behavioral changes of two fish species,*Danio rerio and Leucaspius delineatus*. Environ Toxicol,2004,19(6):564-570.

[44] Williams D E,Kent M L,Andersen R J,et al. 1995. Tissue distribution and clearance of tritium-labeled dihydromicrocystin-LR epimers administered to Atlantic salmon via intraperitoneal injection. Toxicon,33:125-131.

[45] Kotak B G,Semalulu S,Fritz D L,et al. 1996. Hepatic and renal pathology of intraperitoneally administered microcystin—LR in rainbow trout (Oncorhynchus mykiss). Toxicon,34:517-525.

第十三章　蓝藻毒素水污染环境控制技术

蓝藻毒素通常存在于藻细胞内，藻体死亡细胞破裂后释放进入水体，因此对于富营养化水体而言，按照藻毒素的分布介质划分，蓝藻毒素分为胞内毒素和胞外毒素，前者去除手段主要通过除藻措施，后者则主要针对溶解性的毒素。对水源中微囊藻毒素的控制多采用生物降解、生态修复技术，前者主要包括自然生物膜、生物滤池、植物化感等技术，后者则主要包括人工湿地、生态浮床等技术。目前，生物降解技术因成熟度较高、维护成本低、不产生有毒副产物等优点，在去除水中藻毒素方面应用更加广泛。近年来，研究者将生态-生物耦合技术用于解决水体富营养化、控制水中藻毒素等领域，其特点是适用于原位修复，投入少，效果明显，但其对藻毒素的去除效果尚有待在今后研究中加以改善和提高。

目前蓝藻毒素污染控制的研究对象主要集中在微囊藻毒素。由于微囊藻毒素化学性质较稳定，常规的"混凝-沉淀-过滤-消毒"饮用水处理工艺对其去除效率并不高，因此寻求更加高效的微囊藻毒素控制处理技术，对保障饮用水水质安全及人体健康具有重要意义。常用的藻毒素控制技术主要包括如下三种：一是物理技术，如混凝沉淀、活性炭吸附、膜技术等；二是化学技术，主要通过化学氧化剂来去除藻毒素，如高级氧化技术，其以产生具有强氧化能力的羟基自由基（·OH）为技术核心，·OH能够进攻藻类及藻毒素的分子并与之反应，从而破坏藻毒素的分子结构以达到氧化去除藻毒素的目的，实现高效的氧化处理；三是光催化技术，该技术在灭活藻类的同时可将死亡藻类释放的藻毒素逐步降解为无毒的酸和醛类氧化物，并且本身不引起二次污染。在饮用水处理工程实践中发现，单一的工艺技术无法达到理想的藻毒素去除效果，因此需要结合原水水质特点，采取切实可行的组合工艺，以获得更加高效的控制效果。本章针对饮用水源及给水厂蓝藻毒素污染控制技术的研究进展进行了综述。

第一节　蓝藻毒素水源控制技术及应用

一、生态控制技术

去除水源中蓝藻毒素的生态控制技术主要包括人工湿地系统、自然曝气生物滤床等。人工湿地作为一种生态处理系统，已有近半个世纪的发展历史，通过具有类似于活性炭的吸附作用的沙石基质与植物、微生物相互关联，在植物根区附近形成有絮凝作用的生物膜，丰富的微生物可降解藻毒素，其主要去除机制为机械过滤作用，同时也存在化学和生物作用。

生态浮床多适用于原位修复，从源头治理水源蓝藻水华的暴发和抑制藻毒素生成，其机理是通过浮床植物同藻类竞争光和营养物质，或通过根系向水中分泌有机物质来抑制藻类的繁殖，再减少水源中藻毒素的生成量。传统的植物浮床具有构造简单、经济成本低等优点，但其性能不可避免受到植物生长速率及生物量的限制，为提高生态浮床的净化效果，Li等人采用植物、淡水蚌、生物填料构建复合生态浮床，显著提高了对藻毒类的去除效果。研究显示，随着水交换时间的延长，藻毒素的含量也随之降低。在水交换时间为 7 d 时，复合生态浮床对胞内和胞外 MC-LR 的去除率为 77.4％ 和 68.0％。但该技术容易受风浪、水流速影响，可通过增设固定杆和消浪排等措施改善浮床稳定性。

人工湿地已经应用于富营养化水体的净化。有研究者利用两套上行流-下行流人工湿地对 MC 质量浓度为 0.117 μg/L 的原水进行处理，去除率分别为 68.5％ 和 34.6％，其中细菌的降解作用可能是去除藻毒素的主要机理。

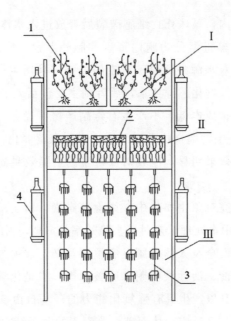

图 13-1　一种复合生物浮床示意图

1. 空心菜；2. 河蚬；3. 人工培养基；4. 实验工具桶。

引自 Li XN, Song HL, Li W. An integrated ecological floating-bed employing plant, freshwater clam and biofilm carrier for purification of eutrophic water [J]. Ecological Engineering, 2010, 36 (4): 382-390.

水生植物滤床（hydrophyte filter bed，HFB）是一种以水生植物为核心、水生动物和微生物共生、不填充任何介质的新型人工湿地系统，从而实现物理过滤和生物处理相结合，具有工艺简单、便于运行管理等特点。宋海亮等使用该技术对太湖湖滨的微囊藻毒素进行了处理，试验装置如图 13-2、图 13-3 所示，对总藻毒素去除率为 37.5％～75.8％，胞外和胞内平均去除率分别为 50.0％、63.9％；当水力负荷在 1.0～7.0 $m^3/m^2 \cdot d$ 范围内时，HFB 系统对总藻毒素的去除率无显著差异，表明除过滤截留作用外，还存在其他藻毒素的去除机制。此外，该系统对水中总藻毒素的去除效果与富营养化指标（Chla、COD_{Mn}、TP）的处理效果呈显著正相关。

自然曝气生物滤床（biological aerated filter，BAF）是生物滤床的一种，该系统集生物降解、固液分离于一体，与传统人工曝气生物滤床相比，曝气生物滤床有易于维护、节省能源、成本低、耐冲击负荷能力强、不易堵塞等优点，广泛应用于水环境修复领域。相关研究结果表明，曝气生物滤床对微囊藻毒素有较好的去除效果，MC-LR 的去除效果受填料、水力负荷及 MC-LR 进水浓度的影响较显著，火山石最适合作为去除 MC-LR 的填充填料。滤床运行初期，主要通过吸附作用去除 MC-LR，生物膜成熟后，则通过填料吸附和微生物降解的双重作用去除，后者可使吸附饱和的滤料得到一定程度的再生。

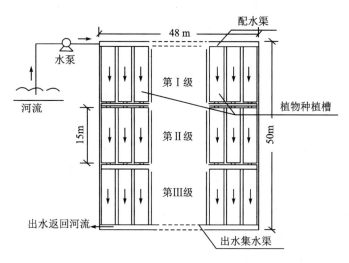

图 13-2 水生植物滤床去除藻毒素试验装置示意图

引自宋海亮,李先宁,吕锡武,等. 水生植物滤床去除富营养化湖泊水中微囊藻毒素的研究 [J]. 生态环境学报,2006,015(006):1146-1150.

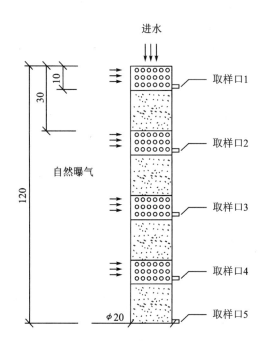

图 13-3 自然曝气生物滤床去除藻毒素试验装置示意图

引自朱文君. 自然曝气生物滤床对微囊藻毒素的处理效果及机理研究 [D]. 广州:暨南大学,2013.

二、生物控制技术

目前,国内外常用的生物控制技术主要有生物降解法,如自然生物膜技术、植物化感技术等,该技术由于运行维护费用低、不产生有毒副产物、利于生态修复等优点而受到广泛关注。由于微囊藻毒素环肽结构十分稳定,不易被真核生物和细菌肽酶分解,自然水体中微囊藻毒素自然降解过程十分缓慢,但由于 Adda 侧链具有不饱和双键,可被水中某些特殊的细菌降解,如假单胞菌属等。藻毒素的生物降解主要依赖于水中细菌或其他微生物的作用，通过破坏蓝藻肝毒素结构中 adda 基团的共轭双键，使环状结构转化成线状结构，进一步降解成短肽，从而使藻毒素毒性降低甚至消失。水体和沉积物中的自然微生物群通常具有降解藻毒素的能力，微生物降解法主要针对胞外溶解态微囊藻毒素的去除。近年人们利用生物滤池等生物控制技术去除藻毒素已取得显著效果，提高微生物降解速率的关键在于菌种的选择。Mazur-Marzec 等采用在格但斯克海峡中自然微生物和人工培养微生物对节球藻毒素的降解效果进行了比较，结果显示，自然微生物群落可在 5～7 d 完全去除溶液中的节球藻毒素，而人工培养的细菌并不能有效去除。Valeria 等利用分离的鞘氨醇单胞菌菌种，初始浓度为 200 μg/L 的 MC-RR 在 36 h 内即可完全去除。Yang 等分离出 MC-LTH1 型博代氏杆菌（*Bordetella* sp.）对 MC-LR 和 MC-RR 进行降解，两种藻毒素分别以 0.31 mg/（L h）和 0.17 mg/（L h）的速率完全降解，表明该菌株对 MC-LR 和 MC-RR 的降解是非常有效的，并且具有显著的生物修复能力。Yang 等还从太湖水体中分离出溶藻细菌沙雷氏菌，其分泌的灵菌红素可能具有很强的微囊藻裂解活性，有助于调节有害铜绿微囊藻的繁殖。此外，发现从太湖水体中分离出的嗜盐菌可用于 MC-LR 和 MC-RR 污染水体的生物修复，参与太湖水体中藻毒素降解过程。Lam 等为了评估微生物群落中 MC-LR 的变化，将纯化的 MC-LR 与 Edmonton 污水处理厂的微生物群落一起进行孵化，发现污水厂出水中的菌落经过 7～10 d 的适应期后可快速降解 MC-LR，0.8～1.9 d 内即可使 MC-LR 含量由 700～1 200 μg/L 降至 0.2 μg/L 以下；经色谱分析显示，生物降解过程中藻毒素的 Adda 双键结构发生改变，部分毒素的肽环被破坏，造成毒性丧失。经研究证实，Adda 侧链是 MC-LR 生物降解的攻击靶位，正是由于其结构的变化才导致 MC-LR 毒性的降低或丧失（图 13-4）。Harada 等分离出 *Sphingomonas* strain 菌种，该菌种靠细胞内的 MlrA、MlrB 和 MlrC 3 种中水解酶来降解 MC，即利用 M1rA 将环状微囊藻毒素转变成线型微囊藻毒素，M1rB 进一步将其降解为四肽化合物，MlrC 将四肽水解成更小的肽或氨基酸，从而使微囊藻毒素毒性消失（图 13-5）。

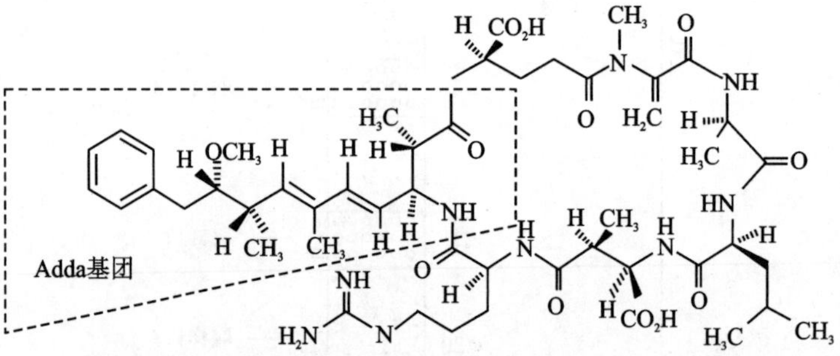

图 13-4 生物降解过程中 MC-LR 的攻击靶位示意图

水体和底泥中的微生物在不利环境下能够分泌具有黏性的胞外多糖物质将自身包裹起来，并与其他生物粘连在一起，这种由微生物和细胞外基质组成的复合物称之为生物膜。近年来，利用批式生物膜反应器对 MC-RR、MC-YR、MC-LR 进行生物降解实验，取得了较好的效果。其中，填料的选择与反应效率密切相关。序批式生物膜反应器对有毒藻类 *Microcystis viridis* 及 MC-RR、MC-YR 和 MC-LR 的生物降解试验研究表明：好氧生物处理对有毒蓝藻及其藻毒素的降解远比厌氧生物处理工艺有效；好氧条件下，草履虫对有毒藻类和藻毒素降解起重要作用。这种方法简单，无须特殊设备及大量资金，有望在饮用水处理中得到广泛应用。

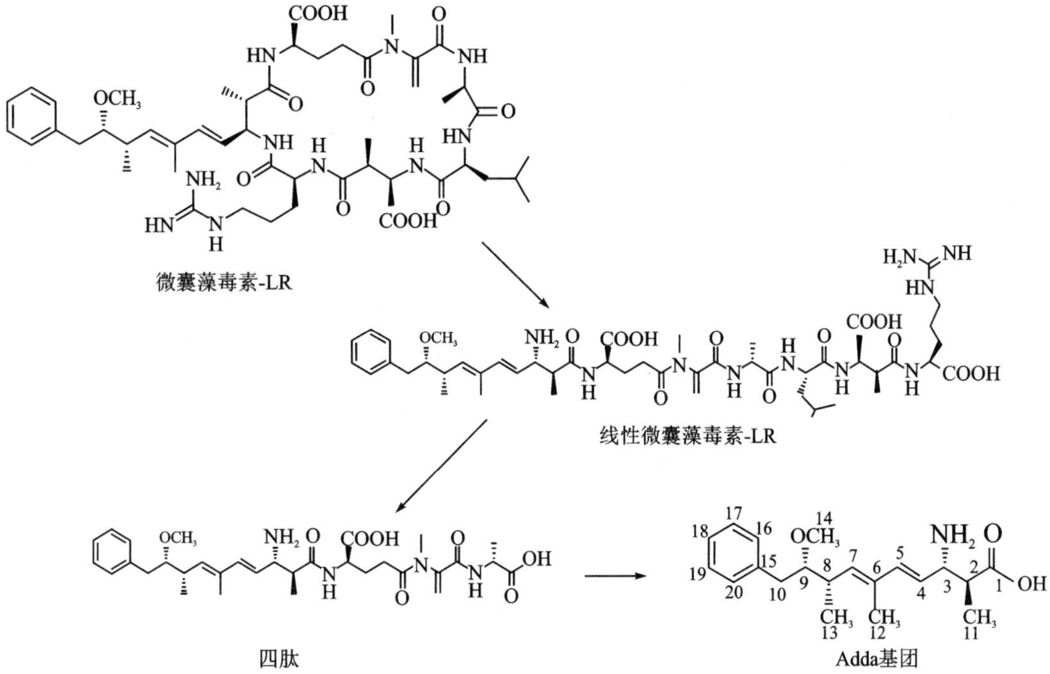

图 13-5 Sphingomonas strain 菌种体内的 M1rA、M1rB 及 MLrC 水解酶对微囊藻毒素的降解过程

生物滤池是目前利用微生物降解藻毒素较好的方式，其媒介主要是砂和活性炭，过滤媒介的颗粒大小、表面粗糙程度和物理化学成分被证明是影响生物膜生长及去除藻毒素的重要因素。过滤媒介颗粒越小，去除有毒蓝藻代谢产物的速率越大，这可能是由于比表面积增大使单位面积附着更多生物膜导致。另外，微生物类型、生物滤池接触时间、媒介表面存在的胞外聚合物和水力负荷也直接影响该工艺对藻毒素的去除效果。采用高效微生物菌种降解是去除各种藻毒素的有效手段，当前生物滤池是降解藻毒素的重要方法，可在合适的环境条件下有效缩短生物降解滞后期，加快藻毒素降解速率。

植物化感作用（allelopathy）是指一种植物（或微生物）通过自身产生的、并释放到周围环境中区的化学物质，能对另一种植物或微生物产生直接或间接的相互排斥或促进的效应。在各种控藻技术中，具有化感抑藻能力的水生植物因其可分泌化感物质抑制藻类暴发、在长期发育过程中可吸收大量营养物质有助于水生生态系统的修复和重建。水生植物对调节水体功能和维持水体生态平衡起着重要作用，一方面能够吸收同化水体中氮、磷等营养物质，控制营养盐浓度；另一方面，一些水生植物能够分泌、释放抑制浮游藻类生长的化感物质，维持水体稳定和清洁。利用植物化感作用抑制藻类生长、控制藻毒素含量是一种新型的生物抑藻技术，具有效果好、费用低、材料天然易得、不易造成二次污染等优点。水生植物可分为挺水植物、浮水植物和沉水植物。因生存方式和生长形式的不同，挺水植物很少面临与附着藻类与浮游植物的竞争。浮游植物对水下生长的植物和浮游植物产生遮盖，而生活在水下的沉水植物会与其他高等植物和藻类竞争光和空间，故多采取沉水植物来抑制藻类的暴发。

凤眼莲、芦苇、穗花狐尾藻、马来眼子菜、黄丝草等水生植物具有抑制有害藻类生长。从芦苇中分离出具有较高抑藻活性的化感物质 2-甲基乙酰乙酸乙酯，对铜绿微囊藻、小球藻等微藻具有化感作用。狐尾藻属的植物属高竞争性沉水植物，是目前报道化感作用最强的一属沉水植物。穗状狐尾藻能分泌没食子酸、鞣花酸、焦性没食子酸和儿茶酚等可抑制水华鱼腥藻、铜绿微囊藻、背甲栅藻、极小冠盘藻等藻生长，对 MCs 有抑制作用。吴溶等通过金鱼藻、狐尾藻及植物浸出液与纯铜绿微囊藻共同培养来研究植物化感作用对藻类生长及其藻毒素产生的影响。结果发现，上述植物可有效抑制铜绿微囊藻的生长及藻毒素的产生，受化感物质影响的铜绿微囊藻藻细胞结构受到破坏；而狐尾藻中可能含有的对羟基苯甲酸、邻苯二酚、3，4，5-三羟基甲酸对藻类有明显的抑制作用。有研究人员在一年生草本植物马齿苋培养液中加入初始浓度为 0.02 μg/mL 的 MC-LR 进行培养，7 d 后已无法检测到培养液中的 MC-LR，蛋白磷酸酶抑制试验表明马齿苋能够将 MC-LR 转换成低毒性或无毒性的化合物。因此，植物化感作用为 MCs 的防治和去除提供了一条新途径。

近年来，有学者将生态-生物耦合技术用于水体富营养化控制，该技术机理是利用水生植物对营养盐的吸收利用及自身代谢活动，降低水中氮磷含量，从而抑制藻类的生长，而植物庞大的根系也为微生物生长提供了条件。几种藻毒素生物处理技术的特点见表 13-1。

表 13-1 藻毒素生物处理组合技术的特点

技术工艺	藻毒素去除率	优点	机制
微生物降解	40%～100%	高效、低成本、无二次污染	微生物降解
生物滤池	70%～100%	占地面积小、能耗低、填料耐用、抗负荷能力强	生物净化、物理吸附、机械截留
生物-生态耦合	50%～60%	原位修复、效果明显、投入少、效果好	植物吸收、吸附、富集作用,植物根际微生物降解作用

虽然生物降解技术去除水中藻毒素的应用已日臻成熟，但仍存在一些问题。如，由于微囊藻毒素分子结构稳定，自然界中一般的多肽分解酶不能降解藻毒素或降解过程缓慢，只有一些特殊的微生物菌种对藻毒素具有降解能力，且降解速率较小，需经数天至数周的滞后期，从而限制了生物降解法的应用。此外，虽然微囊藻毒素生物降解的副产物没有毒性，但研究显示石房蛤毒素在生物滤池中会发生生物转化形成毒性更大的变种，而鱼腥藻毒素浓度在经过颗粒活性炭滤池时含量反而增加。因此，在水中两种毒素含量较高时，需增设其他处理技术以优化对所有藻毒素的去除效果。此外，人工湿地系统净化藻毒素时，容易受水力负荷的影响，使去除效果不稳定或下降，因此，应当严格控制进水水力负荷或将该技术与其他技术联用。

三、应急处理技术

突发性水污染事故呈现的主要特点为事件发生的不确定性、危害的严重性、处理处置的艰巨性、水污染信息的不完整性与不可比性。随着我国水源水体富营养化程度的加剧，水体富营养化最直接的后果是藻类含量剧增，这将严重影响常规水处理工艺的正常运行，而部分藻类死亡后释放的微囊藻毒素等污染也成为人们日益关注的热点。水源水中藻类大量繁殖还会严重危及水厂运行及饮用水的水质安全性。水中藻类一般带负电难以混凝，同时藻类代谢物会与混凝剂的水解产物发生反应，生成的表面络合物附着在絮体颗粒表面，阻碍了颗粒有效碰撞和絮凝过程。因此，必须提高混凝剂的投加量，补偿藻类造成的负面影响。沉淀后大量未除去的藻类进入滤池，会黏附在滤料表面，使滤料结块或堵塞滤池，缩短滤池过滤周期。即使增加反冲洗强度，并频繁反冲洗，也不易冲洗干净。在消毒过程中，藻类及其代谢产物是饮水氯化消毒生成致突变物的重要前体物，会增大水中消毒副产物含量，降低了出水的安全性，造成制水成本的增加。

应急处理工艺选择的基本原则是在发生突发性水污染事件下保证要求的水量与水质，应急情况下的水处理成本可以不作为主要考虑因素。由于大多数突发性污染物都可以通过投加某种药剂的方式加以处理，如投加粉末活性炭等吸附剂，氯、二氧化氯、高锰酸钾、高锰酸钾复合药剂等预氧化剂，酸、碱等调节剂，以及各种混凝剂、助凝剂等，所以应对突发性水污染时的首选工艺是药剂的预投加。药剂投加设施具有投资小、易于实现、适用范围广等优点，可以满足应急处理的要求。预氧化可强化混凝工艺对藻类的去除，但过高的投加量会导致藻细胞破裂及胞内藻毒素的释放，投加粉末活性炭、强化混凝已成为目前应对水源藻类暴发的主要应急处理工艺技术措施。

粉末活性炭对微囊藻毒素的快速吸附阶段大约需要 40 min，可以达到 80％左右的吸附容量；3 h 后基本达到吸附平衡，达到最大吸附容量的 95％以上；之后继续延长吸附时间，吸附容量增加很少。因此，在实际应用中可采用接触时间约为 40 min。对于取水口与净水厂有一定距离的水厂，可在取水口处投加粉末活性炭，利用从取水口到净水厂的管道输送时间来完成吸附过程，实现对污染物的厂外去除。而对于取水口距离水厂很近，只能在水厂内投加粉末活性炭的情况，由于吸附时间短，加之与混凝剂形成矾花后还会影响其与水中微囊藻毒素的接触，使得粉末炭的吸附能力难以发挥，因此需适当增加粉末活性炭的投量。

第二节　水厂处理技术及应用

饮用水常规处理工艺对藻细胞有较好的去除效果，但对藻毒素的去除能力有限。常规的混凝沉淀仅能除掉少部分藻细胞内毒素，对溶解于水中的胞外毒素去除作用较小，贾瑞宝等对山东省内常规工艺水厂监测发现，各单元工序对藻毒素的去除率维持在 30％以内。济南玉清水厂各单元工序对胞外藻毒素的去除率维持在 18％～44％，砂滤没有去除效果，对胞外藻毒素的平均去除效率为 28％。潍坊眉村水厂、泰安黄前水厂、济南南郊水厂和济南玉清水厂，在常规处理过程中均出现了砂滤后胞外藻毒素升高的现象。上海市自来水系统中夏末秋初易形成微囊藻毒素污染，污染高峰时微囊藻毒素浓度达到 2.38 μg/L，经过常规的混凝沉淀、加氯消毒后，微囊藻毒素仅被少量去除，而且过滤也不能去除剩余的微囊藻毒素，在出水监测点检测微囊藻毒素浓度，其数值高达 1.27 μg/L。

一、预氧化技术

化学预氧化利用氧化势较高的氧化剂来氧化、分解或转化水中的藻类、有机物等污染物，削减污染物对常规处理工艺的不利影响，强化常规处理工艺的除污染效能。自从 1970 年 Diaper 等最先提出预氧化工艺后，人们开始对化学预氧化技术进行了大量的应用研究，目前在混凝、过滤前使用预氧化工艺已经越来越广泛。在处理高藻水时，要充分考虑到化学氧化除藻的同时，是否也能高效去除藻毒素。给水中常用氧化剂包括氯、高锰酸钾、二氧化氯和臭氧等。

1. 预氯化

当采用液氯作为预氧化剂时，一般称为预氯化，预氯化对藻类有较好的去除作用，且应用方便、价格便宜，目前国内应用较多，是一种传统的预氧化除藻技术。

Lambert 等认为氯化试剂对藻毒素无降解作用，但也有研究表明氯降解微囊藻毒素受到多种因素的影响，如氯投加量、水体 pH 值、背景物质及 MC-LR 浓度等，自然水体中的天然有机物会和藻毒素存在竞争作用，降低氯对藻毒素的去除效率。pH 值升高对氯氧化 MC-LR 有抑制作用，pH 值从 4.8 升高至 8.8，MC-LR 与氯二级反应速率常数由 $475M^{-1}s^{-1}$ 降至 $9.8M^{-1}s^{-1}$。氯氧化 MC-LR 的主要反应点位在 adda 侧链中的共轭双键及 Mdha 氨基酸的碳碳双键。

当预氯化投加量过高时，氯化可以破坏藻类细胞而造成藻毒素外泄。在藻类繁殖的水体中存在丰富的腐殖质等有机质，易生成三氯甲烷等有害副产物，引起水体的二次污染，威胁人们的饮水安全。但 Senogles-Derham 等将纯藻毒素水溶液和藻细胞提取液经过氯化后，评价其对 P53 转基因老鼠的致癌作用，研究结果发现三氯甲烷与卤乙酸的浓度能够低于饮用水标准限值。氯氧化剂在给水厂应用前必须进行更深入的评估和研究。

2. 二氧化氯氧化

ClO_2 不但能消除藻类及藻毒素，甚至能使存活的藻类失去繁殖能力，有效地控制藻类的生长。ClO_2 消除藻类的机理主要是其以单分子扩散的形式进入胞内，氧化光合色素-叶绿素的吡咯环，吡咯环开裂后叶绿素会失活，藻类无法进行光合作用等代谢和消亡；同时其产生的自由基能氧化分解某些氨基酸，导致相关蛋白质结构和功能发生改变，从而影响细胞的正常功能。同时，自由基会使藻细胞的膜系统（细胞膜、细胞器膜、核膜系统等）发生脂质过氧化，使膜系统和细胞器结构遭到破坏，膜内物质外漏，最终导致藻细胞死亡。

ClO_2 可以与不饱和官能团反应，能破坏碳碳双键而使藻毒素脱毒，但脱除藻毒素的能力有限，对含藻水中藻毒素的最大去除率仅为 27%，会生成二羟基-MC-LR 加成产物。相比氯和臭氧，ClO_2 对细胞壁有较好的吸附和穿透性能，可氧化细胞内含巯基的酶并破坏细胞通道蛋白，使藻毒素的释放量增大，细胞的破坏引起包括藻毒素在内的胞内物质流失。二氧化氯投加量超过 1 mg/L 之后，二氧化氯氧化藻细胞释放藻毒素的速率明显高于降解藻毒素的速率，因此采用二氧化氯预氧化除藻时，要严格掌握投加量。使用 ClO_2 时也要考虑到亚氯酸盐及氯酸盐等有毒副产物的生成，避免其成为水体中潜在的影响人类身体健康的危险物质。

3. 高锰酸钾氧化

高锰酸钾与水中有机物的作用很复杂，既有直接氧化作用，也有二氧化锰对微量有机污染物的吸附与催化作用，同时还有介稳状态的中间产物的氧化作用。相比 ClO_2 及 Cl_2，$KMnO_4$ 去除 MC-LR 的能力更为显著。

高锰酸钾氧化 200 μg/L 的 MC-LR，反应 30 min 去除率为 95%，对细胞内毒素的消除效果较差，可能是高锰酸钾不能穿透和裂解细胞而无法与细胞内毒素接触。水中 pH 值对 $KMnO_4$ 的氧化效果影响不显著，水温对氧化效果有一定的影响，由 10℃升高至 25℃时，反应速率有显著提高。高锰酸钾对 MC-LR 氧化降解符合二级动力学模型，铜绿微囊藻细胞外代谢有机物（EOM）和细胞内代谢有机物（IOM）背景下，MC-LR 降解速率常数分别为 368.3 $(mol \cdot L^{-1})^{-1} \cdot s^{-1}$ 和 400.2 $(mol \cdot L^{-1})^{-1} \cdot s^{-1}$。

高锰酸钾复合药剂（potassium permanganate compound agent，PPC）由高锰酸钾作为主剂，多种化学物质作为辅剂，通过特殊工艺复配而成。高锰酸盐复合药剂预氧化能显著地提高除藻效率从而降低出水中的藻细胞含量，降低紫外吸光度，对藻类引起的藻毒素及有机污染物具有显著的强化去除效果，效果明显优于传统的预氯化技术。藻类和微生物细胞在其氧化作用下，分泌出的生化聚合物起到了类似于阴离子或非离子型聚电解质的作用，能够参与混凝过程中，达到强化混凝的目的。当采用 40 mg/L 聚合氯化铝和 1~2 mg/L 高锰酸钾复合药剂时，藻类去除率高达 97%。与氯相比高锰酸钾能够减少近 60％ 三卤甲烷（trihalomethanes，THMs）副产物的生成潜力。张锦等的研究表明，单纯混凝对含藻水的净化效果较差，只能去除部分藻类，对藻类引起的臭味等基本没有去除作用。而采用高锰酸盐复合药剂预处理对混凝的强化效果要远远高于高锰酸钾，对水中的藻类、臭味及有机物的强化去除都有显著提高。

贾瑞宝等开展了不同投加量的高锰酸钾对含藻水和无藻水中胞外藻毒素的去除实验研究，结果发现，随着高锰酸钾投加量的增加，胞外藻毒素逐渐降低。当高锰酸钾投加量为 0.5 mg/L 时，胞外藻毒素由 0.32 mg/L 降至 0.08 mg/L，去除率达到 75％；有藻细胞存在时，胞外藻毒素的去除趋势相同，但略显平缓（类似于臭氧氧化曲线），说明藻毒素释放相对较少。

进一步的电镜实验结果初步证实了高锰酸钾作为化学氧化剂对铜绿微囊藻藻体的破坏作用。如图 13-6 所示，随着高锰酸钾投量的增加，铜绿微囊藻遭到破坏的程度增加。低剂量的高锰酸钾就可引起细胞的局部损伤，较高剂量可导致细胞断裂，表明高锰酸钾可直接作用于藻细胞，引起细胞壁开裂，并导致胞内物质流出。

(a)　　　　　　　　(b)　　　　　　　　(c)　　　　　　　　(d)

图 13-6　不同高锰酸钾投量下铜绿微囊藻的电镜照片

(a) 高锰酸钾 0 mg/L（放大倍数 150 k）；(b) 高锰酸钾 0.3 mg/L（放大倍数 80 k）；(c) 高锰酸钾 0.8 mg/L（放大倍数 50 k）；(d) 高锰酸钾 1.2 mg/L（放大倍数 50 k）。引自贾瑞宝. 受污染水库水源水中藻类及微囊藻毒素的处理技术研究 [D]. 北京清华大学，2004.

但有机物经高锰酸盐氧化后的氧化产物中，有些是碱基置换型突变物，它们不易被后续常规工艺所去除，在组合工艺出水氯化后，这些前体物转化为致突变物，使水的致突变活性有较大幅度增加。高锰酸钾投加量过高时，可能会穿透滤池造成出水色度升高，因此具体的投加量要经过现场试验确定。

4. 臭氧氧化

臭氧是一种强氧化剂，容易与有机物中的—C═C—双键反应，使得有机物分子量变小、极性增强、可生化性提高。

臭氧在与水中微囊藻毒素作用时，同样会氧化微囊藻毒素分子中 Adda 侧链上的不饱和双键，降低微囊藻毒素的毒性进而达到去除藻毒素的目的。降解效果与藻细胞密度、臭氧浓度、接触时间和温度有关，水体 pH 值能够影响 MC-LR 的臭氧氧化效果，在碱性条件的效果低于酸性条件。

臭氧对藻毒素的去除非常有效，对含藻水中藻毒素的去除率可达 96％。2 mg/L 的 O_3 可去除原水中 80％ 的微囊藻毒素，8 mg/L 的 O_3 去除率在 90％ 左右。也有研究表明臭氧投加至刚产生剩余臭氧时，就能破坏微囊藻毒素（MC-LR，MC-LA），剩余臭氧为 0.06 mg/L 并持续 5 min，就能破坏鱼腥藻毒素-a（anatoxin-a）。臭氧处理对三种藻毒素氧化能力排序是：微囊藻毒素＞鱼腥藻毒素＞贝毒毒素，氧化难易程度的不同可能是因为各种毒素结构的不同。采用臭氧和活性炭技术联合，臭氧对 MC-LR 有较好的去除效果，2 mg/L 臭氧对 MC-LR 的去除率达到了 65.74％，2 mg/L 臭氧与 20 mg/L 的 PAC 联用时对

MC-LR 的去除率为 89.87％，较单独使用臭氧和 PAC 时分别提高了 24.13％和 74.26％。采用臭氧与超声技术联合，可以有效地去除 MC-LR，且在去除 MC-LR 过程中，臭氧起到了更重要的作用。针对太湖高藻原水研究发现随着臭氧投放量的增加，叶绿素 a 的去除效果明显增加，低浓度（1 mg/L）、中浓度（3 mg/L）和高浓度（5 mg/L）臭氧投放量对叶绿素 a 去除率分别为 71.6％、80.3％、90.2％。但是，藻细胞在低浓度（1 mg/L）臭氧处理下仍可以存活，必须将臭氧浓度提高至 3.5 mg/L 才可以对藻细胞有高效的杀灭作用。臭氧预氧化是去除水中微量有害有机物、降低消毒前体物质、提高可生物降解性的有效工艺。另外，臭氧氧化产生的一些氧化副产物是毒害物质，当水中溴离子浓度＞100 μg/L 时，臭氧化产生的溴酸盐是最受关注的臭氧化无机副产物，需要加以控制。

即使在低浓度臭氧投量下，也容易使 MC-LR 的结构发生氧化断裂，生成结构更为简单的产物，更有利于 MC-LR 的彻底降解。对于几种水厂常用的氧化剂而言，二氧化氯和臭氧对藻细胞的破坏比氯更为强烈，低剂量的二氧化氯就可引起细胞的局部损伤，较高剂量可导致细胞断裂。低剂量的臭氧可以引起藻细胞的形态发生变化，部分有裂解，高剂量的臭氧可导致藻细胞裂解成碎片状。从藻毒素的去除角度考虑，预氧化主要用于去除胞外藻毒素，在饮用水处理过程中应该首选臭氧，其次二氧化氯和高锰酸钾，氯的使用应当慎重。但应充分考虑预氧化造成的藻毒素释放作用，会造成水厂砂滤池藻毒素浓度升高，建议与后续工艺联合以达到有效控制藻毒素的目的。

二、常规工艺强化技术

1. 强化混凝、过滤技术

富营养化水体中藻类能够分泌可溶性胞外有机物（extracellular organic matter，EOM），EOM 主要由含氮物质和戊糖胶类物质组成，这些物质能与铁盐、铝盐混凝剂形成络合物胶体而不容易脱稳，使混凝对其去除效果不佳。另外，高藻水 pH 值往往大于 7.0，对一些铝盐、铁盐无机混凝剂的水解也会产生不利影响。如对混凝沉淀进行强化，可大大提高除藻效率，甚至可达 90％以上。常用的混凝沉淀强化方法有调节 pH 值、投加一定量的活性硅酸、粉末活性炭及有机高分子助凝剂（如聚丙烯酰胺）等，以及施加电场、磁场、超声波、紫外辐射、电离辐射、混凝悬浮物等非药剂法。

混凝工艺可有效去除水中的蓝藻，从而去除细胞内藻毒素，而对溶解性藻毒素的去除率很低。混凝过程中的搅拌作用可能会使藻细胞中的藻毒素释放到水中而增加溶解性藻毒素的浓度。Lam 等利用硫酸铝作混凝剂进行试验时，水体中溶解性藻毒素含量非但未降，还略有升高（增加约 30％）。Chow 等认为以硫酸铝和氯化铁作为混凝剂时，不会破坏藻细胞的完整性，大部分藻细胞都能被完整地去除，经过此工艺处理的水体中未发现藻毒素的增加。Hart 等的研究结果表明在适当的条件下，混凝-沉降-过滤工艺能够有效地去除细胞内藻毒素。Karner 等经过两年对传统水处理工艺去除藻毒素效果的研究，结果表明，硫酸铝混凝-沉降或石灰软化-沉降工序使藻毒素脱除率平均达 96％。贾瑞宝和孙韶华研究发现投加低剂量的混凝剂对藻毒素去除可获得相对理想的效果，由于低剂量的混凝剂优先用于胞外溶解性藻毒素的去除，大于胞内藻毒素的释放速度，但随着混凝剂投加量的加大，藻体会得到破坏，释放胞内藻毒素。济南玉清水厂采用常规处理工艺，采用高锰酸钾强化混凝工艺现场试验研究，并和预氯化工艺进行对比。高锰酸钾的投加投加量为 0.5 mg/L，氯的投加量为 1.0 mg/L。高锰酸钾预氧化可以强化常规工艺。高锰酸钾预氧化对叶绿素 a 和藻毒素的强化去除效果优于预氯化，而且过滤环节的作用相当显著，对藻毒素去除率在 70.83％。较低的 pH 值下混凝效果大大改善，酸性条件可以降低藻类分泌物对混凝沉淀的干扰。建议先用物理处理方法预先除藻，再投加混凝药剂，可以有效抑制藻毒素的产生，提高出水水质。

石英砂快滤池很难截留微囊藻毒素。慢滤池可在石英砂表面形成生物膜，具有生物降解能力，它对微囊藻毒素有去除作用，但生物作用需要适合的环境条件，首先要保证适宜的温度，否则出水水质将难保证。慢滤池在运行初期对蓝藻的去除率大于 85%，但到了后期，细胞死亡释放藻毒素，胞外藻毒素增加，去除率下降至 60% 以下，慢砂滤池存在表面刮砂、占地面积大的问题。

直接过滤不加药剂的除藻效果不佳，主要原因是藻细胞个体一般较小，均粒滤料孔隙较粗，在滤速剪切力作用下，藻类易随水穿透滤床而不易在滤料表面聚集。由于高藻水的浊度具有堵塞和穿透滤床的特点，故滤前需投加灭藻剂或辅以助滤剂、增设微絮凝机以改善微絮体表面性能，增强内部结构，提高直接过滤效率。

水厂常规工艺处理受藻类污染的水源水时，均存在滤后胞外藻毒素增高的现象。由于滤池运行一段时间后，反冲效果下降，被截留的藻不能全部反冲洗净，而在滤池中积累，有的自然衰亡，有的则与进入滤池中的余氯反应，使细胞破裂而释放藻毒素。可采用二氧化氯等强氧化剂浸泡清洗滤池，提高了滤池对胞内藻毒素的去除能力，抑制了胞外藻毒素的滤后升高，并最终强化滤池对藻类和微囊藻毒素的去除。

2. 气浮技术

气浮技术是向待处理水中通入大量密集的微细气泡，使其与杂质、絮粒相互黏附，形成整体比重小于水的浮体，从而依靠浮力上浮至水面，以完成固液分离的一种净水方法，对低温低浊、高藻类原水具有良好的处理效果，气浮往往与沉淀池和砂滤池合建，在不同水质时期采用不同的运行方式，保障工艺的稳定运行和出水水质，降低后续工艺处理负荷。1920 年 Peck 提出用气浮法处理污水，1945 年出现了气浮法用于给水处理的报道。20 世纪 60 年代部分回流式压力溶气气浮（DAF）的出现，使得气浮工艺的净水效果、经济性都有了很大的提高，从而扩大了其应用范围。20 世纪 70 年代，特制的高性能溶气释放器的出现，使得微气泡的产生技术得到很大提高，气浮净水技术的处理效果得到显著提高。目前 DAF 已比较广泛应用于给水处理，尤其是对低温低浊、高藻水的净化处理。由于藻类的密度一般较小，其絮凝体不易沉降，因此采用气浮法可以有效地去除藻类，以减少细胞内藻毒素的释放。

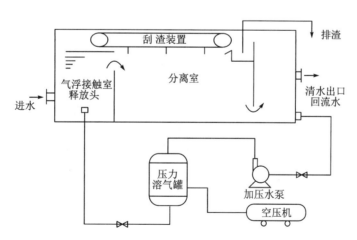

图 13-7　压力溶气气浮示意图

近几年，国内外出现了多种气浮与其他工艺组合的一体化工艺，新型的沉淀-气浮固液分离工艺是针对沉淀和气浮两种工艺各自存在的弊端而提出的一种新工艺，具有沉淀和气浮的双重功能，即可以实现在一个构筑物内分别运行沉淀和气浮两种工艺。上海市政工程设计研究总院针对浮沉池出现的工艺切换困难、气浮停运时因池体构造不合理而影响沉淀出水效果等问题，提出了一种结合双层平流沉

蓝藻毒素污染与健康

淀和气浮功能于一体的新型浮沉池，该技术在潍坊市白浪河水厂首次使用。将气浮和过滤结合的浮滤池工艺，它对低温低浊、高藻水具有比较理想的处理效果。瑞典在20世纪60年代开发了气浮和石英砂过滤一体化的专利产品。气浮滤池的水流为下向流，即经过气浮后向下流到过滤区，大大增加了气泡层厚度，而且滤层较大的阻力提高了气浮区的配水均匀性。逆流式浮滤池的主要特点是溶气水释放口位于浮滤池进水口下方，滤料的上方。投药混合的原水与溶气水逆流接触，在池内形成一层均匀、浓厚的气泡层，气泡在池内分布更加均匀。同时避免了顺流进水方式导致气泡在接触区发生紊流而造成絮体的破坏。气浮工艺在接触室构造、水流特征、泡絮黏附方式等方面还有很大的优化空间，提高泡絮黏附效率，国内学者研发的分级共聚气浮工艺，将溶气水分级回流，以强化气浮黏附机制中的共聚作用。集逆向流与同向流于一体的DAF工艺，气浮接触室分为两级，分别为碰撞接触室和黏附接触室，微气泡与原水分别发生逆向流碰撞和同向流碰撞，溶气水分为两次投加，显著提高了泡絮黏附效率和泡絮体稳定性。

气浮技术针对藻类上浮特性，将藻类悬浮到表面去除，除藻效率和稳定性优于沉淀工艺，天津芥园水厂、济南南郊水厂、昆明第五水厂等采用了气浮除藻工艺。气浮工艺在常规投药量和气水比＜10%的条件下，除藻率一般在60%～70%，如昆明第五水厂气浮除藻率为67.5%，过滤后为75%；北方某水库水在没有预氧化时，气浮除藻率平均为60%。气浮工艺在预氧化、提高投药量和回流比（10%～15%）条件下能获进一步提高除藻效果，藻类去除率达到80%～95%。与沉淀工艺相比，气浮工艺不仅能提高藻类去除率，且对臭味、有机物的去除效果也有较大改善。

单独依靠气浮工艺对藻毒素去除能力有限，气浮可与超滤、臭氧活性炭、粉末活性炭等技术联用，发挥不同工艺的协同作用，可有效应对藻类、臭味物质及藻毒素问题。气浮除藻的效果与藻类的种群、混凝剂的种类、pH值和回流比等有关，在某气浮工艺水厂采用混凝剂投加量10 mg/L，絮凝时间8 min，回流比8%，水温20℃左右等运行条件下，气浮技术对胞内藻毒素和总藻毒素具有良好去除能力。如图13-8显示，该气浮对藻类的平均去除率为94%，对胞内藻毒素和总藻毒素的去除率分别为95%和80%，但该工艺对胞外藻毒素去除能力一般，仅为14%。

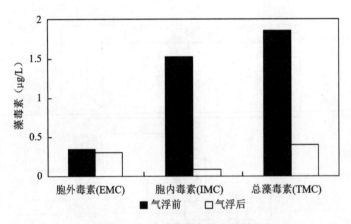

图 13-8　气浮对藻毒素的去除效果

潍坊眉村水厂采用受藻类污染峡山水库水作为原水，采用"气浮-粉末活性炭-常规处理"组合工艺，设计流量100 000 m³/d，絮凝时间8 min，回流比6%，释气量50 L/m³，溶气压力0.3 MPa，粉末活性炭在气浮后混凝前投加，投加量10 mg/L。经长期稳定运行和监测评估，该组合工艺对富营养化水体中藻类及藻毒素的去除非常有效，由表13-2可看出气浮通过除藻而较好地去除了胞内藻毒素，粉末活性炭的投加吸附了胞外藻毒素，使总藻毒素去除率达到95%以上。

表 13-2　气浮组合工艺各工序出水中水质指标的变化

	浊度（NTU）	色度（度）	高锰酸盐指数（mg/L）	叶绿素 a（μg/L）	藻毒素（μg/L）		
					胞外藻毒素	胞内藻毒素	总藻毒素
水源水	13.3	158	7.3	25.7	0.26	2.2	2.46
气浮后	9.5	109	7.0	5.1	0.23	0.4	0.63
粉末炭后	5.7	68	5.4	1.1	0.26	0.3	0.56
沉淀后	3.7	18	3.9	0	0.16	0.1	0.26
砂滤后	2.9	20	3.1	0	0.17	0.2	0.37
二氧化氯消毒	0.9	0	2.6	0	0.08	0.1	0.09

由图 13-9 可以看出，常规工艺对总藻毒素的去除率大约为 57%，与常规工艺相比较，气浮-粉末活性炭-常规组合工艺对浊度、耗氧量、叶绿素 a 和总藻毒素的去除效果均有所提高，对总藻毒素的去除率达到 96%。

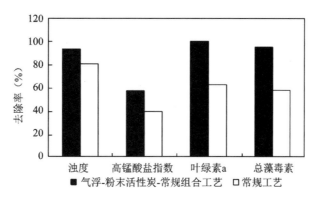

图 13-9　组合工艺与常规工艺对部分污染物的去除率比较

三、活性炭技术

活性炭吸附是目前研究最多的藻毒素去除工艺之一，常用的活性炭滤料为颗粒活性炭（granular activated carbon，GAC）与粉末活性炭（powdered activated carbon，PAC）。

1. 粉末活性炭

粉末活性炭可吸附去除原水中的大量小分子有机物（其中相当部分为消毒副产物的前体物），而且粉末活性炭价格便宜，基建投资省，不需要增加特殊的设备和构筑物，应用灵活，尤其适用于应对季节性有机污染增加、藻类暴发及其代谢产物污染的预处理。在不增加大量投资的条件下，能取得满意的处理效果，适合于季节性藻类和臭味污染的常规工艺水厂改造。根据水厂工艺现状和场地条件，粉末活性炭投加一般适于在配水井、混合池和絮凝初期投加。研究表明，在配水井处投加粉末炭时达到的吸附容量最高。粉末炭投加量的选择，既要考虑达到预定的处理效果，也要考虑到经济性和工程上的可行性。一般认为，粉末炭的投加量超过 40 mg/L 以上，工程上使用就极不经济了。

罗岳平等采用烧杯搅拌实验研究了用粉末活性炭作前助凝剂提高聚合氯化铝（PAC）去除铜绿微囊藻的有效性。结果表明，单独使用粉末活性炭作前助凝剂的除藻效果并不好，而先投加 20 mg/L 高岭土，再将 15 mg/L PAC 与粉末活性炭同时投加，除浊除藻效果明显提高。考虑首先充分发挥粉末活性炭对有机物的去除能力，在除浊除藻率仍然较高的情况下，采用粉末活性炭先于高岭土 2 分钟投加的方式，粉末活性炭的最佳助凝剂量为 10 mg/L。采用粉末活性炭、高岭土和 $FeCl_3$ 依次投加的方式，除浊除藻效率最高。扫描电镜（SEM）观察结果表明，采用助凝技术，藻细胞主要与高岭土无机颗粒发生凝聚，投加粉末活性炭有助于絮凝体体积增长，而在絮凝阶段投加 $FeCl_3$ 可使絮凝体的分维数达到 1.947 的最高值。粉末活性炭、高岭土和 $FeCl_3$ 联用是非常有效的助凝除藻新技术。谢良杰等研究发现粉末活性炭（PAC）预处理对富藻水体藻类的去除效果有限，但对富藻水体微囊藻毒素的去除效果较佳。当 PAC 的投加量为 20 mg/L 时，对微囊藻毒素的去除率达到 82.16%。

贾瑞宝等采用活性炭进行藻毒素吸附试验研究表明，活性炭对胞外藻毒素（EMC）有很好的吸附效果，活性炭投加量增加至 40 mg/L 时，水样中已测不出 EMC，对藻毒素的去除率可接近 100%。值得注意的是原水中 EMC、UV_{254} 和高锰酸盐指数共存，对粉末活性炭形成竞争吸附，EMC 和 UV_{254} 被优先吸附，但对高锰酸盐指数的吸附有一定的限度，这是由于活性炭的孔径结构比较适合于微囊藻毒素和带苯环化合物的分子尺寸，而高锰酸盐指数所体现的有机物分子量范围比较宽广，部分有机物可能不被活性炭吸附或吸附能力有限。

活性炭与其他工艺结合使用，可达到更好的去除效果，减少运行成本。例如，粉末活性炭与氯同时投加，由于粉末活性炭表面的官能团与次氯酸作用催化了微囊藻毒素的去除，微囊藻毒素的去除率提升 20% 以上；粉末活性炭和氯在不同投加点投加时，由于活性炭本身对氯有一定的还原作用，当活性炭投加量大时，被活性炭还原的氯就相应增加，从而弱化了催化氯氧化的作用，一定程度上降低粉末活性炭的吸附效果（降低 5%～10%）。高锰酸钾预氧化与粉末活性炭联用具有协同作用和互补性，高锰酸钾预氧化可提高活性炭的吸附去除率，而活性炭具有还原性，可减少出水中总锰含量，保证水质更加稳定可靠。

2. 颗粒活性炭

要达到相同的藻毒素去除效果，GAC 用量要比 PAC 用量多，并且 GAC 吸附藻毒素至少需要与水接触 15 min 才能取得效果。不同原料制成的活性炭对藻毒素的吸附作用也有明显差异，对 MC-LR 而言，木质炭是最有效的吸附剂，原因在于木质炭有最大的中孔容积，MC-LR 的相对分子质量为 994，易被中孔吸附。在水处理中，对于不同的水质，所采用的活性炭种类不同，有研究提出活性炭对水中四种典型有机物（腐殖酸、富里酸、木质素、丹宁）的吸附容量和吸附速率可以作为选择水处理用活性炭指标，所以应在现场实验的基础上，选择适合含藻毒素水源水质的高效经济的炭种。

但是单纯利用活性炭的吸附性能去除水中微囊藻毒素的效果并不是很理想。影响活性炭吸附藻毒素的另一个因素是溶解性有机物（dissolved organic matters，DOC），原水中 DOC 中的某些组分对活性炭的竞争性吸附，造成藻毒素的吸附速率、最大吸附量明显减少，减少量与活性炭的种类有关。水中存在的各种有机、无机杂质与微囊藻毒素竞争活性炭的表面吸附位，使得一部分有效吸附位被占据。此外，吸附在活性炭表面的微囊藻毒素还可能会被再次释放到水中造成危害。

Lambert 等发现活性炭能将微囊藻毒素-LR 去除到 0.5 μg/L 的推荐限制值（加拿大），但不容易去除到低于 0.1 μg/L；在原水中微囊藻毒素的浓度不低于 0.5 μg/L 时，颗粒活性炭 GAC 过滤和 PAC 与常规工艺联用的生产性实验对微囊藻毒素的去除效率大于 80%，原水经"聚合氯化铝混凝-砂滤-活性炭滤柱-氯氧化"工艺流程简单，经济合理，不需要对原有工艺做较大改进，值得在资金有限的城镇水厂推广应用。但颗粒活性炭滤池过滤时水中的溶解性有机物会吸附在活性炭表面上占据吸附位，减少活性炭对毒素的吸附量，从而降低活性炭对藻毒素的吸附效能，缩短了工作周期，会给水厂带来一定的经济负担。

3. 生物活性炭

1988 年，Bablon 等提出通过使用活性炭-石英砂双层滤料替代传统滤池中的单层石英砂滤料，并在双层滤料中培养微生物，可将常规过滤池改造成生物活性滤池，美国、加拿大等国随即开展了一系列研究。澳大利亚研究人员也发现，慢速砂滤过滤（颗粒活性炭与沙砾混合）和蓄水池沉淀法（池底铺一层颗粒或粉末活性炭）能延长活性炭滤料的过滤时间，是比较适宜的水处理方法。在给水厂可以使用活性炭-石英砂双层滤料替代传统滤池中的单层石英砂滤料，并在双层滤料中培养微生物，可将常规过滤池改造成生物活性滤池。

采用生物活性炭去除微囊藻毒素，停留时间 1.5 h，对 MC-RR、MC-YR 和 MC-LR 的去除率分别为 60.57％、63.30％和 68.79％。原水中较高浓度的易生物降解有机物会抑制活性炭对微囊藻毒素的去除，大部分微囊藻毒素可通过微生物降解去除，部分微囊藻毒素通过吸附作用去除。臭氧处理后的水可使有机物分子变小，更易氧化和生物降解，将臭氧技术与活性炭滤池组合，利用活性炭的吸附过滤，可去除包括藻毒素在内的生物可降解有机物，生产具有生物稳定性的水，并防止配水系统中严重的细菌再生长问题。

针对藻和藻毒素去除的臭氧-生物活性炭试验在济南南郊水厂进行了中试，"微絮凝过滤-臭氧-生物活性炭"组合工艺流程见图 13-10。工艺运行条件如下：活性炭滤池反冲洗流速为 14 L/m² · s；反冲洗周期为 48 h（进水浊度 2～4 NTU）、20 h（4～10 NTU）和 12 h（20 NTU）；反冲洗水为砂滤出水。

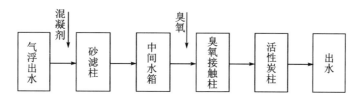

图 13-10　臭氧-活性炭艺流程图

由表 13-3 可以看出砂滤后臭氧-活性炭对胞外藻毒素（EMC）的去除非常有效，臭氧投加量为 1.5 mg/L 时，去除率达到 93％，经生物活性炭过滤后去除率接近 100％；投加量增加至 2.5 mg/L 时，臭氧出水和活性炭水中均已测不出胞外藻毒素。臭氧-生物活性炭组合工艺表现出了较强的有机物和微囊藻毒素去除能力，在现场试验水质条件下对耗氧量去除率能够达到 36％，对 UV_{254} 和胞外藻毒素能够获得接近 100％的去除率。

表 13-3　微絮凝过滤-臭氧-活性炭对胞外藻毒素（EMC）的去除效果

	原水	砂滤出水	臭氧出水 (1.5 mg/L)	活性炭出水 (1.5 mg/L)	臭氧出水 (2.5 mg/L)	活性炭出水 (2.5 mg/L)
胞外藻毒素(ng/L)	150	290	10	未检出	未检出	未检出
去除率(%)	—	—	93	～100	～100	～100

注：表中 1.5 mg/L 和 2.5 mg/L 表示臭氧的投加量；去除率为各工序出水的累积值。

四、膜过滤技术

膜过滤是基于离子交换膜或有机高分子合成膜的新型水处理技术，主要分为微滤、超滤、纳滤和反渗透等几种形式。超滤工艺去除藻毒素主要依靠膜对微囊藻毒素分子的截留作用和过滤初期膜对藻毒素分子的吸附作用，反冲洗解吸程度近90%。超滤膜工艺不能稳定有效地去除微囊藻毒素（MC-RR、MC-LR），且去除率随着时间的延长逐渐降低。Chow等的研究结果表明膜分离技术能有效地用于脱除细胞内藻毒素，微滤膜或超滤膜对藻细胞的脱除效率都大于98%。膜过滤过程中只有小部分藻细胞被破坏，滤出液中溶解性藻毒素的浓度没有显著的增加。纳滤膜和反渗透膜对细胞内、外藻毒素的脱除效果均较理想，藻毒素的脱除效率可达99.6%以上。

国内外对超滤组合工艺进行了大量的研究，孙丽华等采用污泥回流-超滤膜组合工艺对高藻水库水进行了去除研究，试验结果表明，此组合工艺对藻类的去除效果要优于水厂常规处理工艺，污泥回流预处理可以使膜运行稳定，膜前压力在较长时间内保持恒定，该组合工艺可以作为高藻期水库水处理的一种有效方法。郭金涛等研究表明，单独的粉末活性炭工艺对去除铜绿微囊藻效果不明显，单独的超滤膜工艺膜污染较严重，而采用粉末活性炭和超滤膜联用工艺，投加15 mg/L的PAC可保证PAC/UF组合工艺对铜绿微囊藻的去除率不低于99.99%，且可减缓膜污染，工艺运行稳定。

粉末活性炭和预氧化超滤组合工艺可有效控制水中的藻毒素，保证出水稳定达标。超滤膜可截留藻细胞，控制胞内藻毒素。活性炭可有效地去除水中溶解态有机物、包括天然有机物、合成有机化合物，还可有效地去除臭味物质和藻毒素，也可以缓解膜污染问题，减少膜通量的下降，延长膜的使用寿命。活性炭上微生物的增殖可以降解部分有机物，减轻活性炭的负荷，延长活性炭的再生周期，但也使得出水中的细菌总数增加；而用膜进行后处理，可有效解决这一问题，使出水水质得到了保障。粉末活性炭-超滤膜联用技术可以充分发挥各自的优势，克服单一处理技术的缺点。

李响等以常见微囊藻毒素MC-RR为目标污染物，采用的试验装置见图13-11，试验原水经模拟混凝沉淀后进入生物粉末活性炭-超滤一体化工艺装置，其中活性炭粒径为200目，碘吸附值为800 mg/g，亚甲蓝吸附值为150 mL/g，比表面积为950 m²/g。膜材料为PVC合金，单根长度为20 cm，有效膜面积为1 m²，截留分子量为50 000 Da。初始阶段粉末活性炭-超滤组合工艺对藻毒素的去除率为85%，随后有所下降，主要是胞内藻毒素的释放及藻细胞在活性炭池内的积累。运行初期活性炭池内没有藻细胞截留，随着藻细胞的截留及胞内藻毒素的释放，炭池内藻毒素浓度逐渐升高。在运行6 d左右时，工艺可稳定去除藻毒素，去除率在70%左右。经检测粉末活性炭上附着了丰富多样的异养型微生物，保证了有机物的去除，相比于单独粉末活性炭，增强了对MC-RR的去除效果，同时也对UV_{254}、氨氮、TOC等综合指标有一定的去除作用。

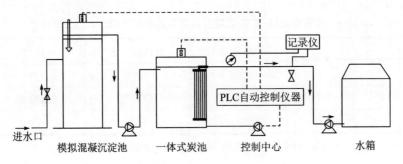

图13-11 生物粉末活性炭-超滤一体化工艺流程

谢良杰等对超滤膜、粉状活性炭及其组合工艺去除藻毒素（微囊藻毒素）的效果和特性进行了研究，试验装置见图13-12，试验原水由原水箱依次经粉末活性炭吸附装置与超滤装置，所用超滤膜组件为中空纤维膜组件。材质为聚氯乙烯（PVC），截流分子质量50 kDa，平均孔径0.01 μm，有效长度0.260 m，内径0.85 mm，外径1.45 mm，膜有效面积0.133 m^2。超滤工艺对微囊藻毒素的去除效果低于5％，通过超滤膜的截留和吸附作用完成，但反冲洗解吸程度近90％，为可逆吸附。粉末活性炭的投加量为20 mg/L时，对微囊藻毒素的去除率可达82.16％。在粉末活性炭投加量超过20 mg/L时，粉末活性炭和超滤联用工艺对藻毒素的去除效率几乎达到100％。

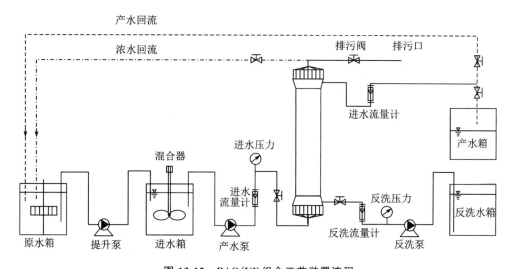

图 13-12　PAC/UF 组合工艺装置流程

引自谢良杰，李伟英，陈杰，等. 粉末活性炭-超滤膜联用工艺去除水体藻毒素的特性研究［J］.
水处理技术，2010, 36（7）: 92-95.

利用超滤膜与不同预氧化剂联合，实现藻毒素的有效去除。田宝义等利用混凝/超滤中试系统处理高藻期滦河水，试验装置分为预处理单元和膜单元，见图 13-13。预处理单元包括混合、混凝和预氯化工序，膜单元包括过滤和反洗工序。膜组件采用 PVDF 中空纤维膜，膜孔径为 0.1 μm，单支膜面积为50 m^2（共 3 支），外压式过滤。原水中藻类最高可达 4.218×10^7 个/L，以蓝藻为主。原水中的微囊藻毒素浓度较低，经预氧化和混凝预处理后，部分藻细胞破裂，导致微囊藻毒素浓度增加，但膜出水中 MC-LR 和 MC-LR 的浓度均未超标，表明超滤膜对微囊藻毒素有明显的去除效果。有效氯投量为 3 mg/L时，对 MC-LR 的去除率达到 49.5％，工艺出水的 MC-RR 和 MC-LR 浓度均低于 0.01 μg/L，对 MC-RR 和 MC-LR 的去除效果显著。

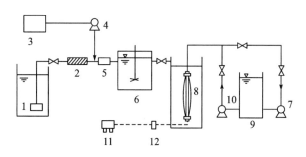

图 13-13　预氯化/混凝/超滤工艺装置

1. 原水泵；2. 保安过滤器；3. 加药罐；4. 加药泵；5. 管道混合器；6. 反应池；7. 抽吸泵；8. 膜组件；9. 产水箱；10. 反冲洗泵；11. 鼓风池；12. 空压机。

五、高级氧化技术

高级氧化技术又称为深度氧化技术，其以产生具有强氧化能力的羟基自由基（·OH）为标志。·OH能够进攻藻类及藻毒素的分子并与之反应，从而破坏藻毒素的分子结构以达到氧化去除藻毒素的目的，实现高效的氧化处理。·OH一旦产生，在高温高压、电、声、光辐射、催化剂等反应条件下，就会诱发一系列的自由基链反应，攻击水体中的藻毒素污染物，直至将藻毒素降解为二氧化碳、水和其他矿物盐。高级氧化技术可分为均相高级氧化技术和非均相高级氧化技术。均相高级氧化技术包括芬顿体系、臭氧过氧化氢、臭氧紫外线、紫外线过氧化氢、臭氧紫外线过氧化氢等体系。非均相氧化包括二氧化钛-紫外线等。

1. Fenton 法

Fenton 氧化法起源于 1894 年，英国人 Fenton 发现了亚铁盐和过氧化氢组合体系可以氧化多种有机物，并且能有效氧化去除传统废水处理技术无法去除的难降解有机物，其实质是通过二价铁离子催化过氧化氢产生羟基自由基来降解有机物。波兰学者 Gajdek 等发现 15 mmol/L 的 H_2O_2 和 1.5 mmol/L 的 Fe^{2+} 组成的 Fenton 试剂可以在 30 min 内将微囊藻毒素分解完全；Erick R 分别通过实验验证 Fenton 法和光 Fenton 法对饮用水源水中藻毒素的降解作用。结果表明，在光照条件下，反应前 25 min 降解率就高达 84%，并且约 40 min 基本完全降解藻毒素。同时，在催化剂用量一定的时，H_2O_2 浓度与藻毒素降解率成正比关系。而电 Fenton 法在利用 H_2O_2 方面更具优势，不仅可以循环产生羟基自由基，还有其他因素推动藻毒素的降解，但是电 Fenton 法能耗较大且需要电解设备，在技术方面有一定的难度。

2. TiO₂光催化法

光催化技术是利用半导体物质作为光催化剂，实现从光能到化学能转化的技术。光催化剂的氧化还原机理主要是催化剂吸收光能时，产生光生电子-空穴对，进而对吸附于表面的污染物直接进行氧化还原，或通过氧化表面吸附的氢氧根 OH^-，生成强氧化性的羟基自由基·OH 来氧化污染物。

光催化氧化法因其极强的氧化能力，对有机物有很强的氧化作用。其具有成本低、环境友好等特点，因此备受青睐，不少研究者将光催化技术应用到藻类水华及有害赤潮的控制上，并取得了一定的成效。1985 年，Matsunaga 等发现 TiO_2 在紫外光照射下具有杀菌作用。随后，研究者还发现在可见光或紫外光的照射下，TiO_2 的强氧化性特征使之能够杀灭病毒、细菌、真菌和癌细胞等。此后，出现了一系列光催化去除有害藻类的探索性研究。尽管光催化技术在除藻中的应用仍处于实验研究阶段，但其环境友好和节约能源的优势已经引起众多研究者的关注，并被寄予厚望，极具研究潜力。

TiO_2 半导体是光催化反应中用得最多的光催化剂，具有无毒、价格低廉、化学性质稳定且吸收光谱范围较大（360~400 nm）等优点。紫外光照射 TiO_2 半导体时，TiO_2 产生的高活性电子和带正电荷的空穴与水分子、氧原子和羟基等产生一系列化学反应，最终形成羟基自由基（·OH）和 H_2O_2 等具有高氧化活性的物质，可将吸附到催化剂表面的有机物氧化分解。Iain 等认为在 TiO_2 光催化降解微囊藻毒素过程中，TiO_2 将微囊藻毒素吸附到其表面上，紫外光的照射使得藻毒素分子上的 Adda 异构化，而光照射 TiO_2 半导体产的·OH 攻击 Adda 上的共轭二烯烃，形成氢氧键，进一步的氧化将 Adda 上的氢氧键从 Adda 上断裂开，形成醛或酮缩氨酸残留物，而这些残留物将进一步被氧化成羧酸，从而使毒性明显降低或消失。一些改良的 TiO_2 光催化剂虽能在可见光下降解微囊藻毒素，但降解速率较慢，还需通过进一步改善光催化剂的性能，提高微囊藻毒素降解效率，从而实现降低成本和节约能源。

光催化技术在灭活藻类的同时可将死亡藻类释放的藻毒素逐步降解为无毒的酸和醛类氧化物，并且本身不引起二次污染。Shephard 等用氧气、紫外线和 TiO_2 催化剂组成光催化氧化系统对微囊藻毒素进行氧化，取得很好的效果，反应速率与 TiO_2 催化剂数量呈正相关。Benjamin 等发现 TiO_2 光降解后，随后投加过氧化氢氧化剂,这样组成的 $TiO_2/UV/H_2O_2$ 系统比单纯 TiO_2/UV 系统更加有效,这是因为过氧化氢的存在可以强化二氧化钛催化剂表面孔穴对藻毒素的吸附效率,并最终使其氧化脱毒。Lee 等认为 TiO_2/GAC 光催化氧化微囊藻毒素的作用机理为:粒状活性炭载体已吸附了的 MC,会逐渐迁移到活性炭表面负载的 TiO_2 表面,被 TiO_2 光催化氧化进一步降解。

3. UV/H₂O₂ 高级氧化法

UV/H_2O_2、UV/O_3 等相关工艺较为常见,降解藻毒素技术备受关注。藻毒素起始浓度、溶液 pH 值、H_2O_2 浓度、UV 光强及反应时间都会影响 UV/H_2O_2 降解藻毒素的降解效果。MC-LR、MC-RR 的起始浓度的增加使降解速率显著减少。在中性和弱碱性条件下,藻毒素的降解速率较快,而在酸性和较强碱性条件下,降解速率相对较慢。在较低的浓度范围内,H_2O_2 浓度的增加可以显著地提高藻毒素的降解速率,当在较高的 H_2O_2 浓度时,会抑制藻毒素的降解。增大光照强度,能促进藻毒素的降解,但是藻毒素的降解效率与 UV 光强之间并没有直接的正比关系。在 H_2O_2 浓度为 1.0 mmol/L、光强 3.66 mW/cm²、反应温度为 (25.5±1)℃、pH 值为 7.8 及反应时间为 60 min 的实验条件下,浓度为 0.20 mg/L 的 MC-LR 和 0.72 mg/L 的 MC-RR 溶液的去除效率分别达到 80.8% 和 94.8%。

针对水中微囊藻毒素,目前 MC-LR 的降解途径的研究最广泛。常晶等发现在 UV/H_2O_2 工艺,MC-LR 的主要降解产物为 Adda 侧链中共轭双键的二羟基化产物及苯环的羟基取代物,其中 Adda 侧链官能团的羟基化产物所占的比例最多,这可能是 Adda 侧链与肽环成 U 形,·OH 更易氧化侧链上官能团。但也有研究称如果反应时间足够长的话,在此反应体系中检测到了 Mdha 氨基酸双键处的羟基加成产物和 Adda 侧链中共轭双键的氧化断裂产物,但是在反应前期该结果并不显著。根据毒理性研究的相关报道,Adda 侧链基团的氧化断裂产物比羟基化产物毒性更小。但是具体的在不同的时间段内所产生的过渡产物及羟基自由基所引发的一系列链式反应目前还没有一个统一的结论,需要进一步的深入研究。

第三节　典型案例

一、常规工艺强化水厂

某水厂是南太湖流域主要的城市饮用水集中供给水厂之一,供水规模 10 万 m³/d,采用"混凝-沉淀-过滤-消毒"常规处理工艺,见图 13-14。其取水口位于东、西苕溪交汇处,与南太湖新塘港入湖口(新港口)相连。取水为太湖和苕溪的混合水,蓝藻暴发期存在 MC-LR 污染。

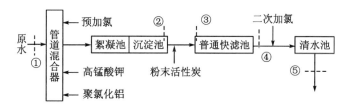

图 13-14　某水厂工艺流程图
①～⑤表示采样点位置。

5月和10月水厂原水中溶解性 MC-LR 分别为 0.45 μg/L 和 0.31 μg/L。采用木质和竹质 PAC 应用于某水厂净水工艺,投加量为 2 mg/L,投加点位于沉淀池之后、砂滤池之前。2008 年 5 月投加木质炭,10 月投加竹质炭。由图 13-15 可以看出,5 月 MC-LR 的总去除率为 51%,10 月为 70%,出水

MC-LR 浓度分别为 $0.22\ \mu g/L$ 和 $0.09\ \mu g/L$。PAC 吸附是 MC-LR 的主要去除工艺。5 月和 10 月 PAC 对 MC-LR 的吸附负荷分别为 $100\ \mu g/g$ 和 $67\ \mu g/g$。当原水中 MC-LR 浓度较高时，还应考虑采用臭氧或光氧化等深度处理技术以保障饮用水供水安全。

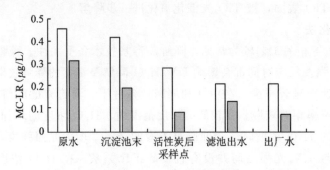

图 13-15　水厂各工艺单元对藻毒素的去除情况

▨ 2008 年 5 月　▢ 2008 年 10 月

二、超滤膜处理水厂

某水厂为黄河下游某城市主力水厂，处理规模 10 万 m³/d，该水厂采用"混凝-沉淀-过滤＋粉末活性炭投加＋膜处理"组合工艺流程，工艺流程见图 13-16。水源水体富营养化严重，具有夏季高藻高臭、冬季低温低浊、常年微污染等典型特征，该改造工程于 2009 年 12 月 5 日正式通水运行。

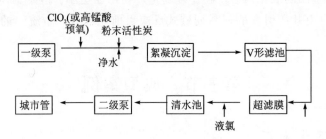

图 13-16　某水厂工艺流程图

超滤系统共设置膜池 12 格，每格面积为 31.9 m²，平面尺寸为 5.5 m×5.8 m，设计水深为 3.2 m。膜池分两列布置，中间为共用的集水渠。粉炭投加系统，投加能力范围为 5～30 mg/L（粉末活性炭最大投加量为 137.5 kg/h），具体投加量可根据需要设定，投加炭液的制备浓度 1%～5% 可调。粉末活性炭的投加量为 3～7 mg/L，在实际生产运行上冬季投加量一般控制在 3～4 mg/L，春、夏、秋三季投加量一般控制在 6～7 mg/L，投加点设置在一级泵房至沉淀池的管路上。

超滤膜设计通量为 30 L/（m²·h），冬季水温在 2～4℃ 状态下，膜通量一般控制在 28 L/（m²·h）左右运行；春季水温在 6～8℃ 状态下，膜通量一般控制在 30～32 L/（m²·h）运行；夏、秋两季水温在 10℃ 以上时，膜通量一般控制在 32～37 L/（m²·h）运行。

水库水藻类繁殖严重，均值约为 1 051×10⁴ 个/L，最大值为 8 682×10⁴ 个/L，采用超滤组合工艺后，由于超滤膜的物理截留作用，可将微米级的藻类完全去除。以浸没式超滤为核心的组合工艺投产以后，对膜后水进行的 106 项水质指标的全分析结果表明，出水藻毒素符合国家标准。

三、臭氧活性炭深度处理水厂

M 水厂为南方珠江流域水厂，设计供水能力为 60 万 m³/天，工艺流程为"预臭氧-混凝-叠沉池-V

型滤池-后臭氧-活性炭滤池-液氯消毒"组合工艺,工艺流程见图13-17。预臭氧接触池接触时间为4 min,臭氧前端为1点投加,最大投加量为1.5 mg/L,有效水深为6 m。后臭氧投加量设计采用1.5～2.5 mg/L,水中余臭氧(C)采用0.2～0.4 mg/L,接触时间(T)采用10 min。每格臭氧采用3点投加,各点臭氧投加比例顺水流方向依次为该格总投加量的55%、25%、20%;3个投加点臭氧接触时间,顺水流方向依次为总时间的30%、30%、40%。生物活性炭滤池的EBCT采用12 min,炭床厚度采用2.0 m,滤速为10 m/h。

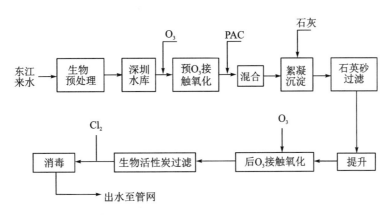

图13-17 M水厂工艺流程图

出水中粒径>2 μm的颗粒数明显降低,出厂水浊度稳定在0.05 NTU,对有机物的去除效率大大提高。深度处理对CODMn的控制效果非常明显,在砂滤出水的基础上,可以将去除率提高11%～67%;能够大大提高TOC去除率,可达37%;臭氧会导致可生物同化有机碳(assimilative organic carbon, AOC)浓度增高,活性炭对AOC有较高的去除率,能够保证出水的生物稳定性。6月原水藻类达到500万个/L,9月藻类达到1 137万个/L,出水的藻类12万个/L,总去除率为97%。9月二甲基异莰醇(2-methylisoborneol, 2-MIB)超出国标14倍,土臭素(geosmin, GSM)达到21ng/L,出水均未检出。各取水点藻毒素浓度低于检出限值。

第四节 总结与展望

一、总结

在水源水体藻毒素污染控制方面,相继涌现了微生物降解、生物过滤等生态、生物及生态-生物耦合技术,几种技术的除污染机制不尽相同,存在着物理、化学和生物降解等单一或协同去除机理,去除率一般在40%～100%。水源水体藻毒素去除技术多用于解决水体富营养化、控制蓝藻生长、吸附胞外藻毒素等问题,当藻毒素在水源水体含量较高时,需要在水厂环节加强藻毒素的去除,以切实保障饮用水安全。

在水厂处理工艺选择方面,气浮对胞内微囊藻毒素均有很好的去除效果,胞内藻毒素平均去除率95%,总藻毒素平均去除率80%。较低剂量的混凝剂可获得相对理想的藻毒素去除效果。臭氧-活性炭工艺去除有机物和微囊藻毒素能力较强,对耗氧量去除率能够达到30%～40%,对胞外藻毒素可获得近100%的去除率。膜法处理技术中纳滤和反渗透对藻毒素去除效果较为理想,单独超滤对胞内藻毒素有较强的去除能力,胞外藻毒素基本无法去除,粉末活性炭和预氧化超滤组合工艺可有效控制水中的藻毒素,保证出水水质稳定达标。目前UV/H$_2$O$_2$高级氧化去除微囊藻毒素技术备受关注,该工艺具有无二次污染、无后续处理、原料易得、成本较低等优点，应为去除微囊藻毒素的主流技术方向。

二、展望

水体富营养化与藻毒素污染是目前日益严重的世界性环境问题，如何高效去除水中藻毒素仍是目前的热点问题。从国内外研究报道分析，利用微生物降解是去除水源中各种藻毒素的有效手段，其适宜的环境条件可有效缩短生物降解滞后期，加快藻毒素降解速率，且具有高效、成本低、无二次污染等优点，应用潜力巨大。其中，生物过滤是降解藻毒素的重要方法，但目前有关该技术降解藻毒素的研究仍大多停留在实验室研究阶段，与实际应用存在较大差距，理论成果还有待完善。从经济和生态安全角度出发，生物降解法去除水中藻毒素将是今后研究的重点，如采用黏土矿物加载微生物是去除微囊藻毒素的有效方法之一，人工湿地处理系统从水环境生态修复角度为微囊藻毒素的污染治理提供了一种新的途径和思路。

在水厂处理过程中，由于微囊藻毒素结构复杂，单一工艺难以将其去除，有必要深入研究微囊藻毒素组合处理工艺，同时统筹考虑其他相关水质控制指标，从而确定处理富营养化水源的最佳组合工艺技术路线。针对胞内和胞外藻毒素的去除，可选择不同的技术组合，如胞内藻毒素，可选择强化混凝、气浮、膜滤等物理处理法或不破坏藻体的混凝技术，实现安全除藻；胞外毒素的去除则可选用强氧化剂如 UV/H_2O_2 破坏 adda 环状结构，或活性炭吸附，将溶解性的胞外藻毒素从水中去除。最后需要说明的是，消除供水系统中微囊藻毒素污染最重要的措施是控制产毒蓝藻的繁殖，通过合理控制点源、面源污染，减少氮磷污染物向水体排放，降低水体富营养化程度，从源头上根本解决微囊藻毒素的污染问题。

（贾瑞宝　孙韶华　潘章斌　侯　伟　冯桂学）

参考文献

[1] 杨晓红,蒲朝文,张仁平,等.水体微囊藻毒素污染对人群的非致癌健康风险[J].中国环境科学,2013,33(1):181-185.

[2] Li XN,Song HL,Li W. An integrated ecological floating-bed employing plant,freshwater clam and biofilm carrier for purification of eutrophic water[J]. Ecol Eng,2010,36(4):382-390.

[3] 吴振斌,陈辉蓉,雷腊梅,等.人工湿地系统去除藻毒素研究[J].长江流域资源与环境,2000,9(2):242-247.

[4] 朱文君.自然曝气生物滤床对微囊藻毒素的处理效果及机理研究[D].广州:暨南大学,2013.

[5] Ho L,Tang T,Hoefel D,et al. Determination of rate constants and half-lives for the simultaneous biodegradation of several cyanobacterial metabolites in Australian source waters[J]. Water Res,2012,46(17):5735-5747.

[6] 周远龙,杨飞,梁戈玉,等.太湖土著菌 MC-LTH11 的筛选及其对藻毒素-RR 和-LR 的生物降解[J].东南大学学报（英文版）,2014,(1):68-71.

[7] Mazurmarzec H,Toruńska A,Błońska MJ,et al. Biodegradation of nodularin and effects of the toxin on bacterial isolates from the Gulf of Gdansk[J]. Water Res,2009,43(11):2801-2810.

[8] Valeria AM,Ricardo EJ,Stephan P,et al. Degradation of microcystin-RR by *Sphingomonas* sp. CBA4 isolated from San Roque reservoir (Córdoba - Argentina)[J]. Biodegradation,2006,17(5):447-455.

[9] Yang F,Zhou YL,Sun RL,et al. Biodegradation of microcystin-LR and -RR by a novel microcystin-degrading bacterium isolated from Lake Taihu[J]. Biodegradation,2014,25(3):447-457.

[10] Yang,F,Yan WH,Qin LX,et al. Isolation and characterization of an algicidal bacterium indigenous to lake Taihu with a red pigment able to lyse *Microcystis aeruginosa*[J]. Biomed Environ Sci,2013,26(2):465-470.

[11] Yang F,Zhou YL,Yin LH,et al. Microcystin-degrading activity of an indigenous bacterial strain *stenotrophomonas acidaminiphila* MC-LTH2 lsolated from lake Taihu[J]. Plos One,2014,9(1):1-7.

[12]　Lam AKY, Fedorak PM, Prepas EE. Biotransformation of the cyanobacterial hepatotoxin microcystin-LR, as determined by HPLC and protein phosphatase bioassay[J]. Environ Sci Technol, 1995, 29(1):242.

[13]　Harada KI, Imanishi S, Kato H, et al. Isolation of adda from microcystin-LR by microbial degradation[J]. Toxicon, 2004, 44(1):107-109.

[14]　黄建团, 吴幸强, 熊剑, 等. 不同填料载体生物膜对微囊藻毒素的去除效果[J]. 环境工程学报, 2012, 6(7):2195-2200.

[15]　刘春燕, 李娟英, 顾扬, 等. 木炭填料生物反应器对微囊藻毒素的去除[J]. 环境工程学报, 2016, 10(6):3317-3324.

[16]　Mcdowall B, Hoefel D, Newcombe G, et al. Enhancing the biofiltration of geosmin by seeding sand filter columns with a consortium of geosmin-degrading bacteria[J]. Water Res, 2009, 43(2):433-440.

[17]　吴溶, 崔莉凤, 蒋凌炜, 等. 金鱼藻和狐尾藻对铜绿微囊藻生长及藻毒素释放的影响[J]. 水生态学杂志, 2010, 3(3):43-47.

[18]　Kong Y, Xu XY, Zhu L, et al. Microbial degradation of microcystins in water environment: a review[J]. Chin J Appl Ecol, 2011, 22(6):1647.

[19]　何文祥, 杨扬, 乔永民, 等. 火山石生物滤床对微囊藻毒素的去除[J]. 环境工程学报, 2015, 9(6):2607-2613.

[20]　Crettaz-Minaglia, M., Andrinolo D, and Giannuzzi L. Review: Advances in microbiological degradation of microcystins. Cyanobacteria, 2015: Nova Science Publishers.

[21]　张文艺, 罗鑫, 韩有法, 等. 下向流曝气生物滤池工艺处理藻浆压滤液特性及微生物种属分析[J]. 土木建筑与环境工程, 2013, 35(5):55-61.

[22]　Song HL, Li XN, Lu XW, et al. Investigation of microcystin removal from eutrophic surface water by aquatic vegetable bed[J]. Ecol Eng, 2009, 35(11):1589-1598.

[23]　李响, 寻昊, 赵梦, 等. 粉末活性炭-超滤膜组合工艺去除水体中藻类及微囊藻毒素[J]. 净水技术, 2017, (2):62-68.

[24]　谢良杰, 李伟英, 陈杰, 等. 粉末活性炭-超滤膜联用工艺去除水体藻毒素的特性研究[J]. 水处理技术, 2010, 36(7):92-95.

[25]　贾瑞宝. 受污染水库水源水中藻类及微囊藻毒素的处理技术研究[D]. 北京: 清华大学, 2004.

[26]　Acero J L, Rodriguez E, Meriluoto J. Kinetics of reactions between chlorine and the cyanobacterial toxins microcystins. [J]. Water Res, 2005, 39(8):1628-38.

[27]　侯翠荣, 贾瑞宝. 化学氧化破坏藻体及胞内藻毒素释放特性研究[J]. 中国给水排水, 2006, 22(13):98-101.

[28]　Senoglesderham PJ, Seawright A, Shaw G, et al. Toxicological aspects of treatment to remove cyanobacterial toxins from drinking water determined using the heterozygous P53 transgenic mouse model. [J]. Toxicon, 2003, 41(8):979-988.

[29]　Tomas P, Kull J, Peter H, et al. Oxidation of the cyanobacterial hepatotoxin microcystin-LR by chlorine dioxide: reaction kinetics, characterization, and toxicity of reaction products[J]. Environ Sci Technol, 2004, 38(22):6025.

[30]　贾瑞宝, 李冬, 王珂, 等. 水库水中微囊藻毒素的预氧化处理[J]. 中国给水排水, 2003, 19(3):56-57.

[31]　Rodríguez E, Onstad G D, Kull T P J, et al. Oxidative elimination of cyanotoxins: Comparison of ozone, chlorine, chlorine dioxide and permanganate[J]. Water Res, 2007, 41(15):3381-3393.

[32]　高乃云, 沈嘉钰, 黎雷, 等. 高锰酸钾灭活铜绿微囊藻及胞内毒素释放机制[J]. 同济大学学报(自然科学版), 2014, 42(5):721-729.

[33]　张锦, 陈忠林, 范洁, 等. 高锰酸钾及其复合药剂强化混凝除藻除嗅对比[J]. 哈尔滨工业大学学报, 2004, 36(6):736-738.

[34]　余国忠, 王占生. 饮用水处理中藻毒素污染及其工艺控制特性研究[J]. 给水排水, 2002, (3):25-28.

[35]　Chow CWK, House J, Velzeboer RMA, et al. The effect of ferric chloride flocculation on cyanobacterial cell[J]. Water Res, 1998, 32(3):808-814.

[36]　Hall T, Hart J, Croll B, et al. Laboratory-scale Investigations of algal toxin removal by water treatment[J]. Water Environ J, 2010, 14(2):143-149.

[37]　孙韶华, 贾瑞宝. 含藻水库水中微囊藻毒素的混凝处理研究[J]. 净水技术, 2005, 24(1):18-20.

［38］ Lakghomi B,Lawryshyn Y,Hofmann R. A model of particle removal in a dissolved air flotation tank：Importance of stratified flow and bubble size［J］. Water Res,2015,68(7)：262-272.

［39］ Edzwald JK. Dissolved air flotation and me.［J］. Water Res,2010,44(7)：2077-107.

［40］ 张克峰,贾伟建,张茜雯,等.分级共聚气浮对引黄水库水中污染物的去除特性[J].中国给水排水,2014,(23)：29-33.

［41］ 王永磊,刘宝震,张克峰,等.逆向-同向流气浮工艺构建与运行特性[J].化工学报,2016,67(12)：5252-5258.

［42］ 贾瑞宝,刘军,王珂,等.气浮/微絮凝/臭氧/活性炭工艺除藻效果[J].中国给水排水,2003,19(10)：47-48.

［43］ 王占金,贾瑞宝,于衍真,等.气浮/超滤组合工艺处理微污染高藻原水[J].中国给水排水,2010,26(11)：133-135.

［44］ 罗岳平,施周,张丽娟,等.用粉末活性炭作前助凝剂提高 PAC 除藻效果的研究[J].环境科学与管理,2011,36(8)：77-81.

［45］ Lambert TW,Holmes CFB,Hrudey SE. Adsorption of microcystin-LR by activated carbon and removal in full scale water treatment［J］. Water Res,1996,30(6)：1411-1422.

［46］ 孙丽华,李星,陈杰,等.超滤膜组合工艺处理高藻水库水试验研究[J].工业水处理,2010,30(2)：24-27.

［47］ 郭金涛,李伟英,许京晶,等.粉末活性炭-超滤膜联用去除水体藻类[J].膜科学与技术,2011,31(5)：78-83.

［48］ 李响,寻昊,赵梦,等.粉末活性炭-超滤膜组合工艺去除水体中藻类及微囊藻毒素[J].净水技术,2017,(2)：62-68.

［49］ 谢良杰,李伟英,陈杰,等.粉末活性炭-超滤膜联用工艺去除水体藻毒素的特性研究[J].水处理技术,2010,36(7)：92-95.

［50］ 田宝义,何文杰,黄廷林,等.预氯化对混凝/超滤工艺处理滦河高藻原水的影响[J].中国给水排水,2009,25(21)：56-58.

［51］ 常晶,陈忠林,沈吉敏,等.UV-H_2O_2 及 UV-O_3 工艺降解水中微囊藻毒素-LR[J].水处理技术,2015,(9)：40-45.

［52］ 孙伟华,刘锐,唐铭,等.蓝藻暴发期给水厂微囊藻毒素应急去除技术研究[J].给水排水,2009,35(s1)：5-8.

［53］ 纪洪杰,高伟,常海庆,等.南郊水厂超滤膜组合工艺运行情况评价[J].供水技术,2011,05(3)：1-5.

［54］ 吴宗义.梅林水厂水质深度处理工程设计[J].中国给水排水,2009,25(12)：44-47.